物質の電子状態 上

【原書2版】

R.M.マーチン 著

寺倉清之／寺倉郁子 訳

丸善出版

Translation from the English language edition:
Electronic Structure — Basic Theory and Practical Methods, 2nd edition
by Richard M. Martin
published by Cambridge University Press in 2020
© Richard M. Martin 2020
All Rights Reserved
This translation of Electronic Structure — Basic Theory and Practical Methods
is published by arrangement with Cambridge University Press through Japan
UNI Agency, Inc., Tokyo

To Beverly

まえがき

初版のまえがきは「電子状態の分野は，基礎理論，新しいアルゴリズム，数値計算法の急速な進歩により，ますます……」で始まる．実際のところ，これはまさに本書が最初に出版されてからの 16 年間に起こったことである．そしてそれは今日ではさらにそうなっている．その間に非常に多くの発展があり，この分野は変わってしまった．ますます多くの性質が今では正確に決められる．電子状態は凝縮物質物理や物質科学の研究の一層の必須の部分になっている．従って，基礎的な理論の理解がますます重要になった．

電子状態の定義自身が変わってしまった．バンド，全エネルギー，力，などなどを含むだけでなく電子状態は電子系の大局的なトポロジーをも含むようになった．本版の新しい第 VI 部は電子バンドのトポロジーに割いてあり，そこから出てくるエッジバンドや表面バンドを扱う．スピンとスピン軌道相互作用は今では電子状態におけるずっと重要な様相である．第 1 版では主として教育的な例として簡単なモデルが使われた．この版ではモデルをもっと広範囲に使う．どのような特定の系においても，電子状態のトポロジーを確立するには定量的な計算が必要であるが，トポロジカルな性質の本質は 2 バンドモデルと 2×2 ハミルトニアンで定式化できる．

密度汎関数論は，新しい改良された汎関数の発展によって大幅に変化し，以前よりずっと正確に多くの性質を計算する標準的な基盤になっている．従って，新しい汎関数の概念的な基盤を理解することが非常に大切である．本版では汎関数をより深く説明している．第 8 章は局所密度と一般化勾配近似を扱っており，ほとんどはもとのままである．第 9 章では一般化 Kohn–Sham

理論を扱うが，これは混成汎関数とか他の波動関数依存汎関数を含んでおり，van der Waals 汎関数の基盤である．基本的な考えはすでに確立されていて初版でも議論された．しかし，汎関数はもっと広範に発展させられ，現代の密度汎関数のほとんどで必須なものになっている．

計算パワーは劇的に増大した．今では，どんな方法でも注意深くやりさえすれば同じ結果が得られることは当たり前になっている．それでもなお，どのような方法が使われているか，その方法を注意深く使うにはどうしたらよいかということは重要である．しかし，異なる計算方法が同じ結果を与えることをデモンストレートすることはそんなに重要なことではない．どんな計算手法を使おうと，どの汎関数を使えば何が正確に計算できるかを理解する方がずっと大切である．データベースを作り，機械学習などを使って設計によって物質を作成するための努力が進んでいる．現在の目的として，基本的なことは本書の理論手法がこのような努力の基盤であるということである．

本書の相棒の本 [1] が今ではすでに出版されている．広範な多体効果の議論に関してその巻に言及することにより，本書はずっと豊かになる．両書の中心的な信条は電子状態は，理論物理における主要問題と位置づけられる，相互作用する電子の多体問題の中心であるということである．両書が強調するのは，独立粒子法は非常に重要であり有用であるということであり，それが本質的物理をなぜ，また何を捉えるかを理解することが肝要である．

非常に多くの新しい優れた仕事と少し前の仕事ではあるが今もなお適切なものをまとめ上げるということは，以前にも増してとてもできないと思ってしまう．多くのアイデアや例がスペースがないために無視され（あるいは軽んじられ）たし，他にもこの分野での進歩の速さのためにカバーされなかったものもある．私が気が付いていない，あるいは電子状態のコヒーレントな描像に織り込めなかったために，優れた業績を省いてしまったことに対してコミュニティに謝罪する機会がこのまえがきで与えられたことに感謝している．

概　要

　第 I 部は最初の 5 章において，全体の導入のための話題になっている．第 1 章は歴史的背景と，より最近の発展への基盤となっている初期の発展を記述する．第 2 章は物質の性質とそれらに対する電子状態による最新の（ほとんど式を使わずに）理解を強調するために本書のこの位置に置かれている．本書での最も長い章になっているが，電子状態理論のゴールと過去 2, 30 年間において成し遂げられたものを例示するように選ばれたいくつかの例を含んでいるにすぎない．第 3–5 章では背景となる理論的な材料が提示される：第 3 章は後に必要な量子力学の基礎的な式がまとめられている；第 4 章は結晶の性質のための形式的基礎を与え，後の章で必要な記法を整備する．第 5 章は一様電子ガスに充てられるが，それは凝縮物質の電子状態の舞台を設定する理想系である．

　第 II 部は密度汎関数論に充てられる．電子状態理論の今日の仕事のほとんどはその上に立っている．第 6 章は Hohenberg と Kohn の存在定理の証明と Levy と Lieb による制約付き探索の定式化を提示する．第 7 章は多体系の基底状態を，実際的な独立粒子の式を用いて計算するための Kohn–Sham 法について述べる．第 8, 9 章はこの方法の肝である交換相関汎関数に充てられる；そこでの目的は汎関数の一覧を与えることではなく，基盤となっている理論，限界，さらに可能な改善への路を把握するのに必要な理解を与えることである．

　第 III 部，第 10, 11 章では原子の球対称配置での平均場 Hartree–Fock と Kohn–Sham 方程式の解と擬ポテンシャルの生成について述べる．原子の計算は理論の具体的な例示であり，後に述べられる方法の必須部分として直接に使われる．擬ポテンシャルは現実の物質についての実際の計算に広く使われる．また，その導出は美しい理論の側面を浮かび上がらせる．

　第 IV 部は固体での独立粒子近似の式を解く核となる手法に充てられる．それはいくつかのカテゴリーに分けられる：平面波とグリッド（第 12–13 章）；局在原子中心関数（第 14–15 章）；補強された方法（第 16–17 章）．目標はキーとなる考え方，相互の関係，多彩な場合における相対的な利点などを示

viii

すことができるほどに詳細に手法を記述することである。多くの注目すべき事柄は付録にある。最後の章、第18章は線形スケール法に充てられる。これは理論的な議論を含み大規模シミュレーションへの期待となる。

第 V 部，第 19–24 章は物質の種々の性質を扱うのに使われる基礎理論と手法などの重要なやり方を記述する。「Car–Parrinello」法（第 19 章）は電子状態計算の分野での革命的な出来事であり，有限温度の固体，液体，溶液中の分子反応などのような，以前にはどうにも手に負えなかった問題を第一原理計算で扱えるようにした。第 20 章ではフォノン分散曲線や関連の現象を計算する方法を与える応答関数の理解と利用における発展について述べる。第 21 章での時間依存密度汎関数論は光学（および他の）励起スペクトルの計算の基盤である。第 22 章は本版になっての新しいものである；表面，界面，また低次元系に充てられ，それらは新物質系の発展とトポロジカル絶縁体の出現によって重要性を加えた。Wannier 関数（第 23 章）と固体中の分極（第 24 章）の理解と活用における新しい発展は，ここ 10 年ほどの間に解かれたばかりの問題に新しい解釈を与えることとなり，最終部につながる。

第 VI 部，第 25–28 章はこの版でまったく新しく取り入れた。ここに述べることの前提は，トポロジカル絶縁体と関連の現象は学部学生の教科書レベルのバンドに関する知識と量子力学の重ね合わせの原理だけから理解できる，ということである。第 25 章は簡単なトポロジカルな分類によってクラス分けされる電子状態の様相への導入である。第 26 章ではトポロジカル絶縁体として十分な 2 バンド定式化を設定し，絶縁体における Shockley 転移から Thouless 量子化伝導へと発展する 1 次元の例を示す。これは量子 Hall 効果と共に，電子系におけるトポロジカルクラス分けの最初の例である。第 27，28 章は本書のこの部分の集大成である：2 次元および 3 次元でのトポロジカル絶縁体，Z_2 クラス分け，および現実の物質についてのモデル，理論および実験の例。第 28 章はまた Weyl 半金属とそれらの魅惑的な性質への短い導入を含む。

付録は本文に入れるにはあまりに詳細であるような話題とか，電子状態に重要な役割をしているが異なった分野の題材に充ててある。前の版にはなくて新しく加わった付録は Dirac 方程式とスピン軌道相互作用（付録 O）；Berry 位相と Chern 数（付録 P）；トポロジカル絶縁体の前例である量子 Hall 効果（付録 Q），である。多分，強調すべき最も重要なことは，Berry 位相と Chern

数の関連する側面は付録 P で述べるように，重ね合わせの原理からスタートしてほんの数ページで理解できることである．

初版でのまえがき

　電子状態の分野は，基礎理論，新しいアルゴリズム，数値計算法の急速な進歩により，ますます重要になってきている．今では，物質のいろいろな性質を電子に関する基礎方程式から直接求めることができ，物理，化学，材料科学での重要な問題にも新しい知見が得られる．さらに，電子状態計算は物質の特徴的な性質を理解し，実在する物質や実験的に観測可能な現象を明確に予測するための道具として，実験家にも理論家にもよく使われるようになってきている．このような状況に合わせ，電子状態計算分野への入門書として，この分野の概念や，現在の手法の可能性と限界，将来挑戦しなければならない課題について述べた，教育的な本が必要とされている．

　本書と準備中の 2 冊目の本の目的は，電子状態の基礎理論と方法論を，具体的な計算や実際の応用としてそのまま使える例をあげ，統一的に解説することである．その狙うところは，研究に携わる大学院生や研究者に役立ててもらうことであり，電子状態に関する講義用のテキストともなり，固体物理や材料科学の講義での副教材としても利用できるようにすることである．原論文，関連のある総説やどこでも手に入るであろう書籍を参考文献として多く取り上げた．各章に練習問題を載せ，その章で何が重要であるかを明らかにし，読者の理解の度合いを測れるようになっている．

　本書を補足する拡張された情報はオンラインサイト（Ecole Polytechnique の Electronic Structure Group によって管理されている ElectronicStructure.org）で利用できる．このサイトには，広く用いられているアルゴリズムのコード，種々の方法についてのさらに詳しい説明，そしてコードや情報を提供し日々増加している世界中のサイトへのリンクがある．このオンラインの情報は，本書の記述方式と対応しており，今後の最新情報や訂正，追加を提供し，読者の感想や意見を述べる欄も用意する予定である．

　本書の内容は，電子状態は物理学の基本的な事項との関連の中で扱われねばならないという信念に基づいて決めた．またそれと同時に，電子状態が物

質の性質について有用な情報を提供し，理解を助けるということもできるだけ強調した．本来，物質の電子状態とは相互作用のある多体問題であり，それは物理学において最もよく知られた重要な問題である．この問題はまた，非常に多様な状況の中で個々の物質に特有の事柄に対応するために，精度の高い計算が必要な問題である．実際，量子モンテカルロ法や多体摂動論などの多体問題の手法は，現実の問題に対する電子状態理論の中で盛んになってきている．これらの方法は 2 冊目の本の課題である．

　本書での主題は基本的な考えであり，現在の最も有用なやり方は独立粒子近似によるものである．**これらの方法は直接にまた定量的に，密度汎関数論と** *Kohn–Sham* **補助系の天才的な定式化のゆえに完全な多体問題に取り組む．**このやり方は多体問題を扱う筋道を与えてくれ，ある性質は原理的には厳密に計算でき，実際には可能な近似と独立粒子法を使うことによって多くの物質に対して大変正確に計算できる．本書では，この独立粒子の方法について解説した．そして実際の問題に適用したときのこの近似の有用性と限界について詳しく述べた．加えて，これらの方法は計画中の 2 冊目の本で記述される多くの問題の出発点を与えている．事実，補助系と独立粒子計算の構築に立脚する新しい考えは，凝縮物質や分子の重要な性質を定量的に記述することのできる現代の多体理論と計算手法の重要な側面なのである．

　この分野での広い範囲にわたる優れた仕事を一冊の本にまとめることは大変難しい仕事である．紙面の都合で，取り上げるべき多くのアイデアや例題を省いたり，あるいは簡単に述べるにとどめた．また進歩のスピードが速すぎて扱いきれなかったものもある．削除，訂正，提案，実例，アイデアなどは，電子メールやオンラインで送っていただきたい．

謝　辞

　初版の謝辞にリストアップした研究施設に加えて，以下のいくつかのところに心からの謝意を表したい：Stanford University と Department of Applied Physics では本書の多くの部分を書くことができた；Donostia International Physics Center には長期にわたって滞在した．African School for Electronic Structure Methods and Applications（ASESMA）での参加者と講師の精気と情熱は私にとって，また電子状態コミュニティにとってインスピレーションであり続けている．

　この第 2 版は初版での人々に加えて，また多くの人々からの議論，助言，支援によって大変に益された．次の人々には特別の謝意を表したい：Lucia Reining と David Vanderbilt からは多分野に亘ってインスピレーションと助言を得た；David，Xiaoliang Qi, Raffaele Resta, Ivo Souza と Shoucheng Zhang はトポロジカル絶縁体に関係する問題を理解するのに忍耐強く支援してくれた．Kiyo と Ikuko Terakura に謝意を表すのは喜びである．彼らは日本語版を作ってくれたが，それは翻訳以上のものであり厳しい解析により誤りを見つけてくれた．それらは新しい版に取り入れるように努力した．原稿を読んでくれた Beverly Martin, Hannah Martin と Megan Martin には心から感謝したい．また，議論，助言，および支援に対して以下の人達に大変感謝する：Janos Asboth, Jefferson Bates, David Bowler, David Ceperely, Yulin Chen, Alfredo Correa, Michael Crommie, Defang Duan, Claudia Felzer, Marc Gabay, Alex Gaiduk, Giulia Galli, Vikram Gavini, Don Hamman, Javier Junqera, Aditi Krishnapriyan, Steve Louie, Stephan

xii 謝 辞

Mohr, Joachim Paier, Dimitrios Papaconstantopoulos, John Pask, Das Pemmaraju, John Perdew, Eric Pop, Sivan Refaely-Abramson, Daniel Rizzo, Dario Rocca, Biswajit Santra, Matthias Scheffler, Chandra Shahi, Juan Shallcrass, Z. X. Shen, David Singh, Yuri Suzuki, Chris Van de Walle, Sam Vaziri, Johannes Voss, Maria Vozmediano, Renata Wentzcovitch, Binghai Yan, Rui Yu, Haijun Zhang.

初版の謝辞

本書の執筆に当たって，次の 4 人と 4 研究所には大変お世話になった．まずはシカゴ大学と私の指導教官である Morrel H. Cohen 氏で，彼は何をどの程度書くかを指導してくれた．次にあげたいのが，Bell 研究所である．ここでは理論グループや，実験グループとの議論を通して多彩さと素晴らしい卓越さに触れた．それから Xerox Palo Alto 研究センター（PARC）の優秀な共同研究者である J. W. (Jim) Allen 氏と私の 2 番目の指導教官である W. Conyers Herring 氏にも特別お世話になった．また Urbana-Champaign にある Illinois 大学ではとりわけ私のごく親しい仲間である David M. Ceperly 氏が協力してくれた．その他にも Illinois 大学の物理学科の同僚と学生諸君，Frederick Seitz 材料研究所，Beckman 研究所にも感謝している．

本書を実際に書き始めたのは，一部 Alexander von Humboldt 財団の援助の下で，Stuttgart の Max Planck 固体物理研究所にいたときであった．その後引き続き Illinois 大学，Aspen 物理センター，Lawrence Livermore 国立研究所と Stanford 大学で執筆を続けた．これらの研究機関に感謝したい．

本書の執筆中に受けた，国立科学財団，エネルギー省，海軍研究所，陸軍研究所からの財政上の支援には深く感謝したい．

一人一人，名前をあげることはできないが，数え切れないほどの人々にも謝意を捧げたい．いろいろな図を提供してくれた沢山の同僚には本文中で特に謝意を述べた．本全体にわたりコメントや批評をいただいた David Drabold, Beverly Martin そして Richard Needs には特に感謝している．また，本書で取り上げた論点の明確化や誤りの訂正，原稿の詳細なチェックなどに直接的に貢献していていただいたのは次の方々である．V. Akkinseni, O. K.

Andersen, V. P. Antropov, E. Artacho, S. Baroni, P. Blöchl, M. Boero, J. Chelikowsky, X. Cheng, T. Chiang, S. Chiesa, M. A. Crocker, D. Das, K. Delaney, C. Elliott, G. Galli, O. E. Gunnarsson, D. R. Hamann, V. Heine, L. Hoddeson, V. Hudson, D. D. Johnson, J. Junquera, J. Kim, Y.-H. Kim, E. Koch, J. Kübler, K. Kunc, B. Lee, X. Luo, T. Martinez, J. L. Martins, N. Marzari, W. D. Mattson, I. I. Mazin, A. K. McMahan, V. Natoli, O. H. Nielsen, J. E. Northrup, P. Ordejon, J. Perdew, W. E. Pickett, G. Qian, N. Romero, D. Sanchez-Portal, S. Satpathy, S. Savrosov, E. Schwegler, G. Scuseria, E. L. Shirley, L. Shulenburger, J. Soler, I. Souza, V. Tota, N. Trivedi, A. Tsolakidis, D. H. Vanderbilt, C. G. Van de Walle, M. van Schilfgaarde, I. Vasiliev, J. Vincent, T. J. Wilkens. 2008 年の修正の際には，K. Belashchenko, E. K. U. Gross, I. Souza, A. Torralba, と J.-X. Zhu にお世話になった.

日本語版へのまえがき

2004 年に本書の英語版のまえがきの冒頭に次のように書いた：「電子状態の分野は，基礎理論，新しいアルゴリズム，数値計算法の急速な進歩により，ますます重要になってきている.」この状況は 2024 年にはさらに顕著になっている．計算手法や利用可能な計算機コードの進歩により，実際の物質や実験で観測される現象の定量的な理解および明確な予測ができる範囲はさらに広がっている．電子状態のトポロジーについてのまったく新しい理解が今ではこの分野の欠かせない部分になっている．基礎的な法則に基づいて，物質の様々な性質を整理してまとめた知識体系を作ることは，理論家と実験家にとってやりがいのある仕事である．このようにして得られた理解は，新しい展望を開き，物理学や化学や材料科学および科学と技術の他の領域における新しい発展の機会を作り出すであろう．

本書が主として寺倉郁子博士により日本語に訳されたのは嬉しいことである．彼女は言葉をよく選び，立派な日本語版ができあがった．日本語版はこの分野の卓越した指導者である寺倉清之教授が注意深く吟味されており，改訂版の翻訳を担当された．実際，ただの訳本を超えたものになっている．原書の誤りは注意深く修正され，議論は詳細に確かめられている．さらに，この版は上下巻に分けられており，扱われる事柄が論理的に分離され，より読みやすくなっている．

著者も訳者も，電子状態は物理学における最も重要で基礎的な多くの課題を提供している，という共通の確信を持っている．電子状態については，その基本的な性質と実際の有用性の両方がよく分かるように提示されなければ

xvi 日本語版へのまえがき

ならない．本書の目的は，概念的な構造，理論の理解のための背景，計算の
ための具体的な道具に関する特徴的な側面について統一的な解説をすること
である．この分野は実際に急速に進歩しているが，ここで扱った題材は，こ
のような進歩を理解する基礎となり，さらに拡大し続ける未来への挑戦のた
めの基礎となるであろう．

記号の説明

略　号

BZ	第 1 Brillouin ゾーン
+c.c.	前項に，その複素共役の項を加えること

一般の物理量

E	エネルギー
Ω	体積（ポテンシャル V との混同を避けるため）
$P = -(dE/d\Omega)$	圧力
$B = \Omega(d^2E/d\Omega^2)$	体積弾性率（圧縮率の逆数）
$H = E + P\Omega$	エンタルピー
$u_{\alpha\beta}$	ひずみテンソル（$\epsilon_{\alpha\beta}$ の対称形）
$\sigma_{\alpha\beta} = (1/\Omega)(\partial E/\partial u_{\alpha\beta})$	応力テンソル（符号に注意）
$\mathbf{F}_I = -(dE/d\mathbf{R}_I)$	原子核 I に働く力
$C_{IJ} = (d^2E/d\mathbf{R}_I d\mathbf{R}_J)$	力の定数行列
$n(\mathbf{r})$	電子密度
$t(\mathbf{r})$	運動エネルギー密度 $t(\mathbf{r}) = n(\mathbf{r})\tau(\mathbf{r})$

結晶表現のための記号

Ω_{cell}	単位胞の体積
$\mathbf{a}_i$	基本並進ベクトル，基本格子ベクトル，基本ベクトル
$\mathbf{T}$ または $\mathbf{T}(\mathbf{n})$	並進ベクトル，格子ベクトル
	$\mathbf{T}(\mathbf{n}) \equiv \mathbf{T}(n_1, n_2, n_3) = n_1\mathbf{a}_1 + n_2\mathbf{a}_2 + n_3\mathbf{a}_3$
$\tau_s, s = 1, \ldots, S$	基底での原子の位置
$\mathbf{b}_i$	逆空間での基本並進ベクトル，基本逆格子ベクトル

xviii 記号の説明

$\mathbf{G}$ または $\mathbf{G}(\mathbf{m})$	逆格子ベクトル
	$\mathbf{G}(\mathbf{m}) \equiv \mathbf{G}(m_1, m_2, m_3) = m_1\mathbf{b}_1 + m_2\mathbf{b}_2 + m_3\mathbf{b}_3$
$\mathbf{k}$	第 1 Brillouin ゾーン（BZ）内での波数ベクトル
$\mathbf{q}$	一般的な波数ベクトル（$\mathbf{q} = \mathbf{k} + \mathbf{G}$）

ハミルトニアンと固有状態

$\hat{H}$	多粒子または 1 粒子のハミルトニアン
$\Psi(\{\mathbf{x}_j\})$	粒子位置座標 $\mathbf{r}_j$, スピン座標 ξ_j $(j = 1, \ldots, N_{\text{particle}})$ の多体の波動関数. $\mathbf{x}_j = (\mathbf{r}_j, \xi_j)$
E_i	多体状態のエネルギー
$\Phi(\{\mathbf{x}_j\})$	1 つの行列式で表した相関のない波動関数
$H_{m,m'}$	状態 m と m' の独立粒子ハミルトニアンの行列要素
$S_{m,m'}$	状態 m と m' の重なり積分行列要素
$\psi_i(\mathbf{r})$	独立粒子の波動関数または「軌道」$(i = 1, \ldots, N_{\text{states}})$
ε_i	独立粒子の固有値 $(i = 1, \ldots, N_{\text{states}})$
$f_i = f(\varepsilon_i)$	状態 i の占有率. f は Fermi 分布関数
$\psi_i^\sigma(\mathbf{r}), \varepsilon_i^\sigma$	スピン状態を明確に表示する場合の表記法
$\alpha_\sigma(\xi_j)$	粒子 j のスピン状態 σ に対するスピン波動関数
$\phi_i(\mathbf{x}_j)$	1 電子の「スピン軌道」$(= \psi_i^\sigma(\mathbf{r}_j)\alpha_\sigma(\xi_j))$ $\mathbf{x}_j = (\mathbf{r}_j, \xi_j)$ であり, ξ_j はスピン座標
$\psi_l(r)$	1 電子の動径波動関数 $\psi_{l,m}(\mathbf{r}) = \psi_l(r)Y_{l,m}(\theta, \phi)$
$\phi_l(r)$	1 電子の動径波動関数 $\phi_l(r) = r\psi_l(r)$
$\eta_l(\varepsilon)$	位相のずれ
$\psi_{i,\mathbf{k}}(\mathbf{r}) = e^{i\mathbf{k}\cdot\mathbf{r}}u_{i,\mathbf{k}}(\mathbf{r})$	結晶の Bloch 関数. $u_{i,\mathbf{k}}(\mathbf{r})$ は周期関数
$\varepsilon_{i,\mathbf{k}}$	$\mathbf{k}$ の関数としてのバンドのエネルギー
$\hat{H}(\mathbf{k})$	(4.37) 式の「ゲージ変換」を施した $\hat{H}$. 固有ベクトルは Bloch 関数の周期的部分 $u_{i,\mathbf{k}}(\mathbf{r})$
$w_{i\mathbf{n}}(\mathbf{r})$	バンド i でセル $\mathbf{n}$ の Wannier 関数
$w_{in,\mathbf{k}_\perp}(\mathbf{r})$	バンド i で, 一方向にはセル n の, その他の方向には運動量 $\mathbf{k}_\perp$ を持つ混合 Wannier 関数
$\tilde{w}_{i\mathbf{n}}(\mathbf{r})$	Wannier 関数の非直交変換
$\chi_\alpha(\mathbf{r})$	1 電子の基底関数, $\alpha = 1, \ldots, N_{\text{basis}}$ 軌道 ψ_i は基底関数 χ_α で展開される. つまり $\psi_i(\mathbf{r}) = \sum_\alpha c_{i\alpha}\chi_\alpha(\mathbf{r})$
$\chi_\alpha(\mathbf{r} - (\tau + \mathbf{T}))$	並進ベクトル $\mathbf{T}$ でラベルを付けた単位胞の位置 τ にある原子の局在軌道基底関数
$\chi^{\text{OPW}}(\mathbf{r}), \chi^{\text{APW}}(\mathbf{r})$ $\chi^{\text{LMTO}}(\mathbf{r})$	直交化された平面波, 補強された平面波, およびマフィンティン軌道の基底関数

xix

スピンとスピン軌道相互作用

σ_i または τ_i Pauli 行列

H_{SO} スピン軌道相互作用に対するハミルトニアン（付録 O）

ζ H_{SO} の原子様軌道の行列要素

密度汎関数論

$F[f]$ 関数 f の汎関数 F の一般的記号

$E_{\mathrm{xc}}[n]$ Kohn–Sham 理論の交換相関エネルギー

$\epsilon_{\mathrm{xc}}(\mathbf{r})$ 1 電子当たりの交換相関エネルギー

$V_{\mathrm{xc}}(\mathbf{r})$ Kohn–Sham 理論の交換相関ポテンシャル

$V_{\mathrm{xc}}^{\sigma}(\mathbf{r})$ スピン σ に対する交換相関ポテンシャル

$f_{\mathrm{xc}}(\mathbf{r}, \mathbf{r}')$ 応答 $\delta^2 E_{\mathrm{xc}}[n]/\delta n(\mathbf{r})\delta n(\mathbf{r}')$

応答関数と相関関数

$\chi(\omega)$ 一般的な応答関数

$\chi^0(\omega)$ 独立粒子の一般的な応答関数

$K(\omega)$ 自己無撞着な応答関数の積分核 $\chi^{-1} = [\chi^0]^{-1} - K$

$\epsilon(\omega)$ 周波数依存の誘電関数

$n(\mathbf{r}, \sigma; \mathbf{r}', \sigma')$ 2 体分布関数

$g(\mathbf{r}, \sigma; \mathbf{r}', \sigma')$ 規格化された 2 体分布関数（しばしばスピン表示を省略）

$G(z, \mathbf{r}, \mathbf{r}'), G_{m,m'}(z)$ 複素周波数 z の Green 関数

$\rho(\mathbf{r}, \sigma; \mathbf{r}', \sigma')$ 密度行列

$\rho_{\sigma}(\mathbf{r}, \mathbf{r}')$ スピンに関して対角の独立粒子の密度行列

Berry 位相とトポロジカル絶縁体

ϕ Berry 位相

$\mathcal{A}_{\alpha}(\boldsymbol{\lambda})$ パラメータ $\boldsymbol{\lambda}$ の関数としての Berry 接続

$\Omega_{\alpha\beta}(\boldsymbol{\lambda})$ Berry 曲率

$\Omega = \Omega_{xy} = -\Omega_{yx}$ 2 次元での Berry 曲率

Φ Berry 束

C 閉曲面の Chern 数

Z 整数の組，量子ホール系などのトポロジークラス

Z_2 2 値（0 と 1）の整数の組，偶と奇に等価，時間反転対称性を持つトポロジカル絶縁体のトポロジークラス

目　次

第I部　概論と歴史的背景　*1*

第1章　序　*3*

1.1　量子論と電子状態の起源 *4*
1.2　1電子描像がそれほど成功するのはなぜか？ *7*
1.3　定量的な計算の出現 *12*
1.4　最大の挑戦，電子間相互作用と相関 *16*
1.5　密度汎関数論 *17*
1.6　電子構造は今では研究の必須部分である *18*
1.7　物質設計 *18*
1.8　電子構造のトポロジー *20*

第2章　概　観　*21*

2.1　物質の電子構造と性質 *21*
2.2　電子的基底状態：結合と特徴的構造 *23*
2.3　最も基本的な変数としての体積，あるいは圧力 *27*
2.4　構造計算にとってDFTはどれくらい良いか？ *30*
2.5　圧力下での相転移 *32*
2.6　構造予測：固体窒素と高圧化超伝導体の硫化水素 .. *36*
2.7　磁性と電子–電子相互作用 *43*
2.8　弾性：応力とひずみの関係 *45*
2.9　フォノンと変位型相転移 *47*
2.10　熱的性質：固体，液体，および相図 *51*
2.11　表面と界面 *58*
2.12　低次元物質とvan der Waalsヘテロ物質 *63*
2.13　ナノ物質：分子と凝縮物質の間 *65*

xxii 目 次

2.14	電子励起：バンドとバンドギャップ	*67*
2.15	電子励起と光学スペクトル	*73*
2.16	トポロジカル絶縁体	*76*
2.17	さらに続く挑戦：電子相関	*77*

第 3 章　理論的背景 　*81*

3.1	相互作用のある電子と核の基礎方程式	*81*
3.2	凝縮物質における Coulomb 相互作用	*86*
3.3	力と応力の定理	*87*
3.4	一般化された力の定理と結合定数積分	*91*
3.5	統計力学と密度行列	*92*
3.6	独立電子近似	*93*
3.7	交換と相関	*100*

第 4 章　周期性固体と電子のバンド 　*109*

4.1	結晶の構造：格子 ＋ 基底	*109*
4.2	逆格子と Brillouin ゾーン	*121*
4.3	励起と Bloch の定理	*126*
4.4	時間反転と反転対称性	*132*
4.5	点対称	*134*
4.6	Brillouin ゾーンにおける積分と特殊積分点	*137*
4.7	状態密度	*142*

第 5 章　一様電子ガスと sp 結合金属 　*147*

5.1	電子ガス	*147*
5.2	相互作用のない近似と Hartree–Fock 近似	*150*
5.3	相関正孔とエネルギー	*157*
5.4	sp 結合金属における結合	*163*
5.5	励起と Lindhard 誘電関数	*165*

第 II 部　密度汎関数論 　*173*

第 6 章　密度汎関数論：基盤 　*175*

6.1	概　論	*176*
6.2	Thomas–Fermi–Dirac 近似	*177*
6.3	Hohenberg–Kohn の定理	*178*
6.4	制約付き探索に基づく密度汎関数論の定式化	*183*
6.5	Hohenberg–Kohn の定理の拡張	*185*
6.6	厳密な密度汎関数論の複雑さ	*190*
6.7	密度から議論を進める困難さ	*193*

第7章	Kohn–Sham の補助系	197
7.1	ある問題を他の問題と置き換える	197
7.2	Kohn–Sham の変分方程式	201
7.3	自己無撞着連立 Kohn–Sham 方程式の解	204
7.4	自己無撞着の達成	213
7.5	力と応力	217
7.6	交換相関ポテンシャル V_{xc} の解釈	220
7.7	固有値の意味	221
7.8	厳密な Kohn–Sham 理論のもつれた状況	223
7.9	時間依存密度汎関数論	227
7.10	Kohn–Sham 法のその他の一般化について	227

第8章	交換と相関の汎関数	233
8.1	概　観	233
8.2	E_{xc} と交換相関正孔	234
8.3	局所（スピン）密度近似	237
8.4	局所近似は果たして働くのか，働いているのか？ . .	238
8.5	一般化勾配近似（GGAs）	244
8.6	ポテンシャル $V_{xc}^{\sigma}(\mathbf{r})$ の LDA および GGA 表式 . . .	248
8.7	平均密度汎関数と重み付き密度汎関数：ADA と WDA	251
8.8	データベースに合わせた汎関数	252

第9章	交換と相関の汎関数 II	255
9.1	局所密度近似および一般化勾配近似を超えて	255
9.2	一般化 Kohn–Sham とバンドギャップ	257
9.3	混成汎関数と領域分離	259
9.4	運動エネルギー密度の汎関数：Meta-GGAs	264
9.5	最適化有効ポテンシャル	266
9.6	局在軌道法：SIC と DFT + U	270
9.7	応答関数からの汎関数	274
9.8	van der Waals 分散相互作用のための非局所汎関数 .	276
9.9	V_{xc} に対する修正 Becke–Johnson 汎関数	281
9.10	汎関数の比較	282

第III部　原子についての予備知識　　289

第10章	原子の電子状態	291
10.1	1 電子動径 Schrödinger 方程式	291
10.2	独立粒子方程式：球対称ポテンシャル	294
10.3	スピン軌道相互作用	296

xxiv 目 次

10.4	開殻原子：非球対称ポテンシャル	297
10.5	原子の状態の例：遷移金属元素	300
10.6	ΔSCF：電子の付加，除去，および相互作用エネルギー	304
10.7	固体における原子球近似	305

第11章　擬ポテンシャル　**311**

11.1	散乱振幅と擬ポテンシャル	312
11.2	直交化平面波（OPW）と擬ポテンシャル	315
11.3	モデルイオンポテンシャル	320
11.4	ノルム保存擬ポテンシャル（NCPP）	323
11.5	l-依存ノルム保存擬ポテンシャルの生成	326
11.6	価電子の寄与の除去と内殻補正	331
11.7	転用可能性と硬さ	332
11.8	分離可能な擬ポテンシャル演算子と射影演算子	334
11.9	拡張されたノルム保存：線形の範囲を超えて	336
11.10	最適化ノルム保存ポテンシャル	337
11.11	ウルトラソフト擬ポテンシャル	338
11.12	射影演算子補強波（PAW）法：全電子波動関数の保存 . . .	341
11.13	その他の話題	344

付録A　汎関数　**349**

A.1	基本的な定義と変分方程式	349
A.2	密度汎関数論で使われる勾配を含んだ汎関数	350

付録B　LSDA と GGA 汎関数　**353**

B.1	局所スピン密度近似（LSDA）	353
B.2	一般化勾配近似（GGA）	355
B.3	GGA の例，PBE の具体的表式	355

付録C　断熱近似　**357**

C.1	一般的定式化	357
C.2	電子–フォノン相互作用	360

付録D　摂動論，応答関数と Green 関数　**362**

D.1	摂動論	362
D.2	静的応答関数	364
D.3	自己無撞着場理論での応答関数	365
D.4	動的応答と Kramers–Kronig の関係式	366
D.5	Green 関数	369
D.6	"$2n + 1$ 定理"	371

xxv

付録 E	**誘電関数と光学的性質**	**374**
E.1	物質中の電磁波	374
E.2	伝導度テンソルと誘電率テンソル	376
E.3	f 総和則	377
E.4	スカラー縦誘電関数	378
E.5	テンソル横誘電関数	380
E.6	誘電応答への格子の寄与	380
付録 F	**無限大の系での Coulomb 相互作用**	**383**
F.1	基本事項	383
F.2	背景中の点電荷 ： Ewald 和	385
F.3	広がりを持つ核あるいはイオン	391
F.4	中性原子を基準にしたエネルギー	393
F.5	表面および界面の双極子	394
F.6	人為的映像電荷効果の削減	396
付録 G	**電子状態からの応力**	**401**
G.1	巨視的な応力とひずみ	401
G.2	2 体中心力による応力	405
G.3	Fourier 成分による表式	405
G.4	内部ひずみ	407
付録 H	**エネルギー密度と応力密度**	**410**
H.1	エネルギー密度	412
H.2	応力密度	417
H.3	積分された量	418
付録 I	**力のもう 1 つの表式**	**423**
I.1	変分の自由度と力	424
I.2	エネルギー差	427
I.3	圧 力	427
I.4	力と応力	429
I.5	APW 型計算法における力	430
付録 J	**散乱と位相のずれ**	**432**
J.1	球対称ポテンシャルによる散乱と位相のずれ	432
付録 K	**有用な関係式と公式**	**436**
K.1	球 Bessel，球 Neumann および球 Hankel 関数	436
K.2	球面調和関数と Legendre 多項式	437
K.3	実球面調和関数	438
K.4	Clebsch–Gordan および Gaunt 係数	439

xxvi 目 次

K.5 Chebyshev 多項式 440

付録 R 固体の電子状態計算用のコード 441

上巻の参考文献 445

訳者あとがき 477

著者あとがき 481

索 引 483

第I部

概論と歴史的背景

第1章

序

物理学のない生活なんて考えられないね.

ミネアポリスのタクシー運転手

理論なしで行動することを好むのは,櫂と羅針盤のない船に乗っているようなもの
で,どこに向かうのかまったく分からない.

レオナルド・ダ・ヴィンチ notebook 1, 凡そ 1490 年

要 旨

1896 年から 1897 年にかけて電子が発見されて以来,物質中の電子に関す
る理論は理論物理の中でも大いなる挑戦の 1 つであった.いろいろな物質
や現象を理解する一番の基本は,電子状態を知ることである.そのことは,
多様な現実の状況における相互作用する多電子の問題を扱わないといけな
いことを意味する.本章では原論文を参照しながら,電子状態の初期の発
展と,現在使われている多くの手法の起源となっている先駆的な定量的理
論についての概略を与える.

電子と原子核は我々の住む世界の物質(原子,分子,凝縮物質,人工物)の
性質を決める基本的な粒子である.電子は「量子論的な糊」の役目を果たし,
固体,液体,分子などを構成している原子核を 1 つにまとめている.そして
また電子の励起は物質の非常に多くの電気的,光学的,磁気的性質を決定し
ている.物質中の電子の理論の研究は理論物理における大いなる挑戦の 1 つ
であり,それは凝縮物質や分子中の多数の電子や原子核が互いに相互作用を

4   第1章 序

している系を正確に扱うことができる理論的方法，あるいは計算手段を発展
させることである．

　本書全体にわたって，本書とのつながりの大きい次の本に言及すること
が多い．すなわち，*Interacting Electrons* by Richard M. Martin, Lucia
Reining, and M. Ceperley（Cambridge University Press, 2016）[1] であ
る．これら2冊の本は，それぞれが多様な相互作用する多電子系の困難な問
題に取り組む筋道に焦点を当てつつ，電子状態の理論と方法の分野を覆いつ
くすことを意図している．2冊は独立した本であり，本書で [1] に言及するの
は，特に本書のスコープから外れている多体問題の理論と方法に関してより
多くの情報があるということである．

1.1 量子論と電子状態の起源

　電気的現象は何世紀にもわたって知られていたが，電子状態について語ら
れ始めたのは電子が粒子として，すなわち物質の基本的構成要素の1つと
して発見された1890年代からである．特に注目すべきことは，Hendrik A.
Lorentz[1]が Maxwell の電磁理論を修正して荷電粒子の動きという見方から物
質の電磁気的性質を理解しようとしたことである．1896年には，Leiden にい
た Lorentz の学生である Pieter Zeeman が，線スペクトルが磁場によって分
裂することを発見した [3]．Lorentz はそれを彼の電子論で説明し，原子から
の光の放射は非常に小さい質量を持ち負に帯電した粒子によるものだという
結論を導いた．1897年 Cambridge 大学 Cavendish 研究所の J. J. Thomson
が電離気体の実験中に電子を発見し [4,5]，電子は負に帯電しており，電荷と
質量の比は Lorentz と Zeeman が見つけたものとほぼ等しいという結論を得
た．これらの研究に対して，Lorentz と Zeeman には1902年に，Thomson
に対しては1906年にノーベル賞が与えられた．

　この電子の電荷を中和する正の電荷は小さいが重い原子核が担っており，
それは1911年 Manchester の Rutherford 研究室で実証された [6]．この事
実は，古典物理学に対して「物質はどのようにして安定しているのだろう」と

---

[1]［原註］Lorentz の仕事と多くの他の参考文献は1906年の講義のリプリント集 [2] にある．

いう重大な問題を提起した．電子と原子核が引力によって衝突，崩壊しないのは，なぜだろう？ この問題を解決し，古典論から飛躍する決定的な瞬間が訪れたのは，1911 年に博士論文を書き上げた後，ポスドクとして Cavendish 研究所にいた Niels Bohr が，Rutherford に会い，この問題を調べるために Manchester に移ったときである．そこで彼は有名なモデルを発表した．それは量子力学が，電子に許される離散的なエネルギーレベルという言葉を使って，物質の安定性と原子の放射スペクトルの観測結果を説明できるというものであった [7]．1900 年の Planck の仕事，および 1905 年の Einstein の主要な仕事の 1 つによって，光波のエネルギーが量子化されていることが確立された．Bohr のモデルは基本的には正しくなかったが，量子力学の法則の発見のための舞台を用意したのである．その後，量子力学の法則は 1923 年から 1925 年の間に de Broglie, Schrödinger, Heisenberg たちの研究[2]を中心にして発見された．

電子はまた新しく出てきた量子論を試す場でもあった．1921 年の磁場中で銀原子が偏向するという有名な Stern–Gerlach の実験 [14, 15] は量子論が磁場中の粒子に適用できるか否かのテストとして考えられた．同じ頃 Compton [16] は電子は固有のモーメント，磁気的 2 重項を持つと発表した．初期の Compton の仮説に注目していた Goudsmit と Uhlenbeck [17] は軌道角運動量と電子の固有スピン 1/2 との結合を定式化した．

新しい量子力学の勝利の 1 つは，1925 年のことであるが，電子は Pauli [18] によって提案された排他律に従うという描像による原子の周期表の説明[3]であった．排他律とは電子は同じ量子状態に 2 個存在することはできないというものである．1926 年の初期に発表した論文の中で Fermi [20] は排他律の結果を相互作用のない粒子の統計力学的一般公式 ((1.3) 式参照）に拡張し，Bose–

---

[2] ［原註］量子力学の発展については，例えば Jammer [8] や Waerden [9] の本の中で議論されている．初期の参考文献と簡単な歴史に関しては Messiah [10] の第 1 章にある．金属理論の歴史的な発展については Hoddeson と Baym [11, 12] の総説と *Out of the Crystal Maze* [13] という本の中の特に Hoddeson, Baym と Eckert が書いた章「金属の量子力学的電子理論の発達，1926–1933」中に書かれている．

[3] ［原註］多くの人々によって熱心に議論された時期であり [13]，Pauli は E. C. Stoner の論文 [19] に言及している．

6 第 1 章 序

Einstein 統計 [21, 22] の類似の公式との対応[4]について述べている．多数の同種の粒子に対する波動関数は，2 個の粒子を交換したとき対称か反対称のどちらかでなければならないという一般的な原理は，まず最初に Heisenberg [23] により，それから独立に Dirac [24] により 1926 年に議論[5]された．

1928 年までには，物質の電子状態の現代的な理論の基盤である量子力学の法則は完成された．Dirac の 2 編の論文 [26, 27] は，量子力学と特殊相対論と Maxwell 方程式の原理を 1 つにまとめ上げた．Ziman によると，これは "ほとんど単に思考だけによる" 創造力，すなわち頭脳の推論の恐るべき例である．これによって，スピン 1/2 で量子化された磁気モーメントを持ち，スピン軌道相互作用を持つフェルミオンの Dirac 方程式ができ上った．付録 O でより詳細に述べるが，単にポテンシャルによって得られる結果とは定性的にまったく異なる効果が導かれるので，電子状態に本質的な結果を与える．分子や固体においては，通常は (O.10) 式に示すように非相対論的 Schrödinger 方程式に $\hat{H}_{SO}$ を加えれば良い．スピン軌道相互作用は，第 25–28 章で述べるトポロジカル絶縁体の発見によって凝縮系理論の前面にくるようになった．

分子や固体中の電子の振る舞いについてはさらに急速に理解が進んだ．分子における化学結合（これに関する法則はすでに 1920 年以前に Lewis [28] や他の人々によって定式化されていた）の最も基礎的な概念は，分子が形成されるときに原子の波動関数がどのように変化するかということで，量子力学によるしっかりとした理論的根拠を得た（例えば，1927 年の Heitler と London [29] 参照）．原子が作る結合の数に関する法則も量子力学によって与えられ，それによれば電子は 1 個の原子に固定されることなく広がり，複数の原子核に電子が引き寄せられて運動エネルギーが低下し，エネルギー的に

---

[4] [原註] Fermi の 1926 年の論文の表題 "Zur Quantelung des Idealen Einatomigen Gases" と Einstein の 1924 年の論文の表題 "Quantentheorie des Einatomigen Idealen Gases" が似ていることに注目したい．

[5] [原註] 参考文献 [13] によれば，Heisenberg は 1926 年はじめに Fermi から Fermi 統計のアイデアについて聞いていたが，Dirac の仕事は明らかに独立に行われた．彼の 1926 年の論文で，Dirac もスピンが上または下として与えられた相互作用のない電子の波動関数は 1 電子軌道の行列式として書き表すことができることを明らかに指摘している．しかし，Slater がスピンを含めた波動関数が「スピン軌道」の行列式として書くことができることを示したのは 1929 年になってからであった [25].

得するというものである[6].

1.2　1 電子描像がそれほど成功するのはなぜか？

　同じタイトルの節は相棒の本 [1] の導入部にもあり，相関のある相互作用している多体問題の手法の議論を扱っている．両巻の中心的な見解は電子状態とはその本質において相互作用する電子系の問題であり，それは理論物理学の主要な問題の 1 つである，ということである．系の全ハミルトニアンは(3.1) 式で与えられ，電子間の相互作用は到底無視できるものではない．それにもかかわらず，独立電子としての理論的概念と方法は物質の基本的にすべての面において中心的な役割を果たしている両巻で，独立粒子描像が重要であり有用であること，そしてなぜまたどこでその描像が本質的な物理を捉えているかを理解することが重要であることを強調する．

　1920 年代におけるこの分野の主導的な科学者は多数の相互作用する粒子を扱うことの困難をよく理解していた．そして，独立粒子理論が基本的な物理をもたらすことを優れた方法で調べたことは教訓的である．そのような独立粒子系は有効一粒子ハミルトニアンの固有状態 ψ_i で記述できる．

$$H_{\text{eff}}\psi_i(\mathbf{r}) = \varepsilon_i\psi_i(\mathbf{r}), \tag{1.1}$$

ただし，

$$H_{\text{eff}} = -\frac{\hbar^2}{2m_e}\nabla^2 + V_{\text{eff}}(\mathbf{r}). \tag{1.2}$$

上式で $V_{\text{eff}}(\mathbf{r})$ は電子にかかるいくつかのポテンシャルであり，それらは核からくるものと，電子間相互作用をなんらかの方法で取り入れた有効場とである．系の状態は占有数 f_i を指定すれば決まるが，占有数は熱平衡状態では

$$f_i = \frac{1}{e^{\beta(\varepsilon_i-\mu)} \pm 1} \tag{1.3}$$

---

[6]［訳註］この部分の表現には注意を要する．(3.24) 式のビリアル定理を用いると，分子や固体での原子間の結合が安定化されるのは，電子系のポテンシャルエネルギーの低下によるのであり，運動エネルギーはむしろ上昇することが分かる．

8 第1章 序

で与えられる. ただし上式において, − サインは Bose–Einstein 統計 [21, 22],
＋サインは Fermi–Dirac 統計 [20, 24] である.

　新しく出てきた量子力学による初期の業績の1つとして, 1926年から1928
年にかけて Pauli と Sommerfeld [30, 31] により, 古典論の Drude–Lorentz
理論[7]の中の重要な問題が解かれた. その第1のステップは1926年の終わり
頃に Pauli が投稿した論文 [30] で, 彼はその中で弱い常磁性は Fermi–Dirac
統計に従う電子スピンの分極によって説明できることを示した. 温度ゼロで磁
場がない場合には, 電子はスピンを対にして, エネルギーの低い方から Fermi
エネルギーまでの状態を満たし, Fermi エネルギーより上の状態は空のまま
となる. 有限温度または磁場のある場合でも, 温度や磁場がゼロではないと
いっても電子の特性エネルギーに比べ十分低い場合には, Fermi エネルギー
の近傍の電子状態だけが電気伝導, 熱容量, 常磁性などの現象に寄与できる[8].
Pauli と Sommerfeld のこの大成功を収めた金属の理論は一様な自由電子ガ
スのモデルを使っている. このモデルは Drude–Lorentz 理論に付きまとう
疑問点のほとんどを解決した. しかし, 当時はまだ, 原子核や結晶構造を理
論に取り入れると, 電子を強く乱すであろうとは思われていたが, どのよう
な結果になるかは明らかではなかった.

独立電子に対するバンド理論

　結晶中の電子の振る舞いを知るための次の重要なステップは, 周期的ポテン
シャル中の独立した相互作用のない電子の性質を知ることであった. これ
は Leipzig における Heisenberg の最初の学生である Felix Bloch の学位論文

---

[7] ［原註］物質の電磁気的性質を荷電粒子の運動として説明する Lorentz の理論 [2] の展開と同
　時期に, Paul K. L. Drude は物質の光学的性質の理論 [32, 33] を発展させた. これは粒子
　の運動を考え, 現象論的な方法で説明したものである. 彼らの理論は純粋な古典理論の基礎を
　築いたものであり, 量子力学的な解釈の下に, 今日でも高く評価されている.

[8] ［原註］Sommerfeld は 1927 年のはじめに Pauli からこのアイデアを聞き, その理論の開発
　が 1927 年の間に Munich で行われた Sommerfeld 主催の研究会の主題となった. その研
　究会には Bethe, Eckhart, Houston, Pauling, Pierls [11] なども参加していた. Pauli と
　Heisenberg は 2 人とも Sommerfeld の学生であった. 彼らは活発な量子論研究の場をそれ
　ぞれ Zurich と Leipzig に築いた. この 3 つのセンターが, Slater, Peierls, Wilson などの
　Leipzig への訪問者と共に, 量子論研究の中心となった.

によって非常にはっきりと解明された[9]．Bloch [35] は結晶の中の電子のバンドの概念を定式化し，それは Bloch の定理（第 4 章と第 12 章参照）として知られている．Bloch の定理とは，完全な結晶中の波動関数は「結晶運動量」の固有状態である，というものである．この論文は金属の電気伝導についての Pauli–Sommerfeld 理論の中の重要な問題の 1 つを解決した．すなわち，電子は完全な結晶格子中であれば自由に動くことができ，散乱されるのは格子欠陥や熱運動による原子の変位があるときだけである．

　しかしながら，バンド理論が十分に理解されたのはかなり後のことであった．バンド理論と Pauli の排他律によれば，各スピンに対して許される複数の状態の各々には，結晶の単位胞当たり 1 個の電子しか入れない．Leipzig の Heisenberg のグループの Rudolf Peierls は Hall 効果や金属の他の性質を理解するためには充満したバンドと正孔（すなわち，充満バンドから電子が抜けた跡）という概念が重要であることを認識した [36,37]．しかし，すべての結晶を金属と半導体と絶縁体とに分類するようになったのは 1930 年代になってからで，またしても Leipzig の A. H. Wilson [38,39] の仕事が出てからであった[10]．

　原子が寄せ集められるにつれてできるバンドを図 1.1 に示す．これはよく知られた 1935 年の G. E. Kimball の図を基にしている [41]．Kimball はダイヤモンド構造の結晶を取り扱ったが，これは当時としてはとても難しかった．というのは，ダイヤモンド構造の電子状態は原子における電子状態とは定性的に違っているからである．彼の言葉によれば，

> この結果から定量的なことはあまりいうことはできないが，それでもダイヤモンドと金属の本質的な違いは明らかである．
>
> G. E. Kimball [41]

図 1.1 はまた 2 つのタイプの絶縁体バンドギャップの間の転移が起こると

---

[9] ［原註］これときわめて関連した仕事が同じ時期 1928 年に Munich で Sommerfeld の学生であった Hans Bethe の学位論文 [34] で行われていた．彼は結晶中の周期的に配列している原子からの電子の散乱の研究をしていた．

[10] ［原註］Seitz の古典的な本において [40]，彼は絶縁体をさらにイオン結合固体，共有結合固体，分子固体に分類した．Seitz の 698 ページもの本が 29 歳という若いときに出版されているのは驚きである．

第 1 章 序

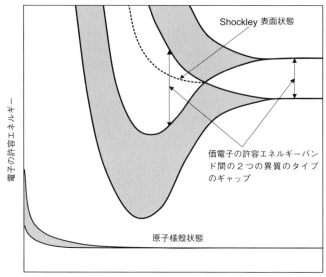

図 1.1 1935 年の Kimball の仕事 [41] から借用した電子のエネルギーバンドの模式図．原子が接近してダイヤモンド構造をとるようになるにつれ，離散していたエネルギーレベルが，禁止帯で分離された許容状態のバンドに変化していくことを示している．1 つは結晶構造には無関係なことで，バンドが非占有バンドを分離するギャップのところで電子で満たされた絶縁体とバンドが部分的に電子で満たされてギャップがない金属に分類される．しかし，個々の場合についての補足情報もある．Kimball が指摘したのは，原子様の状態から共有結合状態への転移に見られるようにはっきりと区別できる 2 つのタイプのエネルギーギャップがあることである．それはこの例においては転移はギャップが消えるところで起こる．同様の図は 1939 年の Shockley の論文 [42] に見られるが，彼によると結晶における状態の転移はギャップ中に表面状態ももたらす．このことは今世紀における凝縮系物理における主要な発見の 1 つであるトポロジカル絶縁体の先駆けである．トポロジカル絶縁体は第 25–28 章の話題である．

ころで表面状態が現れることを示している．これは Shockley[11] による 1939

---

[11] [原註] これはトランジスタの発明で Bardeen と Brattain と共にノーベル賞を受賞した Shockley と同じ人物である．表面に関する彼の仕事は，気楽な練習などではなくて，最初のトランジスタは表面領域の伝導率を制御することによって働いたのであり，表面状態の性質が肝要であった．Shockley は California の Palo Alto で生れた．Silicon Valley にシリコンを持ち込んだのは彼の母親だと云われている．というのも，彼は母親の世話をするためと Shockley 半導体研究所を始めるために New Jersey の Bell 研究所から Palo Alto に戻ったのである．悲しいことに，彼の後年は彼が優生法の信奉者であったために汚れてしまった．

1.2 1電子描像がそれほど成功するのはなぜか？ **11**

年の先見性のある論文 [42] で導かれた．彼はバルクのバンド構造での転移の性質とギャップ中の表面状態出現の条件を明らかにするために単純な 1 次元モデルを用いた．Shockley はそれより以前にセル法によって NaCl の最初の現実的なバンド構造の計算 [43] をしているが，共有結合の半導体はとても違っている．これは，問題の本質を捉えるすっきりと単純なモデルを用いることと，すっきりと単純な方法を用いることを示唆する例である．彼が以前に用いた同じセル法は今では表面を持った共有結合結晶に適用されている．Shockley の解析は，トポロジカル絶縁体の先駆けとして第 22 章，26 章でもう少し詳しく説明される．

電子数による物質の分類

物質の分類は図 1.1 に示すバンドの満たされ方によるが，その満たされ方は単位胞内の電子数に依存している．

- それぞれのバンドは各スピンごとに単位胞当たり 1 つの状態でできている．
- 絶縁体は，充満したバンドからなり，電子の基底状態をすべての励起状態から分離する禁止帯という大きいエネルギーギャップがある．
- 半導体には小さなエネルギーギャップがあり，熱エネルギー程度で十分な数の電子が励起され，その電子が電気伝導などの重要な現象を引き起こす．
- 金属には部分的に満たされたバンドがあり，そのため励起に必要なエネルギーはゼロであり，温度がゼロでも電子は電気伝導にあずかることができる．

相互作用する多電子問題との関係

独立粒子モデルによる解析は多体問題の非常な単純化である．しかしながら，ある種の性質は本物の問題にも持ち越せる．基本的な指導原理は**連続性**である．すなわち，独立粒子系から実際の相互作用のある系に，相互作用の強さを連続的に変化させていくときに系は連続的に変化するということである．この考えが Landau やその他の人[12]によって現在用いられている形式に成文

---

[12] [原註] Pines による本 [44] に，多くの元論文のリプリントを見つけることができ，理論が "AGD" のイニシアルで知られる本 [45] に与えられており，その "定理" はもともと Luttinger によるとしている．

12 第1章 序

化されたのはほんの 1950 年代と 1960 年代においてであった．現在では簡潔に「Luttinger の定理」[46, 47] と呼ばれており，Ferimi 面に囲まれた位相空間の体積は相転移がない限り変化しないというものである．これは単に数学的な定理ではない．それは注意深い推論によって定式化された議論であり，例外は物質の新しい状態，例えば超伝導状態への転移であることを明らかにしている．他の状態への転移がない限り，独立粒子近似での部分的に占有されたバンドを持つ金属は本物の問題でも金属にとどまる．満たされたバンドを持つ絶縁体は，そのままであるか同数の電子と正孔を持った Fermi 面のある半金属になる．こうした議論はもっと広範囲に [1] で議論されるが，ここで述べたことは基盤的な概念を捉えている．

電子状態の性質としてトポロジーが現れたことはこの古い問題に新しい角度を与えた．基本的にはトポロジカル絶縁体と呼ばれるものについてのすべての仕事は独立電子に対してであり，連続性の原理は違ったふうに，すなわちトポロジーはギャップが消滅するときにだけ変化できるという原理，として使われる．

1.3 定量的な計算の出現

多電子系に対する最初の定量的計算は原子に対して行われ，最も有名なものは D. R. Hartree[13][50] と Hylleraas [51, 52] によるものである．Hartree は自己無撞着場の方法を開発し，原子核や他の電子が作る中心力ポテンシャルの中で動く個々の電子に対する方程式を数値的に解き，今日でも使われている多くの数値計算法に新境地を開いた．しかしながら，やり方は発見的なものであった．その後 1930 年に Fock が反対称性を取り入れた行列式の波動関数を用いた最初の計算を発表した [53]．これが今日 Hartree–Fock 法として知られているものの最初の論文である．現在摂動論と応答関数（D.1 節と第 20 章参照）で使われている方法の多くは Hylleraas の仕事を起源にしてい

---

[13] ［原註］D. R. Hartree は父である W. R. Hartree の協力を得た．彼は数学に関心のあるビジネスマンであり，卓上計算機で計算を行った [48]．彼らは原子に関する膨大な計算を発表した．D. R. Hartree はその後，計算科学および電子計算機の使用に関する先駆者の一人となり，原子の電子状態の計算に関する本を出版している [49]．

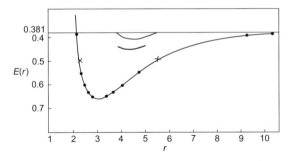

図 1.2 Na 金属に対するエネルギーと Wigner–Seitz 球の半径（Bohr 単位）との関係．Wigner と Seitz [54, 57] より．下の線は文献 [54] によっており，セル法で計算された最低の電子状態のエネルギーを示す．中間の線は表 5.3 に与えられた一様電子ガスからの運動エネルギーの評価値を加えた全エネルギーである．上の線はさらに相関エネルギーを含む．中間と上の線は論文 [57] からの引用である．最後の結果は実験と非常によく一致する．

る．彼は 1930 年にはすでに 2 電子系の基底状態に対する正確な解を与えている [52]．

1930 年代になると，固体の電子構造に対する理論的手法の主なもので，今日でも使われているものはほとんど出揃った[14]．最初の頃の電子状態の定量的な計算の中でも特に注目すべきものは，1933 年と 1934 年に発表された Wigner と Seitz による Na 金属の仕事 [54, 57] であった．彼らが使った方法はセル法であり，これは原子球近似の先駆けで，原子状の球の中での計算だけが必要になる．このような簡単化を行った後でも，当時必要とされた労力がどれほどのものであったかが，次のような彼らの記述からもうかがえる．

> 1 個の波動関数の計算に 2 日間午後中かけて，全体では 5 個の波動関数を計算して，10 個の点を図に描いた． Wigner and Seitz [54]

文献 [54, 57] によるもとの図を図 1.2 に再現してあるが，下の線は最低の電子状態のエネルギーである [54]．結晶での運動エネルギーを含めた全エネル

---

[14] ［原註］1930 年代初頭のバンド理論の状況は Sommerfeld と Bethe [55] および Slater [56] による総説と *Out of the Crystal Maze* [13] という本の中の，特に P. Hoch による "The Development of the Band Theory of Solids（固体のバンド理論の発展），1933–1960" の章に詳しく書かれている．

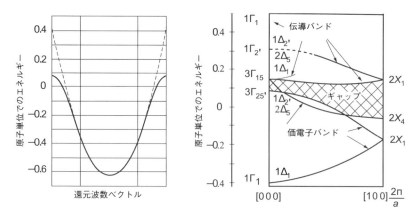

図 1.3 左：Wigner と Seitz のセル法 [54] を使って，1934 年に Slater によって求められた Na のエネルギーバンド [58]．波動関数は核の近くでは原子での特性を持っているにもかかわらず，このバンドは自由電子に近い特性を持っていることがはっきり分かる．右：Herman と Callaway [59] により 1953 年に計算された Ge のエネルギーバンド．初期の計算機によるバンド構造の計算の 1 つである．この方向での最小バンドギャップは実験および図 2.23 に示される最近の結果ともまずはよく合っている．しかし，Γ 点での伝導体の準位の順序は正しくない．

ギー（中間の線）と，相関エネルギーをも含めた全エネルギー（上の線）も示されている [57]．上の線の結果は実験と見事に一致している．

　Na における電子のエネルギーバンドは 1934 年に Slater [58] および Wigner と Seitz [57] によって，共にセル法を使って計算された．Slater の結果を図 1.3 に示す．Wigner と Seitz も大変よく似たバンドを得た．波動関数は各原子核の近傍で原子的特徴を持っているが，バンドは非常に自由電子的であり，この結果から我々は sp 結合金属について多くの基礎的知識を得ることができた．1930 年代と 1940 年代には対称性の高い金属（例えば，Krutter による Cu のバンド [60]）とイオン結晶（例えば，Shockley による NaCl の研究 [43]）についてセル法を用いて多くの計算がなされた．

　一般の固体の場合には，核の近傍とポテンシャルが滑らかな結合領域との両方で電子を正確に扱わねばならないので難しくなる．補強平面波法（第 16 章）は 1937 年に Slater によって考案され [61]，1950 年代に発展したもので

ある[15]. 異なった2種類の基底を用い，それらを境界で接合するという方法でこの難問を解決している．直交化平面波法（第11章）はHerring によって1940年に始められ，価電子に対する内殻の影響を取り入れている[64]．当時いろいろな有効ポテンシャル（擬ポテンシャルの先駆け，第11章）が物理のさまざまな分野で導入されており，例えばFermi [65] は1934年に原子による電子の散乱と核による中性子の散乱を記述するのに用いている（図11.1を参照）．固体へ最初に応用したのはおそらく1935年から1936年にかけてのH. Hellmann であろう[66,67]．彼は金属中の価電子の理論を，最近の擬ポテンシャル計算に非常に似たものとして発展させた．もちろん，一般的な固体に対する定量的な計算は不可能であったが，概念が実験研究と共に進歩し，トランジスタに代表されるようないくつかの重要な発展をもたらした[16].

　半導体中では電子状態は原子における状態とはまったく異なっており，そのような難しい場合に対する最初の定量的なバンド計算は1950年代の初めに行われた[17]．例えば，Herman と Callaway [59] が1953年に計算したGe のバンドを図1.3に示す．この計算では直行化平面波（OPW）法（11.2節参照）が用いられており，原子ポテンシャルの和をポテンシャルに使っている．彼らは自分たちが求めたギャップの値は実験値より大きいことを指摘した．これは後で正しいことが分かった．というのは，Brillouin ゾーンでの彼らの計算した方向でのギャップは最小のギャップより大きいのが当然で，最小のギャップはBrillouin ゾーン中の違った方向にあり，当時はその計算はさらに困難だったのである．最近の計算（例えば図2.23参照）と比較すると，価電子帯とギャップの結果は基本的には正しいが伝導帯の結果に食い違いがある．

---

[15] ［原註］おそらく「補強平面波」という言葉を最初に公に使ったのはSlater [62] であろう，1953年の論文に出ている[62,63].

[16] ［原註］Shockley の仕事については脚注11で述べた．トランジスタの発明者のうちの一人である J. Bardeen は Wigner の学生であり，金属の電子状態に関する彼の学位論文は第5章で言及される．

[17] ［原註］例えば，Herman による総説[68,69] を参照．彼の興味深い記事がPhysics Today [69] にある．Herman によれば多くの以前のバンド計算は彼の母によってなされたものとのことである（D. R. Hartree の父の役割も参照）.

1.4 最大の挑戦，電子間相互作用と相関

独立粒子理論は多くの場合にとても成功してきたが，電子–電子相互作用の結果はどうなのかという大きい疑問が生じる．この相互作用の最も重要な効果の1つは，電子論の歴史の中でもかなり早い時期から分かっていた．すなわち，磁性が現れる基本的原因は相互作用をしている電子の交換エネルギーであると Heisenberg [70] と Dirac [71] によって特定された．この交換エネルギーはスピンの状態と，2個の電子を交換すると波動関数の符号を変えなければならないという規則によるものである[18]．原子物理や化学の分野では局在した系での強い相関や分子の固有の結合を正確に記述するためには，有効独立電子近似を超えたものが必要であると早くから認識されていた [75].

凝縮物質における電子–電子相互作用に関連した大きい問題は，Eugene Wigner [76] と Nevill Mott 卿 [77–79] によって議論された金属–絶縁体転移という言葉によって簡潔に提示される．転機となったのは 1937 年の会議であり，そこで J. H. de Boer と E. J. W Verwey が「部分占有された，また完全に占有された半導体，NiO を顕著な例として」という論文 [80] を発表して，それに続いて Mott と R. Peierls による「de Boer と Verwey による論文の議論」という論文 [77] を発表した．彼らは問題を今日行われているのと同じように，相互作用の強さがバンド幅より大きい場合のバンド形成と原子様の振る舞いの競合である，と提起した．この競合は部分占有の局在した 3d 状態で特にドラマチックであり，高温超伝導体[19]など今日の物理での最も魅惑的な問題となっている．このような問題を扱う方法は相棒の本 [1] の主要な話題であり，いくつかの典型的な例は本書の第 2 章，特に 2.17 節にまとめてある．

---

[18] ［原註］古典力学では Bohr–van Leeuwen の定理 [72–74] から，電荷から成る系のエネルギーは磁場には依存しないことになるので，この理論は量子力学の画期的なことの1つである．

[19] ［原註］問題は P. W. Anderson によって "More is different" と題する論文 [81] で雄弁に述べられている．相互作用は多粒子系において，相転移，対称性の破れ，また他の集団的振る舞いを引き起こす．これらの概念の永続性は会議録 *"More Is Different: Fifty Years of Condensed Matter Physics"* [82] で取り上げられている．

1.5 密度汎関数論

Pierre Hohenberg と Walter Kohn による 1964 年の論文 [83] と Kohn と Lu Sham による 1965 年の論文 [84] が電子構造理論をまったく新しいレベルに移した．今では密度汎関数論（DFT）は凝縮物質の電子状態および多くの他の分野での，基本的にすべての定性的な仕事の基盤になっており[20]，本書での中心的な話題である．基礎理論は第 II 部の課題であり，DFT の応用は本書の大部分での主要な話題である．強調すべき最も重要な点は **DFT は相互作用する相関のある電子の多体系の理論**であることである．DFT の Kohn–Sham 版は独立粒子を扱っているが，独立粒子近似ではない；それは補助系を作っており，そこでは相互作用している実際の系の厳密な密度と全エネルギーを与える．もともとの Hohenberg–Kohn の定理ではすべての性質は密度だけの汎関数である．しかし，第 6 章で述べるがこれは単なる Legendre 変換にすぎず他に何かをする処方箋を与えるものではない．DFT の目覚ましい成功は，Kohn と Sham の天才による一押しがあったからである．この理論は相互作用する系のすべての性質ではなくて，いくつかの性質に限って扱えるようになっている．基底状態の密度と全エネルギーに限って，非常に正確で有用な近似を見つけることが可能であることを証明している．

Kohn–Sham DFT では交換相関のすべての効果は交換相関汎関数 $E_{xc}[n]$ に含まれており，それは密度 $n(\mathbf{r})$ だけの関数である．E_{xc} に対するすべての近似は多体問題のなんらかの手法で得られた情報を利用する．本書の初版では主な例は，電子ガスに対する計算の情報を使った局所密度近似か密度勾配近似であった．これらの方法の成功はより改良された汎関数の新しい仕事につながった．新しい本版には，新しい汎関数の背後にある概念と多体問題のアイデアを含む 2 つの章（第 8 章と 9 章）が用意されている．

---

[20] [原註] 物理，化学，および他の分野の間の境界を超えることへの貢献に対する賛辞は 1998 年のノーベル化学賞であり，「密度汎関数論の開発」（もともとは密度がゆっくり変化する固体に関連して開発されたもの）に対して Walter Kohn に，「量子化学での計算機による計算手法の開発」に対して John A. Pople に与えられた．

18 第 1 章 序

1.6 電子構造は今では研究の必須部分である

　密度汎関数論の出現は凝縮物質の物理，材料科学，さらには他の分野において多くの進展があり，理解と応用に新しい段階をもたらした．Kohn と Sham の仕事以来で最も影響力が強い発展は 1985 年の Car と Parrinello [85] によるものである．第 19 章で説明するように，彼らの仕事は計算のまったく新しい世界を開いた多くの発展につながった．彼らの仕事以前には，ほとんどすべての計算は単純な結晶に限られていたし，より大きい系に対する冒険的な計算しかなかった．彼らの仕事以後，多彩な手法が急速に発展し，数百原子，複雑構造，表面，反応，液体などの系を温度の関数として扱うこと，さらに多くの他の問題を扱うことが通常的に行われるようになった．

　電子構造の理論と計算手法は今では物理や他の分野の研究に不可欠なものになっている．計算の基礎的方法は第 IV 部での，物質の多くの性質への拡張は第 V 部での主題である．また多くの例は第 2 章で与えられ，今日の電子状態の範疇を示す多種の問題の概観が分かる．こうした研究の重要な効果としては最近の新物質探索がある．もちろん物質を創成するのは最終的には実験の役目であり，可能な方法で実際に作れないといけない．しかし，定量的な理論は新物質あるいは新システムの研究において常に必須である．ほんのいくつかの例をあげると，フラレン，ナノチューブ，グラフェン，高温超伝導体，層状物質や酸化物界面の 2 次元系，地球内部の高圧高温での地球物理などである．新物質の発見ではますます理論による予言に基づくことが増えている．例えば，第 2 章で述べる高圧下の硫化水素超伝導体や，第 VI 部でのまったく新しい研究分野であるトポロジカル絶縁体がある．

1.7 物質設計

　計算機の威力は途方もなく多数の構造のエネルギーの計算や多彩な方法の駆使によって望ましい性質を持つ物質を探索すること，すなわち物質設計を可能とした．

　これは分子や巨視的な固体以上のことを意味する．「物質」という言葉は非

常に多くの可能なサイズ，形および組成を持つクラスターを意味する：表面，異なった系の間の界面；望ましい現象を制御する欠陥；液体，溶液，そして固液界面；制御された積層の層状物質；その他多数の可能な系を意味する．確かに，最も重要な性質はそれが実際に作れるかどうかである．成功した理論は安定な化合物とそれらの構造を決められなければならないし，多くの場合について準安定であるとか非平衡条件で合成されるとかを調べられなければならない．分子からクラスター，さらに固体までの系を扱えなければならない．それはまた望みの性質を予測できなければならない：例えば，強度，バンドギャップ，光学的特性，磁性，超伝導など．

そのような理論はまだ存在しない．しかし，ゴールに向かってこれまでに大きい進展があった．これらの進展の中心には密度汎関数論がある．それが安定構造や他の基底状態の性質を定量的に予測できる唯一の方法である．最近，より広範な物質を扱える新しい汎関数に進展があった．例えば，van der Waals 汎関数とか汎関数そのものに分極率を組み込んだものとかがある．「バンドギャップ問題」のようなよく知られた欠陥があるが，それでもバンドギャップを予測する DFT 法にも大きい進展があった．理論と方法の特徴的な例は本書の話題である．加えて，相棒の本 [1] の話題である多体問題の手法と連携することは今日の DFT 計算の欠陥を乗り越える強力なやり方である．

新物質をより効率的にかつ効果的に発見して活用するために，理論家と実験家が協力して活動できるような基盤を作る大規模な協力体制が今では多数存在する．そのような例を 2 つあげると米国での Materials Genome Initiative（MGI）とヨーロッパを中心とした Novel Materials Discovery（NOMAD）で[21]，それらはインターネットで容易に利用できる．生成された膨大なデータを利用するツールや手法は胸躍る領域であるが本書では少しだけ触れるだけである．本書と相棒の本 [1] の話題はこれらの発展がよっている基盤となる理論と方法についてである．

---

[21] ［訳註］これらと同様の我が国での活動は，訳者も深く関わった「情報統合型物質・材料開発イニシアティブ (MI^2I)」で行われた．

20 第 1 章 序

1.8 電子構造のトポロジー

Bloch の定理以来の凝縮物質の理論における最も重要な発展の 1 つは，Kane と Mele [86, 87] および Bernevig と Zhang [88] による記念碑的論文による，電子構造におけるトポロジーの役割の認識とトポロジカル絶縁体の発見である．1982 年の Thouless と共同研究者による有名な TKNN 論文 [89] は量子ホール効果（QHE）（付録 Q を参照）における正確な整数倍はトポロジカル普遍性として説明されることを示した．しかし，QHE は強磁場下でのみ生じる．トポロジカル絶縁体では，磁場がなくてもスピン軌道相互作用が類似の効果を引き起こすことが発見され，まともに電子構造にトポロジーを持ち込んだのである．後知恵になるが，1939 年の Shockley の仕事 [42]（特に図 1.1 と第 22 章と 26 章を参照）はトポロジカル絶縁体の先導けであったことが分かる．それは結晶のトポロジカル絶縁体と見ることができる．

量子力学と Bloch の定理の発見から長い年月が経って，さらに新しい発見があるとは感激である．驚くことにはトポロジカル絶縁体はバンド構造とスピン軌道相互作用についての学部学生の固体物理の教科書レベルの知識だけで理解できる．これは第 25–28 章の話題である．

さらに学ぶために
相棒の本 [1]：

Martin, R. M., Reining, L. and Ceperley, D. M., *Interacting Electrons: Theory and Computational Approaches* (Cambridge University Press, Cambridge, 2016). この本は本書と合わせて電子状態の理論と方法をカバーする.

今日においても適切で豊富な知恵を含む古典的な本の例として：

Dirac, P. A. M., *The Principles of Quantum Mechanics* (Oxford University Press, Oxford, 1930), reprinted in paperback. その時代の透徹した精神による洞察である.

Mott, N. F. and Jones, H., *The Theory of the Properties of Metals and Alloys* (Clarendon Press, Oxford, 1936), reprinted in paperback by Dover Press, New York, 1955. 固体量子論の初期の発展の 1 つのランドマーク.

Seitz, F. *The Modern Theory of Solids* (McGraw-Hill Book Company, New York, 1940), reprinted in paperback by Dover Press, New York, 1987. 固体量子論の初期の発展のもう 1 つのランドマーク.

Slater, J. C. *Quantum Theory of Electronic Structure*, vols. 1–4 (McGraw-Hill Book Company, New York, 1960–1972). 数巻からなっていて，理論の情報の貴重な集積であり多数の原論文への参照を含む.

第2章

概　観

原子がどのように配置されるかが非常に重要だ．特に重要なのは配置，距離，結合，衝突，それに運動だ．

Titus Lucretius Carus, *On the Nature of Things*, book 2, 紀元前 60 年

> ### 要　旨
>
> 物質の電子状態の理論は実際に観測されるさまざまな現象を理解し，定量的に表現する方法を与える．このような現象を一覧表にすれば，凝縮物質物理の教科書の目次のように見えるであろう．この一覧表は基底状態と励起状態という電子的特性で分けることができる．本章の目的は，数学的表式を使わずに電子状態について解説をすること，すなわち電子がどのようにして物質の性質を決めているか，電子状態理論に対して現在どのような挑戦がされているかを述べることである．

2.1　物質の電子構造と性質

　物質の性質は基本的に電子が基底状態にあるか励起状態にあるかの2つの範疇に分けることができる．この区別は物質の物理的性質を見れば明らかであり，理論的解釈と電子状態の研究すべてにわたる発展の枠組みを決める．基底状態と励起状態における電子的性質のリストは，本質的にはどの教科書でもほとんど同じである．

22　第2章　概　観

- 基底状態：凝集エネルギー，平衡状態での結晶構造，構造間の相転移，弾性定数，電荷密度，磁気秩序，静的電気感受率，静的磁化率，核の (断熱近似における) 振動と運動，と他の多くの性質.
- 励起状態：金属における比熱，Pauli のスピン磁化率，輸送などに関する低エネルギー励起，また絶縁体の絶縁ギャップ，光学的性質，電子の付加または除去に対するスペクトル，と他の多くの性質を決める高エネルギー励起.

　このような区別をする理由は，物質は電子によって結合された核の集合でできているからである．電子の代表的なエネルギースケールは，電子より質量の大きい核の自由度に伴うエネルギースケールよりはるかに大きい．従って，電子の最低エネルギー状態である基底状態が物質の構造と核の低エネルギー運動を決めている．物質は広範な形態をとる．例えば，最も硬い材料である炭素でできたダイヤモンドもあるし，柔らかくて滑らかな炭素でできたグラファイトもある．また周期表に載っている元素でできた多くの複雑な結晶や分子もある．これらはほとんど電子の基底状態の現れである．多くの物質では核の運動，例えば格子振動の時間スケールは一般の電子の運動のそれに比べて非常に長い．従って核が動いても電子は各瞬間の基底状態にいると考えてもよい．これはよく知られた断熱，または Born–Oppenheimer 近似 [90,91] である（付録 C 参照）.

　電子の基底状態は電子構造の解析における重要な部分であるので，基底状態を扱う正確で堅固な方法を見つけることは現在の理論研究の大きい部分を占めている．理論として必須の特性を組み入れるためには物質に係るいくつかの代表的なエネルギー値が必要である．正確な理論的予測を可能にするためには，物質の非常に異なった相間の小さなエネルギー差でも区別できる大変正確な方法が必要である．現在固体に対する「第一原理」定量計算で最もよく使われている方法は密度汎関数論であり，これは本書の中心的主題である．さらに，現存する最も正確な多電子的手法である量子モンテカルロ法は基底状態や熱平衡状態の性質を調べるためのものであり，相棒の本 [1] で詳細に扱われており，本書ではほんのいくつかの結果をベンチマークとして与える.

一方で，核の与えられた構造に対して，電子励起は物質の電子的特性の本質をなすものである．この電子的特性とは，電気伝導，光学的特性，電子の熱励起，半導体内のドープされた電子が引き起こす現象などである．このような特性は励起エネルギーのスペクトルと励起された状態の性質によって決まる．励起には 2 種類の主要な型があり，1 つは 1 個の電子を付加または除去するというもので，もう 1 つの励起では電子の数は一定に保たれる．励起は Kohn–Sham DFT の範疇にはなくて時間依存 DFT が光学スペクトルのように電子数を変えない励起については原理的に厳密である（第 21 章で議論するように，実際的にも大変よい結果を与える），また電子の付加や除去に対するスペクトルを扱うための一般化された Kohn–Sham 法がある（第 9 章を参照）．励起を扱う Green 関数法は本書でも言及するような有益な知見を与えてくれるもので相棒の本 [1] で扱われる．

電子励起はまた核の運動とも結合し，電子–フォノン相互作用などの現象を引き起こす．電子–フォノン相互作用は電子状態のエネルギー的な広がりを生じさせ，金属では大きい影響を持つ可能性がある．というのも，普通の金属では電子は任意の低エネルギーの励起が可能であるから，低エネルギーの核の励起とも結合することになる．この結合は物質の相転移を引き起こし，定性的に新しい状態，例えば超伝導状態を引き起こすこともある．ここでは電子–フォノン相互作用を理解し計算可能にする理論を扱うが（例えば第 20 章参照），超伝導それ自身については取り扱わない．

2.2 電子的基底状態：結合と特徴的構造

物質の安定構造は当然のことながら結合を決めている電子の基底状態を基に分類されている．この結合についてさらに詳しく知りたい場合には，例えば本章末にあげた教科書を参照されたい．ここでいくつかの種類の結合の特徴を述べておく．

- 希ガスや分子固体のように閉殻構造をとるものは，定性的には独立した原子（または分子）のときと同じような電子構造をとる．ただしバンドは少しだけ広がっている．特徴的構造は，希ガスでは最密構造の固体となり，球

24 第2章 概 観

形をとらない分子からできた固体では複雑な構造となる．これらを扱うには弱い van der Waals[1]結合を扱うことが必須であり，そのために開発された汎関数は 9.8 節で述べられる．

- イオン結晶は電気陰性度の大きく異なる複数の元素からなる化合物である．これらの物質では閉殻のイオンを作るように電荷が移動するのが特徴である．その結果，稠密配置をとる大きい陰イオンと，Coulomb 引力が最大となるような位置にある小さい陽イオンを持った構造になる．例えば，fcc NaCl や bcc CsCl がある．

- 金属では電子励起に際してエネルギーギャップが存在しないので導体である．バンドは異なった数の電子を容易に受け入れることができ，異なった価数を持つ原子間で合金を作るという金属の特性が現れ，fcc, hcp, bcc のような稠密構造をとる傾向が現れる．一様電子ガス（第5章）は特に sp 結合金属を理解するための有益な出発点である．しかし，遷移金属と希土類金属は部分的に占有された d あるいは f 状態を持っており，それらが原子に似た特徴とバンドに似た特徴を合わせ持ち，ときには強磁性を示したり，しばしば理論にとっての挑戦になっている．

- 共有結合での電子状態は，孤立原子や孤立イオンの電子状態から，固体特有のエネルギーギャップを持った結合状態へ明確に変化する．その様子は図 1.1 の線の交差に見られる．共有結合は方向性を持っており，他の結合で典型的に見られる稠密構造とは違って隙間のある結晶構造となる．定量的理論の主要な成果は半導体の振る舞いや，圧力下でのもっと稠密な構造への転移を記述できたことである．

- 水素結合は，しばしばもう1つ別の結合であるとみなされている [98]．水

---

[1] [原註] Johannes van der Waals は 1910 年に，気体と液体の状態方程式に対してノーベル賞を受賞した．この仕事はまずは 1873 年に Leiden での学位論文に提案されており，弱い引力による毛細管現象など多くの内容に発展させられた．文献 [92] および彼のノーベル賞講演 [93]（www.nobelprize.org でオンラインが利用可）を参照．分極による引力についての説明は 1920 年に Debye によって提唱されていた．また量子論は 1927 年に Wang によって提案された（[94] と [95] を参照）．系統的な理論は分散力あるいは London 力として 1930 年に Eisenshitz と London [96,97] によって発展させられた．我々は，電磁界を介しての引力として "dispersion（分散）" を使い，他の効果を含む弱い相互作用として "van der Waals" を使うこととする．相棒の本 [1] も参照のこと．

素は特別な元素で内殻に電子を持たない唯一の元素である．水素の陽子は電子に引きつけられており，他の元素では内殻のために生じる反発項が水素では存在しない．水素結合は，ここでは扱わないが生物や他の分野での数えきれないほどの問題で非常に重要である．後で水素結合の効果は水の中での分子間の相互作用（2.10 節）や高圧化での硫化水素超伝導体の生成（2.6 節）で見ることにする．

実際の物質における結合は，一般に，いろんな結合様式を組み合わせたものである．例えば，分子結晶と van der Waals 構造（2.12 節参照）では分子あるいは層間に，強い共有性とイオン性の結合，あるいは分子間結合と弱い van der Waals 結合や他の弱い結合が存在する．ヘテロポーラー共有結合系，例えば，BN, SiC, GaAs などはすべていくらかイオン結合性もあり，共有結合性の減少を伴っている．

基底状態における電子密度

電子密度 $n(\mathbf{r})$ は電子と核の作る系の理論と理解に基本的な役割を演じる．電子密度は X 線や高エネルギー電子の散乱によって測定される．最も軽い原子を除いて全電子密度は内殻が主要部分になっている．従って，電子密度を決定すれば次にあげる物質のいくつかの特徴が分かる：(1) 内殻の電子密度，これは本質的に孤立原子のときと似ている；(2) Debye–Waller 因子，これは熱運動とゼロ点振動（内殻からの寄与が大きい）による平均密度の平滑化を表す；(3) 結合と電荷移動による密度の変化．

Si についての徹底した研究 [99] では実験結果と理論計算の結果を比較している．計算は LAPW 法（第 17 章）といくつかの密度汎関数近似を使って行われた．全電子密度は近似的な Debye–Waller 因子を使って理論値と比較でき，内殻の電子密度の情報を与える．主な結論としては，局所密度近似（LDA）に比べて，一般化勾配近似（GGA，第 8 章）の方が密度勾配が大きい内殻の電子密度については精度が上がるが，密度勾配が小さい価電子の領域ではほとんど差はない．実際，非局所 Hartree–Fock 交換は内殻の電子密度を決めるにはもっと正確である．これは物質の正確な理論的記述に関しての一般的な傾向であって，第 10 章でさらに詳しく議論する．

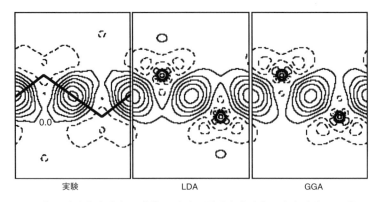

図 2.1 Si 中の電子密度分布．球状の原子の電子密度分布の和と実際の固体での全電子密度分布との差（差密度）を示す．左の図は電子散乱の実験で測定された分布を示す．理論値は線形補強平面波（LAPW）法（第 17 章）といくつかの異なる密度汎関数（本文と第 8 章，第 9 章参照）を用いて求めた．差密度は実験結果と非常によく一致している．実験との差は主として実験での原子の熱運動によるものである．図中の LDA は局所密度近似，GGA は一般化勾配近似である．J. M. Zuo 提供，文献 [99] における図と同様．

共有結合は結晶での全電子密度と，中性の球状の孤立原子の電子密度を重ねて得られた電子密度との差における極大として顕わになる．これは図 2.1 に示されており，この図では実験結果（左）と，LDA（中央）と GGA（右）を使った計算結果が比較されている．基本的な特徴はこの 2 つの汎関数で再現されている．さらに他の LAPW 法 [100] と擬ポテンシャル法 [101, 102] を使った計算結果もよく一致している．これらのことから電子密度は正確に測定したり計算したりできることが分かる．その一致の程度は，計算と測定の差が熱振動の非調和項の効果の程度という微細なものである（参考文献 [99] とその引用文献参照）．

理論ではさらにこの密度を各バンドからの寄与に，あるいはまた局在 Wannier 関数（第 23 章）にも分解でき，密度のみのときよりもずっと多くの情報が得られる．例えば，結晶の電気分極はバルク結晶の電荷密度の知識だけでは決められないが，Wannier 関数で表すことができる．第 24 章で述べるように，このことは長い間の文献での混乱を解決したし，電子状態におけるトポロジーの役割を導く上での手段上のステップであった．

2.3 最も基本的な変数としての体積，あるいは圧力

　圧力と温度の関数としての状態方程式はおそらく凝縮物質の最も基本的な性質であろう．与えられた P と T での安定な構造はその物質の他の性質すべてを決める．これに係る基本量は Helmholtz 自由エネルギー $F(\Omega, T) = E(\Omega, T) - TS(\Omega, T)$, であり体積 Ω と温度 T は独立変数である．あるいは独立変数を圧力 P と温度 T にするならば，Gibbs 自由エネルギー $G(P, T) = H(P, T) - TS(P, T)$, ただし $H = E + PV$ はエンタルピーである．ほとんどの場合，$T = 0$ の場合だけ扱われる．というのも固体ではそれが主要な効果を持っているし，エントロピーは振動モードの重み付き積分をしなければならなくて，ずっと計算が困難になる．折によっては熱の効果は第 2 段階として加えられる[2]．$T = 0$ における体積 Ω の関数としての全エネルギー E は理論解析には最も便利な量である．というのは，電子状態の計算は体積一定という条件のもとで行う方がより簡単だからである．要するに体積というものは便利な「ノブ」であって，それを使って系を理論的に制御するのである．$T = 0$ では基本的な量はエネルギー E, 圧力 P, 体積弾性率 B,

$$
\begin{aligned}
E &= E(\Omega) \equiv E_{\text{total}}(\Omega), \\
P &= -\frac{dE}{d\Omega}, \\
B &= -\Omega \frac{dP}{d\Omega} = \Omega \frac{d^2 E}{d\Omega^2}
\end{aligned}
\tag{2.1}
$$

およびエネルギーの高次の微分である．これらすべての量は粒子数一定の系に対するもの，例えば 1 つの結晶におけるものであり，E は体積 $\Omega = \Omega_{\text{cell}}$ の単位胞に対するエネルギーである．

　理論と実験の比較は第一原理電子状態計算の試金石であり，電子間相互作用に対する近似の直接的なテストになる．最初のテストは平衡状態での体積 Ω^0 に対する理論値を求めることである．ここで E は最小値，あるいは $P = 0$ であり，体積弾性率 B は (2.1) 式で与えられる．Ω^0 と B は非常に正確に測

---

[2] ［原註］例えば，表 2.1 と 2.5 節を参照．もちろん，エントロピーは液体では本質的に重要であるし，地球の深部での鉱物の相図にも重要である．これらは 2.10 節で扱われる．

28 第 2 章 概 観

る（そして $T = 0$ まで外挿する）ことができるので，これは理論に対する大変厳しいテストである．具体的な方法は体積 Ω のいくつかの値に対してエネルギー E を計算し，それを解析的な式，例えば Murnaghan 状態方程式 [105] に合わせる．その最小値が体積 Ω^0 と全エネルギーの予測値を与え，その 2 次微分から体積弾性率 B が求まる．あるいは P をビリアル定理，またはその一般式（3.3 節）から直接計算し，B は応答関数（第 20 章）から求めることもできる．

1960 年代と 1970 年代においては，計算機の能力と，主として原子軌道を基底にした（第 15 章），または補強平面波（APW）法（第 16 章）を使ったアルゴリズムが発達し，全エネルギーの最初の信頼できる自己無撞着の計算が可能になり，まずは対称性の高い固体に対して体積の関数として全エネルギーが求められた．計算例としては KCl [106,107]，アルカリ金属 [108]，アルミニウム [109][3] および Cu [110][4]，などがある．転換点となったのは Janak, Moruzzi と Williams [103,111] の仕事で，彼らは Kohn–Sham の密度汎関数論を固体の性質の計算に実際に使える方法として確立した．彼らは Korringa–Kohn–Rostoker（KKR）法を用い（16.3 節），局所密度近似を使い遷移金属の全シリーズについて熱平衡の体積と体積弾性率を計算した．その結果を図 2.2 に示す．磁性の影響が大きいいくつかの場合を除いて，計算結果は驚くほど正確で，実験との差は数パーセント以内である．図の曲線の全体的な形は非常に簡単に説明できる．バンドが半分満たされているときに結合は最大であり，その結果，密度，結合エネルギー，体積弾性率も最大になる．このように計算から予測される平衡状態での性質を実験値と比較することは，現在では最新の計算方法のルーチンテストの一環である．

---

[3] ［訳註］ [109] はアルミニウムに対するもの．

[4] ［原註］ そのテーマは Slater の平均交換と Kohn–Sham の式（係数 2/3 だけ小さい）を比較することであった．例えば，Snow [110] は Cu に関して注意深く比較し，格子定数とその他の性質は係数を密度汎関数論の 2/3 ではなく，0.7225 にすると実験結果とよく一致することを見つけた．

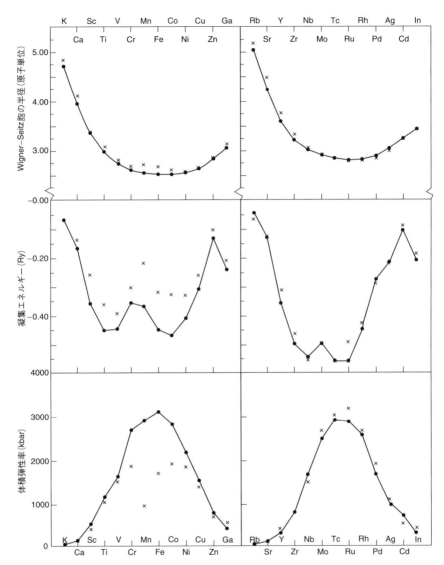

図 2.2 固体の構造の密度汎関数論による最初の計算の一例. 3d および 4d シリーズの遷移金属の格子定数 (Wigner-Seitz 半径に比例), 凝集エネルギーと体積弾性率の計算値. 実験値 (× 印) と比較している. Moruzzi, Williams と Janak [103] による. ([104] も参照.)

30 第 2 章 概 観

2.4 構造計算にとって DFT はどれくらい良いか？

このタイトルはちょっと考え込むようにつけてある．密度汎関数論は構成としては厳密である（第 6 章）が，すべての汎関数は近似である．適切な質問は：有用で実行可能な近似はどれくらい良いか？ どんなクラスの物質でそれぞれの汎関数は検証されたか？

密度汎関数理論の最も成功したことの 1 つは結晶構造の予測である．例えば，まったくの初期の頃の局所密度近似での仕事として図 2.2 に示されるように，その結果はその以前に見られる何よりも定性的に改良されていた．それ以来，第 8 章，9 章での話題となるように汎関数には多大の改良がなされた．加えて，計算パワーとアルゴリズムが大いに改善されたので，違った方法での結果が一致し，汎関数の本当のテストができるようになった．

表 2.1 には半導体，ワイドギャップの共有結合性物質とイオン性物質，および強磁性遷移金属などのいくつかの物質に対して，実験と比較しての格子定数，体積弾性率が示されている．これらの数字は文献 [112] によるものであり，FHI-aims 全電子計算コード（[113] と付録 R を参照）によって 64 の異なった結晶構造に対して計算されたものであり，平均絶対相対誤差（MARE）と最大相対誤差（MAX）が示されている．これらの数値は他の多くの文献でのものとほぼ一致していて，何百という固体と何千という分子を扱っている[5]．表にある汎関数は第 8，9 章で詳しく述べられる：LDA は局所密度近似；PBE は密度勾配近似で最もよく使われるもの；HS06 は領域で分割される代表的な混成汎関数；SCAN はメタ汎関数といわれるもので電子密度と運動エネルギー密度の汎関数．

1 つの結論として，より進歩した汎関数はすべて LDA を改善している．ハイブリッドおよびメタ汎関数は多くの点で最良である．しかし，それらはよ

---

[5] [原註] 例えば，文献 [114] は 1,000 以上の物質を扱っており，SCAN は PBE に比べてより正確な結晶体積を予測でき，バンドギャップもある程度改良するが計算時間は約 5 倍かかる，と結論している．混成汎関数も多くの系で試されている [115]．

表 **2.1** 代表的な汎関数と物質に対して，格子定数 a と体積弾性率 B の計算値と実験値の比較．これらの結果は文献 [112] の 64 の物質から選んだ．MARE は "mean absolute relative error" で%で表され，MAX は "maximum relative error" である．これらは [112] で考慮されている物質で見積もられた．Fe の磁気モーメントの値は文献 [116] による．

方法	C		Si		LiF		bcc Fe			MARE		MAX	
	a	B	a	B	a	B	a	B	m	a	B	a	B
LDA	3.53	467	5.41	96	3.91	85	2.75	252	2.00	1.4	10.6	10.9	46.0
PBE	3.57	434	5.47	89	4.06	67	2.83	195	2.18	1.2	11.6	2.8	33.0
HSE06	3.55	469	5.43	98	4.00	78	2.90	151		0.8	8.6	3.2	35.0
SCAN	3.55	460	5.44	99	3.97	87	2.82	185	2.60	0.6	5.9	2.7	26.1
EXP	3.57	443	5.43	99	4.01	70	2.86	173	2.13				

り複雑なコーディングを必要とし，混成汎関数は計算時間が大幅にかかる[6]．メタ汎関数はハイブリッドに比べるとそれほど多くの計算時間は必要としないが，それほど広範にはテストされていない．そうしたことから，構造に関する性質を LDA からかなり改良した PBE のような GGA が広く使われている．

おおざっぱにいうと格子定数はおよそ 1% 以内で予測でき，体積弾性率（他の弾性定数や振動数も）5–10%の範囲で予測できる．これは大変な成果であり，理論が実験および最新の研究と一緒になって活用できるようになった．実験との一致は十分に正確であって，実験と比べる際にはゼロ点振動のことを考慮する必要がある；また実験結果は $T = 0$ に外挿しないといけないという不確定さが存在している．

しかしながら，どの個々の場合においても計算が正しく行われていること，結論が正当であることを保証できるよう十分に注意しなければならない．表 2.1 の最後の列の最大誤差はより進んだ汎関数でも格子定数でおよそ 6%，体積弾性率でおよそ 35% になっていて LDA ではもっと大きくなる．最大の誤

---

[6] ［原註］もう 1 つ考察すべき重要なことがある．混成汎関数の開発の主な目的は LDA と GGA を悩ませる主要な欠陥のバンドギャップの予測を改善することである．本書では，多くの場所で改善が強調される．例えば，図 2.24 でのギャップに，図 2.25，2.26，さらに 21.5 で光学スペクトルに示されるものとしていくつかの固体に特別の考察を加える．

32 第2章 概 観

差はアルカリ金属と遷移金属で起こる傾向がある.

各々の汎関数は欠点を持っており，ある汎関数がいつうまく働き，いつそうではないかについての系統的な証明は存在していない．種々の物質においてのどの汎関数を利用するかについては経験だけが頼りである．この本の多くの部分は，どのような物質や性質に対して，ある汎関数がうまく働くのかを解析することに使われている．問題や欠陥がある場合を指摘する努力もする．また相棒の本 [1] では多くの場合に必須であり，汎関数のベンチマークにもなる多体問題の方法を扱う．

2.5 圧力下での相転移

実験手法の進歩によって，広範囲にわたる圧力領域での物質を調べることが可能となり，普通の物質の性質をまったく変えてしまうことができるようになった．例えば，[117] とそこにある以前の文献を参照されたい．一般には，原子間の距離が小さくなるとほとんどすべての物質は最も高い圧力下で稠密構造の金属構造に変わる．従って，多くの興味深い例では，常圧では隙間の多い大きい体積の構造から圧力下ではもっと密な構造に転移する[7]．

ゼロから大きく離れた圧力であっても，かつそれが正であろうと負であろうと，計算にとっては問題ではない．というのは，体積というノブは簡単に大きい方向にも小さい方向にも回せるからである．しかし，それは理論には大問題であり1つの挑戦である．非常に異なる結合を持つ相同士の安定性を予測するのは理論に対する厳しい要望であり，信頼できる予測を可能にした

---

[7] [訳註] この一般的な傾向と反対の興味深い例として，常圧で金属であるが高圧下で絶縁体に相転移するものもある．Li の高圧下での絶縁体相については，理論計算と実験の両方により構造が明らかにされた．理論計算は J. Lv, Y. Wang, L. Zhu and Y. Ma, *Phys. Rev. Lett.* 106:015503 (2011)．実験は C. L. Guillaume, E. Gregoryanz, O. Degtyareva, M. I. McMahon, M. Hanfland, S. Evans, M, Guthrie, S. V. Sinogeikin and H-K. Mao, *Nature Phys.* 7;211 (2011)．同様の高圧下での絶縁化は Na についても見出されている．Y. Ma, M. Eremets, A. R. Oganov, Y. Xie, I. Trojan, S. Medvedev, A. O. Lyakhov, M. Valle and V. Prakapenka, *Nature* 458:182 (2009)．隣り合う原子の内殻電子が触れ合うくらいに高圧になると，価電子が内殻領域から追い出されて，格子間での存在確率が高くなる．その結果，陽イオンがイオン芯，陰イオンが価電子からなるイオン結晶のようになる．このような物質はエレクトライドと呼ばれる．

2.5 圧力下での相転移 **33**

のは密度汎関数論の進歩にこそよっている．安定構造と転移圧力を正確に予測することは異なった汎関数の厳しいテストになっている．

　実験では実際に形成可能な構造に限られるとしても，理論ではそのような制約はない．従って実在しないいろいろな構造を研究することによって，なぜその構造が好ましくないのかという理由を確認したり，ひょっとすると準安定であるかもしれない新しい構造を見つけたりできる．しかし，これは両刃の剣でもある．理論家にとっては，可能な構造すべてを考慮することは難しいので，新しい構造を本当に予測することは非常に困難なことである．しかし，2.6 節で議論される探索方法によって大きな進展が見られている．

　物質の相の安定性は温度と圧力，あるいは温度と体積の関数としての自由エネルギーによって決まる．幸い，ほとんどの物質においては最も重要な効果は絶対温度ゼロで記述でき，温度の効果は補正として考慮できる．温度 $T = 0$では，圧力一定の下での安定構造はエンタルピー $H = E + P\Omega$ が最小であることである．転移圧力は異なる構造で $E(\Omega)$ を計算し，Gibbs のやり方であるが 2 つの相の $E(\Omega)$ 曲線の共通接線を引けば，その傾きがこの 2 つの相の間の転移を引き起こす圧力を与える．

　半導体は圧力下で定性的な変化をする重要な例である．その構造はさまざまに転移し，高圧下では共有結合的な隙間の多い構造から金属的あるいはイオン結晶性の密度の高い相へ転移する [120, 121]．図 2.3 に非経験的平面波擬ポテンシャル法と局所密度近似（LDA）を用いて計算した [101] Si のエネルギーと体積の関係を示す．この方法は Yin と Cohen [101] によって開発されたもので，固体の安定な構造に対する理論的予測の正当性を確立する先兵となった．$P = 0$ での安定な構造は予想通り立方晶ダイヤモンドで，接線の傾きから求められる圧力，約 8 GPa で Si は β-Sn 相へ転移することが予測されている．右図には bc8 と st12 という標識のついた相がある．これらは高密度でひずんだ準安定の四面体構造をとる相で，ほぼ安定であると予測されている．実際これらの相は Si の高圧下の金属相 [122] から圧力を取り除いたときにできるよく知られた形である．多くの計算によって概略の様子は確かめられ，さらにその他のいろいろな構造も扱われている [121, 123]．その中の 1つ単純六方晶構造は実験でも見つかっており [124, 125]，広範な圧力にわたって安定であると予測されている．

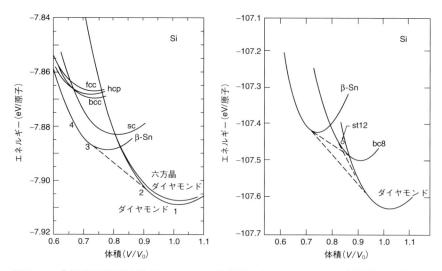

図 2.3 非経験的平面波擬ポテンシャル法を用いた Si のいろいろな構造におけるエネルギー対体積．左図は Yin と Cohen [101] から引用したもので，このような完全に自己無撞着の計算としては最初のものである．この計算が成功したことで，この分野の研究は非常に活発になった．接線の引き方は図中に破線で示したがその傾きが転移圧力である．右図は上記とは独立に行われた計算結果 [118] で，高密度の四面体構造の相 bc8 と st12 も扱われている．この計算からこれらの相が Si では準安定で，C では安定（図 19.2 参照）であることが分かった．同様の結果は Yin [119] によっても得られている．これらの計算は公開のコードが作られるずっと前に行われた．この後に出たいくつかの計算結果（例えば図 2.4）はここに示した結果と非常に似ているが，改良された汎関数を用いているので転移圧力は高くなる傾向があり，より実験値に近くなっている．

　炭素に対する同様の計算 [118, 119, 126] は圧力ゼロでのグラファイトとダイヤモンドの間の小さなエネルギー差の符号を正しく出し，さらにダイヤモンドは Si や Ge と同様に，ただしずっと高い圧力約 3,000 GPa で相転移を起こすことを予測した．面白いことに，図 19.2 の相図に示されているように，密度の高い四面体構造は約 1,200 GPa 以上で安定であると予測されている．

　このような転移はまた汎関数のテストにもなっている．図 2.4 の左図は種々の汎関数による Si のダイヤモンド構造と β-Sn 構造の状態方程式を示す．LDA は密な構造を好むので転移圧力が低く出すぎる．改良された汎関数は転移圧力を増加させる．実験値はおよそ 11 GPa であり，明らかに LDA は過少評

2.5 圧力下での相転移   **35**

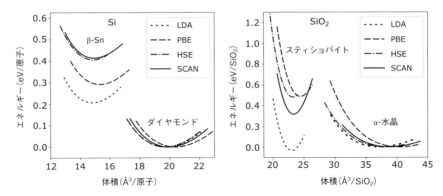

図 2.4 第 8, 9 章で定義される種々の汎関数に対する，Si と SiO$_2$ のエネルギー対体積．転移圧力は共通接線（簡単化のため示されていない）で決まる．明らかに，転移圧力は他の汎関数の方が LDA より高くなる．実験との比較は Si, SiO$_2$ のいずれについても本文で与えられる．左：Si に対しては，計算された転移圧力はそれぞれの汎関数では 7.1 (LDA), 9.8 (PBE), 13.3 (HSE06), 14.5 (SCAN) である．右：SiO$_2$ に対しては，α-水晶と高密度のスティショバイトについての結果を示す．LDA は高密度を好みゼロ圧で誤った構造を与えてしまうが，他の汎関数は低圧の α-水晶構造を正しく予測する．Jefferson Bates から与えられた図を修正したもの．原文献は Si [127, 128], SiO$_2$ [127, 129].

価するが改良された汎関数は著しく改善する．しかしながら，実験では多くの場合に転移にはヒステリシス（圧力降下において準安定の bc8 構造が現れる）があって計算値と比較するのは難しい．

図 2.4 の右図には SiO$_2$ について，異なる汎関数によって転移の予測が著しく異なることを示している．低圧では多くの可能な構造があり，それらは Si の 4 面体配位のネットワークでできていてよく知られた α-水晶構造によって特徴付けられている．高圧では結合に定性的な変化が起こり Si の 8 面体配位のスティショバイト構造になる．図は LDA ではスティショバイト構造が最安定となって正しくない．他の汎関数では実験と定性的には一致するが SiO$_2$ の実際の転移は遅く中間のコーサイト構造になるので，実験は汎関数のはっきりしたテストにならない．

このような計算は数多くあって，半導体の全分野にわたって理論と実験を結びつける仕事がなされてきた．LDA が転移圧力を過少評価する傾向があることは文献 [120, 121] のような総説にも書かれている．汎関数の広範なテス

36 第 2 章 概 観

トが IV, III–V, II–VI 属化合物について [128] に LDA, GGA と SCAN メ
タ汎関数に対して行われ, [115] に種々の混成汎関数に対して行われた.

2.6 構造予測：固体窒素と高圧化超伝導体の硫化水素

構造探索

　電子状態理論は物理科学の 1 つの重要なゴールの欠かせない部分となった：
新規の有用な物質やシステムを創り出すということである. 確かに, 主要な
因子は安定な組成と構造を予測する能力を持っていることである. 計算機の
能力は膨大な数の構造のエネルギーを計算し, 多彩なアプローチを使って望
みの性質を持つ物質を探索することを可能とした. しばしばこの試みは実験
では容易には近づけない状況に係ることがある. 例えば, 地球のマントルあ
るいは内核における安定性の予測は地球科学にとって非常に重要であり, 普
通の条件下での物質の理解にも寄与する. 経験的パラメータなしで非経験的
にエネルギーを計算しようとする仕事は, 基本的にすべてが密度汎関数論を
使っており, 結果の正確さは異なった条件下での多数の構造, 化合物, 化学
量論などを扱う DFT の能力に依存している. Monte Carlo などのような他
の手法はいくつかの最も好ましい場合を調べるのに使われるが, DFT は大規
模探索を可能にする方法である.

　安定あるいは準安定構造を探すために多くの手法が開発されてきた[8]. 多数
の原子を持つ系の最も安定（エネルギーあるいは自由エネルギー最小）な構
造を見つけることは大変難しい問題である. 一般的に, 原子位置の関数とし
てのポテンシャルエネルギー面は多くの極小を持ち, でこぼこしていて大局
的な極小を見つけにくい. 考えさせられるメッセージに no-free-lunch 定理
があって, これはどの探索アルゴリズムにも, あるクラスの問題でより良い
成績を上げたアルゴリズムは他のクラスの問題ではより悪い成績になってし
まう, というものである [132]. しかしながら, 一塊の原子にとって妥当そう
な可能性はすべての可能な構造の集まりよりはずっと少ないので, 有用な方

---

[8]［原註］探索法の議論の多くは総説 [130] による. これは random search 法に焦点を当てて
いるが, 付録では他の手法をまとめている. また総説 [131] は物質発見と設計における構造予
測の役割についてである.

2.6 構造予測：固体窒素と高圧化超伝導体の硫化水素　　**37**

法は存在する．

1 つのアプローチは，初期の Kirkpatrick などの仕事 [133] を基盤にした simulated annealing 法である．小さい系では熱による焼きなましは，例えば図 2.20 のクラスターでは大変有用である．しかし，固体のような大きい系では構造間の障壁を越えるのが非常に難しくなる．

Randam search 法では無作為に構造をいくつか発生させ，そのそれぞれを出発点から極小エネルギーへと緩和させる．無作為な出発構造を妥当そうなものに制限する，例えば原子が近づきすぎないとか，ことによって Pickard と Needs [130] は彼らの第一原理的ランダム構造探索（AIRS）法が窒素固体のような構造を同定することに成功した．彼らのアプローチでは，同じエネルギー最小構造が，異なった出発構造から何度も見つかるまでアルゴリズムを走らせる．

Particle swarm optimization（PSO）法は，自然界における魚や鳥に見られる群れの振る舞いに基づいて，1995 年に Kennedy と Eberhart によって発展させられた[9]．群れの粒子（ここでは原子の集まりを意味する）は確率的な成分と決定論的な成分を持っている；この原子の群れはその時点での全粒子の大局的極小と過去の最善の位置に引かれる一方，ランダムに動こうともする．沢山の変形が存在するが物質の構造に使われたのは CALYPSO（Crystal structure AnaLYsis by Particle Swarm Optimization）であり，圧力下での H_2S の構造研究に使われた．

Evolutionary algorithm（進化的アルゴリズム）は生物の進化に啓発された最適化の手法であり，複製，突然変異，組み換え，適応，選択などの概念を取り入れている [136]．この方法も多分野で広く使われており，物質科学のコミュニティで使われている一例は USPEX（Universal Structure Predictor: Evolutionary Xtallography）コード [137] であり，硫化水素系の物質の構造を見つけるのに使われた．原論文は文献 [138] である．

---

[9] ［原註］例えば [134] の本を参照．J. Kennedy と R. C. Eberhart による原論文 [135] は 6 ページの論文であり，54,000 回以上引用されている．

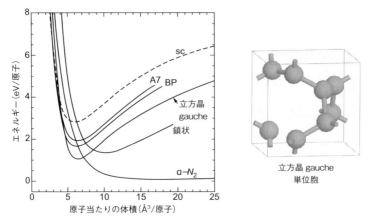

図 2.5 窒素の分子性構造と高圧下で予測される非分子性の"立方晶 gauche"構造 [139] における全エネルギー対体積. 多分, これは DFT 計算がそれまではいかなる物質にも見られたことがない構造を発見した初めての例である；この構造の窒素は何年か後に高圧化で生成された [140, 141].

窒 素

　分子性結晶は圧力下での定性的な変化を見せるのに理想的である. 直観とも併せて計算手法の威力を示す好例は窒素である. 3 重結合を持つ窒素分子は 2 原子分子の中で最も強く結合している. 通常の P と T では窒素は単に N_2 ガスであるか弱く結合した分子性の結晶か液体である. 多年にわたって非分子性固体窒素を作り出す努力がされてきた. 1990 年代の初期, Mailhiot, Yang と McMahan [139] はノルム保存擬ポテンシャル法と局所密度近似を使った計算を行い, 図 2.5 に示すように種々の構造に対してエネルギー対体積を求めた. 低圧では種々の分子相があるが, 高圧ではより高い配位数を持つ相がより安定になる. この仕事は"立方晶 gauche"（cg）と呼ばれる新構造を見つけた. これは多分いかなる物質にも見られたことがない新しい構造を DFT を用いて予測した初めての例であろう. cg 構造は図 2.5 に示すように, 基本単位胞の bcc 配置に 8 原子を含む. この構造は高い対称性を持つが図 2.5 を見ただけではそのことは分かりにくい.

　立方晶 gauche の窒素は何年も経ってから, レーザー加熱のダイヤモンドセ

ルを使い，温度は 2,000 K 以上で圧力が 110 GPa 以上の条件下で実験によって合成された [140,141]．構造は X 線散乱で同定され，体積弾性率は 300 GPa 以上であることが分かった．これは強い共有結合の特徴であり理論予測に合っている．大気圧で非分子性の窒素を作成することが報告されている [142]；もしも強く結合した固体窒素が低圧でも準安定であれば，最も強力なエネルギー材料の 5 倍以上の例外的なエネルギーを蓄えることができる．

Random search 法を使った後の研究 [143] では，cg 構造は広い圧力領域で最低エネルギーであり，他の多くの安定構造も見つけられた．ある意味では窒素の振る舞いは炭素の振る舞いに似ている．炭素の場合には，圧力をかけると 2 重結合の 3 つの隣接原子を持つグラファイトから 1 重結合の 4 つの隣接原子を持つダイヤモンドに転移する．窒素の転移では，3 重結合の 1 つの隣接原子を持つ分子から 1 重結合の 3 つの隣接原子を持つ 3 次元結晶になる．

硫化水素超伝導体

金属水素は長年にわたって探求されてきたが，それはとても困難なことであることが分かった [144]．金属水素に対する期待の動機はフォノン周波数が高くて強い電子格子相互作用が期待されるので，高い転移温度を持つ超伝導体が得られるはずだというものである．これは同様の効果が期待される水素を含む物質の多くの研究を生み出したが，このことには Niel Ashcroft の論文 [145] が多大の刺激を与えている．高圧化での水素リッチな研究の話にもう一度触れたのは総説 [117] であり，ここでは理論がキーの役割を果たした硫化水素の超伝導の発見に焦点を当てる．

2014 年に出版された 2 編の論文が発見の舞台を準備した．Li et al. [147] は H_2S を取り上げ最適構造を構造探索コードである particale swarm 法の CALYPSO で同定した．その結果によると，金属化は 130 GPa 以上で起こり，超伝導転移温度は $\approx$ 80 K と予言された．もう 1 つの論文は Duan et al. [146] によるもので $(H_2S)_2H_2$ を扱っている．これは閉殻原子あるいは分子の化合物の例であり，高圧下ではさらに H_2 を吸収して H_2 含有の化学量論比化合物となる．$(H_2S)_2H_2$ は比較的低圧ですでに分子性固体として合成されていた．論文 [146] では進化アルゴリズムの USPEX を用いて構造最適化をして構造が移っていくのを見つけた．低圧では分子結晶は実験と合致する構造である．

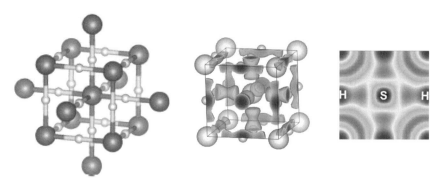

図 2.6 左：H$_3$S の体心立方格子で暗い大きい球の硫黄に明るい小さい球の 6 つの水素が結合している．中央と右：電子局在関数（ELF）が 3 次元で（中央）と (1 0 0) 面内で（右図）に示されている．水素を介しての結合が見られる．D. Duan による，[146] の図の一部．

111 GPa 以上では H$_2$ 分子は消え去り H$_3$S 分子が形成される；ここで大きな体積の収縮があり系は金属になる．180 GPa で H$_3$S 分子は滑らかに図 2.6 の左図に示す高対称性の bcc 格子に変わる．この構造では水素は S 原子の間の対称点にある．予測された超伝導転移温度は 200 GPa では 191〜204 K である．

次の年の 2015 年に実験結果が Drozdov et al.[148] によって報告された．彼らは H$_2$S を圧縮し $\approx$ 100 GPa 以上で超伝導体になり，転移温度 T$_c$ が圧力と共に上昇し，160 GPa より上で $\approx$ 200 K に急にジャンプすることを発見した．この仕事は Li et al.[147] の H$_2$S の論文に刺激されて行ったが，結果は実際には Duan et al.[146] の予測に合致していた．さらに，彼らは S 元素が存在する証拠を見つけており，H$_2$S が分解してより水素リッチになっていると提案した．これは続いて 2016 年に軌道放射 X 線測定 [149] が行われ，超伝導相の構造が予測された体心立方（bcc）構造と合うこと，また S 元素の存在を確認した．

H$_3$S の bcc 構造での結合の性質は図 2.6 の計算された電子局在関数（electron localization function; ELF）によって明らかになる．H.4 節で議論されるように，ELF は運動エネルギー密度から導かれ，その値が大きいことは，その場所では 2 つの電子が同じスピンを持つ確率が低いことを意味する，すなわ

2.6 構造予測：固体窒素と高圧化超伝導体の硫化水素　　*41*

ち異なるスピンの対の電子を持つ共有結合領域で値が高くなる．図 2.6 に示すように，ELF の値は S–H 結合の領域で大きく強い極性共有結合を示唆している．一方，最近接水素原子の間では小さく，水素間には共有結合がないことを示している（すなわち H_2 分子の形成の傾向はない）．

文献 [146] と [147] における超伝導転移温度の計算はすでに標準的になっている方法で行われている．超伝導の理論はこの本のスコープには入ってないが，フォノンが媒介する超伝導理論の基本的な材料は，電子バンド，フェルミ面，1 電子状態密度，フォノン分散，電子格子相互作用などのように電子状態でのパンとバター（日常的基本）である（20.8 節を参照）．計算は他でも行われ [150, 151]，高い T_c が高いフォノン振動数によるということでは一致しているが，電子格子相互作用と Fermi エネルギーでの電子状態密度の鋭いピークの重要性については意見が分かれている．

文献 [146] では原子の数を固定して H_2S 分子と H_2 分子の集まりから始めて，シミュレーションで構造を決めた．しかしながら，種々の水素化物の安定領域と転移は，探索で同定された化学量論比と構造の関数としてエンタルピー $H = E + PV$ を計算することによって最も直接的に正確に決められる．図 2.7 では比 $H_2/(S+H_2)$ が領域 0（純 S）と 1（純 H_2）において，その関数として計算されたエンタルピーが示されている．直線は中間の化合物の安定性の限界を示す；もしエンタルピーが直線より上にあればその化合物は相分離する．例えば，100 GPa と 200 GPa に対する下の図では H_2S 化合物はそれが相分離した H_3S と純硫黄の混ざった同数原子のものよりエンタルピーが高いし，$n > 3$ では H_nS は H_3S と H_2 に分離する．

H_2S と H_2O を比較するのは興味深い．低圧では H_2O 分子の各 O 原子は 2 つの H 原子と強く結合し，他の 2 つの H 原子と弱く水素結合する．これは ice ルールである．圧力下では氷は ice-X を含むいくつかの新しい構造になる．ice-X では O 原子は bcc 構造を作り 4 つの H 原子が O 原子間の真ん中の 4 面体位置を占める．氷はずっと絶縁体であり，TPa 領域の圧力まで分解しない．例えば文献 [153] を参照されたい．そこでは種々の相のシミュレーションを記述しており文献もある．

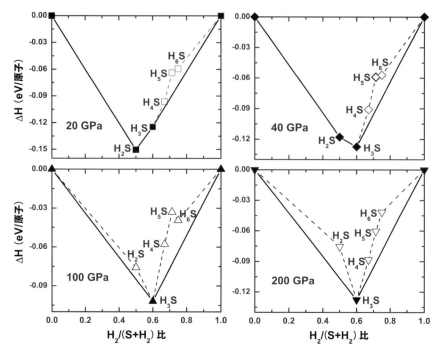

図 2.7 H–S 系の相図. 横軸は $H_2/(S+H_2)$ で定義される化学量論比であり 0 は純粋の S, 1 は純粋の H_2 に対応する. D. Duan による；[152] の図の一部.

Superhydrides

　もちろん，他にも水素リッチな物質で超伝導体は存在し，期待できる候補を特定するのに理論が重要な役割を果たしている．多分，これまでで最も高い転移温度を持つのは superhydrides として知られている物質である．2 編の論文が LaH_{10} と YH_{10} が La と Y の周りに 32 個の水素を持つクラスレート構造をとると予言した [154, 155]．水素がとても密なので H–H 距離は原子状の水素原子が同程度の圧力下でとる程度であると思われる．それぞれの論文は DFT 計算を行って PSO の CALYPSO 法（場合によっては random search 法で [155]）構造探索を行い，LaH_{10} では T_c が $\approx 200\,\mathrm{GPa}$ で $\approx 280\,\mathrm{K}$ [154]，YH_{10} では T_c がさらに高いと [154, 155] という結論を得た．その後の実験 [156] は LaH_{10} で $\approx 200\,\mathrm{GPa}$ で 260 K 以上の超伝導の証拠を得ている．

2.7 磁性と電子–電子相互作用

　磁性体とは，その基底状態が電子のスピンあるいは軌道モーメントに関して対称性が破れているものである．強磁性体では正味の磁気モーメントが存在し，反強磁性体では空間的に変化する磁気モーメントが存在するが，これは対称性により平均するとゼロになる．磁気的基底状態の存在は電子–電子相互作用によって引き起こされる本質的な多体効果である．量子力学の出現する前，磁性材料の存在は物理の重要課題の1つであった．というのは，古典物理の範囲内では系のエネルギーが外部磁場によって影響されるということは不可能だと証明され得るからである [72–74]．この問題は初期の量子力学によって解決された．1個の電子は1/2のスピンを持ち，相互作用をしている電子は基底状態で正味のスピンと軌道モーメントを持つことができる．開殻構造の原子ではこれは Hund の法則としてまとめられており，その法則によれば，基底状態はとり得る可能な占有方法で最大の全スピンと最大の軌道モーメントを持つように電子が最外殻内の状態を占める．

　凝縮物質においては，磁性の効果は局在した原子様のモーメントによることが多く，異なるサイトのモーメントの相関が相転移としばしば "強相関" と呼ばれる現象を引き起こす．そのため磁気的現象はより詳しくは相互作用する電子系の理論を主要課題とする相棒の本 [1] で扱われる．しかし，秩序状態における平均磁気はスピン依存の平均ポテンシャルにおける電子によって記述できる．電子間の交換と相関の効果は有効 Zeeman 磁場 H_{Zeeman} で置き換えられる．この磁場はハミルトニアンに加えた追加項 $m(\mathbf{r})V_m(\mathbf{r})$ で表現され，m はスピンの磁化 $m = n_\uparrow - n_\downarrow$ で $V_m = \mu H_{\text{Zeeman}}$ である[10]．2.3 節で述べたエネルギー対体積についての考察との類推から，磁場すなわち V_m を固定してエネルギーを求めるのが最も便利である．そうすれば，問題はエネルギーの最小値とそのときの磁化率を求めるということになる．基本となる方程式は

---

[10] ［原註］後で議論するが，密度汎関数論では平均場ポテンシャルが一意に存在する．しかし，それを厳密に見つける方法は知られておらず，現在のところ近似的な式があるのみである．

44 第 2 章 概 観

$$E = E(V_m) \equiv E_{\text{total}}(V_m),$$

$$m(\mathbf{r}) = - \frac{\mathrm{d}E}{\mathrm{d}V_m(\mathbf{r})}, \tag{2.2}$$

$$\chi(\mathbf{r}, \mathbf{r}') = - \frac{\mathrm{d}m(\mathbf{r})}{\mathrm{d}V_m(\mathbf{r}')} = \frac{\mathrm{d}^2 E}{\mathrm{d}V_m(\mathbf{r})\mathrm{d}V_m(\mathbf{r}')}$$

である．もしも電子が相互作用をしないとすると，磁化ゼロのときにエネルギーは最小となり，その点でエネルギーの曲率 χ は正となるはずである．これは↑と↓のスピンの対でバンドが埋め尽くされたことに対応する．しかし交換効果はスピンを整列させるように働く傾向があるので，$V_m(\mathbf{r})$ 自身は $m(\mathbf{r}')$ に依存し，エネルギーが $m(\mathbf{r}') = 0$ で最大値をとり，磁化がゼロでないところで最小値をとることができる．もし m の平均値がゼロでなければ強磁性であり，そうでなければ反強磁性である．一般に $V_m(\mathbf{r})$ と $m(\mathbf{r}')$ は自己無撞着となるように求めなければならない．

磁気の平均場的取り扱いは電子構造論の多数の問題での典型的方法である．磁化率は付録 D で述べる応答関数の一例であり，自己無撞着の取り扱いにより平均場理論の (D.14) 式が導かれている．磁化率の表式は最初に Stoner によって

$$\chi = \frac{N(0)}{1 - I\,N(0)} \tag{2.3}$$

と与えられた [158, 159]．ここで $N(0)$ は Fermi エネルギーでの状態密度であり，有効相互作用 I は有効磁場を磁化の 1 次の項まで展開して $V_m = V_m^{\text{ext}} + Im$ で定義される[11]．(2.3) 式の分母は独立粒子の磁化率 $\chi^0 = N(0)$ の繰り込みを表している．この式から分かるように，Stoner のパラメータ $I\,N(0)$ が 1 に等しいとき磁化率は発散して磁気的不安定性が生じる．図 2.8 は Moruzzi et al. [104] が密度汎関数論を使って別々に計算した I と $N(0)$ を使って $IN(0)$ を描いたものである．明らかにこの理論は十分成功しており，Stoner のパラメータは現実に強磁性である金属 Fe, Co, Ni に対してのみ 1 より大きく，Pd

---

[11] ［原註］交換相関エネルギーの磁化に関する 2 次の微係数（1 電子当たりの平均値）と Fermi エネルギーにおける独立粒子の電子の状態密度（寄与できる電子数）との積として Stoner パラメータ $I\,N(0)$ は単純に理解できる．この考えには，付録 D および第 20 章，21 章で例示してあるように，すべての平均場の応答関数についての本質的な物理が含まれている．

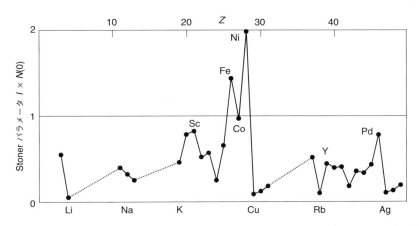

図 2.8 単原子金属の Stoner パラメータ．密度汎関数論による状態密度とスピン依存平均場相互作用から求めた．この図は 3d 元素 Mn, Fe, Co, Ni において，状態密度が高く相互作用が強いことによる磁性の基本的傾向を示している．この 2 つのいずれもが本文中で議論したように 3d 状態が孤立原子に近い局在的性質を持つ結果である．Kübler と Eyert [157] より，原論文は Moruzzi et al. [104].

のようなよく知られた増強された常磁性（強磁性に近い）金属に対してはほぼ 1 に近い値をとっている．Fe の平均磁化の計算の例は，表 2.1 に与えられている．

最近の計算ではスピンの磁化率と励起を，密度汎関数論の範囲内で「凍結された」スピン配置かあるいは応答関数を使い，次の 2.9 節と第 20 章で述べるフォノンに対するのと同じ形式を用いて正確に取り扱うことができる．Berry 位相 [160, 161] に基づいたスピン励起を扱う洗練された定式化は 20.2 節で扱う．Fe に対する Berry 位相を用いた方法と応答関数を用いた方法との両方の結果を図 20.2 と図 20.4 に示す．

2.8 弾性：応力とひずみの関係

物質中の応力とひずみという古くからある問題もまた電子構造論の範疇に入れて扱われてきた．このことは，応力とひずみの関係が量子力学における応力の基本的定義にまでさかのぼることを意味し，そこから導かれた実践的な方程式は現在では電子構造論での常套手段となっている [102, 162]．近年こ

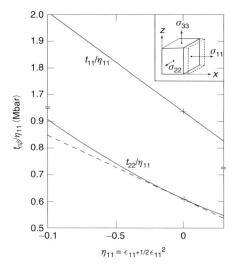

図 2.9 (1 0 0) 方向のひずみの関数として計算された Si 中の応力 [163]．2 本の線の傾きから 2 個の弾性定数が求められる．非線形な変化分は非線形定数を決める．非線形ひずみに対しては文献 [163] で定義された Lagrange の応力とひずみ，$t_{\alpha\beta}$ と $\eta_{\alpha\beta}$ を使うのが最も便利であり，それらは線形領域での通常の表式に帰着する．文献 [163] より引用．

の分野の理論が著しく発展したので，この問題について付録 G でさらに詳しく議論する．

応力テンソル $\sigma_{\alpha\beta}$ の基本的定義は (2.1) 式を非等方的ひずみに一般化したものである．

$$\sigma_{\alpha\beta} = \frac{1}{\Omega}\frac{\partial E_{total}}{\partial u_{\alpha\beta}}. \tag{2.4}$$

ここで，$u_{\alpha\beta}$ は対称ひずみテンソルで，(G.2) 式で定義される[12]．同様に，他の理論的表示も圧力に対するビリアル定理の非等方的応力への一般化によって得られる [102, 162]．

図 2.9 は，固体中の応力に対する電子構造から求めた最初の計算結果であり，その基本的概念を表している．この図は Si 中の応力を 1 軸方向のひずみの関数として示している．2 本の線の傾きから 2 個の独立な弾性定数が求ま

---

[12] [訳註] 原著では本改訂版においても上式の右辺の前にマイナス符号が付いているが，慣例では付けない．文献 [163] の (2) 式を参照．

り，非線形な変化分から非線形の定数が求まる．線形の弾性定数は多くの材料について計算されていて，その値は一般に実験値と非常によく一致しており，ずれは大体 5–10％である．非線形定数については測定がずっと難しくなるので，理論値は予測値に過ぎない場合が多い．

理論的予測の例としては，Nielsen [164] がダイヤモンドの一般的な 1 軸圧と静水圧に対する性質を計算した．彼は 2 次，3 次，4 次の弾性定数，内部ひずみ等々も求めた．2 次の定数は 6％以内のずれで実験と一致している．それより高次の項は予測である．1 軸方向の極端に大きい応力（4 Mb）では，電子のバンドギャップがつぶれ，結晶の [110] と [111] 軸方向の圧縮に対して金属性ダイヤモンド構造の格子不安定性が認められた．このことは高圧実験におけるダイヤモンドアンビルの安定性限界に関連している．

2.9 フォノンと変位型相転移

赤外吸収，光散乱，非弾性中性子散乱などの方法で実験的に測定できるフォノンスペクトルは物質についての情報の宝庫である．同じことが電場などに対する固体の応答に対しても成り立つ．このような性質は結局のところ電子構造を反映している．というのは，原子が位置を変えたり外部から場が加えられたりしたときに，物質のエネルギーの変化を決めるのは電子だからである．加えられた場の周波数が低ければ，電子は核の変位の関数として変化する基底状態にとどまると考えることができる．全電子エネルギーは核の速度とは無関係に，核の位置 $\mathbf{R}_I$ のみの関数 $E(\{\mathbf{R}_I\})$ とみなすことができる．これは断熱，または Born–Oppenheimer 近似（第 3 章と付録 C 参照）であり，ほとんどすべての物質中の格子振動に対して成り立つ近似である．(2.1) 式とまったく同様に基本的な物理量はエネルギー $E(\{\mathbf{R}_I\})$，核にかかる力 $\mathbf{F}_I$，力の定数 C_{IJ}，

$$
\begin{aligned}
E &= E(\{\mathbf{R}_I\}) \equiv E_{\text{total}}(\{\mathbf{R}_I\}), \\
\mathbf{F}_I &= -\frac{\mathrm{d}E}{\mathrm{d}\mathbf{R}_I}, \\
C_{IJ} &= -\frac{\mathrm{d}\mathbf{F}_I}{\mathrm{d}\mathbf{R}_J} = \frac{\mathrm{d}^2 E}{\mathrm{d}\mathbf{R}_I \mathrm{d}\mathbf{R}_J}
\end{aligned}
\tag{2.5}
$$

48 第2章 概 観

とエネルギーの高次の微分である.

　定量的に信頼のおける理論計算によって，実験から直接には得られない情報が得られるので，我々は固体に対する理解に新境地を開くことができる．例えば，ほんの 2, 3 の例外はあるが，実験では振動の周波数と対称性しか正確には測れない．しかし原子間の力の定数 C_{IJ} を知るためには固有ベクトルの知識が必要である．このために過去においては同一のデータに合うように作られた力の定数のモデルがいろいろできすぎてしまった（例えば [165, 166] とその中の参考文献参照）．例えば，GaAs ではある種のフォノンに対しては，モデル間で固有ベクトルに大きい差があることが分かっている．この問題は信頼できる理論計算が可能になって初めて解決された [167]．最近の理論計算は力の定数についての完全な情報を直接与えることができ，それは力の性質についてのより簡単なモデルや理解のためのデータベースとして役に立っている．また，この同じ理論からさらに多くの情報が得られる．例えば静的誘電率，圧電定数，有効電荷，応力–ひずみの関係，電子–フォノン相互作用などさらに多くがあげられる．

　本章と第 20 章であげる例が示すように，フォノン周波数についての理論計算は多くの物質に対してなされてきた．そして理論と実験の周波数の一致の程度は通常は約 5% 以内である．理論には調整パラメータが何もないので，この一致の程度は基底状態に対して現在使われている理論的手法の成功の正真正銘の証拠である．これは理論と実験が共同で研究できる 1 つの例である．実験が決定的なデータと新発見を提供し，理論が固有ベクトル，電子–フォノン相互作用などの多くの特性についての確固たる情報を提供するのである．

　定量的な計算法にはそれぞれ特徴を持った 2 つの方法がある．

- 原子の位置の関数として全エネルギーを直接計算する方法．これは「凍結フォノン」法と呼ばれることも多い．
- エネルギーの任意の次数の導関数を陽に計算する．これは「応答関数」または「Green 関数」法と呼ばれている．

凍結フォノン

　「凍結フォノン」という言葉は，核が位置 $\{\mathbf{R}_I\}$ に凍結されているという

仮定のもとで全エネルギーや力を計算する直接的な方法を意味している．この方法は他の問題の場合とまったく同じ計算手法が使えるという大きい利点がある．例えば，同じプログラムで（ほんの少し異なった入力をするだけで）フォノンの分散曲線（第 20 章），表面と界面の構造（第 22 章）などその他多くの特性を計算できる．初期の計算の中には，1976 年に経験的タイトバインディング法 [171] を使って半導体中のフォノンを計算したものがある．さらに 1979 年には密度汎関数論と，そしておそらくはこれが最初のものと思われるが，エネルギーの小さな変化を見つける計算 [172] が行われた．今では全エネルギーの計算を使ってこのような計算をすることはごく普通のことである．

凍結分極と強誘電性

図 2.10 の左図は $BaTiO_3$ における Ti の変位に対するエネルギーの計算結果を示す．変位の原点は図 4.8 に示すペロブスカイト構造の中心対称点である．もしエネルギーが変位に対して増加したら，その構造は安定でありエネルギー曲線の曲率は光学モードのフォノンの周波数を決める．中心対称点での負の曲率は構造の不安定性を示し，種々の方向への変位によるエネルギー変化を計算することによって最低エネルギーを決めることができる．この情報から種々のオーダーの非調和項の寄与を得ることができる；例えば，微視的モデルの構築に必要な項（[173,174] を参照）が得られ，それによって自由エネルギーモデルを作り熱相転移を調べることができる．

信じられないかもしれないが，エネルギーと力に関する表式は 1920 年代から知られていたにもかかわらず，電子の波動関数から強誘電体の電気分極を計算するという問題は 1990 年代になってやっと解決された．第 24 章で述べるように最近の進歩 [175,176] は分極における変化を電子の波動関数の位相の変化である「Berry 位相」[177] に関係づけている．この理論は強誘電体と焦電物質の分極，有効電荷，圧電効果を，格子の変位やひずみについてすべての次数に対して計算できる実用的な方法を与える．

超格子を用いた計算

図 2.10 の右図は単位胞のサイズを 3 倍した長周期のセルを使った，3 つの

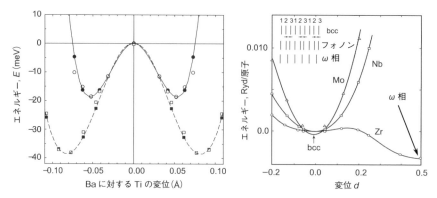

図 2.10 凍結フォノン計算によるエネルギーと変位の関係．左図は $BaTiO_3$ 中の Ti 原子の 2 つの方向での変位で図中の点は次の 2 つの手法による計算結果である．● は文献 [168] で局在軌道（第 15 章）を使って計算されたもの，○ は文献 [169] でフルポテンシャル LAPW 法（第 17 章）を使って計算されたもの．中心対称の位置は不安定で，最も安定な最小の位置は菱面体方向に存在して強誘電体相となり，この結果は実験と一致している．R. Weht と Junquera 提供（文献 [168] の図と同様）．右図は bcc 構造における波数ベクトル $\mathbf{k} = \left(\frac{2}{3}, \frac{2}{3}, \frac{2}{3}\right)$ の縦方向変位 d に対するエネルギーの計算結果 [170]．Mo と Nb では最低エネルギーは bcc 構造のときである．曲率は測定されたフォノン周波数とよく一致しており，フォノンの分散曲線における鋭い凹みに対応している．これは Zr で見られる相転移の前兆である．低温での Zr の最小エネルギー構造は ω 相であり，挿入図に示したように 3 枚目ごとの面は変位せず，他の 2 面はより密な 2 層構造から最終的には 1 つの層に合体するように変位することにより形成される．[170] より．

遷移金属の計算結果を示す [170]．Mo と Nb については波数ベクトル $\mathbf{k} = \left(\frac{2}{3}, \frac{2}{3}, \frac{2}{3}\right)$ での曲率はフォノンの周波数を与えるが，Zr では格子の不安定が生じ，図に示すようなパターンの原子層変位がある ω 相になる．これは多くの遷移金属に見られるように強い電子-フォノン相互作用と狭いバンドを持つ系で起こり得る不安定性の一例である．これらについては 20.2 節で議論される．

凍結フォノン法は十分に大きい超格子を用いてフォノン分散を計算するのにも使われる．図 20.1 は扱える程度の超格子でこれが可能であることを示している．とはいうものの，応答関数法や Green 関数法はもっとエレガントで有効であり今では最も広く使われている方法である．

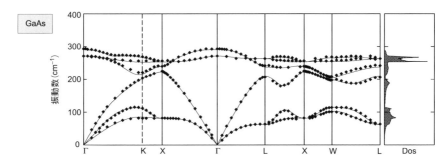

図 2.11 半導体 GaAs のフォノンの分散曲線 [182]. 点は実験値, 曲線は応答関数法（第 20 章）を使った密度汎関数論によるもの. 半導体すべてに対してこの図と同様のよい一致が見られる. いろいろな種類の材料に対する計算, 例えば図 20.3 と 20.4, はこの方法が広く適用できるものであることを示している.

線形（と非線形）応答

応答関数を使った方法とは，平衡位置からの変位のべきで展開することにより力の定数を計算するという方法を意味する．この方法の大きな利点は，実験で測定可能であり，1960 年代に定式化 [178–180] された応答関数（付録 D）の理論に基づいていることにある．Green 関数を用いた方法（総説 [181] と第 20 章を参照）により式の表現が計算に非常に有用な形になり，現在ではフォノンの分散曲線の計算はごく普通にできるようになった．

図 2.11 は GaAs に対するフォノンの分散曲線の実験結果と計算結果を比較したものである [182]．多くの半導体に対する平面波擬ポテンシャル法を使った計算で，このような実験とのほぼ完全な一致が見られる．第 20 章では金属に対する結果をいくつか例示した．そこでも結果は印象的であるが，遷移金属については実験との一致はそれほど良くない．同様の結果が多くの材料について見られるが，実験の周波数に関してほぼ 5％以内で一致している．第 20 章で議論するように，応答関数法はまた，誘電関数，有効電荷，電子–フォノン行列要素等々の計算には特に効率がよい．

2.10 熱的性質：固体, 液体, および相図

最近の数十年間の電子構造理論における最大の進歩の 1 つとして「量子分

52 第2章 概 観

子動力学（QMD）」があげられるが，これは最初に，Car と Parrinello によって 1985 年に発表され [85]，Car–Parrinello 法と呼ばれることが多い．第 19 章で述べるように，QMD は，核に関しては古典分子動力学シミュレーションであり，核にかかる電子からの力は，核が動くにつれての電子に対する量子力学的方程式の解によって決められる．電子構造と核の運動が関係した問題をまとめて取り扱うことによって，それまでに取り扱っていた範囲をはるかに超えたあらゆる種類の問題，調和近似を超えて温度の関数として固体や液体を扱うこと，融解などのような有限温度での相転移，溶液中の分子も含めた化学反応等々を電子構造を調べることによって解くという道を切り開いた．この仕事が刺激となって，さまざまな発展があり，それらが現在では電子構造の計算法に取り入れられている．その結果分子や複雑な結晶について計算する際は，電子構造の計算に加えて，その構造を最適化することが当たり前となっている．

地球物理

地球物理の重要な問題の 1 つは，地球内部の性質を理解することである．図 2.12 の左図に示すように，圧力と温度はマントルと内核の境界で $\approx 135\,\mathrm{GPa}$ と $\approx 4,000\,\mathrm{K}$，外核と内核の境界で $\approx 330\,\mathrm{GPa}$ と $\approx 5,000\,\mathrm{K}$ と見積もられている．これらの条件は実験室では実現困難である．このことは，論文 [184] や "Theoretical and Computational Methods in Mineral Physics: Geophysical Applications" というタイトルの鉱物学と地球化学についての議論 [185]（https://pubs.geoscienceworld.org/rimg/issue/71/1）のようなところに述べられている領域でシミュレーションが主要な貢献をする素晴らしい機会である．

地殻とマントルはケイ酸塩でできており，高圧のペロブスカイト相の $MgSiO_3$ が下部マントルにおける最も豊富な鉱物であると信じられている．D'' 層と関係のある相転移の可能性は議論の的であり実験と理論の組み合わせがポストペロブスカイト相への転移の発見を導いた．この相は下部マントルにおいて重要な意味を持つ [183]．格子振動と準調和近似の自己無撞着計算で熱効果も取り入れたシミュレーションは高圧下のミネラルへの応用として画期的な出来事であった．図 2.12 の右図には転移についての結果が示されている．

2.10 熱的性質：固体，液体，および相図

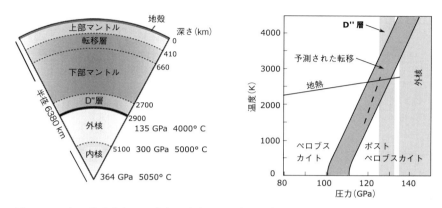

図 2.12 左：地球内部の圧力と温度を示した構造（www.spring8.or.jp/にある図から）．異なる領域は地震波の解析から決められる．しかし高温高圧での実験と理論は成分を決めるのには必須である．温度は右に示すように断熱地熱に従っていて，マントル/外核の境界にある D″ 層で驚異的に増大している．右：D″ 層でのポストペロブスカイトへの予測される転移．これは下部マントルの状態を理解するのに重要である．高圧下での構造は本文に述べられていて，暗く塗られた帯状の領域は LDA（下限）と PBE GGA（上限）を用いた準調和近似に基づいて見積もられた圧力領域である．Clausius–Clapeyron の式からの勾配（19.6 節も参照）は以前に地震波の解析で提案されていた破線と一致している．[183] の図を借用．

地熱（geotherm）と記された線は地球での温度/圧力の関係であり，転移が D″ 層で起こることを示している．理論シミュレーションでの上と下の境界は LDA と PBE GGA 汎関数による計算に基づく．これまでの多くの鉱物での経験に見られるように，計算された転移圧力は LDA では低く，PBE では高くなる傾向がある．新しい高圧相は $CaIrO_3$ 構造で，8 配位の Mg イオンが層間に挿入された SiO_3 層を持つ．また，Clausius–Clapeyron 式の傾きは地震データから得られるものと一致する．結論として，このような異方的な固体への固体-固体転移は，地球深部の下部マントルにおける D″ 層の理解のカギとなる不均等性と地勢（topography）に対する説明であろう．

　地球の核は Fe と他の元素で構成されていて，シミュレーションは可能な予測の例を与えてくれる．液体の計算を考察する前に，鉄の結晶の温度ゼロでの状態方程式を検討するのは有用である．図 2.13 の上図は核の圧力までの hcp Fe の状態方程式である．この曲線は種々の計算手法 PAW，フルポテン

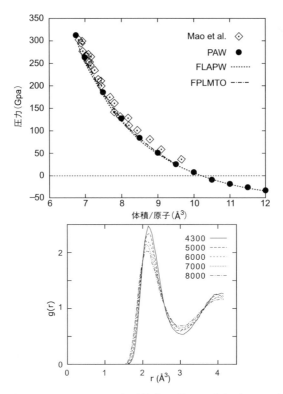

図 2.13 上：低温での hcp Fe の圧力対体積で種々の手法（PAW 法，フルポテンシャル LMTO 法，LAPW 法）による計算 [186] と実験 [187] の一致が見られる．下：種々の温度での動径分布関数 $g(r)$ の計算結果 [186]．密度と最低の温度 $\approx 5,000$ K は地球の内/外核の境界で期待される値．最初のピークの下の積分値は ≈ 12 原子ですべての温度において稠密構造の液体であることを示唆する．図は文献 [186] より．

シャル LMTO，および LAPW による計算がよく一致していることを示す．これらはまた，低温でのダイヤモンドセルによる実験 [187] ともよく合っていて，液体でのシミュレーションに信頼を持たせる．

図 2.13 の下図は密度を $\rho = 10,700\,\mathrm{kg/m^3}$（核/マントルの境界での値）に固定した液体 Fe の動径密度分布関数を種々の温度について示す．これらの温度では計算による圧力は 172 から 312 GPa の範囲にある [186]．これは PAW 法（13.3 節）で行われ，19.2 節にあるように分子動力学計算の各ステップで

計算された力を用いている. $g(r)$ のピークの重みは 12 隣接原子を少し超えていて稠密構造の液体に対応する. 期待通りに温度の上昇と共にピークは広がり急激な変化はない. 融解曲線は [188] で議論されているようにいくつもの仕事で決められている.

興味深いのは炭素である. ダイヤモンドは常圧では準安定であるが地球深部の圧力下では安定である. 19.6 節のシミュレーションによるとダイヤモンドは地球の中心での条件下でも安定な相である. 通常の状態での安定構造はグラファイトである. 3 配位結合を持つ, 実際に作られた多数の構造はすべての物質における最も魅惑的なものであり, 本書の多くの場所で中心的な話題になる.

水と水溶液

確かに水は生命にとって最も重要な液体である. 液体で, あるいは氷の結晶状態で, 水は水素結合によりおびただしい数の複雑な様相を示す [190–192]. H_2O の孤立分子や小さいクラスターは量子化学で正確に取り扱えるが, 凝縮状態のさまざまの性質は多大の努力によって調節されたポテンシャルで記述されてきた. QMD は現在の実験からの情報では理解できない場合に物事を決めていく上で重要な役割を果たす. その例として次のようなものがあげられる. 多くの分子の再配列を伴う拡散過程における原子スケールでの振る舞い, 極端な圧力や温度での水の振る舞い, 氷の高圧相などである.

膨大な数の水や水溶液の QMD シミュレーションがある. 核の運動と電子状態の両方を扱うことができるこの方法の大きい利点を示す例は, 図 2.14 に示すようにプロトンの移動とそれに伴う電子軌道の移動で, この図にはまた電子状態を記述する最局在 Wannier 関数 (第 23 章) も示されている. 水和された Na^+, K^+, および Cl^- を含む代表的な水溶液の研究の一例は文献 [193] で, それまでの多くの仕事の文献も含んでいる.

挑戦的課題は密度汎関数論を用いて水の分子間結合を正確に記述することである. 2016 年の Gillan による総説 [197], "Perspective: How good is DFT for water?" が分子の種々の配置, 氷, 液体のシミュレーションを考察していて, これには多くの文献がある. また結果が近似に大変敏感であり, 多くの問題を解明するには改良が必要である, という状況を示している. 局所近似

56　第 2 章　概　観

図 2.14　高圧，高温での水の QMD シミュレーションにおける H と O 原子の動きのスナップショット [189]．原子の動きは左から右へ進行する．特に，1 つの陽子の移動，および OH$^-$ あるいは (H$_3$O)$^+$ の形成に伴う電子状態に対する Wannier 関数を示す．(Wannier 関数は第 23 章の「最局在」の条件によって定義される．) E. Schwegler 提供，本質的には [189] の図 2 と同じ．

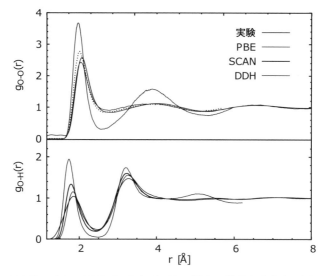

図 2.15　300 K の水における O–O と O–H に対する動径密度分布 $g(\mathbf{r})$ で，本文で説明するように異なった汎関数を用いた計算結果を比較：DDH [194]，SCAN [195]，PBE [193] と実験 [196]．PBE では $g(r)$ の構造が強く出すぎるが他は実験との一致はずっと良いことに注意．他の汎関数も同程度の一致になる [197]．Alex Gaiduk による図から．

では結合が大幅に強くなってしまうし，いくつかの相関汎関数では大幅に弱くなってしまう．最近の仕事の一例として，図 2.15 に O–O，O–H 距離の計算された動径分布関数を実験結果と共に示した．PBE-GGA 汎関数は LDA（示されていない）をかなり改善するが，なお実験に比べてピークが鋭すぎるなど構造が強く出すぎる傾向がある．ここに示された他の汎関数，SCAN メタ汎関数（9.4 節）と遮蔽された長距離部分を持つ DDH 汎関数（9.3 節）はずっと良い結果を与える．多くの他の汎関数がテストされた（総説 [197] を参照）．例えば，van der Waals 汎関数を加えると結果が改善される [198].

氷には多数の相があるが，我々の目的に最も適切なことは $\approx 60\,GPa$ 以上 [199] で分子形態の H_2O が酸素間の中心に水素が位置する強く結合した構造になり，理論計算 [200] で記述されるようにワイドギャップ絶縁体となることである．このことは硫化水素の様子と著しく異なることは興味深い（2.6 節参照）．H_2S は圧力下では H_3S と硫黄元素に分解し，高圧化では H_3S も水素が対称的な位置となる構造になるが，この物質は金属であり超伝導体である．

表面での反応と触媒作用

これまでに述べたものよりさらに挑戦的な問題は，溶液中あるいは溶液中の表面で起きる触媒された化学反応を扱うことである．材料科学や化学を理解する際の理論計算の重要性を示す例として，QMD シミュレーション [201, 202] によって長い間決着がつかなかった Ziegler–Natta 反応が明快に説明されたことをあげることができる．この反応はエチレン，プロピレンのようなごく普通のアルファオレフィンからポリマーを合成する重要な過程であり，プラスチックのコップ，買い物用ポリ袋，CD のカバーなどに使われるポリエチレンを製造する巨大な化学工業の基礎となる反応である．プロピレンはエチレンほどには対称的ではないので，単体が一定の方位を保って隣り合うような，立体的に規則正しく結合した分子鎖を作るには特別な注意が必要である．このような高品質の重合体は特別な目的，例えば生物医学や宇宙空間での利用などのためである．Ziegler–Natta 過程はこのような安くて安全な重合体を普通の商用ガスから，強い酸や高温やその他の高価な処理なしに作ることを可能にする．

この過程には，$MgCl_2$ を担体として，Ti の触媒中心で重合体を作る分子

58 第 2 章 概 観

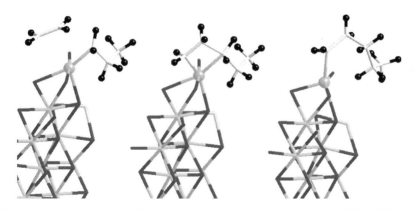

図 2.16 Ziegler–Natta 反応のシミュレーション．ポリエチレンの製造に必須の反応ステップである．2 個目のエチレンの挿入という基本的な過程での予想される反応ステップ，これを繰り返して鎖が伸びていく．π-複合体（左），遷移状態（中央），エチレン分子が挿入されポリマーが長くなっている（右）．M. Boero 提供．本質的には文献 [201] の図 11 と同じ．

反応が存在する．良い担体の一例は $MgCl_2$ を図 2.16 に示すように，(1 1 0) 面で劈開すればよい．この表面上に $TiCl_4$ が効率よくくっつき，活性な反応中心が高密度で存在するようになる．QMD シミュレーションの結果，アルキル鎖形成過程における反応性と，この過程のエネルギー論は局所的な幾何学的構造に大きく依存することが分かった．$TiCl_4$ の表面吸着と反応中間体形成の過程は，エネルギー的には下降しており，動的な解析は自然とその反応経路に沿って進む．それから拘束条件付き動力学を使ってアルケンの挿入過程の自由エネルギー変化を求め，活性化エネルギーを算出できる．2 つ目のエチレン分子の挿入における各段階は，図 2.16 に順を追って示されているが，鎖の成長過程とポリマーの立体化学的性質についての知見を与え，反応機構の全体的な描像を与える．

2.11　表面と界面

自然界には無限大の結晶は存在しない．すべての固体には表面がある．ますます多くの実験で，例えば走査型トンネル顕微鏡や X 線および電子線の表

2.11 表面と界面　**59**

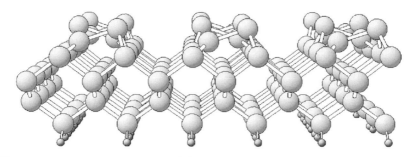

図 2.17　バックルしたダイマー再構成をした Si, Ge(1 0 0) 表面を示す．表面原子は対になってダイマーを作り，それぞれのダイマーがバックルする．すなわち，1 つの原子は上に行き他方は下がる．本文で述べたようにダイマーの 2 つの原子は等価ではなくその電子状態は詰まった状態と空の状態に分裂する．それらが図 22.4 に示したように 2 つの表面バンドを構成する．文献 [203] の図より．

面からの回折などによって，原子スケールの表面の様子が分かるようになってきた．表面科学の膨大な問題は本書では扱えないが，いくつかの例を取り上げ，電子状態理論と計算の役割を例示する．主には第 22 章で表面，界面，それに低次元物質を取り上げる．また第 25–28 章ではトポロジカル絶縁体について議論するが，そこではほんの数年前まではまったく知られていなかった性質を持つ表面状態がある．表面での反応は特に興味深くかつ理論にとっての挑戦になっており，2.10 節で一例として Ziegler–Natta 反応を取り上げた．

構造と化学量論

　ときどき表面とは界面の一種，すなわちバルク固体と真空の界面であるといわれることがある．しかし，これは誤解しやすい．いわゆる真空はとても活性な変わりやすい環境である．表面での原子は動き再結合するし，組成はガスの加圧で変化する．バルクとはまったく異なることもある表面の構造を決めることは主要な課題である．例えば半導体では強い共有結合の切断により，表面の種々の再構成が見られる．再構成の一例として図 2.17 に示す，Si あるいは Ge の (1 0 0) 面でのバックルしたダイマー（2 量体）がある．もし，表面原子がバルクのときのままの位置にあると，2 つのダングリングボンドがあることになるが，表面でダイマーを作ることによってエネルギーが下がる．それでもなお，ダイマー当たりに 1 つのダングリングボンドを残す，す

60　第2章　概　観

なわちダイマー当たり2つの半分だけ占有された状態が残る．図に示すようにバックルすることによってエネルギーはさらに下がる；1つの原子は飛び出し他が下がることによって，1つの原子に「非共有結合対」状態を作り，他方は空の状態になる．バルクのバンドギャップに現れる2つの表面バンドは図22.4の計算で示されるように，一方は詰まり他方は空である．

イオン結合性半導体，例えばIII–V族やII–VI族の結晶にはさらなる問題がある．同数の原子からなる種々の可能な再構成に対する全エネルギーを比較する必要があるだけでなく，異なる化学量論比，すなわち，それぞれのタイプの原子数が異なる陰イオンや陽イオンの終端の可能性を考慮しないといけない．啓蒙的な最初のステップとして，種々の構造に対する化学量論比は，単純な電子数を数える法則（electron counting rule）から予測することができる[204, 205]．この法則はすべての負イオンのダングリングボンドを満たし，陽イオンのダングリングボンドを空にすることによって表面での電荷の補償を行うことである．しかし，完全な解析をするには表面エネルギーを原子の種類Iごとの化学ポテンシャルμ_Iに関して決めなければならない．この化学ポテンシャルは表面に接している気体（あるいは他の相）の分圧を変えることによって制御でき[206, 207]，従って表面の原子の化学量論比を実験的に制御できる．バルク，表面，そして気体が平衡状態にあるとして[13]，極小化すべき量は自由エネルギー$E - TS$ではなく，グランドポテンシャル[208]

$$\Omega = E - T S - \sum_I \mu_I N_I \tag{2.6}$$

である．どうすればこの量を理論にうまく組み入れることができるであろうか？　幸いなことに，2元化合物ABに対しては簡単化の方法がある[208]：

- 固体では圧力の効果は無視できるので，結晶のエネルギーE_{AB}は$T = 0$での値に近い（必要ならば有限温度に対する補正は可能である）．
- 表面はバルクと熱平衡状態にあると仮定すると，$\mu_A + \mu_B = \mu_{AB} \approx E_{AB}$が成り立つので，独立な化学ポテンシャルは1個だけになり，それをμ_Aととることができる．

---

[13] ［原註］非平衡では違った化学量論が形成されることを許す運動学を含む．

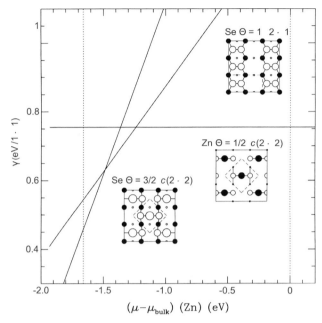

図 2.18 ZnSe の (1 0 0) 表面の特定の構造について，化学ポテンシャルの関数としてのエネルギー（本文参照）．平面波擬ポテンシャル法を使って計算されたもの．Se の多い構造は先に理論的予測がなされて，後で実験で見つかったものである．A. Garcia と J. E. Northrup 提供，文献 [209] と本質的に同じ．

- 熱平衡状態では，μ_A と μ_B の範囲は限られている．というのは，それらは純粋な元素の凝縮体のときのエネルギーを超えることはできないからである，$\mu_A \leq E_A$，および $\mu_B \leq E_B$．
- 従って，μ_A と μ_B の許容範囲は固体での単体と化合物の計算で決めることができ，気体の相を扱う必要はない．

平衡を仮定すれば，実際の実験条件の関数として表面の再構成を理論的に決めるためには，以上のことで十分である．

教訓的なのは図 2.18 に示されている ZnSe(1 0 0) の種々の表面再構成についての研究 [209] である．2 配位の Zn 原子の被覆率 Θ が 1/2 ML（モノレイヤ）の c(2 × 2) 再構成表面は Zn が多い領域では安定である．Se がやや多い

状況下（$\Theta = 1$）では表面は (2×1)Se-ダイマー相をとる．Se が多い極限では理論計算によれば Se の被覆率が 3/2 ML の新しい構造が予測されている．これは原子層エピタキシで観測される高い成長率と原子移動を説明するために提案された．

図 2.18 の中の構造はまた，再構成された表面のパターンを決めるときの，構成要素間での電荷移動に起因した静電効果の重要性を示している．構成要素が c(2×2) または 2×1 という秩序をとりやすいのは，静電的相互作用が最適化（表面の Madelung エネルギーの極小化 ——付録 F 参照）されるからであり，これは GaAs$(0\ 0\ 1)$ 表面で指摘されたことである [210]．

表面状態

表面での電子状態は物質の多くの性質にとって本質的に重要であり，トポロジカル絶縁体の発見によって電子状態において新たなる関連性を持つことになった．第 22 章では，理論と実験の比較において 2 つの例を述べる．金は Shockley 表面状態を持つ金属の古典的な例である．図 22.3 はスピン軌道相互作用と Rashba 効果が重要であることが分かるようにしている．Fermi 準位より上の状態を光電子測定可能とした強力な実験技術と電子状態計算が協力して，金は金属であるにもかかわらずバンド構造が非自明のトポロジカル性格を持つことが分かった．理論はまた，もしスピン軌道相互作用がもっと大きくなればトポロジーによって表面バンドに完全なギャップが生ずること示している．これらの結果は第 27 章のモデルで単純な解釈が与えられる．この単純なモデルでもスピン軌道相互作用が増大すると同じようなバンドの展開が見られる．

半導体の表面状態は，共有結合が断ち切られることによってバルクとは非常に異なり，表面再構成の多くの例がある．わりに簡単な再構成の 1 つは図 2.17 のバックルしたダイマー構造であり，その結果得られた Ge のバンドは図 22.4 に示す．各ダイマーは 2 つのダングリングボンドを持ち，2 つの表面バンドに分離する．なぜなら，バックリングはダイマーの 2 つのサイトを非等価にし，低いエネルギ状態は満たされて孤立電子対となり，ギャップを隔てて空の表面状態があることになる．

界　面

テクノロジーにとっての重要性から，半導体の界面は，高度な制御で作成され，特徴づけられている．とりわけ重要なのは，界面での「バンドオフセット」であり，これはキャリアを半導体量子素子に閉じ込める [211]．オフセットの計算は電子構造の 2 つの側面を必要とする問題である．2 つの物質のそれぞれにおいて状態のエネルギーはその物質に対するある参照を基準にして決められる[14]．この参照は界面とは独立した固有の性質である．しかし，その参照エネルギーは長距離 Coulomb 項によってシフトし，2 つの物質の相対的なエネルギーは界面双極子（F.5 節）に依存する．後者には界面の計算が必要である．これらを調べ上げるのは 22.6 節と 22.7 節の話題である．22.6 節で簡単に記述される半導体の研究は実験と結びついての理論の物語であり，理論計算による以前のルールの修正を伴っている [211–213]．より最近の計算では結果がずっと正確であり確信のあるものになっている．

人工的構造での大きな進展の 1 つは原子スケールの精度を持つ酸化物界面の成長であり，よく知られた半導体のライバルになっている．これは金属的バンドを持ち，磁性や超伝導を含む多くの現象の現れる 2 次元系の全分野を開いた．この分野の火花は Ohtomo と Hwang による 2004 年の論文 [214] であった．そこでは $LaAlO_3/SrTiO_3$ (LAO/STO) 界面での高移動度電子ガスを報告している．多種の物質を用いた多くの研究があり，22.7 節ではキャリアの起源（図 22.6 に示す「分極崩壊」とそれを避ける方法）と図 22.7 に示す多くの例に共通の様相を持つ界面の性質に関連するいくつかの話題について議論する．

2.12　低次元物質と van der Waals ヘテロ物質

グラフェン，BN のような単一原子厚の層からなる，あるいは MoS_2, $MoSe_2$, WSe_2 のような化合物の単層からなる，さらにはもっと他の多くの 2 次元物

---

[14] ［訳註］有限系での電子のエネルギーは無限遠でのポテンシャルをゼロとすることによって決まるが，無限大の固体ではそれができないのでエネルギーの原点を絶対的には決められないことに起因する問題である．

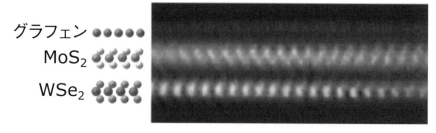

図 2.19 化学気相成長（CVD; chemical vapor deposition）によって成長した，グラフェン，MoS_2，WSe_2 の層の電子顕微鏡写真．これらの層が選ばれた理由は質量とフォノンが大きく食い違っているため，層に垂直方向の熱伝導度が非常に低い，空気より低いことである [215]．H. Zhang, S. Vaziri, E. Pop による．

質に強い興味が持たれている．これらの物質は，通常の 3 次元物質とは大変異なる性質を示す．グラフェンは本書の多くのところでのモデルシステムである；まったくの 2 次元物質であり面としては最も強い物質である；それはまた例外的な熱的，電気的，あるいは多くの性質を持つ．他の物質は金属だったり，絶縁体だったり，圧電体（piezoelectrics）であったり，超伝導体だったり，磁性的だったりなどである．テクノロジー的に重要な物質の一例として単一層 MoS_2 がある．バルクの MoS_2 は間接遷移ギャップで弱い光吸収しかないが，単層の場合は直接遷移ギャップで強い光吸収がある．これは理論的に予言され [216]，後に 2 つの実験 [217, 218] で同時に確認された．図 22.8 は計算で得られたバンドを示しており，これらの効果の簡単な説明を与えている．

今世紀における新物質の最も期待できる発展は，ほとんど無制限の多彩さを持つ物質をレゴブロックのように層を積み重ねて作る能力である．これらの物質は層が弱く結合しているので「van der Waals ヘテロ構造」と呼ばれる [219, 220]．しかし，層間の結合は固体を安定化し互いに影響を与えるに十分であるのでこれらはまったく新しい物質となる．図 2.19 はこのような構造が作られる絶妙な制御の様子を示す．この場合，グラフェンと MoS_2，WSe_2 の単層はすべて図 4.5，4.6 に示される三角形の Bravais 格子を持つ．しかし，それらは大変性質が違っている．この構造は論文 [215] に示されており，層間の質量密度とフォノンエネルギーに大きいミスマッチがあるために層に垂

直方向の熱伝導率が非常に低い．熱抵抗は SiO$_2$ 層のものより 100 倍くらいになるので，断熱やナノスケールシステムの熱流の経路設計に有用であろう．

2.13 ナノ物質：分子と凝縮物質の間

ある意味ではナノメートルサイズのクラスターはまさに大きい分子であるが，クラスターのサイズが変わると凝縮物質と似た性質も持つ．それでもそれらは十分に小さいのでその性質は有限サイズ量子効果や原子の多くが表面にある効果に依存する．構造を実験で直接に決めるのはとても難しく理論が大いに役立つ．特にほんの数個の原子から巨視的な大きさまで変化する金属クラスターについてそのことが実証されている．小さいクラスターで見られる「マジック数」は殻の詰まり方で理解されるが [221, 222]，詳細はもっと複雑である．このようなクラスターの原子スケールの構造と光学スペクトルは第 21 章で詳しく述べられる．

半導体ナノ構造は特に強い関心が持たれているが，それは閉じ込め効果がバンドギャップを大きくし効率的な発光が観測されるからである．これはバルク結晶では光との結合が非常に弱い Si でも見られる．半導体では切断され

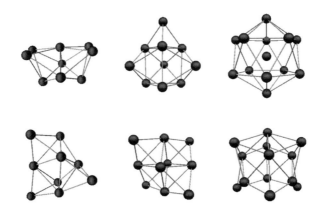

図 2.20　$n = 9, 10, 13$ 原子を持つ Si$_n$ クラスターの競合する原子配置．それぞれにおいて大変異なる構造が 2 つ示されている．正しい構造は実験からでは直接に求められなくて，理論がありそうな候補を抜き出すのに重要な役割を果たしている．[225] で調べられた中から，J. Grossman による．

66 第 2 章 概 観

た結合が表面再構成を起こし，小さいクラスターの構造は図 2.20 に見られる
ようにバルクのものとはほとんど似ていない．例えば，Si_{13} では中心原子を
囲み外側の 12 個の原子が対称的に配置する構造と Car–Parrinello 法と焼き
なまし法で見つけられた低対称構造 [223] の競合がある．対称構造は局所密
度近似では考慮されていない相関によって安定化されるという議論 [224] が
された；しかし，量子モンテカルロ法の計算 [225, 226] では低対称構造が最
安定であり，Car–Parrinello シミュレーションと一致している．

　他方，表面が水素あるいは酸素のような原子で終端されてダングリングボ
ンドが除かれると，クラスターは切り抜かれた小さいバルクにもっと似てく
る．発光のエネルギーはクラスター内の電子の閉じ込め効果で増大し，発光
強度はクラスターの大きさ，形，および細部の構造のためにバルクの選択則が
敗れて強くなる．この研究は実験を解釈し，望む性質をより良くするための
理論と実験の理想的な協業である．時間依存密度汎関数論（21.2 節）を使っ
た計算が，図 21.3 に示されるようにサイズによってギャップが変化するなど
の手法の説明に第 21 章で使われる．

　ナノ物質に多大の興味を引き起こした多くの物質は炭素から構成される豊富
な構造を持つ：C_{60}，C_{70}，$\cdots$，のフラレン [227]，1990 年代初頭のナノチュー
ブ [228]，グラフェン [229]，2000 年代のグラフェンリボンなど．それらは
それぞれの尋常でない性質によるだけではなく多機能性とエレガントな単純
さにより並外れている．C_{60} は最も対称性の高い分子であり，その 120 の対
称操作を持つ正 20 面体の点群は知られている分子における最大の点群であ
る．"buckeyball" はフットボール（米国ではサッカボール）の形をしており，
60 個の炭素原子が 20 の正 6 角形と 12 の正 5 角形に配置している[15]．フラ
レンに対する興味は劇的に急増し，固体を作るほどに大量の C_{60} を作る方
法が発見された [230]．引き続き，固体 C_{60} にアルカリ金属をドープした化
合物は金属になり [231]，いくつかのアルカリドープした化合物（fullerides）
は超伝導体になり，その当時ではその転移温度を超えるのは銅酸化物しかな
かった．

---

[15] ［原註］この構造の名称は R. Buckminster Fuller に由来する．彼は Carbondale にある南
イリノイ大学の教授であり，多面体のドームを作った稀代のエンジニアである．

2.14 電子励起：バンドとバンドギャップ

図 2.21 パターンをつけるのに分子前駆体の自己集合のテクニックで成長したグラフェンナノリボン [235]．この例では異なるトポロジカルインデックスを持つ 7 原子幅と 9 原子幅の部分の繰り返しになっていて，右端には真空との境界の終端状態がある．26.7 節で議論される．Daniel Rizzo による．

　ナノチューブはグラフェン様のシート（あるいは多重シート）を図 14.6 のように丸めてチューブにする [232–234] ことによって作られ，多様な半導体や金属などとなる．これらはグラフェンの Brillouin ゾーンを理論的に丸めることによって見事に記述できる理想的な系である．しかし，曲率があるために，平坦なグラフェンでは存在しない σ と π のボンドが結合するので [232, 233]，13.6 節と 14.8 節で述べるように小さい径のチューブではエネルギーバンドに大きい変化が生じる．

　グラフェンは原子の 1 枚の層であり面としては最強の物質である．Dirac 点 (14.7 節) を持つ単純なバンド構造をしていて，最初のトポロジカル絶縁体 (27.8 節) の 1 つである．またいろんな幅を持つリボンにもなる．図 2.21 は Au 基板[16]に「ボトムアップ」の手順で合成されたパターンのあるグラフェンナノリボンの STM 像を示す [235]．この合成手法では小分子の前駆体の自己集合により原子的に正確な制御ができる．7 原子と 9 原子幅の部分の繰り返しパターンはナノスケール系で設計できる詳細を示しており，結晶性トポロジカル絶縁体と考えられるものの 1 次元システムの実現を示している ([236] と 26.7 節を参照)．

2.14 電子励起：バンドとバンドギャップ

　電子励起は 2 つのタイプに分けられる．励起状態が基底状態と同じ電子

---

[16] [訳註] 原著では Ag 基板となっているが，[235] では Au 基板である．

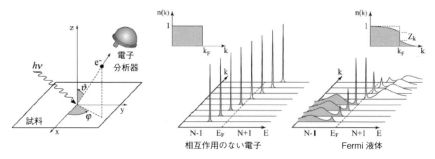

図 2.22 角度分解光電子分光（ARPES）の模式図．中図はデルタ関数的な独立粒子スペクトルで占有率は 1 または 0．右図は相互作用する電子の準粒子ピークを持ったスペクトルである．準粒子ピークは衣を着た 1 粒子励起によるものでピークが非常に鋭ければバンドに対応する．しかし，多体効果も見られ，系に誘起された付加的な励起によるわずかの重みや「サテライト」あるいは「サイドバンド」などが並ぶ．これらのことは相棒の本 [1] の話題でありここでは触れない．（図は [237] のものの修正による）

数を持つ励起と，単一粒子励起で電子 1 個が減少 $N \to N-1$ または増加 $N \to N+1$ する励起である．前者の励起は比熱，線形応答，光学的性質などを決め，後者の励起は実験でトンネル効果や光電子放出あるいは逆光電子放出によって検出される．

電子の増加や減少で一番重要な量は基本ギャップである．これは電子の増加と減少に係わるエネルギーの間の差の最小値である．最低のギャップは独立粒子近似に限られた近似的概念ではない．これは一般的な多体系において電子 1 個を加えるときと取り除くときのエネルギー差として定義されている．基底状態に N 個の電子がある場合，基本ギャップは

$$E_{\text{gap}}^{\min} = \min\{[E(N+1) - E(N)] - [E(N) - E(N-1)]\} \tag{2.7}$$

で与えられる．金属ではこのギャップは消え，しかも，最低エネルギーの電子状態は局在していない．一方，もし基本ギャップがゼロでないならば，またはもしその状態が局在（無秩序により）しているならば，その系は絶縁体である．

角度，およびエネルギー分解光電子分光（ARPES）

　電子を取り除くときのエネルギースペクトルを結晶の運動量 **k** の関数として直接観測する基本的な道具 [238,239] は，図 2.22 に模式的に示した角度分解光電子分光である．この実験に係わる電子は表面領域に限られるため，光電子放出は表面用のプローブであり，表面とバルクの情報を分離するには注意が必要である[17]．結晶中の励起の表面に平行な運動量は図 2.22 に示すように運動量保存則によって決まる．表面に垂直方向の分散はフォトンエネルギーと結晶中の励起電子の分散の依存性から図解できる [238,239]．独立粒子の描像では放出された電子のエネルギーに鋭いピークが存在する．これは図 2.22 に示すように電子の固有状態あるいはバンドである．弱い相互作用はピークを少しだけ広げかつ位置をずらせる．一方，強い相互作用は質的な変化を引き起こす．

　角度分解光電子分光は，図 12.2 の GaAs の結果で示されるように，1970 年代後半に定量的な実験方法であることが示された．軌道放射を利用することにより劇的に解像度が上がり，ARPES は結晶における一電子除去スペクトルの詳細な分散と多電子効果の測定の強力なツールとなった．逆光電子分光は一電子付加スペクトルを得ることを可能とした．図式的には，それは図 2.22 の ARPES の逆過程であるが実際にはもっと難しい．多くの場合，Ge についての図 2.23 の中央の図に点で示されるようによく定義されたバンドに対応する鋭いピークがある．他方，図 2.22 の右側に示されるように，スペクトルはブロードで相互作用による他の構造が現れる．これは相棒の本 [1] の主要な話題であり，[240] のような素晴らしい総説もある．

バンドとバンドギャップに対する理論と実験

　基底状態の特性については，密度汎関数論は多くの場合，実験と素晴らしく一致しているにもかかわらず，その同じ理論が絶縁体の励起に関しては凡庸な（ときには目も当てられない）結果を出す．図 2.23 は Ge について電子の付加と除去の両方についての理論と実験の比較を示している．この例は，

---

[17] ［訳註］入射光のエネルギーを高くすると，電子の脱出深さが大きくなり，バルクの情報の重みが増す．入射光のエネルギーを変えることにより，バルクの情報を抜き出すことができる．

70 第 2 章 概 観

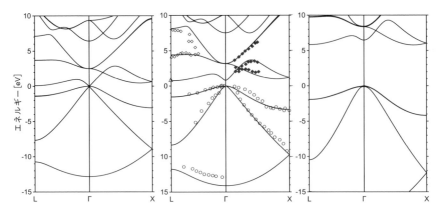

図 2.23 実験（中図のドット）と 3 つの異なる近似を用いた理論による Ge のバンド．左図：局所密度近似のバンド．悪名高いバンドギャップ問題のために Ge を金属と予測してしまう．右図：Hartree–Fock 近似のバンド．よく知られているようにバンドギャップを過大評価してしまう．中図：HSE06 のバンド．これは 9.3 節で述べるように密度汎関数論と Hartree–Fock に似た交換効果を混ぜたもの．混成汎関数は図 2.24 に示されるように，LDA や GGA 汎関数よりずっとよいバンドギャップを与える．J. Voss による．

Kohn–Sham 計算の固有値を電子付加と除去のエネルギーとして解釈する，広く使われているアプローチのひどい破綻を示すために選んだものである．

　左図は局所密度近似を用いたバンドを示しているが，これでは Ge が金属になってしまう．図 2.24 に示されるように，これは多くの物質で見られる「バンドギャップ問題」の極端な例である．（この問題は PBE のような GGA を用いても生じる．）中央のパネルは混成汎関数法を用いた結果である．占有された価電子帯はほとんど変化を受けないが，伝導体は価電子帯に対して持ち上げられギャップが開いて実験値に近くなる．この改良は図 2.24 のすべての例（もっと大量の物質の代表である）に見られる．

　図 2.23 の右パネルは Ge についての Hartree–Fock 計算の結果を示す．このギャップはずっと大きいが，それは相関を排除した理論の交換が大きい効果を持つためである．これは不十分な近似であるが，固有値を電子の除去と

2.14 電子励起：バンドとバンドギャップ

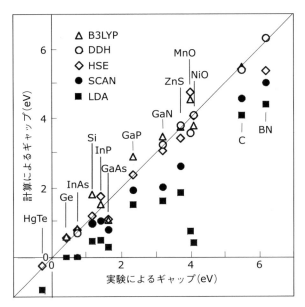

図 2.24 第 8 章と 9 章で述べられる種々の汎関数によるバンドギャップの実験値との比較．LDA とメタ GGA 汎関数は黒の印で，混成汎関数は白の印で示されている．一般に，混成汎関数はギャップについてはずっと良い結果を与えるが計算にはずっと多くの努力が必要になる．実験，HSE06 と BLYP は [242]，LDA と SCAN は [243]，DDH は [244] より．

付加のエネルギーとみなすことが正しい適切な理論である[18]．HSE06 計算の結果を単純に理解するにはそれが密度汎関数論と Hartree–Fock の混合だということである．しかし，もっと深い論証がある．第 9 章で説明するが，一般化された Kohn–Sham（GKS）理論は基底状態だけでなく，より多くを記述する枠組みを与える．この方法では式の固有値を正しく電子付加と除去のエネルギーの近似とみなせる．

基本ギャップは本質的論点であり，密度汎関数論において広く使われている近似汎関数はほぼ全物質に対して実験値よりかなり小さいギャップを与え

---

[18] ［原註］多体 GW 法は本質的には準粒子の自己エネルギーに対するランダム位相近似（RPA）計算（5.5 節参照）である．もともとは電子ガスについて開発されたものである [241]．これは動的に遮蔽された交換になっていると考えられるので，Hartree–Fock の交換を減少させる．より広範な議論については [1] を参照．

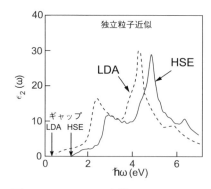 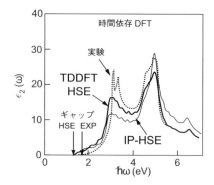

図 2.25　GaAs の光学スペクトルで LDA と HSE 汎関数を使った独立粒子近似と時間依存 DFT（TDDFT）による計算結果を比較する．LDA はギャップを過少評価するよく知られた問題を持っている；独立粒子近似（左図）で HSE06 汎関数の場合はほぼリジッドに右に動きギャップは実験に近くなる．ギャップは TDDFT のスペクトル（右図）でも変化しないが，重みは低エネルギー側にシフトして実験に近くなる．LDA と実験は [251]，HSE06 は [252] より．

る．これは図 2.24 において ■ で示されたいくつもの物質についての局所密度近似（LDA）の計算結果が示している．改良された汎関数の主な効果は価電子帯に相対的に伝導体をリジッドに持ち上げることである．このことは図 2.23 において Ge に対して，図 2.25 の左図において GaAs に対して示されている．ここでは示さないが，改良はワイドギャップの物質でも見られる；例えば，LiF のギャップは 14.2（exp），8.9（LDA），10.0（SCAN），11.5（HSE[19]），そして 16.1（DDH）である．

　絶縁体での励起の理論の改良は電子状態研究における活発な領域である．第 9 章における一般化された Kohn–Sham 理論においては，原理的には基底状態の厳密な密度とエネルギーを与える補助系の集まりがある．Kohn–Sham 補助系は独立粒子でできていて，交換相関汎関数は交換と相関の全様相を取り込んでいなければならない．もし，補助系がなんらかの相互作用をする粒子を持つなら，それが幾ばくかの重荷を背負ってくれて交換と相関の残っている部分だけを取り入れる汎関数を作るのは容易になる．ゴールは基底状態に対しては少なくとも通常の Kohn–Sham のやり方と同様に働き，他の性質

---

[19] [原註] J. Paier による．

については改良するような定式化である.

2.15 電子励起と光学スペクトル

　誘電関数と伝導度は凝縮物質において応答関数の中でも最も重要なものである. というのも, それらは物質の光学的性質や電気伝導, 多くの技術的応用を決めるからである. 光学スペクトルは電子励起そのものを調べるための最も広く使われているツールである. さらに, 印加電場に対する電子の応答は電子間の Coulomb 相互作用に直接関係する. 分極性のあるいは導電性の媒質における Maxwell 方程式による現象論的な定式化は周波数依存の複素誘電関数 $\epsilon(\omega)$ あるいは複素伝導度 $\sigma(\omega)$ を用いて書き下される. 関係式は付録 E にまとめられ, 電子励起による定式化は第 21 章の課題である.

　電子数を不変に保つ励起, すなわち光子を吸収してできる励起は互いに相互作用している電子と正孔の同時付加とみなせる. この従来からの見方はとても有用である. この見方では励起を別々に測定できる「付加/除去」スペクトルに関係づけ, 電子と正孔の相互作を [1] や他の多くの文献で記述される多体摂動論によって調べる量とする. しかし, この励起はまた密度の励起ともみなすことができ, 時間依存（あるいは周波数依存）密度汎関数論の始まりとなった. この考えは初期の研究 [245] などで用いられ, 時間依存密度汎関数論（TDDFT）は静的な密度汎関数論と類似な形式で確かな基盤を与えられた [246]. 第 21 章で述べるように, TDDFT は原理的には励起スペクトルを厳密に記述するし, 実際にも実行可能な近似が非常にうまくいくことが分かっている.

　TDDFT は特に化学のコミュニティで, 分子やクラスターのような閉じ込められた系についての光学スペクトルの研究に広く使われている [247–250]. 金属クラスターと水素終端 Si クラスターの例は 21.7 節で述べられる. この例では通常の断熱 LDA 汎関数を仮定して計算されている. しかし, 断熱 LDA 汎関数は大切な物理を欠いていて, 改良版時間依存汎関数を探すことは現在の研究課題の 1 つである.

　TDDFT は凝縮物質では挑戦的な課題があって, それほどには使われていない. 光学吸収スペクトルの例として図 2.25 に半導体 GaAs の場合が示さ

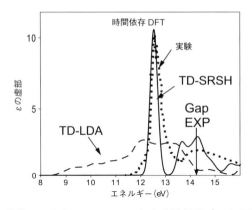

図 2.26 LiF の光学スペクトルで 12.6 eV にある励起子ピークが目立っており，しかもギャップより 1 eV 以上低いところにある．この励起子ピークは，本文で説明されているように長距離成分を持つ SRSH と呼ばれる混成汎関数でよく記述される．この汎関数はギャップが実験に合うように調節されており，図ではギャップより下に励起子に関する他の 2 つの様子が示されている．TD-LDA はギャップを非常に過少評価するというよく知られた欠点を持っており，さらにここでの目的に最重要なことは励起子ピークの記述がまったくできないことである．いかなる短距離汎関数（混成 HSE06 や関連の汎関数も含めて）もこのスペクトルの主要な様相を記述することができない．より完全な議論には 21.8 節を，特に図 21.5 を参照．[253] と同じ情報を持つ，S. Refaely-Abramson による図を修正．

れている．左図は独立粒子のスペクトルであり，これは充満帯と空帯の畳み込みである．LDA と HSE06 混成汎関数のスペクトルは多くの系で見られる様相を示している：改良された汎関数の効果は主に充満帯に対して空帯がリジッドに動くだけである．この効果は scissor operation と呼ばれることがある．つまりグラフを切って 2 つに分け，高エネルギー側をギャップが増大するように動かす．図 2.25 の右図には HSE06 独立粒子のスペクトル（左図のものと同じ）が HSE 汎関数を用いた TDDFT と比較されている．ちょっと見ただけでギャップは変わっていない．第 21 章で説明するがこれは一般的な結果であり，TDDFT はギャップのエラーを直すことはしない．他にはスペクトルの重みが TDDFT でシフトして実験とより近くなっている．従って，TDDFT は有用である可能性を持っている．

しかしながら，もっと驚くべき様相がワイドギャップ絶縁体 LiF についての計算から明らかになった．結果は図 2.26 の LiF で示されている．これは光

2.15 電子励起と光学スペクトル **75**

学スペクトルが励起子に支配されている場合である．独立粒子のスペクトル
は 14.2 eV のギャップ以下のエネルギーではゼロであるが，実験のスペクト
ルは大きいピークがより低いエネルギーにあって独立粒子のスペクトルとは
まったく違っている．さらには，第 21 章で説明するように，励起子ピークは
LDA, GGA, HSE などのような短距離の汎関数では記述できない．HSE06
のような汎関数はギャップを改善するが励起子については完全に失敗する．
この問題は LDA については図 2.26 に，HSE06 については図 21.5 に示され
ている．

　TDDFT で励起子を記述する困難は汎関数が非局所的な性質を持たない
といけないことであり，密度だけで定式化するのは難しい．幸い，長距離の
Hartree–Fock 交換をある割合で取り込んだ混成汎関数は実際的な解決を与
える．図 2.26 に示すように，そのような汎関数はギャップの下に励起子の
状態を作り，第 21 章でさらに詳しく述べるがスペクトルの定量的な記述も
与える．実験とのそのような定量的一致は，一般的には期待するべきではな
い．図 2.26 の計算で使われた汎関数は「調節された領域分割混合」であり，
ギャップが一致するように調整されている．同様の汎関数は実験のような励
起子に導くだろうが，ピークのエネルギーはこの図の例のようには一致しな
いだろう．

　長距離の Hartree–Fock 交換を含む汎関数に頼るのは皮肉なことである．
それは 1936 年に Bardeen [254] が指摘したように，金属ではとんでもないこ
とになる（5.2 節参照）からである．とはいえ，汎関数は絶縁体のスペクトル
を記述するにはそのような項を含まなければならない．この不都合は乗り越
えられるだろうか？ 1 つの方法は汎関数の Hartree–Fock 交換を含む部分を
$1/\epsilon$ でスケールすることである．そうすればその項は金属では消え，誘電率
が小さいワイドギャップ絶縁体では大きい．これが 9.3 節で述べられる汎関
数のクラスの指導原理であり，図 2.26 の計算で用いられた汎関数に取り入れ
られている．このタイプの汎関数のもう 1 つの例は図 2.15 の水についての分
子動力学シミュレーションである．

76 第 2 章 概 観

2.16 トポロジカル絶縁体

2005–2006 年に Kane と Mele [86,87] および Bernevig と Zhang [88] によるトポロジカル絶縁体の発見は，Bloch の定理以来の凝縮物質の理論における概念上の最大の発展である．電子状態のトポロジカルな分類には長い歴史がある．多分，最も有名なものは量子 Hall 効果（QHE）（付録 Q を参照）であり，Thouless と彼の共同研究者が 1982 年に Hall 抵抗が正確な整数倍になるのはトポロジーの結果でありトポロジカル不変量で与えられることを示した．しかし，QHE は強い磁場のある場合にだけ見られ定量的な計算の必要はない．磁場なしでスピン軌道相互作用がその効果を引き起こすトポロジカル絶縁体の発見は，電子状態にトポロジーを正面から持ち込んだ．

本書では，トポロジーがバンド構造とスピン軌道相互作用についての学部学生の固体物理の教科書レベルでの知識だけで理解できるようにする．第 25–28 章の説明は Berry 位相の概念を基盤にする．付録 P は Berry 位相が量子力学の重ね合わせの原理[20]を使った一般的なやり方で理解できることを示す．そうすればトポロジカル不変数の Chern 数へはほんの数歩にすぎない．我々の目標に本質的なトポロジーは Brillouin ゾーンの運動量 **k** の関数としての電子状態の全体に対してであり，第 25 章で明らかになる．もう 1 つのテーマは前駆的な研究についてである．それらは 1939 年の Shockley [42]，1984 年のThouless [256]，それに 1993 年の King-Smith と Vanderbilt [175] による分極の理論である．これらの背景は第 22 章では Shockley 転移と表面状態の理論に，第 26 章では電子ポンプに，第 24 章では分極に見られる．図 2.21 のグラフェンナノリボンにおける状態のトポロジカルな性質は 26.7 節で述べられる．

トポロジカル絶縁体には定性的な新しい物理があり，第 27 章と 28 章の話題である．スピンとスピン軌道相互作用を取り入れることによって，まったく新しい効果が見出され，これまでの仕事とは違ったトポロジカル不変量で記述されることが示された．

---

[20] ［訳註］波動関数の位相が関係する．

2.17 さらに続く挑戦：電子相関   77

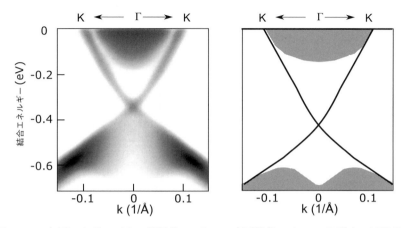

図 2.27 左図：トポロジカル絶縁体 Bi_2Se_3 の表面状態の ARPES 測定で連続的なバルクバンドと共に Dirac 点を示している．これは原書のカバーに示されたデータの断面図である．右図：実験図と同じエネルギーと運動量のスケールで表された，図 28.5 からとった理論計算．理論は実験の Fermi エネルギーに近似的に合わせてあることを除いて調節パラメータはない．実験に使われた試料はドープされていて Fermi エネルギーは伝導帯にある．左図は Yulin Chen から得たもので [255] の図 1b と同様のもの．

この章での目的はこれらの効果を決定的に示した実験測定を示すことである．原著のカバーの図[21]は光電子分光 [255] によって観測された Bi_2Se_3 の表面状態を示すもので，図 2.27 の左図は同じデータの表面状態の分散を示すカットである．右図は同じスケールでの理論計算 [257] を示しており，その詳細は 28.3 節で述べられる．これはトポロジカルな性質のほんの一例にすぎなくて，関連のことは金 (22.4 節)，HgTe/CdTe 量子井戸 (27.7 節)，グラフェン (27.8 節)，および第 26–28 章における多くのモデルで生じる．

2.17 さらに続く挑戦：電子相関

相互作用による相関と運動エネルギーによる非局在化との間のせめぎ合いは凝縮物質の電子論における最も挑戦的な問題である．相関は金属–絶縁体転移，Kondo 効果，重い Fermi 粒子系，高温超電導体，その他多くの現象（例

---

[21] [訳註] [255] の図 1A と同じ．

78 第 2 章 概 観

えば [240] 参照）の原因になっている．低次元性は相関の効果をさらに大きくし，分数量子 Hall 効果のような新しい現象に導く．1 次元では Fermi 液体は Tomonaga–Luttinger 液体に置き換えられ，そこでは励起はホロンとスピノンになる．図 2.22 における準粒子ピークの広がりとサイドバンドは多体問題を扱う方法をまさに必要とする．

相互作用のこれらの様相は相棒の本 [1] の話題である．しかしながら，相互作用は定量性を目指すどのような理論においても考慮されなければならない．DFT は相互作用の効果を十分な精度で取り入れているからこそ，物質における電子論において圧倒的に主要な方法になっているのである．それはほとんどの多体計算の出発点として使われる波動関数を与える．設計による物質のためのデータベースの開発にも，さらにその他多くのために使われる方法である．

電子構造理論がますます強力になり予測的になるにつれ，多体の電子・電子相互作用がもたらす結果についての「大きい描像」を心にとどめておくことは一層必要になる．相互作用の効果を適切に考慮することは実際の物質を定量的に記述するのに必須であるだけでなく，相関がもたらすことを探索的に想像することによって，通常の平均場の予測とは質的に異なるエキサイティングな新現象に導くだろう．序の 1.4 節で強調したように，このような考え方は，「more is different」という概念 [81] の中に捉えられており，*More is different: Fifty Years of Condensed Matter Physics* [82] の中に最近の発展と共にまとめられている．

さらに学ぶために

相棒の本 [1] は密度汎関数論と Kohn–Sham 式を超えた多体問題の方法が必要な様相に焦点を当てて，同じ問題の多くを扱っている．

第 1 章末の古典的な文献を参照．

凝縮物質の分野を全体として扱っているより最近の本として：

Ashcroft, N. and Mermin, N. *Solid State Physics* (W. B. Saunders Company, New York, 1976).

Chaikin, P. N. and Lubensky, T. C. *Principles of Condensed Matter Physics* (Cambridge University Press, Cambridge, 1995).

Cohen, M. L. and Louie, S. G. *Fundamentals of Condensed Matter Physics* (Cambridge University Press, Cambridge, 2016).

Girvin S. M. and Yang K. *Modern Condensed Matter Physics* (Cambridge

University Press, Cambridge, 2019).

Ibach, H. and Luth, H. *Solid State Physics: An Introduction to Theory and Experiment* (Springer-Verlag, Berlin, 1991).

Kittel, C. *Introduction to Solid State Physics* (John Wiley and Sons, New York) 沢山の版が出ている.

Marder, M. *Condensed Matter Physics* (John Wiley and Sons, New York, 2000).

電子状態に焦点を当てた本：

Giustino, F., *Materials Modelling using Density Functional Theory: Properties and Predictions* (Oxford University Press, Oxford, 2014).

Harrison, W. A., *Elementary Electronic Structure* (World Scientific Publishing, Singapore , 1999).

Kaxiras, E., *Atomic and Electronic Structure of Solids* (Cambridge University Press, Cambridge, 2003).

Kaxiras, E. and Joannopoulos, J. D., *Quantum Theory of Materials, 2nd rev. ed.* (Cambridge University Press, Cambridge, 2019).

Kohanoff, J., *Electronic Calculations for Solids and Molecules: Theory and Computational Methods* (Cambridge University Press, Cambridge, 2003).

第 3 章

理論的背景

要　旨

物質の電子構造に関する我々の理解は量子力学と統計力学に基づいており，本章ではそれらの理論における基礎的な定義とその表式について解説する．その表式とは，相互作用をしている多電子系に対して正しく，相互作用のない電子に対して有用で単純化された式である．これらの事項は，電子構造に対する理論と実用的手法を扱う後の章の基礎となるものである．

3.1　相互作用のある電子と核の基礎方程式

本書の主題は，基礎方程式にしっかり根を下ろした理論的手段によって，物質の性質を記述することを目指した進行中の発展について解説することである．従って，我々の出発点は電子と核からなる系のハミルトニアン[1]

---

[1] [原註] 基礎理論には後に考慮される他の寄与もある．例えば，付録 Q の Dirac 方程式から導かれる (O.8) 式のスピン軌道相互作用 H_{SO}；運動量を $\mathbf{p} \to \boldsymbol{\pi} = \mathbf{p} + (e/c)\mathbf{A}$ （付録 E を参照）の置き換えでベクトルポテンシャルを導入することで電磁場（電子の電荷を $-e$ $(e > 0)$ とする）；さらに，Bohr 磁子 $\mu_B = \hbar e/2mc$ を用いてハミルトニアンに Zeeman 項 $\mu_B \boldsymbol{\sigma} \cdot \mathbf{B}$．これらは独立電子の寄与でありほとんどの場合に小さいので，本書の大部分では無視される；しかし，トポロジカル絶縁体のような凝縮物質で最も興味深い現象に関わっている．

82 第 3 章 理論的背景

$$\hat{H} = -\frac{\hbar^2}{2m_e} \sum_i \nabla_i^2 - \sum_{i,I} \frac{Z_I e^2}{|\mathbf{r}_i - \mathbf{R}_I|} + \frac{1}{2} \sum_{i \neq j} \frac{e^2}{|\mathbf{r}_i - \mathbf{r}_j|}$$
$$- \sum_I \frac{\hbar^2}{2M_I} \nabla_I^2 + \frac{1}{2} \sum_{I \neq J} \frac{Z_I Z_J e^2}{|\mathbf{R}_I - \mathbf{R}_J|} \tag{3.1}$$

である. ここで電子は小文字の添え字で, 電荷 Z_I と質量 M_I を持つ核は大文字の添え字で表されている. 電子構造論の挑戦は (3.1) 式を基に物質が示す非常に変化に富んだ現象を予測できるように, 十分な精度を持って電子間相互作用の効果を扱える方法を開発することである. それには基本的な多体論から始めるのが意味が分かりやすくかつ生産的であると思われる. 力の定理などの多くの表式が, 厳密な理論から近似することなくより容易に導かれる. そこから独立粒子法や後の章で必要になる具体的な式へと絞り込んでいく.

(3.1) 式には「小さい」とみなせる項が 1 種類あり, それは電子の質量と核の質量との比 m_e/M_I である. このパラメータについての摂動展開ができ, それは電子と核が相互作用をしている系に対して一般的に成り立つものと期待できる. まず初めに核の質量を無限大とすると, 核の運動エネルギーは無視できる. これは付録 C で解説している Born–Oppenheimer 近似あるいは断熱近似 [90] といわれるものであり, 多くの目的に対して, 例えば固体中の核の振動モードの計算などに対してはほとんどの場合, 素晴らしい近似である [91, 180]. その他の場合には, この近似は電子–フォノン相互作用における摂動論の出発点を与え, 金属での電子輸送問題, 絶縁体でのポーラロンの形成, ある種の金属–絶縁体転移, 超伝導の BCS 理論を理解する基礎である. 従って, 以下では電子に対するハミルトニアンに焦点を合わせ, 核の位置はパラメータとして扱うことにする.

核の運動エネルギーを無視するならば, 電子構造論の基礎ハミルトニアンは

$$\hat{H} = \hat{T} + \hat{V}_{\text{ext}} + \hat{V}_{\text{int}} + E_{II} \tag{3.2}$$

となる. ここで Hartree 原子単位 $\hbar = m_e = e = 4\pi/\epsilon_0 = 1$ を採用すれば, 各項は最も簡単な形になる. 電子に対する運動エネルギー演算子 $\hat{T}$ は

$$\hat{T} = \sum_i -\frac{1}{2} \nabla_i^2 \tag{3.3}$$

となり, 電子に働く核が作るポテンシャル $\hat{V}_{\text{ext}}$ は

$$\hat{V}_{\text{ext}} = \sum_{i,I} V_I(|\mathbf{r}_i - \mathbf{R}_I|) \tag{3.4}$$

となり, 電子–電子相互作用 $\hat{V}_{\text{int}}$ は

$$\hat{V}_{\text{int}} = \frac{1}{2} \sum_{i \neq j} \frac{1}{|\mathbf{r}_i - \mathbf{r}_j|} \tag{3.5}$$

となる. そして最後の項 E_{II} は核間の古典的な相互作用と, 系の全エネルギーに寄与はするが, 電子状態の問題とは直接関係のないすべての項を含んでいる. ここでは核の電子に対する効果は電子に対する固定された「外部 (external)」ポテンシャルに含まれている. この一般的な表式は, もし裸の核の Coulomb 相互作用が内殻の電子の影響を取り入れた擬ポテンシャルに置き換えられても成立する. (ただし, ポテンシャルが「非局所的」になる. 第 11 章参照.) また, 電場や Zeeman 項のような他の外部ポテンシャルは簡単に式に取り入れることができる. 結局電子に対しては (3.2) 式のハミルトニアンが電子構造論の中心をなすものである.

多電子系に対する Schrödinger 方程式

本章では, 議論を明確にするために, 空間座標 $\mathbf{r}$ とスピン座標 ξ を明示することとし, 両方を含めたものを $\mathbf{x} = (\mathbf{r}, \xi)$ とする[2]. 非相対論的量子系を支配する基本の方程式は時間依存 Schrödinger 方程式

$$i\hbar \frac{\mathrm{d}\Psi(\{\mathbf{x}_i\}; t)}{\mathrm{d}t} = \hat{H}\Psi(\{\mathbf{x}_i\}; t) \tag{3.6}$$

である. ここで電子の多体波動関数は $\Psi(\{\mathbf{x}_i\}; t) \equiv \Psi(\mathbf{x}_1, \mathbf{x}_2, \ldots, \mathbf{x}_N; t)$ であり, 波動関数は当然のことながら電子座標 $\mathbf{x}_1, \mathbf{x}_2, \ldots, \mathbf{x}_N$ について反対称でなければならない. (3.6) 式の固有状態は $\Psi(\{\mathbf{x}_i\}; t) = \Psi(\{\mathbf{x}_i\}) \mathrm{e}^{-\mathrm{i}(E/\hbar)t}$ と書くことができる. 相互作用する多電子の式を実際に解くことはできなくても, エネルギー, 密度, 力, さらに励起などの性質を近似する前に完全な多体問題の枠組みで定義することは大変有用であり教育的である.

---

[2] [訳註] 原著ではスピン座標はあからさまには書かれていない.

84 第 3 章 理論的背景

固有状態に対しては，観測量の時間によらない表示は演算子 $\hat{O}$ の期待値であり，それは座標すべてにわたる積分

$$\langle \hat{O} \rangle = \frac{\langle \Psi | \hat{O} | \Psi \rangle}{\langle \Psi | \Psi \rangle} \tag{3.7}$$

で与えられる．粒子の密度 $n(\mathbf{r})$ は，電子構造論では中心的役割を果たすものであるが，密度演算子 $\hat{n}(\mathbf{r}) = \sum_{i=1,N} \delta(\mathbf{r} - \mathbf{r}_i)$ の期待値

$$\begin{aligned}
n(\mathbf{r}) &= \frac{\langle \Psi | \hat{n}(\mathbf{r}) | \Psi \rangle}{\langle \Psi | \Psi \rangle} \\
&= N \frac{\int d\xi_1 dx_2 \cdots dx_N |\Psi((\mathbf{r}, \xi_1), \mathbf{x}_2, \mathbf{x}_3, \ldots, \mathbf{x}_N)|^2}{\int dx_1 dx_2 \cdots dx_N |\Psi(\mathbf{x}_1, \mathbf{x}_2, \mathbf{x}_3, \ldots, \mathbf{x}_N)|^2}
\end{aligned} \tag{3.8}$$

で与えられ，これは電子座標すべてについての波動関数の対称性による．（上式の分子では $\mathbf{x}_1 = (\mathbf{r}, \xi_1)$ となっていて，スピン座標 ξ_1 に関する積分だけである点に注意．）全エネルギーはハミルトニアンの期待値であり，

$$\begin{aligned}
E &= \frac{\langle \Psi | \hat{H} | \Psi \rangle}{\langle \Psi | \Psi \rangle} \\
&\equiv \langle \hat{H} \rangle = \langle \hat{T} \rangle + \langle \hat{V}_{\text{int}} \rangle + \int d^3 r \hat{V}_{\text{ext}}(\mathbf{r}) n(\mathbf{r}) + E_{II}
\end{aligned} \tag{3.9}$$

となる．式中の外部ポテンシャルの期待値は電子密度の重みを付けた簡単な積分として具体的に書かれている．最後の項 E_{II} は静電的な核–核（あるいはイオン–イオン）相互作用である．これは全エネルギーの計算には重要な項であるが，電子構造論では単に古典的な付加項である．

多体ハミルトニアンの固有状態は，Ψ を変分試行関数とみなせばエネルギー表示 (3.9) 式の停留点（鞍点または極小点）になる．このことは (3.9) 式の比の変分をとることにより，または，規格直交条件 $\langle \Psi | \Psi \rangle = 1$ の拘束をつけて，分子の変分をとることにより分かる．Lagrange の乗数法を使えば

$$\delta[\langle \Psi | \hat{H} | \Psi \rangle - E(\langle \Psi | \Psi \rangle - 1)] = 0 \tag{3.10}$$

となる．これはよく知られた Rayleigh–Ritz の原理[3]と等価であり，次の汎

---

[3] ［原註］この方法は 1908 年に Ritz [258] によって現在の形式に発展させられた．しかしこのやり方は Lord Rayleigh（John William Strutt）によって 1877 年の彼の本およびより以前の仕事に記述されたいくつもの問題で使われている．この方法は [259] など多くの教科書に記載されている [260–262].

関数

$$\Omega_{RR} = \langle \Psi | \hat{H} - E | \Psi \rangle \tag{3.11}$$

がいかなる固有解 $|\Psi_m\rangle$ についても停留値をとる[4]．ブラ $\langle \Psi |$ の変分から次式

$$\langle \delta\Psi | \hat{H} - E | \Psi \rangle = 0 \tag{3.12}$$

が導かれる．この式はすべての可能な $\langle \delta\Psi |$ に対して成立しなければならないので，ケット $|\Psi\rangle$ が時間によらない Schrödinger 方程式

$$\hat{H} | \Psi \rangle = E | \Psi \rangle \tag{3.13}$$

を満たす．演習問題 3.1 ではこの同じ方程式が Lagrange の乗数法を使うことなく，(3.9) 式の Ψ の直接の変分から出てくることが示される．

　基底状態の波動関数 Ψ_0 は最低エネルギーの状態であり，それは，原理的には，Ψ は粒子の対称性および系の持つ保存則にも従わなければならないという束縛条件のもとで，全エネルギーを $\Psi(\{\mathbf{x}_i\})$ の中のすべてのパラメータについて極小化することによって決めることができる．励起状態は Ψ の変分に関してはエネルギーの鞍点である．

電子の基底状態と励起状態

　第 2 章で指摘した基底状態と励起状態の区別は，電子に対する多体方程式を解くという観点から見ても明らかである．特別な場合を除き，基底状態は非摂動論的方法で扱わねばならない．というのは，エネルギーの式に出てくるそれぞれの項は大きくて互いに相殺する傾向があるからである．基底状態の特性を表すものとしては全エネルギー，電子密度，相関関数があげられる．相関関数からは，物質が金属か絶縁体かというような一見しただけではとても基底状態の特性とは思われないような性質が導かれる．とにかく，どれが基底状態かを，特性は非常に違っているのにエネルギー値は近いようないくつかの状態を比較しながら，はっきりさせる必要がある．

---

[4] ［原註］これは付録 A で述べている汎関数微分の例であり，エネルギー汎関数 (3.9) 式がブラ $\langle \Psi |$ とケット $|\Psi\rangle$ について共に 1 次の場合に対するものである．従って，ブラかケットのどちらか 1 つ，あるいはその 2 つとも同時に変分をとっても同じ結果が得られる．

86 第3章 理論的背景

　一方で，凝縮物質の励起は通常系全体に対しては小さな摂動である．この摂動は電子の基底状態に関する小さな変動（例えば格子振動によるイオンの小さな変位）の場合と本当に電子自身が励起する（例えば電子の光励起）場合とに分類できる．どちらの場合でも摂動論は適切な方法である．摂動論を使えば励起スペクトルや応答関数の実部と虚部を計算できる．いずれにせよこのような場合でも，励起は基底状態を基にした摂動であるから，基底状態の知識が必要である．

　このような方法は独立粒子の場合でも多体問題でも適用できる．基底状態はこの両方の場合において共に特別な状態である．密度汎関数論でも量子モンテカルロ法でも基本的には基底状態に関する方法であるのは興味深い．しかし，摂動論の役割は独立粒子の場合と多体問題の場合とではかなり異なっており，後者では摂動論はダイアグラム摂動展開と適切なダイアグラムの和のとり方についての基本的なアイデアということで，問題の定式化に重要な役割を果たしている．

3.2　凝縮物質における Coulomb 相互作用

　長距離 Coulomb 相互作用のある無限大の系のエネルギーを適切に定義するために，ここでいくつかの点について簡単に述べておく．さらに完全な議論については付録 F を参照されたい．重要な点は次の通りである．

- 無限大の系はすべて，エネルギーが有限であれば中性でなければならない．
- エネルギーの各項は実際の数値計算においては中性のグループとなるように構成しなければならない．

　(3.9) 式においては，古典的な Coulomb エネルギーを表す項を見つけ出し1つにまとめるのがよい．

$$E^{\mathrm{CC}} = E_{\mathrm{Hartree}} + \int \mathrm{d}^3 r V_{\mathrm{ext}}(\mathbf{r}) n(\mathbf{r}) + E_{II}. \tag{3.14}$$

ここで E_{Hartree} は古典的な電荷密度 $n(\mathbf{r})$ としての自己相互作用エネルギーであり，

$$E_{\mathrm{Hartree}} = \frac{1}{2} \int \mathrm{d}^3 r \mathrm{d}^3 r' \frac{n(\mathbf{r}) n(\mathbf{r}')}{|\mathbf{r} - \mathbf{r}'|} \tag{3.15}$$

である. E_{II} は正の核同士の相互作用であり, $\int d^3 r V_{ext}(\mathbf{r}) n(\mathbf{r})$ は電子と核の相互作用である. (3.14) 式は系が中性であれば項を中性化するようにまとめられている. 古典的な Coulomb エネルギーの評価は定量的な電子構造計算の本質的な部分であり, 長距離 Coulomb 相互作用の扱い方は付録 F で述べている.

これらのことから全エネルギーの表示 (3.9) 式は

$$E = \langle \hat{T} \rangle + (\langle \hat{V}_{int} \rangle - E_{Hartree}) + E^{CC} \tag{3.16}$$

となる. この式中の 3 項の各々は明確に定義される量である. 括弧で囲まれた中央の項, $\langle \hat{V}_{int} \rangle - E_{Hartree}$ は相互作用をしていて相関のある密度 $n(\mathbf{r})$ の電子の Coulomb エネルギーと, 同じ密度を持つ連続的で古典的電荷分布の Coulomb エネルギーとの差であり, これが密度汎関数論で交換相関エネルギー E_{xc} と定義されることになる部分である (6.4 節と 8.2 節参照, 特に (8.3) 式に関連のある議論参照[5]). このようにして, すべての長距離相互作用はその差をとることで相殺され, 交換と相関の効果は短距離的なものとなる. これは第 7 章と付録 H でもう一度扱うことになる重要な事柄である.

3.3　力と応力の定理

力の式（**Hellmann–Feynman** の定理）

物理学における美しい定理の 1 つは, ハミルトニアン中のあるパラメータに対する共役な力についての「力の定理」であろう. これは多分 1927 年に最初に Ehrenfest [263] によって定式化された一般的な概念であり, 彼はこの定理が量子力学と古典力学との間の対応原理にとって非常に重要であると考えていた. 彼は以下に述べる力の表式が加速度に対応する演算子の期待値 $\langle d^2 \hat{x}/dt^2 \rangle$ と等しいことを示し, 対応原理を確立した. この考えは Born と Fock [264] の 1928 年の論文で暗に示されていたが, 今日使われている明確な形の公式は 1932 年に Güttiger [265] によって与えられた. この公式は Pauli [266] と Hellmann [267] の論文に書かれており, Hellmann はその公式を分子に適用す

---

[5] ［原註］この定義は, Hartree–Fock の密度は真の密度ではないので, 多くの教科書（3.7 節参照）で見られる Hartree–Fock からの差とするものとは異なっている.

88 第 3 章 理論的背景

るのに便利な変分原理の形に書き換えた. 1939 年に Feynman[268] は力の定理を導き, 核にかかる力は電子の運動エネルギーや交換や相関とは無関係に厳密に電荷密度で与えられることを明確に指摘した. 従ってこれは「静電定理」として明らかに Feynman の功績に帰せられるべきものである. 「Hellmann–Feynman の定理」という名前が広く使われてきたのは, Slater [48] が最初にそのように呼んだからであろう. ところで, 本書ではこれを「力の定理」と呼ぶことにする.

系を記述するあるパラメータ, 例えば核の位置 $\mathbf{R}_I$, に共役な力は常に

$$\mathbf{F}_I = -\frac{\partial E}{\partial \mathbf{R}_I} \tag{3.17}$$

のように書くことができる. 全エネルギーに対する一般的な表式 (3.9) から, 1 次の摂動論を使って微分が求められ（規格化は変化しないので, 便宜上 $\langle \Psi | \Psi \rangle = 1$ と仮定する）,

$$-\frac{\partial E}{\partial \mathbf{R}_I} = -\langle \Psi | \frac{\partial \hat{H}}{\partial \mathbf{R}_I} | \Psi \rangle - \langle \frac{\partial \Psi}{\partial \mathbf{R}_I} | \hat{H} | \Psi \rangle - \langle \Psi | \hat{H} | \frac{\partial \Psi}{\partial \mathbf{R}_I} \rangle \tag{3.18}$$

となる[6]. 厳密な基底状態の解ではエネルギーは波動関数の可能なあらゆる変分に対して極値をとるという事実を使えば (3.18) 式の後ろの 2 つの項は消え[7], ハミルトニアンの核の位置に陽に依存する項だけが残る. さらに (3.9) 式のエネルギーの形を使えば, 力は電子密度 n と他の核のみに依存することになり,

$$\mathbf{F}_I = -\frac{\partial E}{\partial \mathbf{R}_I} = -\int \mathrm{d}^3 r \; n(\mathbf{r}) \frac{\partial V_{\mathrm{ext}}(\mathbf{r})}{\partial \mathbf{R}_I} - \frac{\partial E_{II}}{\partial \mathbf{R}_I} \tag{3.19}$$

となる. ここで $n(\mathbf{r})$ は摂動がないときの密度であり, 付録 I の図 I.1 の左側に模式的に示されているように, 他の核は固定されている. 各々の核は電子および他の核と Coulomb 相互作用を通して相互作用をしており, (3.19) 式の右辺は核の電荷と全電場との積に等しいことが示される（演習問題 3.3）.

---

[6] [訳註] (3.2), (3.9) 式では. $\hat{H}$ に E_{II} が含まれているので, 原著の (3.18) 式の最後の項は不要.

[7] [訳註] この 2 つの項が消えるのはむしろ次のように説明する. 波動関数が固有状態になっていれば $\hat{H} | \Psi \rangle = E | \Psi \rangle$ であり, また $\langle \Psi | \hat{H} = E \langle \Psi |$ なので, 2 つの項は合わせて $E \frac{\partial}{\partial \mathbf{R}_I} \langle \Psi | \Psi \rangle$ となり, 波動関数は規格化されているので微分はゼロになる.

これが Feynman の静電定理である．つまり，核の動きにつれて運動エネルギーと内部の相互作用が変わったとしても，力の定理ではそのような項はすべて相殺されてしまうのである．

非局所ポテンシャル（例えば擬ポテンシャル）の場合は，力は電子密度だけでは表すことはできない．しかしもとの表式は依然として成り立ち，次式から直接有用な表式が得られる．

$$-\frac{\partial E}{\partial \mathbf{R}_I} = -\langle\Psi|\frac{\partial \hat{H}}{\partial \mathbf{R}_I}|\Psi\rangle. \tag{3.20}$$

力の定理は電子状態が変分的に最小な状態にあるということを前提としているので，一連の「力の定理」が存在するはずで，それは Ψ や n の線形の変化分を上式へ加えることに相当する．もちろんこのような項は原理的には消えるはずであるが，それでもこのことは最終的な公式の精度と物理的解釈において大いに意味を持つ可能性がある．電子構造の計算における例で一番関連のあるのは内殻の電子の場合であり，電子密度を厳密に固定しておくより核と共に内殻領域の電子密度を動かす方がより物理的で計算上も正確である．これを実行する方法は付録 I で述べ，その様子を図 I.1 に示した．

最後に，力の定理の表式には電子の波動関数が厳密に固有状態でなければならないという欠点がある．もし基底が完全でなければ，あるいは，その状態が近似である場合は，余分な項が出てくる．例えば，もし基底が完全ではなく，核の位置に依存するのであれば，力の定理から得られる力の式がエネルギーを直接微分したものと同じになるように，Pulay 補正 [269] を陽に含ませなければならない（演習問題 3.4）．7.5 節に独立粒子 Kohn–Sham 法の計算で使えるように明確な表式を示した．

応力定理（一般化されたビリアル定理）

これまでとは物理的に異なった種類の変分に空間のスケーリングがあり，そこから全応力に対する「応力定理」[162, 163] が出てくる．これは量子力学ができたばかりの頃に導かれた，よく知られた圧力に対するビリアル定理を一般化したものである（付録 G の文献を参照）．Fock は「基底状態の伸長」という名のもとにビリアル定理を見事に導いている [270]．

応力とは一般化された力であるから，力の定理と同じ考え方ができる．要点

90 第3章 理論的背景

は，平衡状態にある系において応力テンソル $\sigma_{\alpha\beta}$ はエネルギーをひずみ $\epsilon_{\alpha\beta}$ で微分したものの単位体積当たりの量

$$\sigma_{\alpha\beta} = \frac{1}{\Omega}\frac{\partial E}{\partial \epsilon_{\alpha\beta}} \tag{3.21}$$

ということである[8]（(2.4) 式参照）．式中の α と β は直交座標系の座標軸であり，ひずみは空間のスケーリング $\mathbf{r}_\alpha \to (\delta_{\alpha\beta} + \epsilon_{\alpha\beta})\mathbf{r}_\beta$ であると定義される．$\mathbf{r}$ は粒子の位置や並進ベクトルなど空間のどのようなベクトルでもよい．その結果は，波動関数をすべての粒子座標のスケーリングによって変換することである [162]．

$$\Psi_\epsilon(\{\mathbf{r}_i\}) = \det(\delta_{\alpha\beta} + \epsilon_{\alpha\beta})^{-1/2}\Psi(\{(\delta_{\alpha\beta} + \epsilon_{\alpha\beta})^{-1}\mathbf{r}_{i\beta}\}) \tag{3.22}$$

式中の先頭の因子は規格化のためである．波動関数は核の位置にも依存するので（陽に核を量子力学的粒子として扱うにしても，あるいは陰に (3.1) 式の後で議論した Born–Oppenheimer 近似でのパラメータとして取り扱うにしても），核の位置もスケーリングしなければならない．もちろん，系が圧縮されているかまたは膨張しているかで，波動関数や核の位置は実際には違った形で変化するが，1 次の範囲では波動関数も核の位置も変分的に停留点にあるのでエネルギーには影響を与えない．

$\Psi_\epsilon(\{\mathbf{r}_i\})$ をエネルギーの (3.9) 式に代入し，積分の中の変数を変え，(3.21) 式を使うと

$$\sigma_{\alpha\beta} = -\left\langle \Psi \left| \sum_k \frac{\hbar^2}{2m_k}\boldsymbol{\nabla}_{k\alpha}\boldsymbol{\nabla}_{k\beta} - \frac{1}{2}\sum_{k\neq k'} \frac{(\mathbf{x}_{kk'})_\alpha(\mathbf{x}_{kk'})_\beta}{x_{kk'}}\left(\frac{\mathrm{d}}{\mathrm{d}x_{kk'}}\hat{V}\right)\right|\Psi\right\rangle \tag{3.23}$$

が得られる [162]．式中の k と k' の和はすべての粒子，電子と核について 2 重の和をとることを表す．また相互作用は距離 $x_{kk'} = |\mathbf{x}_{kk'}|$ の関数である．圧力に対するビリアル定理 $P = -\frac{1}{3}\sum_\alpha \sigma_{\alpha\alpha}$ は，(3.23) 式の対角和であり，それは空間の等方的スケーリング $\epsilon_{\alpha\beta} = \epsilon\delta_{\alpha\beta}$ から出てくる．もしすべての相互作用が Coulomb 相互作用で，ポテンシャルエネルギーが核と電子によ

---

[8] ［訳註］原著では (3.21) 式でも右辺にマイナスがついているが，(2.4) 式の［訳註］を参照．本書でも後の議論ではマイナスのないものとして扱われている．

る項をすべて含んでいるのであれば, ビリアル定理は

$$3P\Omega = 2E_{\text{kinetic}} + E_{\text{potential}} \tag{3.24}$$

となる. ここで Ω は系の体積である. (3.24) 式は一般的結果であり, 平衡状態で, すべての粒子が Coulomb 力で相互作用をしているのであれば, 古典的でも量子的でも, どんな温度でも成り立つ. 実際の計算で使われている Fourier 空間での表式 [102, 163] については付録 G で議論する.

3.4 一般化された力の定理と結合定数積分

前節では核 I に働く力は, 位置 $\mathbf{R}_I$ はパラメータとみなしハミルトニアンの $\mathbf{R}_I$ に関する微分の行列要素で与えられることを示した. 同じ議論はいかなるパラメータ λ についても当てはまる. さらに, λ_1 と λ_2 に対する 2 つの状態のエネルギーの差は λ_1 から λ_2 までのハミルトニアンの連続的変化にわたる積分として計算できる. これは Harris [271] に従って「断熱接続」と呼ばれる. というのも, 系はそれぞれの λ の値に対する基底状態にあり, それらの状態をつなぐハミルトニアンの変分であるから, すなわち断熱変分だからである[9]. 一般的な表式は

$$\frac{\partial E}{\partial \lambda} = \langle \Psi_\lambda | \frac{\partial \hat{H}}{\partial \lambda} | \Psi_\lambda \rangle \tag{3.25}$$

および

$$\Delta E = \int_{\lambda_1}^{\lambda_2} \mathrm{d}\lambda \frac{\partial E}{\partial \lambda} = \int_{\lambda_1}^{\lambda_2} \mathrm{d}\lambda \langle \Psi_\lambda | \frac{\partial \hat{H}}{\partial \lambda} | \Psi_\lambda \rangle \tag{3.26}$$

で与えられる. 例えば, ハミルトニアン中の相互作用エネルギーにおける電子の電荷の 2 乗 e^2 をパラメータに選び, それを $e^2 \to e^2\lambda$ のようにスケールし, λ を 0 から 1 まで変えると, ハミルトニアンを相互作用のない極限から完全に相互作用をしている場合にまで変えることができる. 電荷はハミルトニアン中の相互作用の項にしかないので, また (3.5) 式は e^2 について線形なので (核の項は外部ポテンシャルとして別に取り扱う), エネルギーの変化は

---

[9] [原註] 明快な導出は文献 [272] にあり, 包括的な説明は文献 [273] にある.

$$\Delta E = \int_0^1 \mathrm{d}\lambda \langle \Psi_\lambda | V_{\mathrm{int}} | \Psi_\lambda \rangle \tag{3.27}$$

と書くことができる. V_{int} は完全な相互作用の項 (3.5) 式で与えられ, Ψ_λ は $e^2 \to e^2\lambda$ で与えられる相互作用[10]の中間の値に対する波動関数である. この方法の欠点は, e の中間の値(物理的にあり得ない)での波動関数を使うことであるが, それにもかかわらずこの方法は非常に便利で, 9.7 節での密度汎関数を作る際に役に立つ.

3.5 統計力学と密度行列

量子統計力学を用いれば温度 T でのエネルギー U, エントロピー S, 自由エネルギー $F = U - TS$, に対する表示を導くことができる. F の一般的な表式は

$$F = \mathrm{Tr}\, \hat{\rho} \left(\hat{H} + \frac{1}{\beta} \ln \hat{\rho} \right) \tag{3.28}$$

であり, 式中の $\hat{\rho}$ は密度行列, また $\beta = 1/k_B T$ である. また Tr は粒子数 N が一定である系のすべての状態に対する対角和を表す. 最後の項はエントロピーの項で, 系の可能な状態数の対数である. 密度行列の一般的な性質として, その対角成分が密度であるから, 正値である. 平衡状態での正しい密度行列は自由エネルギーを極小にする正定値行列

$$\hat{\rho} = \frac{1}{Z} \mathrm{e}^{-\beta \hat{H}} \tag{3.29}$$

であり, 分配関数は

$$Z = \mathrm{Tr}\, \mathrm{e}^{-\beta \hat{H}} = \mathrm{e}^{-\beta F} \tag{3.30}$$

で与えられる. $\hat{H}$ の固有状態 Ψ_i を基底にとれば, $\hat{\rho}$ は対角要素のみとなり

$$\rho_{ii} \equiv \langle \Psi_i | \hat{\rho} | \Psi_i \rangle = \frac{1}{Z} \mathrm{e}^{-\beta E_i}, \quad Z = \sum_j \mathrm{e}^{-\beta E_j} \tag{3.31}$$

---

10 [原註] エネルギーの変化はどのような基底状態や励起状態に対しても計算できる. 異なる対称性を持つ状態は, もしそれらが交差していても一義的に追いかけることができる. もし同じ対称性で強く混ざっている状態の場合は, 混ざっている状態の数の次元の行列方程式を解く方が多くの場合効率がよい.

となる. ρ_{ii} は状態 i の確率である. Ψ_i は完全系を作るので, (3.29) 式の演算子 $\hat{\rho}$ は Dirac のブラとケット記号を使うと

$$\hat{\rho} = \sum_i |\Psi_i\rangle \rho_{ii} \langle \Psi_i| \tag{3.32}$$

と書くことができる.

　粒子数が変わることができるグランドカノニカル集団では, 以上の表式は化学ポテンシャル μ と数演算子 $\hat{N}$ を含むように修正される. グランドポテンシャル Ω と大分配関数 Z は,

$$Z = \mathrm{e}^{-\beta\Omega} = \mathrm{Tr}\, \mathrm{e}^{-\beta(\hat{H}-\mu\hat{N})} \tag{3.33}$$

で与えられる. 式中の対角和はあらゆる粒子数に対するすべての状態について和をとらねばならない. 大密度行列演算子は (3.29) 式を一般化したものであり,

$$\hat{\rho} = \frac{1}{Z}\mathrm{e}^{-\beta(\hat{H}-\mu\hat{N})} \tag{3.34}$$

で与えられる.

　系の平衡状態での性質はすべて密度行列から求められ, それは $T = 0$ における性質がすべて基底状態の波動関数から求められるのと同じである. 特に期待値はすべて

$$\langle \hat{O} \rangle = \mathrm{Tr}\, \hat{\rho}\hat{O} \tag{3.35}$$

で与えられる. これは $T = 0$ では基底状態での期待値 (3.7) 式になる. これらの一般化された公式は粒子に相互作用がなければよく知られた Fermi 粒子と Bose 粒子に対する公式になるが, それについては次節で触れる.

3.6　独立電子近似

　独立粒子近似には 2 つの基本的な方法があり, それらは「相互作用のない」近似と「Hartree–Fock」近似と分類してよいであろう. この 2 つは電子が排他律に従うということ以外の相関を無視している点では似ている. しかし, Hartree–Fock では厳密な波動関数には入っているはずの電子間 Coulomb 相互作用による相関は無視しているが, エネルギーにこの相互作用を取り入れ

94　第 3 章　理論的背景

ている点で異なっている．一般に「相互作用のない」理論では相互作用の効果
をいくらか取り入れたある種の有効ポテンシャルを使うが，有効ハミルトニ
アンは相互作用の項を陽には含まない．この方法はしばしば「Hartree 近似」
または「Hartree 型近似」と呼ばれるが，それは D. R. Hartree [50] がやや発
見的やり方で Coulomb 相互作用の平均値を取り入れたことからきている[11]．
現在の計算方法との関連からいえば，Kohn–Sham 法（第 7–9 章参照）に従っ
た計算はすべて交換と相関の効果を近似的に取り入れた有効ポテンシャルを
用い，相互作用のない形にしたハミルトニアンを持つ補助系を使っている．

相互作用のない（**Hartree 型**）電子近似

本書の広義の定義に従えば，相互作用のない電子に対する計算ではすべて
(1.1) 式と (1.2) 式のような次の Schrödinger 型の方程式

$$\hat{H}_{\mathrm{eff}}\psi_i^\sigma(\mathbf{r}) = \left[-\frac{\hbar^2}{2m_e}\nabla^2 + V_{\mathrm{eff}}^\sigma(\mathbf{r})\right]\psi_i^\sigma(\mathbf{r}) = \varepsilon_i^\sigma\psi_i^\sigma(\mathbf{r}) \qquad (3.36)$$

の解を扱うことになる．式中の $V_{\mathrm{eff}}^\sigma(\mathbf{r})$ は点 $\mathbf{r}$ にあるスピン σ の各電子に働く
有効ポテンシャルである[12]．相互作用のない多電子に対する基底状態は，排
他律に従って (3.36) 式の最もエネルギーの低い固有状態から満たしていけば
求まる．もしハミルトニアンがスピンによらなければ上向きと下向きのスピ
ンの状態は縮退しているので，状態数を数えるときにはスピン縮重度の 2 を
考えればよい．励起状態ではエネルギーがより高い固有状態も含まれてくる．
反対称の波動関数をわざわざ作る必要はない．独立粒子の Schrödinger 方程

---

[11] ［原註］歴史的には，最初の多電子系に関する定量的な計算は D. R. Hartree [50] が原子につ
いて行った．彼は他の電子や核が作る中心力ポテンシャル中を動いている 1 つ 1 つの電子に
対する方程式を数値的に解いた．彼は各電子に対して異なったポテンシャルを用いた．とい
うのは，彼は各電子に対してそれ自身の軌道に依存する自己相互作用項を差し引いたからであ
る．しかし，今ではその後で出てきた Hartree–Fock 法 [53] に従って有効「Hartree ポテン
シャル」を非物理的な自己相互作用項を入れたままにして，ポテンシャルが軌道と無関係にな
るように定義するのが慣わしである．この非物理的な項は，Hartree–Fock 計算では交換項に
より相殺されるので結果にはなんら影響を与えない．

[12] ［原註］独立粒子方程式がスピン分極した電子状態を正確に表すためにはスピン依存有効ポテ
ンシャルを導入する必要があるので，スピンをここで導入することにした．スピン軌道相互作
用を取り込むには，(O.9) 式の H_{SO} のような項を持つ (O.7) 式のように 2 成分の 1 つの式
に一般化しなければならない．

3.6 独立電子近似 **95**

式の固有状態は自動的に直交しているので，(3.43) 式のような反対称な波動関数は固有状態の行列式で作ることができる．従って，もし粒子が相互作用をしていなければエネルギーや密度などの関係式は容易に簡単化できて，以下に示すような式になる（演習問題 3.6）．

(3.36) 式の解は本書で扱う方法の中核をなすものである．物質中の電子に対して独立粒子方程式を使用することの正当性の基礎は，第 6 章から第 9 章で述べる密度汎関数論である．後の章では，これらの方程式を解く方法と物質の特性，例えば構造，相転移，磁性，弾性定数，格子振動，圧電物質と強誘電体のモーメント，電子構造のトポロジー，さらにその他諸々の量の予測への適用について述べる．

有限温度では，前節で求めた統計力学の一般公式を使えば，平衡状態での電子の状態占有数のエネルギーについての分布が Fermi–Dirac 統計の (1.3) 式になることは容易に分かる（演習問題 3.7）．期待値 (3.35) 式は多体状態 Ψ_j すべてについての和であり，各多体状態は，エネルギー ε_i^σ の状態に対する独立粒子の占有数 $\{n_i^\sigma\}$ の集合で指定される．各 n_i^σ が 0 か 1 であり，$\sum_i n_i^\sigma = N^\sigma$ であれば，(3.35) 式は容易に簡単化でき

$$\langle \hat{O} \rangle = \sum_{i,\sigma} f_i^\sigma \langle \psi_i^\sigma | \hat{O} | \psi_i^\sigma \rangle \tag{3.37}$$

となる（演習問題 3.8 参照）．ここで $\langle \psi_i^\sigma | \hat{O} | \psi_i^\sigma \rangle$ は 1 粒子状態 ψ_i^σ に対する演算子 $\hat{O}$ の期待値であり，f_i^σ は i と σ で指定される状態に電子が存在する確率であり，一般に (1.3) 式で与えられる．この場合にはそれは Fermi–Dirac 分布であり

$$f_i^\sigma = \frac{1}{e^{\beta(\varepsilon_i^\sigma - \mu)} + 1} \tag{3.38}$$

である．式中の μ は電子の Fermi エネルギー（または化学ポテンシャル）を表す．一例をあげると，エネルギーは相互作用のない粒子のエネルギー ε_i^σ に f_i^σ の重みを付けた和

$$E(T) = \langle \hat{H} \rangle = \sum_{i,\sigma} f_i^\sigma \varepsilon_i^\sigma \tag{3.39}$$

となる．

一般的な多体の場合と同様に，一体の密度行列演算子

96 第3章 理論的背景

$$\hat{\rho} = \sum_{i,\sigma} |\psi_i^\sigma\rangle f_i^\sigma \langle \psi_i^\sigma| \tag{3.40}$$

を定義することもできる．この演算子を使えば (3.37) 式の期待値は (3.35) 式と同じく $\langle \hat{O} \rangle = \mathrm{Tr}\hat{\rho}\hat{O}$ となる．例えば，位置 $\mathbf{r}$ でのスピン状態が σ，位置 $\mathbf{r}'$ でのスピン状態が σ' と指定する表示では $\hat{\rho}$ は

$$\rho^{\sigma\sigma'}(\mathbf{r},\mathbf{r}') = \delta_{\sigma,\sigma'} \sum_i \psi_i^{\sigma*}(\mathbf{r}) f_i \psi_i^\sigma(\mathbf{r}') \tag{3.41}$$

で与えられる．密度はこの対角成分であり

$$n^\sigma(\mathbf{r}) = \rho^{\sigma\sigma}(\mathbf{r},\mathbf{r}) = \sum_i f_i^\sigma |\psi_i^\sigma(\mathbf{r})|^2 \tag{3.42}$$

となる．

Hartree–Fock 近似

多体理論の標準的な方法は Hartree–Fock 法であり，最初に Fock が 1930 年に原子に対して使った方法である [53]．この方法では N 個の電子に対して適切に反対称化した行列式の波動関数を作り，相互作用をすべて取り入れたハミルトニアン (3.2) 式に対して全エネルギーを極小にする単一の行列式を探す．もしスピン軌道相互作用がなければ，行列式の波動関数 Φ は Slater 行列式[13]で書くことができ，

$$\Phi = \frac{1}{(N!)^{1/2}} \begin{vmatrix} \phi_1(\mathbf{x}_1) & \phi_1(\mathbf{x}_2) & \phi_1(\mathbf{x}_3) & \dots \\ \phi_2(\mathbf{x}_1) & \phi_2(\mathbf{x}_2) & \phi_2(\mathbf{x}_3) & \dots \\ \phi_3(\mathbf{x}_1) & \phi_3(\mathbf{x}_2) & \phi_3(\mathbf{x}_3) & \dots \\ \vdots & \vdots & \vdots & \ddots \end{vmatrix} \tag{3.43}$$

となる．ここで $\phi_i(\mathbf{x}_j) = \psi_i^\sigma(\mathbf{r}_j)\alpha_\sigma(\xi_j)$ は1粒子「スピン軌道」であり，位置変数 $\mathbf{r}_j$ の関数 $\psi_i^\sigma(\mathbf{r}_j)$ とスピン変数 ξ_j の関数 $\alpha_\sigma(\xi_j)$ の積である．表記の煩雑さを避けるため，ϕ_i の添え字 i は軌道の状態とスピンの状態 σ を表してお

---

[13] ［原註］行列式形式は Slater より先に Dirac [24] が作っていた．しかし，スピン軌道の行列式は Slater の仕事 [25] である．彼はこの仕事を彼の最もよく知られた仕事だと考えていた [48]．というのは，この仕事によって難しい群論の議論が簡単な形に置き換わったからである．

り，j は電子の番号である．（$\psi_i^\sigma(\mathbf{r}_j)$ は閉殻の場合にはスピン状態 σ にはよらない．開殻構造の場合にはこの仮定は「スピンに制限の付いた Hartree–Fock 近似」に相当する．）上記のスピン軌道は 1 次独立でなければならず，さらに，もしこれらが規格直交しているのであれば以下の式は非常に簡単になり，Φ が 1 に規格化されていることを示すのも容易である（演習問題 3.10 参照）．さらにもしハミルトニアンがスピンによらない，またはスピン状態 $\sigma = (|\uparrow\rangle, |\downarrow\rangle)$ に関して対角なときには，Hartree 原子単位と (3.43) 式の波動関数を使えばハミルトニアン (3.2) 式の期待値は

$$
\begin{aligned}
\langle \Phi | \hat{H} | \Phi \rangle = &\sum_{i,\sigma} \int d\mathbf{r}\, \psi_i^{\sigma*}(\mathbf{r}) \left[-\frac{1}{2}\nabla^2 + V_{\text{ext}}(\mathbf{r}) \right] \psi_i^\sigma(\mathbf{r}) + E_{II} \\
&+ \frac{1}{2} \sum_{i,j,\sigma,\sigma'} \int d\mathbf{r}\, d\mathbf{r}'\, \psi_i^{\sigma*}(\mathbf{r}) \psi_j^{\sigma'*}(\mathbf{r}') \frac{1}{|\mathbf{r}-\mathbf{r}'|} \psi_i^\sigma(\mathbf{r}) \psi_j^{\sigma'}(\mathbf{r}') \\
&- \frac{1}{2} \sum_{i,j,\sigma} \int d\mathbf{r}\, d\mathbf{r}'\, \psi_i^{\sigma*}(\mathbf{r}) \psi_j^{\sigma*}(\mathbf{r}') \frac{1}{|\mathbf{r}-\mathbf{r}'|} \psi_j^\sigma(\mathbf{r}) \psi_i^\sigma(\mathbf{r}') \quad (3.44)
\end{aligned}
$$

となる（演習問題 3.11）．最初の項は軌道に関する和を含む 1 体の期待値を 1 つにまとめたものである．第 3 項と第 4 項はそれぞれ電子間の直接および交換相互作用であるが 2 重の和になっている．ここでは $i = j$ の「自己相互作用」を入れたまま和をとる通常のやり方に従った．この方法だと余分なものが入り込むように見えるが，直接項と交換項の和によって相殺される．この項が含まれているときにはすべての軌道にわたる和は電子密度を与え，直接項は単に (3.15) 式で定義される Hartree エネルギーとなる．交換項は，軌道のスピン部分は反対向きのスピン間では直交しているので，同じ向きのスピンを持つ電子間でのみ働くのであるが，これについては次の 3.7 節と密度汎関数論を扱う章で議論する．

Hartree–Fock 法は，波動関数が (3.43) 式の形を持つという制限の下で，波動関数のあらゆる自由度に関して全エネルギーを極小化することである．式を簡単化するために規格直交条件を使っているので，極小化の際にもその条件は維持せねばならず，(3.10) から (3.13) 式におけるように Lagrange 乗数法を使うことになる．もしスピン関数がある軸方向に量子化されていれば，各スピン σ に対する $\psi_i^{\sigma*}(\mathbf{r})$ の変分から Hartree–Fock 方程式

98 第 3 章 理論的背景

$$\left[-\frac{1}{2}\nabla^2 + V_{\text{ext}}(\mathbf{r}) + \sum_{j,\sigma'} \int d\mathbf{r}' \psi_j^{\sigma'*}(\mathbf{r}') \psi_j^{\sigma'}(\mathbf{r}') \frac{1}{|\mathbf{r}-\mathbf{r}'|} \right] \psi_i^\sigma(\mathbf{r})$$

$$- \sum_j \int d\mathbf{r}' \psi_j^{\sigma*}(\mathbf{r}') \psi_i^\sigma(\mathbf{r}') \frac{1}{|\mathbf{r}-\mathbf{r}'|} \psi_j^\sigma(\mathbf{r}) = \varepsilon_i^\sigma \psi_i^\sigma(\mathbf{r}) \tag{3.45}$$

が得られる．ここでは交換項は同じスピンを持つすべての軌道に関して和を
とる．このとき $i = j$ の自己交換の項が出てくるが，これは直接項に含まれ
る物理的でない自己相互作用項と相殺する．交換項に $\psi_i^\sigma(\mathbf{r})$ を分子と分母に
掛けて変形すると (3.45) 式は (3.36) 式に似た形式に書くことができる．ただ
し，この場合には有効ハミルトニアンはその状態に依存する演算子である．

$$\hat{H}_{\text{eff}}^i \psi_i^\sigma(\mathbf{r}) = \left[-\frac{\hbar^2}{2m_e}\nabla^2 + \hat{V}_{\text{eff}}^{i,\sigma}(\mathbf{r}) \right] \psi_i^\sigma(\mathbf{r}) = \varepsilon_i^\sigma \psi_i^\sigma(\mathbf{r}). \tag{3.46}$$

ここで

$$\hat{V}_{\text{eff}}^{i,\sigma}(\mathbf{r}) = V_{\text{ext}}(\mathbf{r}) + V_{\text{Hartree}}(\mathbf{r}) + \hat{V}_x^{i,\sigma}(\mathbf{r}) \tag{3.47}$$

であり，交換項の演算子 $\hat{V}_x$ は同じスピン σ の軌道に関する和

$$\hat{V}_x^{i,\sigma}(\mathbf{r}) = -\sum_j \left[\int d\mathbf{r}' \psi_j^{\sigma*}(\mathbf{r}') \psi_i^\sigma(\mathbf{r}') \frac{1}{|\mathbf{r}-\mathbf{r}'|} \right] \frac{\psi_j^\sigma(\mathbf{r})}{\psi_i^\sigma(\mathbf{r})} \tag{3.48}$$

で与えられる．(3.46) 式は交換演算子 $\hat{V}_x^{i,\sigma}(\mathbf{r})$ を使った各軌道 ψ_i^σ に対する
微積分方程式であることに注意しよう．交換演算子は ψ_i^σ とその他のすべて
の同一スピンを持つ ψ_j^σ を含む積分である．角括弧の中の項は状態 i, σ に対
する「交換電子密度」$\psi_j^{\sigma*}(\mathbf{r}')\psi_i^\sigma(\mathbf{r}')$ による Coulomb ポテンシャルである．
さらに $\hat{V}_x^{i,\sigma}(\mathbf{r})$ は $\psi_i^\sigma(\mathbf{r}) = 0$ の点で発散する．従って方程式を解く際には注
意が必要であるが，積 $\hat{V}_x^{i,\sigma}(\mathbf{r})\psi_i^\sigma(\mathbf{r})$ は特異点を持たないので本質的な問題で
はない．

Hartree–Fock 方程式の解については多くの文献 [274, 275] に出ているので
ここでは詳細には議論しない．ここでは交換項の性質と計算における問題だ
けを考える．独立粒子近似の Hartree 方程式の場合と違って，Hartree–Fock
方程式は球対称の原子や一様電子ガスなどの特別な場合以外では直接に解く
ことはできない．一般には，基底関数を導入しなければならず，その場合に
は (3.44) 式のエネルギーは展開係数と，基底関数を含む積分で書くことがで

3.6 独立電子近似 **99**

きる．それを使って変分をとると量子化学で広く使われている Roothaan と Pople–Nesbet 方程式 [274, 275] になる．一般にはこれらの式は独立粒子の Hartree 型の方程式より解くのが難しく，基底の数の 4 乗すなわち $N_{\rm basis}^4$ 個の積分を計算しなければならないので，系のサイズと精度を上げようとすると計算の負担は増大する．

しかし，計算量を減らす方法はある．状態 i, σ に作用する非局所交換ポテンシャル $\hat{V}_x^{i,\sigma}(\mathbf{r})$ は他の軌道 j, σ を含む交換電子密度 $\psi_j^{\sigma*}(\mathbf{r}')\psi_i^{\sigma}(\mathbf{r}')$ を含んでいる．局在基底関数を使えば，それは軌道 i と軌道 j の重なるところでだけゼロではなく，一般には急激に減少する．ガウス基底を使うと Coulomb 積分は解析的になり，数値基底関数では高速多極子法 [276] が使える．大規模系では計算はサイズに線形にスケールする，ただし前因子は大きい．平面波を使う場合には 13.4 節で述べるように特別な考察が必要である．

Koopmans の定理

Hartree–Fock 方程式 (3.45) の固有値は何を意味するのか考えてみよう．もちろん Hartree–Fock 法は相関効果はすべて無視しているので，電子の付加や削除に対するエネルギーは近似にすぎない．しかし，固有値に対する厳密な解釈を得ることは非常に価値があり，それは次の Koopmans の定理 [277][14] で与えられる．

> 占有（空）軌道の固有値は，1 個の電子を系から除去（付加）したときの，すなわち，行列式からある軌道 $\phi_j(\mathbf{r}_i, \sigma_i)$ に所属する行と列を除去（付加）し，他の軌道は元のままにして行列式の大きさを減少（増加）させたときの，全エネルギー (3.44) 式の変化に等しい．

Koopmans の定理は規格化された軌道 $\psi_i^{\sigma}(\mathbf{r})$ を用いて (3.45) 式の行列要素を計算することによって得られる（演習問題 3.18 参照）．占有軌道に対しては固有値は交換項の分だけ低くなり，Hartree 項の中にある不要な斥力の自己相互作用の項を相殺する．一方，電子付加によるエネルギーを求めるには Hartree–Fock 方程式 (3.45) の空軌道の固有値を計算しなければならない．

---

[14] ［原註］Tjalling Koopmans は彼の定理 [277] によって化学と物理において高名である．しかし，彼の主要な仕事は経済学であり，それによって 1975 年にノーベル賞を授与された．

100 第 3 章 理論的背景

(3.45) 式において，直接項も交換項も占有軌道だけを含んでいるので，空軌道に関しても非物理的な自己相互作用は存在しない．一般に，電子の付加と除去のエネルギー差が Hartree–Fock 近似では非常に大きく見積もられるが，それは軌道の緩和を無視していることとその他の相関効果のためである．

ΔSCF 法

原子のような有限な系では，固有値を近似的な励起エネルギーとするようなやり方をもっと改良することができる．電子の付加や除去に伴うエネルギーを十分に良い精度で求めるには「デルタ Hartree–Fock 近似」を使えばよい．この近似では全エネルギーの差を (3.44) 式から，電子の付加や除去に伴って他の軌道の波動関数が緩和することを許し，付加電子と他のすべての電子との交換相互作用も考慮して，直接計算することができる．有限な系に対してエネルギー差を求めるやり方はあらゆる自己無撞着場の方法で使うことができるので，この方法は「ΔSCF」と呼ばれる．この方法の例は 10.6 節で示す．

3.7　交換と相関

電子構造における一番難しい問題は，電子が 3.1 節で議論したように，一般に波動関数 $\Psi(\{\mathbf{x}_i\}) \equiv \Psi(\mathbf{x}_1, \mathbf{x}_2, \ldots, \mathbf{x}_N)$ で与えられる相互作用をしている多体系を形成していることである．相互作用は常に電子対に関係していることから 2 体相関関数を考えれば多くの性質，例えば (3.9) 式で与えられるエネルギーなどを決めるのには十分である．(3.7) 式のような一般的な期待値の形を具体的に書くことにしよう．位置 $\mathbf{r}$ にスピン状態が σ の電子と位置 $\mathbf{r}'$ にスピン状態が σ' の電子が同時に存在する結合確率である 2 体分布関数 $n^{\sigma\sigma'}(\mathbf{r}, \mathbf{r}')$ は

$$n^{\sigma\sigma'}(\mathbf{r}, \mathbf{r}')$$
$$= \left\langle \sum_{i \neq j} \alpha_\sigma(\xi_i)\alpha_{\sigma'}(\xi_j)\delta(\mathbf{r} - \mathbf{r}_i)\delta(\mathbf{r}' - \mathbf{r}_j)\alpha_\sigma^*(\eta_i)\alpha_{\sigma'}^*(\eta_j) \right\rangle \quad (3.49)$$
$$= N(N-1)\left\langle \alpha_\sigma(\xi_1)\alpha_{\sigma'}(\xi_2)\delta(\mathbf{r} - \mathbf{r}_1)\delta(\mathbf{r}' - \mathbf{r}_2)\alpha_\sigma^*(\eta_1)\alpha_{\sigma'}^*(\eta_2) \right\rangle$$

$$= N(N-1) \int \mathrm{d}\mathbf{x}_3 \cdots \mathrm{d}\mathbf{x}_N$$

$$\left(\int \mathrm{d}\xi \mathrm{d}\xi' \Psi^*((\mathbf{r},\xi),(\mathbf{r}',\xi'),\mathbf{x}_3,\mathbf{x}_4,\ldots,\mathbf{x}_N)\alpha_\sigma(\xi)\alpha_{\sigma'}(\xi') \right)$$

$$\times \left(\int \mathrm{d}\eta \mathrm{d}\eta' \alpha_\sigma^*(\eta)\alpha_{\sigma'}^*(\eta')\Psi((\mathbf{r},\eta),(\mathbf{r}',\eta'),\mathbf{x}_3,\mathbf{x}_4,\ldots,\mathbf{x}_N) \right) \quad (3.50)$$

で与えられる[15]. ここで Ψ は 1 に規格化されているものとし, $\mathbf{x}, \mathbf{x}'$ については位置座標とスピン座標の区別をしてあり, 積分はスピン座標についてのみ行うことにより, それぞれの位置座標でのスピン状態 σ, σ' へ射影している. 相関のない粒子に対してはこの結合確率は電子 1 個ずつの確率の積であるから, 相関を測る尺度は $n^{\sigma\sigma'}(\mathbf{r},\mathbf{r}') - n^\sigma(\mathbf{r})n^{\sigma'}(\mathbf{r}')$ となり,

$$n^{\sigma\sigma'}(\mathbf{r},\mathbf{r}') = n^\sigma(\mathbf{r})\big\{ n^{\sigma'}(\mathbf{r}') + \Delta n^{\sigma\sigma'}(\mathbf{r},\mathbf{r}') \big\} \quad (3.51)$$

により無相関からのずれとして $\Delta n^{\sigma\sigma'}$ が定義される. 次式で定義される規格化された 2 体分布も有用である.

$$g^{\sigma\sigma'}(\mathbf{r},\mathbf{r}') = \frac{n^{\sigma\sigma'}(\mathbf{r},\mathbf{r}')}{n^\sigma(\mathbf{r})n^{\sigma'}(\mathbf{r}')} = 1 + \frac{\Delta n^{\sigma\sigma'}(\mathbf{r},\mathbf{r}')}{n^{\sigma'}(\mathbf{r}')}. \quad (3.52)$$

これは無相関粒子に対しては 1 であるから, 相関は $g^{\sigma\sigma'}(\mathbf{r},\mathbf{r}')-1$ で表される. ここで注意すべきことは長距離相関はすべて平均の中に入ってしまっているので, 残りの項 $\Delta n^{\sigma\sigma'}(\mathbf{r},\mathbf{r}')$ と $g^{\sigma\sigma'}(\mathbf{r},\mathbf{r}')-1$ は短距離相関であり, $|\mathbf{r}-\mathbf{r}'|$ が大きいところでは 0 になることである.

Hartree–Fock 近似における交換

Hartree–Fock 近似 (HFA) は Pauli の排他律による相関以外はすべての相関を無視している. しかし, (3.44) 式中の交換項は Pauli の排他律と自己項の 2 つの効果を表している. 後者は直接 Coulomb エネルギー (Hartree 項) に含まれる余分な自己相互作用項を相殺するために必要な項である. 交換項は常にエネルギーを低下させるが, それは各電子が電子を取り巻く正の「交換正孔」と相互作用をしていることによると解釈することもできる. この交

---

[15] ［訳註］スピン座標を陽に取り入れているので, この節の表式は原著と違っているところがある.

102 第 3 章 理論的背景

換正孔 $\Delta n_x^{\sigma\sigma'}(\mathbf{r}, \mathbf{r}')$ は HFA では (3.50) 式の Ψ として (3.43) 式の単一の行列式による波動関数 Φ で近似した $\Delta n^{\sigma\sigma'}(\mathbf{r}, \mathbf{r}')$ で与えられる. もし 1 電子のスピン軌道 $\phi_i(\mathbf{x}_j) = \psi_i^\sigma(\mathbf{r}_j)\alpha_\sigma(\xi_j)$ が規格直交であれば, 2 体分布関数は容易に求めることができ,

$$
n_{\mathrm{HFA}}^{\sigma\sigma'}(\mathbf{r}, \mathbf{r}') = \frac{1}{2!} \sum_{ij} \int \mathrm{d}\xi \mathrm{d}\xi' \begin{vmatrix} \phi_i(\mathbf{r}, \xi) & \phi_i(\mathbf{r}', \xi') \\ \phi_j(\mathbf{r}, \xi) & \phi_j(\mathbf{r}', \xi') \end{vmatrix}^* \alpha_\sigma(\xi)\alpha_{\sigma'}(\xi')
$$
$$
\times \int \mathrm{d}\eta \mathrm{d}\eta' \alpha_\sigma^*(\eta)\alpha_{\sigma'}^*(\eta') \begin{vmatrix} \phi_i(\mathbf{r}, \eta) & \phi_i(\mathbf{r}', \eta') \\ \phi_j(\mathbf{r}, \eta) & \phi_j(\mathbf{r}', \eta') \end{vmatrix} \quad (3.53)
$$

となる (演習問題 3.13). そして交換正孔は簡単に

$$
\Delta n_{\mathrm{HFA}}^{\sigma\sigma'}(\mathbf{r}, \mathbf{r}') = \Delta n_x^{\sigma\sigma'}(\mathbf{r}, \mathbf{r}') = -\delta_{\sigma\sigma'} \frac{\left| \sum_i \psi_i^{\sigma*}(\mathbf{r})\psi_i^\sigma(\mathbf{r}') \right|^2}{n^\sigma(\mathbf{r})} \quad (3.54)
$$

と書くことができる. (3.51) と (3.54) 式からすぐに次のことが分かる. すなわち, 1 個の電子の周りの交換正孔には同じスピンを持つ電子のみが係わっていること, 当然のことながら同じスピンを持つ電子を同じ場所 $\mathbf{r} = \mathbf{r}'$ で見つける確率は 0 だということである. (3.54) と (3.41) 式から HFA では $\Delta n_x^{\sigma\sigma'}(\mathbf{r}, \mathbf{r}') = -\delta_{\sigma\sigma'}|\rho^\sigma(\mathbf{r}, \mathbf{r}')|^2/n^\sigma(\mathbf{r})$ であり, $\rho^\sigma(\mathbf{r}, \mathbf{r}')$ はスピン状態に関して対角な (3.41) 式の密度行列である.

これは粒子が区別できないことが相関の原因になる, という一般的な性質 [278] を示す例であり, 統計的性質以外では独立である粒子系では相関は 1 次の密度行列で表すことができる.

$$
\Delta n_{\mathrm{ip}}^\sigma(\mathbf{x}, \mathbf{x}') = \pm \frac{|\rho^\sigma(\mathbf{x}, \mathbf{x}')|^2}{n^\sigma(\mathbf{r})} \quad (3.55)
$$

あるいは

$$
g_{\mathrm{ip}}^\sigma(\mathbf{x}, \mathbf{x}') = 1 \pm \frac{|\rho^\sigma(\mathbf{x}, \mathbf{x}')|^2}{n^\sigma(\mathbf{x})n^\sigma(\mathbf{x}')}. \quad (3.56)
$$

上式で正 (負) の符号は Bose 粒子 (Fermi 粒子) に対応し, $\mathbf{x}$ は位置 $\mathbf{r}$ とスピン (もし必要ならば) を含むすべての座標を表す. この式から分かるように, $\Delta n_{\mathrm{ip}}(\mathbf{x}, \mathbf{x}')$ は, 独立 Bose 粒子の場合は常に正であり, 独立 Fermi 粒子の場合は常に負である.

交換正孔に関しては次のような厳しい条件がある：（1）絶対に正にはならない．$\Delta n_x^{\sigma\sigma'}(\mathbf{r},\mathbf{r}') \leq 0$（すなわち，$g_x^{\sigma\sigma'}(\mathbf{r},\mathbf{r}') \leq 1$）；（2）交換正孔密度 $\Delta n_x^{\sigma\sigma'}(\mathbf{r},\mathbf{r}') \leq 0$ のすべての $\mathbf{r}'$ に関する積分は電子 1 個がどのような位置 $\mathbf{r}$ にあろうともその周辺で厳密に電子 1 個分減少している．これはある電子が位置 $\mathbf{r}$ にあれば他の電子がその近くの位置 $\mathbf{r}'$ に存在する確率は減少することを意味する．このことは (3.54) 式からも，演習問題 3.12 に示すように，直接導くことができる．(3.44) 式の最後の項である交換エネルギーは，各電子がその正の交換正孔と相互作用をすることによって下がるエネルギー

$$
\begin{aligned}
E_x &= \left[\langle \hat{V}_{\text{int}} \rangle - E_{\text{Hartree}} \right]_{\text{HFA}} \\
&= \frac{1}{2} \sum_\sigma \int \mathrm{d}^3 r \; n^\sigma(\mathbf{r}) \int \mathrm{d}^3 r' \frac{\Delta n_x^{\sigma\sigma}(\mathbf{r},\mathbf{r}')}{|\mathbf{r} - \mathbf{r}'|}
\end{aligned}
\tag{3.57}
$$

と解釈することができる．このような形式で表せば，交換エネルギーが Hartree エネルギー中の物理的にはあり得ない自己相互作用項を相殺することが明らかに分かる．

交換正孔の最も簡単な例は水素原子のような 1 電子問題である．この場合には当然のことながら「交換」も Pauli の排他律も現れず，交換正孔が厳密に電子密度になることは容易に分かる．総和則の要請からその積分値は -1 であり，交換エネルギーは不要な Hartree 項を相殺する．この相殺により，Hartree–Fock 方程式 (3.45) は正確に外部ポテンシャル中の 1 電子に対する通常の Schrödinger 方程式になる．

2 番目のもう少し複雑な場合は He の基底状態のような 2 個の電子が作る 1 重項の場合である．この場合には（演習問題 3.16 参照）2 個のスピンは空間的には同一の軌道を占め，交換項は Hartree–Fock の (3.44) 式の Hartree 項の $-1/2$ であり，従って，Hartree–Fock 方程式 (3.45) は，外部（核の）ポテンシャルと Hartree ポテンシャルの $1/2$ との和である V_{eff} の項を含む (3.36) 式の形をした簡単な Hartree 方程式になる[16]．

多電子系では交換正孔は，特別な場合を除いて数値的に計算しなければな

---

[16] ［原註］これはまさに D. R. Hartree が彼の先駆的な仕事 [50] の中で行ったものである．しかし，各電子に対して自己相互作用項を差し引くという彼の方法は，3 個以上の電子に対してはより適切な Hartree–Fock 理論と同じではない．

104 第3章 理論的背景

らない. 我々に最もふさわしい系は第5章で扱う一様電子ガスである.

Hartree–Fock を超えて：相関

Hartree–Fock 近似 (3.44) 式における多電子状態のエネルギーは1個の行列式（縮退している場合の多参照 Hartree–Fock [274] では2–3個の行列式の和）の波動関数のうち, 最適なものを使って計算される. 相関を含むように改良された波動関数では追加の自由度を持つようになるので, 基底状態でも励起状態でもどのような状態についても常にエネルギーは下がる. これはしばしば MacDonald [279] の功績とされる定理による. この低下したエネルギーを相関エネルギー E_c という.

E_c はこの他にも, 何かある基準エネルギーからのずれとして定義することができる. 基準として Hartree–Fock を選べば, E_{HFA} が相関を無視した方法の中では最も低いエネルギーであるので, 可能な方法の中では最小の E_c が出てくるという意味では良い選択である. もう1つの基準を使った E_c の定義としては, 密度汎関数論で自然に出てくるものであるが, E_c を厳密なエネルギーと (3.44) 式に類似の相関のない状態のエネルギーとの差で定義するのである. ただし, この基準においては軌道が厳密な密度を与えるものでなければならないという違いがある（3.2節と第7章参照）. 具体的な計算では多くの場合, この区別はそれほど重要ではないように見えるが, 電子構造の理論手法が相関効果の計算においてますます強力になっている現在では, エネルギーを適正に定義することは大変重要である.

相関の効果は (3.50) と (3.51) 式で定義された2体相関関数の中で交換を除いた残りの部分 $n_c^{\sigma\sigma'}(\mathbf{r}, \mathbf{r}')$

$$\Delta n^{\sigma\sigma'}(\mathbf{r}, \mathbf{r}') \equiv n_{xc}^{\sigma\sigma'}(\mathbf{r}, \mathbf{r}') = n_x^{\sigma\sigma'}(\mathbf{r}, \mathbf{r}') + n_c^{\sigma\sigma'}(\mathbf{r}, \mathbf{r}') \qquad (3.58)$$

に帰着させることができる. 全交換相関正孔はその積分が1になるという総和則に従うので, 相関正孔 $n_c^{\sigma\sigma'}(\mathbf{r}, \mathbf{r}')$ の積分は0でなければならない, すなわち, 相関正孔は交換正孔の密度を再分配したものにすぎない. 一般に, 相関は反対向きのスピンを持つ電子間に対して一番重要である. なぜなら, 同じスピンの電子同士は排他律により自動的に離れた位置に保たれるからである. 基底状態では相関エネルギーは常に負であり, どのような近似でもそれ

3.7 交換と相関 **105**

は負でなければならない．励起状態には基底状態からのエネルギー差，例え
ば，励起子エネルギーが関わる．この2つの状態での相関効果によりエネル
ギー差は正にも負にもなる．

　相関エネルギーは交換エネルギーよりも計算が複雑になる．というのは，
相関は運動エネルギーとポテンシャルエネルギーの両方に影響を与えるから
である．この2つの影響は3.4節の「結合定数積分」により取り入れられる．
相互作用をしている系の理論を詳しく述べるのは本書の目的ではなく，読者
は相棒の本 [1] を参照されたい．しかしながら，相関を現実の物質に取り入
れることは本質的に重要であり，本書のゴールは現在の電子状態理論や実際
の計算において重要な役割を果たしている側面をいかにして理解し使うかを
示すことである．結合定数積分は第5章でモデル系である一様電子ガスに対
して議論する．また，それは密度汎関数理論における汎関数の進行しつつあ
る発展の鍵となる側面である（特に，8.2，9.3 および 9.7 節を参照）．

さらに学ぶために

相棒の本 [1] もまた Hartree–Fock を超えて相関の役割に重点を置いた基礎理論を記
述している．その本では Hartree-Fock は理論の多くを発展させるための出発点であ
るのでより大きい役割を演じている．
第2章の末尾の参考文献を参照．

Hartree–Fock の参考文献：

Szabo, A. and Ostlund, N. S. *Modern Quantum Chemistry: Introduction to
Advanced Electronic Structure Theory* (Dover, Mineola, New York, 1996).

演習問題

3.1 多体 Schrödinger 方程式 (3.13) は，Lagrange の乗数法を使わなくても，エネ
ルギーの (3.9) 式を直接変分すれば得られることを示せ．

3.2 独立粒子の Schrödinger 方程式 (3.36) は，多体の Schrödinger 方程式の特別
な場合であることを示せ．まず，1粒子の場合について示し，次に相互作用のない
多粒子の場合について示せ．

3.3 Feynman は彼の卒業論文の一部分で，力の定理をある核に適用すれば，その
核にかかる力は系のその核以外の電荷（電子とその他の核）によってその核の位置
に作られる電場に，その核の電荷を掛けたものであることを示した．このことを
(3.19) 式から導け．

3.4 基底が核の位置に陽に依存する場合に，力の定理から求めた力の表式が，エネ
ルギーを陽に微分したものと同じものになるために必要な付加項を求めよ．もし基
底が完全であれば，これらの項の寄与は消えることを示せ．

106 第 3 章 理論的背景

3.5 応力定理 (3.23) 式を導け. この式は, 等方性圧力と Coulomb 相互作用の場合には, よく知られているビリアル定理 (3.24) 式になることを示せ.

3.6 (3.36) 式に続く相互作用のない粒子に対する複数の関係式は, もし (3.43) 式のような完全に反対称な行列式で表される波動関数が 1 粒子の軌道で作られている場合には, そのまま成り立つことを示せ. ただし, これは相互作用のない粒子についてのみ成り立つことに注意すること.

3.7 密度行列 (3.32) 式の一般的な定義から, 相互作用のない粒子に対する Fermi–Dirac の分布関数 (3.38) 式を導け. これを導くには, (3.32) 式において多体状態にわたってとった和は n_i^σ が 1 または 0 であり, $\sum_i n_i^\sigma = N^\sigma$ という条件の下では, 各独立粒子状態に対するすべての可能な占有数 $\{n_i^\sigma\}$ についてとった和に還元できるということを使えばよい.

3.8 演習問題 3.7 と同様にして, 独立粒子近似ではどのような演算子に対しても (3.35) 式は (3.37) 式になることを示せ.

3.9 独立粒子の密度行列 (3.41) 式はスピンに関して対角であるのはなぜか？ このことは常に成り立つであろうか？

3.10 Hartree–Fock の波動関数 (3.43) 式は, もし独立粒子の軌道が規格直交であれば, 規格化されていることを示せ.

3.11 もし独立粒子の軌道が規格直交であれば, Hartree–Fock の波動関数 (3.43) 式から (3.44) 式の交換項が導かれること, および, 変分方程式から Hartree–Fock 方程式 (3.45) が導かれることを示せ. 独立粒子の軌道が規格直交でなければ, これらの式はもっと複雑になる理由を説明せよ.

3.12 (3.54) 式の定義から, 各電子の周りの交換正孔は積分すれば常に, そこからなくなった電子 1 個分になることを示せ. 本文中で述べたように, これは「交換エネルギー」には自己エネルギー項が含まれており, この自己エネルギー項が Hartree エネルギー中の非物理的な自己相互作用項を相殺するものであるという事実と直接関係していることを示せ.

3.13 相互作用のない Fermi 粒子に対する 2 体分布関数 (3.53) 式と交換正孔の (3.54) 式を, Hartree–Fock の波動関数 (3.43) 式を一般的な定義式 (3.50) に代入して求めよ.

3.14 (3.53) 式と (3.51) 式の Δn の定義を用い, (3.54) 式を導け. また, (3.54) 式から

$$\sum_{\sigma'} \int d\mathbf{r}' \Delta n_x^{\sigma\sigma'}(\mathbf{r}, \mathbf{r}') = -1 \tag{3.59}$$

となることを示せ.

3.15 (3.55) 式は相互作用のない同種粒子の一般的な性質を表すものである [278]. (3.54) 式から分かるように, $\Delta n_x^{\sigma\sigma'}(\mathbf{r}, \mathbf{r}')$ は Fermi 粒子に対しては常に負である. 対称的な波動関数を持つ Bose 粒子に対しては, これに対応する交換項は常に正であることを示せ.

3.16 (3.57) 式の下で述べられている次の事柄を導け. (a) 1 電子問題（例えば水素）では, 交換項は Hartree 項を当然のことながら完全に相殺する. (b) スピンが 1 重項状態の 2 電子（例えばヘリウム）の基底状態では, Hartree–Fock 近似の V_{eff} は外部（核）ポテンシャルと Hartree ポテンシャルの 1/2 との和となる.

3.7 交換と相関 **107**

3.17 上記の演習問題に倣って，スピンが 3 重項状態の 2 電子について考える．この場合には状況は 1 重項のときほど単純ではない，すなわち，Hartree–Fock 近似においては，2 個の異なる軌道に対して，2 個の異なる V_{eff} が必要となることを示せ.

3.18 固有値がその対応する軌道を取り除いたときのエネルギー差と等しいことを示すために，その軌道に関するハミルトニアンの行列要素を具体的に表し，Koopmans の定理を導け.

3.19 電子を付加する場合は，Hartree–Fock 方程式 (3.45) の空軌道を計算しなければならない．そのような空軌道は交換エネルギーにおいては自己の寄与はないが占有状態では交換エネルギーに自己項がある．一つの電子を付加し，それでも付加前の元の軌道は不変であると仮定した計算をすれば付加エネルギーについて同じ結果が得られることを示せ.

3.20 有限な系では，Hartree–Fock の固有関数は，束縛状態はすべて長距離での減衰は同じ形をしており，束縛エネルギーにはよらないという（驚くべき）性質を持っている．例えば内殻状態は，前にかかる係数は小さいとはいえ，価電子状態と同じ指数関数的減衰をする．このことは (3.45) 式から出てくることを示せ.

3.21 (D.4) 式の期待値において，i と j が両方とも占有状態のときには，これらの状態からの寄与の和は消えることを示せ.

3.22 相関正孔は積分すれば常に 0 になること，すなわち，それは交換正孔の再配分であることを示せ．このことを示すためには Hartree–Fock 近似を越える複雑な計算は必要ではない．必要なのは保存則からこの結果が出てくることを示すことである.

3.23 力の定理の例として，ハミルトニアン $-\frac{1}{2}(\mathrm{d}^2/\mathrm{d}x^2) + \frac{1}{2}Ax^2$ を持つ 1 次元の調和振動子を考える．式中の A はバネ定数であり，質量は 1 としている．エネルギーと波動関数の厳密な解を用い，一般化された力 $\mathrm{d}E/\mathrm{d}A$ を，直接微分することにより，および力の定理を用いることにより求めよ.

第4章

周期性固体と電子のバンド

要　旨

結晶とその励起を対称性によって分類することは，結晶の電子状態や格子振動やその他の性質を扱うための一般的な方法である．本章ではまず並進対称性を扱う．これはすべての結晶で成り立つ普遍的な形をしており，そこから Bloch の定理が導かれ，励起は結晶運動量によって厳密に分類される．（ここでの議論は Ashcroft と Mermin [280] の第 4–8 章に倣っている．）この他に，関係する対称性は時間反転対称と点対称である．後者は個々の結晶構造に係わるものなので簡単に扱う．詳しい分類については群論の教科書を参照されたい．時間反転対称性は定式化は比較的簡単であるが，際立って重要な結果をもたらす．

4.1　結晶の構造：格子＋基底

結晶とは物質の秩序状態であり，そこでは原子核の位置（従ってすべての性質）が空間的な周期性を持っている．結晶はその 1 周期（基本単位胞）中の原子核の種類と位置，およびその反復性（並進性）を決める法則により完全に決まる．

- 基本単位胞中の原子の位置と種類を基底と呼ぶ．並進の集合は，Bravais 格子と呼ばれる空間の点でできた格子であるが，この集合に基づいて基底を

110　第 4 章　周期性固体と電子のバンド

反復させることにより，周期的な結晶全体を作り出すことができる．従って，結晶構造は次のように表現することができる．

$$結晶構造 = Bravais 格子 + 基底.$$

● 結晶の秩序はその対称操作によって記述できる．並進の集合は群を作る．というのは，2 つの並進操作の和は新たな 1 つの並進となるからである[1]．さらに，点対称操作も存在し，回転，鏡映，反転のような操作で結晶をもとと同じにする．これは次のようにまとめられる．

$$空間群 = 並進群 + 点群[2].$$

並進の作る格子

まずここでは並進について考える．それはすべての結晶において本質的なものだからである．あらゆる並進を集めた集合は空間に 1 つの格子を作る．どのような並進もいくつかの基本並進ベクトルを整数倍したものの和としての並進ベクトル（格子ベクトル）

$$\mathbf{T}(\mathbf{n}) \equiv \mathbf{T}(n_1, n_2, \ldots) = n_1 \mathbf{a}_1 + n_2 \mathbf{a}_2 + \cdots \tag{4.1}$$

で表すことができる．ここで $\mathbf{a}_i$ $(i = 1, \ldots, d)$ は基本並進ベクトル（基本ベクトル，基本格子ベクトル）で，d は空間の次元を表す．便宜のために公式は可能な限りどのような次元でも成り立つ形をとるようにし，$\mathbf{n} = (n_1, n_2, \ldots, n_d)$ と定義する．

1 次元では並進ベクトルは単に周期長 a の整数倍であり，$T(n) = na$, n は整数である．単位胞は長さ a のどんな領域を選んでもよいが，最も対称性の

---

[1] ［原註］群は，その中の任意の 2 つの操作を適用すると，その群の中の他の操作の結果と同じになるという条件によって定義される．並進群を使ってこれを説明する．一般理論と結晶内での可能な群については，他の文献を参考にされたい．例えば群論では [281–283]，一般理論では広範な問題を扱っている Slater の本 [284] があげられる．

[2] ［原註］いくつかの結晶では，空間群は並進群と点群の積に分解できる．このような場合の空間群は共型（シンモルフィック）という．一方他の結晶，例えばダイヤモンド構造の場合では，並進操作と点対称操作を組み合わせてのみ表すことができる対称操作がある．このような空間群は非共型（ノンシンモルフィック）という．

4.1 結晶の構造：格子 + 基底　*111*

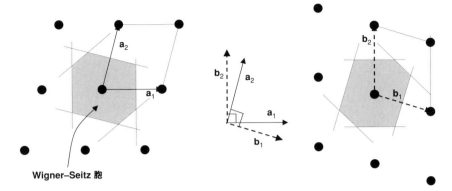

図 4.1 2次元の一般的な実格子と逆格子．中央の図は実空間で Bravais 格子を作る基本並進ベクトル $\mathbf{a}_1$ と $\mathbf{a}_2$，およびそれに対応する基本逆格子ベクトル $\mathbf{b}_1$ と $\mathbf{b}_2$ を示す．実空間と逆空間でそれぞれ2種類の単位胞を示した．これらの単位胞は並進させれば2次元の空間を満たすことができる．平行四辺形の単位胞は作るのは簡単であるが，一意に決まるわけではない．一方，実空間での Wigner–Seitz 胞は原点に対して対称で最もコンパクトな単位胞として一意に決まる．第1 Brillouin ゾーンは逆空間での Wigner–Seitz 胞である．

高い単位胞は原点に対して対称に選んだもの $(-a/2, a/2)$ である．このように選べば，格子点 n に中心を持つ各単位胞は，他のどの格子点よりもその格子点が一番近いすべての点の集合である．これは Wigner–Seitz 胞の作り方の一例である．

図 4.1 の左側の図は2次元の一般的な格子の一部を示している．ここで無限にある可能な基本単位胞のどれか1つを選び，その基本単位胞をすべての並進ベクトルの集合で並進させれば空間を満たすことができる．単位胞の1つの選び方は，2個の基本並進ベクトル $\mathbf{a}_i$ で作る平行四辺形（基本単位胞）である．この単位胞は形式的な証明の際やその作り方の簡単さから便利なことが多い．しかし，この単位胞は $\mathbf{a}_i$ の選び方が無限にあり，一意に決まるものではない．もっと有用な選択としては Wigner–Seitz 胞があり，これは原点の周りの対称性があり，一番コンパクトな形をしている．この作図法はすべての可能な格子ベクトル $\mathbf{T}$ の垂直2等分線を描くことであり，この線で囲まれた原点の周りの領域が Wigner–Seitz 胞になる．

2次元では，基本並進ベクトルの間の角度が 90° または 60° のときには，

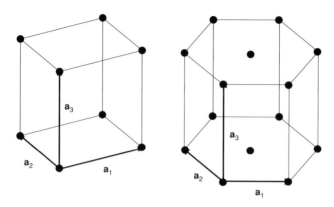

図 4.2 単純立方（左）と単純六方（右）Bravais 格子．単純立方格子では，この単位胞は Wigner–Seitz 胞で Brillouin ゾーンも同じ形になる．六方格子の場合には図の六角柱の中に 3 個の原子が含まれる．この格子の Wigner–Seitz 胞もまた六角柱であるが 90° 回転しており，体積は 1/3 となる．逆格子も六方格子で，実格子から 90° 回転している．その Brillouin ゾーンは図 4.10 に載せた．

対称性が高くなる特別な格子の選び方がある．その選び方では長さ a を単位とすれば，基本並進ベクトルは以下のようになる．

$$\begin{array}{cccc}
 & \text{正方格子} & \text{長方格子} & \text{三角格子} \\
\mathbf{a}_1 = & (1,0) & (1,0) & (1,0) \\
\mathbf{a}_2 = & (0,1) & (0,\tfrac{b}{a}) & \left(\tfrac{1}{2},\tfrac{\sqrt{3}}{2}\right)
\end{array} \quad (4.2)$$

Bravais 格子が正方形と三角形になるような結晶を図 4.5 に示した．

図 4.2–4.4 には多くの結晶で見られる 3 次元格子の例を示した．基本並進ベクトルは，単位を a（慣用単位胞の 1 つの辺の長さ，格子定数）とすれば以下

$$\begin{array}{ccccc}
 & \text{単純立方} & \text{単純六方} & \text{fcc} & \text{bcc} \\
\mathbf{a}_1 = & (1,0,0) & (1,0,0) & \left(\tfrac{1}{2},\tfrac{1}{2},0\right) & \left(\tfrac{1}{2},\tfrac{1}{2},-\tfrac{1}{2}\right) \\
\mathbf{a}_2 = & (0,1,0) & \left(\tfrac{1}{2},\tfrac{\sqrt{3}}{2},0\right) & \left(\tfrac{1}{2},0,\tfrac{1}{2}\right) & \left(\tfrac{1}{2},-\tfrac{1}{2},\tfrac{1}{2}\right) \\
\mathbf{a}_3 = & (0,0,1) & \left(0,0,\tfrac{c}{a}\right) & \left(0,\tfrac{1}{2},\tfrac{1}{2}\right) & \left(-\tfrac{1}{2},\tfrac{1}{2},\tfrac{1}{2}\right)
\end{array} \quad (4.3)$$

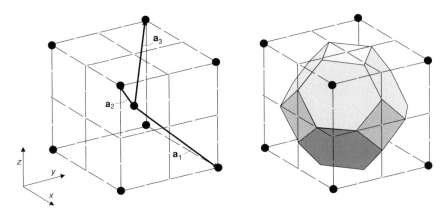

図 4.3 体心立方 (bcc) 格子. 3 個の基本並進ベクトルの一例を示している. 図のような大きい慣用単位胞による表示では中心原子からの周りの 8 個の最近接原子の距離は $\frac{\sqrt{3}}{2}a$ である. (距離 a のところに第 2 近接原子 6 個がある.) 右側の図は並進ベクトルの垂直 2 等分面で囲まれた Wigner–Seitz 胞である (これは fcc 格子の Brillouin ゾーンでもある).

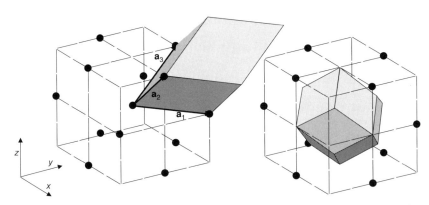

図 4.4 面心立方 (fcc) 格子. 中心原子の周りの 12 個の最近接原子の詰まり具合を強調するように描かれている. (面心にある原子の位置は, 格子点を立方体の頂点と各面上に置くように描けば明らかに分かる.) 左図は基本並進ベクトルの一例とこれらのベクトルで作った平行六面体の基本単位胞. この単位胞はもとの格子より対称性が低い. 右図は格子と同じ対称性を持つ Wigner–Seitz 胞 (これは bcc 格子の Brillouin ゾーンでもある).

114 第4章 周期性固体と電子のバンド

のように選ぶことができる[3]. 体心立方 (bcc) 格子と面心立方 (fcc) 格子を
それぞれ図 4.3 と図 4.4 に示した. 各々はよく使われる大きい慣用単位胞 (破
線) で描かれており, 中心に格子点がある. 中心点から最近接の原子はすべ
て描かれており, bcc 格子では 8 個, fcc 格子では 12 個である. それぞれの
場合について基本並進ベクトルの一例が示されているが, 他のベクトルを選
ぶことも可能であり, 等価な最近接原子に向かうベクトルはすべて格子の並
進ベクトルである. fcc の場合では, 図 4.4 の左側の図は 1 つの可能な基本
単位胞を示しており, 基本並進ベクトルによって作られた平行六面体となっ
ている. これは最も簡単な単位胞であるが, この単位胞は明らかに立方対称
性を持っておらず, 基本並進ベクトルとして他の選び方をすれば異なった基
本単位胞が得られる. 各 Bravais 格子に対する Wigner–Seitz 胞は, それぞ
れ図 4.3 と図 4.4 に描かれているが, 中央の格子点からの並進ベクトルを垂
直に 2 等分する面によって囲まれている. この Wigner–Seitz 胞は, 空間的
に他のどの格子点より中央の格子点が一番近いというすべての点の集合とし
て定義された一意に決まる単位胞であり, とりわけ有用である. これは基本
並進ベクトルの選び方によらず, Bravais 格子の対称性をすべて備えている.

基本並進ベクトルの集合を正方行列 $a_{ij} = (\mathbf{a}_i)_j$ で表現すると, 式を導い
たり実際の計算機のプログラムを作る際に便利である. この行列の j は直交
座標の成分であり, i は基本並進ベクトルを表す. つまり, 行列は (4.2) 式と
(4.3) 式に示されているようなベクトルの並んだものと同じ形をしている.

単位胞の体積は基本並進ベクトルをどのように選ぼうと同じでなければな
らない. なぜなら, その単位胞の並進によって全空間が満たされなければな
らないからである. 体積を知るために最も便利な単位胞は基本並進ベクトル
によって作られる平行六面体である. もし Ω_{cell} をある次元 d における体積
と定義するなら (すなわち, 体積は (長さ)^d の次元を持つ), 簡単な幾何学に
より, Ω_{cell} は $|a_1|\,(d=1)$, $|\mathbf{a}_1 \times \mathbf{a}_2|\,(d=2)$, $|\mathbf{a}_1 \cdot (\mathbf{a}_2 \times \mathbf{a}_3)|\,(d=3)$ となる.
どのような次元においてもこの関係式は行列 $\mathbf{a}$ の行列式として次のように

$$\Omega_{\text{cell}} = \det(\mathbf{a}) = |\mathbf{a}| \tag{4.4}$$

---

[3] [訳註] 原著の (4.3) 式と図 4.3, 4.4 を合わせると, x, y, z 軸の取り方が不自然になる. 図
4.3 での $\mathbf{a}_1$ と $\mathbf{a}_2$ を入れ替え, (4.3) 式を変えた.

4.1 結晶の構造：格子 + 基底　**115**

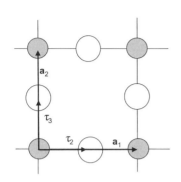
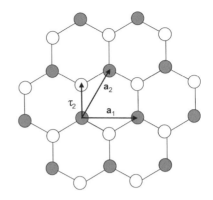

図 4.5 左図：銅の酸化物高温超伝導体に共通して見られる CuO_2 面の正方格子．単位胞中に 3 個の原子がある．右図：グラファイトや六方晶 BN の 1 つの面の蜂の巣格子．Bravais 格子は三角格子で単位胞中に 2 個の原子がある．

書くことができる（演習問題 4.4 参照）．

基本単位胞における原子の基底

基底とは各単位胞中の原子の位置を，任意に選んだ原点を基準にして表したものである．基本単位胞当たり S 個の原子があるとすると，基底は原子の位置ベクトル τ_s ($s = 1, \ldots, S$) によって指定される．

2 次元

2 次元の場合は教育的でもありかつ実際の物質の重要な問題にも関連がある．例えば，グラフェン，BN，MoS_2，その他多くの遷移金属のプニクタイドやカルコゲナイドでは，実際に単一層が作られてそれらがいわゆる van der Waals ヘテロ構造に積み上げられる．その詳細は 2.12 節に述べられている．加えて層構造をした 3 次元結晶がある．層間には強い結合が存在するが，その電子状態は Fermi エネルギー近傍では面間の飛び移りが弱い 2 次元系としてよく記述できる．例として高温超伝導体 $YBa_2Cu_3O_7$ の 3 次元構造を図 17.3 に示す．最も強い興味は CuO_2 正方面に閉じ込められたバンドにある．これらは，第 14 章での単純なバンドの例証になる例であり，密度汎関数論計算の注目すべき例でもある．

116 第 4 章 周期性固体と電子のバンド

CuO_2 平面の正方格子を図 4.5 に示す．並進ベクトルについてはすでに述べたが，原子の位置ベクトルは便宜上 Cu 原子を原点 $\tau_1 = (0,0)$ にとり，他の原子は $\tau_2 = (\frac{1}{2}, 0)a$, $\tau_3 = (0, \frac{1}{2})a$ となるように選ぶ．Cu 原子を原点に置くと，原点は単位胞の中で反転，鏡面，4 回対称を持った最も対称性の高い位置となるので便利である[4]．

グラフェンあるいは六方晶 BN の 1 つの面は図 4.5 の右図に示すように蜂の巣格子を作っており，Bravais 格子は三角形で，基本単位胞は 2 個の原子を持っている．もし 2 個の原子が化学的に同じ種類であれば，この構造はグラファイトの面の構造になる．基本並進ベクトルは $\mathbf{a}_1 = (1,0)a$ および $\mathbf{a}_2 = (\frac{1}{2}, \frac{\sqrt{3}}{2})a$ であり，最近接原子間距離は $a/\sqrt{3}$ である．もし 1 個の原子を原点にとれば，$\tau_1 = (0,0)$ であり，τ_2 としては，図 4.5 のように結晶の並進対称性があるので，$\tau_2 = (0, 1/\sqrt{3})a$ か $\tau_2 = (1, 1/\sqrt{3})a$ とすることができる．原子の位置を $\tau_s = \sum_{i=1}^{d} \tau_{si}^L \mathbf{a}_i$ のように基本並進ベクトルを使って表しておくと便利である．ここで上付きの添え字 L は基本並進ベクトルによる表現であることを表す．これを使えば，$\tau_2 = \frac{2}{3}(\mathbf{a}_1 + \mathbf{a}_2)$ または $\tau_1^L = [0,0]$ および $\tau_2^L = [\frac{2}{3}, \frac{2}{3}]$ となる[5]．

MoS_2, $MoSe_3$, および WSe_3 のような遷移金属カルコゲナイドの一枚の層は技術的応用の可能性で強い興味を持たれており，2.12 節で述べたようにヘテロ構造として成長できる．例えば，2H 構造の MoS_2 は直接ギャップ（図 22.8 を参照）の半導体であり，強い光吸収性を持つ．2H 構造は図 4.6 に示されている；上から見た左の図グラフェンと BN に似たように見え，Bravsis 格子も三角格子で図 4.9 の稠密な球の層と同じである．基本単位胞当たり Mo 原子が 1 つで原点を Mo サイトにとり $\tau_1 = 0$ とできる；しかし，基本単位胞には S 原子が 2 つで Mo 面の上と下の位置 τ_2 と τ_3 にある．それぞれは 3 つの Mo を持っていて図 4.6 の右サイドに示されている．1T 構造は似ているが 2 つの S 原子は上下に揃っているのではなく，次に述べるように図 4.9 の B

---

[4] [原註] 原点が対称中心に選ばれる場合には，密度やポテンシャルなどすべての特性の Fourier 変換は実数となる．また，すべての励起の波動関数が原点に対して偶か奇かが決まる．その 4 回転対称性により Cu の 5 つの d 状態が分離することになる．

[5] [原註] 単純な論理であるが，すべての共有結合結晶は単位胞内に 2 個以上の原子があることが前提である（ダイヤモンドや ZnS 結晶の例，および演習問題 4.8 を参照）．

4.1 結晶の構造：格子 + 基底 **117**

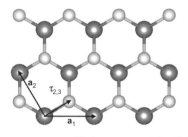
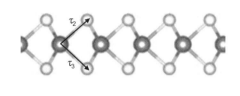

図 **4.6** 2H 構造の MoS_2 1 層の結晶構造．上から見た左の図は Mo 原子（濃灰色）が，図 4.5 のグラフェンや BN のように 2 次元の三角 Bravais 格子を作っていることを示している．S 原子（薄灰色）のそれぞれはグラフェンや BN のように 3 つの Mo を最近接に持っている；しかし，それらは右の 2H 構造の側面図に示されるように Mo 面の上と下にある．1H 構造では 2 つの S 原子は本文に記述されているように互い違いの位置にある．

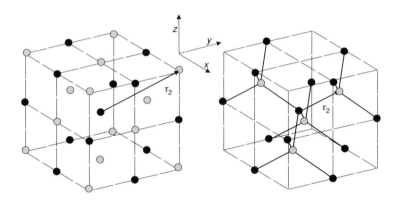

図 **4.7** 単位胞当たり 2 個の原子の基底を持つ fcc Bravais 格子の結晶を 2 例示す．左図は岩塩（NaCl）構造．右図は閃亜鉛鉱（立方 ZnS）構造．原子の位置については本文参照．前者の場合は，もし 2 個の原子が同じであれば単純立方格子となる．後者の場合は，もし 2 個の原子が同じであればダイヤモンド構造となる．

と C で示された位置を占める．

3 次元

NaCl と ZnS は fcc Bravais 格子を持つ結晶の 2 例であり，図 4.7 から分かるように単位胞当たり 2 個の原子の基底を持つ．基本並進ベクトルは前節で立方体の辺 a を使って与えてあり，その様子は図 4.4 に示した．NaCl の場合

118 第 4 章 周期性固体と電子のバンド

には各原子を中心に反転対称性と立方晶の回転対称性があるので，1 個の原子を原点 $\tau_1 = (0,0,0)$ に選ぶのが便利であり，2 番目の基底は $\tau_2 = \left(\frac{1}{2}, \frac{1}{2}, \frac{1}{2}\right)a$ と選ぶ．基本並進ベクトルを使えば，図 4.7 から $\tau_2 = \sum_{i=1}^{d} \tau_{2i}^L \mathbf{a}_i$ であることが分かる，ただし $\tau_2^L = \left[\frac{1}{2}, \frac{1}{2}, \frac{1}{2}\right]$ である．もし τ_1 と τ_2 にある 2 個の原子が同じであれば，結晶は辺の長さ $a_{sc} = \frac{1}{2}a_{fcc}$ の単純立方 Bravais 格子を持つことになる．

fcc 格子のもう 1 つの例は閃亜鉛鉱構造で，これは GaAs や ZnS のような III–V 族および II–VI 族の結晶に多く見られる構造である．この構造の結晶もまた単位胞当たり 2 個の原子を持つ．閃亜鉛鉱構造の結晶には反転中心は存在しないが，各原子は四面体対称性の中心となっている．従って 1 個の原子を原点にとると，図 4.7 に示すように，$\tau_1 = (0,0,0)a$, $\tau_2 = \left(\frac{1}{4}, \frac{1}{4}, \frac{1}{4}\right)a$ となるが，等価な他の選び方もできる．この構造は基底を除けば NaCl 構造と同じであるが，基底は基本並進ベクトルを使うと $\tau_2^L = \left[\frac{1}{4}, \frac{1}{4}, \frac{1}{4}\right]$ である．もし単位胞中の原子が同じであれば，これはダイヤモンド構造であり，C, Si, Ge, αSn がこの構造をとる．ダイヤモンド構造に対しては結合の中心が反転対称の中心となるので，この点を原点に選ぶと都合がよい．この場合には原点をずらして，$\tau_1 = -\left(\frac{1}{8}, \frac{1}{8}, \frac{1}{8}\right)a$, $\tau_2 = \left(\frac{1}{8}, \frac{1}{8}, \frac{1}{8}\right)a$ となる．同様にして $\tau_1^L = -\left[\frac{1}{8}, \frac{1}{8}, \frac{1}{8}\right]$, $\tau_2^L = \left[\frac{1}{8}, \frac{1}{8}, \frac{1}{8}\right]$ である．

図 4.8 に示すペロブスカイト構造は，化学組成は ABO_3 で，強誘電体（$BaTiO_3$ など），反強磁性 Mott 絶縁体（$CaMnO_3$ など），金属–絶縁体転移を起こす合金（$La_xCa_{1-x}MnO_3$ など），など興味深い性質を持った非常に多くの化合物がとる構造である．この結晶は O を稜上に持つ A, B からなる CsCl 構造と考えてもよい．A 原子と B 原子の環境は非常に異なっていて，A 原子は距離 $a/\sqrt{2}$ のところに 12 個の近接 O 原子を持っており，B 原子は距離 $a/2$ のところに 6 個の近接 O 原子を持っている．従ってこの A と B の原子は，その特性において非常に異なった役割を演じている．代表的な事例では A 原子は非遷移金属で，Coulomb 力によるイオン結合の相手である近接 O 原子が多いことは都合がよい．一方，B 原子は遷移金属で，その d 状態は O の状態との共有結合を好む．B と O 原子が作る面と，図 4.5 に示す CuO_2 面との対比に注意してみよう．面の構造は似ているが，立方ペロブスカイト構造における各 B 原子は 3 枚の直交する面上に存在するが，La_2CuO_4 のような層

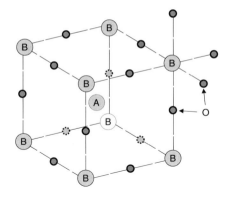

図 4.8 化学組成 ABO$_3$ のペロブスカイト結晶構造．この構造は，強誘電体（BaTiO$_3$ など），反強磁性体（CaMnO$_3$ など），合金（PbZr$_x$Ti$_{1-x}$O$_3$, La$_x$Ca$_{1-x}$MnO$_3$ など），など興味深い物性を持った非常に多くの化合物がとる構造である．この結晶は A 原子を中心に，B 原子を頂点に，O を稜上に持つ立方体と考えてもよい．A 原子と B 原子の環境は非常に異なっていて，A 原子は距離 $a/\sqrt{2}$ のところに 12 個の近接 O 原子を持っており，B 原子は距離 $a/2$ のところに 6 個の近接 O 原子を持っている．（1 個の B 原子についてその近接原子を示してある．）Bravais 格子は単純立方格子である．

状構造では CuO$_2$ 面ははっきり面を特定でき，各 Cu 原子は 1 枚の面のみに属している．

最密構造

2 次元では最密構造を作る方法は 1 つしかなく，それは剛体球（または円板）を空間を最大限に満たすように詰める構造と定義されている．これは図 4.5 に示す三角格子であり，各格子点に 1 原子が存在する．平面では図 4.9 に示すように各原子は六角形の配置をとるので，6 個の近接原子を持つ．3 次元の最密構造はすべてこのような原子の最密面をいろいろな順序で積み重ねてできている．図 4.9 に示すように隣接した面の積層の仕方は 2 種類ある．もし最初の面を A とすれば，次の面の原子の位置は B または C が可能である．

面心立方格子（図 4.4）は立方最密構造であり，最密面が $\cdots$ ABCABC $\cdots$ という順序で積み重なったものとみなすことができる．単位胞には原子 1 個があり，各原子はその近接原子すべてと同じ関係を持つ．すなわち，C と B

120 第 4 章 周期性固体と電子のバンド

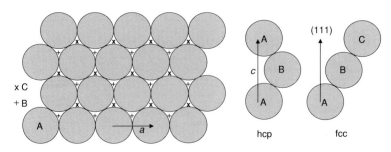

図 4.9 2 次元の最密面を重ねて 3 次元の最密格子を作る重ね方．左図は 2 次元の唯一可能な最密構造を示す．それは記号 A のついた球の六方格子の層であり，格子定数は a である．右図は 3 次元に積み重ねるときの重ね方を示す．2 番目の層は B または C の位置をとることができる．層を順に積み重ねる方法は無限にあるが，その中で fcc 構造 ($\cdots$ABCABC$\cdots$) となる積み重ねだけが基本格子を作る．六方最密構造 (hcp)($\cdots$ABABAB$\cdots$) は単位胞当たり 2 個の原子を持つ．その他のすべての積み重ね方に対しては単位胞はより大きくなる．

面に挟まれた A 原子は，A と C 面に挟まれた B 原子と等価である等々．とりわけ，もし格子が Bravais 格子であるなら A 面にある原子から隣接する C 面の最近接原子に向かうベクトルは並進ベクトルでなければならない．同様に，簡単に証明できることであるが，このベクトルの 2 倍のベクトルもまた並進ベクトルである．立方対称性のあることは，最密面を [111] 結晶軸のどれかに対して垂直に選ぶことができることから証明できる．

六方最密構造は最密面を $\cdots$ABABAB$\cdots$ という順序で積み重ねたものである．これは基底が 2 個の原子からなる六方 Bravais 格子で，この 2 個の原子は互いに並進によって重ね合わせることはできない．これは次のことからも分かる．つまり，fcc の場合とは違って，A 原子から近接の B 原子に向かうベクトルを 2 倍にしたものは原子間を結ぶベクトルにはならない．従って，慣用単位胞は図 4.2 に示したような，最密面内の原子間距離に等しい a と 2 枚の A 面間の距離 c を持った六方晶である．理想的な c/a 比は剛体球を詰めたときの値であって，$c/a = \sqrt{8/3}$ になる（演習問題 4.11）．基本単位胞内の 2 つの原子は等価であり，$c/2$ の並進と $\pi/3$ の回転[6]によって重ねることがで

---

[6] ［訳註］回転操作はその軸を決める必要があり，それは図 4.9 の fcc に対応する C の位置である．回転角は原著の $\pi/6$ ではなく，$\pi/3$ である．

きるが，このことは並進対称性とは無関係である．

「最密構造」をとる詰め方あるいは結晶構造の多形は無限にある．特に多形構造については ZnS のように四面体結合を持つ結晶で実際に見つかっている．その最も簡単な構造は立方晶（閃亜鉛鉱型）と六方晶（ウルツ鉱型）の 2 つで，fcc と hcp 格子を基礎にしている．この場合には A, B, C 面内のそれぞれの位置が 2 個の原子（Zn と S）に相当することになり，fcc に対応する場合を図 4.7 に示した．

4.2　逆格子と Brillouin ゾーン

結晶に対して定義されたある関数 $f(\mathbf{r})$，例えば電子密度のような関数，で各単位胞内で同じであるもの

$$f(\mathbf{r} + \mathbf{T}(n_1, n_2, \ldots)) = f(\mathbf{r}) \tag{4.5}$$

を考える．ここで $\mathbf{T}$ は先に定義した並進ベクトルである．このような周期関数は Fourier 変換を使って逆空間で定義された波数ベクトル $\mathbf{q}$ の Fourier 成分で表現できる．もし Fourier 成分を $N_{\text{cell}} = N_1 \times N_2 \times \cdots$ 個の単位胞からなる体積 Ω_{crystal} の大きい結晶について周期的なものに限るとすれば，関数は簡単に離散的な Fourier 成分の集合として書くことができる．そして各成分は Born–von Kármán の周期境界条件

$$\exp(i\mathbf{q} \cdot N_1 \mathbf{a}_1) = \exp(i\mathbf{q} \cdot N_2 \mathbf{a}_2) \cdots = 1 \tag{4.6}$$

を各次元において満たさなければならない．従って $\mathbf{q}$ は各基本並進ベクトル $\mathbf{a}_i$ に対して $\mathbf{q} \cdot \mathbf{a}_i = 2\pi \frac{\text{整数}}{N_i}$ を満たすベクトルの集合に限られる．体積 Ω_{crystal} の大きい極限では最終的な結果は境界条件の選び方にはよらなくなる[7]．

Fourier 変換は次のように定義され

---

[7]［原註］もちろん大きな系の極限における境界条件の選択について，不変性が証明されなければならない．短距離力と周期演算子についてはその証明は簡単であるが，Coulomb 力にまで一般化するには，ポテンシャルの境界条件を定義するときには注意が必要である．電気分極の計算は特に問題が多く，満足のいく理論の開発は第 22 章に記述してあるように，1990 年代にようやくできたばかりである．

122 第4章 周期性固体と電子のバンド

$$f(\mathbf{q}) = \frac{1}{\Omega_{\text{crystal}}} \int_{\Omega_{\text{crystal}}} d\mathbf{r} f(\mathbf{r}) \exp(i\mathbf{q} \cdot \mathbf{r}), \tag{4.7}$$

これは周期関数に対しては

$$f(\mathbf{q}) = \frac{1}{\Omega_{\text{crystal}}} \sum_{n_1, n_2, \ldots} \int_{\Omega_{\text{cell}}} d\mathbf{r} \, f(\mathbf{r}) e^{i\mathbf{q} \cdot (\mathbf{r} + \mathbf{T}(n_1, n_2, \ldots))}$$

$$= \frac{1}{N_{\text{cell}}} \sum_{n_1, n_2, \ldots} e^{i\mathbf{q} \cdot \mathbf{T}(n_1, n_2, \ldots)} \frac{1}{\Omega_{\text{cell}}} \times \int_{\Omega_{\text{cell}}} d\mathbf{r} \, f(\mathbf{r}) e^{i\mathbf{q} \cdot \mathbf{r}} \tag{4.8}$$

のように変形できる. 式中のすべての格子点についての和は並進ベクトル $\mathbf{T}$ に対して「$\mathbf{q} \cdot \mathbf{T}(n_1, n_2, \ldots) = 2\pi \times$ 整数」を満たすものを除いたすべての $\mathbf{q}$ について 0 である. $\mathbf{T}(n_1, n_2, \ldots)$ は基本ベクトル $\mathbf{a}_i$ の整数倍の和であるから, 「$\mathbf{q} \cdot \mathbf{a}_i = 2\pi \times$ 整数」となる.

この条件を満たす $\mathbf{q}$ の集合を「逆格子」という. ここでベクトル $\mathbf{b}_i$ ($i = 1, \ldots, d$) を導入し, 基本並進ベクトル $\mathbf{a}_i$ の基本逆格子ベクトルを次式

$$\mathbf{b}_i \cdot \mathbf{a}_j = 2\pi \delta_{ij} \tag{4.9}$$

で定義する. $f(\mathbf{r})$ のゼロではない Fourier 成分は $\mathbf{q} = \mathbf{G}$ に対するものだけであり, 逆格子ベクトル $\mathbf{G}$ は逆空間での格子点

$$\mathbf{G}(m_1, m_2, \ldots) = m_1 \mathbf{b}_1 + m_2 \mathbf{b}_2 + \cdots \tag{4.10}$$

で定義される. ここで m_i ($i = 1, \ldots, d$) は整数である. 各 $\mathbf{G}$ に対して, 周期関数の Fourier 変換は

$$f(\mathbf{G}) = \frac{1}{\Omega_{\text{cell}}} \int_{\Omega_{\text{cell}}} d\mathbf{r} \, f(\mathbf{r}) \exp(i\mathbf{G} \cdot \mathbf{r}) \tag{4.11}$$

と書くことができる.

実空間での Bravais 格子と逆格子が互いに逆になる関係は行列表示を使えば明らかであり, これは次元によらずに成立する. 正方行列 $b_{ij} = (\mathbf{b}_i)_j$ を a_{ij} 行列のときとまったく同じように定義すれば, 基本ベクトル間の関係式

$$\mathbf{b}^T \mathbf{a} = 2\pi \mathbf{1} \rightarrow \mathbf{b} = 2\pi (\mathbf{a}^T)^{-1}, \quad \text{または, } \mathbf{a} = 2\pi (\mathbf{b}^T)^{-1} \tag{4.12}$$

が得られる (式中の T は転置行列を表す). $\mathbf{a}_i$ と $\mathbf{b}_i$ の関係を具体的に表す式を導くのは簡単であり, 例えば 3 次元では幾何学的議論から,

$$\mathbf{b}_1 = 2\pi \frac{\mathbf{a}_2 \times \mathbf{a}_3}{|\mathbf{a}_1 \cdot (\mathbf{a}_2 \times \mathbf{a}_3)|} \tag{4.13}$$

となる．その他の成分は添え字を循環置換させればよい．2 次元における逆格子の幾何学的な求め方は図 4.1 に示した．

正方（単純立方）格子の逆格子はまた正方（単純立方）格子であることを示すのは簡単である，ただし辺の長さは $\frac{2\pi}{a}$ である．三角（六方）格子の逆格子もまた三角（六方）格子であるが，この場合は c 軸の周りに回転している．bcc と fcc 格子ではお互いが相手の逆格子になっている（演習問題 4.9）．(4.3) 式の 3 次元基本並進ベクトルの基本逆格子ベクトルを $\frac{2\pi}{a}$ を単位として記すと

$$
\begin{array}{ccccc}
 & \text{単純立方} & \text{単純六方} & \text{fcc} & \text{bcc} \\
\mathbf{b}_1 = & (1,0,0) & \left(1,-\frac{1}{\sqrt{3}},0\right) & (1,1,-1) & (1,1,0) \\
\mathbf{b}_2 = & (0,1,0) & \left(0,\frac{2}{\sqrt{3}},0\right) & (1,-1,1) & (1,0,1) \\
\mathbf{b}_3 = & (0,0,1) & \left(0,0,\frac{a}{c}\right) & (-1,1,1) & (0,1,1)
\end{array}
\tag{4.14}
$$

のようになる[8]．

逆格子の基本単位胞の体積は，実空間で Bravais 格子に対して用いたのと同じやり方で求められる．この体積は第 1 Brillouin ゾーンの体積 Ω_{BZ} (4.2 節参照) であり，(4.4) 式との類推から任意の次元 d に対して

$$\Omega_{\mathrm{BZ}} = \det(\mathbf{b}) = |\mathbf{b}| = \frac{(2\pi)^d}{\Omega_{\mathrm{cell}}} \tag{4.15}$$

のように書くことができる．この式は Ω_{BZ} と Ω_{cell} が互いに逆の関係にあることを示している．これらの式は幾何学的な形で表すこともでき，Ω_{BZ} は $|\mathbf{b}_1|$ $(d=1)$, $|\mathbf{b}_1 \times \mathbf{b}_2|$ $(d=2)$, $|\mathbf{b}_1 \cdot (\mathbf{b}_2 \times \mathbf{b}_3)|$ $(d=3)$ となる．

Brillouin ゾーン

本書では「Brillouin ゾーン」あるいは「BZ」は 2 通りに使われる．あるときは，特に Fourier 変換とトポロジーの章での証明では逆格子ベクトルで定義される平行六面体を使うのが一番便利である．しかし，一般には逆格子

---

[8]［訳註］(4.3) 式の実格子とつじつまが合うように修正した．

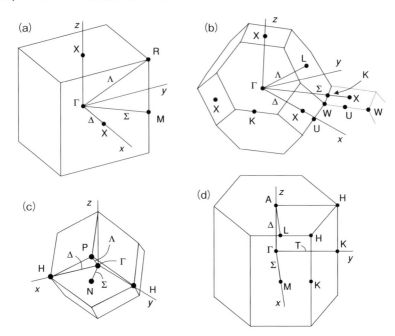

図 4.10 よく見られる格子に対する Brillouin ゾーン．(a) 単純立方格子 (sc)，(b) 面心立方格子 (fcc)，(c) 体心立方格子 (bcc)，および (d) 六方格子 (hex)．対称性の高い点や線には Bouckaert, Smoluchowski と Wigner に従ってラベルが付けられている．Slater [284] も参照されたい．ゾーンの中心 ($\mathbf{k} = 0$) は Γ 点と呼ばれ，内部の線にはギリシャ文字が，ゾーンの境界上の点にはローマ字が使われている．fcc 格子の図には隣接 BZ の一部が点線で描かれている．これは隣接 BZ の方向を示すためで，いろいろ役に立つ情報が得られる．例えば，Γ から K へ向かう線 Σ は第 1 Brillouin ゾーンの外の X 点と等価な点につながることが分かる．

の Wigner–Seitz 胞を使うのが慣用である．それは原点から逆格子へのベクトルの垂直 2 等分面でできている．弾性散乱に対する Bragg の条件を満たすのはこれらの面上である [280, 285]．BZ 内の波数を持つ入射粒子に対しては Bragg 散乱は起きない．BZ の作り方は図 4.1–4.4 に示した．また BZ に関してよく使われる記号をいくつかの結晶に対して図 4.10 に示した．

有用な関係式

結晶を表すときには実空間または逆空間でのベクトルの長さを扱うことが

多い．例えば $|\tau + \mathbf{T}|$, $|\mathbf{k} + \mathbf{G}|$ およびスカラー積 $(\mathbf{k} + \mathbf{G}) \cdot (\tau + \mathbf{T})$ などである．もしベクトルが直交座標系で表されていれば，表式には単に各座標成分の和が出てくるにすぎない．しかし，$\mathbf{T}$ と $\mathbf{G}$ を基本並進ベクトルの整数倍で表し，位置 τ と波数ベクトル $\mathbf{k}$ を基本並進ベクトルの分数倍で表した方が便利なことが多い．長さとスカラー積をこの表現で定義しておく，つまり計量基準を決めておくと便利である．

行列形式を使えば欲しい表式が簡単に得られる．直交座標系で要素 $\tau_1, \tau_2, \ldots$ を持つある位置ベクトル τ は基本並進ベクトルを使って $\tau = \sum_{i=1}^{d} \tau_i^L \mathbf{a}_i$ と書くことができる．ここで上付きの添え字 L は基本並進ベクトルによる表現であることを表す．τ^L は要素 $\tau_1^L, \tau_2^L, \ldots$ を持ち，この要素は基本並進ベクトルの分数である．行列表示では τ は（ここで T は転置を表す）

$$\tau = \tau^L \mathbf{a}, \quad \tau^L = \tau \mathbf{a}^{-1} = \frac{1}{2\pi} \tau \mathbf{b}^T \tag{4.16}$$

となり，$\mathbf{b}$ は逆空間の基本逆格子ベクトルの行列である．同様にして逆空間におけるベクトル $\mathbf{k}$ は $\mathbf{k} = \sum_{i=1}^{d} k_i^L \mathbf{b}_i$ と表すことができ，次の関係式

$$\mathbf{k} = \mathbf{k}^L \mathbf{b}, \quad \mathbf{k}^L = \mathbf{k} \mathbf{b}^{-1} = \frac{1}{2\pi} \mathbf{k} \mathbf{a}^T \tag{4.17}$$

が成り立つ．

スカラー積 $(\mathbf{k} + \mathbf{G}) \cdot (\tau + \mathbf{T})$ は (4.9) 式の関係を使えば格子座標で簡単に書き表すことができる．もし $\mathbf{T}(n_1, n_2, \ldots) = n_1 \mathbf{a}_1 + n_2 \mathbf{a}_2 + \cdots$ そして $\mathbf{G}(m_1, m_2, \ldots) = m_1 \mathbf{b}_1 + m_2 \mathbf{b}_2 + \cdots$ ならば，次のような簡単な式

$$(\mathbf{k} + \mathbf{G}) \cdot (\tau + \mathbf{T}) = 2\pi \sum_{i=1}^{d} (k_i^L + m_i)(\tau_i^L + n_i)$$
$$\equiv 2\pi (\mathbf{k}^L + \mathbf{m}) \cdot (\tau^L + \mathbf{n}) \tag{4.18}$$

が得られる．直交座標系でのベクトルを使った関係は (4.16) と (4.17) 式を使えば容易に導かれる．一方，長さは直交座標系で表すのが最も簡単である．(4.16) と (4.17) 式および (4.18) 式と同じベクトル表記法を使えば，長さは容易に求められて

$$|\tau + \mathbf{T}|^2 = (\tau^L + \mathbf{n}) \, \mathbf{a}\mathbf{a}^T (\tau^L + \mathbf{n})^T,$$
$$|\mathbf{k} + \mathbf{G}|^2 = (\mathbf{k}^L + \mathbf{m}) \, \mathbf{b}\mathbf{b}^T (\mathbf{k}^L + \mathbf{m})^T \tag{4.19}$$

126 第 4 章 周期性固体と電子のバンド

となる．すなわち，$\mathbf{aa}^T$ と $\mathbf{bb}^T$ は実空間と逆空間におけるベクトルの計量
テンソルであり，基本並進ベクトルの積という自然な形で表現されている．

　最後に，あるカットオフ半径内の全格子ベクトルを見つけねばならない場
合が多々ある．これは例えば逆空間で最小の Fourier 成分を見つける，ある
いは実空間で最近接原子の集まりを見つける必要があるときなどである．実
空間で $\mathbf{T}(n_1, n_2, n_3)$; $-N_1 \leq n_1 \leq N_1$; $-N_2 \leq n_2 \leq N_2$; $-N_3 \leq n_3 \leq N_3$
で与えられる格子点が作る平行六面体について考えてみよう．ベクトル $\mathbf{a}_2$ と
$\mathbf{a}_3$ は平面を作るから，この面に垂直方向の距離は，この面に垂直な単位ベク
トルへの $\mathbf{T}$ の射影である．この単位ベクトルは $\hat{\mathbf{b}}_1 = \mathbf{b}_1/|\mathbf{b}_1|$ であり (4.19)
式を使うと，この方向への最大の距離 $R_{\max} = 2\pi \frac{N_1}{|\mathbf{b}_1|}$ が簡単に求まる．同様
な式は他の方向についても成り立つ．この結果から半径 $R_{\max}$ の球を囲む平
行六面体の境界に対する簡単な表現

$$N_1 = \frac{|\mathbf{b}_1|}{2\pi} R_{\max}; \quad N_2 = \frac{|\mathbf{b}_2|}{2\pi} R_{\max}; \quad \ldots \tag{4.20}$$

が得られる（演習問題 4.15）．逆空間では半径 $G_{\max}$ の球を囲む平行六面体
に対する上記に対応する条件は

$$M_1 = \frac{|\mathbf{a}_1|}{2\pi} G_{\max}; \quad M_2 = \frac{|\mathbf{a}_2|}{2\pi} G_{\max}; \quad \ldots \tag{4.21}$$

となる．ここでベクトルは各方向に $-M_i \mathbf{b}_i$ から $+M_i \mathbf{b}_i$ の範囲にある．

4.3　励起と Bloch の定理

　前節では結晶における周期関数，例えば原子核の位置や電子密度などの性
質について述べた．この関数は (4.1) 式で定義した Bravais 格子の並進ベク
トル $\mathbf{T(n)} \equiv \mathbf{T}(n_1, n_2, \ldots) = n_1 \mathbf{a}_1 + n_2 \mathbf{a}_2 + \cdots$ に対して (4.5) 式の関係
式 $f(\mathbf{r} + \mathbf{T}(n_1, n_2, \ldots)) = f(\mathbf{r})$ に従う．このような周期関数は逆空間中の
(4.10) 式で定義された逆格子ベクトルのところでのみ 0 ではない Fourier 成
分を持つ．

4.3 励起と Bloch の定理　**127**

　結晶の励起[9]は一般に結晶の周期性を持たない[10]．本節では励起を結晶の並進操作のもとでの振る舞いに従って分類する．そのためには Bloch の定理が必要である．この定理は一般的な方法で証明されており，あらゆる種類の励起（電子，格子振動，その他）に適応できる[11]．ここでは独立粒子の励起に関する例を示すつもりであるが，その一般的な関係式はどのような系に対しても成り立ち，この定理は相関のある多体系にも拡張できる．

　周期性のある結晶に対して定義されたある演算子 $\hat{O}$ の固有状態を考える．このような演算子は格子の並進 $\mathbf{T}(\mathbf{n})$ に対して不変でなければならない．仮に $\hat{O}$ を独立粒子に対する Schrödinger 方程式のハミルトニアン $\hat{H}$

$$\hat{H}\psi_i(\mathbf{r}) = \left[-\frac{\hbar^2}{2m_e}\nabla^2 + V_{\text{eff}}(\mathbf{r}) \right] \psi_i(\mathbf{r}) = \varepsilon_i \psi_i(\mathbf{r}) \qquad (4.22)$$

であるとする．演算子 $\hat{H}$ は格子の並進すべてに対して不変である[12]．というのは，$V_{\text{eff}}(\mathbf{r})$ は結晶の周期性を持っており，微分演算子はどのような並進に対しても不変だからである．

　同様にして並進の演算子 $\hat{T}_\mathbf{n}$ を定義できる．これは変数を変位させる演算子でどんな関数にも作用できる，例えば

$$\hat{T}_\mathbf{n}\psi(\mathbf{r}) = \psi[\mathbf{r} + \mathbf{T}(\mathbf{n})] = \psi(\mathbf{r} + n_1\mathbf{a}_1 + n_2\mathbf{a}_2 + \cdots) \qquad (4.23)$$

となる．ハミルトニアンはどんな並進 $\mathbf{T}(\mathbf{n})$ に対しても不変であるので，ハミルトニアン演算子は各並進演算子 $\hat{T}_\mathbf{n}$ と可換

$$\hat{H}\hat{T}_\mathbf{n} = \hat{T}_\mathbf{n}\hat{H} \qquad (4.24)$$

である．(4.24) 式から $\hat{H}$ の固有状態は同時にすべての $\hat{T}_\mathbf{n}$ の固有状態となる

9　[訳註] ここで著者は励起という言葉を，結晶中の 1 電子の固有状態をも含むものとして使っている．

10　[原註] ここでは励起が，$N_{\text{cell}} = N_1 \times N_2 \times \cdots$ によって作られる大きな体積 Ω_{crystal} の中で周期的であるという Born–von Kármán の境界条件をとる．これは以前，(4.6) 式で記述した．その結果は熱力学的極限の大きなサイズでは，境界条件の選択に関係しないという証明に関連した脚注を参照せよ．

11　[原註] ここでの導出は，Ashcroft と Mermin [280] に記述されているように，Bloch の定理の最初の証明に従っている．別の証明法は第 12 章および第 14 章で説明する．

12　[原註] この論理は，もしポテンシャルが非局所演算子（のちほど出てくる擬ポテンシャルのように）であってもやはり成り立つ．

128 第4章 周期性固体と電子のバンド

ように選ぶことができる. ハミルトニアンと違って, 並進演算子の固有状態は簡単に決めることができ, 結晶の詳細には無関係である. 従って, この固有状態を使ってハミルトニアンを「ブロック対角化」し, 並進演算子の固有値を使って状態を厳密に分類すれば, その結果次のように明確に Bloch の定理が導かれる.

ここで重要なことは, 並進演算子は群を作るということである. この群の中では2つの並進演算子の積は第3の並進演算子となり, 演算子は次の関係式

$$\hat{T}_{\mathbf{n}_1}\hat{T}_{\mathbf{n}_2} = \hat{T}_{\mathbf{n}_1+\mathbf{n}_2} \tag{4.25}$$

に従う. 演算子 $\hat{T}_{\mathbf{n}}$ の固有値 $t_{\mathbf{n}}$ と固有状態 $\psi(\mathbf{r})$

$$\hat{T}_{\mathbf{n}}\psi(\mathbf{r}) = t_{\mathbf{n}}\psi(\mathbf{r}) \tag{4.26}$$

は次の式

$$\hat{T}_{\mathbf{n}_1}\hat{T}_{\mathbf{n}_2}\psi(\mathbf{r}) = t_{(\mathbf{n}_1+\mathbf{n}_2)}\psi(\mathbf{r}) = t_{\mathbf{n}_1}t_{\mathbf{n}_2}\psi(\mathbf{r}) \tag{4.27}$$

を満たさねばならない. 各並進演算子を基本並進演算子の積に分解することにより $t_{\mathbf{n}}$ はどんなものでも基本の $t(\mathbf{a}_i)$ の集合を使って書くことができ,

$$t_{\mathbf{n}} = [t(\mathbf{a}_1)]^{n_1}[t(\mathbf{a}_2)]^{n_2}\dots \tag{4.28}$$

となる. 固有関数は (4.6) 式の周期境界条件を満たさねばならないから, $(t(\mathbf{a}_i))^{N_i} = 1$ であり, 各 $t(a_i)$ の大きさは 1 になるので,

$$t(\mathbf{a}_i) = \mathrm{e}^{\mathrm{i}2\pi y_i} \tag{4.29}$$

で, $y_i = 1/N_i$ と書くことができる. 最後に (4.9) 式の基本逆格子ベクトルの定義を使えば, (4.28) 式は

$$t_{\mathbf{n}} = \mathrm{e}^{\mathrm{i}\mathbf{k}\cdot\mathbf{T(n)}} \tag{4.30}$$

となり, ここで,

$$\mathbf{k} = \frac{m_1}{N_1}\mathbf{b}_1 + \frac{m_2}{N_2}\mathbf{b}_2 + \cdots \tag{4.31}$$

は逆空間のベクトルである. $\mathbf{k}$ の範囲は逆空間の 1 個の単位胞内に制限することができる. なぜなら (4.30) 式の関係式はどの単位胞の中でも同じであり,

各単位胞は逆格子ベクトル $\mathbf{G}$ を加えた分だけ異なっており，この $\mathbf{G}$ に対しては $\mathbf{G} \cdot \mathbf{T} = 2\pi \times$ 整数 が成り立つからである．ここで $\mathbf{k}$ の値の数は正確に単位胞の数と同じだけあることに注意しよう．

以上のことから望みの結果が直接得られる．

1. **Bloch の定理**[13] (4.26), (4.30), (4.31) 式から次式

$$\hat{T}_{\mathbf{n}}\psi(\mathbf{r}) = \psi(\mathbf{r} + \mathbf{T}(\mathbf{n})) = e^{i\mathbf{k}\cdot\mathbf{T}(\mathbf{n})}\psi(\mathbf{r}) \tag{4.32}$$

が出てくる．これが有名な「Bloch の定理」で，並進演算子の固有状態は結晶中の 1 つのセルから隣のセルへ移るとき (4.32) 式で与えられる位相因子だけ変わることを表している．周期性のある演算子（例えばハミルトニアンなど）の固有状態はある特定の $\mathbf{k}$ をとるように選ぶことができ，その $\mathbf{k}$ を周期性結晶の励起の分類に使うことができる．(4.32) 式から波数 $\mathbf{k}$ を持つ固有関数は

$$\psi_{\mathbf{k}}(\mathbf{r}) = e^{i\mathbf{k}\cdot\mathbf{r}}u_{\mathbf{k}}(\mathbf{r}) \tag{4.33}$$

と書くことができる．$u_{\mathbf{k}}(\mathbf{r})$ は周期関数 $(u_{\mathbf{k}}(\mathbf{r} + \mathbf{T}(\mathbf{n})) = u_{\mathbf{k}}(\mathbf{r}))$ である．Bloch 状態の例は図 4.11 に示されており，独立粒子近似の電子状態に対する Bloch の定理のいろいろ異なった表現の例を第 12–17 章にあげた．

2. **固有値のバンド．** 大きい（巨視的な）結晶の極限では，$\mathbf{k}$ 点の間隔はほぼゼロになり，$\mathbf{k}$ は連続な変数と考えることができる．ハミルトニアンの固有状態は逆空間の単位胞内の各 $\mathbf{k}$ に対して別々に求められる．各 $\mathbf{k}$ に対しては固有値の離散的集合が存在しそれに指標 i を付ける．その結果固有値 $\varepsilon_{i,\mathbf{k}}$ からなるバンドと，どのような $\mathbf{k}$ に対しても固有状態が存在できないエネルギー・ギャップとが定義できる．

3. **結晶運動量の保存．** 上記の解析から，完全結晶では波数 $\mathbf{k}$ は「逆格子ベクトル $\mathbf{G}$ を法として」保存される．これは自由空間での普通の運動量と似ているが，結晶運動量は 1 つの単位胞（Brillouin ゾーンが選ばれることが多い）の中だけで保存されるという特徴がある．従って，ベクトル $\mathbf{k}_1$ と

---

[13] [原註] 周期的物質中での波の性質は，これより先に Floquet が 1 次元の場合（文献 [280] の記述を参照）について導いており，しばしば，物理の文献中で「Bloch–Floquet の定理」として参照されている．

130 第 4 章　周期性固体と電子のバンド

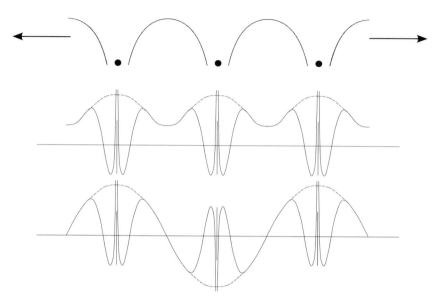

図 4.11 上は結晶における周期ポテンシャルの模式図で左右に広がっている．中と下は $k=0$（中図）とゾーンの境界 $k=\pi/a$（下図）での Bloch 状態の模式図．包絡線は滑らかな関数で，それに原子状の 3s 関数の周期的配列を掛け，図 11.2 と同じ形になるように選んである．

$\mathbf{k}_2$ の 2 つの励起の全運動量 $\mathbf{k}_1+\mathbf{k}_2$ は原点の周りの第 1 Brillouin ゾーンの外に出るかもしれないが，その本来の結晶運動量は逆格子ベクトルを加減して原点の周りの第 1 Brillouin ゾーンに戻されなければならない．なんらかの摂動による 2 個の励起の散乱の物理過程は，対応する全結晶運動量が第 1 Brillouin ゾーンの外に出る場合は「ウムクラップ散乱」と呼ばれる [280]．

4. **Brillouin ゾーン（BZ）の役割．** すべての可能な固有状態は逆空間の周期格子であるどの単位胞内の $\mathbf{k}$ によって指定してもよい．しかし，BZ が励起を表すために通常用いられる単位胞であり，その境界は逆格子ベクトルの 2 等分面であり，そこで Bragg 散乱が起きる．BZ 内にはそのような境界は存在しない．従って，バンド $\varepsilon_{i,\mathbf{k}}$ は BZ 内では $\mathbf{k}$ の解析関数であり，境界上でのみ解析関数でなくなる可能性がある．

重要な場合の BZ の例を図 4.10 に，Bouckaert, Smoluchowski と Wigner

の表記法による対称性の高い点と線の記号と共に示した（Slater [284] も参照）．これらの記号は方向や点を表すもので，電子のバンドや格子振動の分散曲線を扱う論文などの図でよく使われているものである．

5. **k 空間での積分**．多くの特性，例えばバンド内の電子数や全エネルギーなどを調べるときには，**k** で表示される状態について和をとるということが必ず出てくる．大事なことは，(4.6) 式の解析で行ったのと同様に，$N_{\text{cell}} = N_1 \times N_2 \times \cdots$ 個の単位胞からなる体積 Ω_{crystal} の大きい結晶についての周期境界条件に従う固有関数を選べば，各単位胞において厳密に 1 つの **k** の値がある．「単位胞当たり」として表現される結晶の固有の性質を見つけるために状態について和をとるときには，**k** について和をとり数 N_k で割ればよい．一般の関数 $f_i(\mathbf{k})$ に対しては，ここで i は各 **k** での状態のいろいろな集合の中の 1 つを表しているのであるが，単位胞当たりの平均値は

$$\bar{f}_i = \frac{1}{N_k} \sum_{\mathbf{k}} f_i(\mathbf{k}) \tag{4.34}$$

となる．この和を **k** 点当たりの体積 Ω_{BZ}/N_k を持つ Fourier 空間での連続変数という極限をとって積分に変えると，

$$\bar{f}_i = \frac{1}{\Omega_{\text{BZ}}} \int_{\text{BZ}} d\mathbf{k} \, f_i(\mathbf{k}) = \frac{\Omega_{\text{cell}}}{(2\pi)^d} \int_{\text{BZ}} d\mathbf{k} \, f_i(\mathbf{k}) \tag{4.35}$$

となる．ここで Ω_{cell} は実空間での単位胞の体積である．

6. **Bloch 関数の周期的な部分に関する式**．Bloch 関数 $\psi_{i,\mathbf{k}}(\mathbf{r}) = e^{i\mathbf{k}\cdot\mathbf{r}} u_{i,\mathbf{k}}(\mathbf{r})$ は実数のハミルトニアン演算子 $\hat{H}$ の固有関数である．$\psi_{i,\mathbf{k}}(\mathbf{r})$ に $u_{i,\mathbf{k}}(\mathbf{r})$ の表式を代入することにより，(4.22) 式は

$$e^{-i\mathbf{k}\cdot\mathbf{r}} \hat{H} e^{i\mathbf{k}\cdot\mathbf{r}} u_{i,\mathbf{k}}(\mathbf{r}) = \hat{H}(\mathbf{k}) u_{i,\mathbf{k}}(\mathbf{r}) = \varepsilon_{i,\mathbf{k}} u_{i,\mathbf{k}}(\mathbf{r}) \tag{4.36}$$

となる．これを書き直すと

$$\hat{H}(\mathbf{k}) u_{i,\mathbf{k}}(\mathbf{r}) = \left[-\frac{\hbar^2}{2m_e} (\boldsymbol{\nabla} + i\mathbf{k})^2 + V(\mathbf{r}) \right] u_{i,\mathbf{k}}(\mathbf{r})$$
$$= \varepsilon_{i,\mathbf{k}} u_{i,\mathbf{k}}(\mathbf{r}) \tag{4.37}$$

となる．

7. **磁場，スピン，スピン軌道相互作用**．スピン軌道への一般化については次

132　第 4 章　周期性固体と電子のバンド

節で簡単に記述し，本書のいろいろのところでも記述される．

8. Bloch 関数のトポロジー．上述の事柄はすべて 1920 年代に理解されていた．しかし，Bloch 関数のトポロジーが Thouless, Haldane およびその他の人々によって認識されたのは 1980 年代にようやく始まったのである．トポロジーは Brillouin ゾーンにおける **k** の関数としての固有関数の包括的な性質であり，第 25–28 章で議論される．新しい発見は Bloch 関数の周期部分の位相に関わっていて，それは物理的に意味のある Berry 位相につながる．この時点では，Bloch の定理はなお正しいしどの **k** 点での式もまったくそのままである，ということを強調しておく．素晴らしい結果がなお発見されつつあるが，(4.37) 式はなお正しく，長年にわたって発展してきた数値解の手法はなお適用できる．

4.4　時間反転と反転対称性[14]

並進対称性に加えて，磁場のないすべての系に存在する対称性がある．もともとの時間依存 Schrödinger 方程式においてハミルトニアンは時間反転に不変であることから，ハミルトニアンは常に実数に選ぶことができる．従って，(12.1) 式のような時間によらない方程式では，もし ψ が固有関数ならば ψ^* もまた同じ実数の固有値 ε を持つ固有関数でなければならない．Bloch の定理によれば，解 $\psi_{i,-\mathbf{k}}(\mathbf{r})$ はその波数 **k** と離散的バンドの指標 i によって分類することができる．もし $\psi_{i,-\mathbf{k}}(\mathbf{r})$ が Bloch の条件 (4.32) 式を満たしていれば，$\psi_{i,\mathbf{k}}^*(\mathbf{r})$ は位相因子以外は $-\mathbf{k}$ に相当する同じ方程式を満たす．従って，どんな結晶においても **k** と $-\mathbf{k}$ の両方で状態を計算する必要はなく，$\psi_{i,-\mathbf{k}}(\mathbf{r})$ は常に $\psi_{i,\mathbf{k}}^*(\mathbf{r})$ であるとすることができ，固有値は等しい，$\varepsilon_{i,-\mathbf{k}} = \varepsilon_{i,\mathbf{k}}$．さらに，もし結晶が反転対称性を持っていれば，(4.37) 式は反転に対して不変である．なぜなら $V(-\mathbf{r}) = V(\mathbf{r})$ であり，$(\nabla + i\mathbf{k})^2$ は **k** と **r** を $-\mathbf{k}$ と $-\mathbf{r}$ に置き換えても不変だからである．従って，Bloch 関数の周期的な部分は $u_{i,\mathbf{k}}(\mathbf{r}) = u_{i,-\mathbf{k}}(-\mathbf{r}) = u_{i,\mathbf{k}}^*(-\mathbf{r})$ を満たすように選ぶことができる．

---

[14] ［訳註］時間反転対称性については，第 25 章末の訳者付録に補足説明を与えた．

スピン軌道相互作用

　ここまでの議論では，非相対論的ハミルトニアンにおける1電子の解のみを考えて，スピンを無視してきた．しかし，相対論的効果によりスピンと空間的運動の結合，すなわち，付録Oで導かれる「スピン軌道相互作用」が生じる．そこでは方程式が $\psi_{i,\mathbf{k}}^{\uparrow}(\mathbf{r})$ と $\psi_{i,\mathbf{k}}^{\downarrow}(\mathbf{r})$ で張られる 2×2 の行列で書けることが示され，スピン軌道相互作用によって対角成分では↑と↓について反対になり，スピン反転項としての非対角成分が生じる．時間反転はスピンと運動量の両方で反転を起こし $\psi_{i,\mathbf{k}}^{\sigma}(\mathbf{r})$ が $\psi_{i,-\mathbf{k}}^{-\sigma*}(\mathbf{r})$ に変わる．ただし，σ はスピンインデックスである．もしも，時間反転対称があれば，Kramers の定理により運動量とスピンが反転した状態は縮退し，$\psi_{i,\mathbf{k}}(\sigma,\mathbf{r}) = \psi_{i,-\mathbf{k}}^{-\sigma*}(\mathbf{r})$ となる．

　上記のことから第27, 28章のトポロジカル絶縁体を理解する鍵となる結論が導かれる．結晶でのある $\mathbf{k}$ においては，$\mathbf{k}$ と $-\mathbf{k}$ が同じ $(\mathbf{k}=0)$ あるいは逆格子ベクトルでつながっており，Kramers の定理が2つのスピン状態が縮退していることを保証する．このような $\mathbf{k}$ は TRIM（time-reversal invariant momentum）と呼ばれ，その役割は 27.4 節で説明される．特に2次元と3次元での TRIM 点を示す図 27.4 と図 28.1 を参照のこと．もう1つの例は線形分散が見られる，表面での Rashba 効果であり，図 O.1 と図 O.2 に示される．これらの状態は $\mathbf{k}=0$ で縮退しており線形分散を示すが，もしもスピン軌道相互作用がなければそうはならない．この効果は上向きスピン状態と下向きスピン状態がそれぞれ逆向きの磁場の中にあり，結局は時間反転対称性があるように見える．

磁気的な系での対称性

　磁場の効果はすべてハミルトニアンを2点で修正することで取り扱うことができる[15]．1つの修正は $\mathbf{p} \to (\mathbf{p}+\frac{e}{c}\mathbf{A})$ であり，ここで $\mathbf{A}$ はベクトルポテンシャルである．2つ目の修正は $\hat{H} \to \hat{H} + \hat{H}_{\text{Zeeman}}$ であり，$\hat{H}_{\text{Zeeman}} = \mu_{\text{B}}\mathbf{B} \cdot \vec{\sigma}$ である．（Dirac によるエレガントな導出については付録Oを参照．）2番目の項はスピン軌道相互作用のない独立粒子の計算に付け加えることは簡単であり，異なるスピンに対して2度計算をするだけでよい．最初の項は原子のよ

---

[15]［訳註］電子の電荷は $e > 0$ として $-e$ とする．

134 第 4 章 周期性固体と電子のバンド

うな局在した系では回転電流を持つことになるが，取り入れるのは難しいこと
ではない．しかし無限大の凝縮物質では量子力学の巨視的な発現による定量
的な効果がある．それは Landau 反磁性，量子ホール系（付録 Q）と Chern
絶縁体（27.2 節）でのエッジ電流である．第 25–28 章での時間反転対称性を
持つトポロジカル絶縁体は，しばしば量子スピン Hall 効果と呼ばれる関連し
た効果を持っている．

　強磁性体では時間反転対称性が自発的に破れる．この考えは正味のスピン
を持つ，例えば奇数の電子がある場合などの有限の系にも適用できる．対称性
に関する限り，外部磁場中の物質との差はない．しかし，この効果は Coulomb
相互作用からきており，それは独立粒子理論に有効磁場（非常に大きい磁場
であることが多い）として取り込むことができる．このような Zeeman 的ス
ピン依存項は，スピン–密度汎関数論のような磁性固体の研究に用いられる独
立粒子計算で日常的に使われている．有限な系の Hartree–Fock 計算におい
ては，交換項によりこのような項が自動的に生じる．しかし，相関効果は無
視されている．

　反強磁性体は，空間と時間の反転対称性が絡んだ長距離秩序が存在する系
であり，例えば，Néel 状態は並進と時間反転の組み合わせに対して不変であ
る．このような対称性を持った状態は，独立粒子近似ではこの対称性が破れ
た形をしている有効ポテンシャルを使って扱うことができる．対称性の破れ
により実空間での単位胞が大きくなり，エネルギーバンドは非磁性系に比べ
てより小さな Brillouin ゾーンに移行（折り重ね）することになる．反強磁性
体は凝縮物質の中でも特に注目すべきものの 1 つであり，多体効果が重要な
役割を演じている可能性がある．Mott 絶縁体は反強磁性体になりやすく，反
強磁性型相関を示す金属は大きい増強された応答関数を持つことが多い．こ
れは相棒の本 [1] の主要トピックであり，多体問題や量子力学の初期の頃か
ら理論家を困惑させてきた問題を扱っている．

4.5　点対称

　本節では群論の応用に必要な事柄を簡単にまとめて述べる．群論といろい
ろな結晶の形態における対称性についての議論は多くの教科書や単行本で扱

われている．例えば，Ashcroft と Mermin [280] は図解付きで対称性に関する概論を述べている．Slater [284] は群の表と対称性の表示を用いて多くの結晶について詳細な解説をしている．群論については多くの有用な解説書がある [281–283]．付録 R にある計算機コードはすべて群の操作を自動的に作り適用する，ある程度の機能を持っている．

結晶の全空間群は並進群と点群からできている．点対称は系を不変に保つ回転，反転，鏡映，およびその組み合わせである．さらに，ノンシンモルフィック操作もあり得る．これは通常の点対称操作だけでなく，鏡映や回転と半端な並進ベクトル（例えば $\frac{1}{2}\mathbf{a}_i$ など）を組み合わせた映進と螺旋が加わったものである．このような操作すべての集合 $\{R_n, n = 1, \ldots, N_{\text{group}}\}$ は群を構成する．完全に対称な関数 $g(\mathbf{r})$（例えば，密度 $n(\mathbf{r})$ や全エネルギー E_{total}）に対するこの操作は

$$R_n g(\mathbf{r}) = g(R_n \mathbf{r} + \mathbf{t}_n) = g(\mathbf{r}) \tag{4.38}$$

と表すことができる．$R_n \mathbf{r}$ は位置 $\mathbf{r}$ の回転，反転，鏡映を表し，$\mathbf{t}_n$ は操作 R_n に付随するノンシンモルフィックな並進である．

励起に対する対称操作の2つの最も重要な結果は，i を結晶の量子数 $i, \mathbf{k}$ に置き換えた，すなわち $i \to i, \mathbf{k}$ とした Schrödinger 方程式 (4.22) に対称操作を行ってみればよく分かる．ハミルトニアンはどのような対称操作 R_n の下でも不変であるので，R_n の操作により，$\mathbf{r} \to R_i \mathbf{r} + \mathbf{t}_i$, $\mathbf{k} \to R_i \mathbf{k}$ という変換を通して新しい式が得られる（部分的な並進は逆空間には影響を及ぼさない）．従って新しい関数

$$\psi_i^{R_i \mathbf{k}}(R_i \mathbf{r} + \mathbf{t}_i) = \psi_i^{\mathbf{k}}(\mathbf{r}) \quad \text{あるいは} \quad \psi_i^{R_i^{-1}\mathbf{k}}(\mathbf{r}) = \psi_i^{\mathbf{k}}(R_i \mathbf{r} + \mathbf{t}_i) \tag{4.39}$$

は同じ固有値 $\varepsilon_i^{\mathbf{k}}$ を持つハミルトニアンの固有関数でなければならない．これから次の2つの結論が得られる

- $R_i^{-1}\mathbf{k} \equiv \mathbf{k}$ となる対称性の高い $\mathbf{k}$ 点では，(4.39) 式はその $\mathbf{k}$ 点での固有ベクトル間の関係を与える．すなわち，固有ベクトルは群の表現に従って分類することができる．例えば，立方晶の結晶での $\mathbf{k} = 0$ では，すべての状態は縮重度 1, 2, または 3 を持つ．
- 既約 Brillouin ゾーン（IBZ）が定義できる．これは結晶の励起について

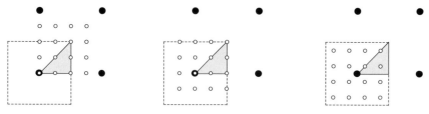

図 4.12 2 次元の正方格子に対する積分用のグリッド（○）．どの図も各次元において逆格子点（●）密度の 4 倍にとってある．左と中央の図は，原点に 1 つの点を持ち，灰色で示した IBZ 内に不等価な 6 個の点を持っているという点では同じである．右図では密度は同じであるが少しずらした特殊積分点のグリッドを持っており，不等価な点は 3 個しかない．さらに考えられる可能なグリッドについては Moreno & Soler [286] を参照．彼らはまたいろいろなずらし方や対称化をするとグリッドがより良くなることを指摘している．

の全情報を決定するために必要な最小限の BZ 内の領域である．IBZ 外のすべての **k** 点でのエネルギーバンドは対称操作により求められる．群操作 $R_i^{-1}\mathbf{k}$ によって別の **k** 点に動いた場合は，$R_i^{-1}\mathbf{k}$ での状態は **k** での状態から (4.39) 式で与えられる関係により位相因子以外は求めることができる．この位相因子は重要ではなく，固有値は等しくなければならないということから，

$$\varepsilon_i^{R_i^{-1}\mathbf{k}} = \varepsilon_i^{\mathbf{k}}$$

が成り立つ．時間反転対称性があれば，BZ は常に **k** と $-\mathbf{k}$ の状態の関係を使って少なくとも 1/2 には簡約できる．正方格子では図 4.12 に示すように IBZ は BZ の 1/8 である．最も対称性の高い結晶（立方晶）では IBZ は BZ の 1/48 にすぎない．

スピン軌道相互作用

もしスピン軌道相互作用があれば，エネルギーバンドはそれぞれの結晶構造について 2 重群の規約表現によって表示される．結晶への適用は多くの文献，例えば [281, 282, 284] にある．本書では，立方晶の $\mathbf{k}=0$ での $p\,(L=1)$ 状態の 3 重縮退の分裂のような場合のみを扱う．この 3 重縮退（時間反転対称性を入れると 6 重縮退）の状態は $J=1/2$ の 2 重縮退と $J=3/2$ の 4 重縮退に分裂する．これは GaAs において図 14.9 と図 17.7 で示されている．ス

ピン軌道相互作用は第 27，28 章でのトポロジカル絶縁体および第 22 章での表面状態で重要な役割をする．結晶対称性としての解析はしないが，そのことは文献に見られる．

4.6 Brillouin ゾーンにおける積分と特殊積分点

エネルギーや密度のようないろいろな量を求めるためには BZ 内で積分しなければならない．この問題には次の 2 つの異なった側面がある．

- BZ 内の離散した点を使った正確な積分．これは与えられた問題に固有のものであり，被積分関数が急激に変化する領域で十分な点があるか否かに依存する．この点に関しては金属と絶縁体の間に重要な違いがある．絶縁体では充満帯しかないので，以下で述べる「特殊積分点」のような巧妙に選んだ少数の点だけを使って積分できる．一方，金属では Fermi エネルギーを横切るバンドに対しては，Fermi 分布が急激に変わる Fermi 面の近くで注意深く積分しなければならない．
- すべての独立な情報は IBZ 内の **k** の状態から求めることができるので，対称性を使って計算量を減らす．これは金属か絶縁体かによらずに対称性の高い場合にはいつでも役に立つ．

特殊積分点

絶縁体の「特殊」な性質とは必要な積分が (4.34) 式の形をしており，「全 BZ 中の充満バンドについて和をとる」ということである．被積分関数 $f_i(\mathbf{k})$ は固有関数 $\psi_{i,\mathbf{k}}$ と固有値 $\varepsilon_{i,\mathbf{k}}$ の関数であるので，**k** の滑らかに変わる周期関数である[16]．従って，$f_i(\mathbf{k})$ は Fourier 成分に展開でき，

$$f_i(\mathbf{k}) = \sum_{\mathbf{T}} f_i(\mathbf{T}) e^{i\mathbf{k} \cdot \mathbf{T}}, \tag{4.40}$$

---

[16] [原註] 個々のバンドについて，変化量は他のバンドとの交点では滑らかではない．しかしながら，すべてバンドが占有されている限り，関連するすべてのバンドの総和は滑らかである．これは，絶縁体のように占有バンドと空バンドがギャップによって分離されているときには常に成り立つ．

138　第 4 章　周期性固体と電子のバンド

T は結晶の並進ベクトルである．一番重要な点は **T** の大きいところでの急激に
変化する項の寄与は指数関数的に減少することである．その結果 (4.40) 式の和
は有限な和に切り詰めることができる．その証明 [287] は，表式を Wannier 関
数（第 23 章参照）に関する対角和へ変換することと，$f_i(\mathbf{T})$ の範囲が Wannier
関数の広がりで決まるということと関係がある．

　特殊積分点は滑らかな周期関数を効率的に積分できるように選ばれた点で
ある[17]．1 個で最高の特殊積分点は Baldereschi 点 [289] であり，そこでは積
分は 1 点に簡約される．このような点の選び方の基本は（1）被積分関数値
が積分値に等しくなるような「平均値点」が必ず存在するということ，（2）
このようなことが成り立つ点を近似的に見つけるために結晶の対称性を使う
ことである．立方格子の平均値点の座標は次のようになる [289]：単純立方，
$\mathbf{k} = (\pi/a)(1/2, 1/2, 1/2)$；体心立方，$\mathbf{k} = (2\pi/a)(1/6, 1/6, 1/2)$；面心立方，
$\mathbf{k} = (2\pi/a)(0.6223, 0.2953, 1/2)$．Chadi と Cohen [290] はこの考えを一般
化し，積分点の「最良の」より大きい集合を見つける式を導いた．

　Monkhorst と Pack [287] が提案した一般的な方法は，現在最もよく使われ
ている方法であり，これはどんな結晶についても成り立つ簡単な公式から一
様な点の集合を導くものである．その 3 次元の場合の式を下に記す．

$$\mathbf{k}_{n_1,n_2,n_3} \equiv \sum_{i}^{3} \frac{2n_i - N_i - 1}{2N_i} \mathbf{G}_i. \tag{4.41}$$

ここで，$\mathbf{G}_i$ は逆格子の基本ベクトルである．Monkhorst–Pack 点の主な特
徴は

- (4.41) 式の $n_i = 1, 2, \ldots, N_i$ についての一様な点の集合に対する和は，各
  方向に $N_i\mathbf{T}_i$ までの範囲内の Fourier 成分を持つ周期関数の正確な積分に
  なっている．（演習問題 4.21 参照．実は (4.41) 式はさらに高次の Fourier
  成分に対しては最大の誤差を生じてしまう．）

- (4.41) 式によって定義された点の集合は **k** 空間における一様なグリッドで
  あり，逆格子の尺度を変えて $\mathbf{k} = 0$ からずらしたものである．多くの格子

---

[17] ［原註］このような意味ではこの方法は Gauss–Chebyshev 積分と似ている．（文献 [288] 参
照．彼らは点の数が多い場合には Gauss–Chebyshev 積分が Monkhorst–Pack 法より効率
がよくなり得ることを見つけた．）

に，とりわけ立方格子に対しては N_i は偶数に選んだ方がよい [287]．そうすればその集合には最も高い対称性を持つ点は含まれない；その集合には $\mathbf{k} = 0$ と BZ の境界上の点は除かれている．

- $N_i = 2$ の集合は単純立方結晶の Baldereschi 点である（対称性も考慮に入れる．下記参照）．あらゆる立方格子に対してこの集合は原点からずらした Gilat–Raubenheimer メッシュと同じものである（文献 [291] 参照）．

- Moreno と Soler の論文 [286] にはグリッドについての有用な情報を含む表とその効率が分かりやすい解説と共に載っている．彼らは原点からずらすことと対称性との組み合わせを使って等間隔のグリッドのいろいろな集合を作ることを強調している．

Monkhorst–Pack の点の選び方の論理は 1 次元で考えれば分かりやすい．1 次元であれば積分の正確な値

$$I_1 = \int_0^{2\pi} \mathrm{d}k \ \sin(k) = 0 \tag{4.42}$$

が，被積分関数 $f_1(k) = \sin(k)$ の中点 $k = \pi$ での値で与えられることは簡単に分かる．中点では $\sin(k) = 0$ である．2 個の正弦関数の和，$f_2(k) = A_1 \sin(k) + A_2 \sin(2k)$，の場合には積分の正確な値は 2 点の値の和で与えられる．

$$I_2 = \int_0^{2\pi} \mathrm{d}k \ f_2(k) = 0 = f_2(k = \pi/2) + f_2(k = 3\pi/2). \tag{4.43}$$

特殊積分点で作る $\mathbf{k} = 0$ を含まないグリッドの利点は次元が高くなるほど大きくなる．図 4.12 に示すように，正方格子に対しては，逆格子の $4 \times 4 = 16$ 倍の密度のグリッドを使った積分が既約 BZ（すぐ下の副節で説明する）内のほんの 3 個の不等価な $\mathbf{k}$ 点に関する積分でできてしまう．この点の集合は，a を正方格子の辺の長さとすると，Fourier 成分を $\mathbf{T} = (4, 4) \times a$ まで持つどのような周期関数に対しても正確な積分を得るのに十分である．このような利点は次元が高くなればさらに大きくなる．

既約 BZ（IBZ）

BZ 全体にわたる積分は IBZ のみの積分に置き換えることができる．例え

140 第 4 章 周期性固体と電子のバンド

ば，全エネルギーの計算で必要となる和（一般的な表示は 7.3 節，結晶に対する特定のものについては，例えば (13.1) 式参照）は (4.34) 式のような形をしている．被加数はスカラーであるから，各操作 $f_i(R_n\mathbf{k}) = f_i(\mathbf{k})$ のもとで不変でなくてはならない．ここで $w_\mathbf{k}$ を導入し，これを IBZ 内のある与えられた $\mathbf{k}$ 点に対して対称操作で移される BZ 内の異なる $\mathbf{k}$ 点（IBZ 内の点も含めて）の数を $\mathbf{k}$ 点の総数 N_k で割ったものと定義する．（BZ の境界上の点で $\mathbf{G}$ ベクトルにより関連づけられるものは区別ができない点であることに注意する．）そうすると，和 (4.34) 式は

$$\bar{f}_i = \sum_\mathbf{k}^{\text{IBZ}} w_\mathbf{k} f_i(\mathbf{k}) \tag{4.44}$$

となる．密度のような量は下記のように書くことができる．

$$n(\mathbf{r}) = \frac{1}{N_k} \sum_\mathbf{k} n_\mathbf{k}(\mathbf{r}) = \frac{1}{N_{\text{group}}} \sum_{R_n} \sum_\mathbf{k}^{\text{IBZ}} w_\mathbf{k} n_\mathbf{k}(R_n\mathbf{r} + \mathbf{t}_n). \tag{4.45}$$

ここでは点には (4.44) 式と同じように $w_\mathbf{k}$ の重みが付いており，さらに，変数 $\mathbf{r}$ は $n_\mathbf{k}(\mathbf{r})$ の中で対称操作によって変換されている．Fourier 成分の対応する表式は 12.7 節で与えられる．

　対称操作を使うと計算量を大きく減らすことができる．その良い例が，立方晶に使われている Monkhorst–Pack のメッシュで，立方晶には 48 の対称操作があるので，IBZ は BZ 全体の 1/48 となる．$N_i = 2$ のときの集合は $2^3 = 8$ 個の点が BZ 内にあり，それは IBZ 内の 1 点に簡約される．同様にして，$N_i = 4 \to 4^3 = 64$ 個の BZ 内の点は 2 点に簡約され，$N_i = 6 \to 6^3 = 216$ 個の BZ 内の点は 10 点に簡約される．具体的な例をあげると，fcc に対しては，2 点からなる集合は $(2\pi/a)(1/4, 1/4, 1/4)$ と $(2\pi/a)(1/4, 1/4, 3/4)$ であり，この集合は半導体のエネルギーに対して驚くほど正確な結果を与えることが分かった．このことは初期の計算においては非常に重要なことであった [171]．10 点からなる集合であれば，このような物質についての現在のほとんどすべての計算に対して十分である．

補間法

　金属は，BZ 内で欲しい状態を効率よく拾い出したいという一般性のある重

4.6 Brillouin ゾーンにおける積分と特殊積分点   *141*

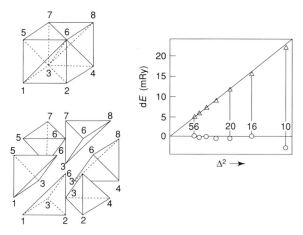

図 4.13 左図：グリッド点間の空間を埋める四面体の作成例．右図：Cu の全エネルギーの計算結果．グリッド間隔 Δ の関数として示されており，線形法（△）と [292] の方法（○）の結果を比較している．図中の数字は **k** 点の数，縦軸は収束値からのずれ．[292] より引用．

要な問題を提起する．また Fermi 面はあらゆる特性において特別な役割を果たしており，状態について積分をするときにはこの面の近傍で Fermi 分布が **k** の関数として 1 から 0 まで急激に変化することを考慮しなければならない．このことはある種の総量（例えば，第 7 章で扱う全電子密度，エネルギー，力，応力など）を求めるために占有状態について和をとる，あるいは応答関数やスペクトル関数（第 20 章と付録 D）を求めるために占有状態と非占有状態の両方にわたって和をとるなどのすべての計算で決定的な役割を演ずる．

　Fermi 面を表現するためには四面体法 [292–295] が広く使われている．もし固有値と固有ベクトルが，あるグリッド点の集合で分かっているならば，グリッド点間の変化は四面体を使った補間法で常に近似できる．四面体はどのようなグリッドであろうとすべての空間を満たすことができるので，これは特に有用な方法である．図 4.13 の左側に簡単な例が示してあるが，同じ作り方はどのようなグリッド，例えば Fermi 面近くに多くの点があり，Fermi 面から離れて精度がそれほど必要ではないところでは点の数が少ないというような不規則なグリッドに対しても使うことができる．最も簡単な手順は値の分かっている頂点間を線形に内挿する線形補間法であるが，特別なグリッド

142 第4章 周期性固体と電子のバンド

を使えば高次まで扱うことができる. 四面体法は遷移金属, 希土類などの計算においては非常に重要である. これらの物質では Fermi 面の形が非常に入り組んだ形をしており, それを詳細に決めなければならないからである.

Blöchl が提案した補間法 [292] では, $\mathbf{k}$ 点と四面体のグリッドがあり, 絶縁体に対しては特殊積分点法と同じになる. この方法はまた四面体内で, 行列要素の線形近似を超えた補間公式を作ることができ, 金属に対する計算結果を改善することができる. 等間隔のグリッドを使う場合には既約の $\mathbf{k}$ 点と四面体が自動的に決められるので便利である. このような方法を使った例として金属銅の結果を図 4.13 の右側に示した. 銅の Fermi 面はかなり単純な形をしているので簡単な線形補間法を超えた改善ぶりは驚きといってよいであろう. これは主として Fermi エネルギーを横切る占有バンドの曲率がどこも正なので, 線形補間法では常に構造的な誤差を生じてしまうということによるのであろう.

4.7 状態密度

単位エネルギー当たり（無限大の系では単位体積 Ω 当たり）の状態密度（DOS）

$$\rho(E) = \frac{1}{N_k} \sum_{i,\mathbf{k}} \delta(\varepsilon_{i,\mathbf{k}} - E) = \frac{\Omega_{\text{cell}}}{(2\pi)^d} \int_{\text{BZ}} d\mathbf{k}\, \delta(\varepsilon_{i,\mathbf{k}} - E) \tag{4.46}$$

は種々の目的のための大変重要な量である. 独立粒子の状態の場合には, $\varepsilon_{i,\mathbf{k}}$ は電子（あるいは格子振動）のエネルギーであり, (4.46) 式は単位エネルギー当たりの独立粒子の状態の数である. 比熱のような量は電子の励起が関係するが, 電子の数に変化はない, つまり, 占有状態から非占有状態へ励起するだけである. 同様に独立粒子近似の感受率, 例えば付録 D の χ^0 の一般形や (21.9) 式で与えられる誘電関数などに対しては, その虚数部は行列要素に結合 DOS を掛けたもので与えられる, すなわち, エネルギー差 $E = \varepsilon_j - \varepsilon_i$ の関数として, バンドについては i と j について2重の和をとり, 運動量保存則から $\mathbf{k}$ については単一の和をとったもので与えられる.

DOS が van Hove 特異点 [296] を持つことを示すのは簡単である. その点

では $\rho(E)$ は解析的な形をとっており，空間の次元のみの関数となる．3 次元ではバンドの最大値，最小値およびバンド内の鞍点で平方根型の特異点を持つ．簡単な強束縛モデルでの特異点の例を 1, 2, 3 次元について後の図 14.4 に示した．1 つの結晶で多数のバンドがある場青の特徴的な例を図 16.12 に，フォノンの例を図 2.11 に示した．

さらに学ぶために

対称性のレベルを付けた多くの結晶について，物理の動機から議論したもの：

Ashcroft, N. and Mermin, N. *Solid State Physics* (W. B. Saunders Company, New York, 1976).

Cohen, M. L. and Louie, S. G. *Fundamentals of Condensed Matter Physics* (Cambridge University Press, Cambridge, 2016).

Girvin S. M. and Yang K. *Modern Condensed Matter Physics* (Cambridge University Press, Cambridge, 2019).

Slater, J. C. *Symmetry and Energy Bands in Crystals* (Dover, New York, 1972), collected and reprinted version of *Quantum Theory of Molecules and Solids*, vol. 2 (1965).

群論とその固体への応用に関するもの：

Heine, V., *Group Theory* (Pergamon Press, New York, 1960).

Lax, M. J., *Symmetry Principles in Solid State and Molecular Physics* (John Wiley and Sons, New York, 1974).

Tinkham, M. *Group Theory and Quantum Mechanics* (McGraw-Hill, New York, 1964).

洞察力のある問題とその解がある本：

Mihaly, L. and Martin, M. C. *Solid State Physics: Problems and Solutions, 2nd ed.* (Wiley-VCH, Berlin, 2009).

演習問題

4.1 (4.13) 式で与えられる 3 次元の基本逆格子ベクトルの式を導け．

4.2 (4.13) 式で与えられている 3 次元の式に等価な 2 次元の基本逆格子ベクトルを求めよ．

4.3 2 次元の三角格子について，その逆格子もまた三角格子であり，90° 回転していることを示せ．

4.4 どの次元であっても単位胞の体積は (4.4) 式で与えられることを示せ．

4.5 2 次元の三角格子に対する Wigner–Seitz 胞を求めよ．それは三角形あるいは六角形の対称性を持っているであろうか？ 諸君の答えを三角格子の対称性を使って説明せよ．

144 第 4 章 周期性固体と電子のバンド

4.6 2 次元の三角格子に対する Wigner–Seitz 胞と第 1 Brillouin ゾーンを描け.

4.7 各原子が 3 個の最近接原子を持つグラファイトの蜂の巣面を考える. 基本並進ベクトル, 単位胞内の原子に対する基底, および基本逆格子ベクトルを求めよ. BZ が六角形であることを示せ.

4.8 共有結合結晶は結合角が $180°$ ではない構造をとる傾向がある. それはこの構造が単位胞内に 1 個以上の原子を含む傾向があることを意味していることを示せ.

4.9 fcc と bcc 格子は互いに逆格子になっていることを次の 2 つの方法を使って示せ. (a) ベクトル図を描き, それらのベクトル積を描く, (b) 基本並進ベクトル行列の逆行列を求める.

4.10 各格子点に 1 個の原子を持つ 1 元素からなる Na のような bcc 結晶を考える. 通常の立方体表示の辺 a を使えば Bravais 格子は何か? 各原子の最近接原子はいくつか? 第 2 近接原子の数は? 次に, この結晶を CsCl のような 2 原子結晶で, Cs 原子の最近接原子はすべて Cl, Cl 原子の最近接原子はすべて Cs となっているものに変えたとする. このとき通常の立方体表示の辺 a を使った Bravais 格子は何か? 基底はどうなっているか?

4.11 剛体球を hcp 構造となるように積み重ねたとき, その理想的な c/a 比の値を求めよ.

4.12 行列の定義と転置が行われている箇所に注意して (4.12) 式を導け.

4.13 (4.18) 式を導け.

4.14 (4.19) 式を導け.

4.15 実空間と逆空間において球を囲んでいる平行六面体に対する (4.20) と (4.21) 式を導け. また, 逆空間での平行六面体の寸法には実空間の基本並進ベクトルが現れること, またその逆も成り立つが, その理由を述べよ.

4.16 fcc 格子および bcc 格子それぞれに対する Brillouin ゾーンの境界上の点 (X, W, K, U) および (H, N, P) の座標を求めよ.

4.17 (4.20) 式および (4.21) 式で与えられている公式を導け. ヒント:これらの方程式の前の文章にある実空間と逆空間の関係を使え.

4.18 Brillouin ゾーンでの積分の表式 (4.35) を自由電子に適用した場合には, 1 スピン状態の密度 n^σ と Fermi 運動量 k_F^σ の間に, 一様電子ガスに関する 5.1 節で求めた (5.5) 式と同じ関係式が出てくることを示せ. (この 1 つの関係から, (5.5) 式の後に出てくるもう 1 つの関係が導かれる.)

4.19 1 次元では, 状態密度はバンドの端で特異性を持つ. ここで $E(k) - E_0 = A(k - k_0)^2$ であり, A は正または負である. この場合の状態密度の特異性は, 図 14.4 の左図が示すように, $\rho(E) \propto |E - E_0|^{-1/2}$ となることを示せ.

4.20 演習問題 4.19 で見たような特異性は, 図 14.4 が示すように 3 次元でも起きることを, (4.46) 式と $E \propto A k_x^2 + B k_y^2 + C k_z^2$, (A, B, C はすべて最小点(最大点)において正(負)であるか, あるいは鞍点では異なった符号を持つ)であることを用いて示せ.

4.21 Monkhorst と Pack が定めた「特殊積分点」は, その点で Fourier 成分の大きさが急速に減衰することを利用して, 周期関数を効率的に積分するために選ばれ

た点である．本問はこの特性を明らかにするための演習問題である．

(a) 1 次元では，k が $\frac{1}{4}\frac{\pi}{a}$ および $\frac{3}{4}\frac{\pi}{a}$ での $f(k)$ の値の平均値は，もし f が Fourier 成分 $k + n\frac{2\pi}{a}$ $(n = 0, 1, 2, 3)$ の総和であれば厳密であるが，$n = 4$ では誤差が最大となることを示せ．

(b) (4.41) 式を導け．

(c) Γ 点を含まないときには，点を一様にとった方が効率がよいのはなぜか？

(d) fcc 格子に対する 2 点と 10 点の集合を導け．ここでは点を既約 BZ に還元させるために対称性が使われている．

4.22 1 次元結晶のバンドはすべて，周期的ポテンシャル $V(x + a) = V(x)$ を持つ Schrödinger 方程式 (4.22) の解である．その完全な解は，1 個の単位胞の散乱特性と Bloch の定理を使えば分かりやすい解析的な形で表すことができる．この演習問題は，Ashcroft と Mermin [280] の演習問題 8.1 の啓発的な議論に従っており，擬ポテンシャルの概念（演習問題 11.2, 11.6, 11.14），および平面波法，APW 法，KKR 法や MTO 法との関係を明らかにする演習問題（それぞれに対応する演習問題は 12.6, 16.1, 16.7, 16.13）の基礎を与えるものである．
すっきりしたやり方はまず初めに違う問題を考えることである．まず，無限長の線を考え，1 個の単位胞以外ではすべて $\tilde{V}(x) = 0$ とし，その 1 個の単位胞内 $-a/2 < x < a/2$ では結晶の単位胞内と同じポテンシャル $\tilde{V}(x) = V(x)$ を持つものとする．ある正のエネルギー $\varepsilon \equiv (\hbar^2/2m_e)K^2$ に対しては 2 個の解 $\psi_l(x)$ および $\psi_r(x)$ が存在し，これらは左と右から入射する波に対応する．この単位胞の外側では，$\psi_l(x) = e^{iKx} + re^{-iKx}$ $(x < -\frac{a}{2})$ および $\psi_l(x) = te^{iKx}$ $(x > a/2)$ となる．ここで t と r は，透過波と反射波の振幅である．$\psi_r(x)$ に対してもこれに対応する式が存在する．単位胞の中では，波動関数は方程式を積分すれば得られる．しかしここでは解を明確に求めなくても話を進めることができる．

(a) 透過係数は $t = |t|e^{i\delta}$ と書くことができ，この δ は位相のずれで演習問題 11.2 で詳しく説明しているが，付録 J で定義されている位相のずれと関係がある．散乱理論から，$|t|^2 + |r|^2 = 1$，$r = \pm i|r|e^{i\delta}$ が成り立つことはよく知られており，この導出を演習問題とする．

(b) 結晶中でエネルギー ε を持つ解 $\psi(x)$（もしあるとすれば）は，同じエネルギーで求められた $\psi_l(x)$ と $\psi_r(x)$ の 1 次結合として表すことができる．中央のセル内では，すべての関数は同じ方程式を満たし，$\psi(x)$ は，常に下記のような 1 次結合で書くことができる，

$$\psi(x) = A\psi_l(x) + B\psi_r(x), \quad -\frac{a}{2} < x < \frac{a}{2}. \tag{4.47}$$

ここで，A と B は $\psi(x)$ がある結晶運動量 k に対して Bloch の定理を満たすように選ばれている．$\psi(x)$ と $d\psi(x)/dx$ は連続でなければならないので，$\psi(\frac{a}{2}) = e^{ika}\psi(-\frac{a}{2})$ および $\psi'(\frac{a}{2}) = e^{ika}\psi'(-\frac{a}{2})$ が得られる．これらのことと $\psi_l(x)$ と $\psi_r(x)$ の表式を使い，2×2 の永年方程式を求め，解が

$$2t \cos(ka) = e^{-iKa} + (t^2 - r^2)e^{iKa} \tag{4.48}$$

で与えられることを示せ．この式は自由電子，$V(x) = 0$，に対する正しい解であることを証明せよ．

146　第 4 章　周期性固体と電子のバンド

(c)　位相のずれを使って，解 (4.48) 式は

$$|t|\cos(ka) = \cos(Ka + \delta), \quad \varepsilon \equiv \frac{\hbar^2}{2m_e}K^2 \tag{4.49}$$

と書き表すことができることを示せ．

(d)　(4.49) 式を解析し，バンドの特性を図示せよ．また，次の項目のどれが 1 次元の特性であるかを示せ．(i) $|t|$ と δ はエネルギー ε の関数であるので，ε を固定し，(4.49) 式を使って波数ベクトル k を求めるのが最も都合がよい．これは，補強法（第 16 章）の中で使われている「根の追跡」法の良い例である．(ii) 自由電子の場合を除けば，解の存在しないバンドギャップが必ず存在する．(iii) 各ギャップの間には，許容状態 $\varepsilon(k)$ のバンドが厳密に 1 個存在する．(iv) 状態密度 (4.46) 式は図 14.4 の中の左の図に示された形をしている．

(e)　最後に，さらに高次の次元へこの方法を拡張する際の問題点について議論せよ．

第5章

一様電子ガスと sp 結合金属

要　旨

凝縮物質中の電子を表す最も簡単なモデルは，一様電子ガスである．そこでは原子核は一様な正に帯電した背景として扱われる．この系は電子密度 n（または電子間の平均距離 r_s）とスピン密度 $n_\uparrow - n_\downarrow$ あるいはスピン分極 $\zeta = (n_\uparrow - n_\downarrow)/n$ で完全に記述できる．一様電子ガスの解明は凝縮物質における相互作用のある電子の問題を明確にするものであり，原子核と電子の相互作用の両方が絡む実際の物質の電子構造解明の序奏となる．

5.1　電子ガス

　一様電子ガスは凝縮物質において相互作用をしている電子の基礎的な性質と電子的エネルギーの固有の大きさがどんなものかを明確にすることができる最も簡単な系である．電子間相互作用が関係しない独立粒子の部分はすべて解析的に計算できるので，一様電子ガスは電子相関の効果を理解するためには理想的なモデルである．特に，一様電子ガスは Fermi 液体理論 [297, 298] の内容を最もよく示すものであり，この理論は有効独立粒子法を使って実際の金属の「正常な」（超伝導状態ではない）状態を理解するための基礎となっている．

　一様電子系の特性はその電子密度 $n = N_e/\Omega$ によって完全に記述でき，密

148 第5章 一様電子ガスと sp 結合金属

表5.1 Bohr 半径 a_0 を単位とした単元素固体の代表的な r_s の値. Z は価電子数である. アルカリ金属は bcc 構造, Al, Cu, Pb は fcc 構造, その他の中の IV 族の元素はダイヤモンド構造, その他の元素は種々の構造をとる. 金属についての値は文献 [285] と [300] から採った. 詳細な値は温度に依存する.

$Z=1$	$Z=2$	$Z=1$	$Z=2$	$Z=3$	$Z=4$
Li 3.23	Be 1.88			B	C 1.31
Na 3.93	Mg 2.65			Al 2.07	Si 2.00
K 4.86	Ca 3.27	Cu 2.67	Zn 2.31	Ga 2.19	Ge 2.08
Rb 5.20	Sr 3.56	Ag 3.02	Cd 2.59	In 2.41	Sn 2.39
Cs 5.63	Ba 3.69	Au 3.01	Hg 2.15	Tl	Pb 2.30

度は1つの電子を含む球の平均の半径として次式で定義されたパラメータ r_s

$$\frac{4\pi}{3}r_s^3 = \Omega/N_e = \frac{1}{n}; \quad あるいは \quad r_s = \left(\frac{3}{4\pi n}\right)^{1/3} \tag{5.1}$$

によって表すことができる. r_s は電子間の平均的な距離の目安である. 表5.1にいくつかの単元素物質の価電子の r_s の値を載せた. これらの値はそれぞれの元素だけからなる固体の電子密度に対応する. 単純金属では r_s はその構造と格子定数から簡単に求めることができる. fcc と bcc 構造および, IV, III–V, II–VI 族の半導体の r_s の値は演習問題 5.1 と 5.2 に与えられている.

もちろん実際の固体では密度は一定ではなく, その密度変化を調べることは興味深い. 普通のダイヤモンド構造の Si では, 低密度（ダイヤモンド構造の隙間の多い部分）の領域が結構大きい. しかし, Sn 構造を持つ Si の高圧金属相では r_s の変化はせいぜい $\pm \approx 20\%$ である. Si で価電子の密度パラメータの局所値分布は [299] で見ることができる.

一様な系に対するハミルトニアンは (3.1) 式において原子核を一様な正に帯電した背景に変えれば得られ,

$$\hat{H} = -\frac{\hbar^2}{2m_e}\sum_i \nabla_i^2 + \frac{1}{2}\frac{4\pi}{\epsilon_0}\left[\sum_{i\neq j}\frac{e^2}{|\mathbf{r}_i - \mathbf{r}_j|} - \int d^3r d^3r' \frac{(ne)^2}{|\mathbf{r} - \mathbf{r}'|}\right]$$

$$\rightarrow -\frac{1}{2}\sum_i \nabla_i^2 + \frac{1}{2}\left[\sum_{i\neq j}\frac{1}{|\mathbf{r}_i - \mathbf{r}_j|} - \int d^3r d^3r' \frac{n^2}{|\mathbf{r} - \mathbf{r}'|}\right] \tag{5.2}$$

となる．2番目の表式は Hartree 原子単位 $\hbar = m_e = e = 4\pi/\epsilon_0 = 1$ で表したものであり，長さの単位は Bohr 半径 a_0 となる．最後の項は平均化した背景を表す項で，電子間の Coulomb 相互作用による発散を相殺するために必要な項である．全エネルギーは

$$E = \langle \hat{H} \rangle = \langle \hat{T} \rangle + \langle \hat{V}_{\mathrm{int}} \rangle - \frac{1}{2} \int \mathrm{d}^3 r \mathrm{d}^3 r' \frac{n^2}{|\mathbf{r} - \mathbf{r}'|} \tag{5.3}$$

で与えられ，最初の項は相互作用をしている電子の運動エネルギーである．後の2項は実際に相互作用をしている電子のポテンシャルエネルギーと古典的な負の一様な電荷密度の自己相互作用エネルギーの「差」，つまり交換相関エネルギーである[1]．(3.16) 式の後で議論したように，Coulomb 相互作用による発散が相殺されているので，この「差」は明確に定義された量になっている．

相互作用をしている一様な電子ガスを密度の関数として理解するためには，(5.2) 式のハミルトニアンを，(5.2) 式の2番目の表式で使った原子単位（長さの単位を a_0 とする）ではなく，r_s でスケールした座標 $\tilde{\mathbf{r}} = \mathbf{r}/r_s$ で表すと便利である．この変換を行うと (5.2) 式は（最後の項については演習問題 5.3 参照．この項は明確に定義された表式であるためには必須の項である）

$$\hat{H} = \left(\frac{a_0}{r_s} \right)^2 \sum_i \left[-\frac{1}{2} \tilde{\nabla}_i^2 + \frac{1}{2} \frac{r_s}{a_0} \left(\sum_{j \neq i} \frac{1}{|\tilde{\mathbf{r}}_i - \tilde{\mathbf{r}}_j|} - \frac{3}{4\pi} \int \mathrm{d}^3 \tilde{\mathbf{r}} \frac{1}{|\tilde{\mathbf{r}}|} \right) \right] \tag{5.4}$$

となる．この式ではエネルギーは原子単位系を用いている．この式からはっきり分かるように，考えている系を，単位の尺度を変えたエネルギー（$(a_0/r_s)^2$ 倍された Hartree 単位）と r_s/a_0 に比例する尺度を変えた有効相互作用を持つ系として見直すことができる．言い換えれば，種々の性質を密度 r_s/a_0 の関数として求める際，尺度を変えた電子–電子相互作用を $e^2 \to (r_s/a_0)e^2$ と置き換え，新しい尺度のエネルギーを用いれば，密度は固定した系を扱えばよいということになる．

---

[1] ［原註］この式はエネルギーに対する (3.16) 式から導かれる．この場合には全電荷密度（電子＋背景の電荷）がいたるところでゼロであり，(3.16) 式の最後の項が消えるからである．

150 第 5 章 一様電子ガスと sp 結合金属

5.2 相互作用のない近似と Hartree–Fock 近似

相互作用のない近似では (3.36) 式の解は運動エネルギー演算子の固有状態，すなわち，エネルギー $\varepsilon_{\mathbf{k}} = \frac{\hbar^2}{2m_e}k^2$ を持つ規格化された平面波 $\psi_{\mathbf{k}} = (1/\Omega^{1/2})\mathrm{e}^{i\mathbf{k}\cdot\mathbf{r}}$ である．ある与えられた密度を持つ上向きと下向きスピンの電子の基底状態は Fermi 面内の波数ベクトルを持つ 1 電子状態から作った行列式関数 (3.43) 式である．Fermi 面は逆空間における半径 k_F^σ の球面で，この k_F^σ は各スピン σ に対する Fermi 波数ベクトルである．k_F^σ の値は，体積 Ω の結晶中に存在する各 $\mathbf{k}$ 状態は逆空間で $(2\pi)^3/\Omega$ の体積を持つことから容易に求めることができる（演習問題 5.4 と第 4 章参照）．各状態には各スピンの電子 1 個が入ることができるので

$$\frac{4\pi}{3}\left(k_F^\sigma\right)^3 = \frac{(2\pi)^3}{\Omega}N_e^\sigma \ \text{ すなわち}$$
$$\left(k_F^\sigma\right)^3 = 6\pi^2 n^\sigma \ \text{ または } \ k_F^\sigma = (6\pi^2)^{1/3}(n^\sigma)^{1/3} \tag{5.5}$$

となる．もし系が分極していなければ，すなわち $n^\uparrow = n^\downarrow = n/2$ であれば，$k_F = k_F^\uparrow = k_F^\downarrow$ であり，

$$(k_F)^3 = 3\pi^2 n \ \text{ または } k_F = (3\pi^2)^{1/3}n^{1/3} = \left(\frac{9}{4}\pi\right)^{1/3}/r_s \tag{5.6}$$

である．Fermi 波数ベクトルに対する表式は，相互作用をしている電子系に対しても成り立つという注目すべき特徴を持っている．Luttinger の定理 [47,301] によれば，Fermi 面は相転移さえなければ相互作用のない場合と同じ k_F^σ のところにあることが保証されている．

独立粒子近似では各スピンに対する Fermi エネルギー E_{F0}^σ は

$$E_{F0}^\sigma = \frac{\hbar^2}{2m_e}\left(k_F^\sigma\right)^2 \to \frac{1}{2}\left(k_F^\sigma\right)^2 \tag{5.7}$$

である．最後の表式は $a_0 = 1$ の原子単位表示である．Fermi 波数ベクトルと種々のエネルギーに対する関係を表 5.2 と表 5.3 にまとめた．

与えられたスピンを持つ基底状態の電子 1 個当たりの全運動エネルギーは占有状態について積分すれば求められ，

5.2 相互作用のない近似と Hartree–Fock 近似 **151**

表 5.2 Hartree–Fock 近似における一様電子ガスの各スピン σ に対する特性エネルギー：Fermi エネルギー E_{F0}^σ，運動エネルギー T_0^σ，1 電子当たりの Hartree–Fock 交換エネルギー E_x^σ（これは負の値である），およびバンド幅の増加分 $\Delta W_{\mathrm{HFA}}^\sigma$.

量	表式	原子単位
E_{F0}^σ	$\dfrac{\hbar^2}{2m_e}(k_F^\sigma)^2$	$\dfrac{1}{2}(k_F^\sigma)^2$
T_0^σ	$\dfrac{3}{5}E_F$	$\dfrac{3}{5}E_F$
$-E_x^\sigma$	$\dfrac{3e^2}{4\pi}k_F^\sigma$	$\dfrac{3}{4\pi}k_F^\sigma$
$\Delta W_{\mathrm{HFA}}^\sigma$	$\dfrac{e^2}{\pi}k_F^\sigma$	$\dfrac{1}{\pi}k_F^\sigma$

表 5.3 分極のない一様電子ガスに対する便利な表式. Bohr 半径 a_0 を単位とする r_s を使った. エネルギーの定義については表 5.2 の説明文参照.

量	表式	原子単位	一般単位
k_F	$(\frac{9}{4}\pi)^{1/3}/r_s$	$1.919158/r_s$	$3.626470/r_s$ (Å^{-1})
E_{F0}	$\frac{1}{2}(\frac{9}{4}\pi)^{2/3}/r_s^2$	$1.841584/r_s^2$	$50.11245/r_s^2$ (eV)
T_0	$\frac{3}{5}E_F$	$1.104961/r_s^2$	$30.06747/r_s^2$ (eV)
$-E_x$	$\frac{3}{4\pi}(\frac{9\pi}{4})^{1/3}/r_s$	$0.45816529/r_s$	$12.467311/r_s$ (eV)
ΔW_{HFA}	$(\frac{9}{4\pi^2})^{1/3}/r_s$	$0.14583854/r_s$	$3.9684684/r_s$ (eV)

$$T_0^\sigma = \frac{\hbar^2}{2m_e}\frac{4\pi\int_0^{k_F^\sigma}\mathrm{d}k\,k^4}{4\pi\int_0^{k_F^\sigma}\mathrm{d}k\,k^2} = \frac{3}{5}E_{F0}^\sigma \tag{5.8}$$

となる（1, 2 次元については演習問題 5.7 参照）. このエネルギーは正であるから，この近似では明らかに一様電子ガスは有限な範囲に閉じ込められない. 物質の中に閉じ込めておくためには原子核の引力と交換および相関による引力が必要である.

密度行列

一様電子ガスの密度行列は多電子系における空間依存性に対する一般的表式を与え，その性質を明らかにする. 独立 Fermi 粒子に対する一般的表式 (3.41) 式は一様電子ガス（スピンごと）に対しては（各スピンにつき）次のように簡単化され，

152 第 5 章 一様電子ガスと sp 結合金属

$$\rho(\mathbf{r}, \mathbf{r}') = \rho(|\mathbf{r} - \mathbf{r}'|) = \frac{1}{(2\pi)^3} \int d\mathbf{k} f(\varepsilon(k)) e^{i\mathbf{k}\cdot(\mathbf{r}-\mathbf{r}')} \tag{5.9}$$

となる. ここで $\varepsilon(k) = k^2/2$ であり, この式は Fermi 関数 $f(\varepsilon(k))$ の単なる Fourier 変換である. この関数を評価するために, 部分積分を使って変形すれば [302],

$$\rho(r) = -\frac{\beta}{(2\pi)^2} \frac{1}{r} \frac{d}{dr} \frac{1}{r} \frac{d}{dr} \int_{-\infty}^{\infty} dk \, \cos(kr) f'\left(\beta\left(\frac{1}{2}k^2 - \mu\right)\right), \tag{5.10}$$

ただし,

$$f'\left(\beta\left(\frac{1}{2}k^2 - \mu\right)\right) = \frac{d}{dx}f(x)\Big|_{x=\beta(\frac{1}{2}k^2-\mu)}$$

が得られる. これはとりわけ分かりやすい形をしており, なぜ $r = |\mathbf{r} - \mathbf{r}'|$ についての長距離の振動が Fermi 関数の微分 $f'(\varepsilon)$ における急激な変化から出なければならないのかがはっきり分かる. これは Fourier 変換においては長く知られていたことであり, Gibbs [303] の功績によるものである. 低温では $f'(\varepsilon)$ は δ 関数に近づくので, $\rho(r)$ の範囲は温度の低下と共に増大することになる. $T = 0$ では $\rho(r)$ は $1/r^2$ に比例して減衰し [260], 次式

$$\rho(r) = \frac{k_F^3}{3\pi^2} \left[3\frac{\sin(y) - y\cos(y)}{y^3}\right] \tag{5.11}$$

のようになる. ここで, $y = k_F r$ である. 角括弧内の関数は $y = 0$ で 1 となるように規格化されており (演習問題 5.6), 図 5.1 にその様子を示した. この図から減衰振動の形がはっきり見てとれ, 電荷に対しては Friedel 振動, 磁気的相互作用については Ruderman–Kittel–Kasuya–Yosida 振動 [260, 280, 285] と呼ばれることが多い. 数値計算 [302, 304] と簡単な近似による解析 [278, 302] の結果から, $T \neq 0$ に対する指数関数の減衰定数は $\propto k_B T/k_F$ に比例することが分かった.

Hartree–Fock 近似

Hartree–Fock 近似では, 1 電子軌道は (3.45) 式の非局所的演算子の固有状態である. この場合には Hartree–Fock 方程式の解は解析的に求まる. まず最初に固有状態が, 相互作用のない電子の場合と同じ平面波であることを示す (演習問題 5.8 参照). 従って, 運動エネルギーと密度行列は相互作用

5.2 相互作用のない近似と Hartree–Fock 近似

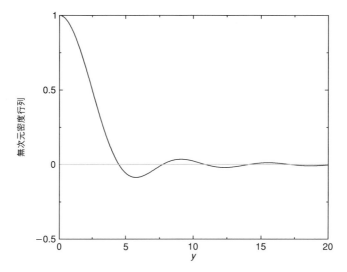

図 5.1 相互作用のない一様電子ガスの $T=0$ における無次元の密度行列（(5.11) 式の角括弧の中の項を $y = k_F r$ の関数として表示したもの）．振動は Fermi 波数ベクトル k_F で決まる空間的な変化で，不純物の周りの電荷（Friedel 振動），あるいは金属中の磁気相互作用（Ruderman–Kittel–Kasuya–Yosida 振動）を表している [260, 280, 285]．図 5.3 の 2 体分布関数に対する結果も参照のこと．

のない電子に対するものと同じになり，それは Hartree–Fock 波動関数が排他律によって要請される以上の相関を取り込んでいないから当然のことである．次に各 k に対する固有値を求める．これは $k^2/2$ に交換演算子 (3.48) 式の行列要素を加えたものである．この積分は解析的に行うことができ（文献 [280, 297]）に従ったやり方の概要は演習問題 5.9 に出ている），

$$\varepsilon_k = \frac{1}{2}k^2 + \frac{k_F}{\pi}f(x) \tag{5.12}$$

が導かれる．ここで $x = k/k_F$ であり，

$$f(x) = -\left(1 + \frac{1-x^2}{2x}\ln\left|\frac{1+x}{1-x}\right|\right) \tag{5.13}$$

である．（この表示は各スピンそれぞれに適用されることに注意する．）

関数 $f(x)$ は，図 5.2 に示されているが，すべての x に対して負であり，バンドの底 $(x=0)$ では $f(0) = -2$ で，x が大きいところでは 0 に近づく．

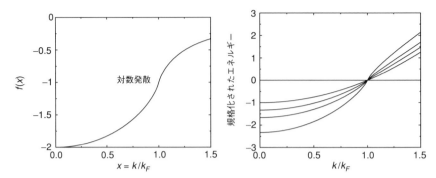

図 5.2 左図：一様電子ガスにおける (5.13) 式の関数 $f(x)$. Hartree–Fock 近似のエネルギー分散 $\varepsilon_{\mathrm{HFA}}(k)$ を決める．右図：3 種類の密度（$r_s = 1, 2, 4$）に対する $\varepsilon_{\mathrm{HFA}}(k)$ を相互作用のない場合と比較したもの．最小の密度（最大の r_s）のものが $k = 0$ での最小値に対応し，Fermi 面（$x = 1$）での特異性が最も顕著である．規格化された無次元の固有値は (5.14) 式中の波括弧で定義されており，$r_s = 0$ は相互作用のない極限の $-1 + x^2$ となる．$k = 0$ での値の低いものから順に $r_s = 4, 2, 1, 0$ である．

Fermi 面の近く（$x = 1$）では $f(x)$ は急激に変化し，勾配は $x = 1$ で対数発散する．しかし，$x = 1$ での極限値は明確に定義されており，$f(x \to 1) = -1$ である．このように，Hartree–Fock 近似では交換相互作用によってバンド幅 W が $\Delta W = k_F / \pi$ だけ増加する．これは各スピンに対して別々に成り立ち，分極のない場合には，この変化分は $\Delta W = \left(\frac{9}{4\pi^2}\right)^{1/3}/r_s$ のようにも書くことができる（表 5.3 および演習問題 5.10 参照）．

Hartree–Fock 近似の固有値は，$k = k_F$ で $\varepsilon_k \equiv 0$ となるように Fermi エネルギーを基準にした形で書くと，

$$\varepsilon_k = \frac{1}{2} k_F^2 \left\{ (x^2 - 1) + \frac{2}{\pi k_F} [f(x) + 1] \right\} \tag{5.14}$$

となる．波括弧中の式の様子を r_s のいくつかの値に対して図 5.2 の右側に示した．Hartree–Fock 近似における相互作用による占有バンドの広がりは $k = 0$ での値によって示されており，相互作用のない電子系に対してはこの値は -1 である．

Fermi 面での特異性は，Bardeen [254] によって最初に指摘されたものであるが，長距離 Coulomb 相互作用と，占有状態と非占有状態とのエネルギー差

がなくなる Fermi 面の存在とによるものである．Fermi 面での速度 $d\varepsilon/dk$ は
発散し（演習問題 5.11），実験とはまったく一致していない．実験では十分に
明確な速度が比熱や de Haas–van Alphen 効果 [280, 285] の測定から求められ
ている．これは Hartree–Fock 近似の本質的な欠陥であり，どのような金
属に対しても起きてしまう欠陥である．しかし，この Hartree–Fock の発散
は，有限のギャップがある場合（すなわち，絶縁体では Hartree–Fock 近似が
定性的には成り立ち，量子化学では広く使われている），あるいは Coulomb
相互作用が遮蔽されて実際にはかなり短距離間でしか効かない場合には避け
ることができる．これが Fermi 液体理論での基盤，すなわち，出発点である．
低エネルギーの励起では相互作用は遮蔽されるので，弱く相互作用をする「準
粒子」という概念が導かれ，この概念はランダム位相近似（RPA）でダイア
グラムの和を部分的にとることで一般に正当化されている [297, 298]．

交換エネルギーと交換正孔

一様電子ガスの正確な全エネルギーは (5.3) 式で与えられ，それは独立電
子の運動エネルギーと交換エネルギーの和である Hartree–Fock 近似の全エ
ネルギーと，残りの「相関エネルギー」といわれる部分とに分けることがで
きる．3.7 節で見たように，交換エネルギーと交換正孔は波動関数から直接
計算することができ，今の場合は解析的に求めることができる．さらに 1 電
子当たりの交換エネルギーは，(5.12) 式の固有値への交換の寄与分 $\frac{k_F}{\pi} f(x)$
に相互作用が 2 重に勘定されないように $1/2$ を掛けたものの単なる平均であ
る．$f(x)$ の占有状態についての平均値が $-3/2$（演習問題 5.12）であるとい
うことを使えば，1 電子当たりの交換エネルギーは

$$\epsilon_x^\sigma = E_x^\sigma/N^\sigma = -\frac{3}{4\pi} k_F^\sigma = -\frac{3}{4}\left(\frac{6}{\pi}n^\sigma\right)^{1/3} \tag{5.15}$$

となる．分極のない場合には，$\epsilon_x \equiv \epsilon_x^\uparrow = \epsilon_x^\downarrow = -\frac{3}{4\pi}\left(\frac{9\pi}{4}\right)^{1/3}/r_s$ となり，こ
れらの数値的関係は表 5.3 にまとめた．

不完全に分極している場合には，交換エネルギーは単に 2 つのスピン状態
に対する項の和である．これは全電子密度 $n = n^\uparrow + n^\downarrow$ と分極

$$\zeta = \frac{n^\uparrow - n^\downarrow}{n} \tag{5.16}$$

156　第 5 章　一様電子ガスと sp 結合金属

を使って，違った形で表すことも可能である．分極した系では交換エネルギーは容易に求められ，

$$\epsilon_x(n,\zeta) = \epsilon_x(n,0) + [\epsilon_x(n,1) - \epsilon_x(n,0)]f_x(\zeta) \tag{5.17}$$

となる．ここで，

$$f_x(\zeta) = \frac{1}{2}\frac{(1+\zeta)^{4/3} + (1-\zeta)^{4/3} - 2}{2^{1/3} - 1} \tag{5.18}$$

であり，この式は (5.15) 式から簡単に導かれる [305]．

(3.54) および (3.52) 式で定義された交換正孔 g_x は，同じスピンを持つ電子のみに関わっており，一様電子ガスではそれは相対的な距離 $|\mathbf{r}| = |\mathbf{r}_1 - \mathbf{r}_2|$ のみの関数であるので，$g_x^{\sigma_1\sigma_2}(\mathbf{r}_1, \mathbf{r}_2) = \delta_{\sigma_1,\sigma_2}g_x^{\sigma_1\sigma_1}(|\mathbf{r}|)$ となる．一様電子ガスでは交換正孔の式は次の 2 つの方法で解析的に計算することができる（演習問題 5.13 参照）．1 つ目の方法はその定義式に固有関数の平面波（大きい体積 Ω に規格化されている）を直接挿入して [306]，表式を導くものである．もう 1 つの方法は 2 体相関関数 $g_x(r)$ を，一般的な関係式 (3.56) から求める方法である．この式は 2 体相関関数と相互作用のない系の密度行列との関係を表すものであり [2]，その密度行列に (5.11) 式の $\rho(r)$ を用いればよい．各スピンに対して 2 体相関関数は無次元の変数 $y = k_F^\sigma r$ を使って

$$g_x^{\sigma,\sigma}(y) = 1 - \left[3\frac{\sin(y) - y\,\cos(y)}{y^3}\right]^2 \tag{5.19}$$

となる．この結果を図 5.3 に示す．この図と (3.52) 式から，一様電子ガス中の交換正孔分布 Δn^x は Fermi 粒子に対しては常に負でなければならない，すなわち $g_x^{\sigma,\sigma}$ は常に 1 より小さくなくてはならないという原理を表しており，また Fermi 面での急激な変化によるよく知られた距離の逆べき乗で減衰する Friedel 振動を伴って 1 に近づくことを示している．

---

[2] [原註] この議論は相互作用がなければどのような粒子に対しても成り立つ [278]．Bose 粒子に対しては $g_x(r) = 1 + |\rho(r)|^2/n^2$ は常に 1 より大きいという結果になる．3.7 節および演習問題 3.15 参照．

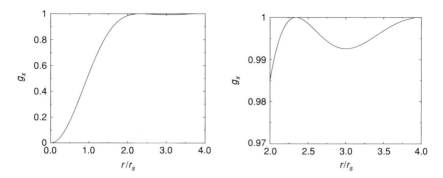

図 5.3 一様電子ガスにおける交換正孔 $g_x(r)$, (5.19) 式を r/r_s の関数として描いたもの．r_s は分極のない系における電子間の平均距離である．$g_x(r)$ の大きさは振動しながら急速に 1 に近づく．その振動の様子を右側に拡大して示した．図 5.5 の平行スピンに対する 2 体相関関数の計算結果と類似していることに注意する．

5.3 相関正孔とエネルギー

「遮蔽」とは多体系における効果であり，粒子が集団的に相関して 2 粒子間の正味の相互作用を減らすことである．斥力による相互作用に対しては，各粒子の周りの正孔（他の粒子を見つける確率の減少量）は 2 粒子間の正味の相互作用の強さを弱める傾向に働く．

Thomas–Fermi 遮蔽

「遮蔽」のモデルの元祖は電子ガスに対する Thomas–Fermi 近似であり，これは古典的な系での Debye 遮蔽の量子力学版である．遮蔽は波数ベクトル k の Fourier 成分を持つ外部静電荷密度に対する電子ガスの応答を解析して決められる．波数 k を持つ応答は電子エネルギーの変化によって決まる．これは Thomas–Fermi 近似（6.2 節）では密度のみの関数である．この近似での結果は長距離 Coulomb 相互作用は遮蔽されて，指数関数的に減衰する相互作用となり，Fourier 空間では，

$$\frac{1}{k^2} \to \frac{1}{k^2 + k_{\mathrm{TF}}^2} \tag{5.20}$$

158　第 5 章　一様電子ガスと sp 結合金属

となる．ここで k_{TF} は Thomas–Fermi の遮蔽波数（遮蔽距離の逆数）である．分極のない系では k_{TF} は（演習問題 5.14 と [280] 参照）

$$k_{\mathrm{TF}} = r_s^{1/2} \left(\frac{16}{3\pi^2} \right)^{1/3} k_F = \left(\frac{12}{\pi} \right)^{1/3} r_s^{-1/2} \tag{5.21}$$

で与えられる．ここで r_s は原子単位，すなわち Bohr 半径 a_0 を単位長としている．

これは，この距離内で電子が相関相互作用をするという特性距離に対する最も簡単な見積もりであり，一様電子ガスに関する以下の包括的な結果と実際の系に対する見積もりとを理解するために非常に役に立つ．

相関エネルギー

相関正孔と相関エネルギーを解析的に決めることはできない．一様電子ガスの相関エネルギーに対する最初の定量的な見積もりは，Wigner [76,307] によって 1930 年代に低密度と高密度の極限の間の内挿という形で提案された[3]．低密度では電子は「Wigner 結晶」を作り，相関エネルギーは体心立方格子上の点電荷による単なる静電エネルギーである．当時は 1 電子当たりの相関エネルギーは高密度の極限では定数に近づくと考えられており，Wigner は単純な内挿による

$$\epsilon_c = -\frac{0.44}{r_s + 7.8} (\text{Hartree 原子単位}) \tag{5.22}$$

を提案した．

相関の正しい取り扱いについては Gell-Mann と Brueckner の論文 [308] が出るまでの数十年間，多体理論を混乱させてきた．彼らはダイアグラムの無限の和をとって各次数に存在する発散を取り除き，高密度の極限 $r_s \to 0$ における相関エネルギーを正確に計算した．分極のないガス（$n^\uparrow = n^\downarrow = n/2$）に対するその結果は [308,309]

$$\epsilon_c(r_s) \to 0.311 \ln(r_s) - 0.048 + r_s(A \ln(r_s) + C) + \cdots \tag{5.23}$$

となる．ここで ln の項は解析的でないことの印であり，これが多体問題の難

---

[3]［原註］Wigner が提案した最初の式 [76] は低密度の極限での表式が正しくなかったため誤っていた．参考文献 [307] による指摘．

しさの原因である．低密度では系はゼロ点振動をする Wigner 結晶であると考えられるので [298, 310]

$$\epsilon_c(r_s) \to \frac{a_1}{r_s} + \frac{a_2}{r_s^{3/2}} + \frac{a_3}{r_s^2} + \cdots \qquad (5.24)$$

となる．

　この論文が出るまでにも相当な数の論文が発表された [306]．その中にはよく知られた Hedin と Lundqvist の論文 [241] がある．この論文ではランダム位相近似（RPA）が使われており，励起に関する現在の多くの知識や自己無撞着の「GW」計算 [314] などの最近の仕事の基礎となっている．基底状態の性質に関する最も正確な結果は量子モンテカルロ（QMC）計算により求められた．この方法は，相互作用をしている多体系を取り扱うことができ [311, 315, 316]，他の方法に対するベンチマークとなっている．分極のない電子ガスの 1 電子当たりの相関エネルギー $\epsilon_c(r_s)$ に対する QMC の結果を図 5.4 に示した．この図では QMC の結果を Wigner の内挿法，RPA，Lindgren と Rosen の改良版多体計算（文献 [306], p. 314 参照）の結果と比較している．Bethe–Salpeter 式（BSE）を使ったより最近の計算 [317] は図 5.4 に示された Lindgren–Rpsen の曲線と同様に，QMC より大きさにおいて少し大きい．特に重要な 1 つの結果は，典型的な固体の電子密度（$r_s \approx 2 - 6$）を持っている物質では相関エネルギーは交換エネルギーに比べて非常に小さいということである．しかし，非常に低密度の（r_s が大きい）場合には相関はより重要になり，Wigner 結晶の領域（$r_s > \approx 80$）ではエネルギーの中で主要部分を占めるようになる．

　QMC の結果を使うその後の電子構造の計算では，相関エネルギー $\epsilon_c(r_s)$ に対してパラメータを含む解析的表式を用いる．それらのパラメータは多くの r_s の値に対して計算された QMC エネルギーを用いて決められる．QMC エネルギーは主として分極のない場合と完全に分極している場合（$n^\uparrow = n$）に対して多数の r_s 値について計算されているが，中にはその中間の分極状態を扱っているものもある [315]．大事な点は固体の典型的な密度で解析的な表式が QMC によるデータとよく合っており，高密度と低密度の極限である (5.23) 式と (5.23) 式へ外挿することである．よく使われている式としては Perdew と Zunger（PZ）[313] によるものと，Vosko, Wilk と Nusair（VWN）[312]

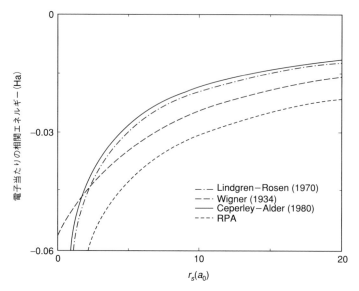

図 5.4 分極していない一様電子ガスの，密度パラメータ r_s の関数としての相関エネルギー．現在得られている最も正確な結果は Ceperley と Alder [311] による量子モンテカルロ計算によるものである．Ceperley–Alder と記された曲線は Vosko, Wilk と Nusair（VWN）[312] により彼らの内挿公式を QMC の結果に合わせたものである．Perdew–Zunger（PZ）の内挿公式 [313] の場合もこの目盛りではほとんど同じものになる．比較のために Wigner の内挿公式 (5.22) 式，RPA [本文参照]，Mahan [306] から引用した改良版多体摂動計算（L. Lindgren と A. Rosen による）が示されている．図は H. Kim より提供．

によるものがあり，これらは付録 B に与えられており，そこで引用されている汎関数用のサブルーチンに入っていて，オンラインで利用できる．

スピン分極の関数としての相関エネルギーの最も簡単な形は PZ によって与えられたもの [313] があり，そこでは相関は交換と同じ形で変化しており，

$$\epsilon_c(n,\zeta) = \epsilon_c(n,0) + [\epsilon_c(n,1) - \epsilon_c(n,0)]f_x(\zeta) \tag{5.25}$$

となる．式中の $f_x(\zeta)$ は (5.18) 式で与えられる．少し複雑な形の VWN [312] では，より最近の QMC の結果 [315] との一致がわずかに改良されることが分かっている．

交換と相関エネルギーの意味を理解するためには，それが電子と 3.7 節で

議論した交換相関正孔との相互作用からどのようにして出てくるのかを理解することが重要である．各電子がその正孔と相互作用をするポテンシャル・エネルギーは

$$\epsilon_{\mathrm{xc}}^{\mathrm{pot}}(r_s) = E_{\mathrm{xc}}^{\mathrm{pot}}/N = \frac{1}{N}\left[\langle \hat{V}_{\mathrm{int}}\rangle - E_{\mathrm{Hartree}}(n)\right]$$
$$= \frac{1}{2}e^2 \int \mathrm{d}^3 r \frac{n_{\mathrm{xc}}(|\mathbf{r}|)}{|\mathbf{r}|} \tag{5.26}$$

と書くことができる．ここで因子 1/2 は 2 重に和をとることを避けるためであり，ここでは後の議論のために相互作用の強さ e^2 を陽に表示した．交換相関正孔 $n_{\mathrm{xc}}(|\mathbf{r}|)$ は当然のことながら球対称であり，密度すなわち r_s の関数である．基底状態においては $\epsilon_{\mathrm{xc}}^{\mathrm{pot}}$ は負である，というのは，交換はもし相互作用が斥力によるものであればエネルギーを低下させ，相関も常にエネルギーを低下させるからである．しかし，これは 1 電子当たりの全交換相関エネルギー ϵ_{xc} ではない．というのは，電子が相関によってそのポテンシャルエネルギーを下げようとすると運動エネルギーが上がるからである．

運動エネルギーも含めた完全な交換相関エネルギーは次の 2 つの方法で求めることができる．運動エネルギーはビリアル定理 [318] から，または 3.4 節で述べた結合定数積分公式から求められる．後者は一般化された力の定理の例であると考えられる．すなわち，結合定数 e^2 を λe^2 に置き換え，λ を相互作用のない場合の 0 から実際の値 1 まで変えて結合の強さを変える (3.27) 式の結合定数積分公式である．(3.27) 式の場合と同じように，エネルギーの λ に関する微分には (5.26) 式の $\epsilon_{\mathrm{xc}}^{\mathrm{pot}}(r_s)$ の λ に関する 1 次の陽の変化しか存在しない．$n_{\mathrm{xc}}^{\lambda}(|\mathbf{r}|)$ が λ に陰に依存していることからくる寄与は存在しない，というのは，エネルギーはそのような変化に対しては極小値にあるからである．これらのことから直ちに

$$\epsilon_{\mathrm{xc}}(r_s) = \frac{1}{2}e^2 \int \mathrm{d}^3 r \frac{n_{\mathrm{xc}}^{\mathrm{av}}(r)}{r} \tag{5.27}$$

が得られる．ここで $n_{\mathrm{xc}}^{\mathrm{av}}(r)$ は結合定数に関して平均化した正孔分布であり，

$$n_{\mathrm{xc}}^{\mathrm{av}}(r) = \int_0^1 \mathrm{d}\lambda\, n_{\mathrm{xc}}^{\lambda}(r) \tag{5.28}$$

で与えられる．

162 第 5 章 一様電子ガスと sp 結合金属

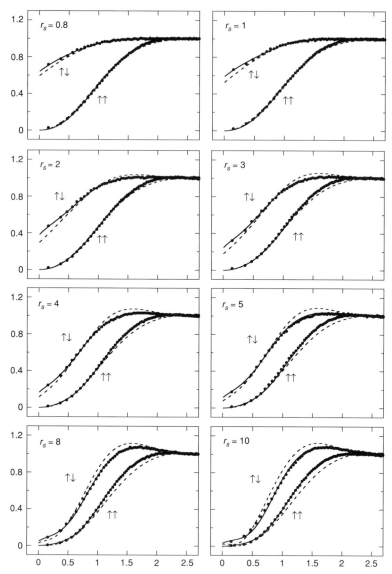

図 5.5 スピンの組み合わせを考慮した規格化 2 体相関関数 $g_{xc}(r)$. 分極のない一様電子ガスに対して尺度を変えた距離 r/r_s の関数として表している. r_s は 0.8 から 10 まで変化. 点は QMC 法による結果 [319]. 破線は Perdew–Wang モデル. 実線は文献 [318] の結合定数積分公式によるもの. 文献 [318] より.

交換相関正孔分布は量子モンテカルロ法を使って最大の結合強度 $\lambda = 1$ で計算されており，いろいろな密度 (r_s) に対する結果を図 5.5 に示した[4]．図 5.3 の交換正孔と比べると，相関は平行スピンのときより，反平行スピンのときの方がはるかに重要であることがよく分かる．これは Pauli の排他律により平行スピンはすでに離れて存在しているからである．一般に相関は交換正孔の長距離部分を減らす傾向がある，すなわち遮蔽する傾向がある．

交換相関正孔分布の r_s による変化はまた相互作用の強度の変化としても理解することができる．(5.4) 式で指摘したように密度一定で e^2 が 0 倍から 1 倍まで変化するということは r_s がゼロから実際の値まで変化することと等価である．尺度を変えた単位 r/r_s で，$r_s \to \lambda r_s$ に変えると

$$n_{\mathrm{xc}}^{\mathrm{av}}\left(\frac{r}{r_s}\right) = \int_0^1 \mathrm{d}\lambda\, n_{\mathrm{xc}}^{\lambda}\left(\frac{r}{\lambda r_s}\right) \tag{5.29}$$

となる．図 5.5 に分極のない電子ガスにおける平行と反平行スピンに対する正孔分布 $n_{\mathrm{xc}}(\frac{r}{\lambda r_s})$ の変化を種々の r_s に対して示す．$\epsilon_{\mathrm{xc}}(r_s)$ の具体的な評価は，文献 [318] においてこの方法を使って求められている．この表式には被積分関数に $\lambda r_s < r_s$ の領域，すなわち，実際より高い密度を持つ系に対する正孔が含まれていることに注意しよう．演習問題 5.15 と演習問題 5.16 ではこの関係，物質の平均的正孔分布の具体的な形，より大きい r_s（より強い結合）を含むような関係式を作る可能性について扱っている．

5.4 sp 結合金属における結合

固体を定量的な基礎の上に立って理解するという舞台は，Slater [320] および Wigner と Seitz [54,57] によって 1930 年代の初期に用意された．最も単純な金属，1 原子当たり 1 個の弱く束縛された電子を持つアルカリ金属類は，一様電子ガスのエネルギーに正の内殻との引力による相互作用を加えたもので驚くほどよく記述できる．イオンは，たとえ実際の波動関数がイオンの近傍で原子のときと同じような動径方向の構造を持っていたとしても，実

---

[4] [訳註] 図 5.5 に示されているものは，(3.52) 式で定義される g である．ここでの n_{xc} が (3.52) 式の Δn に相当する．

164 第5章 一様電子ガスと sp 結合金属

効的には弱い散乱源であることが認められるようになった。これは擬ポテンシャル（第11章）という考えの前触れであり，Slater の APW 法や KKR 法（第16章）による散乱の解析からも出てきていた。電子を一様なガスとして扱い，それに一様な背景中のイオンのエネルギーを加えれば1電子当たりの全エネルギー

$$\frac{E_{\text{total}}}{N} = \frac{1.105}{r_s^2} - \frac{0.458}{r_s} + \epsilon_c - \frac{1}{2}\frac{\alpha}{r_s} + \epsilon_R \tag{5.30}$$

が得られる。ここでは原子単位（r_s を a_0 を単位として測る）を使っており，運動エネルギーと交換エネルギーに対しては表 5.3 における表式を使った。ϵ_c は1電子当たりの相関エネルギーである。最後の2項は一様な電子密度とイオンとの相互作用を表しており，α は一様な背景の中の点電荷に対する Madelung 定数で，最後の項はイオンは点ではないということからくる斥力の補正項である。代表的な構造に対する α の値を表 F.1 に載せた。ϵ_R は内殻の斥力によるもので，この効果を取り入れるように作られた図 11.3 の有効モデルポテンシャルを使って大きさを求めることができる。これは，半径 R_c の内殻の中では，一様電子ガスが受けるイオンからの引力がなくなることに相当し，

$$\epsilon_R = n4\pi \int_0^{R_c} \mathrm{d}r r^2 \frac{e^2}{r} = \frac{3}{4\pi r_s^3} 2\pi e^2 R_c^2 = \frac{3}{2}\frac{R_c^2}{r_s^3} \tag{5.31}$$

となる。ここで最後の項は原子単位で表示している。

(5.30) 式は，固体物理の基礎的な教科書 [280, 285, 300] で議論されているように，sp 結合金属の多くの本質的な物理を含んでいる。例えば (5.30) 式から予測される r_s の平衡状態での値は (5.30) 式の極値を求めることで得られる。良い近似として，ϵ_c を無視し，Madelung 定数は $\alpha = 1.80$ とする。この値は Wigner–Seitz 胞を Wigner–Seitz 球とすることに対応するが，表 F.1 と (F.10) 式に示すように最密構造の金属に対しては実際の値と非常に近い。このことから平衡状態の r_s として

$$\frac{r_s}{a_0} = 0.814 + \sqrt{0.899 + 3.31\left(\frac{R_c}{a_0}\right)^2} \tag{5.32}$$

と演習問題 5.17 で述べている改良版の表式が得られる。斥力の項（根号内の第2項）がなければこの式から $r_s = 1.76a_0$ が導かれるが，これではあまり

に小さすぎる．しかし，内殻の半径を $\approx 2a_0$ (これは，例えば図 11.3 やそこに出ている文献などに示されたモデルイオンポテンシャルにおける典型的な R_c である) にすれば非常に理にかなった値 $r_s \approx 4a_0$ が得られる．運動エネルギーの体積弾性率への寄与は

$$B = \Omega\frac{\mathrm{d}^2E}{\mathrm{d}\Omega^2} = \frac{3}{4\pi r_s}\frac{1}{9}\frac{\mathrm{d}^2}{\mathrm{d}r_s^2}\frac{1.105}{r_s^2} = \frac{0.176}{r_s^5} = \frac{51.7}{r_s^5}\mathrm{Mbar} \tag{5.33}$$

となる．ここでは Mbar ($=100\,\mathrm{GPa}$) がちょうどよい大きさの単位になっている．この体積弾性率の評価は実際の物質の体積弾性率を理解するための尺度になっており，sp 結合の金属から強い結合である共有結合の固体までの広い範囲の物質に対してちょうどよいオーダーの大きさになっている．

5.5 励起と Lindhard 誘電関数

一様電子ガスの励起は 2 種類に分類できる (2.14 節参照)．電子の付加あるいは除去によって準粒子を作る場合と電子数不変の集団励起の場合である．前者は Fermi 液体理論における準粒子のバンドに対応する．図 5.2 に示した相互作用のない，あるいは，Hartree–Fock 近似のバンドは，最近の改良版の計算や実験とどれほどよく合っているであろうか？ 図 5.6 は Na の光電子分光のデータである．Na は一様電子ガスという極限に近いものであり，相互作用のない場合の分散 $k^2/2$ と比較して描かれている．面白いことに，バンドは $k^2/2$ より狭い，つまり Hartree–Fock 理論から予測されるものと反対の結果になっている．これは励起を説明するための多体摂動論で活発に議論されている事柄である [321]．本書の目的に沿った大事な結論としては，相互作用がない場合の結果は，実測された分散に近い大変よい出発点となるということである．これは実際の固体の電子構造に対して適切であり，後述 (7.7 節) の Kohn–Sham の固有値は励起を説明するためにはかなりよい出発点であることが分かっている．

粒子数不変の励起には，誘電関数で記述される電荷密度の揺らぎ (プラズマ振動) とスピン応答関数で記述されるスピンの揺らぎがある．応答関数の表式は第 20，21 章および付録 D と付録 E に与えられている．本節の要点はこれらの表式を，積分が解析的に行うことができる一様な系に応用すること

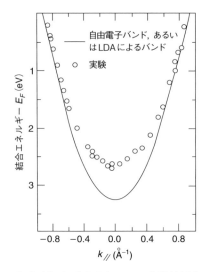

図 5.6 Na のバンドの角度分解光電子分光による実験結果 [322]. Na の電子密度に合わせた相互作用のない一様電子ガスに対する単純な $k^2/2$ の分散と比較して示した. この分散は実際の Na に対して計算されたバンドとほぼ同じである. このような一致は他の物質についても見られ, 密度汎関数論が固体, 例えば sp 結合金属のような固体の電子構造を理解するための妥当な出発点であるという根拠となっている. [322] より. [323] も参照.

である. ここでの議論は Pines [297] の 3–5 節に従ったものであり, 実際の一様ではない系のもっと複雑な振る舞いを理解するときに役に立つ例を与える. 一様な系では, 誘電関数 (E.8) 式と (E.11) 式はテンソルの指標に関して対角で, 相対座標の等方的な関数 $\epsilon(|\mathbf{r} - \mathbf{r}'|, t - t')$ である. 従って, Fourier 空間では単に $\epsilon(q, \omega)$ となり, $\epsilon(q, \omega)$ は内部場に対する応答という簡単な解釈ができ,

$$\mathbf{D}(q,\omega) = \mathbf{E}(q,\omega) + 4\pi \mathbf{P}(q,\omega) = \epsilon(q,\omega)\mathbf{E}(q,\omega) \qquad (5.34)$$

が得られ, またポテンシャルで表せば

$$\epsilon(q,\omega) = \frac{\delta V_{\text{ext}}(\mathbf{q},\omega)}{\delta V_{\text{total}}^C(\mathbf{q},\omega)} = 1 - v(q)\chi_n^*(\mathbf{q},\omega) \qquad (5.35)$$

となる. ここで $v(q) = \frac{4\pi e^2}{q^2}$ は, 波数 q の Coulomb ポテンシャルと電子密度 $n(q)$ との周波数に依存しない関係である. もし χ^* が内部場に対する完全

な多体応答関数（「適切」な応答関数という）であれば，これまでのところどんな近似も使っていない．

よく知られた RPA [297] は，Hartree 項以外の相互作用はすべて位相がランダムであるから平均すると消えるという近似である．この近似では各電子は有効ポテンシャル V_{eff} に応答し，このポテンシャルはテスト電荷に対する V_{test} と同じである．従って，$\chi_n^*(\mathbf{q}, \omega) = \chi_n^0(\mathbf{q}, \omega)$ となり，RPA は有効場応答関数の一例を与えることになる．この応答関数については 21.4 節と付録 D でさらに詳しく扱う．一様電子ガスでは 21.4 節で与えられる χ^0 に対する表式は，$|\mathbf{k}| < k_F$ が占有され，$|\mathbf{k} + \mathbf{q}| > k_F$ が空であるような状態にわたる積分となり

$$
\chi_n^0(\mathbf{q}, \omega) =
$$
$$
\frac{1}{4\pi^3} \int^{k=k_F} d\mathbf{k} \frac{1}{\varepsilon_k - \varepsilon_{|\mathbf{k}+\mathbf{q}|} - \omega - i\delta} \Theta(|\mathbf{k} + \mathbf{q}| - k_F) + (\omega \to -\omega)
$$
$$(5.36)$$

となる[5]．この積分は $\varepsilon_k = \frac{1}{2}k^2$ が成り立つ一様電子ガスに対しては解析的に求めることができ，Lindhard [324] の誘電関数が得られる．この式の虚数部は，$k < k_F$, $|\mathbf{k} + \mathbf{q}| > k_F$ の領域で，分母のエネルギーの実部が 0 になる領域での積分として求められる．実数部は Kramers–Kronig 変換 (D.18) から求められ，その結果は（演習問題 5.18）[297]，

$$
\text{Im}\,\epsilon(q, \omega) = \begin{cases} \frac{\pi}{2} \frac{k_{\text{TF}}^2}{q^2} \frac{\omega}{qv_F} : \omega < qv_F - \varepsilon_q \\ \frac{\pi}{4} \frac{k_{\text{TF}}^2}{q^2} \frac{k_F}{q} \left[1 - \frac{(\omega - \varepsilon_q)^2}{(qv_F)^2} \right] : qv_F - \varepsilon_q < \omega < qv_F + \varepsilon_q \\ 0 : \omega > qv_F + \varepsilon_q. \end{cases} \quad (5.37)
$$

ここで v_F は Fermi 面での速度であり，

$$
\text{Re}\,\epsilon(q, \omega) = 1 + \frac{k_{\text{TF}}^2}{2q^2}
$$
$$
+ \frac{k_F k_{\text{TF}}^2}{4q^3} \times \left\{ \left[1 - \frac{(\omega - \varepsilon_q)^2}{(qv_F)^2} \right] \ln \left| \frac{\omega - qv_F - \varepsilon_q}{\omega + qv_F - \varepsilon_q} \right| + (\omega \to -\omega) \right\}
$$
$$(5.38)$$

---

[5]［訳註］原著の (5.36) 式の積分記号の前の係数は誤り．

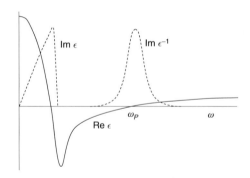

図 5.7 実線は $q \ll k_{\mathrm{TF}}$ に対する Lindhard 誘電関数 $\epsilon(q,\omega)$ の実数部 (5.38) であり，これはランダム位相近似（RPA）を用いて一様電子ガスに対して求めたもの．ϵ の虚数部（破線）は低周波でのみ大きい値をとる．$\epsilon(q,\omega)$ の実数部がゼロになる周波数は $\epsilon^{-1}(q,\omega)$ の虚数部のピークに対応する．これは $\omega = \omega_p(q)$ のプラズマ振動を表す．低周波に対しては (5.20) 式の Thomas–Fermi の形と同じように実数部は k_{TF}^2/q^2 に近づく[6]．

となる．

一様電子ガスの $\epsilon(q,\omega)$ の小さい q の領域での振る舞いを図 5.7 に示した．ϵ の虚数部は $\omega > qv_F + \varepsilon_q$ では消えるので，この周波数以上では吸収は起こらない．誘電関数の実数部はプラズマ周波数 $\omega = \omega_p$ でゼロになり，$\omega_p^2 = 4\pi n_e e^2/m_e$ であり，n_e は電子密度である．これは誘電関数の逆数 $\epsilon^{-1}(q,\omega)$ の極に対応する．プラズマ周波数での ϵ の振る舞い（演習問題 5.18）は，(5.38) 式の対数を展開することによって得られるが，付録 E.3 節の一般的な「f 総和則」と $\epsilon(q,\omega)$ の実数部が $\omega = \omega_p$ でゼロになることを使えばずっと簡単に導出できる．

Lindhard の式は固体においても定性的に成り立つ多くの重要な性質を明らかにする．低周波でのピークは金属でも存在し，Drude 吸収と呼ばれており，一般的に散乱による余分の広がりが存在する [280, 285, 300]．さらに，静電遮蔽 $\mathrm{Re}\,\epsilon(q,0)$ は Fermi 波数の 2 倍の波数 $q = 2k_F$ で振動しており，ここから Friedel 振動やフォノンの Kohn 異常が出てくる．これに関連した事柄は，$2k_F$ が Fermi 面をまたぐ非等方的ベクトルで置き換えられているとい

---

[6] [訳註] $\omega \to 0$ で q の小さいときには $R_e(q,\omega) = 1 + \frac{k_{\mathrm{TF}}^2}{q^2}$.

うこと以外は，固体の応答関数でも成り立っている（付録 D および第 20 章参照）．

　実際の物質で一番違うところは，閾値以上の周波数で ϵ の虚数の値をゼロにしないバンド間遷移が存在することである．結晶の $\epsilon(q \approx 0, \omega)$ の虚数部分のいくつかの例を図 (2.25) と図 21.5 に示した．バンド間の吸収はまた $\epsilon^{-1}(q, \omega)$ のプラズマ振動のピークの幅を広げる原因となるが，それでもプラズマ周波数付近の主要なピークとなっている．第 21 章に例をいくつかあげてあるが，そこでもナノスケールのクラスターによる光の吸収はプラズマ振動のようなピークをはっきり示している．

さらに学ぶために
一様電子ガスは多体理論家にとっての実験場であり，相棒の本 [1] でも大きい役割を持っている．

有益な議論を含む教科書やその他の文献：

Ashcroft, N. and Mermin, N. D. *Solid State Physics* (W. B. Saunders Company, New York, 1976).

Cohen, M. L. and Louie, S. G. *Fundamentals of Condensed Matter Physics* (Cambridge University Press, Cambridge, 2016).

Girvin S. M. and Yang K. *Modern Condensed Matter Physics* (Cambridge University Press, Cambridge, 2019).

Jones, W. and March, N. H. *Theoretical Solid State Physics*, vols. 1–2, (John Wiley and Sons, New York, 1976).

Mahan, G. D. *Many-Particle Physics*, 3rd edn. (Kluwer Academic/Plenum Publishers, New York, 2000).

Pines, D. *Elementary Excitations in Solids* (John Wiley and Sons, New York, 1964).

D. Pines and P. Nozières" による古典的な文献を参照．それらは復刻されている [44, 298, 325]．

演習問題

5.1 単位胞当たり Z 個の価電子を持つ fcc および bcc 結晶の r_s はそれぞれ

$$r_s = \frac{a}{2}\left(\frac{3}{2\pi Z}\right)^{1/3}, \quad r_s = \frac{a}{2}\left(\frac{3}{\pi Z}\right)^{1/3}$$

で与えられることを示せ．もし r_s の単位が原子単位で，立方体の辺 a の単位が Å であれば，$r_s = 0.738Z^{-1/3}a$ および $r_s = 0.930Z^{-1/3}a$ となる．

5.2 ダイヤモンド構造あるいは閃亜鉛鉱構造で単位胞当たり 8 個の価電子がある半導体では，$r_s = 0.369a$ であることを示せ．

170 第5章 一様電子ガスと sp 結合金属

5.3 (5.4) 式の角括弧の中にある Coulomb 相互作用の表式は 2 つの発散項が打ち消し合うことで有限の値を持つことについて議論せよ. また, (5.4) 式で与えられたスケールされたハミルトニアンはもとのハミルトニアン (5.2) 式とまったく等価であることを示せ.

5.4 与えられたスピンについての Fermi 波数ベクトル k_F^σ と電子密度 n^σ の間の関係式 (5.5) を導け. これには一辺が L の大きい立方体を考え, 各方向で長さ L の周期性が波動関数に求められることを考察することにより行え (Born–von Kármán の境界条件).

5.5 分極のない電子ガスに関して, k_F と密度パラメータ r_s の間の関係式 (5.6) が, 基本定義式 (5.5) から導かれることを示せ. (前の演習問題を参照せよ.)

5.6 表式 (5.10) は (5.9) 式に対して部分積分を実行すれば出てくることを示せ. この式を使って, $T = 0$ での式 (5.11) を求めよ. この式の角括弧内の項は $y \to 0$ で 1 に近づくことを示せ.

5.7 相互作用のない電子ガスの基底状態の運動エネルギーの式 (5.8) を証明せよ. (5.8) 式では, 分母は状態数を計算し, 分子は同じ積分であるが状態の運動エネルギーという重みがかかっており, その結果この式はスピンの数によらないことに注意しよう. 1 次元および 2 次元について対応する結果を導け.

5.8 平面波は一様電子ガスの Hartree–Fock 理論における固有状態であることを示せ. ただし基底状態は一様であると仮定しているが, それは相互作用を取り入れたときには成り立たないかもしれない. このように運動エネルギーは, Hartree–Fock 理論に対するものは相互作用のない粒子に対するものと同じである.

5.9 (3.48) 式の一般的な定義から, Hartree–Fock 近似における固有値の (5.12) 式を導け. ヒント:平面波の状態に対する交換積分は $-4\pi \sum_{\mathbf{k}'}^{k' < k_F} 1/|\mathbf{k} - \mathbf{k}'|^2$ という形をしている. これから 3 次元では対数的な特異性が出てくる. 詳細は文献 [280, 297] を参照されたい.

5.10 分極のない電子ガスに対する Hartree–Fock 近似におけるバンドの広がりの式 $\Delta W = (9/4\pi^2)^{1/3}/r_s$ を, (5.12) 式を使って求めよ.

5.11 電子の速度 $v = \mathrm{d}\varepsilon/\mathrm{d}k$ は Hartree–Fock 近似では, $k = k_F$ で発散することを解析的に導け. また, 以下の 2 点について論ぜよ.
(1) これは Coulomb 相互作用と Hartree–Fock 近似によりすべての金属で起きる.
(2) 短距離の相互作用では発散は存在しない.

5.12 (5.13) 式の関数 $f(x)$ の平均値は, (5.15) 式の前で述べたように, $-3/2$ であることを示せ. 次に, 一様電子ガスの基底状態に対しては, 交換エネルギーに対する (5.15) 式を証明せよ.

5.13 (5.19) 式は, (3.54) または (3.52) 式に平面波固有関数 (大きな体積 Ω で規格化されている) を代入して計算すれば直ちに出てくることを示せ. 別の方法としては, $g_x(r)$ は, 2 体分布関数と相互作用のない Fermi 粒子の密度行列との一般的な関係式 (3.56) から求められ, $g_x(r) = 1 - |\rho(r)|^2/n^2$ となる. ここで, n は電子密度であり, 密度行列 $\rho(r)$ は (5.11) 式で与えられている [260, 278].

5.14 一様電子ガス中の 1 個の点電荷を考える. Thomas–Fermi (TF) 近似 (第 6 章) を用い, TF の遮蔽長 (5.21) 式を導け. (ヒント:不純物による密度の変化は $\delta n(r) \propto \exp(-k_{TF}r)/r$ であるとして, TF の式を $\delta n(r)$ について 1 次まで展開して減衰定数 k_{TF} を求めよ).

5.5 励起と Lindhard 誘電関数 **171**

5.15 高い密度（小さい r_s）での正孔を使った交換相関正孔の (5.29) 式を求めよ．大きい r_s に対しては λ の 1 から ∞ までの積分を含むような類似の形があるだろうか？

5.16 図 5.5 を用い，Al, Na および Cs における反平行スピンの電子について，平均された正孔 (5.29) 式の形を描け．

5.17 (5.32) 式で与えられる平衡点 r_s の式を全エネルギーに関する表式と $\alpha = 1.80$ を用いて導け．もし相関を考慮すると，どの方向に r_s が変化すると予測されるか？Wigner の ϵ_c に関する補間公式を用い，具体的な式を求めよ．

5.18 一様電子ガスの誘電関数 (5.38) 式に関する Lindhard の式を導け．これは少々ややこしい積分で，その手順は Pines [297] の p. 144 に書かれている．

第II部
密度汎関数論

第 6 章

密度汎関数論：基盤

E pluribus unum.（多数から 1 つへ）

要　旨

密度汎関数論（DFT）の基本的な主張は，相互作用のある多数の粒子の性質はどんなものでも基底状態の 1 粒子密度 $n_0(\mathbf{r})$ の汎関数として考えることができる，言い換えれば，位置を変数とする 1 つのスカラー関数 $n_0(\mathbf{r})$ が，原理的には，基底状態と全励起状態の多体波動関数の持っている情報すべてを決める，というものである．このような汎関数が存在するという証明は，Hohenberg と Kohn や Mermin の原論文に載っているが，気が抜けるほど簡単である．しかし，彼らはその汎関数の作り方については何の手がかりも与えていない上に，1 電子より多い系についてはどのような系についても厳密な汎関数は得られていない．密度汎関数論は，もし実際の多電子系に対する有用な近似基底状態汎関数を作る補助系を与えた Kohn–Sham の提案がなければ，今頃はほとんど関心を持たれていなかったであろう．本章の主題は多体系に対する手法としての密度汎関数論である．第 7 章では Kohn–Sham の補助の独立粒子系と自己無撞着 Kohn-Sham 方程式の定式化について述べる．第 8，9 章では交換相関汎関数に対して広く用いられている近似について述べる．その後の章では実際の計算に対するアルゴリズムと原子，分子，凝縮物質の物理における問題への応用について述べる．

176 第 6 章 密度汎関数論：基盤

6.1 概　論

　密度汎関数論の現在の定式化は Hohenberg–Kohn が 1964 年に発表した有名な論文 [83] にその起源がある．彼らは量子多体系の基底状態では粒子密度（1 粒子密度）に特別の役割を持たせることができることを示した：密度は「基本的な変数」として考えることができる，すなわち，系のあらゆる性質は基底状態の密度の一義に決まる汎関数であると考えることができる．引き続いて 1965 年に，Mermin [326] が Hohenberg–Kohn の議論を有限温度のカノニカルおよびグランドカノニカル集団に拡張した．有限温度への拡張は広く使われてはいないが，それは密度汎関数論の一般性を示すと同時に，厳密な密度汎関数論が期待させるものを実現することの困難さをも浮かび上がらせた．1965 年にはまた，この分野のもう 1 つの古典的な論文が Kohn と Sham [84] によって発表された．彼らの密度汎関数論の定式化は，原子，分子，凝縮物質中の電子を扱う現在の多くの方法の基礎となっている．

　今日の文献では，「密度汎関数論」あるいは “DFT” は通常 Kohn–Sham の定式化を意味し，Hohenberg–Kohn と Kohn–Sham の区別をぼかしている．本書ではその 2 つをはっきりと区別するために，それぞれ異なった章に分けられている．密度汎関数論に関するこの後の数章の目的は，基本的な考え方と現在行われている事柄を解説することである．つまり，読者に現実の問題を扱うときに密度汎関数論をよく理解して使えるように十分な背景を提供すること，そして隠れた落とし穴や，将来の発展への可能な道筋をはっきり見せることである．本章の関心は，相互作用する電子における理論を密度を汎関数とするように再構築することである 6.2 と 6.3 節は背景と Hohenberg と Kohn による有名な存在定理に充てる；しかし，それほど有名ではないが 6.4 節の Levy と Lieb の導出は汎関数へのより深い洞察を与える．6.5 節では有限温度での Mermin 汎関数，電流汎関数，電気分極関連の議論などのいくつかの拡張について述べる．最後に，Hohenberg と Kohn によって定式化された密度汎関数論に関係する込み入ったことや難しさが 6.6 と 6.7 節の話題である．

6.2 Thomas–Fermi–Dirac 近似

量子系についての最初の密度汎関数論は 1927 年に提案された Thomas–Fermi 近似である．これは Thomas [327] と Fermi [328] によって別々に提案された．彼らの近似は今日の電子構造計算としては正確さが足りないが，その方法は密度汎関数論がどのように働くかを示した．その近似では系の電子の運動エネルギーが密度の明白な汎関数として近似されており，どの点においてもそこでの局所電子密度に等しい電子密度を持った相互作用のない一様電子ガスとして理想化されていた．Thomas も Fermi も電子間の交換と相関は無視していた．しかし，Dirac [329] が 1930 年にそれを拡張し，交換に対する局所近似を定式化し（5.2 節と 8.3 節参照），それは今でも使われている．この方法から外部ポテンシャル $V_{\text{ext}}(\mathbf{r})$ における電子のエネルギー汎関数が導かれ

$$
\begin{aligned}
E_{\text{TF}}[n] = C_1 \int \mathrm{d}^3 r \, n(\mathbf{r})^{(5/3)} &+ \int \mathrm{d}^3 r \, V_{\text{ext}}(\mathbf{r}) n(\mathbf{r}) \\
&+ C_2 \int \mathrm{d}^3 r \, n(\mathbf{r})^{4/3} + \frac{1}{2} \int \mathrm{d}^3 r \mathrm{d}^3 r' \, \frac{n(\mathbf{r}) n(\mathbf{r}')}{|\mathbf{r} - \mathbf{r}'|}
\end{aligned} \tag{6.1}
$$

が得られる．ここで最初の項は運動エネルギーの局所近似で，C_1 は原子単位で $\frac{3}{10}(3\pi^2)^{(2/3)} = 2.871$ である（5.2 節参照）．3 番目の項は局所交換エネルギーで，$C_2 = -\frac{3}{4}\left(\frac{3}{\pi}\right)^{1/3}$（上向きと下向きのスピンが同数の場合の (5.15) 式）である．最後の項は古典的な静電 Hartree エネルギーである．（付録 H では勾配まで含めた不均質な系に対する改良版の近似が与えられている．）

基底状態の密度とエネルギーは全電子数が一定である

$$
\int \mathrm{d}^3 r \, n(\mathbf{r}) = N \tag{6.2}
$$

という拘束条件下であらゆる可能な $n(\mathbf{r})$ に対して (6.1) 式の汎関数 $E[n]$ を最小にすることによって求められる．Lagrange の乗数法を使えば（演習問題 6.1），解は次の汎関数

$$
\Omega_{\text{TF}}[n] = E_{\text{TF}}[n] - \mu \left\{ \int \mathrm{d}^3 r \, n(\mathbf{r}) - N \right\} \tag{6.3}
$$

178 第 6 章 密度汎関数論：基盤

の無条件の最小化によって求められる．ここで Lagrange の乗数 μ は Fermi
エネルギーである．密度の小さな変分 $\delta n(\mathbf{r})$ に対して停留点であるための条
件は[1]

$$\int \mathrm{d}^3 r \{\Omega_{\mathrm{TF}}[n(\mathbf{r}) + \delta n(\mathbf{r})] - \Omega_{\mathrm{TF}}[n(\mathbf{r})]\} \rightarrow$$

$$\int \mathrm{d}^3 r \left\{ \frac{5}{3} C_1 n(\mathbf{r})^{2/3} + V(\mathbf{r}) - \mu \right\} \delta n(\mathbf{r}) = 0 \tag{6.4}$$

となる．ここで $V(\mathbf{r}) = V_{\mathrm{ext}}(\mathbf{r}) + V_{\mathrm{Hartree}}(\mathbf{r}) + V_x(\mathbf{r})$ は全ポテンシャルであ
る．(6.4) 式はどのような $\delta n(\mathbf{r})$ 関数に対しても満たされなければならないの
で，汎関数は密度とポテンシャルが次の関係式

$$\frac{1}{2}(3\pi^2)^{(2/3)} n(\mathbf{r})^{2/3} + V(\mathbf{r}) - \mu = 0 \tag{6.5}$$

を満たしたときにのみ停留状態にある．

不均一の効果をより正確に扱うには，運動エネルギー密度を局所近似を超
えて扱う必要がある．例えば，Weizsacker [330] の補正，$\frac{1}{4}(\nabla n^\sigma(\mathbf{r}))^2/n^\sigma(\mathbf{r})$
があり，これは最近の密度汎関数論における 8.5 節の勾配補正と同じ精神の
勾配補正である．H.1 節ではこの補正は密度 $n(\mathbf{r})$ を持つ Bose 粒子系の運動
エネルギー密度と見られることを示し，Fermi 粒子に対するより正確な表式
は常にあらゆる点での運動エネルギーを増加させることを示す．

密度汎関数論が魅力的であるのは，密度に対する 1 つの方程式が N 個の
電子に対する $3N$ 次元の自由度を持つ多体 Schrödinger 方程式と比べれば非
常に簡単であるということから明らかである．しかし，Thomas–Fermi 型の
やり方は出発点として用いられている近似はあまりに粗すぎて，原子の殻構
造や分子の結合などのような本質的な物理や化学を取り扱うことはできない
[331]．従って，この方法では物質中の電子構造を明らかにするという目的に
は不十分である．

6.3 Hohenberg–Kohn の定理

Hohenberg–Kohn の方法は，密度汎関数論を多体問題の厳密な理論として

---

[1] ［原註］これは付録 A で述べている汎関数方程式の一例である．特に (A.5) 式を参照．

6.3 Hohenberg–Kohn の定理　***179***

$$
\begin{array}{ccc}
V_{\text{ext}}(\mathbf{r}) & \overset{\text{HK}}{\Longleftarrow} & n_0(\mathbf{r}) \\
\Downarrow & & \Uparrow \\
\Psi_i(\{\mathbf{r}\}) & \Rightarrow & \Psi_0(\{\mathbf{r}\})
\end{array}
$$

図 6.1　Hohenberg–Kohn の定理の模式図. 短い矢印は Schrödinger 方程式の通常の解を表し, そこではポテンシャル $V_{\text{ext}}(\mathbf{r})$ は, 基底状態 $\Psi_0(\{\mathbf{r}\})$ と基底状態の電子密度 $n_0(\mathbf{r})$ を含む系のすべての状態 $\Psi_i(\{\mathbf{r}\})$ を決める. 「HK」というラベルの付いた長い矢印は, Hohenberg–Kohn の定理を表し, これによって回路が完成する.

定式化することである. その定式化は電子と静止した核に関するどのような問題も含めて, 外部ポテンシャル $V_{\text{ext}}(\mathbf{r})$ 中で相互作用をしている粒子系に適用でき, ハミルトニアンは

$$
\hat{H} = -\frac{\hbar^2}{2m_e}\sum_i \nabla_i^2 + \sum_i V_{\text{ext}}(\mathbf{r}_i) + \frac{1}{2}\sum_{i\neq j}\frac{e^2}{|\mathbf{r}_i - \mathbf{r}_j|} \tag{6.6}
$$

と書くことができる[2]. 密度汎関数論は最初に Hohenberg–Kohn [83] が証明した 2 つの定理に基づいている. ここでは最初にこの定理を述べて, その後で証明を定理から得られる結果と共に述べる. 6.4 節では Levy–Lieb によるもう 1 つの定式化について述べる. こちらの方がより一般的で, 汎関数についてのより直観的な定義を与えている. まず Hohenberg–Kohn によって確立された関係を図 6.1 に示す. これは次のように記述される.

● **定理 I**：外部ポテンシャル $V_{\text{ext}}(\mathbf{r})$ 中で相互作用をしている粒子系に対しては, ポテンシャル $V_{\text{ext}}(\mathbf{r})$ は定数を除いて, 基底状態の粒子密度 $n_0(\mathbf{r})$ によって一意に決まる.
　系 I：ハミルトニアンはエネルギーの定数分のシフトを除けば完全に決められるので, あらゆる状態（基底と励起）に対して多体波動関数が決まる

---

[2]　[原註] 核–核相互作用は後で加えることができる. 無限大の系では Coulomb 相互作用を扱うときには注意が必要である（3.2 節）ということを除けば, (6.6) 式には核–核相互作用は重要ではない. 磁場を含めるためには特別の考察が必要であり, 無限系では電場についても面倒な問題がある. 6.5 節参照.

180 第 6 章 密度汎関数論：基盤

ことになる．従って，系のすべての性質は基底状態の密度 $n_0(\mathbf{r})$ さえ与えられれば完全に決められる．

- **定理 II**：どのような外部ポテンシャル $V_{\text{ext}}(\mathbf{r})$ に対しても成り立つ電子密度の普遍的汎関数としてエネルギー $E[n]$ を定義することができる．どのような $V_{\text{ext}}(\mathbf{r})$ に対しても系の厳密な基底状態のエネルギーはこの汎関数の大局的な極小値であり，汎関数を最小にする密度 $n(\mathbf{r})$ は厳密に基底状態の密度 $n_0(\mathbf{r})$ である．

系 II：汎関数 $E[n]$ はそれだけで厳密な基底状態のエネルギーと密度を決めるのには十分である．電子の励起状態は，一般的には，他の方法で決めなければならない．しかし，Mermin の論文（6.5 節）は比熱のような熱平衡状態での特性は密度の自由エネルギー汎関数から直接求められることを示している．

このような主張は非常に包括的で，また証明は簡単なので，この分野に携わっている人たちがこれらの定理の基本と論理的帰結の限界を理解することは非常に重要である．

定理 I の証明：基本的な変数としての密度

Hohenberg–Kohn の定理の証明は気が抜けるほど簡単である．まず定理 I を，多体波動関数を使った密度とエネルギーに対する一般的表式 (3.8) と (3.9) を使って考える．ここで 2 つの異なる外部ポテンシャル $V_{\text{ext}}^{(1)}(\mathbf{r})$ と $V_{\text{ext}}^{(2)}(\mathbf{r})$ があり，これらは定数を超える違いがあり，しかもこの 2 つのポテンシャルから同じ基底状態の密度 $n(\mathbf{r})$ が出てくると仮定しよう．この 2 つの外部ポテンシャルからは 2 つの異なるハミルトニアン $\hat{H}^{(1)}$ と $\hat{H}^{(2)}$ が出てきて，それはまた異なる基底状態の波動関数 $\Psi^{(1)}$ と $\Psi^{(2)}$ を持つことになり，この波動関数は仮定により同じ基底状態の密度 $n_0(\mathbf{r})$ を持つはずである．（以下で述べるように，同じ密度を持つけれど異なる波動関数 Ψ を見つけるのは簡単である．）ところで $\Psi^{(2)}$ は $\hat{H}^{(1)}$ の基底状態ではないから，次式

$$E^{(1)} = \langle \Psi^{(1)} | \hat{H}^{(1)} | \Psi^{(1)} \rangle < \langle \Psi^{(2)} | \hat{H}^{(1)} | \Psi^{(2)} \rangle \tag{6.7}$$

が得られる．不等式が厳密に成り立つのは基底状態が縮退していないときで

あり，ここでは Hohenberg–Kohn の論文に倣ってそのように仮定する[3]．

(6.7) 式の最後の項は

$$\langle \Psi^{(2)}|\hat{H}^{(1)}|\Psi^{(2)}\rangle$$
$$= \langle \Psi^{(2)}|\hat{H}^{(2)}|\Psi^{(2)}\rangle + \langle \Psi^{(2)}|\hat{H}^{(1)} - \hat{H}^{(2)}|\Psi^{(2)}\rangle \tag{6.8}$$
$$= E^{(2)} + \int \mathrm{d}^3 r \, \left[V_{\mathrm{ext}}^{(1)}(\mathbf{r}) - V_{\mathrm{ext}}^{(2)}(\mathbf{r}) \right] n_0(\mathbf{r}) \tag{6.9}$$

のように書くことができ，従って

$$E^{(1)} < E^{(2)} + \int \mathrm{d}^3 r \, \left[V_{\mathrm{ext}}^{(1)}(\mathbf{r}) - V_{\mathrm{ext}}^{(2)}(\mathbf{r}) \right] n_0(\mathbf{r}) \tag{6.10}$$

が得られる．ところで，$E^{(2)}$ についてもまったく同じように考えるならば，上式で添え字 (1) と (2) を交換した式が得られるはずで

$$E^{(2)} < E^{(1)} + \int \mathrm{d}^3 r \, \left[V_{\mathrm{ext}}^{(2)}(\mathbf{r}) - V_{\mathrm{ext}}^{(1)}(\mathbf{r}) \right] n_0(\mathbf{r}) \tag{6.11}$$

となる．ここで (6.10) と (6.11) 式を辺々足し合わせると $E^{(1)} + E^{(2)} < E^{(1)} + E^{(2)}$ という矛盾した不等式が出てくる．これが欲しかった結果で，定数以上に差のある 2 つの異なった外部ポテンシャルは同じ縮退のない基底状態の電荷密度を与えることはできない，ということができる．密度は定数を除いて外部ポテンシャルを一義に定める．

この定理の系 I は，ハミルトニアンが基底状態の密度によって（定数を除いて）一義に決まることから出てくる．つまり，原理的には，どのような状態の波動関数でもこのハミルトニアンを持つ Schrödinger 方程式を解けば求められる．与えられた密度と矛盾しない解すべての中で唯一の基底状態の波動関数はエネルギーが最低のものである．

この結果の説得力にもかかわらず，問題を解くための処方箋が与えられてい

---

[3] ［原註］これは必要な制限ではない．その証明は，縮退した場合にも容易に拡張でき [332]，そのような場合は 6.4 節で議論する Levy [333–335] の別の定式化にも含まれている．特別な場合を除けば，縮退した基底状態のどれか 1 つの密度は一義に外部ポテンシャルを決める．演習問題の中にその一例があり，そこでは 2 つの縮退した状態は厳密に同じ電子密度を持っており，その結果一般的な演算子の期待値は一義に決まる密度の汎関数とはなり得ない．そのようなときでも，エネルギーの期待値は縮退した状態を線形結合したものすべてについて同じであり，Hohenberg–Kohn の定理は成り立つことになる．

182　第 6 章　密度汎関数論：基盤

ないということは上記の論理から明らかである．証明されていることは $n_0(\mathbf{r})$ は $V_{\mathrm{ext}}(\mathbf{r})$ を一義に決めるということだけであるから，$V_{\mathrm{ext}}(\mathbf{r})$ があるときの多体問題を解くという問題はそのまま残っている．例えば，物質中の電子に対しては外部ポテンシャルというのは核による Coulomb ポテンシャルである．この定理が主張しているのは電子密度は核の位置と種類を一義に決めるということだけであり，この程度のことは初歩的な量子力学で簡単に証明できることである（演習問題 6.4 参照）．この段階ではまだ何も得ていないに等しく，依然として核によるポテンシャルの中を動き相互作用をしている多電子の問題はもとのまま残っている．

定理 II の証明

2 番目の定理も，密度の汎関数の意味を注意深く定義し，密度を定義する空間を注意深く限定してしまえば，同じように簡単に証明できる．Hohenberg–Kohn の原論文の証明は，密度 $n(\mathbf{r})$ をある外部ポテンシャル V_{ext} を持つハミルトニアンの基底状態の電子密度に限っている．このような密度を「V-表示可能」と呼ぶ．これは可能な密度の空間を定義し，その範囲内で密度の汎関数を作ることができる．（6.4 節で述べるように，汎関数の有効領域を拡張することは可能である．）$n(\mathbf{r})$ が特定されれば運動エネルギーなどのあらゆる特性が一義に決められることから，このような特性の 1 つ 1 つを $n(\mathbf{r})$ の汎関数とみなすことができ，その中の全エネルギーの汎関数は

$$E_{\mathrm{HK}}[n] = T[n] + E_{\mathrm{int}}[n] + \int \mathrm{d}^3 r \, V_{\mathrm{ext}}(\mathbf{r})n(\mathbf{r}) + E_{II}$$

$$\equiv F_{\mathrm{HK}}[n] + \int \mathrm{d}^3 r \, V_{\mathrm{ext}}(\mathbf{r})n(\mathbf{r}) + E_{II} \tag{6.12}$$

と書くことができる．ここで E_{II} は核の相互作用エネルギーである（(3.2) 式とそれに関連した議論参照）．(6.12) 式で定義された汎関数 $F_{\mathrm{HK}}[n]$ は相互作用をしている電子系の全内部エネルギー，運動エネルギーとポテンシャルエネルギー，を含んでおり，

$$F_{\mathrm{HK}}[n] = T[n] + E_{\mathrm{int}}[n] \tag{6.13}$$

と書くことができる．この式は粒子の運動エネルギーと相互作用エネルギー

が密度のみの汎関数であるから，その作り方から普遍的なものでなければならない[4]．

さて，外部ポテンシャル $V_{\text{ext}}^{(1)}(\mathbf{r})$ に対応する基底状態の電子密度 $n^{(1)}(\mathbf{r})$ を持つ系を考えよう．上記の議論に従えば，Hohenberg–Kohn の汎関数はハミルトニアンの唯一の基底状態の波動関数 $\Psi^{(1)}$ についての期待値

$$E^{(1)} = E_{\text{HK}}[n^{(1)}] = \langle \Psi^{(1)} | \hat{H}^{(1)} | \Psi^{(1)} \rangle \tag{6.14}$$

になる．次にもう 1 つの密度，例えば $n^{(2)}(\mathbf{r})$，を考えよう．これは異なった波動関数 $\Psi^{(2)}$ に対応するものである．このことから次式が成り立ち，この状態のエネルギー $E^{(2)}$ は $E^{(1)}$ より大きくなくてはならないことになる，

$$E^{(1)} = \langle \Psi^{(1)} | \hat{H}^{(1)} | \Psi^{(1)} \rangle < \langle \Psi^{(2)} | \hat{H}^{(1)} | \Psi^{(2)} \rangle = E^{(2)}. \tag{6.15}$$

このように，Hohenberg–Kohn の汎関数を使って正確な基底状態密度 $n_0(\mathbf{r})$ に対して求めた (6.12) 式のエネルギーは，他の密度 $n(\mathbf{r})$ に対するこの表式を使ったエネルギー値よりは確かに低いことが分かる．

従って，もし汎関数 $F_{\text{HK}}[n]$ が分かれば，系の全エネルギー (6.12) 式を密度関数 $n(\mathbf{r})$ についての変分に関して最小化することによって，厳密な基底状態での密度 $n(\mathbf{r})$ とエネルギーが得られる．このことから系 II が出てくる．ここで注意すべきことは，汎関数は基底状態の特性を決めるだけであり，励起状態についてはどのような指針も与えていないということである．

6.4 制約付き探索に基づく密度汎関数論の定式化

Levy [333–335] と Lieb [336–338] による汎関数のもう 1 つの定義は非常に

---

[4] [原註] ここでは「普遍的な」という言葉は，すべての電子系に対して同じであり，外部ポテンシャル $V_{\text{ext}}(\mathbf{r})$ とは無関係であるということを意味することに注意しよう．Hohenberg–Kohn 法では，異なる粒子に対してはその質量と相互作用に依存して異なる汎関数が出てくる．本書では汎関数は特に断りがなければ電子に対するものである．実際には電子構造論における密度汎関数論という考え方にもう 1 つの重要な応用がある．それは「相互作用のない電子」，すなわち，電子の質量を持ちそれ自身の間では相互作用のない Fermi 粒子の場合であり，Kohn–Sham 方程式に陽に現れる粒子である．その場合にも，密度汎関数の一般的な概念を使うことには利点が多く，Kohn–Sham 方程式についての汎関数の異なった使い方に関する区別は十分注意して述べるつもりである．

184 第 6 章 密度汎関数論：基盤

教えられるところが多い．それは，

- 汎関数の定義域を拡張しており，その結果，式がたどりやすく，物理的な
  意味が分かりやすい．
- 厳密な汎関数を決める原則的な方法を与えている．
- 最小値を与えるところでは Hohenberg–Kohn の解析におけるものと同じ
  基底状態の密度とエネルギーを与え，縮退した基底状態に対しても適用で
  きる．

Levy と Lieb（LL）の考えは最小化の手続きを 2 段階で行うというもので，
まず，(3.9) 式で与えられる多体波動関数 Ψ を使ったエネルギーの一般的表
式から始める．基底状態は，原理的には，Ψ のすべての変数に関してエネル
ギーを最小化することにより得られる．しかし，ここでまず同じ密度 $n(\mathbf{r})$ を
持つ多体波動関数 Ψ の集合に対するエネルギーだけを考えてみよう．どのよ
うな波動関数に対しても全エネルギーは

$$E = \langle\Psi|\hat{T}|\Psi\rangle + \langle\Psi|\hat{V}_{\mathrm{int}}|\Psi\rangle + \int \mathrm{d}^3r\, V_{\mathrm{ext}}(\mathbf{r})n(\mathbf{r}) + E_{II} \qquad (6.16)$$

のように書くことができる．次にもし (6.16) 式のエネルギーを同じ密度 $n(\mathbf{r})$
を持つ波動関数の集合の中で最小化するなら，その密度に対して最も低いエ
ネルギーを一義に決めることができ，

$$E_{\mathrm{LL}}[n] = \min_{\Psi \to n(\mathbf{r})}[\langle\Psi|\hat{T}|\Psi\rangle + \langle\Psi|\hat{V}_{\mathrm{int}}|\Psi\rangle] + \int \mathrm{d}^3r\, V_{\mathrm{ext}}(\mathbf{r})n(\mathbf{r}) + E_{II}$$

$$\equiv F_{\mathrm{LL}}[n] + \int \mathrm{d}^3r\, V_{\mathrm{ext}}(\mathbf{r})n(\mathbf{r}) + E_{II} \qquad (6.17)$$

となる．式中の Levy–Lieb 密度汎関数は次式

$$F_{\mathrm{LL}}[n] = \min_{\Psi \to n(\mathbf{r})} \langle\Psi|\hat{T} + \hat{V}_{\mathrm{int}}|\Psi\rangle \qquad (6.18)$$

で定義される．この式の形を見れば，$E_{\mathrm{LL}}[n]$ は明らかに密度の汎関数であり，
基底状態は $E_{\mathrm{LL}}[n]$ を最小化すれば見つけることができる．

Levy–Lieb の定式化は，Hohenberg–Kohn の汎関数 (6.12) 式の単なる言
い換えを大きく超えたものである．第 1 に，(6.18) 式は汎関数の意味を明確
にし，手続きが明確な定義を与える．すなわち，LL 汎関数は与えられた密度

$n(\mathbf{r})$ を持つすべての可能な波動関数に対して運動および相互作用エネルギーの和の最小値を与える．LL 汎関数はまた Hohenberg–Kohn 汎関数とは形式上の重要な違いがある．特に，(6.18) 式の LL 汎関数は N 個の電子に対する波動関数 Ψ_N から導かれるいかなる密度 $n(\mathbf{r})$ に対しても定義できる．これは「N-表示可能性」と名付けられ，簡単な条件を満たすどのような密度に対してもそのような波動関数が存在することは 6.6 節で議論するように，すでに分かっている [339]．それに反して，Hohenberg–Kohn 汎関数はある外部ポテンシャルによって決められる密度に対してのみ定義されているので，「V-表示可能性」と呼ばれており，このような密度が存在する条件は一般的には分かっていない．与えられた外部ポテンシャル中の系の全エネルギーが最小値をとるときには，Levy–Lieb 汎関数 $F_{\mathrm{LL}}[n]$ は，(6.13) 式で定義された Hohenberg–Kohn 汎関数に等しくなくてはならない．というのは，その最小値は外部ポテンシャルから作られた密度のときの値だからである．さらに，LL 形式には Hohenberg–Kohn のもとの証明における縮退のない基底状態に限るという制約がない．というわけで，縮退した状態の集合の中からでも探索をすることができる．

このようにして汎関数はいかなる密度に対しても（以下で述べる一定の条件のもとで）求めることができるようになり，この汎関数を最小化すれば，相互作用をしている多体系の厳密な密度とエネルギーを決めることができるようになった．しかし，Hohenberg–Kohn の最初の証明のときと同じように，汎関数を見つけるための手段は多体波動関数を使ったもとの定義より他にはまったく与えられていないという厳しい事実に変わりはない．それにもかかわらず，汎関数が相関のある多体波動関数の運動エネルギーとポテンシャルエネルギーに依存しているということから，次章で見るような近似汎関数が作成されるようになった．この近似汎関数は具体的な計算および電子間の交換と相関の効果を理解するときには非常に役に立つ．

6.5 Hohenberg–Kohn の定理の拡張

スピン密度汎関数論

上記の議論はまた，Hohenberg–Kohn の定理をどのようにすればいくつ

186 第 6 章 密度汎関数論：基盤

かの種類の粒子にまで一般化できるかも示している．Hohenberg–Kohn の定理において，粒子の性質の中で，密度と外部ポテンシャルだけが特別な役割を担う理由は，これらの量が全エネルギー (3.9) 式に単純な双 1 次積分項 $\int \mathrm{d}^3 r V_{\mathrm{ext}}(\mathbf{r}) n(\mathbf{r})$ を通してのみ陽に入っているからである．ハミルトニアンの中にこのような形を持っている項が他にもあるときには，外部ポテンシャルと粒子密度のように対をなす各項は Hohenberg–Kohn の定理に従うことになる．

この目的に沿った最も良い例は，上向きと下向きスピンの Fermi 粒子に対して異なる値を持つ Zeeman 項であろう（すなわち，スピンにのみ作用して軌道運動には作用しない磁場の項である）．Zeeman 項は外部磁場の重要な効果の 1 つであるから，このようなモデルは物理的に現実に近い近似と考えることができる．このモデルの範囲内で，2 種類の密度，粒子密度 $n(\mathbf{r}) = n(\mathbf{r}, \sigma = \uparrow) + n(\mathbf{r}, \sigma = \downarrow)$ とスピン密度 $s(\mathbf{r}) = n(\mathbf{r}, \sigma = \uparrow) - n(\mathbf{r}, \sigma = \downarrow)$，を扱うように上記の議論すべてを厳密に一般化することができ，エネルギー汎関数

$$E = E_{\mathrm{HK}}[n, s] \equiv E'_{\mathrm{HK}}[n] \tag{6.19}$$

が導かれる．ここで最後の表式では $[n]$ は空間座標 $\mathbf{r}$ とスピン σ による，密度の汎関数であることを表している．「スピン密度汎関数論」は，磁気秩序を持つ固体ばかりでなく，正味のスピンを持つ原子や分子の理論でも必須である [305, 340, 341]．（ここで注意すべきことは，以上の理論では磁場の軌道運動への影響を考えていないことである．これを考慮するためには電流汎関数論にまで拡張する必要がある [342–345]．）

外部 Zeeman 磁場がない場合でも，最低エネルギー状態はスピン分極していて，すなわち $n(\mathbf{r}, \uparrow) \neq n(\mathbf{r}, \downarrow)$ であることもある．これはスピンに関する制限のない Hartree–Fock 理論における対称性の破れた解と似ている．（これは奇数個の電子を持つ有限な系で必然的に起きる現象であり，Hund の法則に従って分極している原子や磁性固体中でも起きることである．）スピン汎関数はこのような場合でも有用であるが，Hohenberg–Kohn の定理はここでも成立するので，スピンに依存する外部ポテンシャルがない系に対しては基底状態は原理的には全基底状態密度 $n(\mathbf{r}) = n(\mathbf{r}, \uparrow) + n(\mathbf{r}, \downarrow)$ によって決まるはずである（演習問題 6.8 参照）．もし定理の記述に修正が必要であるとすれ

ば，それは対象性が破れた状態は必ず縮退しているということを考慮するということである[5].

Mermin の有限温度とアンサンブル密度汎関数論

基底状態に対する Hohenberg–Kohn の定理は有限温度のアンサンブルに対応する密度を作れば熱平衡状態にまで適用できる．Hohenberg–Kohn の論文のすぐ後で Mermin [326] が示したように，基底状態に対する Hohenberg–Kohn の各定理に対して，熱平衡における系についてもそれに対応する定理が存在する．このことを示すために Mermin は試行電子密度行列 $\hat{\rho}$ のグランドポテンシャル汎関数

$$\Omega[\hat{\rho}] = \mathrm{Tr}\,\hat{\rho}\left[(\hat{H} - \mu\hat{N}) + \frac{1}{\beta}\ln\hat{\rho}\right] \tag{6.20}$$

を作った．この最小値が熱平衡グランドポテンシャル

$$\Omega = \Omega[\hat{\rho}_0] = -\frac{1}{\beta}\ln\mathrm{Tr}\,\mathrm{e}^{-\beta(\hat{H}-\mu\hat{N})} \tag{6.21}$$

であり，ここで $\hat{\rho}_0$ はグランドカノニカル密度行列

$$\hat{\rho}_0 = \frac{\mathrm{e}^{-\beta(\hat{H}-\mu\hat{N})}}{\mathrm{Tr}\,\mathrm{e}^{-\beta(\hat{H}-\mu\hat{N})}} \tag{6.22}$$

である．この証明は Hohenberg–Kohn の証明とまったく同じようにでき，$\Omega[\hat{\rho}_0]$ が最小であるという性質と，エネルギーが外部ポテンシャルに $\int V_{\mathrm{ext}}(\mathbf{r})n(\mathbf{r})\mathrm{d}\mathbf{r}$ を通してのみ依存するという事実とを使うだけである．（Mermin 汎関数の独立粒子版は 7.3 節で述べる．）

Mermin の定理からは Hohenberg–Kohn の定理よりさらに強力な結論，すなわち，エネルギーばかりではなく，エントロピー，比熱などが熱平衡密度の汎関数となるという結論が出てくる．しかし Mermin 汎関数は広く使われることはなかった．その理由は簡単で，エントロピー（励起状態全体にわたる和が出てくる）に対する有用な近似汎関数を作ることは基底状態のエネル

---

[5] ［訳註］通常は高い対称性から対称性が破れた状態になると縮退が解ける．ここで著者が言わんとしていることはこのこととは違って，対称性の破り方に等価なものがあるということと思われる．

188 第6章 密度汎関数論：基盤

ギーに対するよりはるかに難しいからである．例えば，金属を Fermi 液体と
して扱うときには低温での比熱係数は Fermi 面での有効質量に直接関係して
いる．従って，Hohenberg–Kohn 汎関数では基底状態のエネルギーだけが問
題であったが，自由エネルギーに対する Mermin 汎関数は基底状態のエネル
ギーばかりでなく有効質量（すべての多体効果の繰り込み）も正しく扱わね
ばならない．

Hohenberg–Kohn の定理は，もとは電子数が一定の整数であるような基底
状態に対してのみ定式化されていたのであるが，電子数を連続変数として扱
う汎関数を定義すると役に立つアンサンブルにも一般化できる [346]．化学ポ
テンシャルを一定とした Mermin の熱平衡アンサンブルは，電子数演算子 $\hat{N}$
の期待値である平均値の周りで電子数が揺らいでいるという例である．アン
サンブル理論からは，整数値で占有しているとき，あるいは固体の場合には
充満バンドに対して，エネルギーの電子数に関する導関数には，整数値の占
有のところで，あるいは固体の場合には充満バンドの境界で，不連続性がな
ければならないということも同様に出てくる．このようなことは汎関数に組
み込むには難しい性質であり，今日の近似密度汎関数ではまだできていない．

電流密度と時間依存密度汎関数論

Hohenberg–Kohn の定理は時間反転に対して不変な系に適用される．磁場
があったり時間に依存する電場があると，ハミルトニアンは $V_{ext}(\mathbf{r})n(\mathbf{r})$ と
$\mathbf{p} \cdot \mathbf{A}_{ext}$ を含むことになる．従って，もとの Hohenberg–Kohn 定理の議論
と同じ論理で，種々の性質は密度 n と電流密度 $\mathbf{j} = -\frac{e}{m}\mathbf{p}$ [342, 343, 345] の
両方に依存する．しかし，この場合には基底状態エネルギーや平衡自由エネ
ルギーに対する変分原理に対応するものがないので，理論の構造はまったく
違ったものになる．

Hohenberg–Kohn のやり方を時間依存の問題に一般化することは Runge
と Gross によって行われた [246]．単連結の局在系では，電流は $\nabla \mathbf{j} = -dn/dt$
で与えられるので，理論は時間依存の密度によって記述できる．その結果と
して，ある時刻 t' での波動関数を初期値として，その後の時刻 t での状態は
$t' \leq t'' \leq t$ のすべての時刻 t'' の時間依存密度 $n(\mathbf{r}, t'')$ の汎関数となる．これ
はまた，励起に対する密度汎関数の形式的な構築とみなすこともできる．時

間依存の汎関数は入り組んでいるが，第21章で述べるように，Kohn–Sham
の方法の枠内でかなりの進展があった．

しかしながら，一般的にはこの理論は電流密度を含まなければならない．
特に，境界のない系あるいは単連結でない系においては，時間発展は電子密度
だけの汎関数ではない．例えば，電荷の一様なリングにおいては，電流があっ
たとしても電子密度は変わらず，状態は電流を指定して初めて決まる [347]．
このようにして電流汎関数と本質的に関連しており，静的電気分極のような
性質にもつながっている．

電場と分極

電場と分極の議論が無限大の系で問題になってきた．無限大の空間では電
場によるポテンシャル $V(x) = Ex$ は有限でなくなり，エネルギーに下限が
存在せず，従って，基底状態というものが存在しない．これは物質の誘電的
性質に関する理論における有名な問題 [348, 349] である．しかし，もし基底
状態が存在しないのであれば，基底状態についての Hohenberg–Kohn の定
理は適用できない [350]．

密度汎関数論に電場を組み込む方法はあるのだろうか？ これは非常に微
妙な問題で，電場が存在するときには，ある種の制約を付けなくてはならな
くて，その制約内で安定な基底状態が存在する．分子の場合には電子を分子
の近傍に制限するという簡単なことを普通は行っており，それで十分である．
しかし，固体ではどのような制約が適切かはそれほどはっきりしていない．
著者の知る限りでは，すべての提案は電子を局在 Wannier 関数（第23章参
照）に制限する，あるいは，Bloch 関数にこれと等価な条件を課すというこ
とである．巨視的な分極 $\mathbf{P}$ を用いて，エネルギーには $\mathbf{E} \cdot \mathbf{P}$ 項が含まれてい
るので，理論は「密度分極理論」（文献 [351, 352] とそこで引用されている文
献参照）ということになるはずである．ここで興味深いことは，電界がゼロ，
$\mathbf{E} = 0$，で正味の分極がある系（例えば，強誘電体）では，分極は密度だけ
で決められる [351] ということである，すなわち，Hohenberg–Kohn のもと
の定理が成り立つことである．（しかし，Kohn–Sham 法における反対の結論
については第7章と第24章参照.）

190 第 6 章 密度汎関数論：基盤

6.6 厳密な密度汎関数論の複雑さ

Hohenberg–Kohn の定理が提起した挑戦は密度の汎関数を使った多体論の再定式化をいかに利用するかということである．この定理は密度の未知の汎関数で表現されており，容易に示されるようにそれらは非局所的であって，さまざまな位置 $\mathbf{r}$ での密度 $n(\mathbf{r})$ に同時に依存することになっている．そのため汎関数を簡潔な形で表すのは困難である．

電子の許容密度

密度を積分したら正しい粒子数にならねばならないという条件だけが与えられたときに，Fermi 粒子に対して許容される密度の性質に関する一般的な疑問は数多くある．

- 同じ密度 $n(\mathbf{r})$ を持つ，いくつかの異なる波動関数 Ψ を簡単に作れるだろうか？

  可．例としては一様電子ガスが分かりやすいであろう．すべての平面波は同じ一様な密度を持っており，相互作用のない系では運動エネルギーの最も低い状態が最低エネルギーの基底状態になる．相互作用をしている電子系もまた同じように一様な密度を持っているが，波動関数は互いに相関があり，1 個の行列式とはまったく異なった形をしている．この同じ論理はまた非一様電子ガスの場合にも適用でき，それについては演習問題 6.5 で論じている．

- 可能な密度すべてを表現できる Fermi 粒子系に対する反対称波動関数を作ることができるだろうか（「N-表示可能性」）？

  可．ただし密度にいくつかの制限を課す必要がある．Gilbert [339] が示したように，$n(\mathbf{r}) \geq 0$ と $\int |\nabla n(\mathbf{r})^{1/2}|^2 d\mathbf{r}$ が有限であるという制約だけのもとに N 個の 1 電子軌道で作る 1 個の Slater 行列式から，与えられたスピンを持ち積分すれば全電子数 N になるどのような密度でも作ることは可能である．場合によっては，演習問題 6.6 で述べるように，そのような波動関数を作る明確な方法が存在する [273, 353]．

- 密度がある局所的外部ポテンシャルに対する基底状態の密度となるようにすることは可能だろうか（「V-表示可能性」）？

  否．これまでにも一見ありそうに見える多数の密度が結局どんな V に対しても基底状態にはなり得ないことが示されてきた [334, 336]．このような密度は「V-表示不可能」と呼ばれる．これはどのような 1 組の縮退状態の密度の 1 次結合について成り立ち，密度は一見それらしく見えても，与えられた電子数とポテンシャルに対する基底状態にはならない．この 1 つの例としては開殻構造の原子の電子密度を角度で平均したものが考えられる．ここでの質問の制限を緩めて，滑らかなポテンシャル（δ 関数を含まないもの）で作ることのできない密度があるかないかという質問にすると，多数のできない密度の例がある．例えば有限な系における 1 電子の励起状態の密度などを見つけることができる．（H の 2s 状態における 1 電子密度を演習問題 6.7 で扱っている．）

厳密な密度汎関数論から分かる特性

Hohenberg–Kohn の議論は相互作用をしている粒子系の性質に対しては非常に一般的であるが，基底状態に特に力点がおかれている．そこで次のような疑問が出てくる．つまり，もし厳密な Hohenberg–Kohn 汎関数が得られたときには，その最小化によって物質のどのような性質が正しく与えられるはずだろうか？ Hohenberg–Kohn および Mermin の定理によって保証されているすべての性質を満たすようにすることが，どれほど困難かは次の例ではっきり分かるであろう．

磁場や磁気感受率は密度汎関数論を電流を含むように拡張しないといけないのでここでは取り扱わない．

- 厳密な密度汎関数論から正しい励起エネルギーが求まるだろうか？

  可．原理的には全ハミルトニアンが決まるのですべての性質が決められる．
- 励起エネルギーは厳密な Hohenberg–Kohn あるいは Levy–Lieb 汎関数の最小化で正しく与えられるだろうか？

  否．最小値近傍で得られた汎関数は，高エネルギー側の鞍点に関連している励起に関しては何の情報も与えない．何か他の方法が励起エネルギーを

192　第6章　密度汎関数論：基盤

決めるには必要である．

- 厳密な比熱と温度の関係は厳密な有限温度のMermin汎関数で正しく与えられるだろうか？

　可．比熱が基底状態からの励起に関連があるとしても，このような励起の熱平均は密度と温度の一義に決まる汎関数でなければならない．

- 静的感受率は基底状態の汎関数から正しく与えられるだろうか？

　可．汎関数は普遍なので摂動系においても正しい．すべての静的感受率は基底状態のエネルギーの外部場に関する2次の導関数である．従って，基底状態のHohenberg–Kohn汎関数の外部場の関数としての変分によって正しく与えられなければならない[6]．

- 金属の厳密なFermi面は厳密な基底状態密度汎関数論から与えられるだろうか？

　可．これは次の2つの理由により，それほど自明の質問ではない．まず第1に，質問が意味を持つためには，電子間相互作用を含む多体金属がはっきりしたFermi面を持っていなければならない．ここでは持っていると仮定する．第2に，Fermi面が基底状態の性質であるということは先験的に明らかというわけではない．Fermi面が基底状態の性質から決められるということを見る1つの方法は，静的摂動に対する感受率を考えることである．摂動のない金属のFermi面の形に細部にわたって依存しているKohn異常や不純物から離れたところでの密度のFriedel振動を，厳密な密度汎関数論は正確に導出するはずである．

- Mott絶縁体（電子間相関による絶縁体）は厳密な密度汎関数論によって正確に予言されねばならないか？

　可．これはFermi面が消える特別な場合における金属についての上記の議論から出てくる．

---

[6] ［原註］無限系の電気感受率の場合は例外である．というのは，基底状態は有限の電場が存在するときには厳密に定義されないからである．しかしながら，感受率は計算することができる．同様に有限の分極も問題である．第24章で議論するように，分極は密度から直接には得られない；それは波動関数の位相を使った表現で決められる．それには基底状態の汎関数を超えた他の方法が必要である．

6.7 密度から議論を進める困難さ

　本節の目的は，密度汎関数論は密度の形さえ分かれば物質の性質が理解できるという方法を与えるものではない，ということを強調することである．原理的には密度が分かれば十分なのであるが，その関係は非常に微妙であり，これまで誰も密度から一般的な性質，例えばその物質が金属であるか絶縁体であるかなど，を直接導き出す方法を見つけた人はいない．重要な点は今考えている密度が量子力学系で許された密度だということであり，まさにここに量子効果が取り込まれているのである．

　この問題の難しさは，外部ポテンシャル中の N 個の相互作用のない電子という厳密な解が求められる場合を考えればよく分かる．これは第 7 章で議論するが，密度汎関数論への Kohn–Sham の方法における中心的問題である．この場合には (6.12) 式で与えられる厳密な Hohenberg–Kohn 汎関数は運動エネルギーそのものである．運動エネルギーを厳密に見積もるための現在知られている唯一の方法は，N 個の波動関数の集合を使った通常の表式に戻すことである．密度から運動エネルギーへ直接に移す方法は分かっていない．波動関数で表された運動エネルギーは電子数の関数としての微分が整数の占有数のところで不連続である（演習問題 6.11 参照）．運動エネルギーとポテンシャルエネルギーを関係づけるビリアル定理から，厳密な汎関数（運動エネルギーとポテンシャルエネルギー）のすべての部分は電子数の関数として非解析的な振る舞いをするであろうことがすぐに分かる．これは密度の全領域にわたる積分の性質であり，ある局所的な領域での密度の様子だけから決められるものではない．

　固体の電子密度は，原子の電子密度を重ね合わせた和と非常によく似ている．例えば，図 2.1 は Si の電子密度と原子の集合として重ね合わせた電子密度との差を示しているが，これは全電子密度に比べると非常に小さい．事実，共有結合は全電子密度の中で識別するのは難しい．イオン結晶はイオンを集めたものと考えることも多い．しかし，また中性の原子を集めたものとしても十分によく表現される [354]．それは負の陰イオンは十分に大きくて，その電子密度は正の陽イオンの周りにまで広がっており，電子密度を中性の原子

194 第 6 章 密度汎関数論：基盤

の密度と同じようにしてしまうからである．だから，よく知られたイオン結晶でさえ，どのように電子密度から適切な情報を引き出すかは明らかではない．絶縁体から金属を識別するのはさらに困難である（演習問題 12.11 参照）．

このようなことから Kohn–Sham の方法へと導かれることになる．この方法の成功は次の事実に基づいている．すなわち，相互作用項が密度の汎関数として陽にモデル化されていることに加えて，独立粒子波動関数を使った相互作用のない電子系の運動エネルギーを含んでいるからである．運動エネルギーは密度を陽に扱った汎関数としてではなく軌道を使って扱われており，密度とは簡単な関係を持たない量子論的性質が組み込まれている．イオン結晶を例にとれば，重要なことは，密度が排他律に従う Fermi 粒子で構成されているということである．この事実が，単位胞当たり（s, p 電子系では）4 個のバンドを満たし，絶縁ギャップを作ることになる．これはイオン結晶の本質である．真の多体問題の解が独立粒子の定式化に十分に近い限り，例えば状態が同じ対称性を持っているなど，Kohn–Sham の方法は洞察に富んだ指針と電子構造論に対する強力な方法を提供することになる．

さらに学ぶために

原論文：

Hohenberg, P. and Kohn, W., "Inhomogeneous electron gas," *Phys. Rev.* 136: B864–871, 1964.

Kohn, W. and Sham, L. J., "Self-consistent equations including exchange and correlation effects," *Phys. Rev.* 140: A1133–1138, 1965.

Mermin, N. D., "Thermal properties of the inhomogeneous electron gas," *Phys. Rev.* 137: A1441–1443, 1965.

歴史的視点を持つ総説と **Kohn** のノーベル賞レクチャー：

Becke, A. D., "Perspective: Fifty years of density-functional theory in chemical physics," *J. Chem. Phys.* 140:301, 2014.

Burke, K., "Perspective on density functional theory," *J. Chem. Phys.* 136:150901, 2012.

Jones, R. O. and Gunnarsson, O. "The density functional formalism, its applications and prospect," *Rev. Mod. Phys.* 61:689–746, 1989.

Jones, R. O. "Density functional theory: Its origins, rise to prominence, and future," *Rev. Mod. Phys.* 87:897-923, 2015.

Kohn, W., "Nobel lecture: Electronic structure of matter wave functions and density functionals," *Rev. Mod. Phys.* 71:1253, 1999.

広範囲な解説本：

Dreizler, R. M. and Gross, E. K. U., *Density Functional Theory: An Approach to the Quantum Many-Body Problem* (Springer, Berlin, 1990).

Engel, E., and Dreizler, R. M., *Density Functional Theory: An Advanced Course (Theoretical and Mathematical Physics)* (Springer, New York, 2011.

Parr, R. G. and Yang, W., *Density-Functional Theory of Atoms and Molecules* (Oxford University Press, New York, 1989).

Sholl, D., and Stecklel, J. A., *Density Functional Theory: A Practical Introduction* (Wiley-Interscience, Hoboken, NJ, 2009).

編集された解説集（これらのシリーズにある多くの他の巻も参照）:

Density Functional Methods in Physics, edited by R. M. Dreizler and J. da Providencia (Plenum, New York, 1985).

Density Functional Theory, edited by E. K. U. Gross and R. M. Dreizler (Plenum, New York, 1995).

A Primer in Density Functional Theory edited by C. Fiolhais, F. Nogueira and M. Marques (Springer, New York, 2003).

密度汎関数論についてのより一般的な本:

Cohen, M. L. and Louie, S. G. *Fundamentals of Condensed Matter Physics* (Cambridge University Press, Cambridge, 2016).

Kaxiras, E., *Atomic and Electronic Structure of Solids* (Cambridge University Press, Cambridge, 2003)

Kaxiras, E. and J. D. Joannopoulos, *Quantum Theory of Materials, 2nd rev. ed.* (Cambridge University Press, Cambridge, 2019).

Kohanoff, J., *Electronic Calculations for Solids and Molecules: Theory and Computational Methods* (Cambridge University Press, Cambridge, 2003)

演習問題

6.1 Thomas–Fermi 方程式 (6.5) を汎関数の変分原理から導け. (3.10) 式と (6.3) 式を参照し，Lagrange の乗数法を使用すること.

6.2 Thomas–Fermi 近似に関する問題である演習問題 5.14 を見よ.

6.3 Mermin の定理の最も簡単な例は一様電子ガスである．一定の体積の中に閉じ込められた電子ガスでは，温度が変化しても密度は変化しない．このような場合の Mermin の汎関数の意味を述べよ.

6.4 Hohenberg–Kohn の定理 I は，$n_0(\mathbf{r})$ は原理的には基底状態と励起状態を含む多電子系のすべての特性を一意に決めると述べている．本書ではこれを例えば次のように述べた：電子密度は核の位置と種類を一意に決め，それによりハミルトニアンを完全に決め，従って原理的にはすべての特性を決める．密度と核の周辺での密度の微分が分かれば上記のことを証明するのには十分であることを示せ.

6.5 1 次元では規格直交化された独立粒子の軌道を作ることが可能であり，それは正であることと連続であるという簡単な条件を満たすどのような密度でも表すことができることを示せ．演習問題 7.9 参照.

196 第 6 章 密度汎関数論：基盤

6.6 6.6 節の方法に従い，水素の 2s 状態（プロトンのポテンシャル中の 1 つの電子）の密度を，デルタ関数のない滑らかなポテンシャルの基底状態の密度として求めることは不可能であることを示せ．

6.7 3 電子がある Li の最低エネルギー状態を考える．それは $1s^2 2s$ あるいは縮退状態 $(1s)^2 2p^0$, $1s^2 2p^-$, $1s^2 2p^+$ の中の 1 つであろう（上付きの 0, $-$, $+$ は $l = 1$ の角運動量の磁気量子数 $m = 0, -1, 1$ を表す）．最後の 2 つの状態の密度は同じである．従って密度によって状態を決めることはできない．それでも，これらの状態を組み合わせたものはすべて同じエネルギーを持っているので，エネルギーは Hohenberg–Kohn 汎関数として必要とされるような密度の汎関数であることを示せ．

6.8 外部磁場がない場合には全密度が分かれば，原理的には，たとえスピン分極があっても系の全特性を決めることができることを示せ．そのためには，Zeeman 磁場 $\mathbf{h} \cdot \sigma$ の中の系を考える．これは σ が $\mathbf{h}$ に対して平行か反平行かで異なる．もし $\mathbf{h}$ を反転させると，そのときの新しい解は，密度は前とまったく同じであるが，σ は反転しているであろう．このことを使えば欲しい結果が得られることを示せ．

6.9 粒子が，2 つのタイプ（例えばスピン）の密度 n_1 および n_2 を持ち，内部エネルギーが $E_{\mathrm{int}}[n_1, n_2]$ で与えられるとする．もし外部ポテンシャルが n_1 と n_2 に等しく働くならば，全エネルギーは，$n = n_1 + n_2$ として，$E_{\mathrm{total}} = E[n_1, n_2] + \int V_{\mathrm{ext}} n d\mathbf{r}$ と書くことができる．E_{total} は n のみの汎関数であることを，次の 3 つの方法を用いて示せ：(a) Hohenberg と Kohn のもとの議論と同様な議論を用いる；(b) Levy–Lieb の拘束付き探索法を用いる；(c) n と $\sigma = n_1 - n_2$ に関する変分方程式による形式的な解を用いる．

6.10 $\hat{H}_{\mathrm{int}}$ はその系固有の全内部運動エネルギー項および相互作用項を表し，V_{ext} が外部ポテンシャルを表すものとし，多体の hamiltonian $\hat{H} = \hat{H}_{\mathrm{int}} + V_{\mathrm{ext}}$ を考える．外部ポテンシャル $V_{\mathrm{ext}}(\mathbf{r})$ は定数の不定性を除き，与えられた $\hat{H}_{\mathrm{int}}$ と任意の固有関数 Ψ_i で決められることを示せ．ヒント：Schrödinger 方程式を用いて V_{ext} を求める．（行列式の波動関数の特別な例は 7 章の演習問題で扱う．）

6.11 有限な系では密度の関数としての運動エネルギーは占有数についての微分が整数値の占有数のところで不連続になる非解析関数であることを示せ．ヒント：独立粒子の場合の結果（演習問題 7.5 参照）を，それが多体の場合にも成り立たねばならないという議論と共に示せば十分である．この議論を系のすべての性質および絶縁ギャップを持つ固体にまで一般化せよ．

第 7 章

Kohn–Sham の補助系

その答えが気に入らなかったら，質問を変えるんだね.

要 旨

密度汎関数論は，電子構造の計算方法としては今日最も広く使われている方法である．これは 1965 年に Kohn–Sham によって提案されたやり方が起源となっている．その方法とはもとの多体問題を「補助的な独立粒子問題」に置き換えるというものである．この補助系は問題の次のような重要な部分を陽に取り込んでいる：核のポテンシャル，平均の反発的 Coulomb 相互作用，そして相互作用のないフェルミ粒子の運動エネルギーである；相互作用している相関する電子の難しい問題は交換相関汎関数 $E_{xc}[n]$ に組み込まれている．原理的には，これで独立粒子法を使って多体系の厳密な基底状態の性質を計算する方法が与えられる；実際には，$E_{xc}[n]$ の近似的な形が素晴らしく成功している．本章では，Kohn–Sham 系の定義をし，自己無撞着な Kohn–Sham 方程式を解く．これはいかなる交換相関汎関数に対しても適用できる．$E_{xc}[n]$ へのより優れた近似を見つけることはこれに続く 2 つの章の話題である.

7.1　ある問題を他の問題と置き換える

Kohn–Sham の方法は (3.1) 式のハミルトニアンに従う相互作用のある扱いにくい多体系を，より簡単に解ける別の補助系で置き換えるというもので

198 第 7 章 Kohn–Sham の補助系

ある．より易しい補助系を選ぶための唯一の処方箋などは存在しないので，これは問題を言い換える Ansatz である[1]．Kohn–Sham の提案ではもとの相互作用のある系の基底状態の密度は，ある選ばれた相互作用のない系の密度と等しいと仮定する．その結果，相互作用のない系の独立粒子方程式を扱うことになり，この方程式はすべての扱いにくい多体項を密度の交換相関汎関数に繰り込んであるが，厳密に解く（具体的には数値計算によって）ことができると考えられる．この一組の方程式を解けば，もとの相互作用のある系の基底状態の密度とエネルギーを，交換相関汎関数の近似の範囲で求めることができる．

実際，Kohn–Sham 法は大変有用な近似を導き出し，それは凝縮物質や巨大分子系の性質を「第一原理」から，あるいは「非経験的」に求めようとする今日の計算の大部分の基礎となっている．以下で述べる局所密度近似（LDA）や種々の一般化勾配近似（GGA）は驚くほど正確であり，それは IV 族や III–V 族の半導体，Na や Al のような sp 結合金属，共有結合やイオン結合のダイヤモンドや NaCl のような絶縁体や分子，などの広いバンドを持つ系に対しては特に顕著である．この方法はまた遷移金属のような相関効果がより強い電子系においても，多くの場合に成功しているように見える．しかし，これらの近似は，正確にバンドを半分満たしているために反強磁性の Mott 絶縁体である，2 次元構造をとる銅酸化物などの多くの強相関系に対してはうまくいかない．LDA や現在の GGA 汎関数ではこれらの物質は金属となってしまうのである [240]．このような事情から現状では密度汎関数論の使用や改善，すなわち，現在使われている近似の多くの成功を基礎に，強相関電子系で分かった欠陥や失敗を克服すること，に非常に強い関心が持たれている．

ここでは基底状態に対する Kohn–Sham の試みについて考えることにする．これは理論でずっと使われてきており，広く使われている方法であるが，視野を広げて見ると，これはほんの第一歩にすぎないことが分かる．密度汎関数論の基本的な定理（第 6 章）は，基底状態の密度が原理的にはすべてを決定することを示している．現在の理論研究における大きい挑戦は励起状態の

---

[1] ［原註］Ansatz：試み，アプローチ．特に未知の関数の形についての数学的仮説，方程式や他の問題の解を可能とさせるために作られるもの（Oxford English Dictionary）．

性質を計算する方法を開発することである．この問題については本章の最後と第 9 章でもう一度触れることにして，まずは基底状態の理論のみを扱うことにする．

Kohn–Sham の補助系は次の 2 つの仮定に基づいて作られている．

1. 厳密な基底状態の密度は相互作用のない粒子でできた補助系の基底状態の密度で表すことができる．これは「相互作用のない V-表示可能性」と呼ばれており，考えている実際の系に対する厳密な証明はなされていないが，その正当性を仮定して進むことにする．これは図 7.1 に示すような実際の系と補助系との間の関係を導く．

2. 補助系のハミルトニアンは通常の運動エネルギー演算子と位置 $\mathbf{r}$ にあるスピン σ の電子に作用する有効局所ポテンシャル $V_{\mathrm{eff}}^{\sigma}(\mathbf{r})$ を持つように選ぶ．局所的であることはポテンシャルの 1 対 1 対応があるためには本質的である[2]．外部ポテンシャル $\hat{V}_{\mathrm{ext}}$ は，第 6 章で述べたようにスピンには無関係であると仮定する[3]；しかし，スピンに関して対称的な場合を除いて，補助

$$
\begin{array}{ccccccc}
V_{\mathrm{ext}}(\mathbf{r}) & \overset{\mathrm{HK}}{\Longleftarrow} & n_0(\mathbf{r}) & \overset{\mathrm{KS}}{\Longleftrightarrow} & n_0(\mathbf{r}) & \overset{\mathrm{HK_0}}{\Longrightarrow} & V_{\mathrm{KS}}(\mathbf{r}) \\
\Downarrow & & \Uparrow & & \Uparrow & & \Downarrow \\
\Psi_i(\{\mathbf{r}\}) & \Rightarrow & \Psi_0(\{\mathbf{r}\}) & & \psi_{i=1,N_e}(\mathbf{r}) & \Leftarrow & \psi_i(\mathbf{r})
\end{array}
$$

図 7.1 Kohn–Sham の補助系の模式図（図 6.1 と比較されたい）．$\mathrm{HK_0}$ は相互作用のない場合に適用した Hohenberg–Kohn の定理を表す．KS と書かれた矢印は多体系と独立粒子系の両方向への結合を表す．その結果矢印を通してどの点からどの点へも行くことができる．従って，原理的には，独立粒子 Kohn–Sham 問題の解は多体系のすべての性質を決めることができる．

---

[2] ［原註］第 9 章の一般化された Kohn–Sham の方法は，非局所的な軌道依存の汎関数を扱う．これは，ここでの Kohn–Sham 法の枠組みから外れている．しかし，興味深いことにもともとの Kohn–Sham の論文では，(3.45) 式のように Hartree–Foch に似た軌道依存の別のアプローチとしても提案している．

[3] ［原註］この時点ではスピン軌道相互作用は無視されている．付録 O で述べるように，スピン軌道相互作用は通常の非相対論的方程式に，相対論的効果として H_{SO} を組み込むが交換相関ポテンシャルには含まれない．

200 第 7 章 Kohn–Sham の補助系

有効ポテンシャル $V_{\text{eff}}^\sigma(\mathbf{r})$ は各スピンに対して正しい密度を与えるためにはスピンに依存しなければならない.

実際の計算は補助的な独立粒子系に対して行われ,その補助的ハミルトニアンは(Hartree 原子単位使用,$\hbar = m_e = e = 4\pi/\epsilon_0 = 1$)

$$\hat{H}_{\text{aux}}^\sigma = -\frac{1}{2}\nabla^2 + V^\sigma(\mathbf{r}) \tag{7.1}$$

で与えられる.この表式は広い範囲の密度に対して汎関数が定義できるように,ある範囲内のすべての $V^\sigma(\mathbf{r})$ に対して使えるものでなければならない.このハミルトニアンに従う $N = N^\uparrow + N^\downarrow$ 個の独立粒子系に対して,基底状態は (7.1) 式のハミルトニアンの低い方からの固有値 ε_i^σ を持つ N^σ 個の軌道 $\psi_i^\sigma(\mathbf{r})$ の各々に 1 個の電子を持つ.補助系の密度は各スピンに対する軌道の 2 乗の和

$$n(\mathbf{r}) = \sum_\sigma n^\sigma(\mathbf{r}) = \sum_\sigma \sum_{i=1}^{N^\sigma} |\psi_i^\sigma(\mathbf{r})|^2 \tag{7.2}$$

で与えられる.独立粒子の運動エネルギー T_s は

$$T_s = -\frac{1}{2}\sum_\sigma \sum_{i=1}^{N^\sigma} \langle \psi_i^\sigma | \nabla^2 | \psi_i^\sigma \rangle = \frac{1}{2}\sum_\sigma \sum_{i=1}^{N^\sigma} \int \mathrm{d}^3 r |\nabla \psi_i^\sigma(\mathbf{r})|^2 \tag{7.3}$$

で与えられる.さらに自分自身と相互作用をしている電子密度 $n(\mathbf{r})$ の古典的 Coulomb 相互作用エネルギーを

$$E_{\text{Hartree}}[n] = \frac{1}{2}\int \mathrm{d}^3 r \mathrm{d}^3 r' \frac{n(\mathbf{r})n(\mathbf{r}')}{|\mathbf{r} - \mathbf{r}'|} \tag{7.4}$$

と定義する((3.15) 式の Hartree エネルギー参照).

相互作用のある多体問題に対する Kohn–Sham の方法は基底状態エネルギー汎関数に対する Hohnberg–Kohn の表式 (6.12) 式を

$$E_{\text{KS}} = T_s[n] + \int \mathrm{d}r V_{\text{ext}}(\mathbf{r})n(\mathbf{r}) + E_{\text{Hartree}}[n] + E_{II} + E_{\text{xc}}[n] \tag{7.5}$$

のように書き換えることである.ここで $V_{\text{ext}}(\mathbf{r})$ は核や他の外部場(スピンに独立と仮定する)による外部ポテンシャルであり,E_{II} は核同士の相互作用である((3.2) 式参照).このようにして $V_{\text{ext}}, E_{\text{Hartree}}, E_{II}$ を含む項の和は十分にはっきりとした意味を持つ電気的に中性のグループを形作っている

(3.2 節参照). 独立粒子の運動エネルギー T_s は軌道の汎関数として陽に与えられている. しかし, 各スピン σ に対する T_s は, 独立粒子ハミルトニアン (7.1) 式に対する Hohenberg–Kohn の議論を使っているので, 密度 $n^\sigma(\mathbf{r})$ の一意に決まる汎関数でなければならない (演習問題 7.4 参照).

交換と相関に関するすべての多体効果は交換相関エネルギー E_{xc} に組み込まれている. Hohenberg–Kohn の (6.12) 式および (6.19) 式と Kohn–Sham の (7.5) 式を比べると, 全エネルギーに対する表示は ((7.2) 式の仮想密度 $n^\sigma(\mathbf{r})$ は各スピン σ に対する真の密度に等しいことが要請されている) E_{xc} が Hohenberg–Kohn 汎関数 (6.13) を使って

$$E_{\mathrm{xc}}[n] = F_{\mathrm{HK}}[n] - (T_s[n] + E_{\mathrm{Hartree}}[n]) \,, \tag{7.6}$$

あるいはもっと具体的に

$$E_{\mathrm{xc}}[n] = T[n] - T_s[n] + E_{\mathrm{int}}[n] - E_{\mathrm{Hartree}}[n] \tag{7.7}$$

のように書けることを示している. ここで $[n]$ は空間的な位置 $\mathbf{r}$ とスピン σ の両方に依存している密度 $n^\sigma(\mathbf{r})$ の汎関数であることを表している. この式の右辺が汎関数であるから $E_{\mathrm{xc}}[n]$ もまた汎関数であることが分かる. (7.7) 式は E_{xc} が, 相互作用をしている真の多体系の運動エネルギーおよび内部の相互作用エネルギーと, 電子–電子相互作用を Hartree エネルギーで置き換えた仮想の独立粒子系のそれらのエネルギーとの差であることを明確に示している.

もし (7.7) 式で定義された系によらない汎関数 $E_{\mathrm{xc}}[n]$ (あるいは (8.1) 式の $\epsilon_{\mathrm{xc}}([n], \mathbf{r})$) が分かっていると仮定すると, 多電子問題の厳密な基底状態のエネルギーと密度は独立粒子に対する Kohn–Sham 方程式を解けば求められることになる. $E_{\mathrm{xc}}[n]$ の近似式が真の交換相関エネルギーを表す程度までにおいて, Kohn–Sham の方法は多電子系の基底状態の性質を計算するための実行可能な方法を提供する.

7.2 Kohn–Sham の変分方程式

Kohn–Sham の補助系の基底状態に対する解を求めることは, 密度 $n^\sigma(\mathbf{r})$

202 第 7 章 Kohn–Sham の補助系

かまたは有効ポテンシャル $V_{\text{eff}}^{\sigma}(\mathbf{r})$ に関する最少問題とみなすことができる（9.5 節参照）．(7.3) 式の T_s は軌道の汎関数として陽に表示されているが，その他の項はすべて密度の汎関数と考えられるので，波動関数の変分についての変分方程式[4]は，連鎖法則を用い，(7.8) 式の規格化条件のもとに

$$\langle \psi_i^{\sigma} | \psi_i^{\sigma} \rangle = 1, \tag{7.8}$$

$$\frac{\delta}{\delta \psi_i^{\sigma *}(\mathbf{r})} \left[E_{\text{KS}} - \sum_{j, \sigma'} \varepsilon_j^{\sigma'} \left\{ \langle \psi_j^{\sigma'} | \psi_j^{\sigma'} \rangle - 1 \right\} \right]$$

$$= \frac{\delta T_s}{\delta \psi_i^{\sigma *}(\mathbf{r})} + \left[\frac{\delta E_{\text{ext}}}{\delta n^{\sigma}(\mathbf{r})} + \frac{\delta E_{\text{Hartree}}}{\delta n^{\sigma}(\mathbf{r})} + \frac{\delta E_{\text{xc}}}{\delta n^{\sigma}(\mathbf{r})} \right] \frac{\delta n^{\sigma}(\mathbf{r})}{\delta \psi_i^{\sigma *}(\mathbf{r})} - \varepsilon_i^{\sigma} \psi_i^{\sigma}(\mathbf{r})$$

$$= 0, \tag{7.9}$$

のように導かれる[5]．この式は Rayleigh–Ritz の原理 [258, 259] および (3.10) 式から (3.12) 式までの Schrödinger 方程式の一般的な導出と等価であるが，E_{Hartree} と E_{xc} が陽に n に依存していることだけが違っている．

$n^{\sigma}(\mathbf{r})$ と T_s に対する (7.2) 式と (7.3) 式の表式から

$$\frac{\delta T_s}{\delta \psi_i^{\sigma *}(\mathbf{r})} = -\frac{1}{2} \nabla^2 \psi_i^{\sigma}(\mathbf{r}), \quad \frac{\delta n^{\sigma}(\mathbf{r})}{\delta \psi_i^{\sigma *}(\mathbf{r})} = \psi_i^{\sigma}(\mathbf{r}) \tag{7.10}$$

が得られ，(3.10)–(3.13) 式までと同様にして，(7.9) 式から Kohn–Sham の Schrödinger 型方程式

$$(H_{\text{KS}}^{\sigma} - \varepsilon_i^{\sigma}) \psi_i^{\sigma}(\mathbf{r}) = 0 \tag{7.11}$$

が得られる．(7.9) 式で Lagrange 乗数として導入された ε_i^{σ} は固有値であり，H_{KS}^{σ} は有効ハミルトニアン（Hartree 原子単位）

$$H_{\text{KS}}^{\sigma}(\mathbf{r}) = -\frac{1}{2} \nabla^2 + V_{\text{KS}}^{\sigma}(\mathbf{r}) \tag{7.12}$$

であり，

$$V_{\text{KS}}^{\sigma}(\mathbf{r}) = V_{\text{ext}}(\mathbf{r}) + \frac{\delta E_{\text{Hartree}}}{\delta n^{\sigma}(\mathbf{r})} + \frac{\delta E_{\text{xc}}}{\delta n^{\sigma}(\mathbf{r})}$$

---

[4] [原註] たとえ E_{xc} が，（最適化された有効ポテンシャル OEP 法におけるように，9.5 節参照）波動関数の汎関数として陽に表現されていても，$\delta E_{\text{xc}} / (\delta \psi_i^{\sigma *}(\mathbf{r}))$ を使うことはない．それを使えば非局所ポテンシャル演算子が出てくる．一般化された議論について第 9 章を参照．

[5] [訳註] (7.8), (7.9) 式は分かりやすい形式に少し書き直した．

$$= V_{\text{ext}}(\mathbf{r}) + V_{\text{Hartree}}(\mathbf{r}) + V_{\text{xc}}^{\sigma}(\mathbf{r}) \qquad (7.13)$$

である. (7.9) と (7.13) 式の Kohn–Sham ポテンシャルの定義における汎関数微分の意味については, 付録 A で分かりやすい例と共に述べる.

(7.11)–(7.13) 式までの方程式はよく知られた Kohn–Sham 方程式で, この方程式を解いて得られる密度 $n^{\sigma}(\mathbf{r})$ と全エネルギー E_{KS} は (7.2) 式と (7.5) 式で与えられる. これらの方程式は独立粒子方程式の形をしており, そのポテンシャルはこの方程式の解である密度と自己無撞着に決められなければならない. これらの方程式は汎関数 $E_{\text{xc}}[n]$ に対する近似とは無関係であり, 正確な汎関数 $E_{\text{xc}}[n]$ が分かってさえいれば, 相互作用をしている系に対する厳密な基底状態の密度とエネルギーを与えるはずである. さらに, Hohenberg–Kohn の定理から (演習問題 7.3 参照), 基底状態の密度は最小値でのポテンシャルを (意味のない定数を除いて) 一義に決める. その結果, 与えられた相互作用をしている電子系に伴う一義に決まる Kohn–Sham ポテンシャル $V_{\text{eff}}^{\sigma}(\mathbf{r})|_{\min} \equiv V_{\text{KS}}^{\sigma}(\mathbf{r})$ が存在することになる[6].

Kohn–Sham の方法の驚くべき成功は相互作用する電子の問題を 2 つのパートに分離したことによる:本章での扱いやすい式と次の 2 つの章で扱う難しい交換相関項 $E_{\text{xc}}[n]$ と $V_{\text{xc}}^{\sigma}(\mathbf{r})$ である. もともとの問題が困難であるから, 後者は決めることがとてつもなく難しい. しかし厳密な解ではないが, 大変有用な近似を見つけることは可能であることが分かってきた. 方法の成功は相互作用する多体系の記述における汎関数の忠実さに全面的に依存する. これらのことは次の第 8, 9 章で詳しく扱われる.

---

[6] [原註] (7.12), (7.13) 式の Kohn-Sham の式にスピン軌道相互作用 (付録 O を参照), および全空間でスピンが同じ方向に量子化されてはいない場合を考慮するのはたやすい. 後者は「ノンコリニアスピン」と呼ばれ, その場合は式をスピン密度行列 $\rho^{\alpha\beta}(\mathbf{r}) = \sum_i f_i \psi_i^{\alpha*}(\mathbf{r})\psi_i^{\beta}(\mathbf{r})$ で書かねばならなくて, (7.12) 式の Kohn–Sham ハミルトニアンは 2×2 の行列になる. これらのことは式を複雑にするが E_{xc} 汎関数が修正されない限りは (8.3 節参照) 同じである. こうした計算の例は [355–358] と図 19.4 に見られる. しかしながら, E_{xc} が密度行列の汎関数であれば形式的には厳密である.

204 第 7 章 Kohn–Sham の補助系

7.3 自己無撞着連立 Kohn–Sham 方程式の解

Kohn–Sham 方程式を図 7.2 のフローチャートにまとめた.それらは独立粒子に対する Schrödinger 型の方程式の集合であり,有効ポテンシャル $V_{\mathrm{eff}}^{\sigma}(\mathbf{r})$ と密度 $n^{\sigma}(\mathbf{r})$ が無撞着であるという条件のもとで解かなければならない.スピンに関しては必要なとき以外は陽には記述しない.また V_{eff} と n は空間座標とスピンに依存すると仮定している(もちろん,各スピンに対するポテンシャルは両スピンの密度に依存している).実際の計算では V_{eff} と n を順次変化させて自己無撞着の解に近づけるという数値解法を使っている.図 7.2 において計算上負担の大きいところは,与えられたポテンシャル V_{eff} に対して「KS 方程式を解く」という段階である.これはこの後に続く章の主題である.ここではこの段階は「ブラックボックス」として扱い,与えられた入力 V^{in} に対して一義に方程式を解き,密度 n^{out} を出力として出す.すなわち,$V^{\mathrm{in}} \to n^{\mathrm{out}}$ を行うものとする.逆にいえば,与えられた xc 汎関数に対して,どのような n でも 2 番目の箱が示すようにポテンシャル V_{eff} が決められる.(この式は (7.13) 式と同じであり,いくつかの個々の表式については 8.6 節で述べる.)

ここで問題となるのは,厳密な解のときを除いては,ポテンシャルと密度の入力と出力での値が一致しないことである.解に到達するためには計算で新しいポテンシャル,$n^{\mathrm{out}} \to V^{\mathrm{new}}$,を求め,このポテンシャル V^{new} を新しい入力ポテンシャルとして使って,また新しいサイクルを始めるのである.明らかに図 7.2 の手続きは反復しながら進行し,

$$V_i \to n_i \to V_{i+1} \to n_{i+1} \to \cdots \tag{7.14}$$

となる.ここで i は繰り返しの回数を表している.この繰り返しは,それまでの段階で求めたポテンシャルや密度を使って新しいポテンシャルを上手に選べば収束する.

自己無撞着に到達する方法については 7.4 節で述べる.まずは種々の可能な全エネルギー汎関数の性質を調べておくのがよいであろう.これらの表式はエネルギーの最終的な計算に必要であり,さらに,正しい解に近い汎関数

7.3 自己無撞着連立 Kohn–Sham 方程式の解

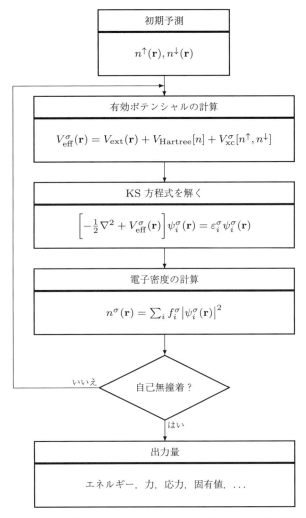

図 7.2 Kohn–Sham 方程式の解を求める自己無撞着ループの模式図. スピン分極している系では, 2 種のスピンに対するこのようなループ 2 個を同時に反復させねばならない. 各スピンに対するポテンシャル $V_{\text{eff}}^{\sigma}[n^{\uparrow}, n^{\downarrow}]$ は両方のスピンの密度の汎関数である. 一般化された Kohn–Sham のやり方では, 第 9 章で述べるようにポテンシャルは非局所の軌道依存演算子であるが, 反復のループの形式は同じである.

206 第 7 章 Kohn–Sham の補助系

であればどんなものでもその振る舞いは，その汎関数を使ったときの収束特性の解析の基礎となる．

全エネルギー汎関数

Kohn–Sham 方程式は (7.8) 式のエネルギー E_{KS} を最小化することによって導かれた；しかし，汎関数にはいろいろの選択があり，それらの汎関数はすべて Kohn–Sham 方程式の最小エネルギー解と同じ解を持つが，最小値から離れたところではそれぞれ異なった振る舞いをする．特に，方程式において密度を独立変数とみなすことは本質ではない．すなわち，熱力学ではよく行われることであるが，独立および従属変数を Legendre 変換を使って変えることで異なった汎関数が出てくる．Kohn–Sham 方程式についていえば，これは入力と出力の差 $\Delta V = V^{\mathrm{out}} - V^{\mathrm{in}}$ と $\Delta n = n^{\mathrm{out}} - n^{\mathrm{in}}$ の汎関数としての振る舞いを意味する．ここで n^{out} はポテンシャル V^{in} を持つ Schrödinger 型方程式を解いて得られた密度である．望ましい変分特性を持つようにするためには，正確な変分表現を使わなければならない．

Kohn–Sham エネルギー汎関数の基本の表現は (7.5) 式であり，それを，すべてのポテンシャル項を 1 つのグループにした $E_{\mathrm{pot}}[n]$ を使ってここに書き直すと

$$E_{\mathrm{KS}} = T_s[n] + E_{\mathrm{pot}}[n], \tag{7.15}$$

$$E_{\mathrm{pot}}[n] = \int d\mathbf{r} V_{\mathrm{ext}}(\mathbf{r}) n(\mathbf{r}) + E_{\mathrm{Hartree}}[n] + E_{II} + E_{\mathrm{xc}}[n] \tag{7.16}$$

となる．2 番目の式の右辺の始めの 3 項は合わせて中性のグループを形成し，(3.14) 式の古典的 Coulomb 相互作用 E^{CC} に等しい．Kohn–Sham 方程式の固有値は

$$\varepsilon_i^\sigma = \langle \psi_i^\sigma | H_{KS}^\sigma | \psi_i^\sigma \rangle \tag{7.17}$$

で与えられるので，運動エネルギーは

$$T_s = E_s - \sum_\sigma \int d\mathbf{r}\, V^{\sigma,\mathrm{in}}(\mathbf{r}) n^{\sigma,\mathrm{out}}(\mathbf{r}) \tag{7.18}$$

と表すことができ，ここで

$$E_s = \sum_\sigma \sum_{i=1}^{N^\sigma} \varepsilon_i^\sigma \tag{7.19}$$

である．このような定式化の利点は，固有値が実際の計算で使用できることと，(7.19) 式の E_s はそのままで汎関数となっていることである．これは相互作用のない電子系の基底状態のエネルギーであり，これに対しては，Hohenberg–Kohn の定理，力の定理等々すべてがとりわけ簡単に適用できる．

ポテンシャルの Kohn–Sham 汎関数 $E_{\mathrm{KS}}[V]$

Kohn–Sham エネルギー (7.15) 式は「原理的には」密度の汎関数であるが，それは計算上では図 7.2 のフローチャートで示したように入力ポテンシャル V^{in} の汎関数 $E_{\mathrm{KS}}[V^{\mathrm{in}}]$ である．（ここでは V は各スピンに対するポテンシャル $V^\sigma(\mathbf{r})$ を表している．）Kohn–Sham 計算のエネルギーが最小値ではないどんな段階においても，V^{in} がエネルギーのすべての量を決める．このことは E_{KS} を (7.15) 式から

$$E_{\mathrm{KS}}[V^{\mathrm{in}}] = E_s[V^{\mathrm{in}}] - \sum_\sigma \int d\mathbf{r}\, V^{\sigma,\mathrm{in}}(\mathbf{r}) n^{\sigma,\mathrm{out}}(\mathbf{r}) + E_{\mathrm{pot}}[n^{\mathrm{out}}] \tag{7.20}$$

のように書けば明らかである．ここで右辺の最初の 2 項は (7.18) 式におけるように独立粒子の運動エネルギーを計算するのに都合のよい形をしており，E_{pot} は $n = n^{\mathrm{out}}$ に対して求められた，(7.16) 式のポテンシャル項の和である．E_s は固有値の和，(7.19) 式であり，$n^{\sigma,\mathrm{out}}(\mathbf{r})$ は出力密度であり，この各項はポテンシャル $V^{\sigma,\mathrm{in}}(\mathbf{r})$ によって直接決められるものであるから，エネルギーは明らかに V^{in} の汎関数である．もちろん，出力密度と入力ポテンシャルの間には 1 対 1 の関係（V^{in} 中の定数は除く）があるので，E_{KS} は形式的には n^{out} の汎関数とみなすこともできる．しかし，Kohn–Sham 方程式は，n^{out} の選択方法についてはポテンシャルによって決まる出力ということ以外は何も与えない．

Kohn–Sham 方程式の解は (7.20) 式のエネルギーを最小にするポテンシャル V^{in} に対するものである．従って，$V^{\mathrm{in}} = V_{\mathrm{KS}}$ であり，出力密度 n^{out} は基底状態の密度 n^0 であり，ポテンシャルと密度は (7.13) 式の関係を満足する．汎関数 $E_{\mathrm{KS}}[V^{\mathrm{in}}]$ は変分原理に従っており，他のすべてのポテンシャル

208 第 7 章 Kohn–Sham の補助系

は誤差 $V^{\text{in}} - V_{\text{KS}}$ の 2 乗分だけエネルギーを高くする．最小エネルギー解の付近ではエネルギーの誤差は密度の誤差 $\delta n = n^{\text{out}} - n^0$ の 2 次関数でなければならない．従って，

$$
E_{\text{KS}}[V^{\text{in}}] = E_{\text{KS}}[V_{\text{KS}}] + \frac{1}{2} \sum_{\sigma,\sigma'} \int d\mathbf{r} d\mathbf{r}' \left[\frac{\delta^2 E_{\text{KS}}}{\delta n^\sigma(\mathbf{r}) \delta n^{\sigma'}(\mathbf{r}')} \right]_{n^0} \delta n^\sigma(\mathbf{r}) \delta n^{\sigma'}(\mathbf{r}')
$$

(7.21)

となり，右辺第 2 項は常に正である．

密度の陽汎関数

Harris [359], Weinert et al. [360] および Foulkes と Haydock [361] が示したように，全エネルギー汎関数としては密度を陽に表した違った表式を選ぶこともできる．その汎関数は密度 n^{in} で表され，n^{in} は (7.13) 式を通して入力ポテンシャル $V[n^{\text{in}}] \equiv V_{n^{\text{in}}}$ を決め，これから直接固有値の和，つまり (7.20) 式右辺の最初の項が求まる．従って，このエネルギーは選んだ入力密度 $n^{\sigma,\text{in}}(\mathbf{r})$（Kohn–Sham 汎関数の場合のように出力密度 $n^{\sigma,\text{out}}(\mathbf{r})$ ではなく）を使って (7.16) 式の汎関数 $E_{\text{pot}}[n^{\text{in}}]$ を求めることで決まる．

$$
E_{\text{HWF}}[n^{\text{in}}] \equiv E_s[V_{n^{\text{in}}}] - \sum_\sigma \int d\mathbf{r} \, V_{n^{\text{in}}}^\sigma(\mathbf{r}) n^{\sigma,\text{in}}(\mathbf{r}) + E_{\text{pot}}[n^{\text{in}}]. \quad (7.22)
$$

この汎関数の停留特性は Foulkes [361] の議論に従えば容易に理解できる．与えられた入力密度 n^{in} とポテンシャル $V_{n^{\text{in}}}$ に対して，エネルギーの 2 つの表示の違いはポテンシャル項だけに存在する．

$$
E_{\text{KS}}[V^{\text{in}}] - E_{\text{HWF}}[n^{\text{in}}] = - \sum_\sigma \int d\mathbf{r} \, V_{n^{\text{in}}}^\sigma(\mathbf{r}) \left[n^{\sigma,\text{out}}(\mathbf{r}) - n^{\sigma,\text{in}}(\mathbf{r}) \right]
$$
$$
+ \left[E_{\text{pot}}[n^{\text{out}}] - E_{\text{pot}}[n^{\text{in}}] \right]. \quad (7.23)
$$

正しい解の近くでは，すなわち，$\Delta n = n^{\text{out}} - n^{\text{in}}$ が小さいところでは，(7.23) 式の差を Δn のべきで展開できる．1 次の項は相殺する（これは $V_{n^{\text{in}}}^\sigma(\mathbf{r}) = [\delta E_{\text{pot}}/\delta n^\sigma(\mathbf{r})]_{n^{\text{in}}}$ であることから出てくる．演習問題 7.15 参照）ので，最低次の項は

7.3 自己無撞着連立 Kohn–Sham 方程式の解 **209**

$$E_{\mathrm{KS}}[V^{\mathrm{in}}] - E_{\mathrm{HWF}}[n^{\mathrm{in}}] \approx \frac{1}{2} \sum_{\sigma,\sigma'} \int d\mathbf{r} d\mathbf{r}' K^{\sigma\sigma'}(\mathbf{r},\mathbf{r}')_{n^{\mathrm{in}}} \Delta n^\sigma(\mathbf{r}) \Delta n^{\sigma'}(\mathbf{r}')$$

(7.24)

となる. ここで積分核 K は

$$\begin{aligned}
K^{\sigma\sigma'}(\mathbf{r},\mathbf{r}') &\equiv \frac{\delta^2 E_{\mathrm{Hxc}}[n]}{\delta n^\sigma(\mathbf{r}) \delta n^{\sigma'}(\mathbf{r}')} \\
&= \frac{1}{|\mathbf{r}-\mathbf{r}'|} \delta_{\sigma,\sigma'} + \frac{\delta^2 E_{\mathrm{xc}}[n]}{\delta n^\sigma(\mathbf{r}) \delta n^{\sigma'}(\mathbf{r}')}
\end{aligned}$$

(7.25)

のように定義され, $n = n^{\mathrm{in}}$ に対して計算される. (K は $E_{\mathrm{Hxc}}[n] \equiv E_{\mathrm{Hartree}}[n] + E_{\mathrm{xc}}[n]$ を使って定義されており, $E_{\mathrm{pot}}[n]$ 内の他の項は定数であるか n について 1 次であるので, K には寄与しないことに注意.) エネルギーの差は密度の誤差の 2 次関数であるので, $\Delta n^\sigma(\mathbf{r}) = 0$ となる厳密解では, 汎関数 $E_{\mathrm{HWF}}[n^{\mathrm{in}}]$ は通常の Kohn–Sham エネルギーと等しくなり, 停留状態にある. しかしそれが変分的ではないことは (7.24) 式を見れば分かる. 核 K は正となる傾向があるので (以下参照), $E_{\mathrm{HWF}}[n^{\mathrm{in}}]$ は $E_{\mathrm{KS}}[V^{\mathrm{in}}]$ より低い. 従って $E_{\mathrm{KS}}[V^{\mathrm{in}}]$ は常に Kohn–Sham エネルギーより高いが, $E_{\mathrm{HWF}}[n^{\mathrm{in}}]$ は誤差 $\Delta n^\sigma(\mathbf{r})$ の 2 次のオーダーで低いことになる.

　密度の陽汎関数 (7.22) 式の一番の利点は, 正しい解に近い密度に対しては, その汎関数が真の Kohn–Sham エネルギーを正確に近似できるということである. 特に, 自己無撞着ではない状態で固有値の計算を一度行っただけで計算を止めても非常によい近似になっていることが多い. この場合には出力密度の計算でさえも必要がない. この方法は $n(\mathbf{r})$ を原子での電子密度の和で近似したときにも驚くほど成功を収める [172, 359, 361–363]. おそらく最初にこの近似が使われたのはフォノンの周波数の計算だったであろう [172]. Foulkes はこの近似を, 経験的タイトバインディングモデルの成功を説明する基礎として使った. このモデルではエネルギーは固有値の和にこの近似で考慮される付加項を加えたものだけで与えられる (タイトバインディングでの全エネルギーについては 14.11 節参照). さらに, 実際の電子密度と, 中性原子の電子密度を重ね合わせて得られる電子密度との差を使って, エネルギーを中性原子を基準にして計算することは特に容易である. この方法を使えば, F.4 節で述べるように, 求めたい物理量を直接求めることができる.

210　第 7 章　Kohn–Sham の補助系

　完全に自己無撞着の計算では，汎関数 (7.22) 式が図 7.2 の繰り返しの各段階で役に立つ．現在では繰り返しの各段階で (7.20) と (7.22) 式の両方のエネルギーを計算するのが標準になっている．ポテンシャルに関する KS 汎関数は変分形式であるが，変分形式ではない密度に関する汎関数ではエネルギーは 7.4 節で説明する理由によって，通常は真のエネルギーにより近い．また，この 2 つのエネルギーを計算し，その差を計算過程で自己無撞着性を測る物差しとして使えば大変役に立つ．

　密度の陽汎関数 (7.22) 式は (7.24) 式から判断すると密度の関数として極大であると仮定したくなる．しかし，2 次の汎関数微分である (7.25) 式の $K^{\sigma\sigma'}(\mathbf{r},\mathbf{r}')$ が正値をとるとは保証されていないので，一般にはこの仮定は保証されない [364–366]．(7.25) 式の K の定義から，最初の項は斥力を表す Hartree 項であるので正値をとる．2 番目の引力項については斥力を決して超えることはないと期待したくなるが，LDA のような近似ではそうはならない．というのは，極端な $\delta(|\mathbf{r}-\mathbf{r}'|)$ のような局所的振る舞いが短波長の密度の変化に対して大きい負の寄与をするからである．

V と n の一般化された汎関数 $E[V, n]$

　多くの研究者が指摘しているように [361, 363, 367, 368]，密度とポテンシャルが独立に変化する汎関数を定義することもできる．ここでは n と V が両方とも独立な入力関数であることを強調するために n^{in} と V^{in} と書くことにする．表式は，V^{in} が独立な関数とみなされているという以外は (7.22) 式とまったく同じであり

$$E[V^{\text{in}}, n^{\text{in}}] = E_s[V^{\text{in}}] - \sum_\sigma \int V^{\sigma,\text{in}}(\mathbf{r}) n^{\sigma,\text{in}}(\mathbf{r})\mathrm{d}\mathbf{r} + E_{\text{pot}}[n^{\text{in}}] \qquad (7.26)$$

が得られる．右辺第 1 項は V^{in} のみの汎関数であり，最後の項は n^{in} のみの汎関数である．V^{in} と n^{in} の結合は双 1 次の 2 番目の項を通してのみ生じている．この汎関数の性質は Methfessel [363] に従えばよく分かる．すなわち，ある V^{in} と n^{in} の近傍での変分を，その 1 次の項まで考えると

$$\delta E[V^{\text{in}}, n^{\text{in}}] = \sum_\sigma \int \left[V_{n^{\text{in}}}^{\sigma}(\mathbf{r}) - V^{\sigma,\text{in}}(\mathbf{r}) \right] \delta n^{\sigma}(\mathbf{r})\mathrm{d}\mathbf{r}$$

$$+ \sum_\sigma \int \left[n_{V^{\mathrm{in}}}^{\sigma,\mathrm{out}}(\mathbf{r}) - n^{\sigma,\mathrm{in}}(\mathbf{r}) \right] \delta V^\sigma(\mathbf{r}) \mathrm{d}\mathbf{r} \qquad (7.27)$$

となる．ここで $V_{n^{\mathrm{in}}}^\sigma(\mathbf{r}) = \left[\frac{\delta E_{\mathrm{pot}}}{\delta n^\sigma(\mathbf{r})} \right]_{n^{\mathrm{in}}}$ は（(7.22) 式で使ったような）入力密度で決まるポテンシャルであり，$n_{V^{\mathrm{in}}}^{\sigma,\mathrm{out}}(\mathbf{r})$ は（(7.20) 式で使ったような）ポテンシャル V^{in} で決まる出力密度である．括弧内の項は自己無撞着となったときには消えるので，このときには汎関数は停留点にあり，その値は Kohn–Sham エネルギー $E_{\mathrm{KS}}[V^{\mathrm{KS}}]$ に等しい．

さらに，ある固定された密度 n^{in} に対して，V^{in} の関数としての $E[V^{\mathrm{in}}, n^{\mathrm{in}}]$ の停留点は，実は，V^{in} の関数としての大局的な最大値である [363]，ということもすぐに出てくる．この停留点では $E_s[V^{\mathrm{max}}] - \sum_\sigma \int V^{\sigma,\mathrm{max}}(\mathbf{r}) n^{\sigma,\mathrm{in}}(\mathbf{r}) \mathrm{d}\mathbf{r}$ の値は Kohn–Sham 運動エネルギー汎関数 $T_s[n^{\mathrm{in}}]$ に等しい．最大値をとるということは驚くべきことのように思えるかもしれないが，それは Hohenberg–Kohn の議論と同様の不等式から出てくることで，(7.27) 式から理解でき，この式から

$$\frac{\delta E}{\delta V^\sigma(\mathbf{r})} = n^{\sigma,\mathrm{out}}(\mathbf{r}) - n^{\sigma,\mathrm{in}}(\mathbf{r})$$

$$\Rightarrow \frac{\delta^2 E}{\delta V^\sigma(\mathbf{r}) \delta V^{\sigma'}(\mathbf{r}')} = \frac{\delta n^{\sigma,\mathrm{out}}(\mathbf{r})}{\delta V^{\sigma'}(\mathbf{r}')} \qquad (7.28)$$

となる．この汎関数の固有値は，ポテンシャルが増大するところでは密度は減少するので，常に負である [363]．n^{in} の汎関数としての E の曲率は積分核 (7.25) 式によって与えられ，それはポテンシャル項 $E_{\mathrm{Hxc}}[n]$ 以外の項は定数か 1 次であるので，ポテンシャルのみで決まる．(7.25) 式に続いて説明したように，E は n^{in} の汎関数として最小値をとる傾向はあるが，いつもそうであるという保証はなく，密度の変化についての制約があって初めて最小解となる [363]．

停留性の重要性は V^{in} と n^{in} の両方を近似できることである．例えばポテンシャルとしては，補強法でよく使われる球対称マフィンティンポテンシャルのような便利な形を選ぶことができる．このポテンシャルに対して厳密に Kohn–Sham の計算をするのであれば，当然のことであるが，これは $E_{\mathrm{KS}}[V]$ の変分的性質をもう一度述べることになる．一般化された汎関数からエネルギーの誤差は，もし密度もポテンシャル同様に便利な関数形を使って近似し

212 第 7 章 Kohn–Sham の補助系

ても，密度の誤差の 2 次になることが分かる．これは文献 [363] が示すように計算においては好都合である．

自由エネルギー汎関数

温度を導入することには多くの潜在的利点がある：

- 熱力学的な量の直接の計算：エントロピー S，自由エネルギー $F = E - TS$，など．
- 密度行列は温度が上がるに従い，短距離的特性を持つようになる．これはオーダー N 法などでは大変有利である（第 18 章）．
- 占有確率の変化がなだらかになることによって，金属の計算では数値近似の仕方に敏感でなくなる．

エネルギーの表式はこれまでに述べた汎関数のどれでもよく，それは (3.39) 式のように有限温度 T に一般化された 1 粒子エネルギーの和 $E_s \to E_s(T)$ を含む．エントロピーは Mermin の有限温度汎関数 (6.20) 式の 1 粒子形式で与えられる．

$$S = -\left[\sum_i f_i \ln f_i + \sum_i (1 - f_i) \ln(1 - f_i)\right]. \tag{7.29}$$

ここで f_i は占有数 $f(\varepsilon_i - \mu)$ である．

これらの公式は $E(T = 0)$ を計算するための賢いやり方としても使うことができる．単純な考え方としては，$E(T)$ は T の 2 乗で増大し，$F(T)$ は 2 乗で減小する．この 2 つの組み合わせ $E + F$ は（演習問題 7.17 参照）2 乗の項を相殺し，4 次の補正項を持った $E(T = 0)$ に等しい表式を与える．例えば，Gillan [369] は 10,000 K の温度での Al 中の空孔のエネルギーを計算するために，この表式を使っている．温度が高いと，計算におけるサイズ効果を減らすので，計算が簡単になる．

反復法（付録 M）では，ポテンシャルと波動関数を同時に求める．というのは，波動関数は上記の表式で仮定されているようにポテンシャルとは無撞着でないからである．文献 [370] に示されているように，Fermi 分布関数 f_i は $[0, 1]$ の範囲内に固有値を持つように制限を付けて行列 f_{ij} に一般化するこ

とができる．このようにすれば密度 $n(\mathbf{r})$ は

$$n(\mathbf{r}) = \sum_{ij} f_{ij} \psi_i^*(\mathbf{r}) \psi_j(\mathbf{r}) \tag{7.30}$$

で与えられ，グランドエネルギー汎関数 (6.20) 式は一般化されて

$$\tilde{\Omega}[V^{\text{in}}, n^{\text{in}}, T, \mu] = E[V^{\text{in}}, n^{\text{in}}]_0 + \mu(N_0 - \text{Tr}[f])$$
$$+ k_B T \, \text{Tr} \, [f \ln f + (1 - f) \ln(1 - f)] \tag{7.31}$$

となる．この式は反復法ではとりわけ有用である．反復法ではこの式は，電子系の低エネルギーでの「遅いモード」に対応する厄介な波動関数をユニタリ変換を効果的に行うことによって，金属における収束を速めることができる．

　一般化汎関数の最も完全な表式は，Mermin 汎関数（6.5 節参照）を使って温度 T を，また，粒子数を変化させるために化学ポテンシャル μ を取り入れることで得られる．Nicholson 他 [368] が示したように，グランドエネルギー汎関数は

$$\Omega[V^{\text{in}}, n^{\text{in}}, T, \mu] = E[V^{\text{in}}, n^{\text{in}}, T]_0 + \mu\Big(N_0 - \sum_i f_i\Big)$$
$$+ k_B T \Big[\sum_i f_i \ln f_i + \sum_i (1 - f_i) \ln(1 - f_i) \Big] \tag{7.32}$$

と定義できる．この汎関数は V^{in}, n^{in}, μ, T および占有関数 $f(\varepsilon)$ の形に関して停留になっている．

7.4　自己無撞着の達成

　重要な問題は，図 7.2 に示した Kohn–Sham 方程式の各ループにおいてポテンシャル V^σ あるいは密度 n^σ を更新する方法の選択である．明らかに V^σ と n^σ のどちらかを変えることができるが，n^σ は一義に決まるが V^σ は定数分の不定性があるので，n^σ を使った方が簡単であろう．（以下ではスピンの指標 σ は簡単のために省略する．）本節では線形混合，誘電遮蔽と数値計算法の基礎的な考え方を説明する；多数の変形，組み合わせがあり，すべての方法を概観する試みはない．

　一番簡単な方法は線形混合であり，$i+1$ 段階での改善された入力密度 n_{i+1}^{in}

214 第 7 章 Kohn–Sham の補助系

を，i 段階での n_i^{in} と n_i^{out} のある決められた線形混合

$$n_{i+1}^{\text{in}} = \alpha n_i^{\text{out}} + (1-\alpha)n_i^{\text{in}} = n_i^{\text{in}} + \alpha(n_i^{\text{out}} - n_i^{\text{in}}) \qquad (7.33)$$

として見積もることである．他の情報がないときにはこれはよい方法であり，本質的にエネルギーを最小化させるほぼ「最急降下」方向に沿って進む．なぜある段階での出力密度を単純にその次の段階の入力として使うことができないのだろう？ α にはどんな制限があるのだろう？ どうすればもっと良くなるのだろう？ これらの答えは極小値近傍での振る舞いの線形解析で与えられている [371, 372][7]．(7.21) 式におけるように，反復の段階で正しい密度からのずれを $\delta n \equiv n - n_{\text{KS}}$ と定義しよう．解の近傍では，入力密度の誤差の 1 次までとった出力密度の誤差は

$$\delta n^{\text{out}}[n^{\text{in}}] = n^{\text{out}} - n_{\text{KS}} = (\tilde{\chi} + 1)(n^{\text{in}} - n_{\text{KS}}) \qquad (7.34)$$

と書くことができ，ここで

$$\tilde{\chi} + 1 = \frac{\delta n^{\text{out}}}{\delta n^{\text{in}}} = \frac{\delta n^{\text{out}}}{\delta V^{\text{in}}} \frac{\delta V^{\text{in}}}{\delta n^{\text{in}}} \qquad (7.35)$$

である．上式で $\delta n^{\text{out}}/\delta V^{\text{in}}$ は (D.6) 式で χ^0 として定義されている応答関数であり，$\delta V^{\text{in}}/\delta n^{\text{in}}$ は (7.25) 式で定義した K である．このようにして必要な関数 $\tilde{\chi}$ が計算でき，これはその他で用いられる応答関数に緊密に関係している．新しい密度としての最良の選択は誤差をゼロにするであろうもの，すなわち，$n_{i+1}^{\text{in}} = n_{\text{KS}}$ とすればよい．n_i^{out} と n_i^{in} は段階 i で分かっているので，もし $\tilde{\chi}$ も分かれば (7.34) 式は n_{KS} について解くことができ，

$$n_{\text{KS}} = n_i^{\text{in}} - \tilde{\chi}^{-1}\left(n_i^{\text{out}} - n_i^{\text{in}}\right) \qquad (7.36)$$

となる．もし (7.36) 式が正しければ，これが答えであり，これ以上反復は必要ないのであるが，厳密には正しくないので，これが次の反復での最良の入力となる．

(7.36) 式は複雑な積分方程式であるが，この式は線形混合方程式 (7.33) と非常によく似ている．もし応答関数 $\tilde{\chi}$ をその固有関数で分解して $\tilde{\chi}(\mathbf{r}, \mathbf{r}') =$

---

[7] ［原註］ここの記述は Pickett [372] に従ったものである．

$\sum_m \chi_m f_m(\mathbf{r}) f_m(\mathbf{r}')$ と表すと,固有値 χ_m は電子密度分布を固有関数 f_m で展開したときの f_m に対する密度成分についての混合比 α の最適値を与える.さらに,線形混合法の収束半径は行列 $\tilde{\chi}^{-1}$ の最大の固有値 $\tilde{\chi}_{\max}^{-1} = 1/\tilde{\chi}_{\min}$ によって決められる.定数 α を使った場合には,i 回目の反復での最大の誤差は $(1 + \alpha\tilde{\chi}_{\min})^i$ のように変化し,その結果 $\alpha < |2/\tilde{\chi}_{\min}| = 2|\tilde{\chi}_{\max}^{-1}|$ が成り立つときのみ反復操作が収束することを示すのは簡単である [372](演習問題 7.21 および 13.3 参照).

物理的には,系の応答は分極率の尺度である.大きい α を使った線形混合はワイドギャップの絶縁体のような強く束縛された硬い系に対してはうまくいく.しかし,「柔らかい系」に対しては収束が非常に難しいことがあり,金属表面はとりわけ困難な系である.このような場合に対する応答核 K を使った収束アルゴリズムが提案されている [373].このような場合においては,応答を Fourier 空間で解析するのが最も有効であり,それについては平面波についての章の 13.2 節で扱う.

数値的混合法

応答核 $\tilde{\chi}$(または K)を使った解析の難点は,実際の問題ではそれが計算によってしか求められなくて(付録 D と第 20 章で扱っている応答関数の場合と同様に),しかもその計算は標準的な最小化アルゴリズムで多くの反復をするよりも負荷が大きいということである.物理的な議論を使うより,自動的に系のヤコビアン J(2 次微分行列)についての情報を蓄積する数値計算ライブラリーにある方法を使った方がはるかに効率がよいということもあり得る.事実,行列 $\tilde{\chi}$ はヤコビアン J なので,本節では通常の表記法に従って J を使うことにする(付録 L 参照).

自己無撞着な解に到達するために使われている一般的な数値解析法は付録 L で解説している Broyden 法[8] [374] と M.7 節で述べる RMM-DIIS 法である.Broyden 法では欲しい量,すなわち,ヤコビアンの逆行列 J^{-1} が反復操作が進むにつれて作られていく.近似形から出発して,J^{-1} は反復ごとに改善さ

---

[8] [原註] この方法は,Bendt と Zunger [375] が最初に固体の計算に使ったものであり,Srivastava [376] に詳しい解説がある.

216 第 7 章 Kohn–Sham の補助系

れ, $i+1$ 段階での密度の変化はそれまでの段階すべての方向に対して直交する方向に決められるようになっている.（これは,「Krylov 部分空間」を作る数値計算法すべてに共通の考え方である. 付録 L と付録 M 参照.）その段階でのステップの大きさはそれまでに作られた部分空間に投影された i 段階の結果を与えるように選ぶ.（この最後の要請は $\tilde{\chi}^{-1}$ を用いた解 (7.36) 式と似ていることに注意しよう. 違っているところは, Broyden 法ではそれぞれの段階でヤコビアンについては部分的な情報しか分かっていないということである.）従って, Broyden 法は「2 つの世界の最良のもの」の組み合わせである. つまり, 計算の進行に合わせて, ヤコビアンの必要な部分を計算するが, 本質的には単純な線形混合に必要なコスト以上の負荷のない自動的な計算法である.

各反復段階 i で, 次の段階への入力密度は, $\tilde{\chi}$ を近似ヤコビアン J_i で置き換えるということ以外は (7.36) 式と類似の式

$$n_{i+1}^{\mathrm{in}} = n_i^{\mathrm{in}} - J_i^{-1}\left(n_i^{\mathrm{out}} - n_i^{\mathrm{in}}\right) \tag{7.37}$$

により与えられる. J_i^{-1} は (L.24) 式によって各段階で改善される. これはヤコビアン行列が小さければ, すなわち, 収束が問題となる密度の成分がほんの数個であれば, 直接使うことができる. 平面波を扱う章の 13.2 節にその一例をあげた.

Srivastava [376] は, 予測される変化分 $\delta n_{i+1}^{\mathrm{in}}$ を, 初項 J_0^{-1} のみが絡むそれまでの段階すべてにわたる和を使って書くことにより, 蓄積されたヤコビアン行列の保存を避ける方法を示した. 修正 Broyden 法が Vanderbilt と Louie [380] によって提案され, Johnson [381] が Srivistava の改良 [376] を取り入れた. 基本的な式は (L.25) 式で与えられ, 原論文およびそれ以後の論文で与えられた重みについて議論している.

このやり方を使った Broyden 法の威力を, LAPW 法（第 17 章参照）を用いた W の (1 0 0) 表面での密度に対して示したものが図 7.3 である. 図中の「距離」d という量は残差のノルムで

$$d = \frac{1}{\Omega_{\mathrm{cell}}} \int_{\Omega_{\mathrm{cell}}} \mathrm{d}^3 r (n^{\mathrm{out}} - n^{\mathrm{in}})^2 \tag{7.38}$$

であり, $\alpha = 0.1$ を使った線形混合に対するものと, $J_0 = \alpha\mathbf{1}$ を使った Broyden

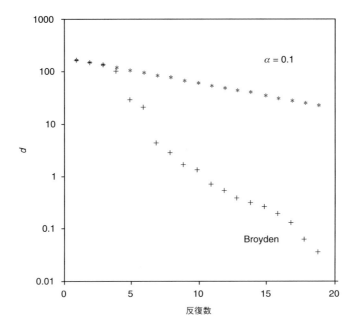

図 7.3 1 次混合法と Broyden 法での反復数に対する W(1 0 0) 表面の電子密度の収束（d の定義については (7.38) 式参照）．文献 [377] より．多くの最近の変形がある；13.2 節および [378] と [379] の文献を参照．

法による結果を示している．言及するには多すぎるほどに多数の変形や改良法がある．読者にはこうしたことは計算に要する時間を大いに左右するので大切なことであると認識してほしい．文献 [378] と [379] や 13.2 節での議論を参照のこと．

7.5 力と応力

力の定理の通常の形式（3.3 節）が密度汎関数の計算においても成立することは簡単に分かる．大事なことは，正しい解では，エネルギーは密度に関する変分的な最小値（あるいは一般化された汎関数では鞍点）の状態にあるということである．従って，核が動くことによる電子密度の変化はエネルギーの1 次の微分には寄与しない．この結果は全エネルギーの Hohenberg–Kohn 表

218 第 7 章 Kohn–Sham の補助系

示 (6.12) 式から，あるいは，7.3 節のいずれの表示からでも出てくる．核の位置に陽に依存する項は相互作用項 E_{II} と外部ポテンシャルだけであるので，

$$\mathbf{F}_I = -\frac{\partial E}{\partial \mathbf{R}_I} = -\int d\mathbf{r}\, n(\mathbf{r}) \frac{\partial V_{\text{ext}}(\mathbf{r})}{\partial \mathbf{R}_I} - \frac{\partial E_{II}}{\partial \mathbf{R}_I} \tag{7.39}$$

がすぐに求まる．これは Feynman [268] が導いた，力に対する「静電定理」であり，(3.19) 式と同じである．非局所擬ポテンシャルに対しては，力は形式的にのみ密度の関数である．計算上では Kohn–Sham 波動関数で定義されており，一般的な表式は (3.20) 式で，具体的な平面波表示は (13.3) 式で与えられている．

　力の式にはこの他のいろいろな表式が可能であるが，それは結果を変えることなく密度の 1 次の変形を (7.39) 式に任意に加えることができるからである．その要点は非常に簡単であり，図 I.1 に示す．つまり通常の力の定理は図 I.1 の左側の図のようにすべての電子に対して相対的に動く核を扱っている．しかし実際の計算では多くの場合（とりわけ内殻の電子も絡む場合）は，図の中央に示すように，核と共に密度の一部を動かす方が適切である．付録 I で述べるように，巧妙に選択すれば結果として得られる式を非常に簡単にすることができる．

　実際の計算では，力の定理 (7.39) 式の使用に影響を及ぼす 2 つの要因がある：(1) 基底が原子の位置に陽に依存していること，および (2) 自己無撞着でないことによる誤差，である．この 2 つの要因は (3.18) 式から (3.19) 式に移行する際に無視した項の性質を考えれば分かるであろう．(3.18) 式右辺の中央の 2 つの項は波動関数の微分を含んでいるが，それは独立粒子の場合には

$$\mathbf{F}_I^{(2)} = -2\text{Re} \sum_i \int d\mathbf{r} \frac{\partial \psi_i^*}{\partial \mathbf{R}_I} \left[-\frac{1}{2}\nabla^2 + V^{\text{in}} \right] \psi_i$$
$$- \int d\mathbf{r} \left[V^{\text{out}} - V^{\text{in}} \right] \frac{\partial n^{\text{out}}}{\partial \mathbf{R}_I} \tag{7.40}$$

と書くことができる[9]ここで V^{in} は自己無撞着ではない入力ポテンシャルで，このポテンシャルから ψ_i が計算され，n^{out} が得られる．

---

[9] ［訳註］原著の (7.40) 式には誤りもあるが，入力ポテンシャルに対して出力の電子密度が与えられるので，その範囲での式に書き換えた．2 つ目の積分を含む項は電子状態計算が収束していないときの補正を表している．

ψ_i はポテンシャル V^{in} を持つハミルトニアンの固有状態として求められるが，一般に固有状態を基底関数の展開として求めると必ずしも完全な固有状態になっていない．(7.40) 式の右辺第 1 項がゼロになるのは次の 2 つの場合に起きる．(1) 基底が原子の位置によらない（例，平面波）とき，あるいは (2) 基底が完全であるとき．しかし，この項は基底が原子に束縛されている（例，原子を中心にした軌道）ときと基底が不完全のときにはゼロにはならない．この寄与は，Pulay 補正項 [269] と呼ばれることが多く，計算するのは難しくはないが面倒な作業であることが多い．この寄与が含まれていれば，力は単位変位に対する全エネルギーの変化に等しくなる．平面波を基底に使うときの大きい利点の 1 つが，基底が不完全であってもこの寄与が完全にゼロだということである．

(7.40) 式の最後の項は解が自己無撞着でないことによって出てくる項である．これはエネルギーより力の方で一層深刻な問題となる．というのは，エネルギーは変分的（誤差が 2 次）であるが，力の式はそうではないからである．最終的なポテンシャル V_{KS} が分からなくても，自己無撞着にするための反復計算のどの段階でもこのような項を近似的に取り込む工夫をすることができる．このような方法は本質的には 7.4 節で述べた自己無撞着を達成するための方法と同じ論理に基づいており，その目指すところは次の段階でのポテンシャルを最適に選ぶことである．

応　力

応力とひずみは凝縮物質の状態の特徴を表す重要な概念である．しかし，基底状態の波動関数を使った一般的な表式ができたのは 1980 年代のことである [102, 162]．そこには多数の微妙な事柄や複雑な問題があるので，付録 G で応力とひずみの定義とその結果の式を扱う．これらの式はさまざまな分野で役に立つであろう．

その主な結果は，応力テンソルとは圧力を膨張とせん断のすべての独立な成分に一般化したものであり，「応力定理」は，圧力に対するビリアル定理の一般化として基底状態の波動関数から応力テンソルのすべての成分を計算する方法を与えるものである．凝縮物質では系の状態は各原子にかかる力と巨

220 第7章 Kohn–Sham の補助系

視的な応力によって指定され，この応力は独立な変数である．平衡状態の条件は，(1) 各原子にかかる力の総和はゼロである，(2) 巨視的な応力は外部から加えられた応力に等しい．このことは古典的なシミュレーション [382] では十分に確立されており（例えば，Parrinello–Rahman 法 [383] と可変計量法 [384] 参照），現在では電子構造計算の肝要な部分となっている [385]．電子構造計算では単位胞中の原子の位置および単位胞の形状と大きさの両方に関してエネルギーを最小化することにより構造を緩和している．

7.6 交換相関ポテンシャル V_{xc} の解釈

交換相関ポテンシャル $V_{xc}^{\sigma}(\mathbf{r})$ は E_{xc} の汎関数微分である；それは粒子間の相互作用とはみなすことはできなくて，逆説的な振る舞いをする．通常のポテンシャルとの相違は (8.1) 式で定義された交換相関エネルギー密度 $\epsilon_{xc}([n], \mathbf{r})$ から

$$V_{xc}^{\sigma}(\mathbf{r}) = \epsilon_{xc}([n], \mathbf{r}) + n(\mathbf{r})\frac{\delta\epsilon_{xc}([n], \mathbf{r})}{\delta n^{\sigma}(\mathbf{r})}, \tag{7.41}$$

のように表されることによって明らかになる．第2項は（「応答ポテンシャル」と呼ばれることもある [386]）は密度による交換相関正孔の変化による．絶縁体では，密度 n の関数として状態の性質が不連続的に変化するバンドギャップでこの微分は不連続になる．これは「微分不連続」を引き起こす．つまり結晶における全電子に対する Kohn–Sham ポテンシャルが1つの電子を加えると一定値だけ変化する [387, 388]．従って，厳密な Kohn–Sham 理論においてさえ，最高占有状態と最低非占有状態の固有値の差は実際のバンドギャップと等しくならない．同様に，1つの分子の状態のエネルギーの絶対的な値は遠く離れた分子の存在によってシフトするということがある [389]．

Kohn–Sham ポテンシャルの密度の関数としての振る舞いは逆説的に見える．どうすれば1個の電子を加えるとその固体中の他の電子すべてのポテンシャルをずらすことができるのであろうか？ その答えは汎関数の定義の中にあり，その振る舞いは運動エネルギーを調べれば理解できる．Kohn–Sham 法が Thomas–Fermi 近似より優れている点は運動エネルギーの定義のために軌道を組み込んだことである．軌道を考慮すれば (7.3) 式における独立粒

子の運動エネルギー T_s が占有バンドから非占有バンドへ移るときに，$\psi_i^\sigma(\mathbf{r})$ がバンドによって異なるので，不連続的に変化することは容易に理解できる．密度で考えれば，これは正式の密度汎関数 $T_s[n]$ は充満バンドに対応する密度のときに微分が不連続になることを意味している．これは量子力学から直接出てくる結果であり，逆説的ではない．現実の問題は密度汎関数に陽に組み込むことが難しいということである．同様に，真の交換相関汎関数も不連続的に変化しなければならないことを見るのは簡単である．このような特性はすべてどのような簡単で明確な密度汎関数，例えば局所密度近似あるいは勾配近似など，にも組み込むことはできない（8.3 節と 8.5 節参照）．しかし，第 9 章の軌道依存の定式化を行えば，このようなことは自然に（かつ逆説的でなく）できる．

このような性質を調べる他の方法は，Kohn–Sham ポテンシャル V_{KS} は厳密な電荷密度を生じるという要請によって定義されていることに注目することである．これは V_{xc} の性質によって満たされねばならない厳しい要請である．$V_{KS}^\sigma(\mathbf{r}) = V_{ext}(\mathbf{r}) + V_{Hartree}(\mathbf{r}) + V_{xc}^\sigma(\mathbf{r})$ において $V_{ext}(\mathbf{r})$ は分かっており $V_{Hartree}(\mathbf{r})$ は密度の簡単な陽汎関数である．従って，$V_{xc}^\sigma(\mathbf{r})$ を決める 1 つの方法は $V_{KS}^\sigma(\mathbf{r})$ が厳密な密度を導出しなければならないという要請である．逆にいえば，Hohenberg–Kohn の定理を Kohn–Sham の相互作用のない系に適用すれば，厳密な密度は付加的な定数を除けば一義的に決まる唯一の $V_{xc}^\sigma(\mathbf{r})$ で与えられるということを意味している．

7.7 固有値の意味

Kohn–Sham の固有値には，特別な物理的意味はないとはよくいわれる．実際，この固有値は相互作用をしている多体系に電子を付加，あるいは除去するためのエネルギーではない．これについては 1 つだけ例外があり [390]，有限な系の最も高い固有値はイオン化エネルギーのマイナス，$-I$ である．有限な系の長距離での漸近的密度は最も高い固有値を持つ占有状態で決められる．密度は厳密であると仮定されているので，固有値もまた厳密なはずである．Kohn–Sham 法では他の固有値はどれも正確であるという保証はない．

222 第 7 章 Kohn–Sham の補助系

　しかしながら，この固有値は理論の範囲内でははっきりした意味を持っており，この固有値を使って物理的に意味のある量を作ることができる．その1つの方法は，Kohn–Sham 固有関数と固有値から励起エネルギーに対する摂動表示を作ることである．これは汎関数の形をとることもあるし [391]，あるいは，Kohn–Sham 固有関数と固有値を入力として使う多体計算のように演算子的に定義することもできる．相棒の本 [1] で議論されているように，後者は実際に量子モンテカルロ法と多体摂動法で行われている．例えば，固定節の拡散モンテカルロ法では求められるエネルギーは多体試行関数の節のみに依存している．もし試行関数が Kohn–Sham 軌道で作られた行列式であるなら，その結果は演算としては Kohn–Sham ポテンシャルの汎関数である．

　Kohn–Sham 形式の範囲内では，固有値ははっきりした数学的意味を持っており，Slater–Janak の定理と呼ばれることが多い [392]．この固有値はその状態の占有数に関する全エネルギーの微分であり

$$\varepsilon_i = \frac{\mathrm{d}E_{\text{total}}}{\mathrm{d}n_i} = \int \mathrm{d}\mathbf{r} \frac{\mathrm{d}E_{\text{total}}}{\mathrm{d}n(\mathbf{r})} \frac{\mathrm{d}n(\mathbf{r})}{\mathrm{d}n_i}. \tag{7.42}$$

と書ける．相互作用のない系に対してはこの式は自明である．しかし，Kohn–Sham 問題に対してはこの式には面白い事柄がある．交換相関エネルギーは密度の汎関数であり，(7.42) 式の $\mathrm{d}E_{\text{total}}/\mathrm{d}n(\mathbf{r})$ におけるポテンシャル項の微分には (7.41) 式の有効ポテンシャル $V_{\text{xc}}(\mathbf{r})$ を含む．(7.41) 式のすぐ後で指摘したように，$V_{\text{xc}}(\mathbf{r})$ は「応答部分」を含んでおり，$\epsilon_{\text{xc}}([n], \mathbf{r})$ の $n(\mathbf{r})$ に関する微分である．これは状態間で不連続に変化でき，固有値にジャンプを引き起こすので，はじめは驚きであった．これがよく知られた「バンドギャップ不連続」である [387, 388]．

　このような事情から，少なくとも原理的には，絶縁体におけるギャップという重要な問題に対しては基底状態の Kohn–Sham ポテンシャルから得られる固有値は正しいギャップを与えないということになる，しかしながら，不連続の大きさははっきり決まっておらず，電子の付加と除去エネルギーに関するこの問題を明確にしようという活発な動き，とりわけ「最適化有効ポテンシャル（OEP）」（9.5 節）を使った研究が盛んである．

7.8 厳密な Kohn–Sham 理論のもつれた状況

本節では Kohn–Sham 理論について，6.6 節で Hohenberg–Kohn の密度汎関数論について尋ねたときと同じような質問をしてみよう．答えが同じ場合はここでは簡単にするが，そうでない場合は，その答えの違いが密度汎関数論の具体的な形を理解するための基本となる．

電子のとり得る密度

Hohenberg–Kohn の定理はまた独立粒子問題に対しても成立するので，6.6 節の論法から次のことが分かる．

- 同じ密度 $n(\mathbf{r})$ を持つ異なる波動関数 ψ_i を作ることができる．
- Fermi 粒子に対する反対称波動関数はいくつかの解析性条件のもとでどのような密度でも表現できる（「N-表示可能性」）．
- もっともそうな密度でも局所外部ポテンシャルの基底状態とすることができるとは限らない（「V-表示可能性」）．その一例としては 1 組の縮退した状態の密度の 1 次結合があげられる．もう 1 つの例は，あるポテンシャルの励起状態に対応する密度で，それはポテンシャルが特異点を持たないという条件があるときには他のポテンシャルの基底状態にはなり得ない（H における 2s 状態の例については演習問題 6.6 で議論する）．

新しい質問は

- 相互作用のある電子系の基底状態の密度はどのようなものでも，相互作用のない電子系の基底状態の密度として厳密に再現できるだろうか（「相互作用のない V-表示可能性」）？
  答えは知られていない．これは Kohn–Sham の仮説で，これに関する研究全体の基礎となっているが，一般的な証明はない．一様電子ガスに対しては明らかに正しい．1 個または 2 個の電子の問題に対しては容易に示すことができる（演習問題 7.2 と 7.12 参照）．一様電子ガスからの少しのずれに対しては Kohn–Sham によって示されている [84]（演習問題 7.10）．し

かし著者の知る限りでは一般的な証明はない．それにもかかわらず，計算結果は非常に「理にかなっている」ように見え，詳細なテストの結果によれば，多くの場合最良の数値的密度に合わせることができる．ここでは標準的なやり方に従い，Kohn–Sham の仮説は正しい，あるいはすべての努力に十分に値するという仮定の下で話を進める．ここで使っている「厳密な Kohn–Sham 理論」の定義はその理論が存在するとすれば厳密である．

厳密な Kohn–Sham 理論の特性

Kohn–Sham 法は，Hohenberg–Kohn の定理よりさらにずっと基底状態に重きをおいている．厳密な Kohn–Sham 理論で作られたもので，正しいと保証される特性は密度とエネルギーだけである．そこで，もし交換相関汎関数が厳密に求められたときには，物質のどのような性質が Kohn–Sham 理論から正しく得られることになるのかという問いが出てくる．

Kohn–Sham 法の適用には制限がある．以下の質問と答えは，証明はされていないがどのような妥当そうな密度も表現することができることと，磁場がないあるいはスピン軌道相互作用がないことを仮定している．この一般化は後で行う．

これらは困難な質問である．以下の答えは著者の意見でありその理由の短い説明を付ける．これは読者が自分自身で理論を探索し，これらの問いに答えることを励ますためである．

- Kohn–Sham 理論では基底状態のスピン密度は正しいだろうか？

  可．スピン依存有効ポテンシャルは正しい密度とスピン密度を与えるために特に導入された量である．ノンコリニア（非共線形）のスピン汎関数（8.3節）は正しい回転不変性を持っているが，これはスピンの z 成分のみに合わせた理論では破れている．

- 静的な電荷とスピンの感受率は基底状態の汎関数から正しく出てくるだろうか？

  可．すべての静的感受率は基底状態のエネルギーの外部場に関する 2 次の導関数である．汎関数はすべてのポテンシャルに対して正しいので導関数

7.8 厳密な Kohn–Sham 理論のもつれた状況　**225**

も正しい[10].

- 結晶の巨視的な分極は結晶内の密度 $n(\mathbf{r})$ を使って Kohn–Sham 理論から正しく与えられるだろうか？

  否. 静的分極は波動関数の位相によって決まることは今では知られている（第 24 章参照）. これは Kohn–Sham 波動関数が補助関数にすぎず必ずしも意味がないので正しくないかもしれない.

- 金属の厳密な Fermi 面は厳密な Kohn–Sham 理論の固有値から得られるだろうか？

  著者には不明. 金属では感受率が Fermi 面の差し渡しに対応する波数ベクトルで Kohn 異常を示す. しかし, これが Fermi 面をユニークに決めるかどうか明らかでない. 文献 [393] によると局所ポテンシャルはある種の Fermi 面を記述できない. しかし, 密度の極端に非局所的な汎関数によってなら記述できる可能性がある[11].

- Mott 絶縁体–電子間の相関による絶縁体–は厳密な Kohn–Sham 理論の固有値から正しく予測されねばならないだろうか？

  答えはいろんな風に使われる「Mott 絶縁体」の意味するところに依存する. もし, Mott 絶縁体が絶縁体になって Luttinger の定理を破るどのような系をも意味するなら, そのような系はなんらかの量子秩序を持たなくてはならないとする議論があり, そのような系は次節で議論される超伝導体のペア密度のような新しい密度（あるいは場）を必要とする. もし, 質問が NiO のような系, 多分 Mott によって初めて調べられた物質, に制限されるなら, これらは厳密なスピン密度理論で与えられるべき秩序状態である. これは相棒の本 [1] で詳しく議論される（21.8 節参照）.

- 励起エネルギーは Kohn–Sham 方程式の固有値から正しく得られるだろうか？

---

[10] [原註] 電気感受率は特別な場合で, 電気分極を適切に記述するには十分注意しなければならない. 通常の Kohn–Sham 理論の他にもう 1 項存在し, それは次の項目の質問に関連があり, 第 24 章で扱っている.

[11] [原註] これは時間依存密度汎関数理論での絶縁体における励起の記述の問題に似ているようである. そこでは, 非局所ポテンシャルあるいは非常に非局所的な汎関数が必要になる（21.8 節）.

226 第 7 章 Kohn–Sham の補助系

否．固有値は電子の付加や除去，あるいは中性の励起に対する真のエネルギーではない（7.7 節参照）．たとえ一般化された Kohn–Sham 法（第 9 章）が新しいやり方を提供しても，すべての連続スペクトルは固有値では記述できない．

- どれかの励起エネルギーが Kohn–Sham 方程式の固有値から正しく与えられるだろうか？

可．有限な系の最高の固有値は正しくなければならない [390]．というのは，その状態が密度の長距離での裾野をほぼ決めており，密度は正しいと定義されているからである．

- 厳密な比熱対温度の関係は厳密な有限温度 Mermin 汎関数から正しく得られるだろうか？

可．たとえ比熱が基底状態からの励起を含んでいても，このような励起全体にわたる熱平均は密度と温度の一義に決まる汎関数でなければならない．しかし，交換相関汎関数を温度の関数として導出するのは非常に難しい．

- 励起エネルギーを Kohn–Sham 理論を使って，なんらかの方法で決めることはできるだろうか？

可．この質問は Hohenberg–Kohn の存在定理の証明の考え方の中にある．Kohn–Sham の密度はその構成上厳密であるから，Hohenberg–Kohn の定理から，全ハミルトニアンが決められるのですべての性質が決められるということになる．従って，Kohn–Sham ポテンシャルと固有関数を使ってすべての励起を厳密に決めるなんらかの方法があるはずであるが，このためには Kohn–Sham の固有値をそのまま使うという以上の理論が必要である．1 つの方法として固有状態を多体の計算の基底として使う方法がある．これは実際に配置間相互作用，モンテカルロ法，GW 法や BSE のような多体摂動論で行われており，相棒の本 [1] および他の文献で議論されている．その他の定式化は励起を Kohn–Sham 法自身の中に取り込んでおり，中でも特に重要なものは時間依存 Kohn–Sham 理論である．

7.9 時間依存密度汎関数論

Kohn–Sham のやり方では多体問題を独立粒子問題に置き換えているが，そこでは有効ポテンシャルは密度に依存している．7.7 節で述べたように，Kohn–Sham 方程式の固有値は独立粒子の固有値であり，電子の付加や除去に伴う真のエネルギーではない．同様に，固有値の差も励起エネルギーには対応しない．

どうすれば Kohn–Sham のやり方は励起を正しく表せるだろうか？ この答えは相互作用のある密度を使った定式化に戻ることである．完全な多体問題では励起は応答関数を使えば一番簡単に表現できる，すなわち，外部の摂動に対する系の応答である．(D.2) 式の応答における励起エネルギーは厳密な多体励起エネルギーである．付録 D の周波数依存動的応答関数の解析に従えば，厳密な密度応答関数は周波数 ω の関数と考えたとき，厳密な励起エネルギーのところに極を持っている．従って，目的は Kohn–Sham の枠内で動的密度応答関数の理論を作ることである．

そのような理論は実際に存在し，「時間依存 Kohn–Sham 密度汎関数論」といわれ，もとの静的 Kohn–Sham 法を一般化したものであり，Runge と Gross [246] によってしっかりと基礎づけされている．より詳細には第 21 章で議論する．この理論は驚くほどシンプルで直截であり，特に化学のコミュニティではスペクトルの計算の標準的ツールとして広く使われている．しかし，多くの微妙な側面を持っている；見かけ上の単純さは標準的な基底状態汎関数を使う断熱近似に起因する．基礎的な多くの論点があり，汎関数を改良すること，この近似を超えることなど活発な研究が行われている．これらについては例えば [247, 394, 395] で議論されている．

7.10 Kohn–Sham 法のその他の一般化について

Kohn–Sham 法の包括的指導原理は，多体問題をより簡単な問題に置き換えることである．(7.1) 式の通常の Kohn–Sham 理論においては，そのより簡単な問題というのは，正しい基底状態の電子密度とエネルギーだけを再現

228   第 7 章   Kohn–Sham の補助系

する相互作用のない粒子の系である．この枠内では固有値と固有関数は，局在した系の最も高い固有値以外は実際の励起には対応しない．しかし，このようなことは本質的なことではなく，密度はすべてを決定できると考えられている．補助系が密度といくつかの他の量を再現することを要求する 1 つの一般的なやり方は Jansen [396] によって概観されている．Kohn–Sham 系の他の性質が厳密なものと等しいということをなぜ要請しないのだろうか？ 例えば，基底状態のエネルギーと密度とさらにバンドギャップという具合に？

我々はすでに，他の一般化の 1 つのモデルとして，スピン密度や数密度を含む拡張を紹介した．1 つの例は [397] で導入された超伝導の密度汎関数理論であり，これは実際的な方法として [398] と [399] に整備された．基本的な要素は異常対密度の追加でありこれはスピン密度に似ている．その汎関数はよく知られたこれまでの理論と同様に電子–格子相互作用によって構成されている；しかしながら，これまでの理論ではパラメタであったいわゆる Coulomb 相互作用 $\mu*$ の効果を，この密度汎関数は自然に取り入れるという重要な結果をもたらした．もう 1 つの例は第 2 章で述べる密度分極理論 [350–352] である．

より広範に及ぶ修正はいわゆる「一般化 Kohn–Sham 理論」（GKS）であり，Seidl et al. [400] によって定式化された．これは第 9 章で詳しく述べる．Kohn–Sham の原論文においてポテンシャルが局所的であることを求めない別のやり方に言及している．GKS の方法は Hartree–Fock の非局所交換に似たオペレータを持った，波動関数の汎関数として形式化できる．これは密度と波動関数の混成汎関数や第 9 章での関連の汎関数の理論的基礎であり，これらはバンドギャップや光学的励起に大きく改善された結果を与える．

さらに学ぶために

DFT の一般的文献については，第 6 章の章末のリストを参照．

理論への導入もついている，Kohn–Sham DFT の物質での応用には以下の文献がある：

Giustino, F., *Materials Modelling using Density Functional Theory: Properties and Predictions* (Oxford University Press, Oxford, 2014).

Kaxiras, E. and Joannopoulos, J. D., *Quantum Theory of Materials*, 2nd rev. ed. (Cambridge University Press, Cambridge, 2019).

7.10 Kohn–Sham 法のその他の一般化について   ***229***

Kohanoff, J., *Electronic Calculations for Solids and Molecules: Theory and Computational Methods* (Cambridge University Press, Cambridge, 2003).

時間依存 DFT の選ばれた文献については**第 21 章**の章末のリストを参照.

演習問題

7.1 どのような 1 電子問題に対しても,ある与えられた密度が可能な基底状態の密度であるか否かは容易に決めることができる.Schrödinger 方程式の解の既知の性質を用いて,あるポテンシャルの基底状態の密度であることを保証するために関数が満たさなければならない十分条件を求めよ.許容される密度の例としては演習問題 7.7 を,許容されない基底状態密度としては演習問題 6.6 を参照.

7.2 存在可能(演習問題 7.1 参照)であり,積分すれば 1 個の電子になるような密度 $n(\mathbf{r})$ に対して,Kohn–Sham ポテンシャル $V_{\text{eff}}^{\sigma}(\mathbf{r})|_{\min} \equiv V_{\text{KS}}^{\sigma}(\mathbf{r})$ は,任意定数を除き一意に決まることを示し,$n(\mathbf{r})$ から $V_{\text{KS}}^{\sigma}(\mathbf{r})$ を求める明確な方法を示せ.許容される密度の例としては演習問題 7.7 を参照.

7.3 演習問題 7.2 の議論を一般化し,任意の整数個の電子を持つ相互作用のない Kohn–Sham 系に対しては,$V_{\text{KS}}^{\sigma}(\mathbf{r})$ は任意定数を除き一義に定まることを示せ.

7.4 演習問題 7.3 の結果を使って,相互作用のない Kohn–Sham 系では各スピン σ に対する運動エネルギー T_s はこのスピンに対する密度 $n^{\sigma}(\mathbf{r})$ の唯一の汎関数であることを示せ.この議論を一般化し,系のすべての性質は,密度により一義に定まることを示せ.

7.5 演習問題 7.4 の結果に基づき,離散的な状態を持つ有限系では,運動エネルギー汎関数 $T_s[n]$ は,整数の占有数で不連続となる微係数を持つ密度 n の非解析関数であることを示せ.ヒント:Schrödinger 方程式の既知の解で各 i に対して異なる解 ψ_i を使う.この議論を系のすべての性質と固体の場合には占有バンドとに拡張せよ.

7.6 相互作用のないハミルトニアンの最低の固有状態からは任意の密度を構成することはできないということの例として,演習問題 6.6 を参照せよ.この例を用い,相互作用のない粒子の問題で最低の N 個の固有ベクトルを使って作られた行列式からはどのような密度でも構成できるということはないという一般論を構築せよ.

7.7 密度からポテンシャルを求める具体的な方法の例として,密度 $A \exp(-\alpha x^2)$ を与える 1 次元のポテンシャル $V(x)$ を求めよ.ここで規格化定数 A は,密度の積分が 1 電子になるように選ぶ.α を用いて解を示せ.

7.8 1 電子の動径方向の問題では,節のないどのような動径密度でも導ける唯一の Kohn–Sham ポテンシャルを見つけることは簡単である.(動径座標における Schrödinger 方程式は 10.1 節に与えられている.)

(a) 水素原子の電子密度を与えるポテンシャル $V_{\text{KS}}(r)$ を求めよ.

(b) Gauss 型密度 $A \exp(-\alpha r^2)$ に対するポテンシャルを求めよ.ここで A は密度の積分が 1 となるように選ばれる規格化定数である(演習問題 7.7 参照).α を用いて解を示せ.

7.9 本問題は,N 個の粒子が作るどのような密度でも表すことができる.規格直交化された独立粒子の軌道を具体的に構成し,同じ密度に対していろいろな選び方が

230　第 7 章　Kohn–Sham の補助系

あることを示す例である．この例は 1 次元であり，[273] の p. 55 から採ったものである．領域 $x_1 \leq x \leq x_2$ で与えられた密度 $n(x)$ および $s(x) \equiv n(x)/N$ に対して，一連の関数

$$\psi_k(x) = [s(x)]^{1/2} \exp\left[i2\pi k q(x)\right] \tag{7.43}$$

を決定せよ．ここで $q(x) \equiv \int_{x_1}^x s(x')\mathrm{d}x'$ であり，k は整数あるいは半整数である．各軌道は同じ密度 $s(x)$ を持っており，規格直交しているので，必要な条件を満たしていることを示せ．従って選択肢が無限にあることを示せ．

7.10 最低の次数では，一様な密度からの微小なずれは，相互作用のない Fermi 粒子によって再現できることを示せ．ヒント：最低次では，密度のいかなる変化もポテンシャルにおいては 1 次であることを使用せよ．

7.11 独立粒子のハミルトニアン $\hat{H} = \hat{H}_{\mathrm{int}} + V_{\mathrm{ext}}$ を考える．このハミルトニアンに対しては任意の状態 i に対する波動関数は 1 個の行列式 Φ_i であり，添え字 "int" はすべての内部の項を表す．このとき全エネルギーは $E_{\mathrm{tot}} = E_{\mathrm{int}}[\Phi] + \int \mathrm{d}^3\mathbf{r} V_{\mathrm{ext}}(\mathbf{r}) n(\mathbf{r})$ と書くことができる．外部ポテンシャル $V_{\mathrm{ext}}(\mathbf{r})$ は $\hat{H}_{\mathrm{int}}$ となんらかの波動関数（基底状態とは限らない）Φ_i が与えられると，定数の任意性を除いて決められることを示せ．（ヒント：Schrödinger 方程式を用いて，$V_{\mathrm{ext}}(\mathbf{r})$ を求めよ．）数値的には，$V_{\mathrm{ext}}(\mathbf{r})$ を励起状態に対して波動関数から求めることは，基底状態に対して求めるより難しいが，その理由を説明せよ．

7.12 1 重項状態の 2 電子問題に対しては，節のない任意の密度が導かれる Kohn–Sham ポテンシャルを求めるのは簡単である．この演習の目的は，下記の場合に対するポテンシャル $V_{\mathrm{KS}}(r)$ を作ることによって，演習問題 7.8 の 1 電子の場合との関係を強調することである．

（a）H 原子の 2 倍の密度の場合．

（b）Gauss 型の密度 $A \exp(-\alpha r^2)$ の場合．ここで A は密度の積分が 2 電子となるように選ばれる．

7.13 プロジェクト：原子用のプログラム（例えば第 10 章で述べたようなもの）を使えば，閉殻原子の電子密度とその Kohn–Sham ポテンシャルを求めることができる．

（a）この演習はその逆問題である：その密度を作り出すポテンシャル $V(r)$ を求めるために最小化するプログラムを作成し，得られたポテンシャルが同じものであることを示せ．これはポテンシャルが一義的であるためには必須である．

（b）次に，Gauss 型関数を掛け，規格化して密度を修正し，この密度に対するポテンシャルを求めよ．

7.14 実際の計算ではエネルギーは 2 つの汎関数 (7.21) あるいは (7.22) のどちらを使っても求められる．その両方を計算することがどのように有用かについて述べよ．収束する前に実際の収束値により近いのはどちらだろうか？ どちらが真の変分限界だろうか？ この 2 つの違いは収束の度合いを測る指標として使えるだろうか？

7.15 (7.24) 式の前で述べたように，1 次の項を導き，それから (7.24) 式を導け．

7.16 (7.26) 式で定義される汎関数が，ポテンシャルと密度という独立した変分に対して正しい解を得たときにまさしく極値をとることを示すまでのステップを埋めよ．

7.17 一般的な熱力学の観点に立ち，$E(T)$ は T の 2 乗で増加するが，$F(T)$ は T の 2 乗で減少することを示せ．このことから $E(T)$ と $F(T)$ の 1 次結合は，2 乗

7.10 Kohn–Sham 法のその他の一般化について **231**

の項が相殺するように選ぶことができる．占有数で決まる $E(T)$ と $F(T)$ の表式を使い，$\alpha E(T) + (1 - \alpha)F(T) = E(T = 0) +$ 補正項 $(\propto T^4)$ となる α を求めよ．

7.18 (7.32) 式は，$V^{\text{in}}, n^{\text{in}}, \mu, T$ および占有関数 $f(\varepsilon)$ のすべての量の独立な変分に対して正しい解を得たときに極値をとるということを示す議論を完成させよ．

7.19 (7.32) 式中の電子エントロピーの式 $\sum_i f_i \ln f_i + \sum_i (1 - f_i) \ln(1 - f_i)$ は Mermin が与えた密度行列を使った一般的な多体の式 (6.20) 式から出てくることを示せ．

7.20 (7.34) 式の $\tilde{\chi}$ は次式で与えられることを示せ．

$$\tilde{\chi} + 1 = \frac{\delta n^{\text{out}}}{\delta n^{\text{in}}} = \frac{\delta n^{\text{out}}}{\delta V^{\text{in}}} \frac{\delta V^{\text{in}}}{\delta n^{\text{in}}}. \tag{7.44}$$

ここで $\delta n^{\text{out}}/\delta V^{\text{in}}$ は (D.6) 式で χ^0 と定義された応答関数であり，最後の項 $\delta V^{\text{in}}/\delta n^{\text{in}}$ は (7.25) 式で定義された K である．このように求める関数 $\tilde{\chi}$ が計算でき，他の応用に使われる応答関数に深く関係している．

7.21 応答関数を用いて，単純な 1 次混合法におけるパラメータ α に関する束縛条件を導出せよ．すなわち，この反復は $\alpha < 2/|\tilde{\chi}_{\min}| = 2|\tilde{\chi}_{\max}^{-1}|$ の範囲でのみ収束することを導け．演習問題 13.3 も参照．

7.22 一般の (3.18) 式から始めて，自己無撞着な独立粒子法において，(7.40) 式で与えられた力に対する補正の 2 つの項を導け．自己無撞着性から第 2 項が加えられているが，この項はハミルトニアンが変化しない場合には存在しない．ヒント：力はもともと，全エネルギーの微分として定義されていることから，この項を導出せよ．

第8章
交換と相関の汎関数

花を育てるのは雨です，雷ではありません．

Rumi

要 旨

密度汎関数論は現在電子構造計算に最も広く使われている方法であるが，それは密度の汎関数としての交換相関エネルギー $E_{xc}[n]$ に対し実用的な近似形が成功を収めたからである．本章の最初は交換相関がどのようにしてエネルギーに影響を与えるかの基本的理解に費やす．それは排他律と Coulomb 斥力による交換相関正孔，すなわち電子が互いに近づく確率が下がる，ということで決まっている．それに続いて最も広く使われている汎関数として，局所密度近似（LDA）と半局所一般化勾配近似（GGAs）が紹介され，原子と H_2 分子の結果からいくつかを選んで重要な様相を示す．軌道依存汎関数（ハイブリッド，運動エネルギーのメタ汎関数および他のアプローチ）に加えてより進んだ汎関数と非局所 van der Waals 汎関数は第9章で扱う．

8.1 概 観

Kohn–Sham 法の真髄は多体問題のすべての困難を，電子密度の汎関数として交換相関エネルギー $E_{xc}[n]$ に取り込み，扱い可能な独立粒子の式で表される補助系を作ったところにある．これは相互作用する多体系の基底状態に

234 第8章 交換と相関の汎関数

対する厳密な定式化である．しかしながら，厳密な汎関数 $E_{xc}[n]$ は非常に複雑に違いなく，この定式化だけであれば，Kohn–Sham の構成は脚注程度にすぎなかっただろう．密度汎関数理論が物質についての実際の計算において抜きんでて主要な方法になっている理由は驚くほどうまくいく交換相関汎関数 $E_{xc}[n]$ の近似を見つけられることが分かったからである．本章と続いての章はこれらの近似に充てられる．

交換相関エネルギー $E_{xc}[n]$ を決める中心的な量は 8.2 節で一般論が与えられるが交換相関正孔である．「正孔」とは Pauri 排他律と Coulomb 斥力の相関によってそれぞれの電子の周辺領域で他の電子が見られる確率の低下である．広範な範囲の物質に対して，莫大な量の経験から，交換相関エネルギーは局所汎関数（8.3 節）でかなり良く近似されることが分かった．8.4 節ではそのことを交換相関正孔で正当化する．次のステップは 8.5 節での半局所一般化勾配近似である．局所と半局所近似は図 9.1 における梯子の最初の 2 段である．

一方，局所相関では記述できない重要な物質群や現象がある．例えば，van der Waals 分散相互作用は異なった原子や分子での双極子の相関した揺らぎによっている．9.8 節ではそのような非局所的な振る舞いが密度の汎関数の形にどのようにして作られるかを説明する．

開発の自然な進歩は密度に加えて波動関数の汎関数である．これには Kohn–Sham のやり方を一般化する必要があるが基底状態と同様に 1 電子励起の記述に非常に成功することが分かった．また，いくつかの場合にはこれらの方法は系統的に導かれ，新しい洞察を与える．このことと他の進んだ発展は続く章の主題である．

8.2 E_{xc} と交換相関正孔

Kohn–Sham のやり方で必要な量は，独立粒子運動エネルギー，Hartree エネルギーと密度の汎関数としての交換相関エネルギー $E_{xc}[n]$ である．DFT 計算を実行するのに必要なものは，第 IV 部にあるような計算手法と汎関数の公式である．しかし，もし汎関数を作る論理を理解したければ，あるいは新し

8.2 E_{xc} と交換相関正孔 **235**

い汎関数を創ろうとするならば，必要となる交換相関の意味することを理解することが必須である．エネルギー E_{xc} を次のように表すのが有用である．

$$E_{xc}[n] = \int d\mathbf{r}\, n(\mathbf{r})\epsilon_{xc}([n], \mathbf{r}) \tag{8.1}$$

ここで $\epsilon_{xc}([n], \mathbf{r})$ は位置 $\mathbf{r}$ にある 1 電子当たりのエネルギーであり，それは位置 $\mathbf{r}$ の近傍の密度 $n^\sigma(\mathbf{r})$ にのみ依存している[1]．Hartree エネルギーは平均の Coulomb 相互作用を含んでいるので，1 電子当たりの相互作用のポテンシャルエネルギー $\epsilon_{xc}([n], \mathbf{r})$ は 3.7 節で述べたように，それぞれの電子の対の結合確率から Hartree 項を差し引いたものに依存する．交換項は (3.57) 式のように書け，相関に対しても類似の項があるので，交換相関エネルギーは

$$\epsilon_{xc}^{int}([n], \mathbf{r}) = \frac{1}{2} \int d^3 r' \frac{n_{xc}(\mathbf{r}, \mathbf{r}')}{|\mathbf{r} - \mathbf{r}'|}, \tag{8.2}$$

と書ける．ここで $n_{xc}(\mathbf{r}, \mathbf{r}')$ は 3.7 節で述べた，ただし平行スピン（$\sigma = \sigma'$）と反平行スピン（$\sigma \neq \sigma'$）の和をとっている，位置 $\mathbf{r}$ にある電子の周りの交換相関正孔である．ここでいくつかの重要な点がある．

- Coulomb 相互作用は等方的なので $n_{xc}(\mathbf{r}, \mathbf{r}')$ の $\mathbf{r}'$ に関する球面平均のみがエネルギーに寄与する．

- $n_{xc}(\mathbf{r}, \mathbf{r}')$ は交換項と相関項の和である．交換正孔は $n_x(\mathbf{r}, \mathbf{r}') \leq 0$ であり非正値で積分すると 1 電子が欠けていることになる．相関正孔 $n_c(\mathbf{r}, \mathbf{r}')$ は，電子の相対的な位置の変化を反映しているだけなので，積分するとゼロになる．

- これは交換相関エネルギーのすべてではない．交換についていえば，これがすべてであるが相関は運動エネルギーも変化させる．交換相関汎関数は (7.7) 式に表されているように独立粒子の運動エネルギーからの差も含まなければならない．

相互作用と運動エネルギーの両方による項を含んだ $\epsilon_{xc}([n], \mathbf{r})$ は 3.4 節の理論的背景で述べた「結合定数積分公式」，「断熱接続」とも呼ばれる [271]，

---

[1] ［原註］簡単のためにスピンのアップとダウンの電子数が等しい場合を考える．スピン分極した系は 2 つのスピン密度を導入すれば取り扱える．著者の知る限りでは，スピン軌道相互作用の効果を取り入れた交換相関汎関数はない．

236 第 8 章 交換と相関の汎関数

を使って求めることができる．この場合には電荷をゼロ（相互作用がない場合）から実際の値（ここで使用している原子単位では 1）にまで変化させ，この変化の途中では密度を一定に保つという付加条件を付ける．こうすれば，他の項はすべて一定となり，エネルギーの変化は

$$
\begin{aligned}
E_{\mathrm{xc}}[n] &= \int_0^{e^2} \mathrm{d}\lambda \langle \Psi_\lambda | \frac{\mathrm{d}V_{\mathrm{int}}}{\mathrm{d}\lambda} | \Psi_\lambda \rangle - E_{\mathrm{Hartree}} \\
&= \frac{1}{2} \int \mathrm{d}^3 r n(\mathbf{r}) \int \mathrm{d}^3 r' \frac{\bar{n}_{\mathrm{xc}}(\mathbf{r}, \mathbf{r}')}{|\mathbf{r} - \mathbf{r}'|},
\end{aligned}
\tag{8.3}
$$

で与えられる．ここで $\bar{n}_{\mathrm{xc}}(\mathbf{r}, \mathbf{r}')$ は結合定数について平均された正孔で

$$
\bar{n}_{\mathrm{xc}}(\mathbf{r}, \mathbf{r}') = \int_0^1 \mathrm{d}\lambda \, n_{\mathrm{xc}}^\lambda(\mathbf{r}, \mathbf{r}')
\tag{8.4}
$$

で与えられる．(8.1) 式と (8.3) 式から交換相関エネルギー $\epsilon_{\mathrm{xc}}([n], \mathbf{r})$ は

$$
\epsilon_{\mathrm{xc}}([n], \mathbf{r}) = \frac{1}{2} \int \mathrm{d}^3 r' \frac{\bar{n}_{\mathrm{xc}}(\mathbf{r}, \mathbf{r}')}{|\mathbf{r} - \mathbf{r}'|}.
\tag{8.5}
$$

となることが分かる．

これは重要な結果で，厳密な交換相関エネルギーは，$e^2 = 0$ から $e^2 = 1$ までの相互作用について平均した交換相関正孔によるポテンシャルエネルギーとして理解できることを示している．$e^2 = 0$ に対しては，波動関数は単なる独立粒子 Kohn–Sham 波動関数にすぎないので，$n_{\mathrm{xc}}^{0,\sigma\sigma'}(\mathbf{r}, \mathbf{r}') = n_x^{\sigma\sigma'}(\mathbf{r}, \mathbf{r}')$ であり，この交換正孔は (3.54) 式から求められる．密度はどこでも λ が変化するとき一定値を保つことを要請されているので，$\epsilon_{\mathrm{xc}}([n], \mathbf{r})$ が陰に全空間における密度の汎関数であることは明らかである．従って，$E_{\mathrm{xc}}[n]$ は，与えられた密度 $n^\sigma(\mathbf{r})$ での交換のみのエネルギーと，完全に相関のある場合のエネルギーとの間の内挿されたものであると考えることができる．

平均された正孔 $\bar{n}_{\mathrm{xc}}(\mathbf{r}, \mathbf{r}')$ の性質を解析することは $E_{\mathrm{xc}}[n]$ の近似を改善するための主要な手段の 1 つである．特に交換相関正孔には，3.7 節で示したようにその積分は -1 でなければならないという総和則に従うという性質がある．この総和則は実際の電子のハミルトニアンから導出されたときには必ず満足されているものであり，それはいろいろ提案される近似形式すべてに課される制約である [272]．この総和則や他の総和則 [401] は汎関数を組織的に改善するための主要なガイドラインとなっている．

8.3 局所（スピン）密度近似

一様電子ガス

　一様電子ガスにおける交換相関正孔については第5章で扱った．その結果は，相関が弱い場合から強い場合までを表すことができ，局所密度近似の基本であるから，本章とも関連している．独立粒子近似では相関がなく，正孔は純粋に (5.19) 式で与えられ図5.3に示されている同じスピンの電子が絡む交換正孔である．電子間相互作用をフルに入れたときの正孔は量子モンテカルロ法で計算されており，その結果を図5.5に示した．普通にある場合の正孔はこの2者のある種の平均であり，高密度（相関を無視できる）から実際の密度までの正孔を適当に平均すれば求められる．大事なことは図5.5から交換相関正孔の動径方向の形とその特徴的広がりに対する感触を得ることである．

　交換相関正孔の例は，Siでの価電子状態での最高密度と最低密度に対して図8.5にも示されている．

局所（スピン）密度近似

　KohnとShamは彼らの強い影響力を与えた論文ですでに，固体は一様電子ガスという極限に近いものとみなしてもよいことが多いと指摘している．その極限では，交換と相関の効果はその性質上，局所的であることが知られている．そこで彼らは局所密度近似（LDA）（あるいは，もっと一般的には局所スピン密度近似（LSDA））を提案した．この近似では交換相関エネルギーは単に，各点でその密度を持った一様電子ガスにおけるものと同じであると仮定した交換相関エネルギー密度を，全空間にわたって積分したものである[2]．

$$E_{\mathrm{xc}}^{\mathrm{LSDA}}[n^{\uparrow}, n^{\downarrow}] = \int \mathrm{d}^3 r n(\mathbf{r}) \epsilon_{\mathrm{xc}}^{\mathrm{hom}}(n^{\uparrow}(\mathbf{r}), n^{\downarrow}(\mathbf{r}))$$

---

[2] ［原註］(8.6) 式での汎関数はスピンが空間のすべての点で同じ軸に沿って量子化されているとして定義されている．しかし，これは本質的なことではない．局所密度近似では，量子化軸が場所によって回転しているようなノンコリニアスピン密度を持つ系でも同じ汎関数になる [305]（(7.13) 式の後の脚注を参照）．勾配近似では汎関数に項が加えられる．

238 第8章 交換と相関の汎関数

$$= \int \mathrm{d}^3 r n(\mathbf{r}) [\epsilon_x^{\mathrm{hom}}(n^\uparrow(\mathbf{r}), n^\downarrow(\mathbf{r})) + \epsilon_c^{\mathrm{hom}}(n^\uparrow(\mathbf{r}), n^\downarrow(\mathbf{r}))].$$

(8.6)

LSDA では2種類のスピン密度 $n^\uparrow(\mathbf{r})$ と $n^\downarrow(\mathbf{r})$, あるいは全電子密度 $n(\mathbf{r})$ と (5.16) 式で定義したスピン分極 $\zeta(\mathbf{r})$ の組のどちらを使っても定式化できる. ここで

$$\zeta(\mathbf{r}) = \frac{n^\uparrow(\mathbf{r}) - n^\downarrow(\mathbf{r})}{n(\mathbf{r})}$$

(8.7)

である. LSDA は最も一般的な局所近似であり, 交換に対しては (5.17) と (5.18) 式で, 相関に対しては 5.3 節の近似 (あるいは厳密な数値計算結果に合わせた) 表式で, 具体的に与えられる. 分極のない系での LDA の表式は $n^\uparrow(\mathbf{r}) = n^\downarrow(\mathbf{r}) = n(\mathbf{r})/2$ とおけば得られる.

局所近似は図 9.1 での梯子の第1段である. 唯一必要な情報は密度の関数としての一様電子ガスの交換相関エネルギーである. 一様電子ガスの交換エネルギーは (5.15) 式の簡単な解析的な形で与えられており, 相関エネルギーはモンテカルロ法 [311] で非常に正確に計算されている. 交換と相関の密度に関する変化は第5章で議論した (そこではこの変化は洞察に満ちた近似と比較されている). また数値結果に合わせた具体的で解析的な形は付録 B に与えられている. 計算にこれ以上の近似がない限り, LDA と LSDA の計算結果は局所近似そのもののテストと考えることができる. 局所近似が生きるかどうかは計算結果が実験結果 (あるいは本質的に厳密であると考えることができる多体の計算) とどれほど一致するかにかかっている.

8.4 局所近似は果たして働くのか, 働いているのか?

本書のこの部分では局所近似の改良を主要課題とする. しかし, まずは局所近似の驚くべき成功を考察することは役に立つ. その近似は電子ガスから導かれたのであるから, 電子ガスとはかけ離れた原子でどうして適切になり得るのか? 結晶の格子定数が数パーセント内で予測できるほどに正確な結果が得られるのか?

これらの成功を説明するのに役立つ理由がある. 1つは正孔が総和則を満

たすことである．たとえ，それが現実のものでなくてもあるポテンシャルに対する厳密な正孔なのである [341]．従って，正孔は総和則によって課せられた制約を満たす．これは任意の近似をしたのでは満足させるのが難しい．さらに，正孔の形は正しくなくてもよい，というのも xc 正孔の球面対称化したものだけがエネルギーに寄与するからである．しかし，単に定性的な理由付け以上の何かを引き出そうとしたら，このような議論はきっちりと裏付けされないといけない．

原　子

　原子は有限で，非一様系で，しばしば広いバンドギャップを持っている極端な例であり，無限の一様電子ガスとは大変違っている．水素原子は 1 電子系であり，いろいろな意味で最悪のケースである．1 電子系なので相関はなく Hartree–Fock では交換と Hartree エネルギーが打ち消して基底状態エネルギーに対して厳密になる．LSDA では一様電子ガスのように相関があり，水素原子のテストになる．表 9.1 の結果は小さい（仮想的な）相関エネルギーが交換エネルギーのエラーを打ち消すように働き，結合エネルギーに ≈7% の誤差を与えている．同様の誤差が表 9.1 の他の原子でも見られる．他の汎関数はずっと良い結果を与えるが，LDA の荒っぽさを考えればこのレベルの精度はまったく素晴らしい．

　どうしてこの近似がそれほど良いのかについての物理的描像を得るために，エネルギーを決める交換相関正孔に注視する必要がある．原子では電子に付随する正孔は電子の位置に依存しており，電子が原子の中心にいなければその分布は非球形である．しかしながら，エネルギーには球対称成分しか必要ではない．ネオン原子における交換正孔 $n_x(\mathbf{r}, \mathbf{r}')$ について，その結果は図 8.1 [402] に示されている．左側の 2 つの代表的な場合において，正孔の分布は非常に非球対称である．にもかかわらず，右側の球対称にすれば，電子の位置での密度の一様電子ガスの正孔ときわめて似ている．従って，このような場合であっても局所近似は驚くほど良いのである．このような一致は，仮にそれらがきわめて非一様であっても多くの系に局所近似が適用できることの証拠である．さらに，8.5 節での勾配を考慮した改良や第 9 章での他の扱いの成功に対する良い兆候でもある．

第8章 交換と相関の汎関数

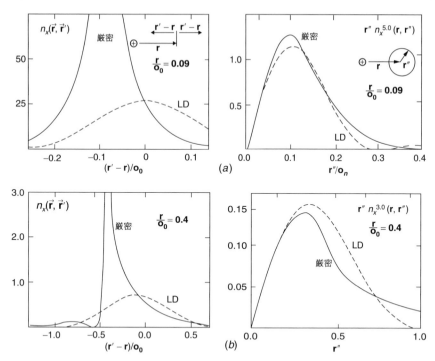

図 8.1 Ne 原子の交換正孔．左図：2 個の $|\mathbf{r}|$ の値に対して $n(\mathbf{r}, \mathbf{r}')$ を核を結ぶ線に沿って $|\mathbf{r}' - \mathbf{r}|$ の関数として描いたもの．局所密度近似の結果（破線）と比較している．原点は距離 $|\mathbf{r}|$ にある電子である．すべての量は Bohr 半径 a_0 を単位としている．右図：相対距離の関数として示した角度平均．これは局所密度近似とよく似ている．Gunnarsson et al. [402] より．

2 電子問題：He と H_2

中性の He 原子と H_2 分子は最も簡単な 2 電子系であり，凝縮物質の物理における最重要な問題の多くに関係した議論を例証する．He についても交換と相関のエネルギーは表 9.1 に与えられている．LYP 汎関数が良い一致を与えていることは驚くべきことではなく，この汎関数は He を出発点をして作られている；しかし，他の汎関数においての結果の質は印象的である．

中性の H_2 分子は 2 電子系であり，本質的には厳密な量子モンテカルロ計算 [403] がある．図 8.2 に示されるように LDA が最小点近傍およびそれより

8.4 局所近似は果たして働くのか，働いているのか？

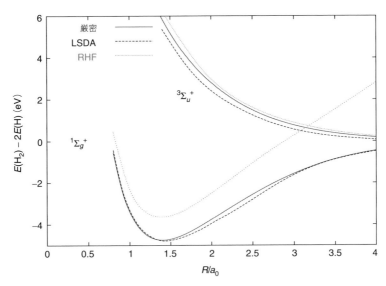

図8.2 H_2 分子の原子間距離 R に対するエネルギー．LSDA（非制限付き）とHartree–Fock（制限付き）を厳密なエネルギー [403] と比較した．2組の曲線はスピン1重項（結合）状態とスピン3重項（反結合）状態に対応する．最も目覚ましい結果は最小点近傍でのLSDAの正確さである．一方，Hartree–Fockの曲線は相関が入っていないので高すぎる．R の大きいところでは，LSDA は通常のスピン分極した孤立原子の，LSDA極限に近づく対称性が破れた解を持つ．3重項のHartree–Fockエネルギーは R の大きいところで厳密な孤立原子の極限 $E = 0$ に近づくが，1重項は制限付きでは誤った極限に近づく．図は O. E. Gunnarsson より．

短い結合距離のところでほとんど厳密解と見分けがつかないことは本当に目覚ましいことである．しかし，図をよく調べると大きい結合距離においては破綻していることが分かる．最低エネルギーの解が制限付きスピン1重項状態から非制限付きの対称性が破れた状態に移るところでLSDAの曲線はキンクを持っている．対称性が破れた状態とは，一方が上向きスピンで他方が下向きスピンとなっていることをいう．その理由は距離の大きいところでは相関が強くなり，同じ原子に同時に2つの電子を見つける確率が相互作用のない場合の $\frac{1}{4}$ に比べて大きく減少するということである．DFT計算でそれを実現するやり方は対称性を破ることであるが，これは非物理的である．正しい解は常にスピン1重項である．これはそれぞれの電子のスピンがある軸に

242   第 8 章　交換と相関の汎関数

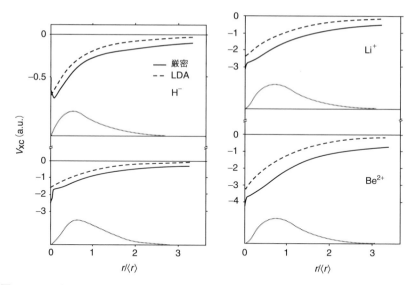

図 8.3　2 電子イオンにおける交換相関ポテンシャルについて厳密な $V_{\rm xc}$ と LDA の比較．それぞれの場合において本質的には厳密な密度から導かれている．LDA ポテンシャルが高すぎて固有値も高すぎることになる．厳密ポテンシャルは遠くで $1/r$ 型の引力を持つが LDA にはそれがないことから以上のことは容易に理解できる．Almbladh と Pedroza [404] による．

沿って上向きか下向きに量子化すると仮定する方法の本質的な破綻であり，局所近似だけのことではなく，1 重項状態を正しく扱える方法だけが正せることである．

　固有値はどのように電子除去エネルギーと比較されるのか？　最高占有エネルギーは厳密な Kohn–Sham の計算では厳密なので，これは近似汎関数の良いテストになる．図 8.3 に示されたようにポテンシャルが長距離的なので有限系では大きい効果がある．近似的な汎関数に残っている自己エネルギーが偽の斥力を及ぼし，固有値を持ち上げ状態を余りにも弱く束縛してしまう．非局所交換を適切に扱えばこの効果を除き状態をもっと強く束縛する．非局所交換の同様な効果は，10.5 節で示すように多電子原子の計算にも見られる．

固 体

　固体については交換相関正孔の定量的な計算は非常に少ない．一例として，

8.4 局所近似は果たして働くのか，働いているのか？　　*243*

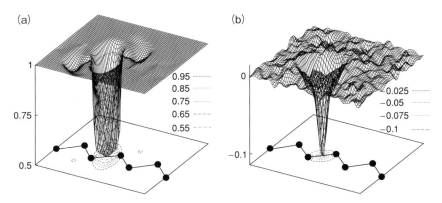

図 8.4 Si の結合中心における電子の (a) 交換正孔と (b) 結合定数について平均された相関正孔，変分モンテカルロ法で計算したもの．相関正孔に対する目盛りが小さいことに注意する．Hood et al. [405] より．

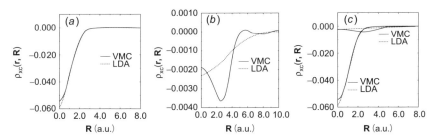

図 8.5 Si における角度と結合定数について平均した交換相関正孔．図 8.4 におけるものと同様に計算し，LDA 近似と比較している．左図：結合中心の電子の周囲の正孔．中央図：格子間位置の電子の周囲の正孔．右図：結合中心と格子間位置での大きさの比較．Hood et al. [405] より．

Si に対する変分波動関数を使った量子モンテカルロシミュレーションの有益な情報を含む結果 [405] を図 8.4 と図 8.5 に示す．これらの図は交換と相関の正孔を分けて示しており，交換が相関より勝っているという基本的な事実を示している．それは交換の主な効果が Hartree 相互作用における自己相互作用の項を除去するためのものであるということによる．交換正孔は積分すれば 1 になるが相関正孔は積分すればゼロになるという総和則がある．相関は単に相対的位置に影響するだけである．正孔の密度は高密度の結合中心領域と低密度の格子間領域では大きく変化するにもかかわらず，球面平均する

244　第 8 章　交換と相関の汎関数

と局所密度近似でかなりよく近似されている．しかし図 8.5 に見られる格子
間領域での大きい差は不正確さの原因を示唆している．正孔は総和則に従う
ので，近距離で相関による正孔密度が大きいと遠距離での減少によって相殺
されなければならない，すなわち，相関の範囲を有効に減らす遮蔽になって
いる．

8.5　一般化勾配近似（GGAs）

　LSDA の成功は，さまざまな一般化勾配近似（GGAs）の発展につながっ
た．これは図 9.1 における DFT 梯子の第 2 段である．これらの GGAs は多
くの場合に LSDA を著しく改良し，今では密度汎関数論が多くのクラスの固
体や分子にとっての標準として求められる精度を与えている．本節では GGA
作成の基礎となる物理的概念のいくつかについて簡単に述べるが，特に代表
的な GGA 汎関数として広く使われている PBE 汎関数に焦点を当てる．例
えば，凝縮物質のコミュニティで最も使われているベンチマークには PBE 汎
関数が選ばれている [406]．

　局所近似を超えるための第一歩は，各点での密度 n と共に，密度勾配の大き
さ $|\nabla n^\sigma|$ の汎関数を作ることである．このような「勾配展開近似（GEA）」は
Kohn–Sham の最初の論文においても示唆されており，Herman et al. [407]
やその他の人々により実行された．交換と相関エネルギーの低次の展開も知
られているが [408]，GEA は LSDA を超える矛盾のない改善にまでは至らな
かった．それは総和側やその他の関連する条件 [407] を満たさず，実際，よ
り悪い結果を生じることも多かった．この基本的原因は実際の物質での勾配
があまりに大きくて展開が破綻することであった．

　一般化勾配近似（GGA）という言葉は，勾配が大きいところでの汎関数の
振る舞いが，望ましい特性を保つべく提案された種々の修正方法を表してい
る．この汎関数を (8.6) 式の一般化された形式として定義すると便利である
[409]．

$$E_{\mathrm{xc}}^{\mathrm{GGA}}[n^\uparrow, n^\downarrow] = \int \mathrm{d}^3 r\, n(\mathbf{r}) \epsilon_{\mathrm{xc}}(n^\uparrow, n^\downarrow, |\nabla n^\uparrow|, |\nabla n^\downarrow|, \ldots)$$

$$\equiv \int \mathrm{d}^3 r \, n(\mathbf{r}) \epsilon_x^{\mathrm{hom}}(n) F_{\mathrm{xc}}(n^\uparrow, n^\downarrow, |\boldsymbol{\nabla} n^\uparrow|, |\boldsymbol{\nabla} n^\downarrow|, \ldots). \quad (8.8)$$

ここで F_{xc} は無次元であり,$\epsilon_x^{\mathrm{hom}}(n)$ は表 5.3 に与えられた分極のない電子ガスの交換エネルギー（E_x）である.

交換に対しては「スピン・スケーリング則」が存在することを示すのは簡単であり（演習問題 8.1）

$$E_x[n^\uparrow, n^\downarrow] = \frac{1}{2} \left[E_x[2n^\uparrow] + E_x[2n^\downarrow] \right] \quad (8.9)$$

となる.ここで $E_x[n]$ は密度 $n(\mathbf{r})$ の分極のない系の交換エネルギーである.このようにして,交換に対してはスピン分極のない $F_x(n, |\boldsymbol{\nabla} n|)$ だけを考えればよいことになる.m 次の無次元既約密度勾配を使って先に進めるのが自然であり,これは次式

$$s_m = \frac{|\boldsymbol{\nabla}^m n|}{(2k_F)^m n} = \frac{|\boldsymbol{\nabla}^m n|}{2^m (3\pi^2)^{m/3}(n)^{(1+m/3)}} \quad (8.10)$$

で定義される.Fermi 波数は $k_F = (9\pi/4)^{1/3} r_s^{-1}$ であるから,s_m は電子間の平均距離 r_s で規格化された密度の m 次の変化分に比例する.1 次の勾配に対する表式は

$$s_1 \equiv s = \frac{|\boldsymbol{\nabla} n|}{(2k_F)n} = \frac{|\boldsymbol{\nabla} r_s|}{(2\pi/3)^{1/3}} \quad (8.11)$$

となる.F_x の展開における低次の項は解析的に計算されており [408, 409],

$$F_x = 1 + \frac{10}{81} s_1^2 + \frac{146}{2025} s_2^2 + \cdots \quad (8.12)$$

で与えられる.

図 8.6 にこれらの 3 種類の広く使われる近似に対する交換増強因子 F_x を示した:Becke（B88）[410],Perdew と Wang（PW91）[411],および Perdew, Burke, と Enzerhof（PBE）[412] である.この図に示すように,GGA は (i) 小さい s $(0 < s \lesssim 3)$,(ii) 大きい s $(s \gtrsim 3)$ の 2 つの領域に分けることができる.領域 (i) では,大部分の物理的応用はこの領域に関連しているのであるが,異なる F_x でもほとんど同じ形をしている.異なる GGA でも小さい密度勾配の寄与が普通の多くの系に対して似たような改善が得られるのはこのためである.一番重要なことは,$F_x \geq 1$ ということであり,従って GGA は

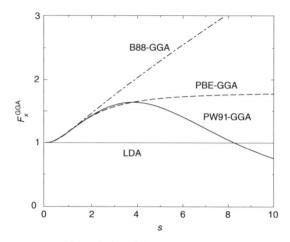

図 8.6 種々の GGA に対する無次元密度勾配 s の関数としての交換増強因子 F_x. (H. Kim より. 文献 [409] の図 1 と同様, ただし s のより広い範囲に対して図示している.) 大部分の物質に対して適切な範囲である $0 < s \lesssim 3$ では交換の大きさは ≈ 1.3–1.6 倍大きくなる. (これは Slater の平均局所交換において定数因子 $4/3$ を使うと, ある程度の成功が収められることを説明する後付けの理由である.)

すべて LDA より交換エネルギーが低くなる. 典型的な例は, 原子では凝縮物質よりももっと急激に密度が変化する領域があり, 原子の交換エネルギーは分子や固体におけるよりさらに大きく低下する. このため結合エネルギーが減少し, LDA の強すぎる結合が修正され, 実験との一致が良くなる. これは現在の GGA の最も重要な特性の 1 つである [413].

s が ≈ 3 まであたりの増強の平均値はおよそ $4/3$ であり, 交換の平均値を Slater が提案した値, ただし Slater はまったく違った理由で提案したのであるが, に近いものにしている. 多分これが因子 $4/3$ または「$X\alpha$」と呼ばれる 1 と $4/3$ の間の値をとることが多い調整因子を用いた計算で改善が見られる理由であろう.

領域 (ii) では $s \to \infty$ に対して異なった物理条件を選ぶことにより, F_x の極限での異なった振る舞いが出てくる. B88 では, $F_x^{\mathrm{B88}}(s) \sim s/\ln(s)$ は正しい交換エネルギー密度 ($\epsilon_x \to -1/2r$) を与えるように選ばれている [410]. PW91 では, $F_x^{\mathrm{PW91}}(s) \sim s^{-1/2}$ と選ぶことで Lieb–Oxford の制限 (文献 [412] 参照) と非一様スケーリング条件を満たしている. 後者の条件は, もし

8.5 一般化勾配近似（GGAs） **247**

汎関数が薄い層や線に対して適切な極限値を持つというのであれば，満たさねばならないものである [411]．PBE では簡単なパラメータ表示をするために，非一様スケーリング条件は無視しており，$F_x^{\mathrm{PBE}}(s) \sim$ 定数としている [412]．領域 (ii) では異なった物理条件が非常に異なった F_x の振る舞いを引き起こすという事実は，密度勾配が大きい領域での知識の不足を反映しているばかりでなく，そのような領域での密度勾配展開が持つ内在的な困難さも反映している．たとえ，GGA のある一形式がある物理的特性に対してともかく正しい結果を与え，一方，他の形式ではそれに失敗しているということがあったとしても，その形式が他の異なった物理条件が課されている特性に対しても同様に優れているとはいえない．

相関は汎関数を使って扱うのはさらに一段と難しいのであるが，その全エネルギーへの寄与は一般に交換より格段に小さい．高密度での最低次の勾配展開は Ma と Brueckner [414]（[412] 参照）によって決められており

$$F_c = \frac{\epsilon_c^{\mathrm{LDA}}(n)}{\epsilon_x^{\mathrm{LDA}}(n)}(1 - 0.21951 s_1^2 + \cdots) \tag{8.13}$$

である．密度勾配が大きいときには相関エネルギーの大きさは減少し，$s_1 \to \infty$ で消える．この減少は定性的には理解できる，というのは，大きい勾配は強い束縛ポテンシャルに伴うものであり，従ってレベル間隔が広がり，独立電子に起因する寄与に比べて相互作用の効果が減少する．相関に対する GGA の一例として，図 8.7 に PBE 汎関数に対する相関増強因子 F_c^{PBE} を示した．これは PW91 に対するものとほとんど同じである．PBE 相関に対する具体的な解析的形は付録 B に示した．

現在では定量的計算に使われている GGA 汎関数は，特に化学の分野では沢山ある（例えば，[413] と [415] を参照．これらは 200 もの密度汎関数の概観と広範な評価を与えている．）

いくつかの例で汎関数がどのように作られるかの感覚が分かるだろう．多くの場合に，相関に関しては Lee–Yang–Parr（LYP）[416] 汎関数を使って計算される．これは軌道依存 Colle–Salvetti 汎関数 [417] から導かれたものである．この汎関数もまた He 原子に対して導かれたものであり，さらに多くの電子を持つ原子に合わせられるようにパラメータ化されている．BLYP 汎関数は相関についての LYP と Becke 交換汎関数 [410] の組み合わせである．

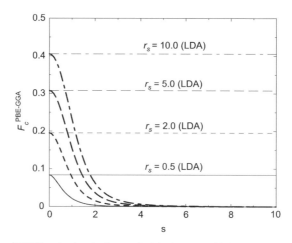

図 8.7 PBE 汎関数における無次元の密度勾配 s の関数としての相関増強因子 F_c. 具体的な式は付録 B 参照. 他の汎関数についても定性的に似たような結果が得られている (図 8.6 の説明参照).

後者は閉殻原子の Hartree–Fock 交換を近似するように調節された. より理論的なやり方として, Krieger と彼の共同研究者たち [418] は, ギャップの効果を汎関数に組み込むことを試みた人工的な「ギャップのあるゼリー」問題の多体計算 [419] に基づいて汎関数を構築した. 他の大部分の汎関数は分子のデータに合わせるためにパラメータを使っている. いくつかの選ばれた汎関数の具体的な形は文献 [273, 413, 415, 420] に見られる.

8.6 ポテンシャル $V_{xc}^\sigma(\mathbf{r})$ の LDA および GGA 表式

Kohn–Sham ポテンシャルの交換と相関による部分 $V_{xc}^\sigma(\mathbf{r})$ は, (7.13) あるいは (7.41) 式の汎関数微分によって与えられる. このポテンシャルは LDA と GGA 汎関数, (8.6) と (8.8) 式, に対してはさらに直接的に表現できる. というのは, これらの式は各スピンの局所密度 $n^\sigma(\mathbf{r})$ と位置 $\mathbf{r}$ でのその勾配の関数 (汎関数ではない) を使って表現されているからである. 具体的な式は付録 B を参照されたい.

LDA ではこの式は非常に簡単で

8.6 ポテンシャル $V_{xc}^{\sigma}(\mathbf{r})$ の LDA および GGA 表式   *249*

$$\delta E_{\mathrm{xc}}[n] = \sum_{\sigma} \int d\mathbf{r} \left[\epsilon_{\mathrm{xc}}^{\mathrm{hom}} + n \frac{\partial \epsilon_{\mathrm{xc}}^{\mathrm{hom}}}{\partial n^{\sigma}} \right]_{\mathbf{r},\sigma} \delta n^{\sigma}(\mathbf{r}) \tag{8.14}$$

で与えられ，そのポテンシャル

$$V_{\mathrm{xc}}^{\sigma}(\mathbf{r}) = \left[\epsilon_{\mathrm{xc}}^{\mathrm{hom}} + n \frac{\partial \epsilon_{\mathrm{xc}}^{\mathrm{hom}}}{\partial n^{\sigma}} \right]_{\mathbf{r},\sigma} \tag{8.15}$$

には $\epsilon_{\mathrm{xc}}^{\mathrm{hom}}(n^{\uparrow}, n^{\downarrow})$ の普通の微分だけが入っている．この式で添え字 $\mathbf{r}$ と σ は角括弧内の量が $n^{\sigma} = n^{\sigma}(\mathbf{r})$ に対して計算されることを意味している．LDA 交換項はとりわけ簡単である．$\epsilon_x^{\mathrm{hom}}(n^{\sigma})$ は $(n^{\sigma})^{1/3}$ とスケールされるので

$$V_x^{\sigma}(\mathbf{r}) = \frac{4}{3} \epsilon_x^{\mathrm{hom}}(n^{\sigma}(\mathbf{r})) \tag{8.16}$$

となる．相関ポテンシャルは仮定した式の形に依存する．いくつかを選んで，それらの例を付録 B にあげた．

GGA では，$\delta E_{\mathrm{xc}}[n]$ の δn と $\delta \boldsymbol{\nabla} n = \boldsymbol{\nabla} \delta n$ についての 1 次までの変化を調べることによりポテンシャルを特定でき，

$$\delta E_{\mathrm{xc}}[n] = \sum_{\sigma} \int d\mathbf{r} \left[\epsilon_{\mathrm{xc}} + n \frac{\partial \epsilon_{\mathrm{xc}}}{\partial n^{\sigma}} + n \frac{\partial \epsilon_{\mathrm{xc}}}{\partial \boldsymbol{\nabla} n^{\sigma}} \boldsymbol{\nabla} \right]_{\mathbf{r},\sigma} \delta n^{\sigma}(\mathbf{r}) \tag{8.17}$$

であるから，角括弧内の項はポテンシャルと考えてもよいであろう．しかし，最後の項が微分演算子であるので局所ポテンシャルの形をとっていない．

この最後の項の取り扱いについては 3 種類の方法がある．第 1 の方法は角括弧内の最後の項を部分積分して局所 $V_{\mathrm{xc}}^{\sigma}(\mathbf{r})$ を求めることで（付録 A 参照），

$$V_{\mathrm{xc}}^{\sigma}(\mathbf{r}) = \left[\epsilon_{\mathrm{xc}} + n \frac{\partial \epsilon_{\mathrm{xc}}}{\partial n^{\sigma}} - \boldsymbol{\nabla} \left(n \frac{\partial \epsilon_{\mathrm{xc}}}{\partial \boldsymbol{\nabla} n^{\sigma}} \right) \right]_{\mathbf{r},\sigma} \tag{8.18}$$

が得られる．これは一般的に使われている式である．しかし，この式には密度の高次微分が必要になるという不利な点があり，例えば，電子密度が急激に変化する核の近傍，あるいは非常に小さくなる原子の外側の領域では，ポテンシャルが不自然になったり数値計算が困難になったりすることがある（演習問題 8.3 参照）．

第 2 の方法は，Kohn–Sham 方程式を変形して (8.17) 式の演算子形式を直接使う方法である [421]．密度は波動関数 ψ_i で書けるから，演算子の行列要素は（簡単のため変数 $\mathbf{r}$ と σ は省略する）

250 第 8 章 交換と相関の汎関数

$$\langle\psi_j|\hat{V}_{\mathrm{xc}}|\psi_i\rangle = \int d\mathbf{r}\left[\tilde{V}_{\mathrm{xc}}\psi_j^*\psi_i + \psi_j^*\mathbf{V}_{\mathrm{xc}}\cdot\boldsymbol{\nabla}\psi_i + (\mathbf{V}_{\mathrm{xc}}\cdot\boldsymbol{\nabla}\psi_j^*)\psi_i\right] \quad (8.19)$$

となる．ここで，$\tilde{V}_{\mathrm{xc}} = \epsilon_{\mathrm{xc}} + n(\partial\epsilon_{\mathrm{xc}}/\partial n)$ および $\mathbf{V}_{\mathrm{xc}} = n(\partial\epsilon_{\mathrm{xc}}/\partial\boldsymbol{\nabla}n)$ である．この式は数値計算にはより安定している．しかし，この式を使うためには Kohn–Sham 方程式中にベクトル演算子を追加させる必要があり，それが計算負荷をかなり上昇させるかもしれない．例えば，平面波を使った方法では 1 回ではなく 4 回 Fourier 変換しなければならなくなる．

第 3 の方法は White と Bird [422] によって提案されたもので，これまでとは異なり，E_{xc} を密度の関数として厳密に取り扱う方法である．勾配を表す項は密度を使って演算子的に表現されている．従って，(8.17) 式は連鎖法則を使って

$$\delta E_{\mathrm{xc}}[n] = \sum_\sigma \int d\mathbf{r}\left[\epsilon_{\mathrm{xc}} + n\frac{\partial\epsilon_{\mathrm{xc}}}{\partial n^\sigma}\right]_{\mathbf{r},\sigma}\delta n^\sigma(\mathbf{r})$$
$$+ \sum_\sigma \int\int d\mathbf{r}d\mathbf{r}'n(\mathbf{r})\left[\frac{\partial\epsilon_{\mathrm{xc}}}{\partial\boldsymbol{\nabla}n^\sigma}\right]_{\mathbf{r},\sigma}\frac{\delta\boldsymbol{\nabla}n(\mathbf{r}')}{\delta n(\mathbf{r})}\delta n^\sigma(\mathbf{r}) \quad (8.20)$$

と書くことができる．ここで $(\delta\boldsymbol{\nabla}n(\mathbf{r}')/\delta n(\mathbf{r}))$ は汎関数微分（スピンにはよらない）を表している．例えば，あるグリッドについて考えれば，密度はどちらのスピンに対しても グリッド上の点 $n(\mathbf{r}_m)$ のみで与えられ，勾配 $\boldsymbol{\nabla}n(\mathbf{r}_m)$ は周辺のグリッド上の密度によって決められ，

$$\boldsymbol{\nabla}n(\mathbf{r}_m) = \sum_{m'}\mathbf{C}_{m-m'}n(\mathbf{r}_{m'}) \quad (8.21)$$

となる．従って，

$$\frac{\delta\boldsymbol{\nabla}n(\mathbf{r}_m)}{\delta n(\mathbf{r}_{m'})} \rightarrow \frac{\partial\boldsymbol{\nabla}n(\mathbf{r}_m)}{\partial n(\mathbf{r}_{m'})} = \mathbf{C}_{m-m'} \quad (8.22)$$

が得られる．（各 $\mathbf{C}_{m''} = \{C_{m''}^x, C_{m''}^y, C_{m''}^z\}$ は空間座標におけるベクトルであることに注意する．）有限差分法では係数 $\mathbf{C}_{m''}$ はある有限な領域に対してゼロではなく，また Fourier 変換では下式を使えば $\mathbf{C}_{m''}$ は簡単に出てくる．

$$\boldsymbol{\nabla}n(\mathbf{r}_m) = \sum_{\mathbf{G}}i\mathbf{G}n(\mathbf{G})\mathrm{e}^{i\mathbf{G}\cdot\mathbf{r}_m} = \frac{1}{N}\sum_{\mathbf{G},m'}i\mathbf{G}\mathrm{e}^{i\mathbf{G}\cdot(\mathbf{r}_m-\mathbf{r}_{m'})}n(\mathbf{r}_{m'}). \quad (8.23)$$

最後に，E_{xc} の式中の $n^\sigma(\mathbf{r}_m)$ を変化させ，連鎖法則を使うと

$$V_{\rm xc}^{\sigma}(\mathbf{r}_m) = \left[\epsilon_{\rm xc} + n\frac{\partial \epsilon_{\rm xc}}{\partial n}\right]_{\mathbf{r}_m,\sigma} + \sum_{m'}\left[n\,\frac{\partial \epsilon_{\rm xc}}{\partial |\boldsymbol{\nabla} n|}\,\frac{\partial |\boldsymbol{\nabla} n|}{\partial \boldsymbol{\nabla} n}\right]_{\mathbf{r}_{m'},\sigma}\mathbf{C}_{m'-m}$$

(8.24)

が得られる[3]. この形は (8.19) 式のようなベクトル演算子がないので, (8.18) 式に伴う数値的な問題を軽減する. $V_{\rm xc}^{\sigma}(\mathbf{r}_m)$ は $n^{\sigma}(\mathbf{r}_{m'})$ の非局所的関数であり, その形は微分の計算の仕方に依存していることに注意しよう. このことは $E_{\rm xc}$ と $V_{\rm xc}$ との関係が無撞着であることを保証するので数値計算上有利である. この方法は適切な基底での微分を指定することにより, 他の基底にも拡張することができる.

8.7 平均密度汎関数と重み付き密度汎関数：ADA と WDA

局所密度近似を一般化する Gunnarsson 等のやり方は, それぞれの位置 $\mathbf{r}$ の周りの領域での密度にも依存する非局所汎関数を構築することであった. もとの提案は局所近似の自然な拡張で総和則を満たすように設計された. これは, 平均密度近似（ADA）と重み付き密度近似（WDA）の 2 つのやり方に繋がる [402]. ADA では (8.4) 式の交換相関正孔と (8.5) 式のエネルギーは局所密度 $n(\mathbf{r},\sigma)$ の代わりに平均密度 $\bar{n}^{\sigma}$ で近似される. 従って,

$$E_{\rm xc}^{\rm ADA}[n^{\uparrow},n^{\downarrow}] = \int {\rm d}^3 r n(\mathbf{r})\epsilon_{\rm xc}^{\rm hom}(\bar{n}^{\uparrow}(\mathbf{r}),\bar{n}^{\downarrow}(\mathbf{r})),$$

(8.25)

となり,

$$\bar{n}(\mathbf{r}) = \int {\rm d}^3\mathbf{r}'\,w(\bar{n}(\mathbf{r});|\mathbf{r}-\mathbf{r}'|)\,n(\mathbf{r}')$$

(8.26)

はそれぞれのスピンについての密度の非局所汎関数である. 重み関数 w はさまざまに選ぶことができる. Gunnarsson et al. [402] はもともとは一様電子ガスの線形応答関数に基づく形を提案し, 表の形で与えた. WDA は関連しているが重み付けの仕方が違う.

テストは ADA と WDA に利点があることを示したが広範には研究されなかった. LDA と GGA より明らかに優れているのは, 3 次元系が（例えば, 半導体量子井戸での閉じ込められた電子ガスのような）2 次元に近くなると

---

[3] ［訳註］$\epsilon_{\rm xc}$ は $\boldsymbol{\nabla} n$ ではなく, $|\boldsymbol{\nabla} n|$ によっている. (8.8) 式参照.

252 第 8 章 交換と相関の汎関数

非局所汎関数は正常に振る舞うが LDA と GGA は発散する [423]（演習問題 8.4 参照）．他方，ADA と WDA では内殻電子が非物理的に重みを変形してしまい，内殻電子と価電子の殻構造を崩すという深刻な困難がある．

8.8 データベースに合わせた汎関数

ここでは記述できない他の多くの汎関数がある．特に，データベースに合わせた汎関数が化学では広く使われている．それらが大変有用だとしても，多数のそのような汎関数をカバーするのはここでは不可能である．広く使われている汎関数の一例は Zhao と Truhlar [424] による M06 である．また多くの他の汎関数の性能は Mardirossian と Head-Gordon [415] による総説にある．一般的にいって，データベースに合わせた汎関数は，理論的に，また一様電子ガスのような理想化された系から導かれた汎関数よりも似た物質においてはうまくいく．しかしながら，それらはかなり違った他の物質に適用するとそんなにうまくいかないので，広範な問題においての予測性能は高くない．

将来的な発展が期待される領域は「機械学習」を使うことである．機械学習は，明らかには見えないし，これまでの化学的また物理的な直観では暗示されないような新しい汎関数を発見する道筋を与えてくれる可能性がある．この分野の初期の文献は [425] である．より最近の仕事はこの文献の引用を探せば見つけられる．

さらに学ぶために

DFT の一般的文献については，第 6 章の章末のリストを参照．

概説と総説：

Casida, M. E., in *Recent Developments and Applications of Density Functional Theory*, edited by J. M. Seminario, (Elsevier, Amsterdam, 1996), p. 391.

Cohen, A. J., Mori-Sanchez, P., and Yang, W., "Challenges for density functional Theory" Chem. Rev. 112:289-320, 2012.

Koch, W., and Holthausen, M. C., *A Chemists' Guide to Density Functional Theory*, (Wiley-VCH, Weinheim, 2001).

Mardirossian, N. and Head-Gordon, M., "Thirty years of density functional theory in computational chemistry: An overview and extensive assessment of 200 density functionals," Mol. Phy. 115:2315-2372, 2017.
In addition to an extensive assessment of many functionals, the authors describe their approach "to use a combinatorial design strategy that can be

8.8 データベースに合わせた汎関数 **253**

loosely characterised as 'survival of the most transferable.'"

Perdew, J. P., and Burke, K., "Comparison shopping for a gradient-corrected density functional," *Int. J. Quant. Chem.* 57:309–319, 1996.

Towler, M. D., Zupan, A., and Causa, M., "Density functional theory in periodic systems using local gaussian basis sets," *Comp. Phys. Commun.* 98: 181–205, 1996. (Summarizes explicit formulas for functionals.)

演習問題

8.1 スピンスケーリング則 (8.9) 式を導け．この関係式から一様電子ガスでは分極のない場合の交換のみが必要であることが分かる．

8.2 (a) (8.10) 式の無次元の 1 次の勾配 $s_1 = s$ に対する表式は r_s を使えば (8.11) 式のように書くことができることを示せ．
(b) r_s を使って 2 次の勾配 s_2 を求めよ．

8.3 (8.18) 式の最後の項の核の近傍での振る舞いを解析するために，核の近傍での密度の既知の表式を使う．その項には密度の高次の微分が含まれており，それが核の位置で特異的であることを示せ．
(a) 交換ポテンシャルの厳密な式は分かっており，相関は発散する核のポテンシャルに比べれば無視できるということを使って，上記のようなポテンシャルは，物理的ではないことを述べよ．
(b) それにもかかわらず，それは単なる方程式の変換に過ぎないので，全エネルギーの結果は正しいことを示せ．
(c) 最後に，実際の計算に，その特異性が如何に数値的困難をもたらすかを議論せよ．

8.4 もし 3 次元の系が 1 方向に圧縮されて，電子が 2 次元平面的になる領域に閉じ込められたとすると，密度は発散し，交換エネルギーに対する LDA の値は負の無限大に近づくことを示せ．このようなことは非物理的であり，交換エネルギーはその領域の密度に依存する有限な値に近づくはずであることを示せ．これは GGA では必ず起こるというわけではないが，非物理的な振る舞いは GGA の形式に厳しい条件を課すことによってのみ避けられることを論ぜよ．

8.5 LSDA のような平均場近似の解の対称性の破れを示す 2 原子分子についての問題．
(a) どのような局所ポテンシャルにおいても，2 電子の最低状態は 1 重項であることを証明せよ．
(b) このことを 2 電子を持つ 2 サイト Hubbard モデルを使って具体的に示せ．
(c) 2 電子を持つ 2 サイト Hubbard モデルに対する非制限 HF 計算をせよ．U が大きい場合には最低エネルギー状態は対称性が破れていることを示せ．
(d) 計算の演習（DFT 計算のために使えるコードを使うこと）：同様の計算を水素分子について LSDA を使って実行せよ．基底状態は，原子が離れるのに伴い，正しい対称的な 1 重項から対称性が破れた状態へ移ることを示せ．
(e) 非制限の解が (c) と (d) のある部分で対称性が破れている理由を説明せよ．また対称性が正しくないとしても，どの程度その物理が正しく表されているかを議論せよ．
(f) (c) と (d) の解および行列式の和を用いて，適切な対称性を持つ状態を作る方法を述べよ．

254   第8章　交換と相関の汎関数

8.6 基底状態の厳密な波動関数を用いて，H 原子の厳密な交換ポテンシャルを動径 r の関数として計算せよ．そのためには第 10 章の公式を使い，数値積分をすればよい．厳密な密度と表式 (8.16) を用い，交換ポテンシャルに対する LDA 近似と比較せよ．（系は完全にスピン分極していることに注意せよ．）ポテンシャルを動径の関数として図に描きその違いをはっきり示せ．この 2 つの場合について，半径が大きいところでポテンシャルの関数形が異なることについて説明せよ．

8.7 水素原子は相関汎関数のテストにも使える．もちろん，1 電子問題では相関はゼロとなるはずである．付録 B に与えられた近似形（あるいはより簡単な Wigner の補間形式）を用いて相関ポテンシャルを計算せよ．結果はゼロに近いであろうか？相関ポテンシャルには局所交換近似の誤差を相殺する傾向があるであろうか？

第9章
交換と相関の汎関数 II

降れば土砂降り

要 旨

前章は局所密度近似と一般化勾配近似を扱った．これらは多方面で成功しており，今もなお物質への多くの応用でのパンとバター（つまり基盤）である．しかし，これで話が終わりではない．物理的洞察と理論を使って，van der Waals 分散力のような他の性質を扱うための改良された汎関数を構築しようとする進行中の研究の出発点である．励起は一般化 Kohn–Sham 法の枠組みで扱われるが，そこでは交換相関汎関数が波動関数と応答関数に依存する．非局所交換との混成汎関数，運動エネルギー汎関数を含むメタ汎関数，SIC，さらには強い相互作用を持つ局在した d と f 軌道を扱うための DFT+U 法などもそれに含まれる．本書を通しての主題は代表的な汎関数の組を考え，それらが種々の物質や性質に対してどのように働くかを考察することである．章末では原子での比較と本書で固体への応用を扱ういくつかの場所へのポインターのリストを載せる．

9.1　局所密度近似および一般化勾配近似を超えて

局所密度近似や一般化勾配近似を超える新しい汎関数を開発するために，多くの研究活動と種々のやり方がなされている．重要な物質群に対してもっと

256 第 9 章 交換と相関の汎関数 II

複雑さと能力の増大に沿った汎関数の Jacob の梯子

占有/非占有状態の汎関数
Random Phase Approx., ... 9.7 節

占有状態の汎関数
Hybrids, SIC, DFT+U, ... 9.2–9.6 節

メタ GGA—9.4 節
$\epsilon_{xc}(n(\mathbf{r}), |\boldsymbol{\nabla} n(\mathbf{r})|, \tau(\mathbf{r}))$

一般化勾配近似 (GGA)—8.5 節
$\epsilon_{xc}(n(\mathbf{r}), |\boldsymbol{\nabla} n(\mathbf{r})|)$

局所密度近似 (LDA)—8.3 節
$\epsilon_{xc}(n(\mathbf{r}))$

図 9.1 下段から上段へ：増大する複雑さ，計算負荷の増大を相殺する性能と精度の目標によるクラス分け．それらのクラスが梯子の段として配置されている．この梯子は聖書の物語にある「Jacob の梯子」と呼ばれる天国に届く梯子になぞらえていて，厳密な定式化が天国に相当する．9.8 節の van der Waals 汎関数はいろいろなところに入れることができる．それらはもっと進んだ汎関数の種々の様相を使って導かれているが単に密度だけの汎関数として定式化されてきた．

正確であり，新しい系への適用も可能にするような汎関数の開発に対する報酬がますます増えているという事実が，これらの努力を促進している．汎関数を開発する唯一の方法などはないので，多くの様相を取り入れてますます長くなる頭字語（acronyms）を持った多数の手法へとつながってきた．その状況は [415, 426, 427] で解説されている．多数の汎関数が，特に化学では，分子の大規模のデータベースに適合するように作られて広く使われてきた．これらのすべての発展をカバーするのは不可能である；ここでは理論的考察に基づくか，モデル系からの情報を使った汎関数の代表的なものに焦点を絞る．

　汎関数の進展は「密度汎関数の梯子」あるいは「Jacob の梯子」[428] として整理されてきた．これは本章で説明する図 9.1 の汎関数のクラス分けであ

る．これは梯子の各段に典型的な汎関数を持った論理的で教育的な道筋をつけて，汎関数の何百もの選択に圧倒されるのを避けるのに役立つ．上の方の梯子は，問題への取り組みの新しい道筋を与えるとして「一般化 Kohn–Sham 理論」という枠組みに括ることができる．汎関数の進展は進行中の研究分野であり，どれかの方法を詳細に説明しようとするのは適切ではない．ここでの目的は，将来に新しいアイデアが出てきたときになお有用であろうと思われる中心的な様相を明らかにすることである．

9.2 一般化 Kohn–Sham とバンドギャップ

Kohn–Sham 法が Thomas–Fermi 法より大きく進歩したのは，(7.3) 式の運動方程式が独立粒子軌道 ψ_i の汎関数として陽に表されたことにある．これは暗黙には密度の汎関数である．なぜなら軌道はポテンシャル $V_{\mathrm{KS}}^\sigma(\mathbf{r})$ で決まり，それはまた密度 $n^\sigma(\mathbf{r})$ の汎関数である：しかし，汎関数の n 依存性は高度に非自明で，非解析的，非局所的である．特に，Kohn–Sham の運動エネルギーの微分 $\mathrm{d}T_s/\mathrm{d}n$ は満ちた殻に対応するところで n の非連続関数である．これが Kohn–Sham 法では殻構造が存在する理由であり，片や Thomas–Fermi 型の近似では殻構造は存在しない．7.1 節での Kohn–Sham の構築の本質的なところは $V_{\mathrm{KS}}^\sigma(\mathbf{r})$ が位置とスピンだけの関数であることである；さもなければ，ポテンシャルと密度 $n^\sigma(\mathbf{r})$ の 1 対 1 対応にはならない．

「一般化 Kohn–Sham 理論」(GKS) というもう 1 つの方法があり，そこではポテンシャルは非局所演算子にもなり得る．演算子の作用は，異なった波動関数には異なるように作用する，すなわち「軌道依存」である，ということを基盤とする．一例は (3.45)–(3.47) 式での Hartree–Fock 方程式であり，交換項演算子 $\hat{V}_x$ を位置 $\mathbf{r}$ での波動関数に作用すると，結果はその波動関数の全空間にわたる積分に依存することになる．非局所 Hartree–Fock 様の交換項のアイデアはもとの Kohn–Sham 論文にすでにあったが，実際の試みは Seidl と共同研究者 [400] を待つことになった．彼らは可能な補助システムのファミリーは波動関数が一体軌道 $\psi_i(\mathbf{r})$ の単一の行列式であるという要請だけで定義できると提唱した．相互作用のない粒子の Kohn–Sham 系は 1 つの選択である：もう 1 つは相互作用を平均的に取り入れた波動関数 ψ_i の

258 第9章 交換と相関の汎関数 II

Hartree–Fock 汎関数である：相互作用をなんらかの方法で取り入れた系の多数の選択がある．このようにして，原理的には厳密な密度と基底状態エネルギーに導く膨大な補助系がある．著者の知る限りでは，一般化した理論が他の性質についても厳密であることのちゃんとした証明はない；しかし，これらは他の性質に取り組む枠組みを与えている．

もっと困難そうな理論の構築に我々が取り組もうとするのはなぜだろうか？最も直接的な答えは，それが可能性を大いに広げるということである．それは Kohn–Sham を超える形式で種々の物理的性質を取り込むことができるので，もっと正確になり得るし，しかも計算可能である．より深い理由は Kohn–Sham 法では E_{xc} 汎関数が交換と相関のすべての効果を取り入れないといけない．もしいくつかの効果が異なる補助系で取り入れられれば汎関数の構築に役立つだろう．汎関数がもっと正確になり，密度だけの汎関数に取り入れることが困難だった様相を取り入れられるということで，多くの問題では式ををを解くのに加わった困難はやる価値があることが分かった．

多くの点において GKS は自然な進典である：Kohn–Sham が Thomas–Fermi を改善したのは軌道依存の運動エネルギーの導入であった；次のステップは交換相関汎関数を独立粒子の軌道 ψ_i で表すことによる改善である．例えば，真の E_{xc} 汎関数は満ちた殻のところで不連続にならないといけないが [387, 388, 429]，それがエネルギーギャップの正確な記述に必須である．「バンドギャップ問題」は固有値を用いることに起因するが，そもそも基本的に正当化はされない．一般化された理論は固有値には，たとえ近似であろうと，意味があると考える枠組みを与える．一般化された理論はもとの Kohn–Sham 法で欠けている物理的効果を考慮でき，実際の汎関数を使って不連続性を少なくともある部分取り入れることができる [400] というしっかりした理論的議論がある．Perdew らによる多数の著者からなる論文 [430] は一般化された理論でのギャップについて教育的な概観を与えており，GKS の基盤は [427, 431] で議論されている．

図 9.1 の梯子の3段目と4段目に主要なタイプの波動関数の汎関数がある．4段目にある混成汎関数についてまず議論する．それらはよく確立した概念——Hartree–Fock と DFT——があり，現在の計算の大きい割合において大変重要である．混成汎関数を使った計算は LDA と GGA の基底状態の性質

における成功に比肩する（あるいは改良する）し，バンド，バンドギャップ，さらに励起に対してより良い評価に導く．Meta-GGA は密度と同様に運動エネルギー密度の汎関数のことである．それらは梯子の 3 段目にあるが，それは Kohn–Sham DFT 計算にすでに存在していた情報から計算される単に 1 つの関数を加えただけだからである．しかし，meta-GGA はそれほど使われてこなくて，混成汎関数ほどにはよくテストされていない．これは後の 9.4 節で検討する．

9.3 混成汎関数と領域分離

混成汎関数は陽に密度に依存した汎関数と軌道依存の Hartree–Fock （あるいは Hartree–Fock に似た）汎関数を結びつけたものである[1]．これらは化学のコミュニティではよく使われる（例えば，[413, 415, 426] を参照）．これらは半局所汎関数より明らかな改善が見られるし，Hartree–Fock も DFT も分子についてはすでによく発展させられてきたものであり，これまでのコードに容易に組み込めるからである．固体においては Hartree–Fock 法はずっと難しいので，混成汎関数の利用は効率的手法が開発されるまでは限られていた．もっと重要なことに，Hartree–Fock 法は広がった固体では問題があり，金属では第 5 章で述べたように破滅的な結果を与える．他方，絶縁体では多くの場合に定量的な改善につながるし，長距離相互作用は励起子には必須である（第 21 章を参照）．1 つの方法は領域分離であり，Hartree–Fock 様交換は Coulomb 相互作用の短距離部分と長距離部分に異なったやり方で組み入れられる．本章での目標は基本的な考え方と代表的な例を与えることである；より詳細で深い解析は [415, 426, 427] や本章と第 8 章の終わりにある文献にある．

混成汎関数で可能となった最も目覚ましい改善はバンドギャップと励起エネルギーである．もし，固有値を電子追加と除去のエネルギーとすると，LDA や GGA の標準的な密度汎関数はギャップを大幅に過小評価するし，一方

---

[1] [原註] 本節での議論は交換に関連する．相関ではどうなるか．交換をそれほど強調する理由はそれが普通ではずっと大きい効果であり，近似がしばしばもっと重要な量だからである．しかし，いずれは相関の困難な問題でも見積もりがされるはずである．

260 第 9 章 交換と相関の汎関数 II

Hartree–Fock は大きすぎるバンドギャップを与える．一例として図 2.23 に示した Ge のバンドを見ると，LDA では金属になってしまい Hartree–Fock ではギャップがあまりにも大きい絶縁体になってしまう．一方，混成汎関数については図 2.24 は種々の物質についての改善を示している．

Hartree–Fock の割合を α，Kohn–Sham 成分の割合を $1 - \alpha$ としてこの割合を決めるのに種々のやり方がある．それらは実験データに合わせるのと理論的考察に分けられる．選択の正当化の 1 つのやり方は (8.3) 式の結合定数積分であり，積分の終点での情報と結合定数 λ の関数としての依存性を使うことである．特に，$\lambda = 0$ では相関のない波動関数のエネルギーは Hartree–Fock の交換エネルギーである．それは軌道から計算される交換正孔を使って容易に表すことができる（(3.44) 式の第 4 項）．Becke [432] は LDA あるいは GGA のポテンシャル部分がフル結合の $\lambda = 1$ には最も適切であり，(8.3) 式の積分は λ について線形と仮定できると議論した．そうすると "half-and-half" 形式になり密度汎関数と Hartree–Fock 汎関数の平均になる．λ の関数としての変化を詳細に調べることにより，Perdew, Ernzerhof と Burke [433] は λ について非線形であると結論して次の形式を提案した

$$E_{xc}^{PBE0} = E_{xc}^{PBE} + \frac{1}{4}(E_x^{HF} - E_x^{PBE}), \qquad (9.1)$$

ここで Hartree–Fock 交換の混合は $\alpha = 1/4$ とし，相関は密度汎関数のものをそのままとした．彼らの理由付けはどの汎関数にも適用され，"1/4" 混合と PBE 交換相関汎関数は PBE0 [412] と呼ばれて広く使われている．

混成汎関数にはパラメータ化されたものが多くある（例えば [415] を参照）．一例は "B3LYP" で交換汎関数として Becke B88 [410] を，相関には LYP [416] を使って

$$E_{xc} = E_{xc}^{LDA} + a_0(E_x^{HF} - E_x^{LDA}) + a_x(E_x^{B88} - E_x^{LDA}) + a_c(E_c^{LYP} - E_c^{LDA}), \qquad (9.2)$$

となる．ただし各係数は $a_0 = 0.2$，$a_x = 0.72$，$a_c = 0.81$ である．これらは原子と分子のデータに合うように経験的に調節された．しかし，これは $a_x = 1 - a_0$，$a_c = 1.0$ に近いことが分かる．こうなら (9.2) 式はもっと簡単な (9.1) 式になる．a_0 はどの GGA 汎関数が使われるかによるが，1/4 に近いところにある．

長距離交換混成汎関数の多様性

Hartree–Fock 交換を固定した割合で用いる混成汎関数を超えようとする動機はいくつもある．（領域分離についての同様の議論を参照．）明らかにゼロでないある α を用いた汎関数は金属には使えない．交換の長距離部分は 5.2 節で述べたように Fermi 面で非物理的な結果を与えるので取り除かねばならない．加えて，より大きい値の α は大きいギャップを持つ物質では改善されたギャップを与え，より小さい値の α は小さいギャップの物質によい．さらに，より広いギャップの物質ではより大きい交換の効果があるということには物理的な根拠がありそうである．α を誘電定数に反比例するようにするという提案は沢山あった．そうすれば金属では消えるし，$\epsilon_0 = 12$ の Si のような物質では小さいし，$\epsilon_0 = 1.9$ の LiF のような物質では大きくなる．それらの結果は第 21 章で述べる．[434] には，固体での長距離場の遮蔽についての何十年にわたる研究に基づいた多体摂動論に支えられた理由付けがされている．$\alpha = 1/\epsilon$ とした PBE0 様の形式が非経験的 "dielectric-dependent hybrid"（DDH）汎関数として提案された [244]．そこでは ϵ が自己無撞着に計算され広範にテストされた．DDH 汎関数は図 2.15 で水についての，図 2.24 でバンドギャップについての計算で使われた．

領域分離混成汎関数

領域分離とは交換エネルギーが Coulomb 相互作用の短距離部分と長距離部分に分離されることを意味する．Hartree–Fock 交換を誘電定数でスケールする代わりに，違った考え方は遮蔽は距離に依存しており，短距離では少ししか遮蔽されなくて，長距離では巨視的な値に近づくという考えに基づいている．この考えは種々の汎関数で用いられ [415]，我々は凝縮物質への適用に最も良く使われる，HSE [435–437] とそれに関連の取り組みを考える．HSE 汎関数と他の仕事で使われた，短距離部分と長距離部分への便利な分割は F.2 節での Ewald 分割に使われるのと同じであって

$$\frac{1}{r} = \frac{1 - \mathrm{erf}(\eta r)}{r} + \frac{\mathrm{erf}(\eta r)}{r}, \tag{9.3}$$

となり，erf は誤差関数，η（[435] では ω）は領域パラメータである．汎関数

262 第 9 章 交換と相関の汎関数 II

を選ぶ種々の方法は (9.1) 式に似た，単距離部分と長距離部分に別々に適用するための表式の一般化であり

$$E_{xc} = E_{xc}^{DFT} + a(E_x^{HF,SR} - E_x^{DFT,SR}) + b(E_x^{HF,LR} - E_x^{DFT,LR}) \quad (9.4)$$

となる．DFT は PBE のような局所あるいは半局所密度汎関数のどれかを指す．

短距離のみ汎関数

固体で広く使われているのは HSE 汎関数 [437] であり，そこでは長距離の Hartree–Fock は完全に除かれていて（(9.4) 式で $b = 0$），

$$E_{xc} = E_{xc}^{PBE} + \frac{1}{4}(E_x^{HF,SR} - E_x^{PBE,SR}), \quad (9.5)$$

であり，a は (9.1) 式と同じく $1/4$ に選ばれている．この形は金属にも適用でき，$\eta \to \infty$ で PBE GGA になり，さらに $\eta \to 0$ では PBE0 混成汎関数になる．

領域分離長さ η は HSE06 では広範な物質と性質を最もよく記述するために $0.11/a_0$ と選ばれている．HSE06 は本書で選ばれた典型的な汎関数の 1 つであり，本書でも多くの例の結果が示される：表 2.1 の格子定数と体積弾性率；図 2.4 の相転移圧力；図 2.24 のバンドギャップと種々の例；表 9.1 の原子；そして第 21 章の光スペクトル．$\eta = 0.11/a_0$ という選択は半導体や多くの他の場合に上手くいくがもっとギャップの大きい絶縁体についてはそれほど正確ではない．実際，物理的背景に照らしても，ワイドバンドギャップ物質では効果はもっと大きい，すなわち (9.3) 式でもっと大きい η が期待される．

遮蔽された長距離相関を用いた領域分離

混成汎関数は，分子や絶縁体では定量的な計算も大変うまくいくという事実に加えて，絶縁体の場合には交換の長距離部分をある程度は含めることに基盤的な理由がある．時間依存摂動論を使って光スペクトルを計算することは分子では大変うまくいき広く使われている．HSE のような短距離形は半導体のような物質ではうまくいくが固体での励起子を記述できたことはない．もし，汎関数に長距離交換がある程度ありさえすれば，LiF に対する図 21.5

のようなギャップの下の束縛状態を作れるだろう.

非経験的混成汎関数

　この時点で,我々には2つタイプのパラメータを持つ領域分離汎関数がある.それらのパラメータは長距離交換の領域と大きさを特徴づける.異なる物質に対してはそれぞれのパラメータが変化することについてちゃんとした物理的な議論がある.これは個々の物質に対して異なった汎関数を選ぶということだろうか? 汎関数をそれぞれの物質に合わせるなどとしたら,すべての物質に対する普遍的な汎関数というゴールから恐ろしく後退することになる.それは密度汎関数の歴史に逆行することになる.これまで,近似的な汎関数を発展させてその質はどれだけ単一の汎関数が多くの物質に適用可能かで判断してきたのだ.

　領域分離汎関数の積極的な様相を活用する1つのやり方は,パラメータηとαを理論的に予測できるような理論を開発することである.すなわち,経験的な入力のない内部的に無矛盾の方法である.1つの例は誘電率依存混成汎関数(DDH)[244]であり,それでは長距離交換が誘電率で小さくなり,誘電率自身が自己無撞着に計算される.フリーパラメータがない誘電関数が絡む関連の方法は[438]である.そのような汎関数は密度の非常に非局所的汎関数–系の大局的性質に依存する単一のパラメータα–を加えることとみなすことができる.(しかし,異なる領域に異なる誘電関数を持つ系,例えば異なる物質間の界面,表面あるいは真空中の分子などの系についての問題がある.)もう1つの例は[439]の van der Waals 汎関数(9.8節参照)であり,分極率によるよく知られた形式を使っており,分極率は最終的には計算で得られる密度を使って表される.

　このような意味で,「調節」という言葉はそのような汎関数を見つけるための一般的な方法[440]として導入された.著者らはイオン化ポテンシャルと,厳密な Kohn–Sham 理論ではそれが最高占有状態の固有値であることを用いてηを見つける手法を与えている.これは弱く結合した系の間の,相対的固有値に依存する電荷移動という混乱しやすい問題を扱うのに利点がある.しかし,固体ではイオン化ポテンシャルはよく定義された本質的な性質ではないという困難がある.

9.4 運動エネルギー密度の汎関数：Meta-GGAs

図 9.1 での梯子の 3 段目は相互作用しない粒子の運動エネルギー密度 $t(\mathbf{r}) = n(\mathbf{r})\tau(\mathbf{r})$ と粒子密度の汎関数

$$E_{xc}^{\mathrm{GGA}\,\tau} = \int \mathrm{d}^3 r n(\mathbf{r})\epsilon_{xc}(n^\uparrow, n^\downarrow, |\boldsymbol{\nabla} n^\uparrow|, |\boldsymbol{\nabla} n^\downarrow|, \tau^\uparrow, \tau^\downarrow), \qquad (9.6)$$

であり，各項は位置 $\mathbf{r}$ での値である．運動エネルギー密度 $t(\mathbf{r})$ は H.1 節で定義されており，問題はそれが一意的でないことである．2 つの可能性が (H.8) 式で与えられていて，それは

$$t^{\sigma(1)}(\mathbf{r}) = -\frac{1}{2}\sum_{i=1}^{N} \psi_i^{\sigma\,*}(\mathbf{r})\nabla^2\psi_i^\sigma(\mathbf{r}) \quad \text{または} \quad t^{\sigma(2)}(\mathbf{r}) = \frac{1}{2}\sum_{i=1}^{N} |\nabla\psi_i^\sigma(\mathbf{r})|^2,$$
$$(9.7)$$

のように書け，スピン σ が陽に示されている．$\tau^\sigma(\mathbf{r})$ を使ってある汎関数を構築するには基本的な問題があるように見える．というのも，一意的な表現がないのである．しかし，H.1 節でそれが 2 つの項の和 $t^\sigma(\mathbf{r}) = t_n^\sigma(\mathbf{r}) + t_x^\sigma(\mathbf{r})$ ((H.9) 式参照) と書けることが示され，$t_x^\sigma(\mathbf{r}) = n^\sigma(\mathbf{r})\tau_x^\sigma(\mathbf{r})$ はよく定義された一意的で正値であり，非一意性はすべて $t_n^\sigma(\mathbf{r})$ にあり，それは密度 $n^\sigma(\mathbf{r})$ とその $\mathbf{r}$ での微分にだけ依存している．(9.7) 式の $t(\mathbf{r})$ に対するどちらの形式でも一意的関数 $\tau_x^\sigma(\mathbf{r})$ を定義するのに使える：ここでは 2 番目を用いて陽な表式を与える（別のを選んだ場合については [415] を参照），

$$\tau_x^\sigma(\mathbf{r}) = \frac{1}{2n^\sigma(\mathbf{r})}\sum_{i=1}^{N} |\nabla\psi_i^\sigma(\mathbf{r})|^2 - \frac{1}{8}\left[\frac{\nabla n^\sigma(\mathbf{r})}{n^\sigma(\mathbf{r})}\right]^2 \equiv \tau^\sigma(\mathbf{r}) - \tau_W^\sigma(\mathbf{r}), \quad (9.8)$$

ここでは $\tau^\sigma(\mathbf{r})$ の定義に上付き添え字 (2) を落とした．$\tau_W^\sigma(\mathbf{r})$ は運動エネルギーに対する Weizsacker の表現 [330] ((H.15) 式も参照) であり Thomas–Fermi 近似への補正として多くの状況で使われてきた．

$\tau_x^\sigma(\mathbf{r})$ が汎関数を表すには適切な量であると期待できる理由 [441] がある．H.1 節で述べるように $\tau_x^\sigma(\mathbf{r})$ は明確な物理的意味を持っている．それは交換正孔の曲率，すなわち，電子の対の相対的運動エネルギーである．実際，曲率も含めた交換正孔の性質は，勾配の大きい領域は交換正孔の広がりで切り

9.4 運動エネルギー密度の汎関数：Meta-GGAs 265

取るという物理的な理由に基づいて，8.5 節の GGA 汎関数を作るときに使われた．加えて，$\tau_x^\sigma(\mathbf{r})$ は (H.21) 式で定義され，電子構造の解析に使われる電子局在関数（ELF）の基盤である．

我々は非一意性の問題から完全には抜け出せていない．$\tau_n^\sigma(\mathbf{r})$ と表される運動エネルギーの部分にはなお 2 つの可能性がある：Weizsacker 形式か (H.14) 式に示された 2 階微分の項によるものか．しかし，鍵となる点はどちらの $\tau_n^\sigma(\mathbf{r})$ の表式も密度 $n^\sigma(\mathbf{r})$ とその微分だけを含んでいる．それゆえに，運動エネルギーの汎関数は密度の微分も含まないといけない（ゆえに "meta-GGA" の呼称）し，組み合わさった汎関数は物理的に意味があるのである．

meta-GGA 汎関数は軌道依存汎関数の一例であり，他の軌道依存汎関数（9.2 節参照）のような一般化 Kohn–Sham 法に繋がった．しかし，これは局所変数だけに依存しており Kohn–Sham 方程式に微分演算子を持ち込んでおり，交換が非局所積分演算子である Hartree–Fock（(3.45) 式参照）とは対照的である．Kohn–Sham 方程式は汎関数の変分から導かれて次の形の演算子 [243]

$$\hat{V}_{\mathrm{xc},\sigma}^\tau(\mathbf{r})\psi_i^\sigma(\mathbf{r}) = \frac{1}{2}\boldsymbol{\nabla}\cdot\left[\frac{\delta E_{\mathrm{xc}}}{\delta\tau^\sigma}(\mathbf{r})\boldsymbol{\nabla}\psi_i^\sigma(\mathbf{r})\right]. \tag{9.9}$$

へつながる．この項は Kohn–Sham 方程式の形を変えるが，これは微分演算子なので (8.19) 式と同様な方法に含められる．9.5 節の局所最適化有効ポテンシャルを作ることができるが，得られる式は (9.9) 式の演算子を用いるよりもより難しい．

SCAN Meta-GGA 汎関数

運動エネルギー密度を含む汎関数は [442] のように 1980 年代に導かれており，[443] のやり方に刺激されてより多くの最近の発展がある．ここでは頭字文字で SCAN と呼ばれる汎関数について記述する．これは "strongly constrained and appropriately normed" のことである "constrained" はある条件（前に GGAs に適用したものを含めて）に従うよう要請されていることであり，"appropriate norms" は汎関数を作る際に用いるに適しているとされる系のことである（例えば一様電子ガスが LDA を定義するのに使われた）．SCAN 汎関数は無次元変数 $\alpha(\mathbf{r}) = \tau_x^\sigma(\mathbf{r})/\tau^{unif}(n(\mathbf{r}))$ を用いて作られ

266 第 9 章 交換と相関の汎関数 II

ている．ただし $\tau^{unif}(n(\mathbf{r}))$ は密度 $n(\mathbf{r})$ を持つ電子ガスの運動エネルギー密度である．密度，勾配そして α の関数としての交換エネルギーの形は 17 個の異なる制約を満たし，いくつもの系の情報（[444] の supplementary material を参照）にできるだけ適合するように決められた．それらは（a）一様密度とゆっくり変化する密度，（b）ジェリウムの表面エネルギー，（c）H 原子，（d）He 原子と希ガス原子の原子番号の大きい極限とさらに圧縮された Ar_2，そして（e）2 電子イオンの $Z \to \infty$ の極限，である．このリストは任意のようであるが最初の 2 つは LDA と GGA 汎関数に使ったし，H 原子は以前の運動エネルギー汎関数 [443] で使われている．他のものは異なる配置での強い勾配を持った非一様系に対する新しい情報を加えたものである．この汎関数を作る際には結合系の情報を使っていないので，分子や固体への適用はこの汎関数の予測性能のテストになる．これは分子のデータセットに合わせた汎関数とは対照的である．後者は似た系ではよく働くが異なる系ではそんなによくないだろう．

SCAN 汎関数は図 2.24 の固体のバンドギャップ，表 2.1 の格子定数，図 2.4 の圧力下の相転移，図 2.15 の水のシミュレーション，表 9.1 の原子など多くに適用されてきた．これらは原論文 [444] にあるもっと広範な原子や分子，平衡状態の構造 [112]，圧力下の相転移 [128]，水のシミュレーション [195]，および van der Waals 汎関数と組み合わせての適用 [445] の一例である．

9.5 最適化有効ポテンシャル

9.2 節の一般化 Kohn–Sham 理論は非局所ポテンシャルにつながる．もともとの Kohn–Sham 理論を，局所ポテンシャルではなく軌道に依存した汎関数 $E_{xc}[\{\psi_i\}]$ を使って定式化する方法はあるだろうか？ 実際 Kohn–Sham の仕事に先立って，そのような仕事の長い話があり，明らかに Sharp と Holton による 1953 年の短い論文 [446] で，「そのようなポテンシャル，すべての電子に対して同じで，……与えられた小さい変化に系のエネルギーは停留状態に留まる」を見つける問題として定式化された．このやり方は最適化有効ポテンシャル（OEP）として知られるようになった [447–449]．鍵になる点は，

通常の独立粒子の Schrödinger 方程式を通して決められる ψ_i を考えれば，原理的にポテンシャル V のエネルギー汎関数を次のようにすぐに定義できる．

$$E_{\text{OEP}}[V] = E[\{\psi_i[V]\}]. \tag{9.10}$$

OEP はまさに最初の Kohn–Sham 方程式 (7.1) 式の中のポテンシャル V の最適化にすぎないので，完全に Kohn–Sham 法の中にある．さらに，7.3 節で強調したように，通常の Kohn–Sham の表現は演算としてはポテンシャルの汎関数である；OEP は一般的な考えの，軌道による定式化にすぎない．OEP 法は主として Hartree–Fock 交換汎関数に適用されてきたが，それは容易に軌道で書けて（(3.44) 式の第 4 項）「厳密交換」あるいは "EXX" と呼ばれる．しかし，OEP はもっと一般的であり軌道依存の運動エネルギー汎関数と相関汎関数にも適用できる．

(9.10) 式の最適化を表す変分方程式は，途中のステップとして密度定式化を使って書ける．ポテンシャルはすべての軌道に同等に作用するので

$$V_{\text{xc}}^{\sigma,\text{OEP}}(\mathbf{r}) = \frac{\delta E_{\text{xc}}^{\text{OEP}}}{\delta n^{\sigma}(\mathbf{r})}, \tag{9.11}$$

となり，連鎖律を使えば次のように書ける [251, 449]（演習問題 9.2 参照）．

$$V_{\text{xc}}^{\sigma,\text{OEP}}(\mathbf{r}) = \sum_{\sigma'} \sum_{i=1}^{N^{\sigma'}} \int d\mathbf{r}' \frac{\delta E_{\text{xc}}^{\text{OEP}}}{\psi_i^{\sigma'}(\mathbf{r}')} \frac{\psi_i^{\sigma'}(\mathbf{r}')}{\delta n^{\sigma}(\mathbf{r})} + \text{c.c.} \tag{9.12}$$

$$= \sum_{\sigma'} \sum_{i=1}^{N^{\sigma'}} \int d\mathbf{r}' \int d\mathbf{r}'' \left[\frac{\delta E_{\text{xc}}^{\text{OEP}}}{\delta \psi_i^{\sigma'}(\mathbf{r}')} \frac{\delta \psi_i^{\sigma'}(\mathbf{r}')}{\delta V^{\sigma',KS}(\mathbf{r}'')} + \text{c.c.} \right] \frac{\delta V^{\sigma',KS}(\mathbf{r}'')}{\delta n^{\sigma}(\mathbf{r})},$$

ただし，$V^{\sigma',\text{KS}}$ は $\psi_i^{\sigma'}$ を決める独立粒子の Kohn–Sham 方程式の中の全ポテンシャルである．それぞれの項は明らかな意味を持っており，よく知られた表式で評価できる：

● 第 1 項は軌道依存非局所（NL）演算子で次のように書ける

$$\frac{\delta E_{\text{xc}}^{\text{OEP}}}{\delta \psi_i^{\sigma'}(\mathbf{r}')} \equiv V_{i,\text{xc}}^{\sigma',\text{NL}}(\mathbf{r}')\psi_i^{\sigma'}(\mathbf{r}'). \tag{9.13}$$

例えば，交換のみの近似では $V_{i,\text{xc}}^{\sigma',\text{NL}}(\mathbf{r}')$ は (3.48) 式の軌道依存 Hartree–Fock 交換演算子である．

268 第 9 章 交換と相関の汎関数 II

● 第 2 項は摂動論で評価できて[2]，

$$\frac{\delta \psi_i^{\sigma'}(\mathbf{r}')}{\delta V^{\sigma',\mathrm{KS}}(\mathbf{r}'')} = G_0^{\sigma'}(\mathbf{r}',\mathbf{r}'')\psi_i^{\sigma'}(\mathbf{r}''), \tag{9.14}$$

ここで Green 関数は Kohn–Sham 系のものであり次で与えられる（(D.6)式を参照．ここではスピンを陽に示している）．

$$G_0^{\sigma}(\mathbf{r},\mathbf{r}') = \sum_{j\neq i}^{\infty} \frac{\psi_j^{\sigma}(\mathbf{r})\psi_j^{\sigma*}(\mathbf{r}')}{\varepsilon_{\sigma i} - \varepsilon_{\sigma j}}. \tag{9.15}$$

● 最後の項は次式で与えられる応答関数 χ_0 の逆である．

$$\chi_0^{\sigma,\mathrm{KS}}(\mathbf{r},\mathbf{r}') = \frac{\delta n^{\sigma}(\mathbf{r})}{\delta V^{\sigma',\mathrm{KS}}(\mathbf{r}'')} = \sum_{i=1}^{N^{\sigma}} \psi_i^{\sigma*}(\mathbf{r}) G_0^{\sigma}(\mathbf{r},\mathbf{r}')\psi_i^{\sigma}(\mathbf{r}'), \tag{9.16}$$

ここで連鎖律と (7.2) 式のように n が軌道の 2 乗の和であることを使った．

OEP 方程式の積分形（演習問題 9.2 参照）は (9.13) 式に $\chi_0^{\sigma}(\mathbf{r},\mathbf{r}')$ を掛けて積分することによって得られる：

$$\sum_{i=1}^{N^{\sigma}} \int \mathrm{d}\mathbf{r}'\psi_i^{\sigma*}(\mathbf{r}') \left[V_{\mathrm{xc}}^{\sigma,\mathrm{OEP}}(\mathbf{r}') - V_{i,\mathrm{xc}}^{\sigma,\mathrm{NL}}(\mathbf{r}') \right] G_0^{\sigma}(\mathbf{r}',\mathbf{r})\psi_i^{\sigma}(\mathbf{r}) + \mathrm{c.c.} = 0. \tag{9.17}$$

この形から，$V_{\mathrm{xc}}^{\sigma,\mathrm{OEP}}(\mathbf{r})$ は非局所軌道依存ポテンシャルのある重み付き平均であることが分かる．

積分形は，例えば Krieger, Li と Iafrate（KLI）[449–452] によって提案されたように，ポテンシャルが陽に与えられる有用な近似の基盤を与える．KLIはもっと完全な導出を与えたが，発見的導出 [446, 449, 450] には Green 関数のエネルギー分母を定数 $\Delta\varepsilon$ で置き換えればよい．そうすれば (9.17) 式から $\Delta\varepsilon$ は落ちてしまい，(9.15) 式は

$$G_0^{\sigma}(\mathbf{r},\mathbf{r}') \;\rightarrow\; \sum_{j\neq i}^{\infty} \frac{\psi_j^{\sigma}(\mathbf{r})\psi_j^{\sigma*}(\mathbf{r}')}{\Delta\varepsilon} = \frac{\delta(\mathbf{r}-\mathbf{r}') - \psi_i^{\sigma}(\mathbf{r})\psi_i^{\sigma*}(\mathbf{r}')}{\Delta\varepsilon}. \tag{9.18}$$

となる．演習問題 9.5 で議論するように，KLI 近似によって次の簡単な形式

---

[2] ［原註］G_0 と (9.14) 式の微分は相互作用していない Kohn–Sham 系に係るものなので，スピンに関して対角である．

が導かれる：

$$V_{\mathrm{xc}}^{\sigma,\mathrm{KLI}}(\mathbf{r}) = V_{\mathrm{xc}}^{\sigma,S}(\mathbf{r}) + \sum_{i=1}^{N^\sigma} \frac{n_i^\sigma(\mathbf{r})}{n^\sigma(\mathbf{r})} \left[\bar{V}_{i,\mathrm{xc}}^{\sigma,\mathrm{KLI}} - \bar{V}_{i,\mathrm{xc}}^{\sigma,\mathrm{NL}} \right], \tag{9.19}$$

ここで $V_{\mathrm{xc}}^{\sigma,S}(\mathbf{r})$ は Slater [453] による密度重み付け平均であり

$$V_{\mathrm{xc}}^{\sigma,S}(\mathbf{r}) = V_{\mathrm{xc}}^{\sigma}(\mathbf{r}) + \sum_{i=1}^{N^\sigma} \frac{n_i^\sigma(\mathbf{r})}{n^\sigma(\mathbf{r})} \bar{V}_{i,\mathrm{xc}}^{\sigma,\mathrm{NL}}, \tag{9.20}$$

で与えられる．また，$\bar{V}$ は以下の期待値である．

$$\bar{V}_{i,\mathrm{xc}}^{\sigma,\mathrm{KLI}} = \langle \psi_i^\sigma | V_{\mathrm{xc}}^{\sigma,\mathrm{KLI}} | \psi_i^\sigma \rangle, \quad \text{と} \quad \bar{V}_{i,\mathrm{xc}}^{\sigma,\mathrm{NL}} = \langle \psi_i^\sigma | V_{i,\mathrm{xc}}^{\sigma,\mathrm{NL}} | \psi_i^\sigma \rangle. \tag{9.21}$$

最後に (9.19) 式の行列要素を作れば方程式は行列要素 $\bar{V}_{i,\mathrm{xc}}^{\sigma,\mathrm{KLI}}$ の線形連立方程式となり容易に解くことができる．KLI 近似は交換だけを含んだものであるが，多くの場合にきわめて正確であることが示された [449]．

Slater の交換に対する局所近似

(8.16) 式の Kohn–Sham の交換ポテンシャルと，それ以前に Slater が提案した局所形式 [453] の違いを見るのは興味深い迂回になる．Slater は (9.20) 式の非局所 Hartree–Fock 交換の重み付き平均として局所ポテンシャルを見出した．一様電子ガスの交換ポテンシャルを平均することによって Slater は $V_x = 2\epsilon_x$ を得たが，これは Kohn–Sham によって交換エネルギーを微分して得られた (8.16) 式の因子 $\frac{4}{3}$ と比べられる．非局所交換エネルギー汎関数の文脈において，非一様系に持ち込むとき，どちらがより良い近似であるかはすぐには判断できない．ほんのごく最近になって，この問題は解決された [448, 451]．それはガスから非一様系にポテンシャルを移す際のエネルギーゼロの基準と (9.19) 式の第 2 項の注意深い扱いによるものである．結果は (8.16) 式の Kohn–Sham 形式である．

交換に対する Slater 近似は Kohn–Sham 形式よりもしばしば，より良く実験に合う固有値を与えることが知られてきた．このことから調節パラメータを持つ "Xα" 近似が導入された．後知恵ではあるが，図 8.6 に見られるように，勾配補正が同程度の大きさの増加を引き起こすということで部分的には正当化される．

270　第 9 章　交換と相関の汎関数 II

9.6　局在軌道法：SIC と DFT + U

　凝縮物質の最も興味深い問題の多くは電子が局在化しやすく強く相互作用するような物質に関わっている．それらは例えば，部分的に占有された d と f 状態を持つ遷移金属酸化物であったり，希土類元素やその化合物である[3]．通常の LDA や GGA ではしばしば系は金属になるが，実際は磁気的な絶縁体である．たとえ基底状態は正しくても，Kohn–Sham バンドは本当のスペクトルからは大変遠い．局在した d と f 状態を，もっと広がった s と p 状態とは違ったように扱えるように汎関数法を拡張する種々の試みがなされてきた．基本的な問題は広がった系において局在した軌道を見分ける唯一の方法がないことである．そうではあるが，しばしば大変妥当な選択がされることが多く，結果はそれほどには詳細によらない．興味深い問題について，洞察と理解を，そしてしばしば定量的な結果をもたらす方法を使うことは挑戦である．

自己相互作用補正（SIC）

　SIC は Hartree ポテンシャルに含まれる非物理的な自己相互作用を補正しようとする試みである．Hartree 相互作用において電子の自己自身との相互作用は交換を厳密に扱う Hartree–Fock と 9.5 節で議論した EXX では打ち消される．しかし E_{xc} に近似をするとそうではなくなり，それによる誤差は強い Coulomb 相互作用が係るのでとても大きくなることがある．このことへの対応には長い歴史があり，最初は Hartree 自身 [50] による原子の扱いにあった．3.6 節で述べたように，Hartree はそれぞれの占有状態に対して，その状態の自己電子密度による自己項を差し引いた別々のポテンシャルを用いた．まさに言葉通りの最初の SIC である．3d 遷移金属シリーズにおける d → s のプロモーションエネルギーの密度汎関数計算の例が図 10.2 に示されており，SIC を入れると目覚ましく改善されることを示している．固体での s や p 状態のような広がった状態においては，自己相互作用はその状態が局

---

[3] [原註] 興味深い現象や理論手法についての広範な議論が相棒の本 [1] にある．特に第 19 章と 20 章．相互作用 U の多体手法による計算や "U" 項を使うことの微妙さもそこで議論されている．

在している領域の大きさの逆数にスケールするのでこの補正は消える．従って，固体においても，ある状態の自己相互作用の強さは局在軌道の選択に依存しており，DFT+U 法に似ている．

広がった系に対する方法が作られ，汎関数は自己項を差し引いて定義されている；この汎関数を制限なしで最小化すると電子系は状態を広がったものにして全エネルギーを下げる（結晶においてはこれは通常の補正項が消えた Kohn–Sham 解である），あるいは状態のある部分を，あるいはすべてを局在させると異なった解になる [313,454]．このやり方は遷移金属酸化物や希土類系のように電子が強く相互作用している系では原子様の状態になるということで直観的な魅力がある．SIC や関連の方法は遷移金属酸化物 [455]，high T_c 物質 [456]，そして希土類化合物での 4f 占有 [457] などにおいて改善された記述を与えた．これらの詳しい議論は相棒の本 [1] でなされている．

Hubbard 様相互作用の追加：DFT+U

奇妙な頭字語 "LDA+U" が LDA-あるいは GGA-型計算に軌道依存相互作用 [458,459] を付加した計算を意味するのによく使われる．ここではより一般的に "DFT+U" を使う．この付加的な相互作用は同じ原子の強く局在した原子様の軌道についてのみ考慮される．これは "Hubbard model" での "U" 相互作用と同じ形である [460,461]．この項を追加するのは局在した軌道を他の軌道に対してシフトすることであり，この試みは通常の LDA あるいは GGA における誤差が大きいのを補正しようとすることである．例えば，図 10.2 の遷移金属原子におけるプロモーションエネルギー（昇位エネルギー）は相対的なエネルギーは交換に対する近似でシフトすることを示している．他の効果は部分占有された d と f 状態で起こり，1 つの軌道が占有されると他の軌道のエネルギーを上げるので磁気状態を好むことになる．こうした効果は 3d 遷移金属酸化物や他の物質が係る多くの問題においてきわめて重要なので，DFT+U 計算は今日での方法での必須のものとなっている．

オンサイト相互作用パラメータ U を計算する 1 つのやり方は「制約された密度汎関数」法で，10.6 節で議論し，図 9.2 に模式的に示した原子に対する ΔSCF 計算を適用することである．原子のように孤立した系では状態の異なった整数占有のエネルギーを計算して，電子を付加したり，除去したり，

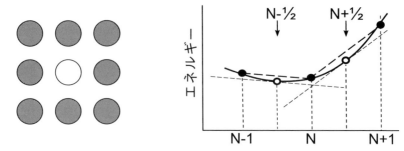

図 9.2 分子や固体において 1 つのサイト（左図の中心位置）での電子に対する相互作用パラメータ U の計算の模式図．この計算は 10.6 節での原子に対するものと同じであるが，分子や固体においてはある規準によって局在関数を選ばないといけなくて，相互作用が周囲の系によって遮蔽される．右に示すように，エネルギーが占有 N とともに変化する：黒点は $E(N)$ を表し濃い破線は付加エネルギー ΔE であり非連続に変化する．薄い破線は半整数占有での固有値を示すがこれは ΔE を良く近似する（Slater 遷移状態則）．相互作用 U は (10.22) 式で与えられるように固有値の差である．同様のやり方は交換エネルギー J や他の項を決めるのにも使える．

プロモートしたりするエネルギーを (10.21) 式や (10.22) 式のように全エネルギーの差として計算するのは単刀直入に行える．これらは基底状態エネルギーに関するものなので，Kohn–Sham 固有値とは違って，エネルギー差は原理的には厳密である．加えて，これらの式は，エネルギー差を半整数の占有状態の固有値から計算する Slater の遷移則を使うやり方を定義する．10.6 節で見るように結果は原子についてはきわめて正確である．

非常に多くの "DFT+U" 計算の例が相棒の本 [1] と [459] にあげられている．典型例は遷移金属酸化物である．多分，最もよく知られた例は CuO 超伝導体の母化合物であろう．これは通常の LDA と GGA では非磁性金属になるが（第 17 章参照），"DFT+U" 計算では正しく反強磁性絶縁体となる [459]．通常のスピン密度汎関数論は MnO や NiO に対して正しくスピン状態とエネルギーギャップを与えるが，ギャップの値は図 2.24 に示すようにずっと小さい．ギャップは混成汎関数ではずっと良くなるが，"U" 項による方がずっと簡単で直感的である．"U" 項は 3d 状態の占有と非占有のギャップを増大させ，酸素の状態に相対的にそれらの状態をシフトしてずっと良く実験と合うようになる．

一般化 Koopmans 汎関数

問題に対する異なった汎関数が作られた．それは局在した状態に対しては，電子数の関数として電子付加と除去エネルギーが図 9.2 に示すように勾配不連続を持つ直線（区分線形）になることからスタートしている．線形性は軌道のエネルギーはその軌道の占有によらないことを意味する．これはまさに自己相互作用がないことの定義そのものであり，不連続はその軌道が変わるところで生じる[4]．これは整数占有で生じ，軌道のエネルギーが他の軌道にある電子との相互作用によって図 9.2 のようにシフトする．局在系での電子付加エネルギーが区分線形になることは Koopmans の定理の一般化 [462] と名付けられた：もとの Koopmans の定理（3.6 節を参照）は，Hartree–Fock でのある状態の電子付加エネルギーは，すべての状態がリジッドで緩和しなければ，電子を付加した状態の固有値になるというものである．その一般化は，ある状態のエネルギーはそれ自身の占有にはよらないが，他の軌道の形と占有には依存してもよい，という要請である．

このことが「Koopmans 準拠（Koopmans-compliant）」汎関数 [463] に使われて，1 つの項を加えることによって連続的な汎関数の曲率を区分線形に修正している．そのような汎関数は SIC や DFT+U と似た様相を持っている；しかし軌道を選ぶいくつかのやり方を持っているという意味でより一般的である．広がった状態では独立粒子ハミルトニアンの固有状態は広がっており，1 つの軌道の占有の影響はサイズが大きくなるにつれて消える．[463] での提案は占有された状態の線形結合で新たな軌道を定義し，それらは補正が消える広がった状態から，Koopmans 準拠汎関数の区分線形までを変化できるようにしておき，エネルギー最小化で局在の程度を選ぶことである．この概念はもっと以前の非制限 SIC 法 [313, 454] と共通のところが多いが，もっと一般的であり広範な半導体と絶縁体に適用された [463].

---

[4] [原註] ここで軌道は空間状態とスピンを意味しており，例えば 1 つの d 殻は 10 個の軌道からなる．N の関数としてのエネルギーの考えは，Fermi エネルギー μ を持つリザーバーに対比して局在した系を考えることによって認識できる．μ が変化すると μ に相対的にその軌道のエネルギーが線形に変化する；そのエネルギーが μ と交差すると突然にその占有が変化するが軌道のエネルギーは変化しない.

274 第 9 章 交換と相関の汎関数 II

9.7 応答関数からの汎関数

DFT 梯子の次の段は励起状態の情報を取り入れることである．これまで
の節では，厳密な交換と混成汎関数における交換エネルギーをどのように扱
うかを見てきた．しかしこれらの方法では，相関は理論的に計算されるので
はなくて LDA や GGA 汎関数として含まれており，そこでは 2 電子原子や
一様電子ガスなどについての他の計算から導かれていた．大変有用な密度の
汎関数を見つけ出すには，非常に優れた洞察と天賦の才が必要であった；し
かしながら，何が含まれていて，何が含まれていないか，さらに進めるには
どうするか，などを理解できるような系統的な導出は存在しない．

本節でのやり方は大変違っている．いろんな意味で，厳密な関係や摂動論
を使った近似の系統的な適用である．従って，理解にはより単刀直入である．
しかしその代償として計算はずっと複雑であり集中的である．方法は励起を
扱う多体手法を土台にしており，相棒の本 [1] がもっと詳細までカバーして
いる．しかしながら，多体手法の詳細に立ち入ることは必須ではない．とい
うのは何十年もの研究によって，これまでの節で発展させてきた方法，付録
D の応答関数の知識，加えて E.4 節の誘電関数との関係を使えば理解できる
のである．

理論的定式化は，"adiabatic coupling fluctuation dissipation（ACFD）
theorem（断熱結合揺動散逸定理）" と呼ばれており 2 つの部分で理解される．
まずは結合定数積分であり，「断熱接続」とも呼ばれるものである．非相互作
用問題と完全な相互作用系の間を，密度は一定に保つという条件のもとで相
互作用の強さを 0 と 1 の間の λ でスケールする（3.4 節を参照）．5.3 節と 8.2
節で説明したように，これは交換相関エネルギーに対する厳密な関係であり，
9.3 節の混成汎関数を作る近似的な方法で使われた．もう 1 つは「揺動散逸
定理」であり，系における相関した揺らぎとそれの駆動力に対する応答（応
答関数）の間の，付録 D で与えられるよく知られた関係である．結果は，相
関エネルギー E_c は λ に依存する密度–密度応答関数 $\chi_\lambda(\omega)$ を λ と周波数に
ついて積分することによって得られる．この意味において，基底状態の相関
エネルギーは周波数依存の系の励起に関係している；すべての周波数にわた

る積分が同時刻の相関を求めるには必要であり，それが E_c を決める．

結果は ACFD 定理[5]，

$$E_{\rm c} = -\frac{1}{2\pi} \int_0^1 d\lambda \int_0^\infty du\,{\rm Tr}\left[v_c\left(\chi_\lambda(iu) - \chi_0(iu)\right)\right],$$
$$= -\frac{1}{2\pi} \int_0^1 d\lambda \int d\mathbf{r}\,d\mathbf{r}'v_c(\mathbf{r}-\mathbf{r}') \int_0^\infty du\,\left[\chi_\lambda(\mathbf{r}',\mathbf{r};iu) - \chi_0(\mathbf{r}',\mathbf{r};iu)\right],$$

$$(9.22)$$

である．ここで，1 行目は綺麗な簡潔さで書かれていて，2 行目は実空間で書かれている．(9.2) 式において iu は虚数の周波数，v_c は Coulomb 相互作用，χ_0 は下記の (9.24) 式で与えられる独立粒子 Kohn–Sham 補助系の応答関数，χ_λ はスケールされた相互作用 λv_c を持つ系の応答関数であり，さらに λ が変化しても基底状態の密度は一定に保たれるという条件がついている．これは厳密な関係式であるが，もちろんのこと相互作用系での χ_λ は知られていない．もし χ_λ が RPA で近似されると，$\chi_\lambda = \chi_0/(1-\lambda v_c\chi_0)$ となり，λ の積分は解析的に行えて対数を使ってあるいはべき級数で次のように表される：

$$E_{\rm c}^{\rm RPA} = \frac{1}{2\pi} \int_0^\infty du\,{\rm Tr}\left[\ln(1 - v_c\chi_0) - v_c\chi_0\right]$$
$$= \frac{-1}{2\pi} \int_0^\infty du \sum_{n=2}^\infty \frac{1}{n}{\rm Tr}\left[(v_c\chi_0)^n\right].$$

$$(9.23)$$

$\chi_0(\omega)$ が独立粒子の波動関数を使って与えられるので，この計算は実行できる．一般形は D.4 節にある．ここで必要な周波数依存の表現は静的 OEP の式に似ていることに気付くことは教育的である．実空間表現の $\chi_0(\mathbf{r},\mathbf{r}',\omega)$ は (9.15) 式と (9.16) 式（D.4 節も参照）の一般化であり，

$$\chi_0(\mathbf{r},\mathbf{r}',\omega) = 2\sum_{i=1}^{\rm occ} \sum_j^{\rm empty} \frac{\psi_i(\mathbf{r})\psi_j(\mathbf{r})\psi_j(\mathbf{r}')\psi_i(\mathbf{r}')}{\varepsilon_i - \varepsilon_j + \omega + i\eta}, \qquad (9.24)$$

で与えられ，因子 2 はスピンによる．運動量空間においても同様の表式になる．励起状態にわたる和が必要なので標準的な DFT よりもずっと集中的な

---

[5] ［原註］明確な議論が以前の文献 [272, 464] や総説 [465, 466] にあり，それらはまた多くの文献をあげている．さらに，RPA の広範な議論は相棒の本 [1] にある．ここでは上向スピンと下向スピンが同数の場合だけを扱う；相関には両方のスピンが関わり，分極した系では非自明の違いがある．

276 第 9 章 交換と相関の汎関数 II

計算が必要になる[6]．一般的には波動関数と固有値は Hartree–Fock や混成汎関数のように非局所演算子によって決められる．その代わりに，(9.24) 式のエネルギーは Kohn–Sham 計算の出力から，あるいは局所 Kohn–Sham ポテンシャルで得られる波動関数についての全エネルギーの最小化の自己無撞着の手続きとして決められる．ここで後者は RPA 定式化の最適化有効ポテンシャル（OEP）を見出すのと同様のものとなる．方法と多数の結果が総説 [465, 466] にあり，RPA と関連の汎関数の固体でのベンチマークが [467] にある．

RPA の大きい恩恵の 1 つは分散力（9.8 節を参照）を扱えることである．2 つの分離された系の間の相互作用は長距離 Coulomb 相互作用にのみよるからである．(9.23) 式の表式の第 1 項は分極率の 2 次であり，その項は原子の対の間の弱い相互作用の主要項 $\propto 1/R^6$ を含んでいる．ただし，RPA では係数 C_{6AB} は厳密ではない．この応用の例は [466] にあり，そこではまた弱い相互作用に対しては，系は結合有効調和振動子として効率的に扱えることを実証している．RPA 定式化はまた 9.8 節の van der Waals 汎関数を作る 1 つの方法の基盤をも与える．[468] で使われている 2 次の展開は (9.23) 式のべき乗展開に密接に関係しており，密度汎関数を構築するためにこれらの方法は電子密度で決まるプラズマ振動数での単極近似を使っている．

9.8 van der Waals 分散相互作用のための非局所汎関数

すべての局所および半局所汎関数の主な欠点は，弱く結合している原子や分子系に普遍的に存在する van der Waals 相互作用を記述できないことである．核による項と Hartree 項に含まれる平均的な Coulomb 相互作用を別にすると，長距離相互作用は純粋に相関効果であってそれはまさしく，1 つの原子または分子の電気双極子がもう一方の原子または分子に，エネルギーが低下する向きを持った双極子を誘起する量子的な揺らぎによるものである．2 つの原子または分子の間の引力はしばしば分散あるいは London 相互作用と

---

[6] [原註] 20.4 節と 21.5 節で述べるように，励起状態についての陽な和が必要とされないもっと効率的な方法がある．しかし，それでもなおそれらは標準的な汎関数を持つ DFT よりコストがかかる．

9.8 van der Waals 分散相互作用のための非局所汎関数　277

呼ばれ, 相互作用の最も遠いところでは C_6/R^6（演習問題 9.6 参照）と表される. 密度汎関数での挑戦は, 長距離の相関のエネルギーへの効果を取り入れ, 中間領域での相互作用を記述し, 短距離での効果は確立した汎関数に継ぎ目なく一体になるような非局所汎関数を作り出すことである. これは金属表面の分子のような重要な場合を記述するためには必須である. この系では同一の枠組みで多くのタイプの結合を扱える方法が必要なのである.

　いろいろのやり方は 2 つのグループに分けられる. 1 つには原子間の長距離相互作用から始めて, 短距離においては標準的な密度汎関数の短距離の振る舞いにほとんど影響を与えないようにする. もう 1 つでは一様電子ガスからスタートし, 重なりのない領域に分離するほどに非一様な系での長距離分散相互作用を記述できるように非局所相関を記述する汎関数を作る. もちろん, これら 2 つのやり方の間にはつながりがあり, 長距離で同じ振る舞いをするように仕組まれており, それぞれが金属的, 共有結合的そしてイオン的結合に対する局所および半局所汎関数の成功の利点を生かせるように設計されている.

　van der Waals 汎関数は第 8 章の汎関数の組に入れることもできる, というのはそれらは密度だけの汎関数である. しかし, van der Waals 汎関数はここで議論する. それらの背景にある現象と理論は基本的に分極率に関係があり, それは占有状態と非占有状態に依存する応答関数であり, 9.7 節の話題である.

エネルギーへの対型の付加的寄与

　分散相互作用の理論は, 2 つの重なりのない原子に対する, 周波数依存の分極率 $\alpha(\omega)$ を使った Casimir–Polder [469] の公式で次のように定式化される;

$$C_{6AB} = \frac{3}{\pi} \int_0^\infty du\, \alpha_A(iu)\alpha_B(iu), \tag{9.25}$$

ここで iu は虚数の周波数である[7]. より高次の項（C_8/R^8 など）は C_6 と各原子の双極子分布の 4 次のモーメント $\langle r^4 \rangle$ の代数的表式で与えられる. 標準的な DFT 汎関数に付加できる形式にするには短距離での発散を除かなくて

---

[7]［原註］虚数の周波数は多体論では, (9.25) 式のようにコンパクトな表現を与えるのによく使われる. 我々にとっては, もし $\alpha(\omega)$ に対して (9.27) 式のような解析的な表式があれば, そのまま積分するということを知っておけばよい.

278 第 9 章 交換と相関の汎関数 II

はならないが，それには減衰関数 $f(R)$ を導入すればよい．そうすれば相互作用は次の形式の項を原子対について和をとることで得られる；

$$E_{\text{disp}} = -\frac{1}{2} \sum_{AB} \frac{C_{6AB}}{(R_{AB})^6} f(R_{AB}). \qquad (9.26)$$

ここで $f(0) = 0$ で，R が大きくなるとスムーズに $f(R) = 1$ になる．便利な形は Pade [470] と Fermi [439] 関数である．これらの関数は特徴的な領域と変化の急峻さによって決まる．

　1 つのやり方はそれぞれの原子対に対して (9.25) 式を直接に積分することである．これは Grimme とその仲間 [470] によって行われ，彼らは $\alpha(\omega)$ を時間依存 DFT によって求めた．これは原子，分子，クラスター（21.2 節と 21.4 節を参照）に対して大変有用であることが分かった．最も望ましいことは，分子や固体の中の環境に似た環境にある原子に対する $\alpha(\omega)$ を見つけることである．これに対しては [470] が選んだのは水素化分子でありそこでは原子は水素が付いていて閉殻系になっている．このことを H から Pu までのすべての 94 元素について行った．C_8/R^8 項が中間領域できわめて重要であり，陽に組み込むかあるいは減衰関数 $f(R)$ の形で取り入れるかしなければならない．この結果を DFT 汎関数に付加して適用するために，[470] では 2 つのパラメータを持つ減衰関数 $f(R)$ を調節した．$f(R)$ は参照する DFT 汎関数ごとに異なるが，このやり方は弱く相互作用する分子から強く結合する固体までの系を扱う一般的な方法として大変有用であることが示された．

　分極率の周波数依存性に近似を施してより簡単でユニバーサルな形式を作り出そうとする他のやり方がある．Tkatchenko と Scheffler（TS）[439] の方法を考えるのは教育的である．ここでは，原子分極率 $\alpha(\omega)$ はある有効周波数 ω_0 での単一の極で次のように近似されていて．

$$\alpha(\omega) = \frac{\alpha^0 \omega_0^2}{\omega_0^2 - \omega^2} \quad \text{と} \quad \alpha(iu) = \frac{\alpha^0 \omega_0^2}{\omega_0^2 + u^2}. \qquad (9.27)$$

(9.25) 式の積分は容易に行われて以下の関係式 (演習問題 9.7)

$$C_{6AB} = \frac{2C_{6AA}C_{6BB}}{\frac{\alpha_B^0}{\alpha_A^0} C_{6AA} + \frac{\alpha_A^0}{\alpha_B^0} C_{6BB}}, \qquad (9.28)$$

となり，これは London [97] と Slater-Kirkwood [95] によって導かれた公式

と同等である．これは大幅に問題を簡単化して分子の大規模データで検証された．入力は同極の C_{AA} と C_{BB} だけであり，それらは静的分極率 α^0 と有効周波数 ω_0 だけで決まる．

TS の方法はこれらの情報から分極率と体積の関係[8]と，密度 $n(\mathbf{r})$ を分子や固体における個々の原子の体積に割り当てる Hirshfeld 分割 [472] を使って密度の汎関数を作ることである．α^0, ω_0 と同極の C_6 は自由空間での閉殻原子の組についての以前の研究から借り，分子と固体におけるそれぞれの原子対の C_6 は自由原子からの体積の差から見つけた．減衰関数 $f(R_{AB})$ は Fermi 関数として，その形は選ばれた系のデータの組に合わせた．E_{disp} は通常の汎関数に加えて用いられるが，ここでは PBE 汎関数を用いた．この汎関数を得るまでの道程は多くの近似に基づいているように見えるが，それぞれは別々によく知られた系で検証されており，結果として得られた形式は多くの問題に適用されてきた．

非局所相関の理論に基づく汎関数

違ったやり方が Langreth と Lundqvist および共同研究者によって一連の論文（[468] とその文献に引用されている以前の研究を参照）で発展されてきた．目標は相関エネルギーを局所項と非局所項の和として表す一般論を定式化することである．

$$E_c[n] = E_c^{\mathrm{LDA}}[n] + E_c^{\mathrm{nl}}[n], \tag{9.29}$$

ここで，$E_c^{\mathrm{LDA}}[n]$ は一様電子ガスの相関エネルギーを使う局所密度表式であり，非局所パートは

$$E_c^{\mathrm{nl}} = \frac{1}{2} \int d^3 r d^3 r' n(\mathbf{r}) \phi(\mathbf{r}, \mathbf{r}') n(\mathbf{r}'), \tag{9.30}$$

と表されて，$\phi(\mathbf{r}, \mathbf{r}')$ は密度の汎関数である[9]．それぞれの密度が重ならない2つの系の間の分散相互作用を記述するには，$\phi(\mathbf{r}, \mathbf{r}')$ は長距離の Coulomb 相

---

[8] [原註] 演習問題 9.8 は，分極率は体積の次元を持っており，導電性の半径 R の球の分極率はその体積に等しいことを示すことである．(21.7) 式の一般的表式から有効体積は原子や分子に対して決めることができる．有効体積を決める方法は例えば [471] で説明されている．

[9] [原註] 見ての通り，(9.30) 式は原子の数 N について N^2 とスケールする；しかし，FFT を使った方法 [473] が開発され，計算負荷を $\propto N \ln N$ に減少させることができる．

280　第 9 章　交換と相関の汎関数 II

互作用を含まなくてはならないし，それぞれの系の分極率の情報を取り入れなければならない．挑戦は，一様電子ガス（ϕ は消える）から van der Waals 結合までの，いろいろの系の相関エネルギーを，密度だけで記述することのできる単一の関数 $\phi(\mathbf{r}, \mathbf{r}')$ を見つけることである．

　E_c^{nl} と $\phi(\mathbf{r}, \mathbf{r}')$ に対する有用な近似を見つける方法は，相関を扱う多体手法の長い歴史の上に立っている．多体手法は，近似ではあるが時間によって検証されてきた方法を提供する簡単な形式が存在するところまで発展した．典型的な例は乱雑位相近似（RPA）であり，相棒の本 [1] に詳しく記述されており，最も関係の強い事柄は 9.7 節にある．相関エネルギーの計算は 9.7 節で記述したように，断熱結合揺動散逸（ACFD）法で行うことができ，分散相互作用の正しい長距離型 $1/R^6$ を与える．係数 C_6 の値は厳密ではないが，正確な分極率 $\alpha(\omega)$ を計算するのに RPA は多くの経験を持っている．他の極限には 5.3 節で述べた一様電子ガスがある．図 5.4 は RPA がそれほど正確ではないことを示しているが，密度の関数としての相関エネルギーの変化をよく記述していることが分かる．このことが LDA への補正の計算に必要な情報である．

　9.7 節での表現は動的密度応答関数 $\chi(\omega)$ の積分を含んでおり，一方目標は基底状態の密度だけの汎関数であることが問題である．固体での RPA についてのこれまでの経験を足場として大変有用な形式を見つけることが可能であることが分かった．(E.15) 式の誘電関数との関係を思い出すことは有用である．それは概略 $\epsilon^{-1}(\omega) = 1 - v_c \chi(\omega)$ であり，ただし RPA では $\chi(\omega) = \chi_0(\omega)/(1 - v_c \chi_0(\omega))$ となる．この逆関数 $\epsilon^{-1}(\omega)$ は電荷応答を記述しプラズマ周波数でピークを作る；多くの目的にはプラズマ周波数 ω_P での単一の極で良く近似でき，ω_P は電子密度で決まる．原子では分極率と体積の関係もある．

　固体においては ω_P が運動量によって変化するし，誘電関数は運動量 $\mathbf{q}$ と $\mathbf{q}'$ について行列であるので，問題はより難しい．それまでの研究に基づいて [468] で提案された定式化では $S = 1 - \epsilon^{-1} = v_c \chi$ に関して単一極近似すると

$$S_{\mathbf{q}, \mathbf{q}'}(\omega) = \int d^3 r e^{(\mathbf{q} - \mathbf{q}') \cdot \mathbf{r}} \frac{\omega_P(\mathbf{r})}{(\omega_{\mathbf{q}}(\mathbf{r}) + \omega)(\omega_{\mathbf{q}'}(\mathbf{r}) - \omega)}, \tag{9.31}$$

と表される．ここで $\omega_P(\mathbf{r}) = 4\pi n(\mathbf{r}) e^2 / m$ は密度が $n(\mathbf{r})$ の一様系の長波長

での，すなわち局所近似での，プラズマ周波数であり，$\omega_{\mathbf{q}}(\mathbf{r})$ と $\omega_{\mathbf{q}'}(\mathbf{r})$ は超波長と短波長での極限を内挿するパラメータ化された形を持っている．それらは点 $\mathbf{r}$ での密度とその勾配だけに依存すると仮定されている．相関エネルギーの非局所部分 $E_c^{nl}[n]$ は (9.23) 式の RPA での公式を S の 2 次まで展開することによって得られて [468]，

$$E_c^{\mathrm{nl}} = \frac{1}{4\pi} \int_0^\infty du \mathrm{Tr} \left[S^2 - \left(\frac{\nabla S \cdot \nabla v_C}{4\pi} \right)^2 \right], \qquad (9.32)$$

となるが，一様系では消える．重なりのない密度に対しては部分積分をすると $\nabla^2 v_c \propto 1/R^3$ となり，(9.32) 式の最後の項の $1/R^6$ 依存性が出てくる [474]．異なった選択を $\omega_{\mathbf{q}}(\mathbf{r})$ にすると，いろいろな汎関数が得られる．例えば，Vydrov と Voorhis [475] による簡単な解析形式の VV10 では (9.30) 式において

$$\phi(\mathbf{r}, \mathbf{r}') = \frac{3e^4}{2m^2 g g'(g + g')}, \qquad (9.33)$$

であり，g は点 $\mathbf{r}$ での g' は点 $\mathbf{r}'$ の電子密度とその微分の解析的関数である．

短距離，長距離の分散力の非常に多くの組み合わせがあるから，ここでいろいろな汎関数の比較を試みるのは適切ではない．Mardirossian と Head-Gordon [415] による広範な総説があり，膨大な分子のデータセットに適用した 200 の汎関数を比較している．考慮されたすべての汎関数の中で，彼らは全体的に最も好ましいのは領域分離汎関数に結びついた VV10 だとしている．しかし，必要とされる計算コストも考慮すること，個々の系と現象に適用するときにどれほどうまくいくかを注意深く吟味することが大切である．

9.9 V_{xc} に対する修正 Becke–Johnson 汎関数

とても簡単な有効局所交換ポテンシャルが Becke と Johnson（BJ）[476] によって導かれた．点 $\mathbf{r}$ での値はその点での密度だけに依存している．それでもなお，非局所 Fock 演算子から導かれたポテンシャルの良い近似になっている．目標は厳密交換の特性である殻構造を記述すること，また一様電子ガスの極限を再現し水素系に対しても正確である（9.4 節での SCAN などの他の汎関数が用いる要求と同じ）ことである．これを達成するために運動エ

282 第9章 交換と相関の汎関数 II

ネルギー密度 $t(\mathbf{r})$ を含む項を取り入れる．$t(\mathbf{r})$ としては (9.7) 式で定義された正の対称形を選ぶ．殻構造を組み込むやり方は H.4 節で議論され，図 H.2 に結果が示されている．BJ 型のポテンシャルは後に Tran と Blaha [477] によってパラメータ c を含む次の形に

$$V_x^{\mathrm{MBJ}}(\mathbf{r}) = cV_x^{\mathrm{BR}}(\mathbf{r}) + (3c-2)\frac{1}{\pi}\sqrt{\frac{5}{12}}\sqrt{\frac{2t(\mathbf{r})}{n(\mathbf{r})}}, \qquad (9.34)$$

修正された．ここで $V_x^{\mathrm{MBJ}}(\mathbf{r})$ は Becke と Roussel [442] による局所ポテンシャルであり，Slater のポテンシャル（(9.20) 式参照）に似ていて $c=1$ がもとの BJ ポテンシャルである．

$V_x^{\mathrm{MBJ}}(\mathbf{r})$ は半局所ポテンシャルなので，混成汎関数より計算負荷がずっと少ない．しかしこの定式化はポテンシャルを与えるがエネルギー汎関数を与えないことに注意しないといけない．従って，全エネルギーを最小化する方法がない．手続きは LDA や GGA のような他のエネルギー汎関数を用いて密度と固有関数の自己無撞着解を見つけ，(9.34) 式の MBJ ポテンシャル $V_x^{\mathrm{MBJ}}(\mathbf{r})$ を作り，最後に $V_x^{\mathrm{MBJ}}(\mathbf{r})$ ポテンシャルでバンドを計算する，ということになる．

パラメータ c の値を 1.1–1.3 の範囲で選ぶと得られるギャップが実験ときわめてよく合うことが分かった．しかし，バンド幅は狭すぎる．他の方法と実験との広範な比較は [477] と [478] にある．例えば，図 2.23 に示した Ge と NiO のバンドギャップは LDA では 0 と $\approx 0.4\,\mathrm{eV}$ であるが，LDA からスタートさせた MBJ ポテンシャルはそれぞれ 0.85 と 4.16 [477] を与え，図に示されている実験および混合 HSE 計算とよく一致する．

9.10 汎関数の比較

交換相関汎関数に対する異なる近似の結果をいろんな方法で吟味するのは教育的である．本節では開殻系の複雑さを避けて縮退のない基底状態を持つ幾つかの原子を選んでその結果を示す．固体についての比較は本書の多くの場所にあり，それらを本章の終わりにリストとしてまとめた．

9.10 汎関数の比較 **283**

表 **9.1**　いくつかの球対称の原子での，本文で記述した汎関数の交換と相関エネルギーの大きさ（すなわち，$-E_x$ と $-E_c$）．単位はハートレー（Ha）．"Exact" は [479] にある厳密交換（EXX）と相関エネルギー．他のエネルギーも [479] からの引用で同じ EXX 密度を用いて計算された．ただし，HSE06（Johannes Voss による）と SCAN（Biswajit Santra による）はそうではない．違いについては本文の脚注を参照．最後の行は mean absolute relative error（MARE）.

原子	Exact	LSDA	PBE	HSE06	BLYP	SCAN
			交　換			
H	0.3125	0.2680	0.3059	0.3088	0.3098	0.3125
He	1.0258	0.8840	1.0136	1.0193	1.0255	1.0306
Be	2.6658	2.3124	2.6358	2.6464	2.6578	2.6602
N	6.6044	5.908	6.5521	6.5764	6.5961	6.4114
Ne	12.1050	11.0335	12.0667	12.098	12.1378	12.1636
MARE %	0	12.1	1.1	0.61	0.32	0.82
			相　関			
H	0.0000	0.0222	0.0060	0.0055	0.0000	0.0000
He	0.0420	0.1125	0.0420	0.0409	0.0438	0.0379
Be	0.0950	0.2240	0.0856	0.0881	0.0945	0.0827
N	0.1858	0.4268	0.1799	0.1775	0.1919	0.1809
Ne	0.3929	0.7428	0.3513	0.3432	0.3835	0.3448
MARE %	0	130	59	6.8	2.7	9.4
			全交換相関			
H	0.3125	0.2902	0.3143	0.3104	0.3098	0.3125
He	1.0678	0.9965	1.0602	1.0553	1.0663	1.0685
Be	2.7608	2.5364	2.7345	2.7349	2.7439	2.7429
N	6.7902	6.3348	6.7539	6.7384	6.7766	6.5923
Ne	12.498	11.7763	12.441	12.4069	12.5043	12.5084
MARE %	0	6.9	0.85	0.65	0.31	0.74

284　第 9 章　交換と相関の汎関数 II

1 電子問題：水素

　水素についての結果は特別の場合である．どのような 1 電子問題に対しても，Hartree–Fock は厳密である．その計算には Hartree 項と交換項があり，それぞれはもともと電子–電子相互作用はないのだから非物理的である．しかし，それらは完全に打ち消し合うので厳密解になる．厳密交換（EXX）は 9.5 節で説明したように Hartree–Fock 軌道依存の交換汎関数である．1 電子に対してはそれは Hartree–Fock と同じなのでやはり厳密である．しかし，1 電子問題は LDA と GGA のような密度の汎関数にとっては，また他の汎関数にとっても厳しいテストである．ただし，BLYP と SCAN は水素に対して厳密になるように作られている[10]．汎関数は一様電子ガスのような多数の電子を扱うように作られているので，1 電子問題に適用すると相関エネルギーに非物理的なゼロでない値を与えてしまい，局所近似あるいはその他の近似での交換は Hartree 項を完全には打ち消さない．種々の汎関数の結果が表 9.1 に与えられている．最も明白な結果は LSDA の誤差が大きいことで，GGA と混成汎関数では相当に改善されている．LSDA での交換と相関の誤差が打ち消し合い最終結果は $\approx 0.48\,\mathrm{Ha}$ となるので，厳密な値 $0.5\,\mathrm{Ha}$ に驚くほどよく一致する．GGAs ではそのような打ち消しはないが，それらの全エネルギーの最終結果は LSDA よりずっと改善されている．

多電子原子

　電子数が 1 より大きい場合，交換と呼ばれる量は物理的には測定できないエネルギーである．通常は Hartree–Fock の値として定義され，相関は Hartree–Fock を超える残りのエネルギーとして定義される．EXX と呼ばれる厳密交換にも普通は大変小さいが定量的な差異がある；ここでは汎関数の比較のた

---

[10] ［訳註］表 9.1 を見ると SCAN は水素に対して厳密であるが，BLYP では相関は厳密であるが交換には誤差がある．BLYP は水素について厳密という条件は付けられていない．

めにはより適切と思われるので EXX を選ぶ．表 9.1 の結果[11]は交換と相関のエネルギーの計算された値を別々に示しており，次の 2 つの重要な結論が得られる：

- 交換が主要な効果である．たとえ相関の誤差の割合が大きくても，最終的に汎関数の精度を決めるのは普通は交換の誤差である．
- LDA には相関エネルギーの 100% 以上の誤差がある！ 他の汎関数はずっと良く，混成汎関数は最も正確である．混成汎関数のこの結果はそれらが GGA による改良に加えて Hartree–Fock 交換を使っていることで理解できる．例えば，HSE は PBE 汎関数に Hartree–Fock 交換のいくらかを加えている．SCAN 汎関数は GGA 汎関数の性質を取り入れ，さらにいくつもの制約を追加している．

交換の誤差と相関の誤差は打ち消し合うとよく言われる．しかし，誤差の大きい LDA を除き，それは主要因子ではないし必ずしもそうではない．

本書の中で固体における汎関数の比較がされている場所へのポインター

- 文献 [112] の 64 個の固体の組から選ばれた単体物質と化合物の格子定数と体積弾性率，および Fe の磁化は表 2.1.
- Si と SiO_2 における圧力下の相転移は 2.5 節．
- 地球の下部マントルで重要だと思われる $MgSiO_3$ の相転移について，LDA と PBE を比較したものは図 2.12.
- 水の動径密度分布関数は図 2.15.
- Ge のバンド構造を LDA, HSE と Hartree–Fock で比較したものは図 2.23.

---

[11] [原註] ここでの値はすべてが同じ文献から採ったということではなくて，異なった定義を使って計算されている．しかしそれらの差は大きくなく主な結論を変えるものではない．LDA, PBE と BLYP の結果は [479] からであり，それぞれの汎関数のエネルギーを計算するのに同じ EXX 密度を使っている．SCAN の計算は Hartree–Fock 波動関数を使っており，それは EXX のものと大変近いが同一ではない．HSE 計算は HSE 波動関数を使う自己無撞着計算で，このことによる違いは大変小さいが詳細な比較にとっては重要である．補正が取り入れられている．その補正とは PBE 計算を表に引用されている [479] からの値に合わせるのに必要なもので，このことは HSE と PBE が大変近いという事実で正当化される．

286 第 9 章 交換と相関の汎関数 II

- 選ばれた物質のバンドギャップを LDA, SCAN と混成汎関数の BLYP, HSE, DDH で比較したものは図 2.24.
- GaAs の光学スペクトルを独立粒子近似での LDA と HSE で比較したものは図 2.25. 図 2.26 と 21.5 の LiF の光学スペクトルに対する時間依存 DFT は励起子の記述に長距離の汎関数が必須であることを示す.
- CdTe の Γ 点近傍のバンドと HgTe の反転したバンドを, PBE と HSE で比較したものは図 27.10.

多くの場所に汎関数のより広範な比較が見出される. すでに以前に引用したが, Mardirossian と Head-Gordon による総説 [415] では 200 もの密度汎関数の概要と広範な評価が与えられている. 水の多様な形態——分子間相互作用, 液体, 氷など——の重要な問題に適用された汎関数の評価が [197] にある.

さらに学ぶために
本章での汎関数は多体理論に大いに頼っている. 多くの面で相棒の本 [1] には深い議論がある.
密度汎関数論の一般的文献については, 第 6 章, 7 章の章末の文献を, 汎関数についての文献は第 8 章末の文献を参照. 汎関数に関するほとんどすべての読み物は広く使われている混成汎関数を含んでいる.

本章での汎関数に焦点を当てた総説:

Anisimov, V. I., Aryasetiawan, F., and Lichtenstein, A. I., "First principles calculations of the electronic structure and spectra of strongly correlated systems: The LDA + U method," *J. Phys.: Condensed Matter* 9:767–808, 1997.

Becke, A. D., "Perspective: Fifty years of density-functional theory in chemical physics," *J. Chem. Phys.* 140:301, 2014.

Grabo, T., Kreibich, T., Kurth, S., and Gross, E. K. U., " Orbital functionals in density functional theory: The optimized effective potential method," in *Strong Coulomb Correlations in Electronic Structure: Beyond the Local Density Approximation*, edited by V. I. Anisimov (Gordon & Breach, Tokyo, 1998).

Kummel, S. and Kronik, L., "Orbital-dependent density functionals: Theory and applications," *Rev. Mod. Phys.* 80:3-60, 2008.

演習問題

9.1 運動エネルギーの密度の汎関数を作ることは「フェルミオン問題」であることに気付くのは興味深い. H.1 節および演習問題 H.1 と H.2 を参照. 相互作用のないボゾンについて, 実際的で厳密な密度汎関数論を作れ.

9.10 汎関数の比較 *287*

9.2 連鎖律を使って一般的な OEP の表式 (9.11) 式を導け．また，それからコンパクトな積分表式 (9.17) になることを示せ．

9.3 応答関数の基底関数を使っての表式を使い，(9.11) 式に必要な応答関数の逆に対する陽な表式を書き下せ．2 つの場合に適切な基底を考えよ：(1 次元動径グリッド上のポテンシャルと密度を持つ) 球対称の原子と (すべての量が Fourier 空間で表される) 周期結晶．

9.4 OEP 表式 (9.11) 式を実際に適用する際の障害は応答関数が特異であることである．ポテンシャルの一定値のシフトは密度を変えないので，確かにそうであることを示せ．そのような応答関数の逆がどのようにして求められるかを述べよ．ヒント：特異部分を取り出してしまって非特異的な関数を定義することができる．これは周期的結晶の場合に最も明らかであろう．そこでは一定値のポテンシャルは決まらないことから問題が生じる．

9.5 近似 (9.18) 式を積分方程式 (9.17) 式に代入すると KLI 形式 (9.19) 式になることを導け．この式は積分方程式 (9.17) 式よりずっと簡単であることを議論せよ．

9.6 2 つの振動子を持つモデルを使って，London 分散相互作用の冪則を導け．ただし振動子にはそれぞれ鎖に荷電粒子が付いていてそれらが Coulomb 相互作用で結合している．最長距離項は摂動展開での最低時のゼロでない項を使って出てくる．これは単一極で近似されるいかなる問題にも対する結果を確立するのに十分だろうか？

9.7 (9.28) 式の関係を導け．その際，(9.25) 式の係数の表式と (9.27) 式の単一極近似を使え．

9.8 (21.7) 式の分極率は体積の次元を持つことを示せ．また，完全導体球の分極率はその体積に等しいことを示せ[12]．これは [480] や他の書物において導かれているが，自分でやってみるには良い演習である．

9.9 H に対する LDA での交換項と (偽の) 相関項に対する演習問題 8.6 と 8.7 を見よ．表 9.1 の結果と比べよ．混成汎関数ではこの結果がどれほど改善されたかを議論せよ．

---

[12] [訳註] 第 21 章はこの上巻には含まれないので，この問題は下巻の第 21 章で再度取り上げる．

第III部

原子についての予備知識

第 10 章

原子の電子状態

要 旨

本章は最も簡単な構造の場合に Kohn–Sham 方程式と Hartree–Fock 方程式を自己無撞着に解くという問題を扱う. 多電子原子状態の込み入った詳細には触れないで, 本書の目的すなわち凝縮物質と分子の電子構造に関連のある事柄だけを問題にする. 原子に関する議論は物理的概念を明らかにし, この後に続く内容に直接関連している. というのは, 原子の計算は, 非経験的擬ポテンシャル法 (第 11 章), 補強された平面波 (APW) 法の核心である補強関数 (第 16 章), 線形マフィンティン軌道 (LMTO) 法, KKR 法の構築の基礎だからである. さらに原子や原子と似た状態の動径方向に関する計算は, 10.7 節で扱うバンド幅, 平衡状態の体積, 体積弾性率などを含む凝縮物質の多くの様相の定性的理解に大いに役に立つことが分かるであろう.

10.1 1 電子動径 Schrödinger 方程式

まずは水素のような 1 電子原子の場合から考えることにする. この場合については多くの教科書で扱っているが, 本書で使う表記法を明確にしておけば便利であろう. スピン軌道結合が存在しなければ, 波動関数は空間座標の関数とスピン関数の積に分解できる.（相対論的な Dirac 方程式とスピン軌道相互作用については 10.3 節と付録 O で扱う.）電子に働くポテンシャルは

292 第 10 章 原子の電子状態

球対称であり，$V_{\text{ext}}(\mathbf{r}) = V_{\text{ext}}(r) = -Z/r$，軌道の空間座標部分は角運動量（$L = \{l, m_l\}$）によって分類され，

$$\psi_{lm}(\mathbf{r}) = \psi_l(r)Y_{lm}(\theta, \phi) = r^{-1}\phi_l(r)Y_{lm}(\theta, \phi) \tag{10.1}$$

と書くことができる．規格化された球面調和関数は

$$Y_{lm}(\theta, \phi) = \sqrt{\frac{2l+1}{4\pi}\frac{(l-m)!}{(l+m)!}}P_l^m[\cos(\theta)]\mathrm{e}^{im\phi} \tag{10.2}$$

である．ここで $P_l^m(x)$ は Legendre 陪関数であり，K.2 節で定義されている．角運動量に対する伝統的な記号は $l = 0, 1, 2, 3, \ldots$ に対して s, p, d, f, g, ... であり，最初の数個の関数の具体的な式は (K.10) 式に与えられている．

極座標でのラプラシアンの公式

$$\nabla^2 = \frac{1}{r^2}\frac{\partial}{\partial r}\left(r^2\frac{\partial}{\partial r}\right) + \frac{1}{r^2\sin\theta}\frac{\partial}{\partial\theta}\left[\sin\theta\frac{\partial}{\partial\theta}\right] + \frac{1}{r^2\sin^2\theta}\left(\frac{\partial^2}{\partial\phi^2}\right) \tag{10.3}$$

を使うと波動方程式は主量子数 n に対する動径方向の式（演習問題 10.1）

$$-\frac{1}{2r^2}\frac{\mathrm{d}}{\mathrm{d}r}\left[r^2\frac{\mathrm{d}}{\mathrm{d}r}\psi_{n,l}(r)\right] + \left[\frac{l(l+1)}{2r^2} + V_{\text{ext}}(r) - \varepsilon_{n,l}\right]\psi_{n,l}(r) = 0 \tag{10.4}$$

あるいは

$$-\frac{1}{2}\frac{\mathrm{d}^2}{\mathrm{d}r^2}\phi_{n,l}(r) + \left[\frac{l(l+1)}{2r^2} + V_{\text{ext}}(r) - \varepsilon_{n,l}\right]\phi_{n,l}(r) = 0 \tag{10.5}$$

に簡約できる．上記の方程式は $r \to \infty$ に対しては $\phi_{n,l}(r), \psi_{n,l}(r) \to 0$，また $r \to 0$ に対しては $\phi_{n,l}(r) \propto r^{l+1}$ および $\psi_{n,l}(r) \propto r^l$ という境界条件を持ち，規格化条件

$$\int_0^\infty \mathrm{d}r\phi_{n,l}(r)^2 = 1 \tag{10.6}$$

に従う束縛状態について解くことができる．

1 電子原子では解析的に求められた解がよく知られており，それは l によらない固有値

$$\varepsilon_{n,l} = -\frac{1}{2}\frac{Z^2}{n^2} \tag{10.7}$$

を持つ．上式の単位は Hartree 原子単位である．

対数グリッド

数値計算では規則正しいグリッドを使うのが便利である．しかし，原子に対しては，原点付近では動径方向に高密度点が必要であり，外側領域では低密度で十分である．Herman と Skillman [481] のプログラムでは，原子核に向かって進むごとにグリッドの点の密度を 2 倍にするということを何回か繰り返している．これは考えとしては簡単であるが，計算操作は複雑である．この他には $\rho \equiv \ln(r)$ の対数グリッドを使うという方法がある．これは原子価を Z とすると，振幅が $\exp(-Zr)$ に比例する水素原子の軌道から示唆されるものである．ここでもし $\tilde{\phi}_{n,l}(\rho) = r^{1/2}\psi_{n,l}(r)$ と定義すれば，動径方向の方程式 (10.5) は（Fischer [482] と演習問題 10.2 参照）

$$\left\{ -\frac{1}{2}\frac{d^2}{d\rho^2} + \frac{l}{2}\left(l+\frac{1}{2}\right)^2 + r^2[V_{\text{ext}}(r) - \varepsilon_{n,l}] \right\} \tilde{\phi}_{n,l}(\rho) = 0 \qquad (10.8)$$

となる．この式は区間 $0 \le r \le \infty$ を区間 $-\infty \le \rho \le \infty$ へ変換しなければならないという不便さがある．実際には，内側の領域 $0 \le r \le r_1$ は級数展開 [482]

$$\phi_{n,l}(r) \propto r^{l+1}\left[1 - \frac{Zr}{l+1} + \alpha_{n,l}r^2 + O(r^3) \right] \qquad (10.9)$$

で扱うことができ，式中の $\alpha_{n,l}$ は文献 [482] の 6.2 節で与えられている．境界 r_1 は $\rho_1 = \ln(Zr_1)$ がすべての原子で一定となるように選ぶ．このようにすれば外側 $\rho_1 \le \rho \le \infty$ の領域は変数 ρ に関する規則グリッド上で取り扱うことができる．

原子の方程式は，図 7.2 に示す Kohn–Sham 計算用のフローチャートに従って，r または ρ に関する規則グリッド上で解くことができる．動径方向の方程式は付録 L の L.1 節の Numerov 法を使って解くことができる．原子に関するプログラムには素晴らしいものがいくつか存在し，Herman と Skillman [481] が最初に作ったものを基にしたものも多い．その考え方については，Hartree–Fock 近似に関して Slater [483, 484] と Fischer [482] に非常に詳しく載っており，簡単に記述したものとしては Koonin と Meredith [485] がある．原子の計算のコードのいくつかは付録 R に載せてある．

10.2 独立粒子方程式：球対称ポテンシャル

一般の問題に対する Kohn–Sham 方程式は (7.11)–(7.13) 式で与えた．それは独立粒子方程式であり，そのポテンシャルは自己無撞着に決められなければならない．交換ポテンシャル (3.48) 式が状態に依存するということを除けば，同じ形式が (3.45) あるいは (3.46) 式の Hartree–Fock 方程式についても成り立つ．どちらの場合も V_{ext} を自己無撞着となるように決められたある種の有効ポテンシャル V_{eff} で置き換えるということ以外は，1 電子方程式 (10.4) または (10.5) 式と同じ形を持った独立粒子方程式を解くことになる．

希ガス原子のような閉殻構造では占有状態はすべてスピンは対をなしており，電荷密度 $n(r)$ は

$$n(r) = 2 \sum_{n,l}^{\text{occupied}} (2l+1)|\psi_{n,l}(r)|^2$$

$$= 2 \sum_{n,l}^{\text{occupied}} (2l+1)|\phi_{n,l}(r)|^2/r^2 \qquad (10.10)$$

で与えられ，球対称性を持つ．ポテンシャル

$$V_{\text{eff}}(r) = V_{\text{ext}}(r) + V_{\text{Hartree}}(r) + V_{\text{xc}}(r) \qquad (10.11)$$

も Kohn–Sham 法においては明らかに球対称である．Hartree–Fock の場合には，最後の項は軌道依存交換項 $\hat{V}_x^{n,l}(\mathbf{r})$ であるが，$\hat{V}_x$ の行列要素が m と σ によらず，各 n,l に対する有効動径ポテンシャルになることは簡単に示される（演習問題 10.5）．

従って，独立粒子状態は角運動量の量子数 $L = \{l, m_l\}$ で厳密に分類することができ，正味のスピンは存在しない．その結果，スピンによらない固有ベクトル ϕ_{l,m_l} と m_l によらない固有値とを持つ最も単純な場合の動径方程式が出てくる．このようにして得られた $\phi_{n,l}(r)$ に対する動径方程式は，(10.5) 式と似た形をしており，

$$-\frac{1}{2}\frac{\mathrm{d}^2}{\mathrm{d}r^2}\phi_{n,l}(r) + \left[\frac{l(l+1)}{2r^2} + V_{\text{eff}}(r) - \varepsilon_{n,l}\right]\phi_{n,l}(r) = 0 \qquad (10.12)$$

となる．この式は1電子原子の場合と同じ境界条件と規格化条件のもとに束縛状態について解くことができる．

自己無撞着の達成

自己無撞着方程式の解を求める一般形式は7.4節で与えた．閉殻構造の場合には有効ポテンシャルは球対称である（演習問題10.5）．大抵の場合に，強く束縛された状態は大きい問題を生じることはなく，1次混合法の(7.33)式で十分である．（$\alpha < 0.3$ の範囲では大抵は収束するが，重い原子ではもう少し小さくしなければならないかもしれない．）しかし，束縛の弱いふらふらした状態に対しては，7.4節で述べたようなもっと複雑な方法が必要となるかもしれない．縮退に近い状態をとる系では（例えば，遷移金属原子における3dと4s状態のエネルギーなど）特別な問題を生じる可能性がある．というのは，状態のエネルギーの順序が反復計算の途中で変化する可能性があり，その結果最低エネルギーの原理に従って状態を占有するとポテンシャルの突然の変動を引き起こすことがある．この原理は実際には極小点においてのみ成り立つものであるから，しばしば簡単な工夫でこの変動を避けることができるが，場合によっては安定な解が存在しないこともある．

自己無撞着問題の核心はHartreeあるいはCoulombポテンシャルの計算である．そのためには2つの方法があり，1つはPoissonの方程式を解く方法 [485] であり，もう1つは波動関数が動径関数と球面調和関数の積で書ける特殊な場合の解析的公式を使う方法 [484] である．前者ではPoissonの方程式

$$\frac{\mathrm{d}^2}{\mathrm{d}r^2} V_{\mathrm{Hartree}}(r) = -4\pi n(r) \tag{10.13}$$

が2次微分方程式 (L.1) 式の形をしており，Schrödinger方程式と同様の数値計算法 [485] を使えるという利点がある．後者の方法には開殻原子（10.4節）やHartree–Fock計算で必要なFock積分 [484] の特別な場合に適用できる表式がある．

交換相関ポテンシャル $V_{\mathrm{xc}}(r)$ は独立粒子近似の種類によって異なる．Hartree–Fock近似での状態依存交換ポテンシャル $V_x^{n,l}(r)$ の具体的な表式については後の節で扱う．（交換ポテンシャルは閉殻原子に対しては純粋に動

296 第 10 章 原子の電子状態

径のみの関数である．演習問題 10.5 参照．）OEP によるエネルギーの式は Hartree–Fock の場合とまったく同じであるが，ポテンシャルは状態とは無関係な $V_x(r)$ になるようにしてある．LDA や GGA のような近似での具体的な表式を付録 B に与えた．いくつかの球対称原子に対して種々の汎関数を使ったときの結果を表 9.1 にあげたが，10.5 節でさらに議論する．

10.3 スピン軌道相互作用

重い原子では相対論的効果が本質的である．幸いなことに，それは殻の内部深くで生じ個々の電子に独立に作用する．従って，相対論的な式は球対称な原子の配置で解けばよい．その結果を分子や固体に本質的には変更なしで持ち込むことができる．付録 O は Dirac 方程式を扱っていて，そこでの結論は相対論的効果がそれほど強くない場合には，通常の非相対論的 Schrödinger 方程式に，相対論的効果としては次式のスピン軌道相互作用項（(O.8) 式参照）

$$H_{\mathrm{SO}} = \frac{\hbar}{4m^2c^2}(\nabla V \times \mathbf{p}) \cdot \boldsymbol{\sigma}, \tag{10.14}$$

をハミルトニアンに加えればよい[1]．状態のエネルギーをシフトさせるその他の相対論的なスカラー項とを取り入れればよい．これらはハミルトニアンへの差し障りのない追加のように見え，他の項より普通はずっと小さい；しかし，これはポテンシャルで作り出されるいかなるものとも違った重要な定性的結果をもたらす．スピン軌道相互作用は他の原因では生じないギャップを開き，第 25–28 章でのトポロジカル絶縁体のようなとても魅惑的な現象を引き起こす．

固体とか分子とかの実際の計算においては，相対論的効果は補強法（第 16 章）の枠に直接入れることができる．そこでは球領域での計算は原子についての計算，あるいは核を中心にした局在軌道の計算（第 14，15 章）に似ている．相対論的効果は 11.5 節で述べる擬ポテンシャルに対しても，相対論的原子計算を使ってそれを作り出すことによって取り入れられる．そうすれば，その擬ポテンシャルを含む非相対論的 Schrödinger 方程式を使って，相対論的効果を取り入れた価電子状態を決めることができる [486, 487]．

---

[1]［訳註］原著の H_{SO} の小さい誤りを修正した．

10.4 開殻原子：非球対称ポテンシャル **297**

10.4 開殻原子：非球対称ポテンシャル

「開殻」という用語はスピンが対をなさず，あるいは，与えられた角運動量 l の状態 $m = -l, \dots, l$ が完全には詰まっていない場合を指す．従って分類するのであれば与えられた全角運動量 $J = \{j, m_j\}$ を持つ多重項で行うのがよい．ここで J は空間（$L = \{l, m_l\}$）とスピン（$S = \{s, m_s\}$）の1次結合である．一般には複数の行列式でできた波動関数を扱わねばならない．たとえ外部ポテンシャル（原子では核のポテンシャル）が球対称であっても，有効独立粒子ポテンシャル $V_{\text{eff}}(\mathbf{r})$ は軌道の占有状況に依存するので球対称ではない．簡単化できることといえば量子化軸を選んでポテンシャル $V_{\text{eff}}(\mathbf{r}) = V_{\text{eff}}(r, \theta)$ が軸対称性を持つようにすることぐらいである．幸いなことに，Slater の方法 [453] は対称性を使って適切な多重項を選ぶことにより，必要な計算すべてを動径方向だけの計算に簡約する仕方を示している．このような対処の仕方に一般的な法則はないが，いろいろな場合を集めたものが文献 [484] の付録 21 に載っている[2]．原子の中では V_{eff} は完全に球対称の $V_{\text{eff}}(r)$ か，あるいは軸対称の $V_{\text{eff}}(r, \theta)$ の場合のみを考えればよい．

開殻問題に対しては，以下のような精度の異なるいろいろな近似がある．

- 制限付き：問題を球対称（球対称ではない項については角度平均をとって $V_{\text{eff}}(r)$ とする），かつスピンによらない（スピン状態について平均をとり，軌道が各スピンについて同じになるようにする）として扱う．これは閉殻，スピン $= 0$ の系，に対しては正しい形式であり，注意深く使えば開殻に対する近似とみなすこともできる．

- スピン非制限：球対称であるがポテンシャルと軌道はスピンに依存するとして扱う．これは殻が半分占有され，スピンが最大値をとり，各スピンが別々に閉殻構造をとっているときに正しい式である．この場合については閉殻を扱った節で述べた．

- 非制限：問題をそのまま取り扱う．そこでは全 m_l と m_s のみが良い量子

---

[2] ［原註］一般には非対角 Lagrange 乗数 $\varepsilon_{n,l;n',l'}$ が必要である [484]．しかし，これらの項は小さいようである [484]．

数である．この場合には Slater の方法 [484] を使って問題を簡単化することができる．

開殻構造に対する方程式

完全に非制限の場合には，電子–電子相互作用項のために一段と複雑になる．軸を選んで密度 $n(r, \theta)$ とポテンシャル $V_{xc}(r, \theta)$ が軸対称となるようにする．Kohn–Sham 法においては，波動関数は球面調和関数で展開される．また，$V_{xc}(\mathbf{r})$ と $n(\mathbf{r})$ の関係が非線形であるため，$V_{xc}(r, \theta)$ の球面調和関数による展開において L にはの最大のカットオフが存在しないので，$V_{xc}(r, \theta)$ の角度積分は数値的に行わなければならない．さらに，Coulomb ポテンシャルは多重極モーメントを持ち，Poisson 方程式の解は球対称の場合のようには簡単ではない．

開殻構造の場合には，Hartree–Fock 方程式の方が，交換項が球面調和関数の有限な和で展開できるため，実際には比較的に簡単である．電子–電子相互作用の行列要素を計算するためには球面調和関数（付録 K 参照）を使ったよく知られた展開 [480] を使うことができ，それは $\mathbf{r}_1$ と $\mathbf{r}_2$ を含む項に因数分解されて

$$\frac{1}{|\mathbf{r}_1 - \mathbf{r}_2|} = 4\pi \sum_{l=0}^{\infty} \sum_{m=-l}^{l} \frac{1}{2l+1} \frac{r_<^l}{r_>^{l+1}} Y_{lm}^*(\theta_2, \phi_2) Y_{lm}(\theta_1, \phi_1) \qquad (10.15)$$

となる．ここで $r_<$ と $r_>$ はそれぞれ r_1 と r_2 のうちの小さいものと大きいものを表す．この表式を使えば，軌道 i, j, p, q に関する行列要素は

$$\langle i\, j | \frac{1}{r_{12}} | p\, q \rangle = \delta(\sigma_i, \sigma_p)\, \delta(\sigma_j, \sigma_q)\, \delta(m_i + m_j, m_p + m_q)$$

$$\times \sum_{k=0}^{k_{\max}} c^k(l_i, m_i; l_p, m_p)\, c^k(l_q, m_q; l_j, m_j)\, R^k(i, j; p, q)$$

$$(10.16)$$

と書くことができ，ここで

$$R^k(i, j; p, q) = \int_0^{\infty} \int_0^{\infty} \phi_{n_i, l_i}^*(r_1) \phi_{n_j, l_j}^*(r_2) \frac{r_<^k}{r_>^{k+1}} \phi_{n_p, l_p}(r_1) \phi_{n_q, l_q}(r_2) \mathrm{d}r_1 \mathrm{d}r_2$$

$$(10.17)$$

10.4 開殻原子：非球対称ポテンシャル **299**

である．(10.16) 式中の Kronecker の δ は，相互作用がスピンによらなくて，角運動量の z 成分を保存するということを反映している．角度の積分は解析的に行うことができ，Gaunt 係数 $c^k(l, m; l', m')$ が出てくる．これは文献 [484] および付録 K に具体的な式が与えられている．幸い，R^k の値は数個の k の値に対してのみ必要とされるだけであり，許される k の範囲はベクトル和の制限 $|l - l'| \leq k \leq |l + l'|$ によって決まり，さらには，$k + l + l' =$ 偶数 以外では $c^k = 0$ となる．

動径方向の Hartree–Fock 方程式は動径関数 $\psi_{n,l,m,\sigma}(r)$ に関するエネルギーの汎関数微分から出てくる．ここで次の関数[3]

$$Y^k(n_i, l_i; n_p, l_p; r) = \frac{1}{r^k} \int_0^r \mathrm{d}r' \, \phi_{n_i,l_i}^*(r') \phi_{n_p,l_p}(r') r'^k$$
$$+ r^{k+1} \int_r^\infty \mathrm{d}r' \, \phi_{n_i,l_i}^*(r') \phi_{n_p,l_p}(r') \frac{1}{r'^{k+1}} \qquad (10.18)$$

を定義しよう[4]．さらに Gaunt 係数と Clebsch–Gordan 係数の関係 (K.17) 式を使えば，Hartree ポテンシャルの $l_i m_i$ 成分は

$$V_{\mathrm{Hartree}}^{l_i, m_i}(r) \equiv \int \mathrm{d}\Omega \, Y_{l_i, m_i}^*(\Omega) V_{\mathrm{H}}(\mathbf{r}) Y_{l_i, m_i}(\Omega)$$
$$= \sum_{\sigma=\uparrow,\downarrow} \sum_{j=1, N_\sigma} \sum_{k=0}^{\min(2l_i, 2l_j)} (-1)^{m_i+m_j} \frac{(2l_i + 1)(2l_j + 1)}{(2k + 1)^2} \frac{Y^k(n_j, l_j; n_j, l_j; r)}{r}$$
$$\times C_{l_i 0, l_i 0}^{k 0} C_{l_j 0, l_j 0}^{k 0} C_{l_i m_i, l_i -m_i}^{k 0} C_{l_j m_j, l_j -m_j}^{k 0} \qquad (10.19)$$

で与えられ[5]，同様に，状態 n_i, l_i, m_i, σ_i に作用する交換ポテンシャルは

---

[3] [原註] これは Slater の定義 [483], p. 180 に従っている．

[4] [訳註] これを用いると (10.17) 式の R^k は以下の式のようになる．

$$R^k(i, j; p, q) = \int_0^\infty \mathrm{d}r \, \phi_{n_j,l_j}^*(r) \phi_{n_q,l_q}(r) \frac{1}{r} Y^k(n_i, l_i; n_p, l_p; r).$$

[5] [訳註] (10.19) 式の $V_{\mathrm{H}}(\mathbf{r})$ は，次式で与えられるものである．

$$V_{\mathrm{H}}(\mathbf{r}) = \sum_{\sigma=\uparrow,\downarrow} \sum_{j=1, N_\sigma} \int \mathrm{d}r' \int \mathrm{d}\Omega' \, Y_{l_j, m_j}^*(\Omega') \phi_{n_j,l_j}^*(r') \frac{1}{|\mathbf{r} - \mathbf{r}'|} \phi_{n_j,l_j}(r') Y_{l_j, m_j}(\Omega').$$

300 第 10 章 原子の電子状態

$$
V_x^{n_i,l_i,m_i,\sigma_i}(r) = - \sum_{\sigma=\uparrow,\downarrow} \delta(\sigma,\sigma_i) \sum_{j=1,N_\sigma} \sum_{k=|l_i-l_j|}^{l_i+l_j} \frac{(2l_i+1)(2l_j+1)}{(2k+1)^2}
$$

$$
\left[C_{l_i 0, l_j 0}^{k0} \, C_{l_i m_i, l_j - m_j}^{k m_i - m_j} \right]^2 \frac{Y^k(n_j,l_j;n_j,l_j;r)}{r} \frac{\phi_{n_j,l_j}(r)}{\phi_{n_i,l_i}(r)}
$$

$$\tag{10.20}$$

となる．なお，上記の式中に現れる j についての和の上限の N_σ は σ スピン状態の占有軌道の数である．ここで $C_{j_1 m_1, j_2 m_2}^{j_3 m_3}$ は付録 K で定義されている Clebsch–Gordan 係数である．

10.5 原子の状態の例：遷移金属元素

球対称原子のいくつかについて，交換と相関それぞれに対して種々の汎関数を用いた結果を表 9.1 に示した．そこに示した 3 種の原子（He, Be, Ne）は閉殻原子であり，他の 2 種（H, N）は半分満たされた殻を持つ原子で，それらの電子密度は空間的には球対称である．後者は「スピン非制限」と呼ばれ，スピン汎関数は上向きスピンと下向きスピンとでは異なるポテンシャル $V_{\rm eff}^\sigma(r)$ を持つことになる．計算結果によれば，局所近似が一様電子ガスの結果を用いているにもかかわらず驚くほど良い結果を与えており，GGA は実験との一致の程度を全体的に改善していることが分かる．

水素は特別な場合で，基底状態のエネルギーに対する 1 電子の解は厳密な解である．これは Hartree–Fock や厳密交換（EXX）を含む自己相互作用のないすべての理論で成り立つ．表に与えられた結果は，この極限でのその他の汎関数の誤差を示している．その精度は驚くばかりであり，とりわけ一様電子ガスから導かれた汎関数の精度が良く，このことは一様な固体から孤立原子に至る広範な領域でのこれらの汎関数の使用を支持している．とはいえ，そこには重要な誤差があり，とりわけポテンシャルの遠くでの漸近形から生じる固有値への影響が大きい．この漸近形は非局所交換を考慮した Hartree–Fock と EXX の計算では正確であるが，局所近似と GGA 近似では正しくない．この影響は 9.10 節で示したように 1 電子あるいは 2 電子の場合に大きく，多

10.5 原子の状態の例：遷移金属元素

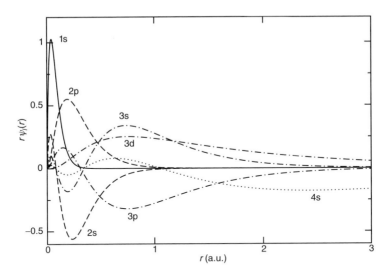

図 10.1 $3d^{5\uparrow}4s^2$ 状態にある Mn 原子の動径波動関数 $\phi_l(r) = r\psi_l(r)$ をすべての軌道について示す．4s 状態は 3d 状態に比べて，似たようなエネルギーであるにもかかわらず，大きく広がっていることに注意しよう．一方で，3d 波動関数が最大になる距離は，エネルギーがずっと低く「準内殻」と呼ばれている 3s や 3p 状態の最大値の位置に近い．原子はスピン分極しているので，軌道の形はスピンによって異なる．3d と 4s にははっきりした影響が見られるが，簡単のため図は省略した．

くの電子を持つ重い原子では小さい．

多電子原子の例としてスピン分極した Mn に対する波動関数を，スピン–軌道結合を含む相対論的補正を無視して計算したものを図 10.1 に示す．この遷移金属元素の状態はゆるく束縛された外側の 4s 状態と，より局在している 3d 状態の違いを示している．原子は $3d^{5\uparrow}4s^2$ 状態にある．d 殻は 1 種類のスピンで満たされているので（最大スピンについての Hund の第 1 法則），原子は空間的には球対称の状態にある．3d 状態は実際に強く束縛された「準内殻」の 3s および 3p 状態と同じ空間領域にあることに注意しよう．

原子に関する計算は，密度汎関数論の実際上の側面や固体に対してはどの程度の働きが期待できそうかを知る上で有用である．遷移金属は，d 状態が固体中で原子的な特性をかなりよく保持しているので，大変優れた例を提供する．例えば，3d と 4s 状態の相対的エネルギーは固体でもそのまま移行することが期待できる．図 10.2 は 1 個の電子を s 状態から d 状態へ移すた

302　第10章　原子の電子状態

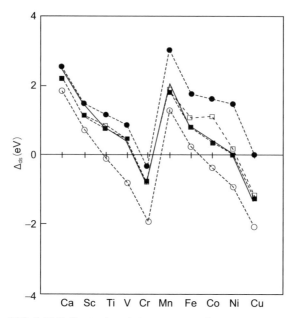

図 10.2　3d 遷移金属系列における電子の s → d プロモーションエネルギー．実験（実線）および種々の汎関数による全エネルギー差 $\Delta_{ds} \equiv E_{total}[3d^{n-1}4s^1] - E_{total}[3d^{n-2}4s^2]$ を示す．図より，LSDA（○）は，この方法の特性であるが，プロモーションエネルギーを低く見積もる傾向があり，すなわち d 状態が安定化されすぎていることが分かる．一方，完全に非局所的な交換（●）では反対の傾向を示すことが多い．遮蔽を取り入れた非局所交換（■）とそれに加えて自己相互作用補正を行ったもの（□）は計算結果を大幅に改善する[7]．このような傾向は固体においてもそのまま成り立つ．文献 [488] より．

---

[7] [訳註] 原著では d → s プロモーションとなっているが，s → d プロモーションが正しい．補足説明を加えておく．非局所交換にさらに自己相互作用補正を加えたもの（□）は Co で著しく実験データと食い違うが，Co の $3d^{n-2}4s^2$ では $3d^74s^2$ であり，片側スピンの d 状態は完全に詰まり，反対スピンの d 状態は軌道角運動量状態 $l_z = 2, 1$ の 2 つの軌道が占有されている（最大軌道運動量についての Hund の第 2 法則）．従って，終状態 $3d^{n-1}4s^1$ では，やはり Hund の第 2 法則によって $l_z = 0$ の状態が埋められる．$l_z = 0$ のときに自己相互作用補正が異常になることがあることについては S. Baroni, *J. Chem. Phys.* 80: 5703-5706, 1984. を参照．このことは [488] で言及されている．

めのプロモーションエネルギーを示している．図中には実験値と種々の汎関数による計算値が示されている．計算されたエネルギーは全エネルギーの差 $\Delta_{ds} \equiv E_{total}[3d^{n-1}4s^1] - E_{total}[3d^{n-2}4s^2]$ であり，固有値の差ではない．というのは，Δ_{ds} は固有値の差よりもプロモーションエネルギーをより正確に表すからである．1番注意すべき点は局所近似（LSDA）の結果と，Hartree–Fock に非常に近い厳密非局所交換（EXX）の結果が反対の傾向を示すということである．前者は d 状態の結合を相対的に強く見積もり，後者は弱く見積もることになる．遮蔽された交換の例は混成汎関数(9.3 節)の一形式になっており，それは Hartree–Fock と LDA の中間の結果を与える傾向がある．

　分子や固体へ応用する際に非常に重要な，次のような 3 つの結論を原子の計算から引き出すことができる．

- LDA や GGA 汎関数を使う典型的密度汎関数論の計算ではバンドの相対的な位置に関して，局在した 3d 状態と広がりのある 4s 状態のように異なった性質を持つバンド間では特に，誤差を生じる可能性がある．この誤差は電子ボルト程度になる可能性がある．
- 混成汎関数（9.3 節）は図 2.24 に示したようにバンドギャップなどの多くの結果を改善する．これらは化学で広く使われている．化学では Hartree–Fock と密度汎関数計算の混成として容易に取り入れられる．固体では Hartree–Fock はもっと難しいが，混成汎関数を使うための手法は発展している．
- 遷移金属に対する結果は非局在的（s と p）価電子の軌道と，より強く局在している d 状態との間に大きい差があることを示している．交換と相関の効果は強く局在している軌道では非常に重要であり，遷移金属系における強相関効果を生じる．自己相互作用補正（SIC）や「DFT+U」法（9.6 節）の本質はこの大きい差を記述する軌道依存相互作用を取り込むことである．原子では各対称性はよく定義されているが，固体では局在軌道を定義する方法は決まっていない．しかしながら，これらの方法は遷移金属酸化物 [459] のような強相関系の記述を大幅に改善する．

304 第 10 章 原子の電子状態

10.6 △SCF：電子の付加，除去，および相互作用エネルギー

局在した系では電子の励起，付加，除去のエネルギーはすべて，状態 1, 2 に対する固有値を用いないで，状態 1, 2 間の遷移に対する全エネルギーの差 $\Delta E_{12} = E_2 - E_1$ として計算できる．この方法は「△SCF」と呼ばれるもので，自己無撞着な場の方法においては，エネルギー差には軌道すべての緩和の効果が入っているので，より正確な結果を得ることができる．Slater の遷移状態に対する議論（[489], p. 51）に従えば，このエネルギー差は 2 つの状態を半分ずつ占有しているとしたときの固有値によって近似できる．例えば，電子除去エネルギーはその状態の電子が 1/2 なくなったときの固有値とする（中間値則）．

$$\Delta E(N \to N-1) = E(N-1) - E(N) \approx \epsilon_i \left(N - \frac{1}{2} \right). \tag{10.21}$$

ここで，i は今注目している状態を表し，$N - \frac{1}{2}$ は密度が $n(\mathbf{r}) - \frac{1}{2}|\psi_i(\mathbf{r})|^2$ であることを意味する．遷移エネルギーは 2 つの状態間で電子が 1/2 遷移したときの固有値の差とする．この議論とその証明に関する考察については演習問題 10.8 を参照されたい．占有 N と共にエネルギーが変化する様子は図 9.2 の右側に示した．

△SCF あるいは遷移状態法は原子の計算に使用でき，実験と比較できる．例えば，文献 [490] では，LDA を用いた △SCF の結果と遷移状態計算の結果が両方とも Cu の 3d 電子の第 1 と第 2 のイオン化エネルギーの実験結果とよく合うことを示している．さらに，相互作用のエネルギーはエネルギー差として計算した方が直接的である．軌道の緩和を含む有効相互作用エネルギーは，第 1 と第 2 のイオン化エネルギーの差で与えられ，それは遷移状態則を使って

$$U \equiv [E(N-1) - E(N)] - [E(N-2) - E(N-1)]$$
$$\approx \epsilon_i \left(N - \frac{1}{2} \right) - \epsilon_i \left(N - \frac{3}{2} \right) \tag{10.22}$$

と書くことができる．自由空間にある Cu 原子の 3d 状態についての LDA 計

算 [490] によると，$U_{\mathrm{av}} = E(\mathrm{d}^{10}, \mathrm{s}^1) + E(\mathrm{d}^8, \mathrm{s}^1) - 2E(\mathrm{d}^9, \mathrm{s}^1) = 15.88\,\mathrm{eV}$ が得られ，3つの占有状態の多重項の平均としての実験値は $16.13\,\mathrm{eV}$ である．この解釈と提案する演習については演習問題 10.11 を参照のこと．

9.6 節で同じやり方を分子や固体の局在状態に適用したが，そのような場合，占有数を変えることができる局在状態とはどれかを同定することは明らかでない．しかも，系のそれ以外の部分による遮蔽を考慮しないといけない．ここで，固体での遮蔽された U の評価に原子の計算を使う方法を指摘しておくことは有益だろう．固体において d や f 状態に変化を与えると他の電子で遮蔽される．電荷は短距離内で $\approx \pm 1/\epsilon$ に減少し，誘電定数は $\epsilon \gg 1$ である．これを原子において，d や f 状態での電荷が s 状態の電子で補償されるとして真似る [491]．例えば，Cu 原子ではエネルギー差 $E(\mathrm{d}^{10}, \mathrm{s}^0) + E(\mathrm{d}^8, \mathrm{s}^2) - 2E(\mathrm{d}^9, \mathrm{s}^1)$ は遮蔽された相互作用とみなせる．その値は LDA 計算 [490] で $3.96\,\mathrm{eV}$ であり，実験では $4.23\,\mathrm{eV}$ である．同様の値がすべての 3d 金属について得られている．ランタノイドではその結果は $\approx 6\text{–}7\,\mathrm{eV}$ [491, 492] である．9.6 節で議論し，相棒の本 [1] で詳細に議論されているように，それらは固体での 3d と 4f 状態について計算で得られている遮蔽された有効相互作用の値にきわめて近い．

10.7 固体における原子球近似

固体中では各原子の近傍では波動関数は原子に近い形をとる．これは第 IV 部で述べる本格的な計算から得られた結果なのであるが，単純な固体のバンド構造，圧力，エネルギーについての定性的な（ときには定量的な）情報が通常の原子の計算と類似の，球対称性を持つ計算から得られるということは教訓的である．ただし，境界条件は固体中の各バンドの極限に似せるようにしなければならない．このような計算はまた，第 16 章と 17 章で述べる補強平面波（APW）法，線形マフィンティン軌道（LMTO）法，KKR 法で使われている動径方向の原子計算に非常に密接に関係しているので，教育的である．

基本的な考えは Wigner と Seitz [54] の論文にあり，その後 Andersen [495] によって，ある与えられた角運動量の状態からなるバンドの幅が求められる

306　第10章　原子の電子状態

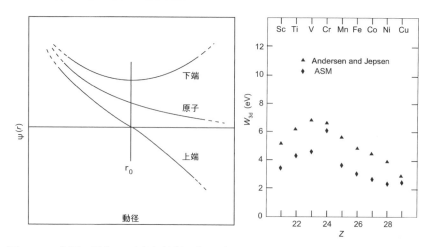

図 10.3　左図：固体での原子球近似（ASA）における動径波動関数の模式図．r_0 は Wigner–Seitz 半径で，ほぼ近接原子間距離の 1/2 である．曲線は異なる境界条件に対応しており，「下端」は最低エネルギーの結合状態に，「上端」は最高エネルギーの反結合状態に，「原子」は通常の自由原子の状態に対応する．下端と上端のエネルギー差は固体のバンド幅の目安となる．右図：3d 遷移金属の d バンドの幅の推定値．(10.25) 式（ASM 法）を用いた計算結果を Andersen と Jepsen [493] による LMTO 法（第 17 章）を使った計算と比較している．Straub と Harrison [494] より．

ように拡張された．最密構造の固体中の原子の環境は原子球（Wigner–Seitz 胞を球で近似したもの）表面での境界条件で近似的に表現される．図 10.3 に示すように，各角運動量 l に対する原子の境界条件は，境界上で波動関数がゼロである（バンドの上端に対応する最もエネルギーが高い反結合型の状態），あるいは，境界で波動関数の微分がゼロになる（バンドの底に対応する最低エネルギーの結合型の状態）という条件に置き換える．この 2 つのエネルギーの差が角運動量 l に対するバンド幅 W_l である．

この簡単な見方には凝縮物質におけるバンド幅の理解と半定量的な予測に対する重要な手がかりが含まれている．バンド幅は境界での波動関数の大きさと傾きに関係している．隣り合う原子の波動関数が重なり合うようになるにつれて，本書の最初の図 1.1 に示したように，原子状態の重なりが大きくなるにつれてバンド幅は原子状の狭いバンドから広がった状態の幅の広いバンドへと変化していく．しかも，この簡単な処方箋は (10.25) 式を使った，

Straub と Harrison [494] の論文から引用した図 10.3 の右図からも分かるように かなり正確である. このやり方は最密系では特に良い結果を与えるが, 液体や高密度プラズマに対してさえも良い出発点となる [496–499]. また I.3 節で議論するように, 圧力などの特性を計算することもできる. 従って, 1 つの標準的な原子計算と (10.25) 式が凝縮物質の電子状態を理解する優れた出発点を与える.

バンド幅の直接的な表式は波動関数 $\psi_{n,l}(r)$ に対する動径方程式 (10.4) から導くことができる. n,l の各状態のバンドを別々に考えることとし, 式を簡単にするために添え字を省略する. 2 つの異なった境界条件に対して得られた固有値 ε^1 と ε^2 を持つ 2 つの解 $\psi^1(r)$ と $\psi^2(r)$ を考えてみよう. 次に $\psi^1(r)$ の方程式に $r^2\psi^2(r)$ を掛け, $r = 0$ から境界 $r = r_0$ まで積分する. $\psi^2(r)$ の方程式にも同じことを行う. 部分積分をして, 2 つの式の差をとると [494] (演習問題 10.12)

$$-\frac{1}{2}r_0^2\left(\psi^2\frac{\mathrm{d}\psi^1}{\mathrm{d}r} - \psi^1\frac{\mathrm{d}\psi^2}{\mathrm{d}r}\right)_{r-r_0} = (\varepsilon^1 - \varepsilon^2)\int_0^{r_0}\mathrm{d}r r^2\psi^1\psi^2. \quad (10.23)$$

が得られる. もし $\psi^2(r)$ をバンドの頂点に対する解 $(\psi^2(r_0) = 0)$ とし, $\psi^1(r)$ をバンドの底に対する解 ($r = r_0$ で $\mathrm{d}\psi^1(r)/\mathrm{d}r = 0$) とすれば, この方程式は

$$W \equiv \varepsilon^2 - \varepsilon^1 = -\frac{1}{2}\frac{r_0^2\left(\psi^1\frac{\mathrm{d}\psi^2}{\mathrm{d}r}\right)_{r=r_0}}{\int_0^{r_0}\mathrm{d}r r^2\psi^1\psi^2}. \quad (10.24)$$

と書くことができる. この式は上記の境界条件を持つ 2 つの解を使って求めた各 n,l に対するバンド幅 W である.

最後に, Wigner–Seitz 半径 r_0 の関数としての簡単で示唆に富むバンド幅の表式を, 通常の境界条件のもとで 1 個の原子の計算から導くことができる [494] のでそれを示す. バンドの底と頂点を結合と反結合状態として解釈することから推察されるように, また図 10.3 にも見られるように, r_0 での結合状態の関数 ψ^b の値は原子の波動関数 ψ^a の値の約 2 倍であり, 反結合状態の ψ^2 の勾配は ψ^a の勾配の約 2 倍になっている. このことと, $\psi^1\psi^2 \approx (\psi^a)^2$ という近似を使えば非常に簡単な式 (演習問題 10.12 参照)

308　第 10 章　原子の電子状態

$$W \approx -2 \frac{r_0^2 \left(\psi^a \frac{\mathrm{d}\psi^a}{\mathrm{d}r} \right)_{r=r_0}}{\int_0^{r_0} \mathrm{d}r r^2 (\psi^a)^2}. \tag{10.25}$$

になる. 図 10.3 の右図でのダイヤ印のデータ (ASM) はこの簡単な式を使っ
て計算した遷移金属の d バンドのバンド幅を, LMTO 法 (第 17 章) を使っ
た本格的な計算結果と比較して示したものである.

さらに学ぶために

原子の理論と計算：

Fischer, C. F., *The Hartree-Fock Method for Atoms: A Numerical Approach*
(John Wiley and Sons, New York, 1977).

Slater, J. C., *Quantum Theory of Atomic Structure*, vols. 1–2 (McGraw-Hill,
New York, 1960).

Tinkham, M., *Group Theory and Quantum Mechanics* (McGraw-Hill, New
York, 1964).

初期の数値計算に関するもの：

Herman, F., and Skillman, S., *Atomic Structure Calculations* (Prentice-Hall,
Engelwood Cliffs, N. J., 1963).

相対論的理論：

Koelling, D. D., and Harmon, B. N., "A technique for relativistic spin-polarized
calculations," *J. Phys. C* 10: 3107–3114, 1977.

Kübler, J., *Theory of Itinerant Electron Magnetism* (Oxford University Press,
Oxford, 2001).

Kübler, J., and Eyert, V., "Electronic structure calculations," in *Electronic and
Magnetic Properties of Metals and Ceramics*, edited by K. H. J. Buschow
(VCH-Verlag, Weinheim, Germany, 1992), p. 1.

MacDonald, A. H., Pickett, W. E., and Koelling, D., "A linearised relativistic
augmented-plane-wave method utilising approximate pure spin basis func-
tions," *J. Phys. C: Solid State Phys.* 13: 2675–2683, 1980.

教育的な計算手法：

Koonin, S. E., and Meredith, D. C., *Computational Physics* (Addison Wesley,
Menlo Park, CA, 1990).

演習問題

10.1　波動方程式が実際に (10.4) 式の形に書けることを具体的に示せ.

10.2　変換された変数 $\rho \equiv \ln(r)$ を使って動径方程式 (10.8) を導出せよ. 変数 ρ で
の等間隔グリッドは原子の場合には都合がよいという理由を 2 つあげよ.

10.3　Hartree–Fock 方程式は H の状態については厳密であることを示せ. 全エネ

ルギーの差から計算したエネルギーの変化は厳密な励起エネルギーを与えるが，固有値の差はそうはならないことを示せ．

10.4 OEP 方程式は Hartree–Fock 方程式と同様に H の状態については厳密であることを示せ．しかし，Hartree–Fock とは違って，固有値の差が厳密な励起エネルギーを与える．

10.5 一般の Hartree–Fock 方程式は，閉殻の場合には簡単になり，交換ポテンシャルは球対称であることを示せ．

10.6 He の基底状態に対しては，一般的な Hartree–Fock 方程式は，2 個の電子は空間的に同じ軌道にいるという要請のもとで，1 電子が他の電子の平均のポテンシャルの中を動くという非常に簡単な問題になることを示せ．

10.7 相対論的量子力学から生じる結論には驚くべきものがある．例えば，2p 状態は非相対論では原点でゼロであるが，相対論ではゼロではない期待値を持つ解があることを示せ．

10.8 Slater の遷移状態論（[489], p. 51）は 2 つの事実を基礎にしている．第 1 に，固有値はその状態の占有数に関する全エネルギーの微分である（Janak の定理）こと，第 2 に，固有値は占有数と共に変化し，そのべき級数で表すことができることである．
（a）これらの事実を使って「中間値」則を導け．
（b）もし 2 つの状態が対称になる結果が欲しければ，その要請から中間値則が導かれることを論ぜよ．
（c）電子除去に対する (10.21) 式を導出せよ．

10.9 半径 R の球形の箱の中の 1 個の粒子について，10.1 節の Schrödinger 方程式を解け．もし境界条件が $r = R$ で $\psi = 0$ というのであれば，解は $\psi(r) = \sin kr/r$ となることを示し，固有値と規格化定数を 3 個の最低エネルギー状態に対して求めよ．すべてのエネルギーは $\propto 1/R^2$ になっていることを示せ．

10.10 上記の問題におけるエネルギーの表式から，圧力 $-dE/d\Omega$ を求めよ．これは (I.8) 式で与えられている球対称な構造での圧力の式と等価であることを示せ．

10.11 (10.22) 式は相互作用を計算する方法を与えている．
（a）この式には軌道の緩和の効果が含まれているという点で有効相互作用であり，もしエネルギー $E(N)$, $E(N-1)$, $E(N-2)$ が厳密であればこの式も厳密であることを示せ．
（b）演習問題 10.8 と同様の論理を使って，(10.22) 式を導け．
（c）原子の計算プログラムを使って，銅の 3d 電子の第 1 と第 2 イオン化エネルギーを計算せよ．この 2 つのエネルギーの差が有効 d–d 相互作用である．固体における正味の効果をより正確に計るには，エネルギー差 $E(3d^9) - E(3d^8 4s^1)$ を計算すればよい．得られた結果と文献 [490] の結果を比較せよ．この場合には付加された s 電子が d 状態の電荷の変化を遮蔽するから有効 d–d 相互作用は小さくなる．文献 [492] で議論されているように，この状況は固体での遮蔽に似ている．つまり，遮蔽された相互作用が固体中の適正な有効相互作用である．

10.12 (10.23)–(10.25) 式についての議論に従って，バンド幅に対する近似式 (10.24) と (10.25) を導け．きちんとした議論をするためには，これらの式が固体での最大のバンド幅に相当するということを示し，境界条件の関数としてのエネルギーの線形化された公式を使って具体的な表式を導くことが必要である．

310 第 10 章 原子の電子状態

10.13 近似式 (10.25) を用いれば, 水素原子の波動関数を使って種々の状態の水素の
バンド幅を見積もることができる. この方法を H_2 分子に適用して結合–反結合分裂
の大きさを計算し, その結果を図 8.2 と比較せよ. この表式を使いプロトン間の距
離 R の関数として R の大きいところでのエネルギー分裂に対する関数形について
一般的な議論を述べよ. 平衡状態での R を求め, 図 8.2 と比較せよ. 12 個の近接
原子のある最密構造をとって安定であると予想されている高密度の水素 ($r_s = 1.0$)
の予想されるバンド幅を計算せよ. (この結果は演習問題 12.13 と 13.4 での計算結
果と比較できる.)

10.14 原子用のコードを使い (異なった境界条件を持てるように修正されていると
して), 10.7 節で述べた方法を用い, 1 元素固体のバンド幅を計算せよ. 例として,
fcc 構造の銅の 3d と 4s バンドを考えよ. これらを図 16.4 に示されたバンドと比
較せよ.

第11章

擬ポテンシャル

要　旨

擬ポテンシャル法の基本的考え方は，ある問題を他のものに置き換えるということである．電子構造におけるその応用の主なものは，核による強いCoulombポテンシャルと強く束縛された内殻の電子の効果を，価電子に作用する有効イオンポテンシャルとして置き換えることである．擬ポテンシャルは原子の計算から作ることができ，内殻の状態はほとんど変わらないので，それをそのまま分子や固体中の価電子の性質の計算に使用する．さらに，擬ポテンシャルは一義には決まらないので，計算とその結果の解釈が簡単になるように選べるという自由度がある．「非経験的ノルム保存」や「ウルトラソフト」擬ポテンシャルが出現して，この後の章で述べるように，電子構造における現在の多くの研究と新手法の発展にとって基盤になっている正確な計算ができるようになった．

このようなアイデアの多くは直交化平面波（OPW）法に端を発しており，これは価電子波動関数の滑らかな部分に内殻（または内殻様）の波動関数を加えたものを使って固有値問題を扱う方法である．このOPW法の基本的考えは最近の全エネルギー汎関数の枠組みの中に，擬ポテンシャル演算子を使うが内殻波動関数はそのまま使うという射影演算子補強波（PAW）法によって取り入れられている．

11.1 散乱振幅と擬ポテンシャル

まず最初に，あるエネルギー ε での局在球対称ポテンシャルの散乱特性を考えるのは有用である．散乱特性は，局在領域の外での波動関数への効果を決める位相のずれ $\eta_l(\varepsilon)$ を使えば簡潔に定式化できる．これは多くの物理現象，例えば，原子核・素粒子物理学における散乱断面積，不純物散乱による金属の抵抗，補強平面波法や多重散乱 KKR 法（第 16 章）における位相のずれにより表現される結晶中の電子状態などにおける中心的概念である．この考え方の初期の一例を図 11.1 に示した．これは Fermi とその共同研究者によるものである．まったく同じ図が 2 偏の論文にあり，1 つは原子からの低

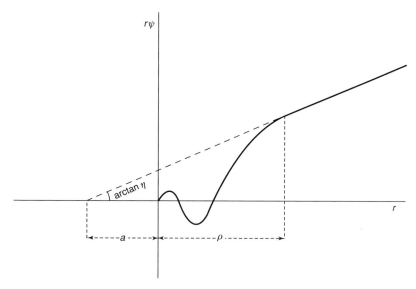

図 11.1 低エネルギー散乱に対する動径波動関数 $\phi = r\psi$．Fermi とその共同研究者たちの 1934 年と 1935 年の論文，原子による低エネルギー電子散乱 [65] と原子核による中性子散乱 [500] から採ったものである．原点付近の波動関数の節はポテンシャルが引力的であり束縛状態を持つほど十分に強いことを示している．局在ポテンシャルによる散乱断面積は位相のずれ（または，等価なものであるが，演習問題 11.1 に出てくる外挿された散乱長）によって決まり，2π の整数倍からの位相のずれが同じでより弱い擬ポテンシャルに対するものと同じになる．

エネルギー電子散乱 [65] についてであり，もう 1 つは原子核からの低エネルギー中性子散乱 [500] についてである．入射平面波は図 J.1 に示すように球面調和関数に分解される．図 11.1 は小さい正のエネルギーを持った散乱状態での角運動量 l を持つ動径波動関数を示している．原点付近での波動関数にいくつかの接近した節があることは，運動エネルギーが大きいこと，すなわち，強い引力ポテンシャルがあることを表している．事実，そこにはより低いエネルギーの（節の数はより少ない）束縛状態があるはずで，その状態に対して散乱状態は直交していなければならない．内殻領域の外での波動関数への同じ効果は，束縛状態を持たないより弱いポテンシャルによって作ることができる．

散乱領域の外側での波動関数 $\phi = r\psi$ の変化を散乱ポテンシャルの関数として考えるといろいろなことが分かる．もしポテンシャルがなければ，すなわち，位相のずれ $\eta_l(\varepsilon) = 0$ であれば，(J.4) 式は $\phi \propto rj_l(\kappa r)$ となり，$r = 0$ でゼロにまで外挿できる．ポテンシャルがある場合には，中心部の外側での波動関数はやはり自由な波であるが，位相は (J.4) 式のようにずれる．ポテンシャルが弱いときには位相のずれも $\eta < 2\pi$ で小さい．ポテンシャルの引力がさらに強くなれば位相のずれは大きくなり，束縛状態が生じるごとに 2π ずつ増加する．(J.4) 式から，中心部の外側の波動関数は，どのようなポテンシャルであっても 2π の整数倍を基準として同じ位相のずれ $\eta_l(\varepsilon)$ を与えるものであれば厳密に同じ波動関数になることは明らかである．特に図 11.1 の散乱は与えられたエネルギーを ε とすると，束縛状態がなくかつ節のない散乱状態を持つ弱いポテンシャルで再現できる．例えば，このエネルギーで同じ散乱特性を持った井戸型ポテンシャルを簡単に見つけることができる（演習問題 11.2 参照）．擬ポテンシャル理論の狙いは，考えているエネルギー領域において散乱を忠実に再現する擬ポテンシャルを見つけることである．

これが擬ポテンシャルの基本的な考えである．その目的は，強く束縛されている内殻状態を陽に扱うことなく，結合に与っている低エネルギー状態である価電子状態を陽に扱うことにある．固体や分子では，内殻領域の外でポテンシャルはゼロではないがゆっくり変化していて，同じ方法が強いポテンシャルを弱いものに置き換えるのに使える．擬ポテンシャルを固体に対して

314 第 11 章 擬ポテンシャル

最初に使ったのはおそらく Hellmann [66,67] であろう．彼は 1935 年に金属中のイオン芯による価電子の散乱を計算するために有効ポテンシャルを作り，金属の結合を説明する理論を定式化した．それは今日の擬ポテンシャルとほとんど同じものである．しかし，ポテンシャルは非常に弱いというわけではない [501] ので，当時の摂動法を使った計算は十分に正確というわけにはいかなかった．

1950 年代に Antoncik [502,503] と，Phillips と Kleinman [504] たちが固体における擬ポテンシャルへの関心を復活させた．彼らは Herring [64,505] の直交化平面波（OPW）法（11.2 節参照）を，弱い有効ポテンシャルを持つ，価電子だけを扱う方程式の形に書き直した．彼らは sp 結合金属と半導体のバンド構造が少数の経験的係数によって正確に記述されることに気がつき，sp 結合金属と半導体の広範な性質の基本的な理解ができるようになった．1970 年以前の擬ポテンシャルの発展についての優れた記述が Heine と Cohen の解説 [506,507] および Harrison の本 *Pseudopotentials in the Theory of Metals* [508] の中にある．

近年の擬ポテンシャル計算は非経験的方法に基づいており，擬ポテンシャルは分子や固体の性質に合わせるようなことはしないで，原子の計算から導かれる．「ノルム保存」ポテンシャル（11.4–11.8 節）は大筋では Fermi と Hellmann のモデルポテンシャルの概念への回帰であるが，重要な追加がある．「ノルム保存」の要請は，正確で転用可能な擬ポテンシャル作成の要であり，それは 1 つの環境（通常は原子）において構成された擬ポテンシャルが原子，イオン，分子，凝縮物質などのさまざまな環境における価電子の特性を忠実に表現できるためには必須である[1]．この基本的な原理については 11.4 節である程度詳しく述べるが，散乱による位相のずれ（付録 J），第 16 章の補強法，17.2 節の線形化に必要な波動関数の性質などと深く関連している．11.5 節では異なる角運動量 l には異なる作用をする l に依存する「準局所的」ポテンシャル $V_l(r)$ の作成について述べる．11.8 節では分離可能な，完全に非局所的な演算子形への変換について述べる．この形の方が都合のよいこと

---

[1] ［原註］もちろん，内殻は変化しないという仮定のために，いくらかの誤差が存在する．多くのテストの結果は，小さく深い内殻を持つ原子にはこれは素晴らしい近似であることを示している．誤差は内殻が浅い場合に生じており，高い正確さを要求する．

が多い.

　非局所的擬ポテンシャル法は Blöchl [509] と Vanderbilt [510] によって拡張された. 彼らは補助的な局在関数を使えば「ウルトラソフト擬ポテンシャル」(11.11 節) を定義することができることを示した. 滑らかな部分と, 各イオン芯の周りに局在し, より急激に変化する関数との和として擬関数を作ることによって (形式的には最初の OPW の作成 [64] と Phillips–Kleinman–Antoncik 変換に関連している) ノルム保存擬ポテンシャルの精度が改善され, 同時に計算負荷が削減された (ただし, プログラムの複雑さは増加している).

　射影演算子補強波 (PAW: Projector Augmented Wave) 法の定式化 (11.12 節) は OPW 法の再定式化であり, 密度汎関数論による全エネルギーと力の計算に特に都合のよい形になっている. 価電子波動関数は滑らかな関数と内殻の関数の和で表現され, その結果 OPW 法におけるのと同じように一般化された固有値方程式が導かれた. しかし, 擬ポテンシャルと違って, PAW 法は価電子関数の滑らかな部分と共に内殻の電子すべての関数も残している. 内殻の関数を含む行列要素は補強法 (第 16 章) と同様にマフィンティン球を使って計算されている. しかし, 補強法とは違って, PAW 法は力が簡単に計算できるという擬ポテンシャルの利点を残している.

　擬ポテンシャルの概念は, Kohn–Sham の密度汎関数論のように独立粒子近似の範囲内で全電子の計算を再現するということに限られているわけではない. 事実,「内殻電子の効果を有効ポテンシャルで置き換える」という元来の問題はもっと大きい挑戦である. すべての電子は区別ができないという事実を考慮した真の多体論においてもできることであろうか? この詳細は本章の守備範囲を超えるものであるが, 11.13 節で, 独立電子近似を越えて内殻の効果を表す擬ポテンシャル作成に対する基本的な問題点と考え方について述べる.

11.2　直交化平面波 (OPW) と擬ポテンシャル

　直交化平面波 (OPW) は 1940 年に Herring [64, 505] によって導入されたものであるが, sp 結合金属以外の物質のバンドの最初の定量的計算の基礎を

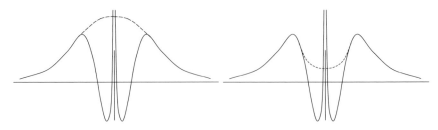

図 11.2 原子核の近傍で 3s 軌道の性質を持つ価電子関数（実線, これは 1s と 2s の内殻の状態とは正しく直交している），および内殻領域の外では全電子の波動関数と等しい 2 つの滑らかな関数（破線）の模式図．左図：OPW 様の方程 (11.4) と (11.6) 式で定義された価電子波動関数の滑らかな部分 $\tilde{\psi}$ を示す．右図：ノルム保存条件 (11.21) 式を満たす滑らかな擬関数 ψ_l^{PS} を示す．一般に，ψ_l^{PS} は $\tilde{\psi}$ ほど滑らかではない．

与えた（例えば [59, 511, 512] と Herman [68] による総説参照）．1950 年代の Herman と Callaway [59] の Ge の計算を図 1.3 に示した．また，OPW 計算によって初めて Si が Brillouin ゾーン境界の X ($\mathbf{k} = (1, 0, 0)$) 点近くに伝導帯の極小値を持つ間接バンドギャップ形の材料であること [513, 514] が理論的に理解できるようになった．実験による観測 [515] と共に，この仕事はこれらの重要な物質のバンドの性質を明らかにした．OPW 法は現代の擬ポテンシャル法と射影演算子補強波（PAW）法の直接の前身であるので，本章で扱うことにする．

もともとの OPW 法の定式化 [64] は，次式のような形の価電子状態に対する基底関数を作るための非常に一般的な方法であった．

$$\chi_\mathbf{q}^{\mathrm{OPW}}(\mathbf{r}) = \frac{1}{\sqrt{\Omega}} \left\{ e^{i\mathbf{q} \cdot \mathbf{r}} - \sum_j \langle u_j | \mathbf{q} \rangle u_j(\mathbf{r}) \right\}. \tag{11.1}$$

ここで

$$\langle u_j | \mathbf{q} \rangle \equiv \int d\mathbf{r} \, u_j(\mathbf{r}) e^{i\mathbf{q} \cdot \mathbf{r}} \tag{11.2}$$

であり，この式から $\chi_\mathbf{q}^{\mathrm{OPW}}$ は各 u_j 関数と直交することになる．関数 $u_j(\mathbf{r})$ は特定されてはいないが，各核の周辺に局在していることが要請されている．

もし局在関数 u_j が上手に選ばれていれば，(11.1) 式はこの関数を図 11.2 の左側に示すように滑らかな部分と局在部分とに分ける．結晶中では滑らかな関数は平面波で表現するのが都合がよく，原論文では平面波が強調されて

いる．Herring の言葉でいえば [64]

> これは，[結晶中の固有関数] を少数の平面波の線形結合と，各原子核を中心とし，以下の波動方程式を満たす少数の関数の線形結合の和で近似するのが実際的であろうということである[2]．

$$\frac{1}{2}\nabla^2 u_j + (E_j - V_j)\, u_j = 0. \tag{11.3}$$

ポテンシャル $V_j = V_j(r)$ と関数 u_j はこの問題に最適であるように選ばねばならない．もとの定式化 [64] におけるこの広義の定義により，OPW 法は現在の擬ポテンシャル法と PAW 法すべての先達となっている．以下の節で明らかなように，これらの最近の方法では，関数や関数に対する演算について新しい考え方や賢明な選択がなされている．そのことが電子構造を研究する上での重要な進展につながり，今日のこの分野での多くの発展を可能にした．

ここでの目的のためには 1 個の原子の価電子状態に対して，直交化されたものを考えるのがよいであろう．そこではこの状態は角運動量 lm のラベルを持ち，付加された局在関数もまた同じ lm を持たねばならない．(11.1) と (11.2) 式の定義を使えば，一般的な OPW 型の関係式が次のような形になることはすぐに分かる．

$$\psi^v_{lm}(\mathbf{r}) = \tilde{\psi}^v_{lm}(\mathbf{r}) + \sum_j B_{lmj} u_{lmj}(\mathbf{r}). \tag{11.4}$$

ここで，ψ^v_{lm} は価電子の関数であり，$\tilde{\psi}^v_{lm}$ はその滑らかな部分である．またすべての量はもとの OPW 関数から Fourier 変換により

$$\psi^v_{lm}(\mathbf{r}) = \int d\mathbf{q}\, c_{lm}(\mathbf{q})\, \chi^{\mathrm{OPW}}_{\mathbf{q}}(\mathbf{r}), \tag{11.5}$$

$$\tilde{\psi}^v_{lm}(\mathbf{r}) = \frac{1}{\sqrt{\Omega}} \int d\mathbf{q}\, c_{lm}(\mathbf{q}) e^{i\mathbf{q}\cdot\mathbf{r}}, \tag{11.6}$$

$$B_{lmj} = \frac{1}{\sqrt{\Omega}} \int d\mathbf{q}\, c_{lm}(\mathbf{q})\langle u_j | \mathbf{q}\rangle \tag{11.7}$$

と書くことができる．3s 価電子状態とそれに対応する滑らかな関数の模式図

---

[2]［原註］これはオリジナルの方程式である．ただし，Herring の方程式は Rydberg 原子単位で書かれているので係数 $\frac{1}{2}$ が付いていない．

318 第 11 章 擬ポテンシャル

を図 11.2 に示す.

OPW 関係式 (11.4) を次のように変換式という形で表すと啓発的である.

$$|\psi_{lm}^v\rangle = \mathcal{T}|\tilde{\psi}_{lm}^v\rangle. \tag{11.8}$$

これはもちろん (11.4) 式の書き換えにすぎないのであるが,滑らかな関数 $\tilde{\psi}_{lm}^v$ が求まれば十分であるということを簡潔に表している.それさえ求まれば,(11.8) 式の $\mathcal{T}$ で表された 1 次変換を使えば全体の関数 ψ_{lm}^v を復元させることができる.これこそが 11.12 節で解説する PAW 法の形式である.

OPW の最も簡単なやり方は局在状態として内殻の軌道 $u_{lmi} = \psi_{lmi}^c$ を選ぶことである,すなわち,(11.3) 式のポテンシャルを実際のポテンシャル(核の近くでは球対称であると仮定する)に選ぶことである.そうすれば ψ_{lmi}^c はハミルトニアンのエネルギーの低い内殻の固有状態になる.

$$H\psi_{lmi}^c = \varepsilon_{li}^c \psi_{lmi}^c. \tag{11.9}$$

価電子状態 ψ_{lm}^v は内殻の状態 ψ_{lmi}^c と直交していなければならないので,$\psi_{lm}^v(\mathbf{r})$ の動径部分は同じ角運動量を持つ内殻の軌道の数と同じ数の節を持たねばならない.もし $u_{lmi} = \psi_{lmi}^c$ のように選べば,$\tilde{\psi}_{lm}^v(\mathbf{r})$ は動径方向に節を持たない,つまり本当に $\psi_{lm}^v(\mathbf{r})$ より滑らかな関数となることを示すことができる(演習問題 11.3).さらに,内殻の状態は分子や固体中でも原子におけるものと同じであると仮定できることも多い.これが OPW 法の実際の計算 [68] における基礎である.

ここで注意すべき点がいくつかある.図 11.2 の左図に示したように,1 個の OPW は付加構造を持った滑らかな波のようなもので,核の近傍では振幅が小さくなる.OPW の集合は規格直交化されておらず,各波は 1 より小さいノルム (演習問題 11.4)

$$\langle \chi_{\mathbf{q}}^{\mathrm{OPW}} | \chi_{\mathbf{q}}^{\mathrm{OPW}} \rangle = 1 - \sum_j |\langle u_j | \mathbf{q}\rangle|^2 \tag{11.10}$$

を持つ.従って,OPW に対する方程式は重なり行列を持つ一般化された固有値問題の形になる.

擬ポテンシャル変換

もし $\psi_i^v(\mathbf{r})$ に対する表式 (11.4) をもともとの価電子の固有関数に対する式

$$\hat{H}\psi_i^v(\mathbf{r}) = \left[-\frac{1}{2}\nabla^2 + V(\mathbf{r})\right]\psi_i^v(\mathbf{r}) = \varepsilon_i^v\psi_i^v(\mathbf{r}) \tag{11.11}$$

に代入すると，Phillips, Kleinman [504] と Antoncik [502, 503] (PKA) の擬ポテンシャル変換が出てくる．上式中の V は全有効ポテンシャルであり，それから滑らかな関数 $\tilde{\psi}_i^v(\mathbf{r})$ に対する方程式

$$\hat{H}^{\mathrm{PKA}}\tilde{\psi}_i^v(\mathbf{r}) \equiv \left[-\frac{1}{2}\nabla^2 + \hat{V}^{\mathrm{PKA}}\right]\tilde{\psi}_i^v(\mathbf{r}) = \varepsilon_i^v\tilde{\psi}_i^v(\mathbf{r}) \tag{11.12}$$

が導かれる．ただし

$$\hat{V}^{\mathrm{PKA}} = V + \hat{V}^R \tag{11.13}$$

であり，$\hat{V}^R$ は $\tilde{\psi}_i^v(\mathbf{r})$ に

$$\hat{V}^R\tilde{\psi}_i^v(\mathbf{r}) = \sum_j \left(\varepsilon_i^v - \varepsilon_j^c\right) \langle\psi_j^c|\tilde{\psi}_i^v\rangle\psi_j^c(\mathbf{r}) \tag{11.14}$$

のように作用する非局所演算子である．

ここまでは OPW 表示 (11.11) 式の形式的な変換にすぎない．変換された方程式の形式的な性質には利点と欠点の両方がある．(11.14) 式はエネルギー $\varepsilon_i^v - \varepsilon_j^c$ を使って書かれており，この項は常に正であるので，$\hat{V}^R$ は斥力ポテンシャルである．さらに，核の引力ポテンシャルが強ければ強いほど内殻の状態は深くなり，その結果 $\hat{V}^R$ による斥力はさらに強くなる．このような傾向は Phillips, Kleinman, Antoncik によって指摘され，Cohen と Heine [516] によって「相殺定理」と呼ばれる非常に一般な形が導かれている．このようなわけで $\hat{V}^{\mathrm{PKA}}$ はもとの $V(\mathbf{r})$ よりかなり弱くなっているが，非局所演算子として一層複雑になっている．その上，滑らかな擬関数 $\tilde{\psi}_i^v(\mathbf{r})$ は規格直交関数ではない．というのは，完全系を作る関数 ψ_i^v が (11.4) 式に見るように内殻の軌道の和も含んでいるからである．従って，擬ポテンシャル方程式 (11.12) の解は一般化された固有値問題である[3]．さらに，定義式 (11.14) の中には依

---

[3] ［原註］11.4 節で述べる「ノルム保存」ポテンシャルにはこの複雑さはない．しかし，非直交性が「ウルトラソフト」擬ポテンシャルで再登場しており，これは形式的にはここで述べている演算子の構成と似ている（11.11 節参照）．

320　第 11 章　擬ポテンシャル

然として内殻の状態が入っているので，この変換では「滑らかな」擬ポテンシャルにはなっていない．

　擬ポテンシャル変換の最大の利点は擬ポテンシャル $\hat{V}^{\mathrm{PKA}}$ の形式的な特性と，同じ散乱特性が違うポテンシャルからでも得られるという事実の両方を利用できることである．従って，後の節でさらに詳しく解説するが，擬ポテンシャルをその一義性がないことを利用して，もとのポテンシャル V より滑らかでかつ弱く選ぶことができる．

　たとえポテンシャルの演算子が簡単な局所ポテンシャルよりも複雑であったとしても，それが弱くて滑らか（すなわち，より少ない Fourier 成分で表現できる）であれば，論理的にも計算する上からも大変便利である．特に，波動関数 $\psi^v_{n\mathbf{k}}$ は内殻の波動関数と直交していなければならないので自由電子とは程遠いものであるにもかかわらず，多くの物質で価電子バンド $\varepsilon^v_{n\mathbf{k}}$ がほとんど自由電子に近いバンドになっているという見かけ上の矛盾（第 12 章参照）を簡単に解くことができる．その理由は，バンドは弱いポテンシャル $\hat{V}^{\mathrm{PKA}}$ または $\hat{V}^{\mathrm{model}}$ に関連する滑らかなほとんど自由電子に近い波動関数 $\tilde{\psi}^v_{n\mathbf{k}}$ に対する永年方程式によって決まるためである．

11.3　モデルイオンポテンシャル

　散乱理論における擬ポテンシャルの基礎，OPW 方程式の変換，相殺定理を基にして，擬ポテンシャル理論は分子や固体の電子構造に対する新しい方法や洞察を生み出す豊かな土壌となった．そこには 2 つの手法があり，(1) イオン擬ポテンシャルを定義し，それによって相互作用をしている価電子のみの問題とする，(2) 全擬ポテンシャルを定義し，他の価電子の効果も取り入れる，というものである．前者は，1 個のイオンのポテンシャルは異なる環境においてもその同じ原子に適用できるという意味で，イオン擬ポテンシャルの方が転用しやすいので，より一般的な方法であるということができる．後者の手法は，擬ポテンシャルを調整可能な経験的ポテンシャルとして扱えば，バンドを正確に求めるためには大変有用である．歴史的に経験的擬ポテンシャルは電子構造の理解で重要な役割を果たしてきました [506,507]，平面波を基底としてバンドを理解するための有用な手段であるので，12.6 節でもう

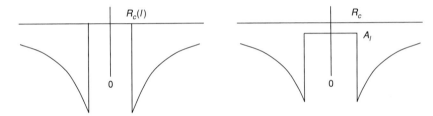

図 11.3 左図：Ashcroftの「空の内殻」モデルポテンシャル[517]．l によって異なる半径 $R_c(l)$ 内ではポテンシャルはゼロである．右図：井戸型モデルポテンシャル．切断半径 R_c 内で値 A_l を持つ．Abarenkov と Heine [518] によって提案され，Animal と Heine [519, 520] によって原子のデータに合うように調整された（Harrison [508] も参照されたい）．切断半径内ではポテンシャルが弱い，ゼロあるいは正となることもある，ということは「相殺定理」[516] の内容を示すものである．

一度扱う．

ここでは (11.13) 式と (11.14) 式，あるいはさらに一般的な形の擬ポテンシャル演算子と同じ散乱特性を持つイオン擬ポテンシャルおよびモデルポテンシャルの形について述べる．モデルポテンシャルは原子核および内殻電子のポテンシャルを置き換えるものであるから，それは球対称であり，各角運動量 l, m は別々に扱うことができる．その結果非局所的な l に依存するモデル擬ポテンシャル $V_l(r)$ が出てくる．l 依存擬ポテンシャルの定性的特性は図 11.3 に示す形で表すことができる．内殻領域の外側ではポテンシャルは Z_{ion}/r，すなわち，原子核と内殻電子の Coulomb ポテンシャルを組み合わせたものである．内殻領域の中では，(11.14) 式の斥力ポテンシャルの解析から明らかなように，ポテンシャルは角運動量 l に依存するが斥力的である [516] と予想される．

l 依存性は，一般的には，擬ポテンシャルが非局所演算子であることを意味し，それは「準局所」（SL）形式で

$$\hat{V}_{\text{SL}} = \sum_{lm} |Y_{lm}\rangle V_l(r) \langle Y_{lm}| \tag{11.15}$$

のように書くことができる．ここで，$Y_{lm}(\theta, \phi) = P_l(\cos(\theta))e^{im\phi}$ である．これは角度に関しては非局所的であるが，動径方向には局所的であるので，準局所的（SL）といわれる．関数 $f(r, \theta', \phi')$ に作用すると

322 第 11 章 擬ポテンシャル

$$\left[\hat{V}_{\mathrm{SL}}f\right]_{r,\theta,\phi} = \sum_{lm} Y_{lm}(\theta,\phi)V_l(r)\int \mathrm{d}(\cos\theta')\mathrm{d}\phi' Y_{lm}(\theta',\phi')f(r,\theta',\phi')$$

(11.16)

となる．情報はすべて動径関数 $V_l(r)$ またはその Fourier 変換したものに入っ
ており，それについては 12.4 節で説明する．電子構造を知るためには状態 ψ_i
と ψ_j の間の $\hat{V}_{\mathrm{SL}}$ の行列要素

$$\langle\psi_i|\hat{V}_{\mathrm{SL}}|\psi_j\rangle = \int \mathrm{d}r\ \psi_i(r,\theta,\phi)\left[\hat{V}_{\mathrm{SL}}\psi_j\right]_{r,\theta,\phi}$$

(11.17)

の計算が必要である．（この式を擬ポテンシャルの完全に非局所的な分離可能
な (11.43) 式と比べてみよう．）

ポテンシャルの定義には次の 2 通りある．

- 原子または固体のデータに合わせた経験的ポテンシャル．簡単な形は「空
  の内殻」型 [517] と井戸型 [518–520] であり，図 11.3 に示した．井戸型の
  場合にはパラメータは各 l に対する原子のデータに合わせてあり，Animalu
  と Heine [519, 520] によって多くの元素に対する値が表で示されている（表
  は Harrison [508] の文献にも載っている）[4]．
- 原子に対して計算された価電子の特性に合わせて作られた「非経験的」ポ
  テンシャル．「ノルム保存」擬ポテンシャルの出現によって，このようなポ
  テンシャルを直接作ることができるようになった．それは分子や固体の計
  算に十分に転用できるものである．

---

[4] ［原註］原子についての知識からこのようなモデルポテンシャルを作るには，概念上の問題が
生じる．すなわち，そのポテンシャルは $\hat{V}^{\mathrm{PKA}}$ の効果を表しており，それは原子の価電子の
固有値 ε_i^v によって決まり，この固有値は無限遠で 0 という基準エネルギーに対する相対値で
ある．しかし，目的は擬ポテンシャルを無限大の固体に適用することであり，その場合にはこ
の基準はよく定義された基準とはいえない．また分子に適用するときにはエネルギーレベル
は原子のときとはずれている．どのように 2 種類の系の固有値を関係づければよいであろう
か？ これは最初の擬ポテンシャルにおける難しい問題であったが，11.4 節で述べる「ノルム
保存」擬ポテンシャルを作るための条件により解決された．

11.4 ノルム保存擬ポテンシャル（NCPP）

原子（または原子に近い状態）の計算から作られた擬ポテンシャルは「非経験的」と呼ばれる．それは実験に合わせたものではないからである．「ノルム保存」という概念は非経験的擬ポテンシャルの発展においては特別な位置を占めている．それは直ちに擬ポテンシャルの使い勝手を良くし，しかもより正確で転用性を良くしたのである．後者の利点については以下で詳述するが，前者についてはすぐに評価できる．PKA 近似（11.2 節）（この近似では方程式は価電子関数の滑らかな部分 $\tilde{\psi}_i^v(\mathbf{r})$ を使って定式化されており，価電子関数には (11.4) 式に示すように他の関数を加えなければならない）とは対照的に，ノルム保存擬関数 $\psi^{\mathrm{PS}}(\mathbf{r})$ は規格化されており，全電子計算での価電子の特性を再現するように選ばれたモデルポテンシャルの解である．図 11.2 の右側にその模式図が描かれており，この図には OPW の規格化されていない滑らかな部分との違いも示されている．複雑な系，例えば分子，クラスター，固体などに擬ポテンシャルを適用する際には，価電子擬関数は (7.9) 式のような通常の規格直交化条件

$$\langle \psi_i^{\sigma,\mathrm{PS}} | \psi_j^{\sigma',\mathrm{PS}} \rangle = \delta_{i,j}\delta_{\sigma,\sigma'} \tag{11.18}$$

を満たしているので，Kohn–Sham 方程式は (7.11) 式と同じ形

$$(H_{\mathrm{KS}}^{\sigma,\mathrm{PS}} - \varepsilon_i^{\sigma})\psi_i^{\sigma,\mathrm{PS}}(\mathbf{r}) = 0 \tag{11.19}$$

であり，$H_{\mathrm{KS}}^{\sigma,\mathrm{PS}}$ は (7.12) 式と (7.13) 式で与えられ，(7.13) 式の外部ポテンシャルは次節で詳述する擬ポテンシャルで与えられる．

ノルム保存条件

量子化学者と量子物理学者はそれぞれ「形が矛盾しない」[521, 522] と「ノルム保存」[523] と呼ばれる擬ポテンシャルを編み出した[5]．ノルム保存ポテンシャルを定義する出発点は Hamann, Schlüter と Chiang（HSC）[523] に

---

[5]［原註］おそらく最初の論文は Topp と Hopfield のもの [524] であろう．

324 第 11 章 擬ポテンシャル

よる次のような「良い」非経験的擬ポテンシャルであるための要請リストである.

1. 全電子ポテンシャルと擬ポテンシャルでは,価電子の固有値は原子の選ばれた基準配置に対して一致すること.
2. 価電子の擬波動関数は決められた内殻半径 R_c の外では,全電子波動関数と一致すること.
3. 価電子の擬波動関数の R_c での対数微分は全電子のものと一致すること.
4. 両方の波動関数について R_c 内の積分電荷は一致すること(ノルム保存).
5. 全電子波動関数と擬波動関数の対数微分の 1 次のエネルギー微分は R_c で一致する,従ってすべての $r \geq R_c$ で一致すること.

上記の項目 1 と 2 から NCPP は半径 R_c の「内殻領域」の外側で原子ポテンシャルと等しいことが分かる.これはこのポテンシャルが波動関数とエネルギー ε(固有エネルギーである必要はない)によって一義に決まる(定数の自由度があるが,これは無限遠でポテンシャルがゼロならば決まる)ものだからである.項目 3 は波動関数 $\psi_l(r)$ とその動径微分 $\psi_l'(r)$ がどのような滑らかなポテンシャルに対しても R_c で連続であることから出てくる.無次元の対数微分 D は

$$D_l(\varepsilon, r) \equiv r\psi_l'(\varepsilon, r)/\psi_l(\varepsilon, r) = r\frac{\mathrm{d}}{\mathrm{d}r}\ln\psi_l(\varepsilon, r) \tag{11.20}$$

のように定義され,(J.5) 式でも与えられている.

R_c の内側では擬ポテンシャルと動径擬軌道関数 ψ_l^{PS} は全電子のそれらに対応するものとは異なっている.しかし,項目 4 の要請によって積分電荷

$$Q_l = \int_0^{R_c} \mathrm{d}r r^2 |\psi_l(r)|^2 = \int_0^{R_c} \mathrm{d}r \phi_l(r)^2 \tag{11.21}$$

は ψ_l^{PS}(または ϕ_l^{PS})に対するものと,全電子の場合の価電子状態の動径軌道 ψ_l(または ϕ_l)に対するものとで等しい.Q_l の保存は次のことを保証する.(a) 内殻領域内の全電荷は正しい.(b) 規格化された擬軌道は R_c の外側で真の軌道と等しい((11.6) 式の滑らかな軌道とは対象的に)[6].分子や固体

---

[6] [原註] この同等性は局所汎関数に対してのみ厳密に保証され,Hartree–Fock や EXX のポテンシャルにおけるような非局所の場合には保証されない.例えば [525] 参照.

11.4 ノルム保存擬ポテンシャル（NCPP） *325*

に適用されたときには，これらの条件は，規格化された擬軌道が結合が生じる原子間の R_c の外側領域において正しいこと，また球対称に分布している電荷の外のポテンシャルは球の中の全電荷のみによって決まるので，R_c の外のポテンシャルもまた正しいことを保証する．

項目5は「良い」擬ポテンシャルを作るという目的にとっては非常に重要なステップである．「良い」とは球対称の原子のような簡単な環境で作られたものであって，しかももっと複雑な環境でも使うことができるものということである．分子や固体中では，波動関数と固有値は変化し，項目5の条件を満たす擬ポテンシャルは自己無撞着ポテンシャルの変化についての1次のオーダーまで固有値の変化を正しく記述できることになる．しかし，角運動量 l の擬ポテンシャル作成のために選ばれた切断半径 R_c とエネルギー ε_l に対して計算された，擬波動関数と全電子波動関数の対数微分の1次のエネルギー微分 $\mathrm{d}D_l(\varepsilon, r)/\mathrm{d}\varepsilon$ が一致するという条件をどうすれば満たすことができるかは，一見しただけではよく分からない．

HSC [523] とその他の人々 [521,522] はこの理論をさらに発展させ，項目5の要請は項目4に含まれることが示された．この「ノルム保存条件」は簡単に導出できるのであるが，ここでは Lüders [527] の関係式（途中の式については演習問題 11.8 と 11.9 参照）を使った Shirley et al. [526] の導出方法に従ってみよう．球対称の原子またはイオンに対する動径方程式 (10.12) は

$$-\frac{1}{2}\phi_l''(r) + \left[\frac{l(l+1)}{2r^2} + V_{\mathrm{eff}}(r) - \varepsilon\right]\phi_l(r) = 0 \qquad (11.22)$$

のように書くことができ，ここで式中の $'$ 記号は r に関する微分を意味する．さらに変数 $x_l(\varepsilon, r)$ を次式

$$x_l(\varepsilon, r) \equiv \frac{\mathrm{d}}{\mathrm{d}r}\ln\phi_l(r) = \frac{1}{r}[D_l(\varepsilon, r) + 1] \qquad (11.23)$$

と定義する．これを用いて (11.22) 式を変換すると

$$x_l'(\varepsilon, r) + [x_l(\varepsilon, r)]^2 = \frac{l(l+1)}{r^2} + 2[V(r) - \varepsilon] \qquad (11.24)$$

と非線形1次の微分方程式になる．この方程式をエネルギーで微分すれば

$$\frac{\partial}{\partial\varepsilon}x_l'(\varepsilon, r) + 2x_l(\varepsilon, r)\frac{\partial}{\partial\varepsilon}x_l(\varepsilon, r) = -2 \qquad (11.25)$$

326 第 11 章 擬ポテンシャル

が得られる．この式を任意の関数 $f(r)$ と任意の l に対して成り立つ恒等式

$$f'(r) + 2x_l(\varepsilon, r)f(r) = \frac{1}{\phi_l(r)^2}\frac{\partial}{\partial r}[\phi_l(r)^2 f(r)] \qquad (11.26)$$

を使って変形し，$\phi_l(r)^2$ を掛けて積分すれば，半径 R で

$$\frac{\partial}{\partial \varepsilon}x_l(\varepsilon, R) = -\frac{2}{\phi_l(R)^2}\int_0^R \mathrm{d}r\phi_l(r)^2 = -\frac{2}{\phi_l(R)^2}Q_l(R) \qquad (11.27)$$

が得られる．これを無次元の対数微分 $D_l(\varepsilon, R)$ で表せば

$$\frac{\partial}{\partial \varepsilon}D_l(\varepsilon, R) = -\frac{2R}{\phi_l(R)^2}\int_0^R \mathrm{d}r\phi_l(r)^2 = -\frac{2R}{\phi_l(R)^2}Q_l(R) \qquad (11.28)$$

となる．

これから直ちに，もし ϕ_l^{PS} が R_c で全電子関数 ϕ_l と大きさが等しく，かつノルム保存を満たす（Q_l が等しい）のであれば，対数微分 $x_l(\varepsilon, R)$ と $D_l(\varepsilon, R)$ のエネルギーの 1 次微分は全電子波動関数に対するものと等しくなることが分かる．これはさらに，ノルム保存擬ポテンシャルは全電子原子の場合と，考えているエネルギー ε_l 近くでエネルギーについて 1 次の範囲まで等しい位相のずれを持つことを意味し，それは $D_l(\varepsilon, R)$ と位相のずれ $\eta_l(\varepsilon, R)$ を関係づける (J.6) 式から出てくる[7]．

11.5 l-依存ノルム保存擬ポテンシャルの生成

擬ポテンシャルの作成は第 10 章で述べたように原子の通常の全電子計算から始まる．l, m の各状態は，全ポテンシャルが交換と相関の近似に対して，および与えられた電子配置に対して自己無撞着に計算されるということを除けば，独立に取り扱うことができる．次にすることは価電子状態を特定し，擬ポテンシャル $V_l(r)$ と擬軌道 $\phi_l^{\mathrm{PS}}(r) = r\psi_l^{\mathrm{PS}}(r)$ を作ることである．この手続きはやり方によるところもあるが，どの場合においてもまずは原子における価電子に作用する「価電子からの寄与も含む」全擬ポテンシャルを求める

---

[7] ［原註］この関係はとても重要で多くの場合に使われる．付録 J では，Friedel の総和則として現れ，金属中の不純物散乱による抵抗についての重要な結論が含まれていているし，第 17 章では，バンド幅と球の境界での波動関数の値を関連づけるために使われている．

ことである．次に全ポテンシャルから，擬軌道の価電子に対して定義される Hartree と交換相関ポテンシャルの和 $V_{\mathrm{Hxc}}^{\mathrm{PS}}(r) = V_{\mathrm{Hartree}}^{\mathrm{PS}}(r) + V_{\mathrm{xc}}^{\mathrm{PS}}(r)$ を引いて価電子からの寄与を除去する．

$$V_l(r) \equiv V_{l,\mathrm{total}}(r) - V_{\mathrm{Hxc}}^{\mathrm{PS}}(r). \tag{11.29}$$

「除去」手続きの詳しい説明は 11.6 節で行う．

イオン擬ポテンシャルを局所（l によらない）部分と非局所項に分けて

$$V_l(r) = V_{\mathrm{local}}(r) + \delta V_l(r) \tag{11.30}$$

と表すのは有用である．固有値と軌道は擬の付く場合と全電子の場合とが $r > R_c$ で等しくなければならないので，$r > R_c$ では各ポテンシャル $V_l(r)$ は局所（l-によらない）全電子ポテンシャルに等しく，$r \to \infty$ で $V_l(r) \to -\frac{Z_{\mathrm{ion}}}{r}$ となる．従って $r > R_c$ で $\delta V_l(r) = 0$ であり，Coulomb ポテンシャルの遠距離での効果は局所ポテンシャル $V_{\mathrm{local}}(r)$ に含まれる．最後に「準局所」演算子 (11.15) 式は

$$\hat{V}_{\mathrm{SL}} = V_{\mathrm{local}}(r) + \sum_{lm} |Y_{lm}\rangle \delta V_l(r) \langle Y_{lm}| \tag{11.31}$$

と書くことができる．

擬ポテンシャルを作る際には，ノルム保存という制約があったとしても，$V_l(r)$ の形の選択という自由度がまだ残っている．しかし，どのような元素に対しても唯一の最良の擬ポテンシャルというものは存在しない．あるのは沢山の「最良の選択」であって，それぞれは擬ポテンシャルを特定の使用に最適化したものである．一般には，以下のような 2 つの競合する要素がある：

● 精度と転用性の良さを求める場合には，一般に小さな切断半径 R_c となり，「硬い」ポテンシャルを選ぶことになる．というのは，原子の近傍でできる限り波動関数を正確に記述したいからである．

● 擬ポテンシャルの滑らかさを重視すると，一般に大きい切断半径 R_c となり，「柔らかい」ポテンシャルを選ぶことになる．というのは，波動関数をできる限り少数の基底関数（例えば平面波）で記述したいからである．

ここでは，現在広く使用されている方法の基礎をなす一般的な考え方につい

328 第 11 章 擬ポテンシャル

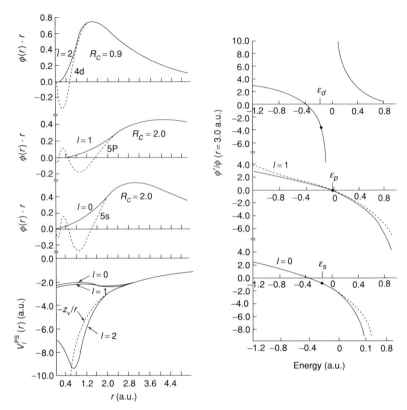

図 11.4 Mo 元素に対するノルム保存擬ポテンシャル，擬関数，対数微分．左下：角運動量 $l = 0, 1, 2$ に対する $V_l(r)$．単位は Rydberg．$-Z_\mathrm{ion}/r$（破線）と比較している．左上：価電子動径波動関数 $\phi_l(r) = r\psi_l(r)$ の全電子の場合（破線）とノルム保存擬ポテンシャルの場合（実線）の比較．右：擬ポテンシャルの対数微分（実線）．原子に対する完全な計算（破線）と比較している．点は擬ポテンシャルを決めるのに用いたエネルギー ε を示す．対数微分のエネルギーに関する微分もノルム保存条件 (11.27) 式によりこの点で正しい．文献 [523] より．

て述べる．ここで扱いきれないもののいくつかについては参考文献をあげた．

　Mo に対する擬ポテンシャルの例 [523] を図 11.4 に示す．Bachelet–Hamann–Schlüter（BHS）[528] は同様の方法を使って H から Po までのすべての元素について擬ポテンシャルを求め，Gauss 型関数による展開形で表し，その係数の表を与えた．これらのポテンシャルは，ポテンシャルの形を仮

定することから始め，波動関数が望ましい性質を持つようになるまでパラメータを変えて求める．Vanderbilt [529] もこの方法によっている．Christiansen et al. [521] と Kerker [530] はさらに簡単な手法を用いた．それは各 l に対して望ましい性質を持った擬波動関数 $\phi_l^{\mathrm{PS}}(r)$ を定義し，Schrödinger 方程式を数値的に逆に解いて，$\phi_l^{\mathrm{PS}}(r)$ がエネルギー ε での解となるポテンシャル $V_l(r)$ を求める．半径 R_c の外側の波動関数は真の波動関数と等しく，パラメータ表示された解析関数と R_c で一致するようにする．エネルギー ε は固定されているので（全電子計算の固有値であることが多いが，そうでなくてもよい），各 l ごとに節のない関数 $\phi_l^{\mathrm{PS}}(r)$ に対する Schrödinger 方程式を逆に解くのは直ちにできて，

$$V_{l,\mathrm{total}}(r) = \varepsilon - \frac{\hbar^2}{2m_e}\left[\frac{l(l+1)}{r^2} - \frac{\frac{\mathrm{d}^2}{\mathrm{d}r^2}\phi_l^{\mathrm{PS}}(r)}{\phi_l^{\mathrm{PS}}(r)}\right] \tag{11.32}$$

が求まる．Kerker が選んだ解析的な形は $\phi_l^{\mathrm{PS}}(r) = \mathrm{e}^{p(r)}$ $(r < R_c)$ であり，$p(r)$ は R_c で1次と2次の微分が連続であり，かつノルムが保存されるという条件により決められる係数を持つ4次のべきの多項式である．

使用する際によく考えねばならない大事なことの1つは，波動関数をできる限り滑らかにすることであり，そうすれば，より少ない基底関数，例えば Fourier 成分で表現できる．例えば，BHS ポテンシャル [528] は比較のための標準的な基準であるが，それは一般的にはかなり硬くて，擬ポテンシャルの記述には他の方法より多くの Fourier 成分が必要になる．Troullier と Martins [531] は Kerker の方法を拡張し，高次の多項式を使い，波動関数のより多くの微分を整合させることで，より滑らかにした．図 11.5 に，炭素に対する異なる擬ポテンシャルの形を実空間と逆空間とで示し，比較できるようにした．各 l に対する1次元の形状因子 $V_l(q)$ については 12.4 節で解説するが，これらは平面波の計算に直接係わってくる関数であり，Fourier 空間でのそれらの広がりが計算の収束に必要な平面波の数を決める．計算の規模を減らすため，より滑らかなポテンシャルを作る方法を多くの研究者が提案している．その1つの方法 [532,533] はある選ばれた内殻半径に対して擬関数の運動エネルギーを陽に最小化することである．11.7 節で述べるように，これは Fourier 変換と大きい運動量 q での振る舞いを調べることにより定量化

330 第 11 章 擬ポテンシャル

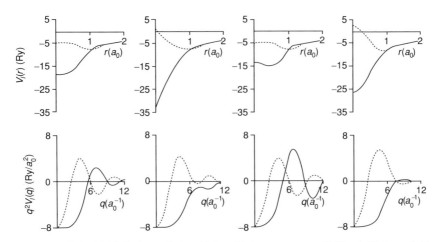

図 11.5 実空間と逆空間での炭素に対する擬ポテンシャルの比較．点線は s，実線は p に対応する．すべてノルム保存条件を満たし，ある決められたエネルギーでの位相のずれは同じであるが，ポテンシャルには大きい違いがある．左から右へ向かって，ポテンシャル作成に使われた手法は，Troullier と Martins [531]，Kerker [530]，Hamann, Schlüter と Chiang [523]，Vanderbilt [529]．Troullier と Martins [531] より．

できる．ポテンシャルの最適化は原子で行うことができ，収束は内殻の内側の形状で決まるので，原子での結果を分子や固体に転用することができる．

相対論効果

特殊相対論の効果は，それが原子の奥深く核の近傍で現れるので，擬ポテンシャルの中に組み込むことができる．そして価電子に対して得られた結果は容易に分子や固体計算にそのまま持ち込むことができる．その効果の中にはスカラー相対論効果によるエネルギーのずれとスピン軌道相互作用が含まれている．最初にすることは，$j = l + 1/2$ と $j = l - 1/2$ の両方について原子に関する相対論的全電子計算から擬ポテンシャルを作ることである．この 2 つのポテンシャルから

$$V_l = \frac{1}{2l+1}\left[(l+1)V_{l+1/2} + lV_{l-1/2}\right], \tag{11.33}$$

$$\delta V_l^{\mathrm{so}} = \frac{2}{2l+1}\left[V_{l+1/2} - V_{l-1/2}\right] \tag{11.34}$$

を定義することができる [372, 528]. スカラー相対論効果は最初の項に含まれ，スピン軌道相互作用の効果は短距離非局所項 [486, 487]

$$\delta \hat{V}_{\mathrm{SL}}^{\mathrm{so}} = \sum_{lm} |Y_{lm}\rangle \delta V_l^{\mathrm{so}}(r) \mathbf{L} \cdot \mathbf{S} \langle Y_{lm}| \tag{11.35}$$

に含まれている.

11.6 価電子の寄与の除去と内殻補正

非経験的擬ポテンシャルの作成においては，価電子の擬波動関数と全擬ポテンシャルには直接的な 1 対 1 の関係がある. 異なる環境でも使用できる裸のイオンの擬ポテンシャルを求めるためには価電子による寄与を除去する必要がある. しかし，この「除去」はそれほど簡単ではない. もし有効交換相関ポテンシャルが密度の 1 次関数（例えば，Hartree ポテンシャル V_{Hartree}）であれば，問題は何もなく，(11.29) 式は

$$V_{l,\mathrm{total}} = V_l(r) + V_{\mathrm{Hartree}}([n^{\mathrm{PS}}], \mathbf{r}) + V_{\mathrm{xc}}([n^{\mathrm{PS}}], \mathbf{r}) \tag{11.36}$$

と書くことができ，式中の $[n^{\mathrm{PS}}]$ はこの量が価電子の擬電子密度 n^{PS} の汎関数として計算されることを表している. この式は Hartree ポテンシャルに関しては成り立つが，V_{xc} は n の非線形汎関数（そして多分，非局所的）であるので計算が難しく，曖昧になってしまう（文献 [534] と [525] の議論参照）.

非線形内殻補正

交換相関汎関数が各点での密度またはその勾配のみを含んでいる場合は，原子の擬ポテンシャルから価電子の寄与を除去したイオンの擬ポテンシャルは (11.29) 式の有効交換相関ポテンシャルを

$$\tilde{V}_{\mathrm{xc}}(\mathbf{r}) = V_{\mathrm{xc}}([n^{\mathrm{PS}}], \mathbf{r}) + \left[V_{\mathrm{xc}}([n^{\mathrm{PS}} + n^{\mathrm{core}}], \mathbf{r}) - V_{\mathrm{xc}}([n^{\mathrm{PS}}], \mathbf{r}) \right] \tag{11.37}$$

のように定義すればよい. 大きい角括弧の中の項は内殻の補正項で，擬ポテンシャルの転用性を大きく増大させるものである [534]. しかし計算には多少の負荷が増える. 内殻の電子密度は擬価電子密度と共に保存しておき，固体で使う際には (11.37) 式で定義した $\tilde{V}_{\mathrm{xc}}(\mathbf{r})$ を使わねばならない. 内殻の密度が

332 第 11 章 擬ポテンシャル

急激に変化するので平面波を基底とする計算では不都合である．この第 2 の難点はより滑らかな「部分内殻密度」$n_{\text{partial}}^{\text{core}}(r)$ を定義し，それを (11.37) 式で使うことによって克服できる [534]．Louie, Froyen と Cohen [534] によって提案された最初の式は[8]

$$
n_{\text{partial}}^{\text{core}}(r) = \begin{cases} \dfrac{A\sin(Br)}{r} & r < r_0 \\ n^{\text{core}}(r) & r > r_0 \end{cases} \tag{11.38}
$$

であり，A と B は r_0 での内殻の電荷密度の値とその勾配で決められる．また r_0 は n^{core} が n^{valence} の 1 から 2 倍になるあたりの半径を選ぶ．この効果は内殻が広がっている（例えば，3d 遷移金属では「内殻」の 3p 状態は「価電子」である 3d 状態と大きく重なっている）場合や，スピンの上向きと下向きとで価電子の密度に大きい差があり得る磁性体では，たとえその差が全密度に対しては小さなものであったとしても，特に大きくなる．このような場合には，スピン分極した様子はスピンに独立なイオン擬ポテンシャルを使えば，スピンの上向きと下向きで別々のイオン擬ポテンシャルを使わなくても，十分に記述できる．

非局所 E_{xc} 汎関数

E_{xc} 汎関数が，Hartree–Fock や厳密交換（EXX）のように本質的に非局所的な場合には価電子からの寄与の除去は複雑になる．一般に，非局所効果は全半径に及ぶので，擬波動関数が内殻半径の外では，もとの全電子問題の波動関数と同じになるように保つポテンシャルを作るのは不可能である．この問題については [525] で詳しく議論されている．

11.7 転用可能性と硬さ

「硬さ」という言葉には 2 通りの意味がある．1 つ目の意味は実空間での変化の尺度であり，それは Fourier 空間におけるポテンシャルの広がりで定量化される．一般に「硬い」ポテンシャルは局在した硬いイオン芯の性質を表

---

[8] ［原註］ (11.38) 式の形は r_0 で 2 次の導関数が不連続となる．それは GGA 汎関数との関係において問題となる．この問題はより柔軟な汎関数形を使えば簡単に解決できる．

しており，1つの物質から他の物質へ転用しやすい．ポテンシャルを「柔らかく」（すなわち，滑らかに）しようとすると転用性を悪くする傾向がある．しかし，正確で転用性があり，しかも Fourier 空間であまり広がらないようなポテンシャルを作るべく相当な努力が払われている．我々が関心を持つのは擬波動関数（ポテンシャルではなく，それらが関連しているとしても）の広がりである．それぞれの l に対する波動関数の Fourier 変換は

$$\psi_l(q) = \int_0^\infty dr\, j_l(qr)\, r^2 \psi_l(r). \tag{11.39}$$

で与えられる．カットオフ q_c までの平面波の計算では，Rappe et al. [532] による誤差の定量的見積もりは，残余運動エネルギー，つまりカットオフ以上の運動エネルギーであり

$$E_l^r(q_c) = \int_{q_c}^\infty dq\, q^4\, |\psi_l(q)|^2. \tag{11.40}$$

であり，考え方は，擬ポテンシャルのカットオフ半径 r_c での連続性，傾き，2次微分の制約付きで $E_l^r(q_c)$ を最小化することである．このようにして作られた擬ポテンシャルは「最適化された」[532] と呼ばれた．このやり方は Hamann [535] によって拡張された．彼は波動関数を関数の組で展開し，任意の数の微分まで連続性条件を満たす手続きを開発した[9]．

2つ目の意味は，系の環境の変化に対する応答を，擬ポテンシャルが適切に記述する能力の尺度である [536–538]．ノルム保存は原子の電子状態がエネルギーの変化に対して正しい1次の微分を持つことを保証している．「硬さ」のこのような意味はポテンシャルの変化に対する応答の忠実さの尺度である．ポテンシャルは球対称の摂動（電荷，状態，動径ポテンシャルの変化）に対して通常の球対称原子のコードを使ってテストすることができる．Goedecker と Maschke [536] は内殻領域の電荷密度の応答を使って洞察力豊かな解析を行っている．これは密度が密度汎関数論の中心的な量であり，積分された密度はノルム保存の条件と深く関わっているので，当を得たことである．球対称ではない摂動を使ったテストでもまた，特に電界中の分極率 [538] に関する性能を確認している．

---

[9] ［原註］補助関数が擬ポテンシャルを作るためだけに使われている．

334 第 11 章 擬ポテンシャル

球対称境界条件下でのテスト

10.7 節で見たように，固体のいくつかの様相は原子やイオンに異なる球対称の境界条件を課すモデルでよく表現できる．その結果，価電子波動関数は原子のときよりさらに核の近くに集中するいう傾向が分かっている．このような状況を孤立原子から求めた擬ポテンシャルはどれほどよく表せるだろうか？ その答えは，原子と擬原子に対する計算機プログラムを使って直接求めることができる．演習問題の中にそのいくつかの例が与えられている．新しい擬ポテンシャルを作ったときにはこのようなテストを必ずするべきである．

11.8 分離可能な擬ポテンシャル演算子と射影演算子

Kleinman と Bylander (KB) [539] は，分離可能な擬ポテンシャル演算子の作成は可能である，すなわち，$\delta V(\mathbf{r}, \mathbf{r}')$ は $\Sigma_i f_i(\mathbf{r}) g_i(\mathbf{r}')$ という積の和の形で書けることを示した．KB は，(11.30) 式の準局所 $\delta V_l(r)$ は分離可能な演算子 $\delta \hat{V}_{\mathrm{NL}}$ で置き換えてもかなり良い近似となっており，そうすれば全擬ポテンシャルは，

$$\hat{V}_{\mathrm{NL}} = V_{\mathrm{local}}(r) + \sum_{lm} \frac{|\delta V_l \psi_{lm}^{\mathrm{PS}}\rangle \langle \psi_{lm}^{\mathrm{PS}} \delta V_l|}{\langle \psi_{lm}^{\mathrm{PS}} | \delta V_l | \psi_{lm}^{\mathrm{PS}} \rangle} \tag{11.41}$$

と書けることを示した．ここで座標を陽に書いた右辺第 2 項の $\delta \hat{V}_{\mathrm{NL}}(\mathbf{r}, \mathbf{r}')$ は望むような分離可能な形になっている．準局所形式の (11.15) 式とは異なり，これは角度 θ, ϕ および動径 r に関して完全な非局所形になっている．基準の原子状態 ψ_{lm}^{PS} に作用させたときには，$\delta \hat{V}_{\mathrm{NL}}(\mathbf{r}, \mathbf{r}')$ は $\delta V_l(r)$ と同じように働き，それは分子や固体における価電子状態への擬ポテンシャルの演算としては素晴らしい近似となっている．

関数 $\langle \psi_{lm}^{\mathrm{PS}} \delta V_l|$ は射影演算子であり，波動関数に

$$\langle \psi_{lm}^{\mathrm{PS}} \delta V_l | \psi \rangle = \int \mathrm{d}\mathbf{r}\, \psi_{lm}^{\mathrm{PS}}(\mathbf{r}) \delta V_l(\mathbf{r}) \psi(\mathbf{r}) \tag{11.42}$$

のように作用する．各射影演算子は，擬ポテンシャルの切断半径の内側，すなわち $\delta V_l(r)$ がゼロではないところでのみゼロではないので，空間的に局在している．関数 $\psi_{lm}^{\mathrm{PS}} = \psi_{lm}(r) Y_{lm}(\theta, \phi)$ は原子の価電子軌道の広がりを持ち，

ときには無限に広がることも可能であるが，射影演算子はこの広がりとは無関係である．

分離可能形式の利点は，行列要素には射影操作 (11.42) 式の積のみが現れる：

$$\langle \psi_i | \delta \hat{V}_{\mathrm{NL}} | \psi_j \rangle = \sum_{lm} \langle \psi_i | \delta V_l \psi_{lm}^{\mathrm{PS}} \rangle \frac{1}{\langle \psi_{lm}^{\mathrm{PS}} | \delta V_l | \psi_{lm}^{\mathrm{PS}} \rangle} \langle \psi_{lm}^{\mathrm{PS}} \delta V_l | \psi_j \rangle \qquad (11.43)$$

この式は，関数 ψ_i と ψ_j の各対に対して動径方向の積分を含んでいる (11.17) 式とは対照的である．(11.43) 式を使えば計算量は大きく節約され，これは大規模な計算では重要なことである．しかし，そのためには余分の操作が必要となり，誤差を増大させる恐れがある．与えられた原子状態に対する操作は変わらないが，異なるエネルギーでの他の状態への操作は変化しているかもしれないので，「幽霊状態」が現れないことを確かめる注意が必要である．（演習問題 11.12 で議論するように，$V_{\mathrm{local}}(r)$ が引力で，非局所 $\delta V_l(r)$ が斥力のときには低エネルギーでこのような幽霊状態が出ることが予想される．このような組み合わせは避けるべきである [540].）

スピン軌道結合がある場合への一般化は，Dirac 方程式から導かれる全角運動量 $j = l \pm \frac{1}{2}$ を持つ原子の状態を使えば簡単である [487, 539]．非局所的な射影演算子は

$$\hat{V}_{\mathrm{NL}}^{j=l \pm \frac{1}{2}} = V_{\mathrm{local}}(r) + \sum_{lm} \frac{|\delta V_{l \pm \frac{1}{2}} \psi_{l \pm \frac{1}{2}, m}^{\mathrm{PS}} \rangle \langle \psi_{l \pm \frac{1}{2}, m}^{\mathrm{PS}} \delta V_{l \pm \frac{1}{2}}|}{\langle \psi_{l \pm \frac{1}{2}, m}^{\mathrm{PS}} | \delta V_{l \pm \frac{1}{2}} | \psi_{l \pm \frac{1}{2}, m}^{\mathrm{PS}} \rangle} \qquad (11.44)$$

となる．

KB による方法を変形すれば，準局所 $V_l(r)$ を作ることなしに直接分離可能ポテンシャルを作ることができる [510]．ノルム保存擬ポテンシャル作成のときと同じ手続きに従って，第一段階では擬関数 $\psi_{lm}^{\mathrm{PS}}(\mathbf{r})$ と局所擬ポテンシャル $V_{\mathrm{local}}(r)$ を定義する．それらは切断半径 R_c の外側（$r > R_c$）で全電子関数と等しい．$r < R_c$ では $\psi_{lm}^{\mathrm{PS}}(\mathbf{r})$ と $V_{\mathrm{local}}(r)$ は 11.5 節で説明したように，滑らかになるように選ぶ．ここで次のような関数

$$\chi_{lm}^{\mathrm{PS}}(\mathbf{r}) \equiv \left\{ \varepsilon_l - \left[-\frac{1}{2} \nabla^2 + V_{\mathrm{local}}(r) \right] \right\} \psi_{lm}^{\mathrm{PS}}(\mathbf{r}) \qquad (11.45)$$

を定義すれば，R_c の外側で $\chi_{lm}^{\mathrm{PS}}(\mathbf{r}) = 0$ となることと演算子

336 第 11 章 擬ポテンシャル

$$\delta \hat{V}_{\mathrm{NL}} = \sum_{lm} \frac{|\chi_{lm}^{\mathrm{PS}}\rangle \langle \chi_{lm}^{\mathrm{PS}}|}{\langle \chi_{lm}^{\mathrm{PS}}|\psi_{lm}^{\mathrm{PS}}\rangle} \tag{11.46}$$

が KB 演算子 (11.41) 式と同じ性質を持つ，すなわち ψ_{lm}^{PS} は $\hat{H} = -\frac{1}{2}\nabla^2 + V_{\mathrm{local}} + \delta \hat{V}_{\mathrm{NL}}$ に関する方程式 $\hat{H}\psi_{lm}^{\mathrm{PS}} = \varepsilon_l \psi_{lm}^{\mathrm{PS}}$ の解であることが簡単に分かる．

11.9 拡張されたノルム保存：線形の範囲を超えて

擬ポテンシャルがより広いエネルギー範囲で，もとの全電子ポテンシャルによる位相のずれを正しく記述することを可能にする 2 種類の方法が提案されている．Shirley と彼の共同研究者たち [526] は，ある選ばれたエネルギー ε_0 の周りでの $(\varepsilon - \varepsilon_0)^N$ のべき級数展開の任意の次数まで位相のずれが正しくあるために満たさなければならない一般的な表式を導いた．

第 2 の方法は，前の方法より使いやすく，以下の節と 17.9 節でさらに一般化するための基礎となっており，電子構造における将来の研究に大きい貢献が期待できる．射影演算子は任意のエネルギー ε_s で作成でき，その手続きは与えられた l, m に対して 1 つ以上のエネルギーで Schrödinger 方程式を満たすように一般化できる [509,510]．（以下では簡単のために添え字の上付き PS と下付き l, m を省略する．）もし擬関数 ψ_s がいくつかの異なるエネルギー値 ε_s で全電子の計算から作られているのであれば，行列 $B_{s,s'} = \langle \psi_s | \chi_{s'} \rangle$ を作ることができる．ここで χ_s は (11.45) 式で定義されたものである．関数 $\beta_s = \sum_{s'} B_{s',s}^{-1} \chi_{s'}$ を使えば，一般化された非局所ポテンシャル演算子は

$$\delta \hat{V}_{\mathrm{NL}} = \sum_{lm} \left[\sum_{s,s'} B_{s,s'} |\beta_s\rangle \langle \beta_{s'}| \right]_{lm} \tag{11.47}$$

と書くことができる．各 ψ_s が $\hat{H}\psi_s = \varepsilon_s \psi_s$ の解であることを示すのは簡単である（演習問題 11.13）．このような修正を行えば，非局所分離可能な擬ポテンシャルを考えているエネルギー領域にわたって任意の精度で全電子計算と一致するように一般化することができる．

変換式 (11.47) により計算負荷は増大する．(11.43) 式の射影演算子の簡単

な積の和の代わりに (11.47) 式の行列要素は演算子の行列の積が含まれている．球対称の擬ポテンシャルでは行列は $s \times s$ であり，l, m について対角である．（同様の考え方は 17.9 節で結晶中の電子状態の一般的な問題に対する方程式の変換に使われている．）

11.10　最適化ノルム保存ポテンシャル

次節の「ウルトラソフト」ポテンシャルがずっと以前に発展させられたのではあるが，まずここで，Hamann [535] によって発展させられた「最適化ノルム保存 Vanderbilt 擬ポテンシャル（ONCV）」を考えるのは論理的である．名前が方法を語っている："Vanderbilt" は (11.47) 式で定義された多重射影演算子を含むポテンシャルを意味し，ノルム保存は擬波動関数が規格化されていることを意味する．従って，それは他のノルム保存ポテンシャルのように使うことができるが，(11.41) 式の分離可能演算子は演算子の和になっている．これは分離型ポテンシャルを使うように設計されている計算プログラムではわずかな複雑化にすぎない．最後に，「最適化」は (11.40) 式の残余運動エネルギーを最小化する条件を使って，ポテンシャルをソフトにするように多大の注意が払われている．各運動量 l ごとに演算子の組が最適化されなくてはならなくて，そのために多重連続の制約 [535] を満たすための補助関数の組を使った新しい方法が考案された．

ONCV ポテンシャルはノルム保存ポテンシャルのファミリーの重要な拡張である．Kleinman–Bylander の方法で使われた 1 つの射影演算子だけでは多くの場合に不正確さ（時折非常に深刻な）をもたらし，ポテンシャルは収束するためにはとても硬い（多数の平面波を要求する）ことが必要であった．ONCV ポテンシャルはこの両方の困難に対応している．ウルトラソフトポテンシャルと同じ理由で多重射影演算子によってより高い精度を持っている．柔らかさについての再認識によって，ONCV ポテンシャルはウルトラソフトポテンシャルと競合することになった．

このポテンシャルのテスト [535] は全電子計算と素晴らしくよく一致することを示している．テストには，単一射影演算子の場合に深刻なエラーを引

338 第 11 章 擬ポテンシャル

き起こす，浅い半内殻状態を持つ K, Cu, $SrTiO_3$ なども含まれている．この
ポテンシャルのさらなる詳細と広範なテストは "The PseudoDojo: Training
and Grading a 85 Element Optimized Norm-Conserving Pseudopotential
Table" [541] にある．

　ノルム保存ポテンシャルには多大の利点がある．それらは規格化されてい
てウルトラソフトポテンシャルのような補助関数を必要としない．例えば，
擬ポテンシャルの正確さが鍵を握っている量子モンテカルロ法においても利
用できる．

11.11　ウルトラソフト擬ポテンシャル

　擬ポテンシャルの 1 つの目標は，できる限り滑らかでしかも正確な擬関数
を作ることである．例えば平面波の計算では価電子関数は Fourier 成分で展
開され，計算の負荷はその計算で必要な Fourier 成分の数のべきで増大する
（第 12 章参照）．これまでの節でのやり方は，価電子の係る性質を与えられた
精度で記述するために必要な Fourier 空間の領域を最小化し，滑らかさは最
大化するということであった．「ノルム保存」擬ポテンシャルは通常「滑らか
さ」をある程度犠牲にして精度という目的を果たしている．

　これまでとは違う「ウルトラソフト擬ポテンシャル」と呼ばれる方法は，正
確な計算という目標を，滑らかな関数と各イオン芯の周りの補助関数を使っ
て問題を再表現するという変換によって達成している．この補助関数は密度
が激しく変化する部分を表す．これらの式は OPW 法の式および 11.2 節で
述べた Phillips–Kleinman–Antoncik の擬ポテンシャル作成とに形式的には
関係があるが，ウルトラソフト擬ポテンシャルはこれらの定式化の適用範囲
を越えた，実用的な方法である．ここでは正確で滑らかな擬関数の作成が最
も困難な状態に焦点を絞って解説する．その状態とは原子の殻，1s, 2p, 3d
などのそれぞれの角運動量を持つ最低エネルギーの価電子状態である．この
ような状態に対しては，内殻に同じ角運動量を持つ状態がないので，OPW
変換では何の変化も生じない．従って，波動関数は節がなく，内殻にまで広
がってしまう．ノルム保存擬ポテンシャルによる正確な表現ではこれらの状
態は全電子関数よりはせいぜいほんの少し滑らかになるだけである（図 11.6

11.11 ウルトラソフト擬ポテンシャル

参照).

Blöchl [509] と Vanderbilt [510] が提案した変換は (11.47) 式の非局所ポテンシャルをノルムを保存しない滑らかな関数 $\tilde{\phi} = r\tilde{\psi}$ 用に書き換えるものである.（ここでは文献 [510] の表記法に従い，簡単のために添え字 PS, l, m, σ を省略する.）ノルムについての (11.21) 式におけるノルム保存関数 $\phi = r\psi$（全電子関数または擬関数）からの差は

$$\Delta Q_{s,s'} = \int_0^{R_c} dr \Delta Q_{s,s'}(r) \qquad (11.48)$$

で与えられ，ここで

$$\Delta Q_{s,s'}(r) = \phi_s^*(r)\phi_{s'}(r) - \tilde{\phi}_s^*(r)\tilde{\phi}_{s'}(r) \qquad (11.49)$$

である. $\tilde{\psi}_{s'}$ に作用する新しい非局所ポテンシャルは

$$\delta \hat{V}_{\rm NL}^{\rm US} = \sum_{s,s'} D_{s,s'} |\beta_s\rangle\langle\beta_{s'}| \qquad (11.50)$$

として定義でき，ここで，

$$D_{s,s'} = B_{s,s'} + \varepsilon_{s'} \Delta Q_{s,s'} \qquad (11.51)$$

である. 各基準の原子状態 s に対して，滑らかな関数 $\tilde{\psi}_s$ は一般化された固有値問題

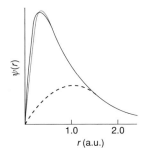

図 11.6 LDA で扱った酸素に対する 2p 動径波動関数 $\psi(r)$. 全電子波動関数（実線）と，Hamann–Schlüter–Chiang の方法 [523] を使って作成した擬関数（点線）と，「ウルトラソフト法」における擬関数の滑らかな部分 $\tilde{\psi}$（破線）を比較している. 文献 [510] より.

340 第 11 章 擬ポテンシャル

$$\left[\hat{H} - \varepsilon_s \hat{S}\right] \tilde{\psi}_s = 0 \tag{11.52}$$

の解であることは直ちに分かる. $\hat{H} = -\frac{1}{2}\nabla^2 + V_{\text{local}} + \delta\hat{V}_{\text{NL}}^{\text{US}}$ であり, $\hat{S}$ は重なり演算子

$$\hat{S} = \hat{\mathbf{1}} + \sum_{s,s'} \Delta Q_{s,s'} |\beta_s\rangle\langle\beta_{s'}| \tag{11.53}$$

である. これは内殻の内側でのみ 1 と異なる. 固有値 ε_s は好きなだけ沢山のエネルギー点 s で全電子計算と一致するようにできる. 完全な密度は関数 $\Delta Q_{s,s'}(r)$ から作ることができる.

ノルム保存条件 $\Delta Q_{s,s'} = 0$ を緩める利点は, 平滑な擬関数 $\tilde{\psi}_s$ を, 半径 R_c で関数の値が一致する $\tilde{\psi}_s(R_c) = \psi_s(R_c)$ という条件以外はどのようにでも作ることができるということである. 従って R_c をノルム保存擬ポテンシャルに対するよりずっと大きく選ぶことが可能になる. その代わり, 望ましい精度を保つために, 補助関数 $\Delta Q_{s,s'}(r)$ と重なり演算子 $\hat{S}$ が加わるのである. 酸素の 2p 状態に対する規格化していない滑らかな関数の例を, 急激に変化するノルム保存関数と共に図 11.6 に示した.

「ウルトラソフト擬ポテンシャル」を使った計算では, 滑らかな関数 $\tilde{\psi}_i(\mathbf{r})$ は次式

$$\langle\tilde{\psi}_i|\hat{S}|\tilde{\psi}_{i'}\rangle = \delta_{i,i'} \tag{11.54}$$

に従って規格直交化され, また, 価電子密度は

$$n_v(\mathbf{r}) = \sum_i^{\text{occ}} \tilde{\psi}_i^*(\mathbf{r})\tilde{\psi}_{i'}(\mathbf{r}) + \sum_{s,s'} \rho_{s,s'} \Delta Q_{s,s'}(\mathbf{r}) \tag{11.55}$$

で与えられる. ここで

$$\rho_{s,s'} = \sum_i^{\text{occ}} \langle\tilde{\psi}_i|\beta_{s'}\rangle\langle\beta_s|\tilde{\psi}_i\rangle \tag{11.56}$$

である.

解は全エネルギー

$$E_{\text{total}} = \sum_i^{\text{occ}} \langle\tilde{\psi}_i| \left\{ -\frac{1}{2}\nabla^2 + V_{\text{local}}^{\text{ion}} + \sum_{s,s'} D_{s,s'}^{\text{ion}} |\beta_s\rangle\langle\beta_{s'}| \right\} |\tilde{\psi}_i\rangle$$

$$+ \ E_{\text{Hartree}}[n_v] + E_{II} + E_{\text{xc}}[n_v + n_c] \tag{11.57}$$

を最小化することによって求められる．この式は (7.5) 式と (7.16) 式に類似しているが，規格化条件が (11.54) 式で与えられることだけが異なっている[10]．ここで価電子の寄与を除いた裸のイオン擬ポテンシャルを，$V_{\text{local}}^{\text{ion}} \equiv V_{\text{local}} - V_{\text{Hxc}}$，$V_{\text{Hxc}} = V_{\text{H}}[n_v] + V_{\text{xc}}[n_v + n_c]$ と定義し，同様に $D_{s,s'}^{\text{ion}} \equiv D_{s,s'} - D_{s,s'}^{\text{Hxc}}$ とおいて

$$D_{s,s'}^{\text{Hxc}} = \int d\mathbf{r} V_{\text{Hxc}}(\mathbf{r}) \Delta Q_{s,s'}(r) \tag{11.58}$$

とすると，一般化された固有値方程式

$$\left[-\frac{1}{2}\nabla^2 + V_{\text{local}} + \delta \hat{V}_{\text{NL}}^{\text{US}} - \varepsilon_i \hat{S} \right] \tilde{\psi}_i = 0 \tag{11.59}$$

が得られる．ここで $\delta \hat{V}_{\text{NL}}^{\text{US}}$ は (11.50) 式のイオンについての和をとったものである．幸いなことに，このような一般化固有値方程式が反復法では面倒なことにはならない（付録 M 参照）．

11.12 射影演算子補強波（PAW）法：全電子波動関数の保存

射影演算子補強波（PAW）法は，電子構造問題の解を求める一般的な方法であり，OPW 法を再定式化して，全エネルギー，力，応力の計算の最新技術に適応させたものである．この方法のもともとの導出は 1990 年代 [542–544] になされ，より最近の仕事では内殻状態を一貫して更新する効率的な方法になっている [545].「ウルトラソフト」擬ポテンシャル法と同様に，これも射影演算子と補助局在関数を導入している．PAW 法はまた全エネルギーに対する補助関数を含む汎関数を定義し，(11.59) 式のような一般的な固有値方程式の解を効率よく求めるアルゴリズムの進歩を取り入れている．しかし，PAW 法は，先に (11.1) 式で示した一般的な OPW 表示と類似の形式で，全電子波動関数を保持しているという違いがある．全電子波動関数は核の近くで急激に変化するので，すべての積分は全空間に広がる滑らかな関数の積分と，第

---

[10]［原註］E_{xc} に「非線形内殻補正」を加えることができることに注意しよう．これは他の擬ポテンシャル法と同様である．

342　第 11 章　擬ポテンシャル

16 章で述べる補強平面波（APW）法と同様に，マフィンティン球における
動径方向の積分で求められる局在した量の寄与とを組み合わせたものとして
計算される.

　ここでは原子に対する PAW 法の定義に関する基本的な考え方を，文献 [542]
に従って簡単に述べることにする. 分子や固体の計算への応用については 13.3
節で述べる. OPW の定式化と同様に，価電子波動関数の滑らかな部分 $\psi_j^v(\mathbf{r})$
（(11.1) 式のような平面波，あるいは (11.4) 式の右辺第 1 項）と，全電子価
電子関数 $\psi_j^v(\mathbf{r})$ を滑らかな関数 $\tilde{\psi}_i^v(\mathbf{r})$ に関係づける 1 次変換 $\psi^v = \mathcal{T}\tilde{\psi}^v$ と
を定義する. この変換は，核を中心とする球の外では 1 であると仮定する，
$\mathcal{T} = 1 + \mathcal{T}_0$. 簡単のために，$\psi$ は価電子状態であると仮定して，添え字 v を
省略し，さらに添え字 i, j も省略する. Dirac の表記法を採用し，各球内で
滑らかな関数 $|\tilde{\psi}\rangle$ を部分波 m で展開すると（(J.1) 式および (16.4) 式参照）

$$|\tilde{\psi}\rangle = \sum_m c_m |\tilde{\psi}_m\rangle \tag{11.60}$$

となり，対応する全電子関数は

$$|\psi\rangle = \mathcal{T}|\tilde{\psi}\rangle = \sum_m c_m |\psi_m\rangle \tag{11.61}$$

となる. 従って，全空間での全電子波動関数は

$$|\psi\rangle = |\tilde{\psi}\rangle + \sum_m c_m \left\{ |\psi_m\rangle - |\tilde{\psi}_m\rangle \right\} \tag{11.62}$$

と書くことができ，これは (11.4) 式および (11.8) 式と同じ形をしている.

　もしも $\mathcal{T}$ が 1 次変換であるという条件を課せば，係数は各球内での射影演
算子 $\tilde{p}$ の集合に対する射影として与えられることになる.

$$c_m = \langle \tilde{p}_m | \tilde{\psi} \rangle. \tag{11.63}$$

もし射影演算子が完全性条件

$$\sum_m |\tilde{\psi}_m\rangle\langle \tilde{p}_m| = 1 \tag{11.64}$$

を満たしているならば，滑らかな関数 $\tilde{\psi}$ の 1 中心展開 $\sum_m |\tilde{\psi}_m\rangle\langle \tilde{p}_m|\tilde{\psi}\rangle$ は $\tilde{\psi}$
自身に等しく，双直交性条件 $\langle \tilde{p}_m | \tilde{\psi}_{m'} \rangle = \delta_{mm'}$ が成り立つことになる.

11.12 射影演算子補強波（PAW）法：全電子波動関数の保存 *343*

射影演算子が擬ポテンシャル演算子の分離形（11.8 節）に似ているのは明らかである．擬ポテンシャルと同様に，射影演算子にも多くの選択が可能であり，文献 [542] に擬ポテンシャル射影演算子に密接に関連した $\tilde{p}(\mathbf{r})$ に対する滑らかな関数の例がいくつか載っている．しかし，擬ポテンシャルとの違いは変換 $\mathcal{T}$ が全電子波動関数を保っていることである．

$$\mathcal{T} = \mathbf{1} + \sum_m \left\{ |\psi_m\rangle - |\tilde{\psi}_m\rangle \right\} \langle \tilde{p}_m|. \tag{11.65}$$

さらに，この表式は内殻と価電子状態の両方に適用できるので，この表式をすべての電子状態に適用して全電子の結果を求めることができる．

PAW 方程式の一般的な形式は変換 (11.65) 式を使って求められる．もとの全電子問題における任意の演算子 $\hat{A}$ に対して，波動関数の滑らかな部分だけに作用するように変換された演算子 $\tilde{A}$ を導入することができ，それは

$$\begin{aligned}
\tilde{A} &= \mathcal{T}^\dagger \hat{A} \mathcal{T} \\
&= \hat{A} + \sum_{mm'} |\tilde{p}_m\rangle \left\{ \langle \psi_m | \hat{A} | \psi_{m'} \rangle - \langle \tilde{\psi}_m | \hat{A} | \tilde{\psi}_{m'} \rangle \right\} \langle \tilde{p}_{m'}|
\end{aligned} \tag{11.66}$$

となり，この形式は (11.41) 式の擬ポテンシャル演算子と非常によく似ている．さらに (11.66) 式の右辺に任意の次のような形の演算子

$$\hat{B} - \sum_{mm'} |\tilde{p}_m\rangle \langle \tilde{\psi}_m | \hat{B} | \tilde{\psi}_{m'} \rangle \langle \tilde{p}_{m'}| \tag{11.67}$$

を，期待値を変えることなく加えることができる．例えば，滑らかな関数に対する式中の核の Coulomb 特異点を取り除くことができ，それぞれの核の周りの動径方程式で扱うことができる項だけが残ることになる．

PAW 法における物理量の表式は (11.65) 式および (11.66) 式から出てくる．例えば，密度は[11]

$$n(\mathbf{r}) = \tilde{n}(\mathbf{r}) + n^1(\mathbf{r}) - \tilde{n}^1(\mathbf{r}) \tag{11.68}$$

で与えられ，この式は占有率 f_i を持つ固有状態 i を使えば

---

[11] ［原註］もし内殻関数が補強された球内に厳密に局在していないのであれば，この方程式は修正される [546].

$$\tilde{n}(\mathbf{r}) = \sum_i f_i |\tilde{\psi}_i(\mathbf{r})|^2, \tag{11.69}$$

$$n^1(\mathbf{r}) = \sum_i f_i \sum_{mm'} \langle \tilde{\psi}_i | \tilde{p}_m \rangle \psi_m^*(\mathbf{r}) \psi_{m'}(\mathbf{r}) \langle \tilde{p}_{m'} | \tilde{\psi}_i \rangle, \tag{11.70}$$

$$\tilde{n}^1(\mathbf{r}) = \sum_i f_i \sum_{mm'} \langle \tilde{\psi}_i | \tilde{p}_m \rangle \tilde{\psi}_m^*(\mathbf{r}) \tilde{\psi}_{m'}(\mathbf{r}) \langle \tilde{p}_{m'} | \tilde{\psi}_i \rangle \tag{11.71}$$

のように表すことができる．最後の 2 つの項は各原子の周りに局在しており，積分は補強法におけるように，各核の周囲の強い変動から生じる問題もなく，極座標を使って行うことができる．PAW 法および分子や凝縮体における他の量に対する表式については 13.3 節で述べる．

11.13　その他の話題

非局所ポテンシャルの場合の演算子

　擬ポテンシャルの非局所的な性質は複雑な事態を引き起こすことがあるので使うときには注意を要する．その 1 つは運動量と位置の行列要素の通常の関係が成り立たないことである [547, 548]．(20.33) 式の解析によれば，非局所ポテンシャルに対する正しい関係は

$$[H, \mathbf{r}] = i\frac{\hbar}{m_e}\mathbf{p} + [\delta V_{\mathrm{NL}}, \mathbf{r}] \tag{11.72}$$

であり，ここで δV_{NL} はポテンシャルの非局所部分を表している．この交換子は δV_{NL} の中の角度射影演算子を使って求められる [547, 548]．

全電子波動関数の再構成

　擬ポテンシャルを使った計算では，直接求められるのは擬波動関数のみである．しかし，重要な物理的性質，例えば，核磁気共鳴実験における Knight シフトや化学シフトなどを求めるためには全電子波動関数が必要である [549, 550]．これらのシフトは核の周囲の状況や価電子状態を知る非常に感度の高いプローブであるが，得られる情報は内殻状態の摂動の影響を大きく受ける．その他の実験，例えば内殻準位の光電子放出と光吸収の実験では内殻状態が直接関わってくる．

OPW 法と PAW 法では内殻の波動関数が求められる．ところで通常の擬ポテンシャル計算から内殻の波動関数を再構成することは可能であろうか？ 答えは，ある近似の範囲内であれば可である．その手続きは PAW 変換 (11.65) 式に密接に関係している．滑らかな擬関数を作るどのような「非経験的」手法に対しても，分子や固体において滑らかな擬関数が計算されていれば，全電子波動関数を再構成する具体的な方法を定式化することができる．Mauri とその共同研究者たちはこのような再構成法を使って核の化学シフトを計算している [550, 551]．

擬ハミルトニアン

擬ハミルトニアンは擬ポテンシャルよりさらに一般的なものである．それはポテンシャルを変えるだけでなく，「価電子状態の欲しい特性を得るために質量も変える」のである．擬ハミルトニアンは球対称の内殻を表現するように選ばれるので，これに対応する「擬運動エネルギー演算子」における質量は，動径方向と接線方向の運動に対しては違っていてもよく，しかも，その大きさは半径と共に変化することが許される [552]．実際に今までに作られた擬ハミルトニアンでは，ポテンシャルは局所的であると仮定している [552–554]．もしもそのような局所的なものが見つかれば，非局所演算子が問題を起こしやすいモンテカルロ計算では大変有用である [552, 553]．しかし，汎用な擬ハミルトニアンが導出可能であるとの証明は今のところ存在しない．

1 粒子近似を超えて

独立電子近似を超えた，内殻の効果を表す擬ポテンシャルを作ることは可能である [521, 555–557]．一見すると，すべての電子が同一であるときには，内殻を無視して価電子のみに対するハミルトニアンを定義することは不可能であるように見える．しかし，すべての低エネルギー励起が 1 対 1 で価電子のみの問題に写像されるという事実に基づいて適切な理論を作ることができる．要点は，外側の価電子は内殻電子の存在によって再規格化された準粒子とみなすことができる．これ以上の詳しいことは本書の範囲を超えるものであるが，詳細な議論と実際の擬ポテンシャルについて知りたい人は [555, 556] を参照されたい．

346 第 11 章 擬ポテンシャル

さらに学ぶために

これまでのノルム保存擬ポテンシャルおよびウルトラソフトポテンシャルについての
概説と概観:

Hamann, D. R., "Optimized norm-conserving Vanderbilt pseudopotentials,"
Phys. Rev. B 88, 085117, 2013.

歴史と初期の仕事については,例えば:

Heine, V., in *Solid State Physics*, edited by H. Ehrenreich, F. Seitz, and
D. Turnbull (Academic, New York, 1970), p. 1.

演習問題

11.1 図 11.1 に示したような s 波 ($l = 0$) の散乱を考える.動径波動関数 ($\phi = r\psi$)
の (J.4) 式と図 11.1 に示した図解を使い,散乱長は $\kappa \to 0$ のとき明確に定義でき
る極限値に近づくことを示し,位相のずれ $\eta_0(\varepsilon)$ との関係を求めよ.

11.2 擬ポテンシャルの概念は,幅 s,深さ $-V_0$ の 1 次元井戸型ポテンシャルによっ
て説明することができる.(演習問題 11.6 と 11.14 参照,1 次元のバンドの一般解
は演習問題 4.22 参照,平面波,APW,KKR,MTO 法との関係はそれぞれ演習問
題 12.6, 16.1, 16.7, 16.13 参照.)
右方向へ進行するエネルギー $\varepsilon > 0$ の平面波の反射係数を r,透過係数を t とする
(演習問題 4.22 参照).
(a) 境界で波動関数を整合させ,r と t を V_0, s, ε の関数として求めよ.位相のずれ
δ は透過した波の井戸がないときの波に対する位相のずれであることに注意する.
(b) 上記の透過係数 t は任意に選んだエネルギー ε_0 で上記とは異なる V_0' と/あ
るいは,s' を使っても求められることを示せ.
(c) 演習問題 4.22 で用いた解析と組み合わせて,1 次元結晶のバンドは (b) のよう
に異なるポテンシャルでも近似的に再現できることを示せ.このバンドは $\varepsilon_k = \varepsilon_0$
で厳密に一致するが,他のエネルギーに対しては $\propto (\varepsilon_k - \varepsilon_0 + $ 高次の項$)$ の誤差
を生じる.

11.3 方程式 (11.9) のもとで,もし OPW において $u_{lm} = \psi_{lm}^c$ であれば滑らかな
関数 $\tilde{\psi}_{lm}^v(\mathbf{r})$ は動径方向に節を持たないと述べている.このことは OPW の定義か
ら出てくることを示せ.

11.4 OPW のノルムに対する (11.10) 式を証明せよ.これは異なる OPW は規格
直交していないこと,そして各々は 1 より小さいノルムを持っていることを意味す
ることを示せ.

11.5 OPW 方程式 (11.11) から波動関数の滑らかな部分に対する擬ポテンシャル方
程式 (11.12) へ変換する式を導け.

11.6 演習問題 11.2 で述べたような 1 次元の井戸型ポテンシャルを考える.そこで
は(演習問題 4.22 においても)散乱は左と右に進行する波 ψ_l と ψ_r を使って考え
ることができる.しかし擬ポテンシャルでは対称性に対する固有状態が使われてい
る.1 次元では空間対称性は反転対称だけである.従ってすべての状態は偶または
奇に分類することができる.これだけ準備してここで擬ポテンシャルを作ることに
する.ここでの解析は演習問題 16.7 の KKR の解にも密接に関係している.

(a) ψ_l と ψ_r の 1 次結合を使い, 偶と奇の関数を作り, それらが次式の形をとることを示せ.

$$\psi^+ = \mathrm{e}^{-ik|x|} + (t+r)\mathrm{e}^{ik|x|},$$
$$\psi^- = \left[\mathrm{e}^{-ik|x|} + (t-r)\mathrm{e}^{ik|x|}\right]\mathrm{sign}(x). \tag{11.73}$$

(b) 演習問題 4.22 で得られた t と r の関係から, 偶と奇の位相のずれは次式で与えられることを示せ.

$$\mathrm{e}^{2i\eta^+} \equiv t+r = \mathrm{e}^{i(\delta+\theta)},$$
$$\mathrm{e}^{2i\eta^-} \equiv t-r = \mathrm{e}^{i(\delta-\theta)}. \tag{11.74}$$

ここで, $t = |t|\mathrm{e}^{i\delta}$ および $\theta \equiv \cos^{-1}(|t|)$ である.

(c) 演習問題 11.2 の解析を繰り返し, 与えられたエネルギー ε での 1 次元の結晶のバンドは, もし位相のずれ $\eta^+(\varepsilon)$ と $\eta^-(\varepsilon)$ が正しければ, 擬ポテンシャルにより再現できることを示せ.

11.7 平面波の球面調和関数による展開を使い, 球形の井戸型ポテンシャル $V(r) = v_0$ ($r < R_0$) および Guass 型ポテンシャル $V(r) = A_0\exp(-\alpha r^2)$ の Fourier 変換の解析的な表式を求めよ.

11.8 動径 Schrödinger 方程式は非線形 1 次微分方程式 (11.24) に変換できることを示せ.

11.9 (11.26) 式はどのような関数 f に対しても成り立つこと, $f(r) = (\partial/\partial\varepsilon)x_l(\varepsilon, r)$ と選べばこの関係式から (11.27) 式が出てくることを示せ. そのためには, 原点では $\phi = 0$ であり, 従って最終結果は外側の半径での値 $f(R)$ と $\phi(R)$ にのみ依存するということを使えばよい.

11.10 ノルム保存則の 3 番目の条件 (波動関数の対数微分の一致) はポテンシャルが R_c で連続であるということを保証していることを示せ.

11.11 (使用可能な擬ポテンシャル計算のコードを使っての) 計算演習:通常の基底状態 $3s^23p^2$ にある Si 原子の「質の高い」(小さい R_c での) 擬ポテンシャルを作れ. このときの固有値は全電子計算の結果と同じであることをチェックせよ.
(a) 上記の擬ポテンシャルを使用して種々のイオン化状態 +1, +2, +3, +4 での固有値を計算せよ. 固有値は全電子計算の結果とどの程度一致しているであろうか?
(b) 質の悪い (大きい R_c での) 擬ポテンシャルを使って同じことをせよ. 一致の程度は悪くなっているか? なぜそうなのか, あるいはなぜそうではないのか?
(c) 「圧縮された原子」すなわち, 最近接原子間距離の $\approx 1/2$ の半径に閉じ込められた原子に対する計算を行え. (これはコードの修正が必要かもしれない.) 全電子コードと, 「圧縮された原子」から求めたものと同じ擬ポテンシャルを使って固有値の変化を計算せよ. これらの結果はどの程度一致しているであろうか?
(d) 非線形内殻相関補正も調べることができる. 多くのコードでは補正は簡単に入れたり切ったりできる. また擬密度と全密度を使って交換相関エネルギーを具体的に計算することもできる. 最も大きい効果は, 例えば, Mn の $3d^{5\uparrow}$ と $3d^{4\uparrow}3d^{1\downarrow}$ を比べるなど, スピン分極した遷移金属に対して得られる.

11.12 もし $V_{\mathrm{local}}(r)$ が負 (引力性) の大きい値に選ばれていて, 非局所 $\delta V_l(r)$ が正の大きい値になっているような場合, 非物理的な「幽霊状態」が, 非局所ポテン

348 第 11 章 擬ポテンシャル

シャル演算子 (11.41) 式を持つハミルトニアンの固有値として低エネルギーで生じる可能性があることを示せ．ヒント：$V_{\text{local}}(r)$ が負で非常に大きい極限を考え，それが $\phi_l(\mathbf{r})$ と直交する状態に作用していることを考える．

11.13 もし「ウルトラソフト」ポテンシャルが (11.47) 式を使って作られているならば，各 ψ_s は $\hat{H}\psi_s = \varepsilon_s\psi_s$ の解であることを示せ．

11.14 演習問題 11.2 と 11.6 で考えた 1 次元の井戸型ポテンシャルは OPW と擬ポテンシャル法の概念を明らかにし，他の方法（演習問題 11.2 参照）との緊密な関係をも示している．ここであげる例では，$\varepsilon < 0$ の束縛状態を考えるが，$\varepsilon > 0$ に対しても同様の考え方が成り立つ（演習問題 11.2）．

(a) 深い井戸では $\varepsilon_c \ll 0$ の内殻状態と類似の状態が存在する．幅 $s = 2a_0$，深さ $-V_0 = -12$Ha の井戸を考える．2 つの「内殻」の最低状態を，それらが無限に深い井戸の束縛状態であるという近似を使って求めよ．波動関数を整合させることにより，第 3 の「価電子」状態を求めよ．

(b) (11.4) 式と類似の定義 $\psi^v(x) = \tilde{\psi}^v(x) + \sum_j B_j u_j(x)$ を使って，一般化された OPW 法に似た価電子状態を構成せよ．Fourier 空間での表式を使用するより，定義式 $B_j = \langle u_j | \tilde{\psi}^v \rangle$ を使った方が簡単である．重なり B_j は内殻状態の 1 つについてゼロとなる．その理由を示し，3 次元の原子の内殻状態に適用するように議論を一般化せよ．「滑らかな状態」$\tilde{\psi}^v$ はもとの ψ^v より実際に滑らかであることを示せ．

(c) (11.13) 式と類似の PKA 擬ポテンシャルを作り，その $\tilde{\psi}^v$ への効果はより弱いポテンシャルの効果と実質的に同じであることを示せ．

(d) 幅 s は同じで，深さはより弱い V_0' であり，「価電子エネルギー」ε で同じ対数微分を持つモデルポテンシャルを作れ．このポテンシャルはノルムを保存するであろうか？

(e) まず節のないノルムを保存する波動関数を求め，それを (11.32) 式のように逆に解いて，ノルム保存ポテンシャルを求めよ．もし波動関数の形が例えば井戸の中で多項式というように，解析的であればすべて解析的に行うことができる．

(f) 1 次元の Schrödinger 方程式を積分するための計算機コードを書き，ε 付近のエネルギーの関数として対数微分を計算し，もとのポテンシャルの場合の結果を (d) および (e) で扱った擬ポテンシャルでの結果と比較せよ．

(g) ポテンシャルを 11.8 節で扱ったように分離可能な形に変換せよ．ここでは 1 個の状態のみを考えているので射影演算子は 1 つしか存在しない．1 次元の対称的な井戸では一般形には偶関数と奇関数に対応する 2 個の射影演算子しか関与しないことを示せ．

(h)「ウルトラソフト」ポテンシャルとその結果出てくる (11.59) 式と類似の一般化された固有値問題を作れ．OPW 法とポテンシャルの PKA 形式との関係を論ぜよ．

(i) PAW 関数を作り，OPW と APW 法との関係を示せ（上記 (b) と演習問題 16.1 参照）．

付録 A

汎関数

要　旨

「汎関数」$F[f]$ は，関数 f の全体をある値へ写像するものである．電子構造論では，密度汎関数論ばかりでなく，理論的手法のほとんどが，その基礎となる変数，特に波動関数の汎関数として定式化されるので，汎関数は中心的な役割を果たす．本付録ではその一般的な定式化と汎関数から変分方程式の導出を扱う．

A.1　基本的な定義と変分方程式

　「関数」$f(x)$ と「汎関数」$F[f]$ の違いは，関数が変数 x の写像の結果（ある数）$f(x)$ を表しているのに対して，汎関数は関数全体の写像の結果として得られる数 $F[f]$ を表していることである．カギ括弧で表す汎関数 $F[f]$ は独立変数 x によって $f(x)$ が定義される領域上での関数 f に依存している．ここで汎関数とそれを密度汎関数論で利用することに関していくつかの基本的な性質を説明する．もっと詳しい説明は参考文献 [273] の付録 A にある．また汎関数微分あるいは「変分法」に関しては，参考文献 [994] および [261] に詳しく説明されている．

　汎関数 $F[f]$ について説明するために，ここに 2 つの簡単な例を示す．

350 付録 A 汎関数

- ある重み関数を $w(x)$ とする $w(x)f(x)$ の定積分

$$I_w[f] = \int_{x_{\min}}^{x_{\max}} w(x)f(x)\mathrm{d}x. \tag{A.1}$$

- α を任意のべき乗として，$(f(x))^\alpha$ の積分

$$I_\alpha[f] = \int_{x_{\min}}^{x_{\max}} (f(x))^\alpha \mathrm{d}x. \tag{A.2}$$

汎関数微分は汎関数の変分によって定義され，

$$\delta F[f] = F[f + \delta f] - F[f] = \int_{x_{\min}}^{x_{\max}} \frac{\delta F}{\delta f(x)} \delta f(x)\mathrm{d}x \tag{A.3}$$

となる．ここで $\delta F/\delta f(x)$ が点 x での $f(x)$ の変化に関する F の汎関数微分である．(A.1) 式において，汎関数が $f(x)$ について線形であることから汎関数微分について以下の簡単な結果が得られる．

$$\frac{\delta I_w}{\delta f(x)} = w(x). \tag{A.4}$$

(3.10) 式および (3.12) 式での変分による多体の Schrödinger 方程式の導出はこの簡単な公式の例である．

2 番目の例は非線形の汎関数に関するものであり，Thomas–Fermi の表式 (6.4) を最小化する際に必要なものである．定義 (A.3) から，次の式も導き出せる（演習問題 A.1）.

$$\frac{\delta I_\alpha}{\delta f(x)} = \alpha(f(x))^{\alpha-1}. \tag{A.5}$$

これは普通の微分と同様の規則となる．しかし一般に点 x における汎関数微分は，すべての他の点での関数 $f(x)$ に依存している．また定義から，多変数や多関数 $F[f_1, f_2, \ldots]$ に拡張することができることは明らかである．

A.2 密度汎関数論で使われる勾配を含んだ汎関数

Kohn–Sham 密度汎関数論では，(7.13) 式で表されるポテンシャルは汎関数微分の和となっている．イオンとの相互作用による項は (A.1) 式の形をした線形であり，Hartree 項は双 1 次形であるから単純である．$V_{\mathrm{xc}}^\sigma(\mathbf{r})$ は，次

のようなさらに複雑な汎関数の変分から得られる.

$$E_{\mathrm{xc}}[n] = \int n(\mathbf{r}) \epsilon_{\mathrm{xc}}(n(\mathbf{r}), |\boldsymbol{\nabla} n(\mathbf{r})|) \mathrm{d}\mathbf{r}. \tag{A.6}$$

勾配を含む項の変分は一般に次の式で扱える.

$$I[g, f] = \int g(f(\mathbf{r}), |\boldsymbol{\nabla} f(\mathbf{r})|) \mathrm{d}\mathbf{r}. \tag{A.7}$$

この結果, 関数 f についての変分は, 次のようになる.

$$\delta I[g, f] = \int \left[\frac{\delta g}{\delta f} \delta f(\mathbf{r}) + \frac{\delta g}{\delta |\boldsymbol{\nabla} f|} \delta |\boldsymbol{\nabla} f(\mathbf{r})| \right] \mathrm{d}\mathbf{r}. \tag{A.8}$$

ここで

$$\delta |\boldsymbol{\nabla} f(\mathbf{r})| = \delta \boldsymbol{\nabla} f(\mathbf{r}) \cdot \frac{\boldsymbol{\nabla} f(\mathbf{r})}{|\boldsymbol{\nabla} f(\mathbf{r})|} = \frac{\boldsymbol{\nabla} f(\mathbf{r})}{|\boldsymbol{\nabla} f(\mathbf{r})|} \cdot \boldsymbol{\nabla}[\delta f(\mathbf{r})] \tag{A.9}$$

を用いて部分積分を行うと, 勾配の変分について以下の公式を得る.

$$\delta I[g, f] = \int \left\{ \frac{\delta g}{\delta f} - \boldsymbol{\nabla} \cdot \left[\frac{\delta g}{\delta |\boldsymbol{\nabla} f|} \frac{\boldsymbol{\nabla} f(\mathbf{r})}{|\boldsymbol{\nabla} f(\mathbf{r})|} \right] \right\} \delta f(\mathbf{r}) \mathrm{d}\mathbf{r}. \tag{A.10}$$

この公式は, 8.6 節で用いられている. そこでは計算するときに便利な汎関数微分の公式があるので, 参考にするとよい.

さらに学ぶために
簡潔な解説:

Parr, R. G., and Yang, W., *Density-Functional Theory of Atoms and Molecules* (Oxford University Press, New York, 1989), app. A.

汎関数の基礎理論:

Evans, G. C., *Functionals and Their Applications* (Dover, New York, 1964).

Matthews, J., and Walter, R. L., *Mathematical Methods of Physics* (W. A. Benjamin, Inc., New York, 1964), ch. 12.

演習問題

A.1 (A.5) 式が (A.3) 式から導かれること, およびその表式を Thomas–Fermi 近似へ応用すると, (6.4) 式が導けることを示せ.

A.2 勾配項を含む変分の表式 (A.10) を導出せよ.

訳者註
汎関数微分は次の式で定義できる.

352　付録 A　汎関数

$$\frac{\delta F[f(x)]}{\delta f(y)} = \lim_{\epsilon \to 0} \frac{F[f(x) + \epsilon \delta(x - y)] - F[f(x)]}{\epsilon}. \tag{A.11}$$

ただし，$\delta(x - y)$ は Dirac のデルタ関数である．この表式で，$F[f(x)] = f(x)$ の場合を考えると，

$$\frac{\delta f(x)}{\delta f(y)} = \delta(x - y) \tag{A.12}$$

が得られる．この関係を使うと，例えば (A.4) 式

$$\frac{\delta I_w[f(x')]}{\delta f(x)} = \int_{x_{min}}^{x_{max}} w(x')\delta(x' - x)dx' = w(x) \tag{A.13}$$

が自然に得られる．

付録 B

LSDA と GGA 汎関数

要　旨

ここでは LSDA と GGA での，交換相関エネルギーとポテンシャルの代表的な表式を与える．これらの表式を選んだのは，それらが広く使われており比較的簡単であるからである．これらおよび他の形式のものに対するエネルギーとポテンシャルを与える具体的なプログラムは，オンラインで手に入る．

B.1　局所スピン密度近似（LSDA）

局所密度近似は，一様電子ガスに関する交換エネルギーの厳密な表式 (5.15) と数値的に得られた相関エネルギーに対してのさまざまな近似や簡単な解析関数によるフィッティングに基づいている．相関エネルギーについての種々の取り扱いの比較が図 5.4 にある．初めて用いられた関数は，Wigner の内挿公式 (5.22) と Hedin–Lundqvist [241] の式である．後者は多体摂動論から導かれており，以下に与えられる．第 5 章で説明したように，Ceperley と Alder [311] およびより最近の仕事 [315, 316, 318] による量子モンテカルロ（QMC）計算が分極のない場合と完全に分極した場合について，基本的に厳密な結果を与えている．これらの結果は $\epsilon_c(r_s)$ の解析的な形にフィッティングされて，Perdew と Zunger（PZ）[313] および Vosko, Wilk と Nusair

354　付録 B　LSDA と GGA 汎関数

(VWN) [312] による 2 つの広く使われる関数として知られている．両者は，ほぼ定量的にとても似た結果を与える．なお，r_s は (5.1) 式により与えられている．両方の汎関数が不完全なスピン分極についての内挿公式を与えているが，Ortiz と Ballone [315] によると，中間的な分極では，VWN の方が彼らの QMC 計算の結果に幾分よりよく一致するということである．これらすべての場合，相関ポテンシャルは，

$$V_c(r_s) = \epsilon_c(r_s) - \frac{r_s}{3} \frac{\mathrm{d}\epsilon_c(r_s)}{\mathrm{d}r_s} \tag{B.1}$$

により与えられる．

以下に，分極のない場合についてのいくつかの表式をあげておく．完全な表式は文献 [372, 413, 420] を参照のこと．

1. Hedin–Lundqvist（HL）[241]

$$\epsilon_c^{\mathrm{HL}}(r_s) = -\frac{C}{2} \left[(1 + x^3) \ln \left(1 + \frac{1}{x} \right) + \frac{x}{2} - x^2 - \frac{1}{3} \right]. \tag{B.2}$$

ここで $A = 21$, $C = 0.045$ および $x = r_s/A$ である．相関ポテンシャルは

$$V_c^{\mathrm{HL}}(r_s) = -\frac{C}{2} \ln \left(1 + \frac{1}{x} \right) \tag{B.3}$$

である．

2. Perdew–Zunger（PZ）[313]

$$\epsilon_c^{\mathrm{PZ}}(r_s) =$$
$$\begin{cases} -0.0480 + 0.0311 \ln(r_s) - 0.0116 r_s + 0.0020 r_s \ln(r_s) & (r_s < 1) \\ -0.1423/(1 + 1.0529\sqrt{r_s} + 0.3334 r_s) & (r_s > 1) \end{cases} . \tag{B.4}$$

V_c^{PZ} についての表式 [313] はあまりに長いので，ここでは記述しないが，導出は簡単である．不完全なスピン分極の場合 $\epsilon_c^{\mathrm{PZ}}(r_s)$ の内挿の表式は (5.18) にある f を使って，交換に対する (5.17) 式と同じであると仮定する．

B.2 一般化勾配近似（GGA） *355*

3. Vosko–Wilk–Nusair（VWN）[312]

$$
\epsilon_c^{\mathrm{VWN}}(r_s) = \frac{A}{2}\left[\ln\left[\frac{y^2}{Y(y)}\right] + \frac{2b}{Q}\tan^{-1}\left(\frac{Q}{2y+b}\right)\right.
$$

$$
\left. - \frac{by_0}{Y(y_0)}\left\{\ln\left[\frac{(y-y_0)^2}{Y(y)}\right] + \frac{2(b+2y_0)}{Q}\tan^{-1}\left(\frac{Q}{2y+b}\right)\right\}\right].
$$

$$\tag{B.5}$$

ここで $y = r_s^{1/2}$, $Y(y) = y^2 + by + c$, $Q = (4c - b^2)^{1/2}$, $y_0 = -0.10498$, $b = 3.72744$, $c = 12.93532$, $A = 0.0621814$ である．これに対応するポテンシャルは (B.1) 式により求めることができる [372]．

$$
r_s\frac{\mathrm{d}\epsilon_c^{\mathrm{VWN}}(r_s)}{\mathrm{d}r_s} = \frac{A}{2}\frac{c(y-y_0)-by_0 y}{(y-y_0)(y^2+by+c)}.
$$

$$\tag{B.6}$$

B.2 一般化勾配近似（GGA）

勾配補正には多くの表式がある．しかしながら，最も広く使われている形式のものに対してもその表式を与えることは，本書の範疇を超える．興味のある方は，「さらに学ぶために」にあげてある論文や本を参照されたい．

B.3 GGA の例，PBE の具体的表式

PBE の表式は，多分最も簡単な GGA 汎関数であるので具体的な例として取り上げることにする．さらに興味のある人は Perdew と Burke [409] による "Comparison shopping for a gradient-corrected density functional" などの他の文献を参考にするとよい．交換について PBE 汎関数 [412] は，8.2 節で定義されている増強因子 F_x に対する簡単な表式によって記述されている．その表式は $F_x(0) = 1$（これは局所近似に対応）であり，大きな s では，$F_x \to$ 定数となるように決められている．

$$
F_x(s) = 1 + \kappa - \kappa/(1 + \mu s^2/\kappa).
$$

$$\tag{B.7}$$

ここで $\kappa = 0.804$ は，Lieb–Oxford の制約を満たすように決められている．また $\mu = 0.21951$ とすることにより，局所近似の線形応答の表式になるよう

356 付録 B LSDA と GGA 汎関数

になっている．すなわち，相関からの項と打ち消し合うように選ばれている．これはちょっと変に思えるが，量子モンテカルロの計算に合うようにしてある．こう選ぶと，s が小さい値のときの既知の展開式 (8.12) に合わなくなるが，汎関数全体について良いフィッティングになっているというのが理由付けである．

相関に対する表式は局所相関と付加項で表され，両方の項が密度勾配とスピン分極に依存する．いくつかの条件を満たす表式は

$$E_c^{\text{GGA-PBE}}[n^\uparrow, n^\downarrow] = \int \mathrm{d}^3 r \; n \; \left[\epsilon_c^{\text{hom}}(r_s, \zeta) + H(r_s, \zeta, t) \right] \tag{B.8}$$

である [412] ここで，$\zeta = (n^\uparrow - n^\downarrow)/n$ はスピン分極，r_s は密度パラメータの局所値であり，t は無次元化された勾配 $t = |\nabla n|/(2\phi k_{\text{TF}} n)$ である．なお，$\phi = ((1+\zeta)^{2/3} + (1-\zeta)^{2/3})/2$ であり，t は k_F ではなく遮蔽波数ベクトル k_{TF} によってスケールされている．最終的な表式は，

$$H = \frac{e^2}{a_0} \gamma \phi^3 \ln \left(1 + \frac{\beta}{\gamma} t^2 \frac{1 + At^2}{1 + At^2 + A^2 t^4} \right) \tag{B.9}$$

である．ここで Bohr 半径を a_0 として，因子 e^2/a_0 は原子単位系で 1 である．A は

$$A = \frac{\beta}{\gamma} \left[\exp \left(\frac{-\epsilon_c^{\text{hom}}}{\gamma \phi^3 \frac{e^2}{a_0}} \right) - 1 \right]^{-1} \tag{B.10}$$

である．

さらに学ぶために

第 8 章末のリストを参照のこと．

付録 C

断熱近似

要　旨

電子状態論で使われる小さいパラメータは核の質量に対する電子の質量 m_e/M, すなわち, 電子の運動エネルギーに対する核の運動エネルギーだけである[1]. 断熱近似つまり Born–Oppenheimer 近似は, この小さなパラメータを使って系統的に展開したものであり, すべての電子状態論の基礎である. この近似は, フォノン, 電子–フォノン相互作用, 超伝導の理論で威力を発揮している（第 20 章）.

C.1　一般的定式化

核と電子からなる系の基礎であるハミルトニアン (3.1) 式は次式

$$\hat{H} = \hat{T}_N + \hat{T}_e + \hat{U} \tag{C.1}$$

のように書くことができ, ここで U は全電子の座標の集合 $\{\mathbf{r}\}$（スピンを含む）と全核の座標の集合 $\{\mathbf{R}\}$ が関係する相互作用ポテンシャルの項すべてを含んでいる. 核の運動エネルギー演算子 $\hat{T}_N$ が唯一の小さい項として存在するので, それを, 核を各瞬間の位置に固定した場合のハミルトニアン (3.2) 式

---

[1] ［訳註］一般にパラメータが大きいとか小さいとか言う際には, 無次元化したパラメータを用いる.

358　付録 C　断熱近似

に対する摂動として扱う. 第一段階は, 核の位置 $\{\mathbf{R}\}$ にパラメータとして依存している電子の固有値 $E_i(\{\mathbf{R}\})$ と波動関数 $\Psi_i(\{\mathbf{r}\}:\{\mathbf{R}\})$ を決めることである. これは核の位置が陽に示されていることと $i = 0, 1, \ldots$, が各 $\{\mathbf{R}\}$ での状態の完全な集合を表していることを除けば, (3.13) 式と同じである.

　核と電子の結合系の方程式[2]は

$$\hat{H}\Psi_s(\{\mathbf{r}, \mathbf{R}\}) = E_s\Psi_s(\{\mathbf{r}, \mathbf{R}\}), \tag{C.2}$$

であり, $s = 1, 2, 3, \ldots$, はこの結合系の状態のラベルである. この式の解は $\Psi_i(\{\mathbf{r}\}:\{\mathbf{R}\})$ を使って,

$$\Psi_s(\{\mathbf{r}, \mathbf{R}\}) = \sum_i \chi_{si}(\{\mathbf{R}\})\Psi_i(\{\mathbf{r}\}:\{\mathbf{R}\}) \tag{C.3}$$

と書くことができる. それは $\Psi_i(\{\mathbf{r}\}:\{\mathbf{R}\})$ が各 $\{\mathbf{R}\}$ での電子の状態に関する完全系となっているからである.

　電子–核結合系の状態は $\chi_{si}(\{\mathbf{R}\})$ によって特定される. これは核座標の関数であり, 電子状態 Ψ_i の係数である. $\chi_{si}(\{\mathbf{R}\})$ についての方程式を求めるために, 展開式 (C.3) を (C.2) 式に代入し, その式に左から $\Psi_i(\{\mathbf{r}, \mathbf{R}\})$ を掛け, 電子座標 $\{\mathbf{r}\}$ について積分すれば,

$$[T_N + E_i(\{\mathbf{R}\}) - E_s]\chi_{si}(\{\mathbf{R}\}) = \sum_{i'} C_{ii'}\chi_{si'}(\{\mathbf{R}\}) \tag{C.4}$$

が得られる[3]. ここで $T_N = -\frac{1}{2}(\sum_J \nabla_J^2/M_J)$ であり, 行列要素は, $C_{ii'} = A_{ii'} + B_{ii'}$, ただし,

$$A_{ii'}(\{\mathbf{R}\}) = \sum_J \frac{1}{M_J}\langle\Psi_i(\{\mathbf{r}\}:\{\mathbf{R}\})|\boldsymbol{\nabla}_J|\Psi_{i'}(\{\mathbf{r}\}:\{\mathbf{R}\})\rangle\boldsymbol{\nabla}_J \tag{C.5}$$

$$B_{ii'}(\{\mathbf{R}\}) = \sum_J \frac{1}{2M_J}\langle\Psi_i(\{\mathbf{r}\}:\{\mathbf{R}\})|\nabla_J^2|\Psi_{i'}(\{\mathbf{r}\}:\{\mathbf{R}\})\rangle \tag{C.6}$$

で与えられる. ここで $\langle\Psi_i(\{\mathbf{r}\}:\{\mathbf{R}\})|\mathcal{O}|\Psi_{i'}(\{\mathbf{r}\}:\{\mathbf{R}\})\rangle$ は, 任意の演算子 $\mathcal{O}$ の電子座標 $\{\mathbf{r}\}$ についてのみの積分を表す.

---

[2] [原註] K. Kunc と著者のメモから取ったものである.

[3] [訳註] 電子系のエネルギー $E_i(\{\mathbf{R}\})$ には, 核同士の相互作用エネルギーも含めてある ((3.2) 式や (3.9) 式参照).

C.1 一般的定式化 **359**

断熱近似つまり Born–Oppenheimer 近似 [90] は非対角項 $C_{ii'}$ を無視する近似である．つまり核が動いても，電子は与えられた状態 i に留まると仮定することである．電子の波動関数 $\Psi_i(\{\mathbf{r}\}:\{\mathbf{R}\})$ と状態 i のエネルギーは変わるとしても，電子は状態を変えない，すなわち，核座標の運動方程式と電子励起によって記述される自由度の間でのエネルギー移動がない，つまり状態間の遷移 $i \to i'$ がないということである．対角項の取扱は簡単である．まず，Ψ が規格化されているという要請から，$A_{ii} = 0$ であることを示すのは容易である（演習問題 C.1 参照）．$B_{ii}(\{\mathbf{R}\})$ 項は $E_i(\{\mathbf{R}\})$ と一緒にして，核に関する修正ポテンシャル関数 $U_i(\{\mathbf{R}\}) = E_i(\{\mathbf{R}\}) - B_{ii}(\{\mathbf{R}\})$ を与える．このように，断熱近似では核の運動は，各電子状態 i に対して純粋に核の方程式

$$\left[-\sum_J \frac{1}{2M_J} \nabla_J^2 + U_i(\{\mathbf{R}\}) - E_{ni} \right] \chi_{ni}(\{\mathbf{R}\}) = 0 \qquad (C.7)$$

によって記述される．ここで $n = 1, 2, 3, \ldots,$ は原子核の状態のラベルである．断熱近似の範囲内ではすべての状態 $s = 0, 1, \ldots,$ は核と電子の状態の積となっている．

項 B_{ii} を無視した (C.7) 式は「凍結されたフォノン」あるいは断熱近似でのフォノンエネルギーの計算のための摂動法の基礎となっている（第 20 章）．異なった電子状態を結びつける非対角項を無視することができる限りは，断熱的に原子の運動と共に動く特定の電子状態 i に対する関数 $U_i(\{\mathbf{R}\})$ が与えられれば核の運動方程式 (C.7) を解くことができる．（項 B_{ii} は，核の大きい質量のために一般的に小さい量になっている．）一般的に，電子状態に縮退がある，あるいは縮退に近い場合を除けば，これは良い近似である．もし電子の励起スペクトルにギャップがあり，それが原子核の運動エネルギーよりもかなり大きい場合には，原子核励起は断熱項によってよく記述できる．特別な注意が必要になるのは，分子における遷移状態で電子状態が縮退してしまう場合や，エネルギーギャップがないことが定性的な効果を引き起こす金属の場合である．

360 付録 C 断熱近似

C.2 電子–フォノン相互作用

電子–フォノン相互作用は，核の速度によって引き起こされる電子状態間の遷移を記述する非対角要素 $C_{ii'}$ から生ずる．その主要項は (C.5) 式で与えられ，その式中には電子の波動関数の核座標に関する勾配とフォノンの波動関数 χ に作用する勾配演算子が含まれている．これらの演算子の組み合わせから，1 個のフォノンの放出または吸収を伴った状態 i と i' 間の電子遷移が引き起こされる．

形式的な表式を得るには，フォノンの生成消滅演算子 [306] を使って (C.5) 式中の核の運動演算子 $\boldsymbol{\nabla}_J$ を表し，電子状態間の行列要素を摂動論的に扱えばよい．後者の過程は，核 J の変位による電子波動関数の変化が，その核の変位によるポテンシャル V の変化によるものであることを記せばよい．線形の範囲内でその関係は

$$\langle\Psi_i(\{\mathbf{r}\}:\{\mathbf{R}\})|\boldsymbol{\nabla}_J|\Psi_{i'}(\{\mathbf{r}\}:\{\mathbf{R}\})\rangle = \frac{\langle\Psi_i(\{\mathbf{r}\}:\{\mathbf{R}\})|\boldsymbol{\nabla}_J V|\Psi_{i'}(\{\mathbf{r}\}:\{\mathbf{R}\})\rangle}{E_{i'}(\{\mathbf{R}\})-E_i(\{\mathbf{R}\})}$$
(C.8)

となる．これから 20.8 節や [825] などで述べられている電子–フォノン行列要素の式が導かれる．

さらに学ぶために

Born, M. and Huang, K. *Dynamical Theory of Crystal Lattices* (Oxford University Press, Oxford, 1954).

Ziman, J. M. *Principles of the Theory of Solids* (Cambridge University Press, Cambridge, 1989).

演習問題

C.1 Ψ が規格化されていることは，$A_{ii} = 0$ を証明するためには十分であることを示せ．ヒント：$\langle\Psi\,|\,\Psi\rangle$ の微分はゼロとなることを利用する．

C.2 核の運動方程式 (C.7) をその式の前に記述されているように断熱近似であるという仮定を使って，(C.4) 式から導け．

C.3 平衡位置の周りでの核の小さな変位に対して，(C.7) 式から調和振動子の方程式が得られることを示せ．

C.4 調和振動子近似で扱われる単純な 2 原子分子に対して，ω を調和振動子の周波

C.2 電子–フォノン相互作用 **361**

数とすれば，(C.7) 式から，核–電子系の基底状態のエネルギーは $E_{min} + \frac{1}{2}\hbar\omega$ であるというよく知られた結果が得られることを示せ．

付録 D

摂動論，応答関数と Green 関数

要　旨

摂動論，応答関数と Green 関数は理論物理における必需品（パンとバター）である．摂動論の式の一般的な形式は D.1 節で与え，"$2n+1$" 定理は最後の D.6 節で導く．応答関数は多くの問題に使われ，重要な実験結果とを結びつけるものである．本付録では応答関数，総和則，Kramers–Kronig の関係式の表式と性質について述べる．最も重要な例は付録 E で述べる誘電関数である．ここでは自己無撞着場の方法に対する有用な表式を与えるが，これらの表式から第 5, 20, 21 章で必要になる "RPA" や他の公式が導かれる．Green 関数の本書に適切な基本的な側面は D.5 節で与えられる．

D.1　摂動論

　摂動論は，$\hat{H}^0 + \lambda \Delta \hat{H}$ をハミルトニアンとする系の性質を，摂動の系統的なべき展開で記述するものであり，実際には λ のべき展開として扱われる．1 次の表式は非摂動の波動関数とハミルトニアンの 1 次の変化 $\Delta \hat{H}$ だけによっており，すでに 3.3 節で力，あるいは「一般化力」として与えられている．より高次を扱うには波動関数の変化を決めなければならない．多体系での一般形式は非摂動ハミルトニアンの励起状態についての和で以下のように書ける [10, 995, 996]．

$$\Delta\Psi_i(\{\mathbf{r}_i\}) = \sum_{j\neq i} \Psi_j(\{\mathbf{r}_i\}) \frac{\langle\Psi_j|\Delta\hat{H}|\Psi_i\rangle}{E_i - E_j}. \tag{D.1}$$

摂動系の基底状態における，演算子 $\hat{O}$ の期待値の変化は

$$\Delta\langle\hat{O}\rangle = \sum_{j\neq i}\langle\Delta\Psi_j|\hat{O}|\Psi_i\rangle + \text{c.c.} = \sum_{j\neq i}\frac{\langle\Psi_i|\hat{O}|\Psi_j\rangle\langle\Psi_j|\Delta\hat{H}|\Psi_i\rangle}{E_i - E_j} + \text{c.c.}, \tag{D.2}$$

と書け，有限温度に一般化するのは容易である．一般的な多体の表式で書くことの良いところは，多体の基底状態 Ψ_0 の摂動が励起状態だけを含むという点にあり，単純な独立粒子法においても示されなければならない側面である．

　独立粒子近似においては，状態は (3.36) 式の有効 Schrödinger 方程式におけるハミルトニアン $\hat{H}_{\text{eff}}$ によって決まる．独立粒子の個々の軌道の摂動論での 1 次の変化，$\Delta\psi_i(\mathbf{r})$，は，非摂動ハミルトニアン $\hat{H}^0_{\text{eff}}$ のスペクトルにわたる和として次のように

$$\Delta\psi_i(\mathbf{r}) = \sum_{j\neq i} \psi_j(\mathbf{r}) \frac{\langle\psi_j|\Delta\hat{H}_{\text{eff}}|\psi_i\rangle}{\varepsilon_i - \varepsilon_j}, \tag{D.3}$$

書ける [10,995,996]．ここで和は系のすべての状態（占有も被占有も含めて，ただし考えている状態は除いて）について行われる．同様に，摂動系の基底状態での演算子 $\hat{O}$ の変化は，$\Delta\hat{H}_{\text{eff}}$ の 1 次では

$$\begin{aligned}
\Delta\langle\hat{O}\rangle &= \sum_{i=1}^{\text{occ}}\langle\psi_i + \delta\psi_i|\hat{O}|\psi_i + \delta\psi_i\rangle \\
&= \sum_{i=1}^{\text{occ}}\sum_{j}^{\text{empty}}\frac{\langle\psi_i|\hat{O}|\psi_j\rangle\langle\psi_j|\Delta\hat{H}_{\text{eff}}|\psi_i\rangle}{\varepsilon_i - \varepsilon_j} + \text{c.c.}
\end{aligned} \tag{D.4}$$

と書ける．(D.4) 式では j についての和は伝導状態（空状態）だけに限られる．それは占有状態の対 i,j と j,i の寄与は (D.4) 式で打ち消し合うからである（演習問題 3.21 を参照）．(D.3) と (D.4) の表式は応答関数，物質における静的応答（第 20 章）と動的応答（第 21 章）の方法についての理論を組み立てる土台である．

364 付録 D 摂動論，応答関数と Green 関数

D.2 静的応答関数

静的応答関数は，電子状態論において 2 つの重要な役割を果たしている．その 1 つは，実験に直接関係した量，すなわち，ひずみや電場の印加などの静的摂動に対する電子の実際の応答，格子の動力学を支配する「断熱的」（付録 C）と考えうる低周波での応答などの量の計算である．これは第 20 章での主題である．もう 1 つは，電子状態論における手法の発展における役割であり，より近似的な解の周りでの摂動展開を用いて，よりよい解の導出を可能にする．これは第 7 章での解析の基礎となっている．

基本的な方程式は摂動論，特に (D.4) 式から求められる．静的摂動に最も関係のある量は密度であり，それについては (D.4) 式は，

$$\Delta n(\mathbf{r}) = \sum_{i=1}^{\text{occ}} \sum_{j}^{\text{empty}} \psi_i^*(\mathbf{r})\psi_j(\mathbf{r}) \frac{\langle\psi_j|\Delta V_{\text{eff}}|\psi_i\rangle}{\varepsilon_i - \varepsilon_j} + \text{c.c.} \tag{D.5}$$

となる．$\mathbf{r} = \mathbf{r}'$ での全ポテンシャル $V_{\text{eff}}(\mathbf{r})$ の変化に対する応答は密度応答関数（汎関数微分の定義については付録 A 参照）

$$\chi_n^0(\mathbf{r}, \mathbf{r}') = \frac{\delta n(\mathbf{r})}{\delta V_{\text{eff}}(\mathbf{r}')} = 2\sum_{i=1}^{\text{occ}} \sum_{j}^{\text{empty}} \frac{\psi_i^*(\mathbf{r})\psi_j(\mathbf{r})\psi_j^*(\mathbf{r}')\psi_i(\mathbf{r}')}{\varepsilon_i - \varepsilon_j}, \tag{D.6}$$

を定義する．これは摂動 $V_{\text{eff}}(\mathbf{r}')n(\mathbf{r}') \propto n(\mathbf{r}')$ に対する $n(\mathbf{r})$ の応答であるから，$\mathbf{r}$ および $\mathbf{r}'$ について対称である．(D.6) 式は，次のような便利な表式

$$\chi_n^0(\mathbf{r}, \mathbf{r}') = \sum_{i=1}^{\text{occ}} \psi_i^*(\mathbf{r})G_0^i(\mathbf{r}, \mathbf{r}')\psi_i(\mathbf{r}') + \text{c.c.}, \quad G_0^i(\mathbf{r}, \mathbf{r}') = \sum_{j\neq i}^{\infty} \frac{\psi_j(\mathbf{r})\psi_j^*(\mathbf{r}')}{\varepsilon_i - \varepsilon_j}$$
$$\tag{D.7}$$

で書くことができる．ここで G_0^i は，独立粒子の Green 関数である（D.5 節）．

$\chi_n^0(\mathbf{r}, \mathbf{r}')$ の Fourier 変換は，特定の Fourier 成分に対する応答であり，最も有用な表式であることが多い．もし (D.5) 式において，$\Delta V_{\text{eff}}(\mathbf{r}) = \Delta V_{\text{eff}}(\mathbf{q})e^{-i\mathbf{q}\cdot\mathbf{r}}$ および $n(\mathbf{q}') = \int d\mathbf{r}n(\mathbf{r})e^{i\mathbf{q}'\cdot\mathbf{r}}$ と定義すれば，

$$\chi_n^0(\mathbf{q}, \mathbf{q}') = \frac{\delta n(\mathbf{q}')}{\delta V_{\text{eff}}(\mathbf{q})} = 2\sum_{i=1}^{\text{occ}} \sum_{j}^{\text{empty}} \frac{M_{ij}^*(\mathbf{q})M_{ij}(\mathbf{q}')}{\varepsilon_i - \varepsilon_j} \tag{D.8}$$

となる（演習問題 D.1）．ここで，$M_{ij}(\mathbf{q}) = \langle \psi_i | e^{i\mathbf{q} \cdot \mathbf{r}} | \psi_j \rangle$ である．この式は非常に簡単になることがあり，例えば，第 5 章の一様電子ガスでは $\mathbf{q} = \mathbf{q}'$ に対してのみ $\chi_n^0(\mathbf{q}, \mathbf{q}') \neq 0$ であり，結晶系でも簡単になる（第 20, 21 章参照）．

応答関数 χ^0 は電子状態論において多くの重要な役割を果たしている．その最も簡単なものは，電子がまったく相互作用をしていないという近似におけるものであり，その場合には $\Delta V_{\text{eff}} = \Delta V_{\text{ext}}$ であり，χ^0 は外部摂動に対する応答を表している．しかし，Hartree–Fock や第 7–9 章の Kohn–Sham 理論のような有効平均場理論では，内部の場も変化するので，有効ハミルトニアンは自己無撞着な方法で求めなければならない．これについては，次節で説明するが，そこでも χ^0 は重要な役割を担っている．

D.3 自己無撞着場理論での応答関数

自己無撞着場の理論においては，例えば Kohn–Sham 法における $V_{\text{eff}} = V_{\text{ext}} + V_{\text{int}}[n]$ のように，全有効場は内部の変数に依存している．電子はポテンシャル V_{eff} の中では独立な粒子として振る舞うので，χ_n^0 は (D.6)–(D.8) 式から得られるが，外場に対する関係は変わる．線形の範囲内では，外場に対する応答は

$$\chi = \frac{\delta n}{\delta V_{\text{ext}}} \tag{D.9}$$

で与えられる．これは，$\mathbf{r}$ 空間または $\mathbf{q}$ 空間で記述される次の汎関数形式に対する略記である．

$$\chi(\mathbf{r}, \mathbf{r}') = \frac{\delta n(\mathbf{r})}{\delta V_{\text{ext}}(\mathbf{r}')} \quad \text{または} \quad \chi(\mathbf{q}, \mathbf{q}') = \frac{\delta n(\mathbf{q})}{\delta V_{\text{ext}}(\mathbf{q}')}. \tag{D.10}$$

同様に，外部 Zeeman 磁場 $\Delta \hat{H} = V_{\text{ext}}^m$ に対するスピン密度 $m = n^{\uparrow} - n^{\downarrow}$ の線形応答でも，同じ表式

$$\chi = \frac{\delta m}{\delta V_{\text{ext}}^m} \tag{D.11}$$

が成り立つ．その結果，この解析は全密度とスピン密度の両方に対して適用できる．

応答関数は，簡単のために添え字を省略すると，

366 付録 D 摂動論，応答関数と Green 関数

$$\chi = \frac{\delta n}{\delta V_{\rm eff}} \frac{\delta V_{\rm eff}}{\delta V_{\rm ext}} = \chi^0 \left[1 + \frac{\delta V_{\rm int}}{\delta n} \frac{\delta n}{\delta V_{\rm ext}} \right] = \chi^0 \left[1 + K\chi \right] \qquad (D.12)$$

と書ける．ここで積分核 K は $\mathbf{r}$ 空間では (7.25) 式で与えられ，$\mathbf{q}$ 空間では，

$$K(\mathbf{q}, \mathbf{q}') = \frac{\delta V_{\rm int}(\mathbf{q})}{\delta n(\mathbf{q}')} = \frac{4\pi}{q^2} \delta_{\mathbf{q},\mathbf{q}'} + \frac{\delta^2 E_{\rm xc}[n]}{\delta n(\mathbf{q})\delta n(\mathbf{q}')} \equiv V_C(q)\delta_{\mathbf{q},\mathbf{q}'} + f_{\rm xc}(\mathbf{q}, \mathbf{q}') \tag{D.13}$$

で与えられる．

(D.12) 式を解けば（演習問題 D.2），よく見られる表式 [306, 997, 998]

$$\chi = \chi^0[1 - \chi^0 K]^{-1} \quad \text{または} \quad \chi^{-1} = [\chi^0]^{-1} - K, \qquad (D.14)$$

が得られる．これはさまざまなところに現れる．$f_{\rm xc} = 0$ とおいた近似は，Coulomb 相互作用に関する有名な「ランダム位相近似」(RPA) [297] である．$f_{\rm xc}$ に関しては多くの近似が導入されており，どんな交換相関汎関数も $f_{\rm xc}$ に関する表式を持っている．密度応答関数 $\chi(\mathbf{r}, \mathbf{r}')$ あるいは $\chi(\mathbf{q}, \mathbf{q}')$ は，フォノンの理論（第 20 章），誘電応答（付録 E）や他の応答関数の中核をなすものである．この動的応答への拡張により電子励起について理解するための理論が導かれた（第 21 章）．スピンの応答に関しては，クーロン項 V_C がなく，積分核 $f_{\rm xc}^m$ から Stoner 応答関数 (2.3) 式が得られ，マグノンに対する RPA 表式が得られる．

χ を求める古典的な方法は，(D.6)–(D.8) 式から，χ^0 を計算し，逆行列方程式 (D.14) を解くことである．これらの方程式は見た目はすっきりして単純であるが，最も簡単な場合を除き，解を得るためには大変な労力が必要である．同じようにすっきりしており実際の電子状態の問題にはるかに適した計算方法があり，それについては第 20 章で述べる．

D.4 動的応答と Kramers–Kronig の関係式

調和振動子

線形応答の基本的な考え方は，P. C. Martin[940] が見事に述べているように，単純な古典的強制調和振動子から始めればよく分かる．変位 x に対する方程式は

$$M\frac{\mathrm{d}^2x(t)}{\mathrm{d}t^2} = -Kx(t) - \Gamma\frac{\mathrm{d}x(t)}{\mathrm{d}t} + F(t), \tag{D.15}$$

である．ここで $F(t)$ は駆動力で，Γ は減衰定数である．もし固有振動の周波数を $\omega_0 = \sqrt{K/M}$ と書けば，周波数 ω の力 $F(t) = F(\omega)\mathrm{e}^{-\mathrm{i}\omega t}$ に対する応答は，

$$\chi(\omega) \equiv \frac{x(\omega)}{F(\omega)} = \frac{1}{M}\frac{1}{\omega_0^2 - \omega^2 - i\omega\Gamma/M} \tag{D.16}$$

である．$\Gamma > 0$ はエネルギー損失に対応しているので，実数 ω に対する $\chi(\omega)$ の虚部は正であることに注意しよう．さらに，複素数 ω の関数として考えたときには，$\chi(\omega)$ は上半面 $\Im\omega > 0$ で解析的であり，応答関数 $\chi(\omega)$ のすべての極は，下半面にある．このことから $\chi(\omega)$ の因果関係が導かれ，これは後で述べる Kramers–Kronig の関係式（演習問題 D.4）と関係がある．

周波数に依存する減衰

定数 Γ を持つ調和振動子の応答に関するよく知られた表式には致命的な問題がある：定数 Γ は $\chi(\omega)$ のモーメントに関する数学的拘束を破っており，また，損失の機構は周波数により変わるので，その物理的な合理性がない．もし，もっと現実的な $\Gamma(\omega)$ を導入する場合には，簡単な規則がある：$\Gamma(\omega)$ もまた応答関数であり，因果律に従わねばならない．すなわち，$\Gamma(\omega)$ もまた Kramers–Kronig の関係式に従う因果関数でなければならない．例えば，それは (D.16) 式のような形

$$\Gamma(\omega) = \frac{1}{\omega_1^2 - \omega^2 - i\omega\gamma_1} \tag{D.17}$$

と表すこともできる．明らかに，この議論はさらに続けることができ，その結果連分数が現れるが，それは Mori[999] の一般的な記憶関数の一例である．

Kramers–Kronig の関係式

応答関数は外部摂動の結果として生じる系の応答を表しているので，(D.16) 式の調和振動子について述べられた解析的な性質に従わねばならない．すなわち，複素平面上に接続された応答関数 $\chi(\omega)$ は，上半面 $\Im\omega > 0$ の全領域で解析的であり，下半面でのみ極を持つ．その結果，複素平面上の経路積分

368　付録 D　摂動論，応答関数と Green 関数

から Kramers–Kronig の関係式

$$\operatorname{Re}\chi(\omega) = -\frac{1}{\pi}\int_{-\infty}^{\infty}\mathrm{d}\omega'\frac{\operatorname{Im}\chi(\omega')}{\omega-\omega'}$$

$$\operatorname{Im}\chi(\omega) = \frac{1}{\pi}\int_{-\infty}^{\infty}\mathrm{d}\omega'\frac{\operatorname{Re}\chi(\omega')}{\omega-\omega'} \tag{D.18}$$

を導くことができ [297, 300]（演習問題 D.5），主値積分によって，実部および虚部をそれぞれ互いに求めることができる．

量子系の動的応答

時間依存の摂動に対する応答は (3.6) 式によって与えられ，これは周期的な摂動 $\propto e^{-i\omega t}$ の場合には都合よく解くことができる．この解析は原論文 [1000–1003] や多くの教科書 [260, 280, 297, 300, 306, 1004] に載っており，Kubo–Greenwood の公式へとつながっている．相互作用のない近似における一般的な応答関数は[1]，小さい虚数の減衰係数 $\eta > 0$ を持つ複素関数

$$\chi_{a,b}^0(\omega) = 2\sum_{i=1}^{\mathrm{occ}}\sum_j^{\mathrm{empty}}\frac{[M_{ij}^a]^*M_{ij}^b}{\varepsilon_i-\varepsilon_j+\omega+i\eta} \tag{D.19}$$

として表すことができる．ここで $M_{ij}^a = \langle\psi_i|\hat{O}^a|\psi_j\rangle$ と M_{ij}^b は適切な演算子の行列要素，例えば (D.8) 式に従って定義された Fourier 成分あるいは (21.9) 式の誘電関数の表式での運動量行列要素などである．実部および虚部をそれぞれ具体的に書けば[2]，

$$\operatorname{Re}\chi^0(\omega)_{a,b} = 2\sum_{i=1}^{\mathrm{occ}}\sum_j^{\mathrm{empty}}\frac{[M_{ij}^a]^*M_{ij}^b}{\varepsilon_i-\varepsilon_j+\omega}$$

$$\operatorname{Im}\chi^0(\omega)_{a,b} = -2\pi\sum_{i=1}^{\mathrm{occ}}\sum_j^{\mathrm{empty}}[M_{ij}^a]^*M_{ij}^b\delta(\varepsilon_j-\varepsilon_i-\omega) \tag{D.20}$$

となる．(D.20) 式から得られる重要な結果は，応答関数 $\chi^0(\omega)$ の虚部は，行列要素により重み付けされ，$\omega = \varepsilon_j - \varepsilon_i$ の関数として表された結合状態密

---

[1] ［原註］多体の表式は $M_{ij}^a = \langle\Psi_i|\hat{O}^a|\Psi_j\rangle$ および $\varepsilon_i \to E_i$ とすれば，形式的にはまったく同じ形に書くことができる．これは Kramers–Kronig の関係式などのような性質は一般に適用でき，独立粒子近似に限定されるものではないことを示している．

[2] ［訳註］ここでの実部，虚部とは，(D.19) 式の分子が実数とした場合の形式的なものである．

度（4.7節）になっていることである.

自己無撞着場の理論における動的応答

独立粒子の表式を自己無撞着場の方法へ一般化することは，D.3節で導いた表式を使えば簡単である．変わるところは，有効場自身が時間あるいは周波数に依存していること，つまり $V_{\mathrm{eff}} \to V_{\mathrm{eff}}(t)$ あるいは $V_{\mathrm{eff}}(\omega)$ となることだけである．線形応答の枠組みの中では，関係のある量は $\mathbf{r}$ 空間では (7.25) 式で，$\mathbf{q}$ 空間では (D.13) 式で与えられ，時間に依存するように一般化された積分核 K である．$\mathbf{q}$ 空間での具体的な表式は

$$
\begin{aligned}
K(\mathbf{q}, \mathbf{q}', t - t') &= \frac{\delta V_{\mathrm{int}}(\mathbf{q}, t)}{\delta n(\mathbf{q}', t')} \\
&= \frac{4\pi}{q^2} \delta_{\mathbf{q}, \mathbf{q}'} \delta(t - t') + \frac{\delta^2 E_{\mathrm{xc}}[n]}{\delta n(\mathbf{q}, t) \delta n(\mathbf{q}', t')}
\end{aligned}
\tag{D.21}
$$

である．ここでは Coulomb 相互作用は瞬時に作用するものとしており，K は時間差のみに依存するということを使った．Fourier 変換により次の式

$$
K(\mathbf{q}, \mathbf{q}', \omega) = V_C(q) \delta_{\mathbf{q}, \mathbf{q}'} + f_{\mathrm{xc}}(\mathbf{q}, \mathbf{q}', \omega)
\tag{D.22}
$$

が導かれる．$\mathbf{r}$ 空間でも同様の表式を導くことができる．従って，(D.14) 式を動的な表式へ一般化したものは次のような簡潔な形

$$
\chi(\omega) = \chi^0(\omega)[1 - \chi^0(\omega)K(\omega)]^{-1}
\tag{D.23}
$$

で書くことができる．K 自身も応答関数であるから，K もまた因果律から要請される解析的な性質，高い周波数ではゼロでなければならない，などの性質を持たねばならないことに注意しよう．この一般的な表式の使い方を示す詳細な式は 21.4 節で与えられている.

D.5 Green 関数

Green 関数は理論物理で広く使われている関数である [306, 683, 1004]．独立粒子系のハミルトニアンにとって最も重要な Green 関数は，ハミルトニアンの時間に依存しない固有状態を使ったスペクトル関数

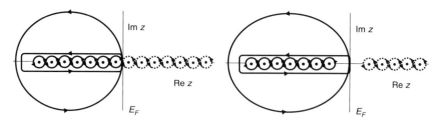

図 D.1 積分値を求めるためのスペクトル関数の線積分の積分路. この積分路は Fermi エネルギー以下のすべての極を囲む. (点線で示された経路は空状態を表し, 積分には含まれない.) 対角和 $\mathrm{Tr}(G(z)) = \sum_\alpha G_{\alpha,\alpha}(z)$ の積分は全粒子数を表す. また独立粒子のエネルギーの和は, $\mathrm{Tr}\hat{H}[G(z)]$ となる. 左の図は金属の場合で, 積分路は必ず極のすぐ近くを通る. 右の図は絶縁体の場合で, 積分路はギャップの中を通っている. z がどの極からも離れているときには常に, G は距離の関数として減衰し, 局在していると考えることができる.

$$G(z, \mathbf{r}, \mathbf{r}') = \sum_i \frac{\psi_i(\mathbf{r})\psi_i^*(\mathbf{r}')}{z - \varepsilon_i} \tag{D.24}$$

である. ここで z は複素変数である. この式は基底関数 $\chi_\alpha(\mathbf{r})$ の任意の完全集合を使って, もっと一般的な形

$$G(z, \mathbf{r}, \mathbf{r}') = \sum_{\alpha,\beta} \chi_\alpha(\mathbf{r}) \left[\frac{1}{z - \hat{H}}\right]_{\alpha,\beta} \chi_\beta^*(\mathbf{r}') \tag{D.25}$$

あるいは

$$G_{\alpha,\beta}(z) = \left[z - \hat{H}\right]^{-1}_{\alpha,\beta}. \tag{D.26}$$

と書き表すことができる.

基底関数 $\chi_\alpha(\mathbf{r})$ に射影された単位エネルギー当たりの状態密度は

$$n_\alpha(\varepsilon) = -\frac{1}{\pi}\mathrm{Im}G_{\alpha,\alpha}(z = \varepsilon + i\delta) \tag{D.27}$$

で与えられる. ここで δ は正の無限小の量である. 全状態密度は

$$n(\varepsilon) = -\frac{1}{\pi}\mathrm{Im}\mathrm{Tr}G(z = \varepsilon + i\delta) \tag{D.28}$$

となる.

$T=0$ における全積分値は, 図 D.1 で描かれているように複素 z 平面上での経路積分により求められる. 各極の周りを反時計方向に回る $G(z)$ の積分

は $2\pi i$ となる．積分路 C は極を囲むどのような閉路でもよいので密度行列は

$$\rho(\mathbf{r}, \mathbf{r}') = \frac{1}{2\pi i} \int_C dz\, G(z, \mathbf{r}, \mathbf{r}') \tag{D.29}$$

で与えられ，密度は $n(\mathbf{r}) = \rho(\mathbf{r}, \mathbf{r})$ で与えられ，全電子数は

$$N = \int_{-\infty}^{E_F} d\varepsilon n(\varepsilon) = \frac{1}{2\pi i} \int_C dz\, \mathrm{Tr}G(z) \tag{D.30}$$

で与えられ，占有された固有値の総和は

$$\sum_{i\,occ} \varepsilon_i = \int_{-\infty}^{E_F} d\varepsilon\, \varepsilon\, n(\varepsilon) = \frac{1}{2\pi i} \int_C dz\, z\, \mathrm{Tr}G(z) \tag{D.31}$$

で与えられる．Kohn–Sham 法による全エネルギーは，その固有値の総和と密度から求めることができるので，全エネルギーに関連するすべての物理量は独立粒子の Kohn–Sham Green 関数から求めることができる．なおエネルギーと力に関する表式は第 18 章に記述されている．

D.6 "$2n + 1$ 定理"

"$2n+1$ 定理" とは，0 から n 次までのすべての次数に対する波動関数が分かっていれば，$2n + 1$ 次までのエネルギーが求められるというものである．おそらく，この定理を最初に使ったのは 1930 年に 2 電子系の論文を書いた Hylleraas であろう [52]．彼はその論文の中で固有関数の摂動に関する 1 次の微分が分かれば，エネルギーの 2 次と 3 次の微分も求めることができるということを示した．同じ論文の中で彼はエネルギーの 2 次微分が $d\psi/d\lambda$ の誤差についての変分（極小点）となっている表式が存在することを見つけている（20.5 節参照）．その後多くの研究により完全な "$2n + 1$ 定理" が導かれ，最近では密度汎関数論や他のエネルギー極小原理に従う汎関数に拡張されている [181, 813, 816]．

変分原理との関係を見るために，文献 [813] の方法に従って 3 次のエネルギーを例として書き下ろしてみよう．ここでは 1 つの状態に対して例示するが，その導出方法は多数の状態へ容易に拡張できる [813]．まず $\hat{H}$ を λ のべきで $\hat{H} = \hat{H}^{(0)} + \lambda\hat{H}^{(1)} + \lambda^2\hat{H}^{(2)} + \dots$ と展開し，さらに ψ と固有値 ε に

372 付録 D 摂動論，応答関数と Green 関数

ついても同様に展開すれば，m 次までの Schrödinger 方程式は

$$\sum_{k=0}^{m} (\hat{H} - \varepsilon)^{(m-k)} \psi^{(k)} = 0 \tag{D.32}$$

と書くことができる．ただし，波動関数の規格化からの束縛条件

$$\sum_{j=0}^{m} \langle \psi^{(j)} | \psi^{(m-j)} \rangle = 0 \quad (m \neq 0) \tag{D.33}$$

が必要である．次に λ^m のすべての項を集め，λ を 1 とおく．(D.32) 式の行列要素をとれば

$$\sum_{j=0}^{m} \sum_{k=0}^{m} \Theta(m-j-k) \langle \psi^{(j)} | (\hat{H} - \varepsilon)^{(m-j-k)} | \psi^{(k)} \rangle = 0 \tag{D.34}$$

となる．ここで $\Theta(p)$ は 1 $(p \geq 0)$, 0 $(p < 0)$ である．

求めたい表式は，(D.34) 式が $k = 0, \ldots, m$ の各次数で $\psi^{(k)}$ に関しての変分であるということを使えば得られる．そのためには (D.34) 式を配列にして並べて書くと容易になり，$m = 3$ の場合の式を書けば

$$\begin{aligned}
0 = &\langle \psi^{(3)} | \bar{H}^{(0)} | \psi^{(0)} \rangle \\
&+ \langle \psi^{(2)} | \bar{H}^{(1)} | \psi^{(0)} \rangle + \langle \psi^{(2)} | \bar{H}^{(0)} | \psi^{(1)} \rangle \\
&+ \langle \psi^{(1)} | \bar{H}^{(2)} | \psi^{(0)} \rangle + \langle \psi^{(1)} | \bar{H}^{(1)} | \psi^{(1)} \rangle + \langle \psi^{(1)} | \bar{H}^{(0)} | \psi^{(2)} \rangle \\
&+ \langle \psi^{(0)} | \bar{H}^{(3)} | \psi^{(0)} \rangle + \langle \psi^{(0)} | \bar{H}^{(2)} | \psi^{(1)} \rangle + \langle \psi^{(0)} | \bar{H}^{(1)} | \psi^{(2)} \rangle \\
&+ \langle \psi^{(0)} | \bar{H}^{(0)} | \psi^{(3)} \rangle
\end{aligned} \tag{D.35}$$

となる．上式で $\bar{H} \equiv \hat{H} - \varepsilon$ である．それぞれの $|\psi^{(k)}\rangle$ （および $\langle \psi^{(k)}|$）についての変分をとることにすると，(D.35) 式の各行（列）の要素の和は 0 ということになる．このようにして，$\psi^{(k)}$ の $k = 2, 3$ に対応する高次の項は消去でき，その結果（演習問題 D.6）

$$\begin{aligned}
\varepsilon^{(3)} = &\langle \psi^{(0)} | \hat{H}^{(3)} | \psi^{(0)} \rangle + \langle \psi^{(1)} | \hat{H}^{(2)} | \psi^{(0)} \rangle + \text{c.c.} \\
&+ \langle \psi^{(1)} | \hat{H}^{(1)} - \varepsilon^{(1)} | \psi^{(1)} \rangle
\end{aligned} \tag{D.36}$$

が得られる．

電子構造論ではこのような表式を使って，近似波動関数から正確なエネル

D.6 "$2n+1$ 定理" **373**

ギーを求めている．例えば，第 17 章で扱う線形化法におけるいくつかの表式などがその例である．

さらに学ぶために

Doniach, S., and Sondheimer, E. H., *Green's Functions for Solid State Physicists* (W. A. Benjamin, Reading, MA., 1974), reprinted in Frontiers in Physics Series, no. 44.

Fetter, A. L., and Walecka, J. D., *Quantum Theory of Many-particle Systems* (McGraw-Hill, New York, 1971).

Mahan, G. D., *Many-Particle Physics,* 3rd *ed.* (Kluwer Academic/Plenum Publishers, New York, 2000).

Martin, P. C., *Measurement and Correlation Functions* (Gordon and Breach, New York, 1968).

Pines, D., *Elementary Excitations in Solids* (Wiley, New York, 1964).

演習問題

D.1 Fourier 空間での密度応答関数 χ_n の一般形 (D.8) 式を導け．これは周期系，非周期系を問わず任意の関数に対して成り立つ．

D.2 (D.14) 式の最初の式から 2 番目の式を導け．ヒント：χ を含むすべての項を左辺へ移項し，χ を χ^0 と K を使って求め，その式の両辺の逆をとればよい．

D.3 最小値付近でのエネルギー汎関数の形の解析に使用できる応答関数の使われ方について演習問題 7.20 を参照せよ．

D.4 調和振動子の応答 (D.16) 式は KK 関係式に従うことを示せ．ヒント：この問題のカギは，エネルギー損失に対応する減衰項の符号 ($\Gamma > 0$) である．説明には演習問題 D.5 を参照せよ．

D.5 KK の関係式 (D.18) を応答関数の解析的性質から導け．因果律からすべての極が複素周波数 z の関数として下半面 $\Im z < 0$ にあることが要請されている．ヒント：実軸に沿った積分を，上半面の $|z| \to \infty$ の経路を通って閉路積分 C とした次の表式

$$\chi(\omega) = \frac{1}{2\pi i} \int_C \mathrm{d}z \frac{\chi(z)}{z - \omega - i\delta}$$

が成り立つことを使う．無限大の経路での積分は $|z| \to \infty$ で $\chi(z) \to 0$ よりゼロになる．実軸に沿った積分は主値の部分と，$\delta \to 0$ での $z = \omega$ の周りの半円の部分に分解され，(D.18) 式が得られる．[297, 300] 参照．

D.6 エネルギーの 3 次の摂動の (D.36) 式を，その前の式から導け．

D.7 演習問題 20.11 では摂動論における変分原理を，2 個のバネからなる系に適用している．各バネ ($i = 1, 2$) は非線形項 $\frac{1}{2}\gamma_i(x_i - x_0)^3$ を持つものとする．力を加えられたときのエネルギーの変化を 3 次の項まで求めよ．

付録 E

誘電関数と光学的性質

要　旨

誘電関数は凝縮物質の物理における最も重要な応答関数である：光子は物質の実験研究において，おそらく最も重要な探針であり，電気伝導度と光学的性質は，日用生活ばかりでなく工学的応用においてもとりわけ重要な現象である．誘電関数は電流と電場を使って定義でき，電気伝導度と光学的性質を扱うには最も適しており，また電子密度とスカラーポテンシャルを使って定義すれば，それは静的問題に最も適している．必要な表式は Maxwell の方程式から出てくるが，本付録や第 24 章で扱う無限系物質の分極の定義には注意が必要である．本付録では現象論的な定義を与える．電子状態の役割は，電子についての基礎となる量子論を使って基本的な基盤を与えることであり，これは第 20，21 および 24 章の主題である．

E.1　物質中の電磁波

電荷 Q（電子では $Q = -e$）および数密度 n を持つ粒子と相互作用をしている電磁場についての Maxwell 方程式

$$
\begin{aligned}
\nabla \cdot \mathbf{E} &= 4\pi Q n & \nabla \times \mathbf{E} &= -\frac{1}{c}\frac{\partial \mathbf{B}}{\partial t} \\
\nabla \cdot \mathbf{B} &= 0 & \nabla \times \mathbf{B} &= \frac{4\pi}{c}\mathbf{j} + \frac{1}{c}\frac{\partial \mathbf{E}}{\partial t}
\end{aligned}
\tag{E.1}
$$

は，物質中の粒子の相互作用を記述する基礎方程式である．変数 $\mathbf{r}, t$ は簡単のため省略した．また $\mathbf{j}$ は電荷の電流密度であり，次の連続の式を満たす

$$\nabla \cdot \mathbf{j} = -Q \frac{\mathrm{d}n}{\mathrm{d}t}. \tag{E.2}$$

電子状態の基本的な方程式，特にハミルトニアン (3.1) 式は非相対論的な極限，つまり光速 $c \to \infty$ での (E.1) 式に基づいている．この場合には，$\mathbf{B} = 0$ として扱ってよく，Poisson 方程式

$$\nabla^2 V = -4\pi Q n \quad \text{ただし} \quad \mathbf{E} = -\nabla V \tag{E.3}$$

を満たすスカラーポテンシャル V を使って解析することができる．しかし，物質中の電磁波の伝搬や外場に対する応答などの重要な物理現象を記述するためには，(E.1) のすべての方程式に立ち返らなければならない．ここでは，電子状態論から適正に導出できるように，対応する物理量を注意深く定義し，時間に依存する外部場と相互作用している物質についての現象論的な理論をまとめておく[1]．(特に第 21，24 章を参照)[2]．

理論を構成するためには，次の 2 段階が重要である：

- 外場の影響のもとでの物質の性質を求めるために，Maxwell の方程式の電荷と電流を「内部」と「外部」に分けなければならない

$$n = n_{\mathrm{int}} + n_{\mathrm{ext}}; \quad \mathbf{j} = \mathbf{j}_{\mathrm{int}} + \mathbf{j}_{\mathrm{ext}}. \tag{E.4}$$

このような分割はどのような摂動に対しても可能であるが，電磁的相互作用の場合は特に重要である．というのは，長距離相互作用は，巨視的な距離にわたって，物体の内部にまで影響を及ぼすからである．
- 分極 $\mathbf{P}$ は次式で定義される：

$$\nabla \cdot \mathbf{P}(\mathbf{r}, t) = -Q n_{\mathrm{int}}(\mathbf{r}, t). \tag{E.5}$$

(E.2) 式を使うと次のようになる：

---

[1] ［原註］[300] の 20.2 節の分かりやすい記述に従っている．

[2] ［原註］ここでの導出は自明なトポロジーを持つ物質だけに適用できる．Chern 絶縁体や量子 Hall 効果系では，バルク内部は絶縁体であるが導電的な表面状態を持っている；その結果，第 25–28 章と付録 Q で議論するように，魅惑的な電磁気性質がある．

376 付録 E　誘電関数と光学的性質

$$\frac{\mathrm{d}\mathbf{P}(\mathbf{r},t)}{\mathrm{d}t} = \mathbf{j}_{\mathrm{int}}(\mathbf{r},t) + \boldsymbol{\nabla} \times \mathbf{M}(\mathbf{r},t), \tag{E.6}$$

ここでベクトル場 $\mathbf{M}$ に対しては $\boldsymbol{\nabla} \cdot (\boldsymbol{\nabla} \times \mathbf{M}(\mathbf{r},t)) = 0$ である.「どの式も $\mathbf{P}$ の巨視的平均値は付加定数の範囲内で定義されることに注意すること.」

有限系では $\mathbf{P}$ が (24.3) 式で定義されるので,このような不定性はない.しかし,無限系の物質では重要な議論の的であって,量子力学と Berry 位相によって完全に解決された.この議論は第 24 章でまとめられる.

変位場 $\mathbf{D} = \mathbf{E} + 4\pi\mathbf{P}$ を使えば,Maxwell の方程式は次のようになる.

$$\boldsymbol{\nabla} \cdot \mathbf{D} = 4\pi Q n_{\mathrm{ext}} \qquad \boldsymbol{\nabla} \times \mathbf{E} = -\frac{1}{c}\frac{\partial \mathbf{B}}{\partial t}$$
$$\boldsymbol{\nabla} \cdot \mathbf{B} = 0 \qquad \boldsymbol{\nabla} \times \mathbf{B} = \frac{4\pi}{c}\mathbf{j}_{\mathrm{ext}} + \frac{1}{c}\frac{\partial \mathbf{D}}{\partial t} \tag{E.7}$$

この形式の良いところは発生源の項がすべて「外部」となっていることである.物質の内部では n_{ext} および $\mathbf{j}_{\mathrm{ext}}$ は,たとえそれらがその物質の内部に場を生じさせたとしても,ゼロである.(E.1) および (E.7) 式が示すように,$\mathbf{E}$ は物質中の全電場であり,一方,$\mathbf{D}$ は外部発生源のみによる場である.従って,各点における $\mathbf{D}$ の値は物質によらず,その物質がないとしたときと同じである.

E.2　伝導度テンソルと誘電率テンソル

前節の方程式を解くには,全電場 $\mathbf{E}$ と全磁場 $\mathbf{B}$ に対する $\mathbf{j}_{\mathrm{int}}$ あるいは n_{int} の物質中での関係式が必要である.線形近似で,最も一般的な関係式は,

$$\mathbf{j}_{\mathrm{int}}(\mathbf{r},t) = \int \mathrm{d}\mathbf{r}' \int^{t} \mathrm{d}t' \sigma(\mathbf{r},\mathbf{r}',t-t')\mathbf{E}(\mathbf{r}',t') \tag{E.8}$$

である.ここで,$\sigma(\mathbf{r},\mathbf{r}',t-t')$ は,微視的な伝導度テンソルである.時間依存性 $\propto \exp(-\mathrm{i}\omega t)$ のある摂動に対しては,(E.8) 式は,

$$\mathbf{j}_{\mathrm{int}}(\mathbf{r},\omega) = \int \mathrm{d}\mathbf{r}' \sigma(\mathbf{r},\mathbf{r}',\omega)\mathbf{E}(\mathbf{r}',\omega) \tag{E.9}$$

となる.これは,

$$\mathbf{D}(\mathbf{r},\omega) = \int \mathrm{d}\mathbf{r}' \epsilon(\mathbf{r},\mathbf{r}',\omega) \cdot \mathbf{E}(\mathbf{r}',\omega)$$

$$\text{または} \quad \mathbf{E}(\mathbf{r},\omega) = \int d\mathbf{r}' \epsilon^{-1}(\mathbf{r},\mathbf{r}',\omega)\mathbf{D}(\mathbf{r}',\omega) \tag{E.10}$$

を意味する．ここで，誘電率テンソルは

$$\epsilon(\mathbf{r},\mathbf{r}',\omega) = \mathbf{1}\,\delta(\mathbf{r}-\mathbf{r}') + \frac{4\pi i}{\omega}\sigma(\mathbf{r},\mathbf{r}',\omega) \tag{E.11}$$

である．ϵ と σ は全電場 $\mathbf{E}$ に対する応答であり，ϵ^{-1} は外部の電場に対する応答であることに注意する必要がある．興味深いことには，$\sigma(\omega)$，$\epsilon(\omega)-1$ および $\epsilon^{-1}(\omega)-1$ はすべて応答関数であり，各々は Kramers–Kronig の関係式 (D.18) を満たす[3]．

巨視的平均関数 $\bar{\epsilon}(\omega)$ あるいは $\bar{\sigma}(\omega)$ は，光子に対する屈折率および巨視的な電場に対する応答，例えば伝導度と誘電応答から直接測定される．ここで，測定される電圧は内部電場 $\mathbf{E}$ の線積分である．一方で，荷電粒子の散乱から $\epsilon^{-1}(\mathbf{q},\omega)$（[297], p.126）が直接測定される．ここで $\mathbf{q}$ と ω は非弾性散乱による荷電粒子の運動量とエネルギーそれぞれの移送量である．

E.3 f 総和則

誘電関数はよく知られた「f 総和則」を満たす．この法則は，Seitz [40] によれば Wigner [1005] および Kramers [1006] が最初に導出したことになっている．その総和則（[297], p.136）の簡単な導出法は，$\omega \to \infty$ の極限では電子が自由粒子として振る舞うということに注目することであり，そうすれば（演習問題 E.1），

$$\epsilon_{\alpha\beta}(\omega) \to \delta_{\alpha\beta}\left[1 - \frac{\omega_p^2}{\omega^2}\right] \tag{E.12}$$

が得られる．ここで ω_p はプラズマ振動数であり，平均密度を N/Ω とすると $\omega_p^2 = 4\pi(NQ^2/\Omega m_e)$ である．（これは (21.9) 式の角括弧の中の第 1 項であることに注意すること．）この式を Kramers–Kronig の関係式に使えば，(D.18) 式から

---

[3] ［訳註］Kramers–Kronig の関係式を満たすには，応答関数が $\omega \to \infty$ でゼロにならなければならない．そのため，$\epsilon(\omega)$ と $\epsilon^{-1}(\omega)$ から 1 を引く，すなわち，$\omega \to \infty$ では電子も電場に応答できず誘電率は真空の値になる．

378 付録 E 誘電関数と光学的性質

$$\int_0^\infty \mathrm{d}\omega\, \omega\, \mathrm{Im}\epsilon_{\alpha\beta}(\omega) = \frac{\pi}{2}\omega_p^2\delta_{\alpha\beta} \quad \text{または} \quad \int_0^\infty \mathrm{d}\omega\, \mathrm{Re}\sigma_{\alpha\beta}(\omega) = \frac{\pi}{2}\frac{Q^2}{m_e}\frac{N}{\Omega}\delta_{\alpha\beta}$$
(E.13)

が得られる（演習問題 E.2）．同様な総和則は $\epsilon_{\alpha\beta}^{-1}(\omega)$ についても成り立つ．結局，あらゆる種類の f 総和則は Kramers–Kronig の関係式と電子が相関のない自由粒子として振る舞う高周波の極限 $\omega \to \infty$ ということのみから導いているので，簡単な相互作用のない近似に対してと同様に厳密な多体の応答に対しても成り立つ．

E.4 スカラー縦誘電関数

誘電関数 (E.10) は，スカラーポテンシャルを用いても書くことができる．これは静的な問題に対しては十分であり，また，多くの場合，特にポテンシャルと密度を使って記述する密度汎関数論には便利である．これはポテンシャルから導かれる電場 $\mathbf{E}(\mathbf{r}) = -\boldsymbol{\nabla}V(\mathbf{r})$ に対してのみ適用できるので「縦」と呼ばれる．従って Fourier 空間での電場 $\mathbf{E}(\mathbf{q}) = i\mathbf{q}V(\mathbf{q})$ も「縦」である，すなわち，$\mathbf{q}$ に平行である．(E.3), (E.4) および (E.7) 式を組み合わせると，次式 [180]

$$\epsilon^{-1}(\mathbf{q},\mathbf{q}',\omega) = \frac{\delta V_{\mathrm{total}}^C(\mathbf{q},\omega)}{\delta V_{\mathrm{ext}}(\mathbf{q}',\omega)} \quad \text{または} \quad \epsilon(\mathbf{q},\mathbf{q}',\omega) = \frac{\delta V_{\mathrm{ext}}(\mathbf{q},\omega)}{\delta V_{\mathrm{total}}^C(\mathbf{q}',\omega)} \quad \text{(E.14)}$$

が得られる．ここで，V_{total}^C は全 Coulomb ポテンシャルであり，電子に働く有効交換相関ポテンシャル V_{xc} を含まない，無限小のテスト電荷に作用するポテンシャルである．

電子状態を使った ϵ と ϵ^{-1} についての表式は，応答関数 χ^0（(D.19) と (D.20) 式）と χ（(D.23) 式）についての一般公式から導くことができる．すなわち，

$$\epsilon^{-1}(\mathbf{q},\mathbf{q}',\omega) = \delta(\mathbf{q}-\mathbf{q}') + V_C(q)\chi(\mathbf{q},\mathbf{q}',\omega) \quad \text{(E.15)}$$

となる（演習問題 E.3）．ここで，$V_C(q) = 4\pi e^2/q^2$ は ω には依存しない（(D.13) 式の場合と同じであり，また，$Q = -e$ とした）．Kohn–Sham の方法と同様に，電子が有効場を通して相互作用をする理論に対しては，χ は (D.14) 式を使えば次式

$$\epsilon^{-1} = 1 + \frac{V_C \chi^0}{1 - (V_C + f_{\mathrm{xc}})\chi^0} = \frac{1 - f_{\mathrm{xc}}\chi^0}{1 - (V_C + f_{\mathrm{xc}})\chi^0} \tag{E.16}$$

によって直ちに計算できる．各関数の変数が省略されているので，この表式は簡単に見えるが，$f_{\mathrm{xc}}\chi^0$ のような積は，間に現れる波数ベクトルと周波数すべてにわたる畳み込み積分になっているから，実際の計算は厄介なものになりうる．逆誘電関数は外場に対する応答であり，高エネルギー荷電粒子のエネルギー損失を記述する，例えば電子エネルギー損失分光において．（これは [1] の 14.3 節で議論されている．）

最も簡単な場合は一様電子ガスの場合（第5章）であり，その場合には $\mathbf{q} = \mathbf{q}'$ のときのみ χ がゼロでなく，その表式は解析的に計算できる．$\chi^0(q, \omega)$ についての Lindhard の表式 (5.38) は 5.5 節で与えられており，その式から他のすべての応答関数が導かれる．

結晶では，波数ベクトルは常に $\mathbf{q} = \mathbf{k} + \mathbf{G}$ および $\mathbf{q}' = \mathbf{k} + \mathbf{G}'$ として表され，$\mathbf{k}$ は第1Brillouin ゾーン内に限られる．その結果 $\epsilon(\mathbf{k} + \mathbf{G}, \mathbf{k} + \mathbf{G}', \omega)$ は，行列 $\epsilon_{\mathbf{G}\mathbf{G}'}(\mathbf{k}, \omega)$ であり，その逆行列 $\epsilon_{\mathbf{G}\mathbf{G}'}^{-1}(\mathbf{k}, \omega)$ に対しても同様である．光学的な現象は $\mathbf{G} = 0$ および $\mathbf{G}' = 0$ で表される長波長の場合であり，巨視的な内部場の外部場（$\mathbf{G} = \mathbf{G}' = 0$）に対する比で定義された巨視的な誘電関数 $\epsilon(\mathbf{k}, \omega)$ により記述される．短波長の印加される場はないので，これは短波長（$\mathbf{G}' \neq 0$）の外場を固定して行列の逆をとることに対応している．しかし，短波長の内部場には「局所場補正」と呼ばれる変化が生じる．その結果 [180, 1003, 1007]（演習問題 E.4）

$$\epsilon(\mathbf{k}, \omega) = \frac{\delta V_{\mathrm{ext}}(\mathbf{k}, \omega)}{\delta V_{\mathrm{total}}^C(\mathbf{k}, \omega)} = \frac{1}{\epsilon_{00}^{-1}(\mathbf{k}, \omega)} \tag{E.17}$$

が得られる．独立粒子近似は (E.16) 式で $f_{\mathrm{xc}} = 0$ とした応答関数を使うことに対応している．それは，電子は独立であるがポテンシャルとしては平均の Coulomb（Hartree）ポテンシャルを取り入れているということである．

最後に，誘電率テンソルは，長波長の場合にはスカラー誘電関数は誘電率テンソルと

$$\epsilon(\mathbf{k}, \omega) = \lim_{|\mathbf{k}| \to 0} \hat{\mathbf{k}}_\alpha \epsilon_{\alpha\beta}(\mathbf{k}, \omega) \hat{\mathbf{k}}_\beta \tag{E.18}$$

によって関係づけられるということ [180] を使って，異なる方向 $\hat{\mathbf{k}}$ を考慮す

380 付録 E 誘電関数と光学的性質

れば得られる. 立方晶の結晶では, $\epsilon_{\alpha\beta} = \epsilon\delta_{\alpha\beta}$ であるが, 一般には (E.18) 式は, その極限が取られる方向に依存している.

E.5 テンソル横誘電関数

時間に依存する電磁場の一般的な場合は, ベクトルポテンシャル $\mathbf{A}$ に対する電流の応答の計算によってうまく取り扱うことができる. その摂動は $\mathbf{A}$ を使って,

$$\Delta \hat{H}(t) = \frac{1}{2m_e} \sum_i \left\{ \left[\mathbf{p}_i + \frac{e}{c}\mathbf{A}(t) \right]^2 - \mathbf{p}_i^2 \right\} \tag{E.19}$$

と書くことができる. ここで $\mathbf{E}(t) = -(1/c)(d\mathbf{A}/dt)$ あるいは $\mathbf{E}(\omega) = -(i\omega/c)\mathbf{A}(\omega)$ であり, 磁場は $B = \boldsymbol{\nabla} \times \mathbf{A}$ によって与えられる. 欲しい応答は電流密度 $\mathbf{j}$ である. これは横波の電磁場に対しては適切な応答関数である.

独立粒子近似での応答関数の公式は付録 D で与えられた一般形をしており, その具体的な形は 21.8 節に与えられている. 自己無撞着場での表式はスカラー誘電関数に対する表式と厳密に同じ形をしている. ただし, この表式には「電流汎関数論」[342, 343, 345, 347] において基本的な物理量である有効「交換相関ベクトルポテンシャル」が含まれている.

E.6 誘電応答への格子の寄与

イオン性の絶縁体では, イオンの動きは低周波での誘電応答に寄与しており [91, 180, 1008], その領域では周波数 ω の関数としては電子の寄与は一定と考えることができる. すべての量は巨視的な電場 $\mathbf{E}_{\mathrm{mac}}$ を一定に保って適切に定義されており, その電場が固有の応答を示す. 巨視的な場は外部条件や境界条件などにより制御されており, そのような効果は個別の解の中で考慮されねばならない. 各イオン I についての Born の有効電荷テンソルは次式

$$Z_{I,\alpha\beta}^* e = \Omega \left. \frac{\partial \mathbf{P}_\alpha}{\partial \mathbf{R}_{I,\beta}} \right|_{\mathbf{E}_{\mathrm{mac}}} \tag{E.20}$$

で定義されている. ここで, Ω は単位胞の体積であり, 巨視的な電場は一定に

保たれている．有効電荷はイオン結晶においては変位に対してゼロではなく，単位胞中に 3 個あるいはそれ以上の原子がある単元素結晶では [1009]（230 の空間群の中で 2 つの特別な場合 [1010] を除き）ゼロではない有効電荷がなければならないことが示されている．実際，三斜晶系 Se のような単元素結晶では，大きな有効電荷と赤外吸収があることが知られている [1009]．そのような有効電荷によって作られる分極により，(20.9) 式で定義された力の定数行列は，次のような形（[180] の (4.7) 式参照）の解析的ではない項を含むことになる．

$$C_{s,\alpha;s',\alpha'}(\mathbf{k}) = C_{s,\alpha;s',\alpha'}^N(\mathbf{k}) + \frac{4\pi e^2}{\Omega} \left[\sum_\gamma \hat{k}_\gamma Z_{I,\gamma\alpha}^* \right]^\dagger \frac{1}{\epsilon(\mathbf{k})} \left[\sum_\gamma \hat{k}_\gamma Z_{I,\gamma\beta}^* \right] \tag{E.21}$$

ここで C^N は，C の解析的な部分であり，$\epsilon(\mathbf{k})$ は，低周波における電子的誘電率である．格子からの寄与を含んだ全誘電関数は Cochran と Cowley [1008] によって導かれており，その低周波極限での形は [180] の (7.1) 式で与えられている．

同様に，巨視的な電場がない場合の圧電定数（piezoelectric constant）[807, 1011, 1012] を次式

$$e_{\alpha,\beta\gamma} = \left. \frac{\partial \mathbf{P}_\alpha}{\partial u_{\beta\gamma}} \right|_{\mathbf{E}_{\text{mac}}} \tag{E.22}$$

で定義できる．ここで，$u_{\beta\gamma}$ は，(G.2) 式の応力テンソルである．上の圧電定数は次式

$$e_{\alpha,\beta\gamma} = e_{\alpha,\beta\gamma}^0 + e \sum_{s,\delta} Z_{s,\alpha\delta}^* \Gamma_{s,\delta,\beta\gamma} \tag{E.23}$$

のように純粋なひずみの効果と，ひずみによる内部座標の変化から生ずる寄与に分けることができる．ここで $Z_{s,\alpha\delta}^*$ は，光学モードの赤外応答を決める有効電荷テンソルであり，Γ は (G.14) 式で定義されている．この分割により計算が容易になり，測定できる物理量間の関係が明らかになる．永久モーメントを持つ結晶には，そのモーメントの回転が圧電効果とみなされるかもしれないという問題がある．これは「インプロパー」な効果であり，22.2 節における Berry 位相の式などの分極についての「プロパー」な表式では，その

382 付録 E 誘電関数と光学的性質

ような項は含まれていない [927][4].

さらに学ぶために

誘電関数の定義について：

Pick, R., Cohen, M. H. and Martin, R. M., "Microscopic theory of force constants in the adiabatic approximation," *Phys. Rev. B* 1:910–920, 1970.

Pines, D. *Elementary Excitations in Solids*, Wiley, New York, 1964.

Wiser, N., "Dielectric constant with local field effects included," *Phys. Rev.* 129:62–69, 1963.

分極の現代的定式化を含む電気力学の本：

Zangwill, A., *Modern Electrodynamics* (Cambridge University Press, Cambridge, 2013).

演習問題

E.1 十分高い周波数では電子は自由粒子として応答することを使って，高周波での誘電率テンソルについての (E.12) 式を導け．D.4 節の調和振動子の応答関数の高周波極限に関連づければよいであろう．

E.2 f 総和則 (E.13) 式は (E.12) 式における高周波での振舞と Kramers–Kronig の関係式 (D.18) から導かれることををを示せ．

E.3 (E.15) 式は，(E.4) 式における内部および外部の電荷の定義および (E.14) 式の ϵ^{-1} の定義から出てくることを示せ．

E.4 巨視的な誘電関数の表式 (E.17) は，短波長の外部場がない場合，すなわち，$\mathbf{G} \neq 0$ では $V_{\text{ext}}(\mathbf{q} + \mathbf{G}, \omega) = 0$, には全 Coulomb 場に対する外部場の比であるという定義を注意深く用い，さらにその逆関数が外部場に対する応答であるという定義を使えば得られる．これらの事実を使って (E.17) 式を導け．

---

[4] ［訳註］圧電定数のここでの議論については次の文献も参考になる．G.Sághi–Szabó, R. E. Cohen and H. Krakauer, *Phys. Rev. Lett.* 80:4321–4324, 1998.

付録 F

無限大の系での Coulomb 相互作用

要　旨

本付録の主題は Coulomb 相互作用の長距離効果を適切に取り入れた全エネルギーの定式化と，その具体的な表式を示すことである．ここでは Kohn–Sham 独立粒子方程式と全エネルギーの表式について詳しく述べるが，その考え方と式の多くは多体計算にも適用できる．ここでの主要な課題は以下の 3 つである．

- 無限大のバルクの系の構成単位当たりの固有の全エネルギーを適切に表す種々の便利な表式を確認する．
- 表面や界面の双極子の項がバルク物質内の平均ポテンシャルに及ぼす効果を理解し計算すること．
- 有限の系を取り扱うこと．有限な系には本質的に難しいことはないが，周期的な「超単位胞」構造にして計算を行うと便利である．

F.1　基本事項

無限大の系における長距離 Coulomb 相互作用を適切に取り扱うためには，従わなければならないいくつかの基本原則がある．結晶の単位胞，あるいはその極限が巨視的な系を表すように作られた「超単位胞」のように，無限系を代表する 1 個のセルを使って計算をする場合には，

384 付録 F 無限大の系での Coulomb 相互作用

- そのセルは電気的に中性であるように選ばなければならない.
- その電気的に中性なセルは, さらに平均の（巨視的な）電場がないという条件を付け加えれば, 適切な熱力学的「基準状態」を定義するために使うことができる.
- 平均的な静電ポテンシャルは凝縮物質の固有の性質ではない. その値は無限大の系では定義できない. 大きい（しかし有限な）試料では, 真空を基準としたその値は表面状態に依存する.

最初の条件は明らかである. もしそうでなければ, 無限系では Coulomb エネルギーは発散してしまう. 2 番目の条件はそれほど明らかではないが, 電場があると無限大の系ではエネルギーの下限がなくなることから, 必要なことは明らかである. 金属中では平衡状態では一様な電場は存在できないので問題はない. しかし, 絶縁体では一般的に全エネルギーはこの「基準状態」のエネルギーに長距離の電場の存在によるエネルギーの変化を加えたものである. これは誘電体の本質であり, そこではエネルギーは印加された場の関数であり [480, 908], それは摂動論（第 20 章）から出てくる誘電応答関数で表現できる[1].

3.2 節および密度汎関数論についての章の全エネルギーの表式（例えば, (7.5), (7.20), (7.22) および (7.26) 式参照）は, 電気的に中性のグループを作るように組分けられており, それらの表式は大きいサイズの（あるいは熱力学的）極限において凝縮物質の本質的で示量的な性質を定義するのに適切な形になっている. これらの古典的な Coulomb 相互作用 (3.14) 式の全エネルギー (3.16) 式への寄与は, 電子と核と外部電荷の電荷密度によってのみ決められる. 電子および電子間の相関についての量子力学的効果はすべて, (3.16) 式の全エネルギー中のその他の項や, 密度汎関数論における「交換相関」項として分けることができ, これらはもともと短距離的なものであり, ここでの収束問題とは関係ない.

ここで用語について注釈をしておく. 密度汎関数論では,「外部ポテンシャル」が中心的役割を果たしている. しかし帯電した核による外部ポテンシャ

---

[1] ［原註］焦電物質や分極方向の揃った強誘電体など, 平均的な電場はないが分極がある場合は特に注意が必要である. 第 24 章参照.

ルは無限大の系では発散する．とはいっても，「外部ポテンシャル」と全エネルギーが明確に定義された量となるように，Hartree ポテンシャルの長距離部分は核のポテンシャルと一緒にするという原則を守れば，困難を引き起こすことはないはずである．

無限系の Coulomb エネルギーとポテンシャルを明確にするためには 3 つの代表的な方法がある．1 番目の方法は，均一な背景分を加えたり，減じたりする方法であり，そうすればエネルギーは中和のための負の背景中の核（あるいはイオン）の古典的なエネルギーと，中和のための正の背景中の電子系の全エネルギーとの和として表すことができる．この方法は簡単という利点があり，電子分布がほとんど一様な物質においては実際の状況に近いであろう．しかし，この方法で得られる全エネルギーの表式には，しばしば大きい数値間に小さな差が残ることがあり，その差の物理的解釈は困難である．2 番目の方法は，イオンに「広がりを持たせる」方法であり，それによって項を都合よく再配分できるようになり，Fourier 空間での表式には特に有用である．3 番目の方法では孤立した中性原子（あるいは中性の球状の原子状のもの）からの差を求める．そうすれば 2 つの中性な系間の差のみを扱えばよい．この方法は，その差が原子を基準とした結合エネルギーという実際の物理的問題に関連があるので，明らかな利点がある．しかし，この方法では実際の原子の性質を指定するか，あるいは任意の中性の基準密度の定義をするか決めなければならない．

F.2 背景中の点電荷 ： Ewald 和

点電荷の Coulomb 相互作用の和をとる Ewald 法は，無限に続く周期的に並んだ電荷によるポテンシャルの変換に基づいている．その結果は 2 つの和，すなわち，1 つは逆空間における，もう 1 つは実空間における和であり，各々は絶対収束する．これは全エネルギーに対する表式と深い関係があり，その表式は全エネルギーと Kohn–Sham ポテンシャルの両方における発散項を取り除くように無撞着な方法で計算されなければならない．これは 13.1 節で，特に (13.1) 式で使われている方法である．ここでの議論は，Kohn–Sham ポテンシャル中の Hartree 項の表式において $G = 0$ の Fourier 成分を，また，

386　付録 F　無限大の系での Coulomb 相互作用

Hartree エネルギー中の $G = 0$ の項を排除することの正当化である.

最初にすることは, 一様な正の背景電荷密度 n^+ を加えたり減じたりすることにより, 適正な中性のグループを作ることであり, これは n^+ と均一な負の電荷密度 $n^- = -n^+$ を加えることと等価である. こうすれば全エネルギー (3.14) 式 (あるいは密度汎関数論を扱った章の表式のどれか) を古典的な Coulomb エネルギーとして次式[2]

$$E^{CC} = E'_{\text{Hartree}}[n(\mathbf{r}) - n^+] + \int \mathrm{d}^3 r V'_{\text{ext}}(\mathbf{r})[n(\mathbf{r}) - n^+] + E'_{II} \quad \text{(F.1)}$$

のように書き直すことができる. ここでは, どの項も中性である. n^+ の効果は, E'_{Hartree} の中に含まれている. これは, 準 Hartree エネルギー

$$\begin{aligned}
E'_{\text{Hartree}}[n] &= \frac{1}{2} \int \mathrm{d}^3 r \mathrm{d}^3 r' \frac{[n(\mathbf{r}) - n^+][n(\mathbf{r}') - n^+]}{|\mathbf{r} - \mathbf{r}'|} \\
&= \frac{1}{2} 4\pi N\Omega \sum_{\mathbf{G} \neq 0} \frac{|n(\mathbf{G})|^2}{G^2}
\end{aligned} \quad \text{(F.2)}$$

であり, 式 (3.15) とまったく同じ形をしている. ただし, n は中性な電荷密度 $n - n^+$ で置き換えられている. N は系に含まれる単位胞の数であり, Ω は単位胞の体積である. Fourier 空間では, n^+ を加えることは, $n - n^+$ の平均がゼロであることから, 単に $\mathbf{G} = 0$ の項を除いたことになる. (F.1) 式での V'_{ext} は核 (あるいはイオン) と負の背景電荷 n^- によるポテンシャルであり, ここでもまた, Fourier 空間では単に $\mathbf{G} = 0$ の項を除くだけである. 最後の項は, 核 (あるいはイオン) と n^- を含めた全ての相互作用の和である. これは Madelung エネルギーと呼ばれ, Ewald 変換を使って値を求めることができる.

Ewald 変換[3]は, 格子和の表式は実空間でも逆空間でも, あるいはその両方を組み合わせても書くことができるということに基づいている. 具体的な表式は次の関係式 ([300], p.303)[4]

---

[2]　[訳註] これまで, $n(\mathbf{r})$ は電子数密度で正の量としてきたのでここでも正の量とする. 従って, 正の背景電荷を加えることを $n(\mathbf{r}) - n^+$ とした.

[3]　[原註] この公式は最初に Ewald [1013], Kornfeld [1014] および Fuchs [1015] によって導かれ, [1016] や [1017] などの解説に見られる.

[4]　[訳註] 文献 [300] の第 2 版が 2010 年に出版されており, ここに示した頁数はこの新版のもの.

F.2 背景中の点電荷 : Ewald 和 *387*

$$\sum_{\mathbf{T}} \frac{1}{|\mathbf{r} - \mathbf{T}|} \to \frac{2}{\sqrt{\pi}} \sum_{\mathbf{T}} \int_{\eta}^{\infty} \mathrm{d}\rho \mathrm{e}^{-|\mathbf{r} - \mathbf{T}|^2 \rho^2}$$

$$+ \frac{2\pi}{\Omega} \sum_{\mathbf{G} \neq 0} \int_{0}^{\eta} \mathrm{d}\rho \frac{1}{\rho^3} \mathrm{e}^{-|\mathbf{G}|^2/(4\rho^2)} \mathrm{e}^{\mathrm{i}\mathbf{G} \cdot \mathbf{r}} \qquad (\text{F.3})$$

を使っている．ここで $\mathbf{T}$ は格子の並進ベクトル，$\mathbf{G}$ は逆格子ベクトルである．
この積分は誤差関数 $\mathrm{erf}(x) = \frac{2}{\sqrt{\pi}} \int_{0}^{x} \mathrm{d}u \mathrm{e}^{-u^2}$ および $\mathrm{erfc}(x) = 1 - \mathrm{erf}(x)$ を
使って計算することができ，次式 (演習問題 F.1, [300], p.303, [1018] 参照)

$$\sum_{\mathbf{T}} \frac{1}{|\mathbf{r} - \mathbf{T}|} \to \sum_{\mathbf{T}} \frac{\mathrm{erfc}(\eta|\mathbf{r} - \mathbf{T}|)}{|\mathbf{r} - \mathbf{T}|}$$

$$+ \frac{4\pi}{\Omega} \sum_{\mathbf{G} \neq 0} \frac{1}{|\mathbf{G}|^2} \mathrm{e}^{\frac{-|\mathbf{G}|^2}{4\eta^2}} \cos(\mathbf{G} \cdot \mathbf{r}) - \frac{\pi}{\eta^2 \Omega} \qquad (\text{F.4})$$

が得られる．Coulomb 和を実空間と逆空間の 2 つの項に分割することにより，(F.3) および (F.4) 式の各項は絶対収束するようになる．η は和を実空間と逆空間に配分する割合を決め，それにより得られた結果は収束したときには η に依存してはならない．また，$\eta \approx |\mathbf{G}|_{min}$ となるように選べば，各和はほんの数項を計算すれば得られる．

　これら 2 つの式の左辺の和は単位電荷が各格子点にあるときの一般位置 $\mathbf{r}$ での静電ポテンシャルであるが，この和は一意に定義できない．各式の矢印は，右辺を確定するために必要な 2 つの要件を表している．第 1 の要件は，補償用の背景電荷を取り込むことにより，その和が有限となること，これは $\mathbf{G} = 0$ の項を除くことで達成される．第 2 に，例え補償項があっても，和は条件収束であり，これは無限大の系ではポテンシャルの絶対値は決められないということを反映している．(F.4) 式では，最後の項はポテンシャルの平均値がゼロとなるように選ばれている [1018] [5]．ポテンシャルの絶対値は中性の系の全エネルギーには影響を与えないので，下記の (F.5) 式で与えられる全エネルギーに対してはそれで十分である．しかし，平均ポテンシャルは F.5 節で議論するように，他の性質を求める時には必要である．これはこれまでに述べてきた条件では特定できないものである．

---

[5] [訳註] このことについては，J. Ihm and M. L. Cohen, *Phys. Rev.* B21:3754–3756, 1980, 参照．

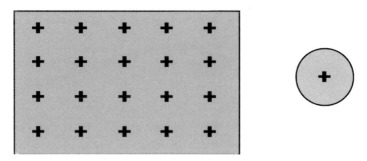

図 F.1 Ewald 法の計算で使われている一様な補償用背景電荷中での点電荷の格子．右図は，補償用の球の中に核を1個取り出したものである．これは最密格子の Coulomb エネルギーを表す良い近似を与える ((F.9) 式参照)．

周期的に並んでいる点電荷と補償用の一様な負の背景電荷がある場合（図 F.1 参照），単位胞当たりの全 Coulomb エネルギー γ_{Ewald} は，(F.4) 式の各サイトでのポテンシャルを使い，各イオンの自己エネルギー項を除けば求められる．系は電気的に中性であり，正味の分極はないと仮定すると，その表式は絶対収束し（ポテンシャルが持つ任意性の問題はない），位置 $\tau_s, s = 1, \ldots, S$ での電荷 Z_s からなる系に対しては

$$\begin{aligned}
\gamma_{\text{Ewald}} &= \frac{e^2}{2} \sum_{s,s'} Z_s Z_{s'} {\sum_{\mathbf{T}}}' \frac{1}{|\tau_{s,s'} - \mathbf{T}|} \\
&= \frac{e^2}{2} \sum_{s,s'} Z_s Z_{s'} \left[{\sum_{\mathbf{T}}}' \frac{\text{erfc}(\eta|\tau_{s,s'} - \mathbf{T}|)}{|\tau_{s,s'} - \mathbf{T}|} \right. \\
&\qquad \left. + \frac{4\pi}{\Omega} {\sum_{\mathbf{G} \neq 0}}' \frac{1}{|\mathbf{G}|^2} e^{\frac{-|\mathbf{G}|^2}{4\eta^2}} \cos(\mathbf{G} \cdot \tau_{s,s'}) \right] \\
&\quad - \frac{e^2}{2} \left[\sum_s Z_s^2 \right] \frac{2\eta}{\sqrt{\pi}} - \frac{e^2}{2} \left[\sum_s Z_s \right]^2 \frac{\pi}{\eta^2 \Omega}, \quad (F.5)
\end{aligned}$$

と書くことができる[6]．ここで $\tau_{s,s'} = \tau_{s'} - \tau_s$ である．$\mathbf{T}$ に関する和のプ

---

[6] ［訳註］(F.5) 式は，一様な負の背景電荷とイオンとの相互作用エネルギーおよび背景電荷の自己エネルギーを含む．例えば，M. T. Yin and M. L. Cohen, *Phys. Rev.* B26:3259–3272, 1982, 参照．

ライムは，イオンの自己エネルギー項を除くこと，すなわち，$s = s'$ に対応する $\mathbf{T} = 0$ の項を除くことを意味する．最後の項は $\sum_s Z_s = 0$ であるイオン結晶に対する Madelung エネルギーの計算には出てこないが，密度 $n^- = -\sum_s Z_s e/\Omega$ の背景電荷中の正のイオンのエネルギーの計算には含まれていなければならない．(F.5) 式は全エネルギーの (7.5) 式の中の E_{II} の計算に，また (13.1) や (13.2) 式とその他の表式で必要となる項の計算に使用できる．

最後に，(F.5) 式の逆空間での和は別の形で書くことができる．逆空間での和は核 I についての 1 重の和の 2 乗の形

$$\sum_{s,s'} Z_s Z_{s'} \sum_{\mathbf{G} \neq 0} \frac{1}{|\mathbf{G}|^2} e^{\frac{-|\mathbf{G}|^2}{4\eta^2}} \cos(\mathbf{G} \cdot \tau_{s,s'}) = \sum_{\mathbf{G} \neq 0} \frac{1}{|\mathbf{G}|^2} \left[\sum_s Z_s e^{i\mathbf{G}\tau_s} e^{\frac{-|\mathbf{G}|^2}{8\eta^2}} \right]^2 \tag{F.6}$$

に変換することができ（演習問題 F.4），これはイオンの位置にある Gauss 関数型の電荷からなる電荷分布の Coulomb エネルギーである．(F.5) 式の相補誤差関数を含む実空間での和は，点電荷と Gauss 関数型電荷の相互作用の差を，近接核について足し合わせた近距離の和である．

Madelung 定数

Madelung 定数 α は無次元の定数であり，格子に並んだ点電荷 Ze の単位胞当たりの静電エネルギー γ_{Ewald} を，代表的な長さを用いて次式

$$\gamma_{\text{Ewald}} = -\alpha \frac{Z^2 e^2}{2R} \tag{F.7}$$

のように表すものである．代表的な α の値を表 F.1 に示した．ここで，$2R$ はイオン結晶（表 F.1 の上段）に対しては最近接イオン間距離であり，単元素結晶（表 F.1 の下段）では $R = R_{\text{WS}}$ である．電気的中性を作り出す背景電荷は，点電荷の総和がゼロではない場合には，(F.5) 式に示すように γ_{Ewald} の計算の中に含まれているが，正と負の電荷のある中性の単位胞からなるイオン結晶では含まれていない（演習問題 F.2 の補足コメントを参照）．

最密構造の金属に対しては，表 F.1 に示す α の値は一様な補償電荷の球の中の 1 個の点電荷 Ze のエネルギーから得られるものに非常に近い．この場合には図 F.1 の右図に示すように，この球の体積は Wigner–Seitz 胞の体積

390　付録 F　無限大の系での Coulomb 相互作用

表 F.1　単純なイオン結晶と背景電荷が含まれている単元素結晶における Madelung 定数 α の代表的な値.

CsCl	NaCl	ウルツ	閃亜鉛鉱	
1.762,68	1.747,57	1.638,70	1.638,06	
bcc	fcc	hcp	sc	ダイヤモンド
1.791,86	1.791,75	1.791,68	1.760,12	1.670,85

と同じで, 半径は R_{WS} である. これは, Wigner–Seitz 胞がほぼ球形であり, 電荷中性の球状の系の間には相互作用がないので, 1 つの球内の内部エネルギーのみ考慮すればよいことになる, ということで理解できる. 負の背景電荷による半径 r での単位の電荷の見る静電ポテンシャルは (演習問題 F.3)

$$V(r) = Ze\left[\frac{r^2}{2R_{\mathrm{WS}}^3} - \frac{3}{2R_{\mathrm{WS}}}\right], \quad r < R_{\mathrm{WS}} \tag{F.8}$$

である. 定数は $r = R_{\mathrm{WS}}$ におけるイオンからのポテンシャル Ze/r を相殺するように選べばよい. 全エネルギーはイオンと背景電荷の相互作用に, 一様な背景電荷の自己相互作用を加えたものである (演習問題 F.3 参照)[7].

$$\begin{aligned} E_{\mathrm{sphere}} &= (Ze)^2\left[-\frac{3}{2R_{\mathrm{WS}}} + \left(\frac{3}{4R_{\mathrm{WS}}} - \frac{3}{20R_{\mathrm{WS}}}\right)\right] \\ &= -0.90\frac{(Ze)^2}{R_{\mathrm{WS}}} = -1.80\frac{(Ze)^2}{d} \end{aligned} \tag{F.9}$$

この値 1.80 は, 表 F.1 にある最密構造の金属の Madelung 定数に非常に近い:最密構造の金属では最近接距離 d は $2R_{\mathrm{WS}}$ に近い.

力と応力

　点電荷として扱われている周囲の核やイオンにより原子に加わる力は, Ewald エネルギー (F.5) 式の解析的な微分から容易に得られる. 背景電荷は, 微分には関係がないので,

---

[7] [訳註] (F.9) 式 [ ] 内の第 1 項は正イオンとその電荷を打ち消す一様分布の電子との相互作用による. 次の 2 項は (F.8) 式を用いると $\{Ze/[-2 \times \frac{4\pi}{3}R_{\mathrm{WS}}^3]\}\int_{\mathbf{r}\in\mathrm{WS}\text{ 球}} V(r)\mathrm{d}r$ である. このようにすると原著とは係数が違うが結果は同じである.

$$-\frac{\partial \gamma_{\text{Ewald}}}{\partial \tau_s} = -\frac{e^2}{2} Z_s \sum_{s'} Z_{s'} \sideset{}{'}\sum_{\mathbf{T}} \left[\eta H'(\eta D) \frac{\mathbf{D}}{D^2} \right]_{\mathbf{D}=\tau_{s,s'}-\mathbf{T}}$$
$$+ \frac{4\pi}{\Omega} \frac{e^2}{2} Z_s \sum_{s'} Z_{s'} \sum_{\mathbf{G}\neq 0} \left[\frac{\mathbf{G}}{|\mathbf{G}|^2} e^{\frac{-|\mathbf{G}|^2}{4\eta^2}} \sin(\mathbf{G}\cdot\tau_{s,s'}) \right] \quad \text{(F.10)}$$

となる．ここで $H'(x)$ は

$$H'(x) = \frac{\partial \text{erfc}(x)}{\partial x} - x^{-1}\text{erfc}(x) \quad \text{(F.11)}$$

である．

Ewald 項の応力への寄与は，附録 G 中の表式を使えば求められる．実空間での和は，(G.7) 式の形で表される短距離の 2 体項を含んでおり，逆空間での和は (G.8) 式の形をしている．最終的な結果は（[102] の付録参照），

$$\frac{\partial \gamma_{\text{Ewald}}}{\partial \epsilon_{\alpha\beta}} = \frac{\pi}{2\Omega\eta^2} \sum_{G\neq 0} \frac{e^{-G^2/4\eta^2}}{G^2/4\eta^2} \left| \sum_s Z_s e^{i\mathbf{G}\cdot\tau_s} \right|^2 \left[\frac{2G_\alpha G_\beta}{G^2}(G^2/4\eta+1) - \delta_{\alpha\beta} \right]$$
$$+ \frac{1}{2}\eta \sum_{s,s'\mathbf{T}} Z_s Z_{s'} H'(\eta D) \frac{D_\alpha D_\beta}{D^2} \Bigg|_{(D=\tau_{s'}-\tau_s+\mathbf{T}\neq 0)}$$
$$+ \frac{\pi}{2\Omega\eta^2} \left[\sum_s Z_s \right]^2 \delta_{\alpha\beta}. \quad \text{(F.12)}$$

となる．

F.3 広がりを持つ核あるいはイオン

全エネルギー中の各項はまた擬ポテンシャルの計算に容易に使えるような形に再配列することができる[8]．イオンの擬ポテンシャルの長距離部分は，各イオン I の局所項 $V_I^{\text{local}}(\mathbf{r})$ にある．このポテンシャルを生じさせる電荷密度を次式

$$n_I^{\text{local}}(\mathbf{r}) \equiv -\frac{1}{4\pi} \nabla^2 V_I^{\text{local}}(\mathbf{r}) \quad \text{(F.13)}$$

---

[8] ［原註］この考え方と計算に使われる具体的な表式については [646] および [748] 参照．この式は 19.4 節で議論するように特に Car–Parrinello 法によるシミュレーションに適している．

392 付録 F 無限大の系での Coulomb 相互作用

で定義すれば[9]，広がりを持つイオンの電荷密度が存在するときの電子の全エネルギーは，全電荷密度

$$n^{\text{total}}(\mathbf{r}) \equiv \sum_s n_I^{\text{local}}(\mathbf{r}) + n(\mathbf{r}) \tag{F.14}$$

を使って書くことができる．また，(F.13) 式とは異なるモデルイオン密度を定義することも可能である．このような考え方は共通であり，ここで示した式はモデルに合わせて容易に修正できる．

この n^{total} の定義を使えば，イオン–イオン項，Hartree 項，局所外場項を組み合わせて，全エネルギー (7.5) 式を

$$E_{\text{KS}} = T_s[n] + \langle \delta \hat{V}_{\text{NL}} \rangle + E_{\text{xc}}[n] + E'_{\text{Hartree}}[n^{\text{total}}] - \sum_I E_I^{\text{self}} + \delta E_{II} \tag{F.15}$$

と書くことができる．ここでは，(13.1) 式で行ったのと同様に非局所擬ポテンシャル項が加えられている．Hartree 型の項 E'_{Hartree} は，(F.2) 式で行ったように $n \to n^{\text{total}}$ とすれば得られ，「自己」項は E'_{Hartree} 中の自己相互作用項を差し引き，最後の項 δE_{II} は，広がりのあるイオンの電荷密度 $n_I^{\text{local}}(\mathbf{r})$ が重なった場合の非物理的な効果を取り除くための短距離補正項である．

Ewald 表式との類似性は，電荷密度 $n_I^{\text{local}}(\mathbf{r})$ を Gauss 関数型に選べば見て取れる．この場合，この扱いは Ewald の式 (F.5) を使って全エネルギーの再配分をしたことに他ならない．(F.5) 式中の Fourier 級数和は，電子によるHartree 項と外部項と共に $E'_{\text{Hartree}}[n^{\text{total}}]$ の定義の中に含まれている．(F.5)式中の実空間での和は，単に短距離の補正項 δE_{II} であり，(F.5) 式中の定数は「自己エネルギー」項である．

力と応力

力は，n^{total} が陽にイオンの位置に依存していることを念頭において，エネルギー (F.15) 式を微分し，力の定理を使えば求められる．その結果は，Ewald項と局所項を並べ直せば (13.3) と (F.10) 式に類似した式

---

[9] ［訳註］V_I^{local} を電子の見るポテンシャルとすると，n_I^{local} は負である．一方，ここでは $n(\mathbf{r})$ は正としているので，(F.14) 式の量は電荷密度の符号を変えたものになる．

$$\mathbf{F}_j^\kappa = -\Omega \sum_m \mathrm{i}\mathbf{G}_m e^{i\mathbf{G}_m \cdot \tau_{\kappa,j}} V_{\mathrm{local}}^\kappa(\mathbf{G}_m) n^{\mathrm{total}}(\mathbf{G}_m) - \frac{\partial \delta E_{II}}{\partial \tau_{\kappa,j}} + \left[\mathbf{F}_j^\kappa\right]^{\mathrm{NL}}$$

(F.16)

が得られる．ここで $\left[\mathbf{F}_j^\kappa\right]^{\mathrm{NL}}$ は，(13.3) 式右辺の最後の非局所項であり，δE_{II} による寄与は，単なる短距離の 2 体の項である．応力は F.2 節における表式と似た形で求められる．

F.4 中性原子を基準にしたエネルギー

原子を基準にした全エネルギーの表式を作ることは魅力的であり，有用である[10]．これは，前節の表式を再定式化したものと見ることができる．ばらばらの原子を基準にした全エネルギーは，(F.15) 式と，ばらばらの原子のそれに対応するエネルギーの和との差である．運動エネルギー，非局所エネルギーおよび交換相関エネルギーの差は，それぞれ個別に計算しなければならないが，その簡単な表式は存在しない．

しかし，Coulomb 項に関しては利用できる簡単化がある．まず，電子密度 $n_I(\mathbf{r})$ と正のイオンを表す局所的な密度 $n_I^{\mathrm{local}}(\mathbf{r})$ の和として，各原子について電荷中性の密度 $n_I^{\mathrm{NA}}(\mathbf{r})$ を (F.14) 式と同じように定義しよう．そうすれば全密度は次式

$$n^{\mathrm{total}}(\mathbf{r}) \equiv \sum_I n_I^{\mathrm{NA}}(\mathbf{r}) + \delta n(\mathbf{r}) \tag{F.17}$$

のように書くことができる．ここで $\delta n(\mathbf{r}) = n(\mathbf{r}) - n^{\mathrm{atom}}(\mathbf{r})$ であり，$n^{\mathrm{atom}}(\mathbf{r})$ は原子での密度を重ね合わせた和である[11]．(F.17) 式を (F.2) 式に代入すれば次式

$$E'_{\mathrm{Hartree}}[n^{\mathrm{total}}] = E'_{\mathrm{Hartree}}[n^{\mathrm{NA}}] + \int \mathrm{d}\mathbf{r}\, V^{\mathrm{NA}}(\mathbf{r})\delta n(\mathbf{r}) + E'_{\mathrm{Hartree}}[\delta n]$$

(F.18)

---

[10] [原註] このような式は原子あるいは原子型粒子の密度が容易に利用できる局所軌道法において特に有用である．詳しい解析は [630, 646] に記載されている．

[11] [訳註] いろいろな量が出てくるが，$n^{\mathrm{total}}(\mathbf{r})$ は $n(\mathbf{r})$ であり，$n^{\mathrm{atom}}(\mathbf{r})$ は $\sum_I n_I^{\mathrm{NA}}(\mathbf{r})$ である．

394 付録 F 無限大の系での Coulomb 相互作用

が得られる. 式中の $V^{NA}(\mathbf{r})$ は, 中性のイオン密度 $n_I^{NA}(\mathbf{r})$ による Coulomb ポテンシャルの和である.

n^{NA} および δn は, 両方とも中性の密度である, すなわち, 平均値はゼロであるので, (F.18) 式の各項は, よく定義された量であり, Hartree 型の表式 (F.2) を使って, 個別に取り扱うことができる. その 1 つの方法は, $n^{NA}(\mathbf{r})$ が周期的な電荷密度であることを使い, Fourier 空間へ変換して第 1 項を求めることである. しかし, この方法は中性で球状の電荷密度の和として $n^{NA}(\mathbf{r})$ が構成されていることを利用していない. このことを使えば, 第 1 項は原子内の項に, 中性の原子型ユニット間の短距離相互作用を加えた和として書くことができる. 核 (あるいはイオン) の非物理的な自己エネルギー項を (F.15) 式のように除くと,

$$E'_{\text{Hartree}}[n^{NA}] - \sum_I E_I^{\text{self}} = \sum_I U_I^{NA} + \sum_{I<J} U_{IJ}^{NA}(|\mathbf{R}_I - \mathbf{R}_J|) \quad \text{(F.19)}$$

が得られる. ここで

$$U_I^{NA} = \int \mathrm{d}r V_I^{\text{local}}(\mathbf{r}) n_I(\mathbf{r}) + \frac{1}{2} \int \mathrm{d}r V_I^{\text{Hartree}}(\mathbf{r}) n_I(\mathbf{r}) \quad \text{(F.20)}$$

であり, V_I^{Hartree} は $n_I(\mathbf{r})$ による静電ポテンシャル, また相互作用 $U_{IJ}^{NA}(|\mathbf{R}_I - \mathbf{R}_J|)$ は重なっている密度に対してのみ, ゼロではない値を持つ. もしその密度が遮断半径を超えたところで厳密にゼロであるならば, 重なりのない中性の球状電荷密度に対しても相互作用もまたゼロになる [630]. エネルギーに対するこれらの式は (15.14) 式で使われており, それは局所軌道を使う方法では特に有用である.

F.5 表面および界面の双極子

面状電荷分布は, 長距離 Coulomb 相互作用の効果の重要な場合であり, 表面や界面の現象で主要な役割を演じる. 表面あるいは界面の双極子により平均静電ポテンシャルにずれが生じ, 界面に依存するバンドオフセットや, 表面に依存する仕事関数が生じる原因となる (13.5 節と第 22 章参照). そのよ

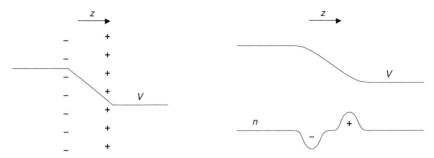

図 F.2 模式的に示した電荷 $\sigma(z)$ の双極子層と,それによって発生する,電子の見る平均ポテンシャルのオフセット.左図は平行平板コンデンサーのよく知られた状況を示す.右図は表面や界面などで見られる実際の滑らかな界面密度の模式図である.

うな現象のもとにある原因は長距離の Coulomb 相互作用であり,バルクの凝縮物質においては,荷電粒子(例えば電子)の絶対的エネルギーはバルク固有の性質を表すものではないということである.他のある状態(例えば真空など)を基準にしたエネルギーは,全系の電荷の状態が分かっているときにのみ,決めることができる.

物理的な問題として,その密度が面状の表面あるいは界面の近くでのみゼロではないような電荷密度 $n(\mathbf{r})$ を持つ系を考える.その密度 $n(\mathbf{r})$ には電子と核の両方が含まれており,1 粒子当たりのエネルギーが有限であるためには電荷中性でなければならない.座標系を $\hat{z}$ 軸は面に垂直に,$\hat{x}, \hat{y}$ 軸は面内となるように固定すれば,$n(\mathbf{r})$ は,単位面積当たりの平均密度 $\sigma(z)$ と,$\hat{x}, \hat{y}$ 面内で変化する $\delta n(\mathbf{r})$ とに分けることができる.面内での変化 $\delta n(\mathbf{r})$ からは,$|z|$ の関数として指数関数的に減衰するポテンシャルが出てくる [1019].また,代表的な減衰長は,$\delta n(\mathbf{r})$ が変化する距離 L_{xy} に比例する.従って,長距離の効果は $\sigma(z)$ に帰せられる.

このことから図 F.2 に示した問題が出てくる.それは左図に示した平板コンデンサーと等価の問題である.静電気学的には非常に簡単で,表面または界面領域の外側での z に関する効果としては静電ポテンシャルの一定のずれ

396　付録 F　無限大の系での Coulomb 相互作用

が生じ，そのずれは双極子による電場の積分によって得られ[12]，

$$\Delta \bar{V}_{\text{Coulomb}} = 4\pi \int \mathrm{d}z \, z \, \sigma(z) \tag{F.21}$$

と書くことができる．電子状態から計算されるべきものはこの双極子であり，これから 13.5 節と第 22 章で言及されているように，界面でのバンドオフセットや表面での仕事関数を予測することができる．

F.6　人為的映像電荷効果の削減

　孤立分子，クラスター，固体中の欠陥などの計算には周期的境界条件を使うと便利なことが多い．その利点は，結晶について開発された道具がすぐに使えるということである．その欠点は，人為的周期的境界条件を使うことによる不本意な効果が入ることである．これらの効果には 2 種類あり，それは波動関数の重なりによる人為的なバンドができることと，周期的な単位胞から生じる「映像電荷」によるポテンシャルの発生である．束縛状態の波動関数は指数関数的に局在しているので，最も長距離に及ぶ効果は Coulomb 相互作用によるものである．従って，この映像ポテンシャルの効果を最小限に抑える計算方法を見つけることは大変有用である．

　この問題を実用的な式と共に分かりやすく解決する方法が Schultz の論文 [1020] に出ており，それを図 F.3 示した．その目的は，体積 $\Omega \equiv L^3$ の周期的な単位胞を用いた計算を使って，図 (a) の孤立系の性質を求めることである．もしその密度が図 (b) に示すように単に周期的に繰り返され，結晶の場合に成り立つポテンシャルと密度を関連づける通常の式を使うならば，この

---

[12] ［訳註］$\sigma(z)$ は $n(\mathbf{r})$ を表面や界面で平均したもので $\sigma(z) = (1/S) \iint n(\mathbf{r})\mathrm{d}x\mathrm{d}y$ で定義される．S は界面または表面の面積である．静電ポテンシャル $V(\mathbf{r})$ に対して同様に $V(z)$ を定義する．$(\partial^2/\partial x^2)V(\mathbf{r})$，$(\partial^2/\partial y^2)V(\mathbf{r})$ の xy 面内の積分は，周期境界条件をつけると消える．その結果，Poisson 方程式は $(\mathrm{d}^2/\mathrm{d}z^2)V(z) = -4\sigma(z)$ となる．この両辺に z をかけて積分すると，$\Delta V = V(z_2) - V(z_1) = z(\mathrm{d}/\mathrm{d}z)V(z)|_{z_1}^{z_2} + 4\pi \int_{z_1}^{z_2} z\sigma(z)\mathrm{d}z$ が得られる．ただし，$(\mathrm{d}/\mathrm{d}z)V(z) = -4\pi \int^z \mathrm{d}z'\sigma(z')$ である．界面あるいは表面領域の外側に z_1, z_2 をとれば，そこで電場は消えているので (F.21) 式が得られる．ただし，(F.21) 式および上述の $V(\mathbf{r})$ は正の単位電荷の見るポテンシャルである．図 F.2 に示されているのは電子の見るポテンシャルなので，符号が逆になる．

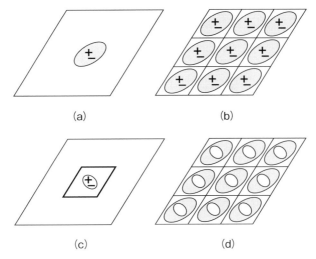

図 F.3 図 (a) に示すような孤立系について，静電ポテンシャルを求め，かつ Kohn–Sham 方程式を解くために使用する周期的境界条件の模式図．図 (b) に示すような周期性のある電荷密度からは映像電荷との間に人為的な相互作用が生じる．図 (a) から図 (c) のモデル電荷密度 $n_{\mathrm{LM}}(\mathbf{r})$ を差し引けば，(F.23) 式から $M \leq M_{\max}$ に対してはモーメントを持たない密度 $n'(\mathbf{r})$ が求まる．計算は図 (d) の周期的な $n'(\mathbf{r})$ を，静電ポテンシャルに対する表式 (F.24) と共に使って行うことができる．図は，P. Schultz 提供．[1020] の図 1 と同じ．

人為的な方法はもとの系とその周期的な映像間の相互作用による余計なポテンシャルを導入することになる．この効果は1個の単位胞の電荷密度の多重極モーメントを使って理解でき，簡単のためにテンソルの指標を省略すると，それは

$$\langle n \rangle_M = \int \mathrm{d}\mathbf{r}\, \mathbf{r}^M n(\mathbf{r}) \tag{F.22}$$

と表すことができる．もし単位胞が帯電している（単極子 ($M = 0$) モーメント $\neq 0$）ならば，この和はいかなる Ω についても発散する．もし双極子 ($M = 1$) モーメントがあれば，$\Omega \to \infty$ の極限値は単位胞の形に依存する．四重極 ($M = 2$) モーメントに関しては，エネルギーについては（誤差 $\propto 1/L^5 = 1/\Omega^{5/3}$ の範囲で）収束する表式が得られるが，ポテンシャルは条件付きでのみ収束する．さらに高次の多重極の場合にはこの和は収束する．

この問題を解決する一般的な方法 [1020] は，密度を2つの部分に分割する

398　付録 F　無限大の系での Coulomb 相互作用

ことである.

$$n(\mathbf{r}) \equiv n'(\mathbf{r}) + n_{\mathrm{LM}}(\mathbf{r}) \tag{F.23}$$

ここで $n_{\mathrm{LM}}(\mathbf{r})$ は，$M \le M_{\max}$ の場合の $n(\mathbf{r})$ についてのモーメント (F.22)
を再現するために選ばれたモデル「局所モーメント対応電荷」密度である. 1
個の孤立モデル密度 $n_{\mathrm{LM}}(\mathbf{r})$ が図 F.3 (c) に描かれている. 残りの $n'(\mathbf{r})$ は，
$M \le M_{\max}$ ではモーメントが消え，図 F.3 (d) に示すように周期的に繰り
返されている. その結果として得られる Coulomb ポテンシャルは，2 つの項
の和として表すことができ，

$$V_{\mathrm{Coulomb}}(\mathbf{r}) = V'_{\mathrm{Coulomb}}(\mathbf{r}) + V_{\mathrm{Coulomb,LM}}(\mathbf{r}) \tag{F.24}$$

となる. ここで $n'(\mathbf{r})$ と $V'_{\mathrm{Coulomb}}(\mathbf{r})$ は逆空間で容易に取り扱うことができ
る. 一方，$V_{\mathrm{Coulomb,LM}}(\mathbf{r})$ は，図 F.3 (c) に示されているように孤立単位胞
に対する正しい境界条件を持つモデル密度 $n_{\mathrm{LM}}(\mathbf{r})$ によって決められる. こ
の方法は周期的単位胞を扱う通常の計算の後の単なる事後処理ではなく，自
己無撞着反復計算の途中で得られたポテンシャルは (F.24) 式から決められ，
第 1 項のみから決められたものではない.

　固体中の欠陥の場合には，さらに考慮しなければならないことがある. こ
の場合には媒質自体が分極するので，欠陥による密度の変化は局在せず，一般
にモーメントの積分 (F.22) 式は，単位胞の中では収束しない. これはモデル
密度を加えるという一般的な考え方のもう 1 つの応用例であり，それによっ
て克服できる. というのは，長距離項はゆっくり変わる長距離電場によって
生ずる物質内の分極についての摂動論から求められるからである[13].

　電荷 Z を持つ原子，分子あるいは欠陥のような重要な場合については特に
触れておきたい [1021]. 周期的に繰り返す帯電した単位は F.2 節の Ewald 法
のところで述べたように，一定の中性化用背景電荷密度 $n_B = -Z/\Omega$ を加え
ることにより取り扱うことができる. このようにすれば，全エネルギー $E(\Omega)$
は，他の周期的な系の場合と同様に計算できる. しかし，単位胞と背景電荷と
の間の不要な相互作用（$\propto 1/L$）が出てくる. この大きい項は，Madelung 定

---

[13] [原註] この方法は，欠陥に伴う応力やひずみが静電場と類似の関係式に従うので，それらに
　　も適用できる.

数（F.2 節）を α として背景電荷の中にある点電荷 Z のエネルギー $Z^2\alpha/(2L)$ を引き去ることで打ち消し合うことができる．しかし，背景電荷と点電荷との相互作用は，背景電荷と単位胞の実際の密度との相互作用とは異なっている．これは，背景電荷密度は $1/\Omega$ に比例して変化するので，$1/\Omega$ に比例する局所的効果である．この項を補正することにより，立方晶の単位胞について成り立つ，より収束性の良いエネルギーの公式

$$E(L) = E_\infty - \alpha\frac{Z^2}{2L} - \frac{2\pi ZQ}{3L^3} + O(1/L^5) \tag{F.25}$$

を導くことができる [1021]．ここで Q は等方性の四重極モーメント $Q = \langle n \rangle_2 = \int \mathrm{d}\mathbf{r} r^2 n(r)$ である．Kantorovich[1022] は，任意の形状の単位胞に適用できる異なった方法を提案している．

さらに学ぶために

Kittel, C., *Introduction to Solid State Physics* (John Wiley and Sons, New York, 1996). Textbook with formulas for Ewald sums.

Coldwell-Horsfall, R. A. and Maradudin, A. A., "Zero-point energy of an electron lattice," *J. Math. Phys.* 1:395, 1960. Exposition of methods for Cloulomb sums.

「広がりを持つイオン」と中性原子と比べてのエネルギーの形式：

Galli, G. and Parrinello, M., in *Computer Simulations in Material Science*, edited by M. Meyer and V. Pontikis (Kluwer, Dordrecht, 1991), pp. 283–304.

Sankey, Otto F. and Niklewski, David J., "*Ab initio* multicenter tight-binding model for molecular dynamics simulations and other applications in covalent systems," *Phys. Rev.* B 40:3979–3995, 1989.

Soler, J. M., Artacho, E., Gale, J., Garcia, A., Junquera, J., Ordejon, P. and Sanchez-Portal, D., "The SIESTA method for *ab intio* order-N materials simulations," *J. Phys.: Condens. Matter* 14:2745–2779, 2002.

人為的周期境界条件の効果を減らす一般的方法：

Schultz, P. A., "Local electrostatic moments and periodic boundary conditions," *Phys. Rev.* B 60:1551–1554, 1999.

Makov, G., and Payne, M. C., "Periodic boundary conditions in *ab initio* calculations," *Phys. Rev.* B 51:4014–4022, 1995.

演習問題

F.1 (F.4) 式のポテンシャルは本文で述べたように平均値がゼロであることを示せ．第 3 項は第 1 項の平均値を差し引く項である．訳註 5 を参照．

F.2 表 F.1 の Madelung 定数の値について議論せよ．構造による α の変化を合理的に説明せよ．

400 付録 F 無限大の系での Coulomb 相互作用

F.3 電荷を中性化する一様な電子密度を持つ球の中央にある点電荷の問題は解析的に解くことができる. ポテンシャルとエネルギーの表式 (F.8) と (F.9) を導け. ヒント：一様な分布によるポテンシャルは r^2 で変化すること（なぜか？），および (F.8) 式の最後の項は，中性の単位胞の境界で $V = 0$ となるように選ばれていること（なぜか？）を使う.（これに関連した解析が電子の相関エネルギーについての Wigner の内挿公式のために，Pines により与えられている）([297], p.92–94).

F.4 Ewald エネルギーについての 2 つの表式，(F.5) と (F.6) が等価であることを示せ. 証明の第 1 ステップとして，(F.6) 式の右辺が実数であることを示せ. ヒント：指数関数を三角関数に展開し，余弦の加法定理 $\cos(A - B) = \cos A \cos B + \sin A \sin B$ を使う.

F.5 (F.5) 式の実空間および逆空間で表されたの各項の意味を，Gauss 関数型の電荷分布の相互作用を使って説明せよ. また，(F.6) 式の後に続く解釈の記述を証明せよ.

F.6 簡単な結晶構造を 1 つ選んで，その格子定数 a に対するエネルギーを計算せよ. それが $1/a$ に従って変化することを示せ. エネルギー対体積の傾きから，圧力を計算せよ. また，これが応力定理 (F.12) 式から得られる圧力と一致することを示せ.

F.7 表 F.1 中の単純な結晶構造において，各原子に働く力はゼロであることを解析的に示せ. これを力の定理を使い数値的に示せ.

F.8 単位胞当たり 2 個の原子がある結晶を，例えば，格子定数が a の fcc 格子に d だけ離れた 2 原子分子をおいたものを作れ. d の値をいくつか変えてエネルギーを計算せよ. この傾きから原子に働く力を計算せよ. また力の定理 (F.10) 式から求めた力と比較せよ.

F.9 前問に従い，応力定理 (F.12) 式を使い応力を計算せよ. また，格子定数 a に対するエネルギーの傾きと比較せよ. その応力が d と a の両方をスケーリングすることで得られることを解析的に証明せよ. このことを，直接計算して数値的に示せ.

F.10 分極モーメントを持つように正負に帯電した分子を考える. その分子を単純立方格子上におき，Ewald エネルギーを計算せよ. 次に，その単位胞を一方向に伸ばし，正方晶 $a = b \ll c$ にせよ.（プログラムは，この非等方な場合には実空間および逆空間の両方で，十分な数の基底ベクトルについて和をとっていることを確認すること.）また，c 軸方向および a 軸方向の双極子のエネルギーを求めよ. 違いはあるか？ それはなぜか？ これは第 24 章とどんな関係があるか？

F.11 プログラムを修正し，任意の点でのポテンシャルを計算できるようにせよ. 双極子が c 軸方向を向いている上述の問題の場合について，そのポテンシャルに (F.21) 式で与えられる双極子によるずれがあることを示せ. 平面内の格子定数 $a = b$（$a = b \ll c$ は保ったまま）を変え，F.5 節で述べたこと，すなわち，その面内の場の変化は，双極子の存在する面からの距離の関数として指数関数的に減少することを示せ.

付録 **G**

電子状態からの応力

> ### 要　旨
>
> 本付録の主題は巨視的な応力であり，それは応力とひずみの関係式の形で物質の力学的な性質に関わっている．応力テンソルは，圧力を体積変化と剪断に関するすべての独立成分へ一般化したものであり，「応力定理」は，スカラーの圧力に対するビリアル定理を，応力テンソルのすべての成分に一般化したものである．凝縮物質では，系の状態は応力と各原子にかかる力によって特定され，応力は力とは独立な変数である．平衡状態であるための条件は，（1）各原子にかかる力の和がゼロであること，および（2）巨視的な応力は外部から加えられた応力に等しいこと，である．

G.1　巨視的な応力とひずみ

　応力とひずみは凝縮物質の状態を特徴づける重要な概念である [206, 806, 807, 1023]．物体に外力がかかっていたり，物体の一部が他の部分に力を及ぼしている場合には，物体は応力がかかっている状態にある．2 種類の力を考えるものとすれば，その 1 つは物体の内部に働く力であり，もう 1 つは周囲の物質によって物体の表面に（あるいは表面を通して）働く力であり，これは図 G.1 に矢印で示されている．後者の力（単位面積当たり）は，物体の内部を通って伝播する応力である．これらの力は平衡状態では，どの表面でも均衡しているので，応力はその物質に固有の内部の力によってのみ決められ

402 付録 G　電子状態からの応力

る．つまり，応力はある状態における物質の固有の性質なのである．このことから応力は，電子と核からなる系の量子状態によって決められる，物質の1つの性質として「電子状態」の範疇に入ることになる．

　巨視的な領域で平均化されたものとしての一様な応力がある凝縮物質では，系の状態は，各原子に働く力と，それとは独立な変数である応力によって特定される．平衡条件とは，各原子に働く力が消えており，かつ巨視的応力は外部から加えられた力と釣り合っていることである．状態方程式は，密度や温度などの内部変数と応力の関係を示す．例えば，一様な液体では，系の状態は体積，圧力，温度によって完全に特定され，基本となるハミルトニアンとの関係はビリアル定理によって与えられる．この定理は，圧力を運動エネルギー演算子の期待値と粒子間相互作用のビリアルとに関係づけるものであり，まず Born, Heisenberg および Jordan [1024] により，後に Finkelstein [1025], Hylleraas [51], Fock [270] および Slater [1026] によって量子力学的に証明された．しかし，結晶では平衡状態で剪断応力 $\sigma_{\alpha\beta}$ が存在できるので，応力-ひずみの関係式を使って状態方程式が決められる．量子系での応力テンソルは Schrödinger [1027], Pauli [266], Feynman [1028] や他の人たち（例えば，[1029]）によって考案され，固有のハミルトニアンを使った基礎的な関係式が「応力定理」[102, 162] の形で定式化された．この定理は Fock [270] が行った見事なスケーリングの議論の一般化である．

　ひずみとは，ある点に変位 $\mathbf{r}_i \to \mathbf{r}'_i$，すなわち，変位 $\mathbf{u} = \mathbf{r}' - \mathbf{r}$ を生じさせる物質の変形である．座標 $\mathbf{r}$ の関数としての変位 $\mathbf{u}$ は変形を決める（[806]の第1章参照）．ベクトル $d\mathbf{r}$ で結ばれる2つの近接した点を考え，これが $d\mathbf{r}'$ に変形したものとする．2つの点間の距離は $dl = \sqrt{(dr_1^2 + dr_2^2 + dr_3^2)}$ から dl' に変わる．$\mathbf{u}$ について最も低い次数では，dl' は

$$(dl')^2 = dl^2 + 2u_{\alpha,\beta}dr_\alpha dr_\beta \tag{G.1}$$

で与えられる．ここで直交座標を表す添え字 α, β の繰り返しは和をとるものとする．また，

$$u_{\alpha,\beta} = \frac{1}{2}\left(\frac{\partial u_\alpha}{\partial r_\beta} + \frac{\partial u_\beta}{\partial r_\alpha}\right) \tag{G.2}$$

はひずみテンソルである．これは変形した系における長さを，変形していな

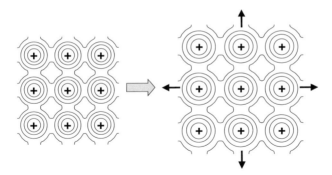

図 G.1 外力がない場合と張力（矢印）により誘発されたひずみがある場合の平衡状態における結晶の模式図．イオン芯を含む全空間での一様なひずみを示しており，これは Fock [270] がビリアル定理を導くために使った「Streckung des Grundgebietes」（「基底状態の伸長」）という概念の本質である．もちろんこのようなことが実際に起きるわけではないが，一般化された力の定理 (G.4) 式からの巨視的な応力の計算には十分である．図 H.1 に別の方法も示した．

い座標で表す「計量テンソル」と等価であり [1030]，(G.1) 式は

$$(\mathrm{d}l')^2 = \mathrm{d}r_\alpha g_{\alpha,\beta}\mathrm{d}r_\beta \;;\; g_{\alpha,\beta} = \delta_{\alpha,\beta} + 2u_{\alpha,\beta} \tag{G.3}$$

となる．空間のスケーリング $r_\alpha \to (\delta_{\alpha\beta} + \epsilon_{\alpha\beta})r_\beta$ を表す「非対称ひずみテンソル」$\epsilon_{\alpha\beta}$ を定義するのも便利である．これを使えばより簡単になることも多いが，内部エネルギーに関係するのは対称形 (G.2) 式であることを覚えておかなければならない．反対称項は回転を表し，これは内部座標の相対的な関係に何の影響も与えない．

もしひずみが巨視的な領域で一様であれば[1]，巨視的な平均応力テンソル $\sigma_{\alpha\beta}$ は，全エネルギーのひずみテンソルに関する微分の単位体積当たりの値である．

$$\sigma_{\alpha\beta} = \frac{2}{\Omega}\frac{\partial E_{\text{total}}}{\partial g_{\alpha\beta}} \quad \text{あるいは} \quad \sigma_{\alpha\beta} = \frac{1}{\Omega}\frac{\partial E_{\text{total}}}{\partial u_{\alpha\beta}}. \tag{G.4}$$

応力の符号は [162] および [806] に従って決めた[2]．(G.4) 式の定義は系の内

---

[1] ［原註］一般に，ひずみ $u_{\alpha,\beta}$ あるいは計量 $g_{\alpha,\beta}$ は，テンソル場であり，位置 **r** の関数である．場については付録 H で議論する．

[2] ［訳註］(3.23) 式についてコメントしたように，応力テンソルの定義式の符号は原著とは変えてある．

404 付録 G 電子状態からの応力

部の力に対して成り立つものなので, 負の値は, 正の（膨張性の）ひずみに対して内部エネルギーが減少する, すなわち, それは圧縮状態にあることを示している. 例えば, 静水圧下では圧力は $P = -(1/3)\sum_\alpha \sigma_{\alpha\alpha}$ で与えられる.

弾性現象は応力–ひずみの関係で記述される. 例えば弾性定数は線形の範囲内では

$$C_{\alpha\beta;\gamma\delta} = \frac{1}{\Omega}\frac{\partial^2 E_{\text{total}}}{\partial u_{\alpha\beta}\partial u_{\gamma\delta}} = \frac{\partial \sigma_{\alpha\beta}}{\partial u_{\gamma\delta}} \tag{G.5}$$

で与えられる. 対称性 [283, 285, 807] を使えば, 一般的な結晶に対しては, $C_{\alpha\beta;\gamma\delta}$ は 6×6 の行列 C_{ij} として決められる. 立方晶では, 3 つの独立した定数 $C_{11} = C_{xx,xx}$, $C_{12} = C_{xx,yy}$ と $C_{44} = C_{xy,xy}$ のみとなる. ([807] 参照, 他の場合については固体物理の教科書 [280, 285, 300] 参照.）有限ひずみの理論は, 応力が微分 (G.4) 式で定義されているので, 基礎理論から直接導かれる. この式は任意の大きさのひずみを持つどのような状態についても成り立つ. さらに, 単位胞内の原子の位置は, どのようなひずみがあっても原子に働く力がゼロになるという関係式（G.4 節）から決められる. このように, ひずみの関数としての応力の計算は, 線形や非線形な応力–ひずみ関係を求めるために使われる [102, 162]. しかし, ひずみはある基準状態に対して定義されるので, 一義的ではないから, 応力–ひずみ関係を定義する際には注意が必要である.

一般化された力の定理 (3.25) 式を使えば, 系をさまざまな方法でひずませることによって応力の表式 (G.4) を評価できる. 全空間（内殻状態も含む）にわたる一様な無限小ひずみの例を図 G.1 に示す. (G.4) 式を非一様なひずみにまで一般化すれば, 図 H.1 に示すような別の形のひずみについても扱うことができる. (G.4) 式の微分は, 全エネルギー E_{total} を基本的な電子エネルギーに関連づけるさまざまな表式を使って計算でき, それぞれから得られた表式は非常に違ったものに見えることもあり得る. 実際, 同じ 1 つの方法においても E_{total} への異なる寄与は違った扱いをされることがある. さまざまな形の表式は, 物理的な内容が分かるように, また電子状態での重要な応用に役立つように分類することができる.

G.2 2体中心力による応力

電子状態論では，すべての基本的な力は，2体の中心力相互作用 $V_{kk'} \equiv V(|\mathbf{r}_k - \mathbf{r}_{k'}|)$ である．ここで k と k' は，相対座標が $\mathbf{r}_{kk'} = \mathbf{r}_k - \mathbf{r}_{k'}$ である任意の粒子対を表す．全エネルギーがそのような相互作用によって陽に記述される場合には，その応力は一般化されたビリアル（演習問題 G.1）

$$\sigma_{\alpha\beta} = \frac{1}{2\Omega} \sum_{k \neq k'} \frac{\mathrm{d}}{\mathrm{d}\mathbf{r}_k} V_{kk'} \frac{\mathrm{d}\mathbf{r}_k}{\mathrm{d}\epsilon_{\alpha\beta}} = -\frac{1}{2\Omega} \sum_{k \neq k'} \mathbf{F}_{kk',\alpha} \mathbf{r}_{k,\beta} \tag{G.6}$$

により与えられる．これは明確に対称形で書くことができ

$$\sigma_{\alpha\beta} = \frac{1}{2\Omega} \sum_{k \neq k'} \frac{(\mathbf{r}_{kk'})_\alpha (\mathbf{r}_{kk'})_\beta}{r_{kk'}} \left(\frac{\mathrm{d}}{\mathrm{d}r_{kk'}} V \right) \tag{G.7}$$

となる．ここで k と k' に関する和は考えているすべての粒子についてとられる．$\mathbf{F}_{kk',\alpha}$ は，粒子 k' による粒子 k にかかる力への寄与分であり，それは粒子 k にかかる，平衡状態ではゼロになる力の総和 $\mathbf{F}_{k,\alpha}$ ではない．

(G.7) 式からポテンシャルと力を使った古典的な粒子による応力が直接得られる．これはまた量子力学的演算子とみなすことができ，それから多体系における応力のポテンシャルに起因する部分の最も一般的な形，(3.23) 式，が出てくる．(G.7) 式あるいは (G.6) 式はさらに，全エネルギーの式中のどの項に対しても，粒子間の距離またはその他のパラメータに依存する必要な表式を与える．これは (F.12) 式で与えられる Ewald 項による応力の実空間部分に対する，あるいはまたタイトバインディング法や局在軌道法での距離の関数として表される全エネルギーの項（(14.29) 式と 15.5 節の関連する項参照）に対する有用な形式にもなっている．

G.3 Fourier 成分による表式

(G.7) 式と (3.23) 式は，相互作用ポテンシャルについての扱いの最終的な式のように見えるかもしれないが，そうではない．一般的な多体系の (3.23) 式においても，長距離の古典的 Coulomb 項は，例えば Fourier 空間での表式

406 付録 G 電子状態からの応力

を使うなどの特別な注意をもって扱う必要がある．密度汎関数論のような平均場による扱いでは，粒子の位置は直接には表れず，有効ポテンシャルは特定の他の粒子によるポテンシャル項では表されない．$V_{\mathrm{KS}}(\mathbf{r})$ はそれが正しい電子密度を再現するという条件によってのみ定義される．ではどうすればよいだろうか？ 実用的な方法は，単に E_{total} の項すべての微分をとることである．

$\mathbf{q}$ を逆空間での任意のベクトルとし，ひずみは逆空間においても $\mathbf{q}_\alpha \to (\delta_{\alpha\beta} - \epsilon_{\alpha\beta})\mathbf{q}_\beta$ のようにスケールされることを使えば，Fourier 空間における表式は簡単に扱うことができる．構造因子 $S^\kappa(\mathbf{G})$, (12.17) 式，と $\Omega n(\mathbf{G})$ がひずみに対して不変であることを使えば，その導出は簡単になる．例えば，単位胞当たりの Hartree 項 (F.2) 式（これは全エネルギーの表式 (3.14) 式，(7.16) 式の項，他の章のそれぞれに現れる）から，応力への寄与（演習問題 G.2）

$$\frac{1}{\Omega}\frac{\partial E_{\mathrm{Hartree}}}{\partial \epsilon_{\alpha\beta}} = \frac{1}{2}4\pi e^2 \sum_{\mathbf{G}\neq 0} \frac{n(\mathbf{G})^2}{G^2}\left[2\frac{\mathbf{G}_\alpha \mathbf{G}_\beta}{G^2} - \delta_{\alpha\beta}\right] \qquad (\mathrm{G.8})$$

が出てくる．この表式は当然のことであるが，明らかに対称形になっている．

運動エネルギーの寄与

運動エネルギーの項についても $\mathrm{d}/\mathrm{d}\dot{\mathbf{r}}_\alpha \to (\delta_{\alpha\beta} - \epsilon_{\alpha\beta})(\mathrm{d}/\mathrm{d}\mathbf{r}_\beta)$ のスケーリングが適用できる．これから多体系と独立粒子系の両方で成り立つ一般的な表式 (3.23) が直接得られる．この表式は Fourier 空間で表現された波動関数に対しては特に簡単である．(13.1) 式中のそのエネルギー

$$T_s = \frac{\hbar^2}{2m_e}\frac{1}{N_k}\sum_{\mathbf{k},i}\sum_m c_{i,m}^*(\mathbf{k})c_{i,m}(\mathbf{k})|\mathbf{k}+\mathbf{G}_m|^2, \qquad (\mathrm{G.9})$$

から，運動エネルギーの応力への寄与として（演習問題 G.3）

$$\frac{1}{\Omega}\frac{\partial T_s}{\partial \epsilon_{\alpha\beta}} = -\frac{\hbar^2}{m_e}\frac{1}{N_k}\sum_{\mathbf{k},i}\sum_m c_{i,m}^*(\mathbf{k})c_{i,m}(\mathbf{k})(\mathbf{k}+\mathbf{G}_m)_\alpha(\mathbf{k}+\mathbf{G}_m)_\beta \quad (\mathrm{G.10})$$

が得られる[3]．

---

[3] [訳註] (G.10) 式の符号は [102] の (2) 式と違う．しかし，運動エネルギーは結晶の膨張によって下がるので，ここでの符号でなければならない．

G.4 内部ひずみ **407**

第15章では，タイトバインディング近似や局在軌道表示での運動エネルギー演算子の行列要素が原子間の距離の関数を使って表現され [362, 646]，その結果 (G.10) 式のような一般的な式の代わりに，(G.7) 式のような2体の形式が使用できることを利用している．

Ewald 項の応力への寄与

以上の式を使えば多くの異なった応力の表式が求められ，いろいろな方法において多かれ少なかれ役に立つであろう．Ewald 項の使用法については F.2 節で述べた．ここでは [102] の (2) 式で与えられているような，全エネルギーの平面波表示の (13.1) 式に対応する応力の表式を再提示する．ひずみについての微分は，

$$
\frac{\partial \gamma_{\text{Ewald}}}{\partial \epsilon_{\alpha\beta}} = \frac{\pi}{2\Omega\epsilon} \sum_{G\neq 0} \frac{e^{-G^2/4\epsilon}}{G^2/4\epsilon} \left| \sum_\tau Z_\tau e^{i\mathbf{G}\cdot\mathbf{x}_\tau} \right|^2 \left[\frac{2G_\alpha G_\beta}{G^2}(G^2/4\epsilon+1) - \delta_{\alpha\beta} \right]
$$
$$
+ \frac{1}{2}\epsilon^{1/2} \sum_{\tau\tau'\mathbf{T}}' Z_\tau Z_{\tau'} H'(\epsilon^{1/2}D) \frac{D_\alpha D_\beta}{D^2} + \frac{\pi}{2\Omega\epsilon} \left[\sum_\tau Z_\tau \right]^2 \delta_{\alpha\beta}
$$
$$
\tag{G.11}
$$

である．ここで，$\mathbf{D} = \mathbf{x}_{\tau'} - \mathbf{x}_\tau + \mathbf{T}$ であり，和は，$D \neq 0$ の項についてのみ行うものとする．なお ϵ は収束用パラメータであり（ひずみ $\epsilon_{\alpha\beta}$ ではない），計算効率が上がるように選んでよい．Z_τ は原子 τ の内殻の電荷を表し，$\mathbf{T}$ は格子の並進ベクトル，$\mathbf{x}_\tau$ は単位胞中の原子の位置を表す．関数 $H'(x)$ は，erfc($\mathbf{x}$) を相補誤差関数とすれば，

$$
H'(\mathbf{x}) = \partial[\text{erfc}(\mathbf{x})]/\partial\mathbf{x} - \mathbf{x}^{-1}\text{erfc}(\mathbf{x}) \tag{G.12}
$$

である．

G.4 内部ひずみ

前節で示した応力の表式は，電子の波動関数や核の位置も含めて空間の一様なスケーリングを仮定して求めたものである [102, 162]．しかし，これは実際に測定される応力すべてに対応しているわけではない．これが応力に対す

408 付録 G 電子状態からの応力

る正しい表式であるためには，エネルギーがすべての内部自由度に関して最小
値であることが要請される．電子の波動関数が変分的に最小点にあることに
加えて，すべての核 I が最小のエネルギー位置にいることが必要である．す
なわち，ひずみが存在する状況において，各原子にかかる力がゼロ，$\mathbf{F}_I = 0$,
でなければならない．単純な結晶構造やある種の対称性を持ったひずみにつ
いてのみ，核の位置が対称性によって固定される．一般には，$\mathbf{F}_I = 0$ という
条件で与えられる核の位置を求めなければならない．この条件が満たされた
ときの変位は，

$$\mathbf{u}_{s,\alpha} = \sum_{\beta} \epsilon_{\alpha\beta}\tau_{s,\beta} + \mathbf{u}_{s,\alpha}^{\mathrm{int}} \tag{G.13}$$

のように定義される．ここで第 1 項は基底の一様なスケーリングを表し，第
2 項はそれからのずれ，または「内部ひずみ」を表す（例えば [91] と [102] お
よびそこで引用されている文献参照）．線形の範囲内では，その内部ひずみは
外部ひずみに比例し，次式

$$\mathbf{u}_{s,\gamma}^{\mathrm{int}} = \sum_{\alpha\beta} \Gamma_{s,\gamma,\alpha\beta}\, \epsilon_{\alpha\beta} \tag{G.14}$$

によって「内部ひずみパラメータ」Γ が定義される．

　その効果は，ダイヤモンドあるいは閃亜鉛鉱構造などの簡単な例を考えれ
ば理解できる．ひずみのない結晶では，$(1\,1\,1)$ 方向に垂直な原子面の間隔は
交互に $\sqrt{3}a/4$ の 1/4 倍と 3/4 倍となっている．$(1\,1\,1)$ 方向の一軸性ひず
みがある場合には間隔は対称性では決まらない．この問題は，演習問題 G.4
で述べている 1 次元の分子鎖の問題と等価である．

　内部ひずみは応力‐ひずみ関係を理解し予測するためには非常に重要であ
る．しかし，内部ひずみパラメータは，ひずんだ結晶内の原子位置を実験的
に測定するのは難しいので，ほんの少しの場合しか測定されていない．従っ
て，この領域は巨視的弾性定数がよく分かっている場合でも，弾性に関する
知識に理論が情報を付与できる重要な領域である．

さらに学ぶために
弾性に関する基礎理論：
Landau, L. D. and Lifshitz, E. M., *Theory of Elasticity* (Pergamon Press,
　Oxford, 1958).

G.4 内部ひずみ **409**

一般的理論：

Nielsen, O. H. and Martin, R. M., "Quantum-mechanical theory of stress and force," *Phys. Rev.* B 32(6):3780–3791, 1985.

平面波基底での応用：

Nielsen, O. H. and Martin, R. M., "Stresses in semiconductors: *ab initio* calculations on Si, Ge, and GaAs," *Phys. Rev.* B 32(6):3792–3805, 1985.

局在基底での表式：

Soler, J. M., Artacho, E., Gale, J., Garcia, A., Junquera, J., Ordejon, P. and Sanchez-Portal, D., "The SIESTA method for *ab intio* order-N materials simulations," *J. Phys. : Condens. Matter* 14:2745–2779, 2002.

Feibelman, P. J., "Calculation of surface stress in a linear combination of atomic orbitals representation," *Phys. Rev.* B 50:1908–1911, 1994.

演習問題

G.1 2体の中心力ポテンシャルを介して相互作用をしている粒子について，応力テンソルへの寄与は一般化されたビリアル表式 (G.6) で与えられることを示せ．さらに，その表式を対称形 (G.7) 式に変換せよ．

G.2 Hartree 項の応力テンソルへの寄与に対する表式 (G.8) を導出せよ．

G.3 逆空間でのスケーリングに関する議論を用い，運動エネルギーの応力への寄与は，(G.10) 式の形で書けることを示せ．この式は平面波計算には都合がよい．

G.4 2原子分子 (AB) からなる1次元の鎖を考える．分子内の原子 (A と B) は距離 R_1，バネ定数 K_1 のバネで結ばれており，この分子の B 原子と隣の分子の A 原子との距離は R_2 で，これらの原子はバネ定数 K_2 のバネで結ばれているものとする．単位胞の長さ L は $R_1 + R_2$ である．この1次元鎖について弾性定数 $C = \mathrm{d}^2 E/\mathrm{d}L^2$ と (G.14) 式で定義される内部ひずみパラメータ Γ を求めよ．$K_1 \gg K_2$ の場合には，系は予想される振る舞いを示す，すなわち分子は非圧縮性であることを示せ．

G.5 単位胞当たり1原子の結晶では，内部ひずみは対称性によりゼロとなることを示せ．

G.6 前問での状態の一例として，演習問題 G.4 の分子鎖において $R_1 = R_2$ および $K_1 = K_2$ であれば，内部ひずみはゼロであることを示せ．同種原子の場合には，これは単位胞当たり1原子の場合に相当する．単位胞に異種の2原子があるイオン結晶であっても，$R_1 = R_2$ および $K_1 = K_2$ であれば内部ひずみはやはりゼロであることに注意せよ．

G.7 単位胞当たり3個の異種の原子からなり，しかも内部ひずみはゼロであるという鎖はあり得ないことを示せ．

付録 H

エネルギー密度と応力密度

要　旨

密度とは各点 **r** で定義された場であり，例えば，粒子数密度 $n(\mathbf{r})$ は明確に定義された実験的に測定可能な関数である．他の密度，特にエネルギー密度や応力密度についても表式があることが望ましい．しかし，エネルギー密度と応力密度は，巨視的なスケールでの弾性論の基礎ではあるが，微視的な量子のスケールでは一義的ではない．本付録では3つの点を取り上げる．（1）エネルギー密度と応力密度のある種の積分は一義的であり，非常に有用である．（2）エネルギー密度または応力密度に，一義的に決まる重要な寄与がある．これには，電子は Fermi 粒子の多体系であるという事実から生ずるすべての項が含まれる．（3）一義的ではない他のすべての項は，1つのスカラーの数密度のみを含んでいることを示すことができる．これらの項については異なった選択も可能であり，それぞれは密度 $n(\mathbf{r})$，または密度 $n(\mathbf{r})$ に直接関係する古典的 Coulomb ポテンシャル $V^{CC}(\mathbf{r})$ の微分のみを含む．非一義性に関するすべての事柄は1粒子問題のときとまったく同じである．

　電子状態論では，1つの密度—電子密度 $n(\mathbf{r})$—だけが広く使われている．それは量子力学では基本的な測定可能な量であり，密度汎関数論では基本となる密度である．$n(\mathbf{r})$ の理論的な表式は，よく定義されており，一義的な結果を導く．ここで，他の密度にも電子状態論で有用な役割を演ずる潜在的能力があることを強調しておく．特に，エネルギー密度と応力密度はこれまでの限られた利用範囲を超えて，電子状態論において非常に役に立つ潜在能力

を持っている.

エネルギー密度と応力密度の定式化における難点は，それらが本来一義的ではないことである．問題は，(3.8) 式で定義される電子密度 $n(\mathbf{r})$ とは違って，「ある点のエネルギー」あるいは「ある点での応力」を一義的に定義する量子力学的演算子がないことである．もちろん，全エネルギーと応力を表す表式はあるが，エネルギー密度や応力密度を定義するためには十分ではない．ある点での値は，全量を不変に保つ「ゲージ変換」に常に従っている.

エネルギー密度や応力密度が役に立つという判断はあるだろうか？ 答えは「イエス」であり，その 2 つの理由は:

1. 多くの重要な量はゲージの選択に対して不変であることが示される．例えば，全表面エネルギーと表面応力は表面領域にわたる積分により定義されている．その積分は，真空領域から系のバルク内部まで及ぶので，ゲージに依存する項は積分を行うとゼロになることを示すことができる [1031–1033]．同様に，付録 I の応力密度の表面積分を使った力の表式は不変であり，非常に有用なものとなり得る（H.3 節参照）．このような量については，ゲージ依存の被積分項に物理的な意味を付けてはいけないが，特別なゲージを選べば便利になる.

2. 特別な解析をすれば，よく定義されたエネルギー密度と応力密度の中の項を特定できる．以下に示すように，適切な定義をすれば，電子が Fermi 粒子の多体系を構成するということから生ずるエネルギーもしくは応力への寄与のすべてから一義的な密度が決まる.

エネルギー密度または応力密度の中の一義的ではない項はすべて，全電子密度 $n(\mathbf{r})$ と古典的 Coulomb ポテンシャル $V^{\mathrm{CC}}(\mathbf{r})$ の微分のみを含んでいる．従って，非一義性に関する事柄はすべて，1 粒子問題におけるものと厳密に同じである[1].

---

[1] ［訳註］空間の各点の周りで，ゲージ依存の項の積分が消えるように微小領域を選び，やや粗視化した空間での一義的なエネルギー密度と応力密度を定義することが，以下の論文で議論されている．具体的な計算例も示されている．Y. Shiihara, M. Kohyama and S. Ishibashi, *Phys. Rev.* B81:075441, 2010.

412 付録 H エネルギー密度と応力密度

H.1 エネルギー密度

電子と原子核からなる系の全エネルギーは，一般的に (3.16) 式，または Kohn–Sham 形 (7.5) 式で書くことができる．

$$E = \langle \hat{T} \rangle + [\langle \hat{V}_{\text{int}} \rangle - E_{\text{Hartree}}] + E^{\text{CC}} = T_s + E^{\text{CC}} + E_{\text{xc}}. \qquad \text{(H.1)}$$

ここで，T_s は独立粒子の運動エネルギーであり，Coulomb 項は無限大の系においてもよく定義されるようにグループにしてまとめた．エネルギー密度 $e(\mathbf{r})$ （ローマ字の小文字イタリックで表す）または 1 粒子当たりのエネルギー密度 $\epsilon(\mathbf{r}) \equiv e(\mathbf{r})/n(\mathbf{r})$ （小文字のギリシャ文字で表す）は，全空間で積分すれば全エネルギー E になる関数であり，例えば，

$$E = \int \mathrm{d}\mathbf{r} e(\mathbf{r}) \qquad \text{(H.2)}$$

ただし

$$e(\mathbf{r}) = t_{\text{ip}}(\mathbf{r}) + e^{\text{CC}}(\mathbf{r}) + e_{\text{xc}}(\mathbf{r}) \qquad \text{(H.3)}$$

となる．もし，電荷中性を保証する以外には電子の方程式にまったく影響を与えないイオン–イオン相互作用 E_{II} を分離すれば，全エネルギーは

$$E = \int \mathrm{d}\mathbf{r} n(\mathbf{r}) \epsilon(\mathbf{r}) + E_{II} \qquad \text{(H.4)}$$

ただし

$$\epsilon(\mathbf{r}) = \tau_{\text{ip}}(\mathbf{r}) + V_{\text{ext}}(\mathbf{r}) + \frac{1}{2} V_{\text{Hartree}}(\mathbf{r}) + \epsilon_{\text{xc}}(\mathbf{r}) \qquad \text{(H.5)}$$

と書ける[2]．

古典的な Coulomb エネルギー密度

エネルギー密度を定義するときの第 1 の問題は，古典的な Coulomb 項である．静電気学ではエネルギー密度に対して 2 つの式

---

[2] [原註] Hartree 項の係数 1/2 は，エネルギーを 1/2 ずつ各粒子へ特別に割り当てたと考えてよい．これは電子は互いに区別がつかないという事実によるものであり，エネルギーを他の割合で分配すれば，この対称性は破れる．

$$E^{\mathrm{CC}} = \frac{1}{8\pi} \int \mathrm{d}\mathbf{r} |\mathbf{E}^{\mathrm{CC}}(\mathbf{r})|^2 = \frac{1}{2} \int \mathrm{d}\mathbf{r} V^{\mathrm{CC}}(\mathbf{r})[-n(\mathbf{r}) + n^+(\mathbf{r})] \qquad \text{(H.6)}$$

があり [480,908]．ここで，$\mathbf{E}^{\mathrm{CC}} = -\nabla V^{\mathrm{CC}}$ は電子と核の全電荷密度 $-n(\mathbf{r}) + n^+(\mathbf{r})$ による電場である．各被積分項はエネルギー密度 $e^{\mathrm{CC}}(\mathbf{r})$ とみなすことができ，それぞれ異なった状況で有利になる．最初の式は，粒子ではなく場に割り当てられた Maxwell のエネルギー密度であり，2 番目の式は，粒子の位置での静電ポテンシャルと粒子の相互作用の形をしている．エネルギー密度のこの部分は一義的ではないが，純粋に古典的であり，すべての式は電荷密度を使って表現することができる．（下記の運動エネルギーの「Bose 粒子」的部分，(H.14) 式との類似性に注意する．）

(H.6) 式の 2 つの式には，実用上重要な違いがある．2 番目の式のみがエネルギーを (H.5) 式の形に書くことができ，そのときには $V_{\mathrm{ext}}(\mathbf{r})$ は核 $n^+(\mathbf{r})$ による Coulomb ポテンシャルであり，$V_{\mathrm{Hartree}}(\mathbf{r})$ は電子 $n(\mathbf{r})$ による古典的な Coulomb ポテンシャルである．

交換相関エネルギー密度

第 7 章では，$\epsilon_{\mathrm{xc}}(\mathbf{r})$ の表式の物理的な意味を，位置 $\mathbf{r}$ の電子の周りの交換相関正孔の汎関数として議論した．その積分が全 E_{xc} になるというように定義されたものではないが，$\epsilon_{\mathrm{xc}}(\mathbf{r})$ は，交換と相関により位置 $\mathbf{r}$ にある電子 1 個当たりに付加されるエネルギーであるという定義によって一義的に決められる．これは結合定数積分から得られた (7.17) 式からも分かるが，別の独立した導出 [1034] によって理解することもできる．すなわち，$\epsilon_{\mathrm{xc}}(\mathbf{r})$ のポテンシャル部分は，測定可能な量である 2 体分布関数を使って求められるので，明らかに一義的である．運動エネルギーの $\epsilon_{\mathrm{xc}}(\mathbf{r})$ への寄与は，相関による運動エネルギーの変化分だけであり，この密度 $\tau_c(\mathbf{r})$ もまた，下記のように $\tau_x(\mathbf{r})$ についての議論を拡張すれば，一義的である [1034–1036]．

独立粒子の運動エネルギー密度

最後に，Kohn–Sham エネルギーの第 1 項である独立粒子の運動エネルギー T_s について考える．この解析から汎関数の構築や実際の電子状態計算の解析に有用な表式が得られるので，少し詳しく説明する．運動エネルギーは 2 つ

414 付録 H　エネルギー密度と応力密度

のスピンに対する項の和である；ここでは簡単のために，すべての表式はそれぞれのスピンに別々に適用されるということでスピンの添え字を省く．

(H.6) 式の Coulomb エネルギーとの類似性から，N 個の独立な Fermi 粒子の運動エネルギーは，2 つの異なった形

$$T_s = -\frac{1}{2}\sum_{i=1}^{N}\int \mathrm{d}\mathbf{r}\psi_i^*(\mathbf{r})\nabla^2\psi_i(\mathbf{r}) = \frac{1}{2}\sum_{i=1}^{N}\int \mathrm{d}\mathbf{r}|\nabla\psi_i(\mathbf{r})|^2 \qquad (\text{H.7})$$

で表現できる．この 2 つの形が等価であるということは，部分積分をすれば分かる．というのは部分積分をすれば，束縛状態に対しては ψ_i が境界でゼロになるので境界での積分関数の値はゼロになり，周期関数に対しては積分関数の境界での値は相殺するからである．従って，2 つの被積分項

$$t^{(1)}(\mathbf{r}) = -\frac{1}{2}\sum_{i=1}^{N}\psi_i^*(\mathbf{r})\nabla^2\psi_i(\mathbf{r}) \quad \text{または} \quad t^{(2)}(\mathbf{r}) = \frac{1}{2}\sum_{i=1}^{N}|\nabla\psi_i(\mathbf{r})|^2$$

$$(\text{H.8})$$

は，いずれの積分も全運動エネルギーであるので，どちらも「運動エネルギー密度」$t(\mathbf{r})$ とみなすことができる．

運動エネルギー密度のどの部分が，一義的で有用なものであるかを見つけるにはどうすればよいであろうか？　まずこの問題をいくつかの部分に分ける．密度 $n(\mathbf{r})$ を持つ独立 Bose 粒子の運動エネルギー密度と Fermi 粒子であることによる「交換運動エネルギー密度」を加えたものは，

$$t(\mathbf{r}) = t_n(\mathbf{r}) + t_x(\mathbf{r}) \qquad (\text{H.9})$$

と書くことができる．この分離は波動関数を

$$\psi_i(\mathbf{r}) = u(\mathbf{r})\phi_i(\mathbf{r}); \ \ u(\mathbf{r}) = n(\mathbf{r})^{1/2} \qquad (\text{H.10})$$

と表すことによって実行できる[3]．このようにすると，各点 $\mathbf{r}$ で，$\sum_{i=1}^{N}|\phi_i(\mathbf{r})|^2 = 1$ が成り立ち，これから直ちに各点 $\mathbf{r}$ で

$$\sum_{i=1}^{N}\nabla|\phi_i(\mathbf{r})|^2 = 0 \ \ ; \ \ \sum_{i=1}^{N}\nabla^2|\phi_i(\mathbf{r})|^2 = 0 \qquad (\text{H.11})$$

---

[3] ［原註］ここで紹介する方法は，著者が E. Stechel から指摘されたものである．

H.1 エネルギー密度 **415**

となることが分かる（演習問題 H.1）．(H.11) 式の最初の式から，$\nabla u(\mathbf{r})$ と $\nabla \phi_i(\mathbf{r})$ を含む交差項は運動エネルギー密度のいかなる表式においてもゼロになることが出てくる[4]．2 番目の等式を使えば，直ちに $\sum_{i=1}^{N} |\nabla \phi_i(\mathbf{r})|^2 = -\sum_{i=1}^{N} \phi_i(\mathbf{r}) \nabla^2 \phi_i(\mathbf{r})$ となることを示すことができ，その結果，

$$t_x(\mathbf{r}) = n(\mathbf{r}) \tau_x(\mathbf{r}) \tag{H.12}$$

ただし τ_x は 1 粒子当たりの交換運動エネルギー密度 $\tau_x(\mathbf{r}) = t_x(\mathbf{r})/n(\mathbf{r})$ であり，

$$\tau_x(\mathbf{r}) = \frac{1}{2} \sum_{i=1}^{N} |\nabla \phi_i(\mathbf{r})|^2 = -\frac{1}{2} \sum_{i=1}^{N} \phi_i(\mathbf{r}) \nabla^2 \phi_i(\mathbf{r}) \tag{H.13}$$

となる．従って，$t_x(\mathbf{r})$ は (H.8) 式の運動エネルギーの形の選択に対して明らかに不変である．$\tau_x(\mathbf{r})$ もまた明確な物理的意味があり，それは交換正孔の曲率であり [1037–1039]，電子対の相対的な運動エネルギーであることを示すことができる [1040][5]．図 8.1 の Ne 原子の交換正孔の曲線を見ればその曲率は明らかであり，図 5.5 と図 8.5 からも見て取れるが，これらの図には相関も含まれている．従って，過剰交換運動エネルギー密度 $t_x(\mathbf{r})$（および粒子当たりの密度 τ_x）は，一義的であり，意味のある密度である．

残りの項 $t_n(\mathbf{r})$ は $u(\mathbf{r}) = n(\mathbf{r})^{1/2}$ の微分のみを含んでいる．従って，運動エネルギー密度の一義性の問題点は，単に密度だけが絡む単純な形式に帰着した．密度は 1 つの座標のスカラー関数であるから，非一義性の問題は 1 粒子問題に対するものと同じであり，次の 2 つの選択がある[6]：

$$t_n^{(1)}(\mathbf{r}) = -\frac{1}{2} u(\mathbf{r}) \nabla^2 u(\mathbf{r}) \quad \text{または} \quad t_n^{(2)}(\mathbf{r}) = \frac{1}{2} |\nabla u(\mathbf{r})|^2. \tag{H.14}$$

---

[4] ［訳註］(H.11) 式の最初の式は $\sum_{i=1}^{N} \nabla |\phi_i|^2 = \sum_{i=1}^{N} [(\nabla \phi_i^*)\phi_i + \phi_i^* \nabla \phi_i] = 0$，であるが，占有状態についての和になっているので，時間反転対称性から，ϕ_i が占有されていると ϕ_i^* も占有されているので，$\sum_{i=1}^{N} (\nabla \phi_i^*)\phi_i = \sum_{i=1}^{N} \phi_i^* \nabla \phi_i = 0$ となる．(H.11) 式の 2 つ目の式についても同様．本文ではこれ以後 ϕ_i を実数扱いにしている．

[5] ［原註］Fermi 粒子の過剰運動エネルギー密度そのものがいくつかの性質についての適切な物理的に意味のある密度である．例えば，交換は Fermi 粒子の部分にのみ依存すべきである．実際，交換汎関数 [442] は，交換正孔の短距離での形が $t_x(\mathbf{r})$ により決められることから，τ_x を使って作られてきた．

[6] ［訳註］$t_n^{(2)}(\mathbf{r}) - t_n^{(1)}(\mathbf{r}) = \frac{1}{2}[|\nabla u(\mathbf{r})|^2 + u(\mathbf{r})\nabla^2 u(\mathbf{r})] = \nabla^2 u(\mathbf{r})^2 = \nabla^2 n(\mathbf{r})$ となっている．

416 付録 H エネルギー密度と応力密度

(H.14) 式の運動エネルギーは，密度 $n(\mathbf{r}) = |u(\mathbf{r})|^2$ を持つ N 個の相互作用
はなく，それぞれが波動関数 $u(\mathbf{r})/\sqrt{N}$ を持つボゾンの運動エネルギーに等
しいという簡単な物理的解釈がある．

(H.14) 式のどちらでもいいのであるが，2 番目のは正定値であり，6.2 節で
述べた Thomas–Fermi 法で Weizsecker [330] によって勾配補正に選ばれた．
それは，それぞれのスピンに対して $t_W(\mathbf{r}) = n(\mathbf{r})\tau_W(\mathbf{r})$ と書かれるが，

$$\tau_W(\mathbf{r}) = \frac{1}{2}\left[\frac{\nabla u(\mathbf{r})}{u(\mathbf{r})}\right]^2 = \frac{1}{8}\left[\frac{\nabla n(\mathbf{r})}{n(\mathbf{r})}\right]^2 \tag{H.15}$$

である．最後に，これは $\tau_x(\mathbf{r})$ を波動関数を使って表すのに有用な方法になっ
ている．各スピンについて，

$$\tau_x(\mathbf{r}) = \frac{1}{2n(\mathbf{r})}\sum_{i=1}^{N}|\nabla\psi_i(\mathbf{r})|^2 - \tau_W(\mathbf{r}), \tag{H.16}$$

となり Weizsacker 項とは違っていて，粒子のフェルミオン的性質による余
分の運動エネルギーとして物理的に意味付けされる．この運動エネルギー密
度は 9.4 節での meta-GGA 密度汎関数を構築するときのキーとなる構成要
素である．ここでの導出は汎関数を構築するのに適切な量は (H.16) 式での差
であることの理由を示している．確かに，このことは [441] と 9.4 節で議論
されているように SCAN 汎関数の構築において認識されていた．

1 粒子当たりのエネルギー密度：便利な表式

各点 $\mathbf{r}$ での 1 電子当たりのエネルギー密度の表式には，電子密度を基本変
数として変分方程式 (7.9) から導かれる Kohn–Sham 方程式と密接に関係し
ているという利点がある．表式 (H.5) を (H.15) 式と組み合わせると

$$\epsilon(\mathbf{r}) = \sum_{i}\frac{\epsilon_i|\psi_i(\mathbf{r})|^2}{n(\mathbf{r})} - \frac{1}{2}V_{\mathrm{Hartree}}(\mathbf{r}) + [\epsilon_{\mathrm{xc}}(\mathbf{r}) - V_{\mathrm{xc}}(\mathbf{r})] \tag{H.17}$$

が導かれる（演習問題 H.3）．ここで，最初の項は固有値の重みを持つ密度で
あり，その他の項は数えすぎを補正する項である[7]．(H.17) 式の第 1 項は，本

---

[7] ［訳註］ここには M. H. Cohen et al. [1041] の (17) 式についての ［原註］があったが，そ
の内容は誤っている．[1041] の (17) 式の右辺第 3 項は，実は核同士あるいはイオン同士の
Coulomb 相互作用に対応する．

H.2 応力密度 **417**

質的には局所的なエネルギーと化学結合を関係づけるために使われる射影された状態密度である [1042].

H.2 応力密度

非一様な系では，応力場は（たとえひずみは一様でも）一様ではない．このようなときでも，一義的な応力密度場 $\sigma_{\alpha\beta}(\mathbf{r})$ を定義することは可能だろうか？　力は明確に定義された測定可能な量であるが，点 $\mathbf{r}$ の粒子にかかる力の密度 $f(\mathbf{r})$ に関連する応力密度は

$$\boldsymbol{\nabla}_\beta \sigma_{\alpha\beta}(\mathbf{r}) = f_\alpha(\mathbf{r}) \tag{H.18}$$

である．$d > 1$ の次元に対しては，力を変えることなく任意のベクトルの回転を $\sigma_{\alpha\beta}(\mathbf{r})$ に加えることができるので，この関係式から応力密度を一義に決めることはできない [162, 806, 1043, 1044]．応力場は，(G.4) 式の非一様計量場 $g_{\alpha\beta}(\mathbf{r})$ への一般化

$$\sigma_{\alpha\beta}(\mathbf{r}) = \frac{2}{\Omega} \frac{\partial E_{\text{total}}}{\partial g_{\alpha\beta}(\mathbf{r})} \tag{H.19}$$

としても定義することができる．しかし，この式からはやはり非一義的表式が出てくる [1045] のであって，Godfrey [1043] が先に求めたものと同じ形である．

最近の研究 [1034] により，エネルギー密度の場合とまったく同様に，すべての非一義的な項は電荷密度 $n(\mathbf{r})$ と静電ポテンシャル $V^{\text{CC}}(\mathbf{r})$ の微分を使った簡単な式で書くことができるということが分かった．Kohn–Sham の独立粒子理論で交換と相関 ϵ_{xc} を局所密度近似で扱った場合には，Nielsen と Martin（NM）[162]（[1044] も参照），Godfrey [1043] および Rogers と Rappe [1045] たちが与えた式はすべて，

$$\sigma_{\alpha\beta}(\mathbf{r}) = -\frac{\hbar^2}{m_e} \left[n \sum_i \boldsymbol{\nabla}_\alpha \phi_i \boldsymbol{\nabla}_\beta \phi_i \right]_{\mathbf{r}}$$
$$- \frac{\hbar^2}{4m_e} \left[\frac{\boldsymbol{\nabla}_\alpha n \boldsymbol{\nabla}_\beta n}{n} + \delta_{\alpha\beta} \left[C - 1 \right] \nabla^2 n - C \nabla_\alpha \nabla_\beta n \right]_{\mathbf{r}} \tag{H.20}$$

$$+ \frac{1}{4\pi}\left[\mathbf{E}_\alpha\mathbf{E}_\beta - \frac{1}{2}\delta_{\alpha\beta}\mathbf{E}_\gamma\mathbf{E}_\gamma\right]_\mathbf{r} + \delta_{\alpha\beta}n(\mathbf{r})\left[\epsilon_{\mathrm{xc}}^{\mathrm{LDA}}(n) - V_{\mathrm{xc}}^{\mathrm{LDA}}(n)\right]_\mathbf{r}$$

と書くことができる. この式では，運動項中の非一義的なものはすべてパラメータ C $(= 4\beta$, [1045] の表記法の場合) の中にまとめられている. ϕ_i を含む他の項は，エネルギー密度の場合と同じ理由により一義的である.

H.3 積分された量

エネルギー密度の積分：表面エネルギー

エネルギー密度の全系にわたる積分は，いかなるゲージ変換にもよらない唯一の全エネルギーでなければならない. しかし，積分がよく定義された物理的意味を持つことは他の場合にもあり得る. 例えば，表面エネルギーは真空中で密度が消えたところから，物質の十分に内部，すなわちバルクの密度との差が消えるところまで積分することによって計算される. これは一意性を保証するに十分である. Maxwell の密度 $|\mathbf{E}(\mathbf{r})|^2$ を含むエネルギー密度と，$|\nabla n(\mathbf{r})|^2$ を含む類似の運動エネルギー密度の式は，半導体の表面エネルギーの計算に使われてきた [1031–1033] が，そのようなことは通常の全エネルギー計算では不可能である.

応力密度の表面積分

応力密度は固体中の巨視的な応力を計算するもう 1 つの方法を与える. その基本的な考え方は，単位面積当たりの力としての応力の定義からきている [162]. 巨視的な応力の加わった平衡状態にある物質，すなわち，すべての内部変数（電子の波動関数と核の位置）が平衡状態にある物質を考える. このときには巨視的応力は，巨視的な固体を 2 つに分割する表面を通して伝達される単位面積当たりの力である. 従って，この応力は 2 つの半空間の変位に対する全エネルギーの 1 次微分である. 結晶内の応力を求める便利な方法は，図 H.1 に示すように非一様に拡大することであり，この図は単位胞が境界で引き裂かれている結晶を示している. エネルギーの 1 次の変化は応力場の境界上での面積分である. 各単位胞の境界は，結晶を 2 つの半空間に分割していると考えられるので，巨視的な応力は単位胞の境界上の応力密度の面積分

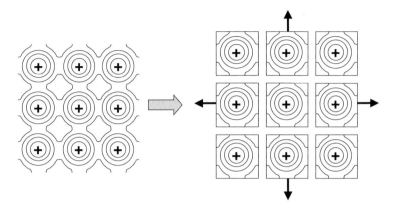

図 H.1 図 G.1 に示す一様なスケーリングによる拡大とは異なる結晶拡大の方法.各原子核の周りの領域はそのままに保ち,すべての変化は原子間の領域で起きる.すなわち,座標の非一様な変化であり,これは元の座標に非一様な計量を持たせて表すことができる.このような変形は一般化された力の定理に対しては有効であり,この方法は,内殻を陽に扱う方法では大きい利点がある.

で与えられる.このような方法で計算された応力への寄与は次の通りである.(1) 境界を越えて伝達される単位面積当たりの Coulomb 力(すなわち,境界の一方の側へ他方の側の電荷によってかかる力),(2) 境界での運動応力密度,それは境界を越えて運動量を運ぶ粒子の気体のものと同じ形をしている,(3) 交換相関項,これは一義に決まるものであるが,厳密に決めるのは難しい.最後に,この結果は応力テンソルの正しい式であればどの式に対しても一義的である,というのは,単位胞の表面での積分はゲージ変換に対して不変だからである [162].

面積分からの応力の計算は,付録 I で与えられている表式による力の計算と非常に似ている.特に,局所密度近似と原子球近似での圧力の公式,(I.8) または (I.9) はここで与えた応力場のより一般的な定式化の非常に有用な特殊な場合である.内殻状態を陽に扱う方法では,この方法は非常に便利であり.内殻状態は不変のままで,単位胞の境界で計算される外殻の価電子状態のみが,応力の計算に必要となる.

このアイデアは,原子球近似との関連においていくつかの異なった方法で

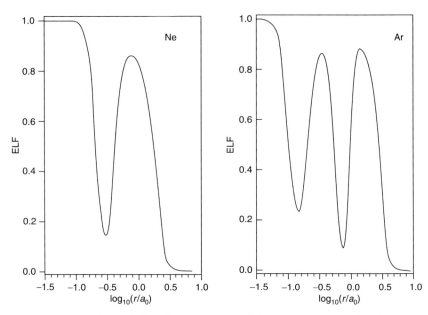

図 **H.2** 「電子局在関数」(ELF)：Ne と Ar の半径に対する (H.21) 式の値 [1047]．その極小は空間的に分離された殻構造を明確に示している．一方で，密度は単調であり，ほとんど構造も持っていない．これは ELF（または運動エネルギー密度の任意の関数）が改良された汎関数になっていることを示している．[1047] より．

導出されており [496–499, 1046][8]．そこでは，圧力は球の表面上の積分から求められる．単原子からなる最密構造の固体では，原子球近似（ASA）は非常に良い近似であり，中性の球間には Coulomb 相互作用がなく，運動エネルギー項と交換相関項のみが残るので，表式は簡単になる．計算に便利な2つの異なった式を I.3 節に示した．これらは，実際の計算では非常に有用であり，最密構造の金属に対する結果をいくつか 17.7 節と付録 I で引用した．

電子局在関数（ELF）

上で強調したように，交換運動エネルギー密度は明確に定義されており，交換正孔の曲率と関係がある．これは $\tau_x(\mathbf{r})$ を変換した「電子局在関数」(ELF)

---

[8]［原註］これらの導出の関係については Heine による良い解説がある [499]．

の定義の基礎であり，Becke と Edgecomb [1047] により提案されたその式は，各スピン σ に対して

$$\mathrm{ELF}(\mathbf{r}) \equiv [1 + (\chi^{\sigma}(\mathbf{r}))^2]^{-1}, \tag{H.21}$$

と定義されている．ここで $\chi^{\sigma} = t_x^{\sigma}/t_{\mathrm{TF}}^{\sigma}$ であり，$t_x^{\sigma}(\mathbf{r})$ は点 $\mathbf{r}$ でのスピン σ に対して (H.12), (H.13) 式で与えられる交換運動エネルギー密度であり，$t_{\mathrm{TF}}^{\sigma}(\mathbf{r})$ は電子密度 $n(\mathbf{r})$ の一様電子ガスにおけるスピン σ に対する Thomas–Fermi の表式 (6.1) である．(H.21) 式の定義式は，$0 < \mathrm{ELF} < 1$ となるように選ばれており，より強い「局在」に対応してより大きい値を持つようになっている．ここで局在とは，スピン σ の電子がその近くに同じスピンを持つ他の電子がいないようにする傾向に対応する．どのような 1 電子系でも $t_x = 0$ であり，従って $\mathrm{ELF} = 1$ である．また，一様な金属であれば $t_x = t_{\mathrm{TF}}$ であり $\mathrm{ELF} = 1/2$ である．ELF 関数によって得られる特性の中に，密度だけでは可視化が難しい殻構造がある．例えば図 H.2 は，Hartree–Fock 近似によって計算された Ne と Ar の ELF 関数を示している [1047]．殻構造は，はっきりした極小によって示されるが，密度は単調でほとんど構造を持たない．共有結合のように反対スピンを持つ電子が対になっていると ELF は 1 である．ELF の意味と，それを使って結合領域と非結合領域のタイプを識別する例が Savin et al. の総説 [1048] に与えられている．ELF の例は 2.6 図に与えられたが，そこでは超伝導体 H_3S での結合を識別するのに使われた．

さらに学ぶために
応力，ひずみ，およびエネルギーの場に関する古典理論：

Landau, L. D. and Lifshitz, E. M., *Theory of Elasticity* (Pergamon Press, Oxford, 1958).

エネルギー密度：

Chetty, N. and Martin, R. M., "First-principles energy density and its applications to selected polar surfaces." *Phys. Rev.* B 45: 6074–6088, 1992.

Cohen, M. H., Frydel, D., Burke, K. and Engel, E., "Total energy density as an interperative tool," *J. Chem. Phys.* 113: 2990–2994, 2000.

電子局在関数：

Becke, A. D. and Edgecombe, K. E., "A simple measure of electron localization in atomic and molecular systems," *J. Chem. Phys.* 92: 5397–5403, 1990.

422   付録 H　エネルギー密度と応力密度

応力の量子論：

Nielsen, O. H. and Martin, R. M., "Quantum-mechanical theory of stress and force," *Phys. Rev.* B 32(6): 3780–3791, 1985.

Rogers, C. and Rappe, A., "Geometric formulation of quantum stress fields," *Phys. Rev.* B 65:224117, 2002.

演習問題

H.1 $\sum_{i=1}^{N} |\nabla\phi_i(\mathbf{r})|^2 = -\sum_{i=1}^{N} \phi_i(\mathbf{r})\nabla^2\phi_i(\mathbf{r})$ は，すべての $\mathbf{r}$ で $\sum_{i=1}^{N} |\phi_i(\mathbf{r})|^2 = 1$ であるという要請から出てくることを示せ.
ヒント：(H.10) 式と (H.11) 式を使う.

H.2 (H.13) 式の Fermi 粒子の過剰交換運動エネルギー密度は，(H.11) 式から出てくることを示せ. 前問が役に立つであろう.

H.3 (H.17) 式は，先に述べたエネルギー密度の項の定義と固有値を求める Kohn–Sham 方程式から出てくることを示せ.

H.4 Nielsen と Martin が彼らの論文 [162] の中で与えた応力の式 (33) と (34) 式は，(H.10) 式の定義を使えば (H.20) 式の形に書けることを示せ.

付録 I

力のもう1つの表式

要　旨

3.3 節の通常の力の定理に代わるもう1つの力の表式を定式化しておくことは大変有用である．この基本的な考え方は，波動関数は変分的最小状態にあるということが要請されているので，波動関数のどのような変化に対しても1次ではエネルギーは変わらないということである．通常の力の定理では，パラメータが変わっても波動関数はもとのものを使えばよいことになる．しかし，実際にはその他の可能性は無限にある．重要な例としては内殻電子の扱い方があり，もし核が動くまたは結晶がひずんだときに，内殻状態は核と共に剛体的に動くと仮定すれば，それははるかに物理的であり，より簡単な表式が導かれる．これは力，応力（圧力），いろいろな変化の1次までのエネルギー差である一般的な力，に対する非常に有用な表式を導く．

「力の定理」または「Hellmann–Feynman の定理」，(3.19) または (7.39) 式，

$$\mathbf{F}_I = -\frac{\partial E}{\partial \mathbf{R}_I} = -\int \mathrm{d}^3 r n(\mathbf{r}) \frac{\partial V_{\mathrm{ext}}(\mathbf{r})}{\partial \mathbf{R}_I} - \frac{\partial E_{II}}{\partial \mathbf{R}_I} \tag{I.1}$$

あるいはその一般的な (3.25) 式

$$\frac{\partial E}{\partial \lambda} = \left\langle \Psi_\lambda \left| \frac{\partial \hat{H}}{\partial \lambda} \right| \Psi_\lambda \right\rangle \tag{I.2}$$

は，どのような変分に対しても，擬ポテンシャルに対する (13.3) 式におけるように非局所ポテンシャルに対しても成り立つ．この同じ基本的な考え方から，「応力定理」(3.23) 式および付録 G の実用的な表式が出てくる．これら

424 付録 I 力のもう 1 つの表式

の式はエネルギーの 1 次の変分から求められ，そのとき電子の自由度はすべて変分的最低状態にあると仮定されている．これらの式は電子を固定したまま，エネルギーのパラメータ λ に関する微分として力を求めることに相当する．これは図 I.1 の左側に示されている．

本付録の主題は，電子の自由度は変分的最小状態にあるということを利用したもう 1 つの表式である．これらの変数のどれについてもエネルギーの微分は消えるので，電子自由度のどのような 1 次の変化も力を変えることなく加えることができる．利用する自由度によって，異なる表式を得ることができ，個々の場合に一層都合のよい形にすることができる．極端な例を図 I.1 の中央に示し（これは実用には有用である），I.1 節で説明する．

別の表式を求めるためには 2 つの一般的な方法がある：

● 有効ポテンシャルと密度を変数とする変分原理を使う方法．それにより (I.1) 式を密度 $n(\mathbf{r})$ の変化と／あるいは全内部ポテンシャル $V_{\mathrm{eff}}(\mathbf{r})$ の変化を含む形に書き換える．そのようにして得られる式がより計算しやすくなることがある．

● 核にかかる力を，核を取り囲む境界を通して伝わる力と関係づける幾何学的関係式を使う方法．これは単位面積当たりの力である応力場を使って定式化でき，それにより応力密度場との関係を確立する．実際に使われている表式は，$n(\mathbf{r})$ と $V_{\mathrm{eff}}(\mathbf{r})$ の変分の特別な場合に相当することが多い．

I.1 変分の自由度と力

エネルギーの 1 次の変化は (7.16) 式の項 $\int d\mathbf{r}\, V_{\mathrm{ext}}(\mathbf{r})n(\mathbf{r})$ からのみ生じ，他の項すべての変化分は和をとればゼロになると考えてよいので，通常の「力の定理」は直ちに求まる．密度汎関数論における力のもう 1 つの定式化は 7.3 節で導いた汎関数を使えば理解できる．通常と異なる表式は最も一般的な汎関数 (7.26) 式を使って求めることができ，この式は，与えられた外部ポテンシャルに対して有効ポテンシャルと密度の両方に関して変分的である [361, 363, 367, 368, 1049]．

ここで本質的なことは，$V_{\mathrm{eff}}(\mathbf{r})$ あるいは $n(\mathbf{r})$ にどのような変化を加えて

I.1 変分の自由度と力　*425*

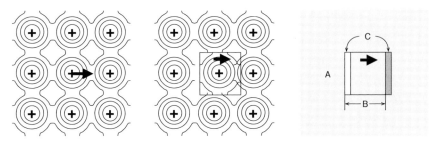

図 I.1 力を計算する 2 つの方法の模式図．左図：核が動くときに，もし電子密度が 1 次のオーダーまで一定に保たれるならば，通常の力の定理 (I.1) 式が出てくる．中央図：ある 1 つの領域の電荷が核と共に剛体的に動く場合．右図：領域 B が「切り取られて」剛体的に動き，その結果電子密度が変化した領域 C を示す．B の外側の領域を A 領域とする．

も，それらによるエネルギーの変化は 2 次以上であるために，力を変えることはないということである．この方法の不利な点は (7.26) 式の個々の項の 1 次の変化を計算しなければならないことであるが，難しい問題が大きく減る，あるいは取り除かれるという利点がある．例として，核にかかる力を考えてみよう．通常の表式は電子密度を一定に保ったまま，図 I.1 の左図に示すようにその核の内殻の電子密度までも不変に保ったまま，核を変位させることにより導かれる．

　もう 1 つの方法は核の周りの領域の電子密度を核と共に剛体的に変位させる方法である[1]．そうすれば内殻–核間の大きい相互作用に変化はなく，力は核と内殻が共に他の原子に対して相対的に動くことによって生ずるという物理的に分かりやすい描像が得られる．これは近似ではなく，単なる項の並べ替えにすぎないことに注意することが重要である．どうすればこのようなことができるであろうか？ 1 つの方法は，最初はひどく不自然に見えるのであるが，「空間のある領域 (B) を切り出し」，それを変位させる方法である．これは，図 I.1 の右図に示すように，一方に真空の層ができ，他方に密度が 2 倍の層（共に領域 C）ができることになる．核とその周りの電荷を動かす場合の効果は図 I.1 の中央に示した．

---

[1] [訳註] この部分については，金森順次郎，米沢富美子，川村清，寺倉清之『固体—構造と物性』（第 2 次刊行），岩波書店，2001 の 3-2 節にもう少し詳しい記述がある．

426　付録 I　力のもう 1 つの表式

　密度のこの変化はまったく非物理的なものであるにもかかわらず，最初に Mackintosh と Andersen [498] が式を示し，続いて Heine [499] が述べているように，最終的な結果は物理的であり，表式を定式化する際には都合がよい．Jacobsen, Nørskov と Puska（[367]，付録 A）は，密度と有効ポテンシャルの任意の変分を使ってよいという汎関数 (7.26) 式の性質を使い，非常に簡単な導出法を示した．電子密度は固定されているので，電子密度を含むすべての項を 1 次まで計算することは簡単であり，領域 B の外の領域を A とすれば

$$\delta E^{\mathrm{CC}} = \delta E^{\mathrm{CC}}_{\mathrm{A}\leftrightarrow\mathrm{B}} + \int_{\mathrm{C}} \mathrm{d}\mathbf{r}\, n(\mathbf{r}) V^{\mathrm{CC}}_{\mathrm{A+B}}(\mathbf{r})$$

$$\delta E_{\mathrm{xc}} = \int_{\mathrm{C}} \mathrm{d}\mathbf{r}\, n(\mathbf{r}) \epsilon_{\mathrm{xc}}[n(\mathbf{r})] \tag{I.3}$$

$$\delta T = \delta\left[\sum_i \varepsilon_i\right] - \int_{\mathrm{C}} \mathrm{d}\mathbf{r}\, n(\mathbf{r}) V_{\mathrm{eff}}(\mathbf{r})$$

となる．ここで $\delta E^{\mathrm{CC}}_{\mathrm{A}\leftrightarrow\mathrm{B}}$ は，領域 A と B 間の古典的 Coulomb 相互作用を表し（領域 A 内と B 内における相互作用は不変である），$V^{\mathrm{CC}}_{\mathrm{A+B}}$ は領域 A と B によるポテンシャルであり（領域 C によるポテンシャルはさらに高次である），δE_{xc} は局所密度近似においてのみ考慮され，δT は運動エネルギーの変化分である．従って，全変化分は，

$$\delta E_{\mathrm{total}} = \delta\left[\sum_i \varepsilon_i\right] + \delta E^{\mathrm{CC}}_{\mathrm{A}\leftrightarrow\mathrm{B}} + \int_{\mathrm{C}} \mathrm{d}\mathbf{r}\, n(\mathbf{r}) \left\{ V^{\mathrm{CC}}_{\mathrm{A+B}}(\mathbf{r}) + \epsilon_{\mathrm{xc}}[n(\mathbf{r})] - V_{\mathrm{eff}}(\mathbf{r}) \right\} \tag{I.4}$$

となる（演習問題 I.1）．最後に，領域 C での $V_{\mathrm{eff}}(\mathbf{r})$ は自由に選ぶことができるので[2]，最後の項がゼロになるように選ぶのが賢いやり方である [367]．これは単に領域 C においてのみ項 $\epsilon_{\mathrm{xc}}[n(\mathbf{r})] - V_{\mathrm{xc}}[n(\mathbf{r})]$ を加えるように $V_{\mathrm{eff}}(\mathbf{r})$ を定義することである．この定義を使うと，微分 $\partial V_{\mathrm{eff}}(\mathbf{r})/\partial\mathbf{R}_I$ は，領域 B の境界上でのデルタ関数であり，V_{eff} のこの変化に対して，最終的な力は，固有値により厳密に与えられる力と A–B 間の境界を横切る静電的な相互作用による力を加えたもの，

---

[2] ［訳註］$V_{\mathrm{eff}}(\mathbf{r})$ の選び方は $\delta\left[\sum_i \varepsilon_i\right]$ に反映されるので，最終結果はもちろん $V_{\mathrm{eff}}(\mathbf{r})$ の選び方によらない [1050]．

$$-\frac{\partial E_{\text{total}}}{\partial \mathbf{R}_I} = -\frac{\partial \sum_i \varepsilon_i}{\partial \mathbf{R}_I} - \frac{\partial E_{\text{A}\leftrightarrow\text{B}}^{\text{CC}}}{\partial \mathbf{R}_I} \tag{I.5}$$

となる.

I.2 エネルギー差

固有値の和を使った「力」の表式は, ポテンシャルの小さな変化によって引き起こされる小さいが有限なエネルギー差の計算には, 実用上最も有用である. 小さな変化 (外場の印加, 体積や形状の変化, 原子の変位など) によるエネルギー差を, 標準的なプログラムを使って計算する便利な方法は, 先に定義したポテンシャルに対する有限なエネルギー差

$$\delta E_{\text{total}} = \delta\left[\sum_i \varepsilon_i\right] + \delta E_{\text{A}\leftrightarrow\text{B}}^{\text{CC}} \tag{I.6}$$

を計算することである. おそらく, 固体物理における最も簡単な (しかも非常に有用な) 例は, 金属の fcc や hcp, bcc 構造間のエネルギー差の計算である. どの場合においても, ポテンシャルは電荷中性で球状であるとして, すなわち, 16.6 節の ASA で良く近似される. その結果 Coulomb 項はゼロになり, エネルギー差は単に

$$\delta E_{\text{total}} \to \delta\left[\sum_i \varepsilon_i\right] \tag{I.7}$$

となる. ここで, 各構造について自己無撞着なポテンシャルを使わないことが重要である. その代わり, 各構造について同じポテンシャルを使って固有値 ε_i を計算するのである. エネルギー差 (I.7) 式は, 1 次の精度で, これらの構造の中のどれか 1 つのポテンシャルを使って求められる. この方法は, 全エネルギーの変分的性質を利用しているので, エネルギー差は小さいが正確であり, かつ計算が簡単である.

I.3 圧 力

同じ考え方は, H.2 節で一般的に述べたように, どのような微分, 例えば

428 付録 I 力のもう 1 つの表式

応力と圧力など，に対しても成り立つ．図 H.1 は結晶中の剛体的なユニットを，ユニット間に隙間を作りながら「引き離す」という方法を示している．全エネルギーを適切に微分すれば，境界上の応力が計算できる．さらに，全空間を 2 つの部分に切断する境界（例えば，図 H.1 の空間に描かれた境界）上の応力は巨視的な応力を定義するために使うことができる．2 つに切断された半空間の間のすべての力は，境界を横切らねばならないので，境界上の平均応力は，非一義的なゲージ項をまったく含まない，厳密な巨視的応力である [162].

力の定理の別形式が特に役に立つ応用例は，等方的な状況における圧力の計算である．結晶中ではこれは ASA（16.6 節，特に図 16.9 参照）を意味する．この考え方は，平均的な環境が球状になる液体や高温，高圧下での物質についても有用である [496–499]．これは，電荷中性な球の外には Coulomb 場がないので，静電的な項が消えるという幸運な状況である．圧力は，単に (I.4) 式に従って定義された有効ポテンシャルの変化に対する固有値の和の変化で与えられる．これらの結果から得られる表式は，波動関数を使って次式

$$3P\Omega = \int d\mathbf{S} \cdot \left\{ \frac{\hbar^2}{4m_e} \sum_i [\boldsymbol{\nabla}\psi_i^*(\mathbf{r}\cdot\boldsymbol{\nabla}\psi_i) - \psi_i^*\boldsymbol{\nabla}(\mathbf{r}\cdot\boldsymbol{\nabla}\psi_i) + \text{c.c.}] + \frac{1}{3}n\epsilon_{\text{xc}}\mathbf{r} \right\} \tag{I.8}$$

のように書くことができる [496, 499]（演習問題 I.2 参照）．ここで $d\mathbf{S}$ は単位胞（Wigner–Seitz 胞）の表面要素（ASA では原子球の表面要素）であり，表面に垂直なベクトルである．ψ_i は，球対称な場合の Kohn–Sham 方程式の解であることを使って，Pettifor はこの表式が次式

$$4\pi S^2 P = \sum_l \int dE n_l(E)\psi_l^2(S,E)$$

$$\left\{ [E - V_{\text{xc}}(S)]S^2 + \frac{\hbar^2}{2m_e}(D_l - l)(D_l + l + 1) + \frac{1}{3}\epsilon_{\text{xc}}(S)S^2 \right\} \tag{I.9}$$

のように書き換えられることを示した [499, 1046]．ただし，S は原子球の半径であり，D_l は (11.20) 式の対数微分である．

これらの表式は，ASA 近似で物質の状態方程式を計算するには特に便利である．というのは，これらの式は全エネルギー（全内殻電子を含むので非常

に大きい値である）ではなく，実験的に測定可能な圧力 P を直接与えるからである．平衡状態の体積 Ω は $P(\Omega) = 0$ から求められ，体積弾性率はその勾配 $B = -\Omega \mathrm{d}P/\mathrm{d}\Omega$ であり，体積の関数としての凝集エネルギーはその積分 $\Delta E_{\mathrm{total}} = -\int P \mathrm{d}\Omega$ として求められ，最後に，全エネルギーの絶対的な値は，凝集エネルギーに別途計算して求められる原子の全エネルギーを加えたものである．

ASA での圧力の表式は Nielsen と Martin [162] によって，(H.21) 式に見られるように，応力密度（H.2 節）からも求められた．この場合には，1 次元（動径方向）問題であり，圧力は動径方向の応力，すなわち，単位面積当たりの力なので，応力場に関する曖昧さはない．また，(H.21) 式は，原子球の境界上では Coulomb 項がないので簡単になり，最終的な表式には運動項と交換相関項しか含まれておらず，結局上記の式と等価な式が導かれる [162].

I.4 力と応力

ある体積にかかる合計された力のもう 1 つの表式 [162, 1050] は，力の場は応力場との間のよく知られた関係 [806]

$$f_\alpha(\mathbf{r}) = \sum_\beta \boldsymbol{\nabla}_\beta \sigma_{\alpha,\beta}(\mathbf{r}) \tag{I.10}$$

から得られる．ある核を含んだ領域，例えば図 I.1 の領域 B にわたって積分し，Gauss の定理を使えば，その領域にかかる力の合計は応力場の表面積分

$$F_\alpha^{\mathrm{total}} = \sum_\beta \int_S \mathrm{d}S \hat{S}_\beta \sigma_{\alpha,\beta}(\mathbf{r}) \tag{I.11}$$

で与えられる．ここで S はその体積の表面であり，$\hat{S}$ は表面の外向きの単位垂直ベクトルである．応力場には一義ではない項が存在するが（H.2 節），このような項は積分またはダイバージェンスにおいて消えるので，力はよく定義されており，ゲージ不変である（H.3 節も参照）．

Gräfenstein と Ziesche [1050] は，(I.11) 式から，局所密度近似に対して一般化された力の表式 (I.5) が出てくることを示した．これは (I.5) 式の導出で使われた見た目には任意性のある技巧にはよらないので，それぞれの項の意

430　付録I　力のもう1つの表式

味について別の理解が得られる.

　さらに，応力場との関係から，独立粒子系と多体系の両方に対して成り立つ簡単な解釈が得られる．まず，系は平衡状態にあると仮定されているので，その領域にかかる力は拘束力，すなわち，核の固定に必要な外力である．これは通常の力の定理の応用のときと同じであるが，ここでは，考えている体積中の系にはこれ以外の拘束力は存在しないということが重要である．応力の表式（例えば付録H参照）はポテンシャルと運動エネルギー項の和である．運動エネルギー項は表面を横切る粒子によるものであり，有限温度の古典系およびあらゆる温度での量子系に存在する．ポテンシャル項は表面を横切る相互作用によるものであり，領域内の相互作用，例えば核とそれ自身の内殻電子との相互作用，は考慮しない．静電的相互作用については，これは領域内の多重極にかかる外部からの力であり，それは球全体の体積積分として書くことができる．最後に，交換相関の寄与は交換相関正孔が表面を超えて広がる効果であり，LDAではそれは対角テンソルを与える．

I.5　APW型計算法における力

　APWとLAPW法による力の計算は，SolerとWilliams[706]およびYu，SinghとKrakauer [707]により開発された．その一般的な考え方は，上記のもう1つの力の定理の求め方の精神とかなり近いが，その計算方法は非常に異なっている．これらの著者は全エネルギーについてのAPWあるいはLAPW表式を直接扱い，力を，1個の原子の残りの格子に対する相対的変位，あるいは同じことであるが，与えられた原子に対する残りの格子の相対的変位についての全エネルギーの微分から計算した．核の変位による波動関数の変化にはいろいろな記述法があるが，後者の考え方が最も便利であると思われる．その球とその内包物すべて（核，内殻電子，…）は固定され，エネルギーは球面上の境界条件の変化と球内に伝搬するCoulombポテンシャルによってのみ変化する．エネルギーの1次の変化は，APWあるいはLAPWの全エネルギーの表式における各項を，球の位置について微分することによって求めるが，そのとき，変化していないもとの波動関数を用いる [706]．この方法では，核とその球内の電荷密度との相互作用という大きいCoulombエネル

ギーの微分を計算しなくてもよく，その効果は，周囲の球に対する相対的な変位によってその球面上にかかる力に置き換えられている．

さらに学ぶために

もう 1 つの表式における各項の意味についての直観的な議論：

Heine, V., in *Solid State Physics*, vol. 35, edited by Ehenreich, H., Seitz, F., and Turnbull, D., (Academic Press, New York, 1980), p.1.

関数の変分的性質を使った，基本的な考え方の簡単で簡潔な導出：

Jacobsen, K. W., Norskov, J. K., and Puska, M. J., "Interatomic interactions in the effective-medium theory," *Phys. Rev.* B 35:7423–7442, 1987, app. A.

演習問題

I.1 1 次のエネルギー差の式 (I.4) は，エネルギー汎関数 (7.26) 式から出てくることを示せ．ポテンシャルの変化について特別な選び方をしたこの結果を使い，最終的な結果 (I.5) 式を導け．

I.2 ψ_i が球対称構造における Kohn–Sham 方程式の解であることを使い，ポテンシャルが除かれ，圧力の表式は (I.8) 式に示すように，波動関数とその微分を使って書けることを示せ．また，局所密度近似では交換相関項に対して，(I.8) 式の中括弧内の最後の項のような付加項があることを示せ．ヒント：最初の部分は部分積分を使えばよい．後の部分は，球対称の系の大きさが変わるときにポテンシャルが固定されていないということによる補正である．

付録 J

散乱と位相のずれ

要　旨

散乱と位相のずれは，物理の多くの分野において中心的な役割を果たしており，擬ポテンシャルによる電子状態の記述（第 11 章）や補強された方法および多重散乱 KKR 法の定式化（第 16, 17 章）に特に関係がある．本付録の目的は，関連の式をまとめることと散乱断面積と電気抵抗の関係について補足することである．

J.1　球対称ポテンシャルによる散乱と位相のずれ

散乱は電子系の興味ある物理的性質や基本的な電子状態理論において本質的な役割を担っている．欠陥による散乱は，金属中の抵抗などの基本的な現象を引き起こす．また，散乱は擬ポテンシャル理論（第 11 章）や補強が絡むすべての方法（第 16 章）の基礎である．すべての基本は，1 つの中心による散乱である．定式化は一般的な対称性に拡張することができる（[684] 参照）が，ここでは散乱中心が球対称の場合に限って考えることにする．平面波の散乱についての概略図を図 J.1 に載せた．

局在しているポテンシャルからの散乱問題を考えることにしよう．これは，電気的に中性の原子（電荷を持ったイオンについては適切な修正をして）に適用できる．また，半径 S のマフィンティン球の外側でポテンシャルが一定で

J.1 球対称ポテンシャルによる散乱と位相のずれ

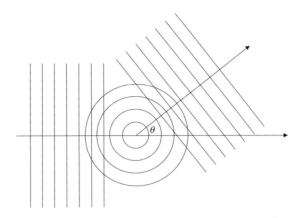

図 J.1 球対称ポテンシャルによる平面波の散乱の模式図.

あるとする，単一のマフィンティンポテンシャルの問題にも適用できる．扱う系が球対称であるので，平面波の散乱をよく知られている公式 [10, 480, 996] を用いて，まず球関数に変換する．

$$e^{i\mathbf{q}\cdot\mathbf{r}} = 4\pi \sum_L i^l\, j_l(qr)\, Y_L^*(\hat{\mathbf{q}})\, Y_L(\hat{\mathbf{r}}). \tag{J.1}$$

ここで，$j_l(qr)$ は球 Bessel 関数（K.1 節参照）であり，$Y_L(\hat{\mathbf{r}}) \equiv Y_{l,m}(\theta, \phi)$ は $\{l, m\} \equiv L$ での球面調和関数（K.2 節参照）である．便宜上 $\mathbf{q}$ を z 軸にとることにすると，角度依存性については $\hat{\mathbf{r}}$ と $\hat{\mathbf{q}}$ の間の角度 θ だけにしかよらないので，上式は

$$e^{i\mathbf{q}\cdot\mathbf{r}} = e^{iqr\cos\theta} = \sum_l (2l+1)\, i^l\, j_l(qr)\, P_l(\cos\theta) \tag{J.2}$$

と書くことができる．ここで，$P_l(x)$ は Legendre 多項式（K.2 節参照）である．球対称であることから，その散乱は (10.1) 式の角運動量 $L \equiv \{l, m\}$ を持つ波動関数

$$\psi_L(\mathbf{r}) = i^l\, \psi_l(r)\, Y_L(\theta, \phi) = i^l\, r^{-1}\, \phi_l(r)\, Y_L(\theta, \phi) \tag{J.3}$$

に分類できる．ポテンシャルがゼロではない領域の内部で，動径関数 $\psi_l(r)$ あるいは $\phi_l(r)$ は，動径方向の Schrödinger 方程式 (10.12) を数値積分することによって求めることができる．その外で r の大きい領域では，解は正則

434　付録 J　散乱と位相のずれ

解と非正則解の線形結合つまり，球 Bessel 関数 $j_l(kr)$ と球 Neumann 関数 $n_l(kr)$ で表されるはずである．

$$\psi_l^>(\varepsilon, r) = C_l\left[j_l(kr) - \tan\eta_l(\varepsilon)\, n_l(kr)\right]. \tag{J.4}$$

ここで $\varepsilon = \frac{1}{2}k^2$ である．エネルギー依存の位相のずれ $\eta_l(\varepsilon)$ は，$\psi_l^>(\varepsilon, r)$ が内部での解 $\psi_l(\varepsilon, r)$ と半径 S で，値と傾きが一致しなければならないという条件から決められる．内部の解について無次元の対数微分（(11.20) 式参照），

$$D_l(\varepsilon, r) \equiv r\psi_l'(r)/\psi_l(r) = r\frac{\mathrm{d}}{\mathrm{d}r}\ln\psi_l(r) \tag{J.5}$$

を使うと，

$$\tan\eta_l(\varepsilon) = \frac{S\dfrac{\mathrm{d}}{\mathrm{d}r}j_l(kr)\big|_S - D_l(\varepsilon)\,j_l(kS)}{S\dfrac{\mathrm{d}}{\mathrm{d}r}n_l(kr)\big|_S - D_l(\varepsilon)\,n_l(kS)} \tag{J.6}$$

の結果を得る．

　1 つの散乱体による正のエネルギーでの散乱断面積は，位相のずれを使って表すことができ，球 Bessel 関数と球 Neumann 関数の正のエネルギー $\varepsilon = \frac{1}{2}k^2$ での漸近形を使うと，波動関数 (J.4) は，大きな半径のところで

$$\psi_l^>(\varepsilon, r) \;\to\; \frac{C_l}{kr}\sin\left[kr + \eta_l(\varepsilon) - \frac{l\pi}{2}\right] \tag{J.7}$$

に近づく [306, 787, 996]．これは，各 η_l が部分波の位相のずれであることを示している．全体の散乱波は，

$$\psi_l^>(\varepsilon, r) \;\to\; \mathrm{e}^{\mathbf{iq\cdot r}} + \frac{\mathrm{e}^{iqr}}{qr}\sum_l(2l+1)\,\mathrm{e}^{i\eta_l}\sin\eta_l\, P_l(\cos\theta) \tag{J.8}$$

と書くことができ，散乱断面積は単位立体角当たりの散乱された流束で与えられ（例えば [306, 787, 996] 参照），

$$\frac{\mathrm{d}\sigma}{\mathrm{d}\Omega} = \frac{1}{q^2}\left|\sum_l(2l+1)\,\mathrm{e}^{i\eta_l}\sin\eta_l\, P_l(\cos\theta)\right|^2 \tag{J.9}$$

となる．さらに全散乱断面積は，

$$\sigma_{\mathrm{total}} = 2\pi\int\sin\theta\,\mathrm{d}\theta\frac{\mathrm{d}\sigma}{\mathrm{d}\Omega} = \frac{4\pi}{q^2}\sum_l(2l+1)\sin^2\eta_l \tag{J.10}$$

J.1 球対称ポテンシャルによる散乱と位相のずれ **435**

となる.

負のエネルギーについては, k は虚数になるので球 Neumann 関数は, 球 Hankel 関数（K.1 節参照）$h_l^{(1)} = j_l + in_l$ で置き換えることになる. この関数は, 遠方での漸近形は $-i^{-l}e^{-|\kappa|r}/|\kappa|r$ である. ただし $\kappa = \sqrt{2|\varepsilon|}$ である. 束縛状態を表す条件は $\tan(\eta_l(\varepsilon)) \to \infty$ であり, 球 Bessel 関数の係数が (J.4) 式でゼロになり, 球 Hankel 関数が球の外の全空間での解となる. 束縛状態の波動関数は, 例えば, (16.36) 式のように波動関数に因子 i^l を含むようにするなら, 実関数である.

さらに学ぶために

位相のずれと散乱についての基礎的な公式：

Shankar, R., *Principles of Quantum Mechanics* (Plenum Publishing, New York, 1980).

Thijssen, J. M., *Computational Physics* (Cambridge University Press, Cambridge, 2000).

補強法および多重散乱法についての文献：

Kübler, J., *Theory of Itinerant Electron Magnetism* (Oxford University Press, Oxford, 2001).

Kübler, J. and Eyert, V., in *Electronic and Magnetic Properties of Metals and Ceramics*, edited by K. H. J. Buschow, (VCH-Verlag, Weinheim, Germany, 1992), p.1.

Lloyd, P. and Smith, P. V., "Multiple scattering theory in condensed materials," *Adv. Phys.* 21:29, 1972.

付録 K

有用な関係式と公式

<blockquote>

要　旨

ここには，本書で使われる関数や関係式のいくつかをあげる.

</blockquote>

K.1　球 Bessel，球 Neumann および球 Hankel 関数

球 Bessel，球 Neumann および球 Hankel 関数は，3 次元の Helmholtz 方程式の動径方向の解である．球 Bessel と球 Neumann 関数は半整数次の関数との間に次の関係，

$$j_m(x) = \sqrt{\frac{\pi}{2x}} J_{m+\frac{1}{2}}(x) = (-1)^m x^m \left(\frac{\mathrm{d}}{x\mathrm{d}x} \right)^m \frac{\sin x}{x} \tag{K.1}$$

および

$$n_m(x) = \sqrt{\frac{\pi}{2x}} N_{m+\frac{1}{2}}(x) = -(-1)^m x^m \left(\frac{\mathrm{d}}{x\mathrm{d}x} \right)^m \frac{\cos x}{x} \tag{K.2}$$

がある．いくつかを具体的に書けば，

$$j_0(x) = \frac{\sin x}{x}, \qquad\qquad n_0(x) = -\frac{\cos x}{x}$$

$$j_1(x) = \frac{\sin x}{x^2} - \frac{\cos x}{x}, \qquad\qquad n_1(x) = -\frac{\cos x}{x^2} - \frac{\sin x}{x}$$

$$j_2(x) = \left(\frac{3}{x^3} - \frac{1}{x}\right)\sin x - \frac{3}{x^2}\cos x, \quad n_2(x) = \left(-\frac{3}{x^3} + \frac{1}{x}\right)\cos x - \frac{3}{x^2}\sin x \tag{K.3}$$

となる.

球 Hankel 関数は $h_l^{(1)} = j_l + in_l$ および $h_l^{(2)} = j_l - in_l$ として定義され, 多くの問題に対して便利な組み合わせになっている. 特に, 正の虚数変数 $i|\kappa|r$ に対しては, $h_l^{(1)}$ は, 束縛状態の解に対応する漸近形 $-i^{-l}\mathrm{e}^{-|\kappa|r}/|\kappa|r$ を持つ.

K.2　球面調和関数と Legendre 多項式

球面調和関数は球座標での Laplace 方程式の解の角度部分であり, 次式[1]

$$Y_{l,m}(\theta, \phi) = \sqrt{\frac{2l+1}{4\pi}\frac{(l-m)!}{(l+m)!}}P_l^m(\cos\theta)\mathrm{e}^{\mathrm{i}m\phi} \tag{K.4}$$

で与えられる. これは球面上で規格直交化されており,

$$\int_0^\pi \mathrm{d}\theta \sin\theta \int_0^{2\pi}\mathrm{d}\phi Y_{l,m}^*(\theta,\phi)Y_{l',m'}(\theta,\phi) = \delta_{ll'}\delta_{mm'} \tag{K.5}$$

が成り立つ.

関数 $P_l^m(x)$ は Legendre 陪多項式であり, 普通の Legendre 多項式 $P_l(x)$ とは次の関係

$$P_l^m(x) = (-1)^m(1-x^2)^{m/2}\frac{\mathrm{d}^m P_l(x)}{\mathrm{d}x^m} \quad (m = 0,\dots,l) \tag{K.6}$$

がある.

Legendre 多項式 $P_l(x)$ は, $[-1, 1]$ の間で直交するように定義されており, 任意の次数について簡潔にまとめたもの (Rodrigues の公式) は

$$P_l(x) = \frac{1}{2^l l!}\frac{\mathrm{d}^l(x^2-1)^l}{\mathrm{d}x^l} \tag{K.7}$$

---

[1] [原註] ここでの定義は, Condon と Shortley [1051], Jackson [480] および Numerical Recipes [776] にあるものと同じである. しかし著者によっては Legendre 陪多項式 (K.6) において $P_l^m(x)$ に $(-1)^m$ を付けたり, 付けなかったりしている. もちろん, 最終的な $Y_{l,m}$ は同じであるが, 矛盾のない定義を使うように注意しなければならない.

438　付録 K　有用な関係式と公式

となる.

$P_l(x)$ についての Rodrigues の公式を使えば, $P_l^m(x)$ の定義は, 正および負の m に対して成り立つことが分かる (因子 $(-1)^m$ に関する前の脚注参照).

$$P_l^m(x) = \frac{(-1)^m}{2^l l!}(1-x^2)^{m/2}\frac{\mathrm{d}^{l+m}(x^2-1)^l}{\mathrm{d}x^{l+m}}. \tag{K.8}$$

次式

$$P_l^{-m}(x) = (-1)^m\frac{(l-m)!}{(l+m)!}P_l^m(x) \tag{K.9}$$

も成り立つ.

$P_l^m \equiv P_l^m(\cos\theta)$ として, 角度を使って低い次数の項を具体的に示しておく.

$$P_0^0 = 1,\ P_1^0 = \cos\theta,\quad P_2^0 = \tfrac{1}{2}(3\cos^2\theta - 1),\ P_3^0 = \tfrac{1}{2}\cos\theta(5\cos^2\theta - 3),$$
$$P_1^1 = -\sin\theta,\ P_2^1 = -3\sin\theta\cos\theta,\quad P_3^1 = -\tfrac{3}{2}\sin\theta(5\cos^2\theta - 1),$$
$$P_2^2 = 3\sin^2\theta,\qquad\qquad P_3^2 = 15\cos\theta\sin^2\theta,$$
$$P_3^3 = -15\sin^3\theta. \tag{K.10}$$

K.3　実球面調和関数

角運動量の固有関数 $Y_{l,m}(\theta,\phi)$ の代わりに実関数を使うと便利なことが多い. その一般的な定義は単に, $Y_{l,m}(\theta,\phi)$ の規格化された実部と虚部であり, $m \neq 0$ については,

$$\begin{aligned} S_{l,m}^+(\theta,\phi) &= \frac{1}{\sqrt{2}}[Y_{l,m}(\theta,\phi) + Y_{l,m}^*(\theta,\phi)], \\ S_{l,m}^-(\theta,\phi) &= \frac{1}{\sqrt{2}i}[Y_{l,m}(\theta,\phi) - Y_{l,m}^*(\theta,\phi)] \end{aligned} \tag{K.11}$$

で与えられ, $m = 0$ では, $S_{l,0}(\theta,\phi) = Y_{l,0}(\theta,\phi)$ である. これらの関数は, 例えば第 14 章で使われている.

K.4 Clebsch–Gordan および Gaunt 係数

Clebsch–Gordan 係数は角運動量の量子論で頻繁に使われ，簡約可能な回転群の表現を既約表現に分解するときに重要な役割を果たす．Clebsch–Gordan 係数は Wigner の $3jm$ 記号[2]を使って，次式

$$C^{j_3 m_3}_{j_1 m_1, j_2 m_2} = (-1)^{j_1 - j_2 + m_3} \sqrt{2j_3 + 1} \begin{pmatrix} j_1 & j_2 & j_3 \\ m_1 & m_2 & -m_3 \end{pmatrix} \tag{K.12}$$

で与えられる．この Wigner の $3jm$ 記号は

$$\begin{pmatrix} j_1 & j_2 & j_3 \\ m_1 & m_2 & m_3 \end{pmatrix} = \delta_{m_1 + m_2 + m_3, 0} (-1)^{j_1 - j_2 - m_3}$$

$$\times \left[\frac{(j_3 + j_1 - j_2)!(j_3 - j_1 + j_2)!(j_1 + j_2 - j_3)!(j_3 - m_3)!(j_3 + m_3)!}{(j_1 + j_2 + j_3 + 1)!(j_1 - m_1)!(j_1 + m_1)!(j_2 - m_2)!(j_2 + m_2)!} \right]^{1/2}$$

$$\times \sum_k \frac{(-1)^{k + j_2 + m_2} (j_2 + j_3 - m_1 - k)!(j_1 - m_1 + k)!}{k!(j_3 - j_1 + j_2 - k)!(j_3 - m_3 - k)!(k + j_1 - j_2 + m_3)!} \tag{K.13}$$

で定義される．k に関する和は，負ではない階乗項に対するすべての整数について行われる．

Gaunt 係数 [1052] は，次式

$$c^{l''}(l\, m, l'\, m') = \sqrt{\frac{2}{2l'' + 1}} \int_0^\pi \mathrm{d}\theta \sin\theta\, \Theta(l'', m - m')\, \Theta(l, m)\, \Theta(l', m') \tag{K.14}$$

で定義される．（Condon と Shortley [1051]，pp.178–179 でも与えられている．）ここで，$\Theta(l, m)$ は，

$$\Theta(l, m) = \sqrt{\frac{2l + 1}{2} \frac{(l - m)!}{(l + m)!}} P_l^m(\cos\theta) \tag{K.15}$$

である．Clebsch–Gordan 係数と同様に，Gaunt 係数も Wigner の $3jm$ 記号を使って

$$c^{l''}(l\, m, l'\, m') = (-1)^m \left[(2l + 1)(2l' + 1) \right]^{1/2}$$

---

[2]［訳註］$3j$ 記号といわれることが多い．

440　　付録 K　　有用な関係式と公式

$$\times \begin{pmatrix} l & l' & l'' \\ 0 & 0 & 0 \end{pmatrix} \begin{pmatrix} l & l' & l'' \\ m & -m' & -m+m' \end{pmatrix} \quad \text{(K.16)}$$

と表すことができる．この Wigner の $3jm$ 記号の 2 つの積は，2 つの角運動量ベクトルの結合に伴うものである．2 つの係数間の関係をもっと明確に示すために，Gaunt 係数を Clebsch–Gordan 係数で表せば，

$$c^{l''}(l\ m, l'\ m') = (-1)^{m'} \frac{[(2l+1)(2l'+1)]^{1/2}}{2l''+1} \ C^{l''0}_{l0,l'0} C^{l''m-m'}_{lm,l'-m'} \quad \text{(K.17)}$$

となる．

K.5　Chebyshev 多項式

Taylor 級数は，変数のべきによる展開である．

$$f(x) \to c_0 + c_1 x + c_2 x^2 + \cdots + c_M x^M. \quad \text{(K.18)}$$

(18.20) 式で必要とされているような演算子の展開を使う利点は，引き続いて出てくる各項が $x^{n+1} = x x^n$ を順に使えば簡単に得られることである．しかし，高次のべきでは不安定性の問題が出てくることがあり，x が大きくなるにつれ収束は悪くなる．一方，第 I 種の Chebyshev 多項式 $T_n(x)$ は，領域 $[-1, +1]$ で直交するように定義されているため[3]，この領域上では，どんな関数でも $T_n(x)$ の線形結合として一意に展開することができる．さらに，この展開をすると，その全領域で関数 $f(x)$ の近似展開の誤差の絶対値の最大値が最小になるという性質があり，さらにその多項式は再帰的に計算することができるという特性がある．多項式は，最初の 2 項と他の項を表す漸化式

$$T_0(x) = 1, \quad T_1(x) = x, \quad T_{n+1}(x) = 2x T_n(x) - T_{n-1}(x) \quad \text{(K.19)}$$

を定義することで表現できる [776]．最終的な展開式は

$$f(x) \to \frac{c_0}{2} + \sum_{n=1}^{M_p} c_n T_n(x) \quad \text{(K.20)}$$

と書ける．最初の数項を導出し，その直交性を示すのは簡単な演習問題となる．

---

[3] ［訳註］$T_n(x)$ の直交性は，$\int_{-1}^{1} dx \frac{T_n(x)T_m(x)}{\sqrt{1-x^2}} = 0 \ (m \neq n)$, $\pi/2 \ (m = n \neq 0)$, $\pi \ (m = n = 0)$ である．

付録 **R**

固体の電子状態計算用のコード

　以下は本書で紹介したり言及した，実際に使われているコードのリストである．本書の原著が書かれた時点ではそれぞれ利用可能であった．ほとんどすべてが無料でオープンソースである．電子状態計算のソフトウェアのもっと完璧なリストは例えば，https://psi-k.net/software/とか，https://dft.sandia.gov/Quest/にある．

チュートリアル用コード：
- TBPW は，教育的目的を持ったモジュール化したコードである．それは，TB（タイトバインディング），PW（経験的擬ポテンシャル平面波）およびすべての方法に共通の要素（構造，Brillouin ゾーンなど）からなっている．http://www.mcc.uiuc.edu/software/で利用できる．
- nanoHUB.org のコード群は，経験的擬ポテンシャルとタイトバインディングを扱っているが，それらは簡単なモデルから半導体のデバイスシミュレーションにいたる多くのレベルに対応できる．多くの他のコードもある．
- PythTB（Python Tight Binding）は，タイトバインディングの Python 実装であり，どのような次元（結晶，スラブ，リボン，クラスターなど）にも対応しており，Berry 位相や関連の性質の計算の機能がある．本書では実際には使ってないが，Vanderbilt の本 [918] には広範な例がある．http://www.physics.rutgers.edu/pythtb/で利用できる．

442 付録 R 固体の電子状態計算用のコード

平面波コード:

- ABINIT [1104] は, 擬ポテンシャル (あるいは PAW) と平面波基底を使う密度汎関数計算のオープンソースコードのパッケージである. フォノンと分子動力学にも対応している. また, 多体摂動論と動的平均場近似の方法も含む.

- CASTEP [1105] は, エネルギーに係ること (energetics), 構造, 振動, その他の性質を扱う平面波コードである. 赤外分光, ラマン分光, NMR さらに内殻レベルスペクトルに対応する.

- Qbox は, 平面波, 擬ポテンシャルコードであり, 大規模並列計算機を使う量子分子動力学法に特にデザインされている.

- QMAS は, 平面波基底と射影補強波法を用いた密度汎関数理論に基づく電子状態計算プログラムパッケージである[1].

- quantum-ESPRESSO [1106] は, 平面波と擬ポテンシャルを使った密度汎関数論のオープンソース計算コードを統合した組である. フォノンや分子動力学, その他の機能を含む.

- VASP [1056] は, 擬ポテンシャルあるいは射影補強波法を使う平面波計算のパッケージである.

(L)APW コード:

- ELK は, 密度汎関数計算のための全電子のフルポテンシャル線形補強平面波 (LAPW) のオープンソースコードである. できるだけ単純な構成にして新しい開発が速やかに信頼性が高く行えるように設計されている.

- WIEN2k は, フルポテンシャルの (線形化) 補強平面波 ((L)APW) 法と局在軌道 (lo) 法に基づく全電子計算コードのパッケージである.

局在軌道コード:

- CRYSTAL [1107] は, ガウス基底関数を使って周期的化合物の Hartree–Fock 計算ができる.

- DMol [655] は, 周期的な系および分子系のための数値動径関数を使っている.

---

[1] [訳註] 補足した. https://qmas.jp/に詳しい情報がある.

443

- FHI-aims [113] は，15.4 節で定義した原子を中心とした数値軌道を使った，全電子でフルポテンシャル計算のコードである．周期系にも非周期系にも対応している．
- FPLO [654] は，全電子，フルポテンシャルの局在軌道電子状態のコードで，決まった原子様の基底関数を使い，周期的あるいは開放的境界条件に対応する．
- OpenMX は，ノルム保存擬ポテンシャルと最適化擬原子軌道に基づく，大規模密度汎関数計算用のオープンソースパッケージである[2]．
- SIESTA [646] は，15.4 節で定義した数値原子軌道を使った密度汎関数論のコードである（O(N) コードのところも参照）．

実空間コード：

- DFT-FE [586] は，全電子と擬ポテンシャルに対応できる適応有限要素離散化に基づく実空間 DFT コードである．周期系，非周期系を扱える．
- PARSEC [571] は，有限差分の擬ポテンシャルコードで，周期的および非周期的物質の電子的性質の計算をする．
- RMGDFT [584] は，実空間基底と擬ポテンシャルを用いた密度汎関数論の，実空間多重グリッドのオープンソースコードである．スケーラビリティに配慮した設計になっており，数十万の CPU で動かされた．
- SPARC [573]（Simulation Package for Ab-initio Real-space Calculations）は，大規模系に対応するために有限差分の定式化をしている．

時間依存 DFT：

- 上にあげた，平面波，実空間，局在軌道のコードの大部分，および他の多くのコードは，TDDFT 計算も実行できる．
- OCTOPUS [1108] は，擬ポテンシャルと実空間数値グリッドを用いて，密度汎関数論（DFT）および時間依存密度汎関数論（TDDFT）計算を実行するソフトウェアパッケージである．

---

[2] ［訳註］補足した．https:openmx-square.org に詳しい情報がある．QMAS を使った最新の論文の 1 つとして次のものがある．S. Hagiwara, S. Ishibashi, and M. Otani, *Phys. Rev.* B110:155409, 2024.

444　付録 R　固体の電子状態計算用のコード

- turboTDDFT [844] は，分子スペクトルのシミュレーションのコードである．時間依存密度汎関数摂動論に対して Liouville–Lanczos 法を使っている．

線形スケーリング O(N) コード：

ここにあげたものは特に線形スケーリングのために書かれたコードである．これらのコードは通常の非線形スケーリング計算にも使えるし，他のコードもまた線形スケーリングに使えるものもある．

- BigDFT [592] は，wavelet 基底を用いた DFT 用のコードで大規模並列計算用に設計されている．
- CONQUEST [1109] は，Blip 関数（b-spline）を使っていて，タイトバインディングでも平面波を使ったフルの DFT 計算の精度を可能としている．
- ONETEP [1110, 1111] は，平面波を使った線形スケーリングの密度汎関数論計算が可能．
- SIESTA [646] は，数値原子軌道を用いた，線形スケーリングの DFT 計算コード．
- OpenMX は，線形スケーリングの DFT 計算もできる．

Wannier 関数：

- WANNIER90 [1112] は，最局在 Wannier 関数を得るためのツールである．

構造探索：

- AIRSS（Ab Initio Random Structure Searching）[130] は，単純ではあるが，強力で高度に並列化できる，構造予測へのアプローチである．
- CALYPSO（Crystal structure AnaLYsis by Particle Swarm Optimization）[1113] は，particle swarm optimization を使った構造予測法のパッケージである．
- USPEX（Universal Structure Predictor: Evolutionary Xtallography）は，主として進化的アルゴリズムを使った結晶の構造予測のコードである．

上巻の参考文献

[1] R. M. Martin, L. Reining, and D. M. Ceperley, *Interacting Electrons: Theory and Computational Approaches*, Cambridge University Press, Cambridge, UK, 2016.

[2] H. A. Lorentz, *Theory of Electrons*, reprint of volume of lectures given at Columbia University in 1906, Dover, New York, 1952.

[3] P. Zeeman, "The effect of magnetisation on the nature of light emitted by a substance," translated by Arthur Stanton from the Proceedings of the Physical Society of Berlin, *Nature* 55:347, 1897.

[4] J. J. Thomson, "Cathode rays," *Phil. Mag., Series 5* 44:310–312, 1897.

[5] J. J. Thomson, "Cathode rays," *The Electrician: A Weekly Illustrated Journal of Electrical Engineering, Industry and Science* 39, 1897.

[6] E. Rutherford, "The scattering of α and β particles by matter and the structure of the atom," *Phil. Mag., Series 6* 21:669–688, 1911.

[7] N. Bohr, "On the constitution of atoms and molecules," *Phil. Mag., Series 6* 26: 1–25, 1913.

[8] M. Jammer, *The Conceptual Development of Quantum Mechanics*, McGraw-Hill, New York, 1966.

[9] *Sources of Quantum Mechanics*, edited by B. L. van de Waerden, North Holland, Amsterdam, 1967.

[10] A. Messiah, *Quantum Mechanics*, vol. I, Wiley, New York, 1964.

[11] L. Hoddeson and G. Baym, "The development of the quantum-mechanical electron theory of metals: 1900–1928," *Proc. Roy. Soc.* A 371:8, 1987.

[12] L. Hoddeson and G. Baym, "The development of the quantum-mechanical electron theory of metals: 1928–1933," *Rev. Mod. Phys.* 59:287, 1987.

[13] L. Hoddeson, E. Braun, J. Teichmann, and S. Weart, *Out of the Crystal Maze*, chapters for the history of solid state physics, Oxford University Press, New York, Oxford, 1992.

[14] O. Stern, "Ein Weg zur experimentellen Prüfung der Richtungsquantelung im Magnetfeld" [Experiment to test the applicability of the quantum theory to the magnetic field], *Z. Physik* 7:249–253, 1921.

[15] W. Gerlach and O. Stern, "Der experimentelle Nachweis der Richtungsquantelung im Magnetfeld (Experimental test of the applicability of the quantum theory to the magnetic field)," *Z. Physik* 9:349–352, 1922.

446　上巻の参考文献

[16] A. H. Compton, "Possible magnetic polarity of free electrons: Estimate of the field strength of the electron," *Z. Phys.* 35:618–625, 1926.

[17] S. A. Goudsmit and G. E. Uhlenbeck, "Die Kopplungsmöglichkeiten der Quantenvektoren im Atom," *Z. Phys.* 35:618–625, 1926.

[18] W. Pauli, "Uber den Zusammenhang des Abschlusses der Elektronengruppen im Atom mit der Komplex Struktur der Spektren," *Z. Phys.* 31:765, 1925.

[19] E. C. Stoner, "The distribution of electrons among atomic levels," *Phil. Mag.* 48: 719, 1924.

[20] E. Fermi, "Zur Quantelung des Idealen Einatomigen Gases," *Z. Phys.* 36:902, 1926.

[21] S. N. Bose, "Plancks Gesetz und Lichtquanten-hypothese," *Z. Phys.* 26:178, 1924.

[22] A. Einstein, "Quantheorie des Idealen Einatomigen Gases," *Sber. preuss Akad. Wiss.* p. 261, 1924.

[23] W. Heisenberg, "Mehrkorperproblem und Resonanz in der Quantenmechanik," *Z. Phys.* 38:411, 1926.

[24] P. A. M. Dirac, "On the theory of quantum mechanics," *Proc. R. Soc.* A 112: 661, 1926.

[25] J. C. Slater, "The theory of complex spectra," *Phys. Rev.* 34:1293, 1929.

[26] P. A. M. Dirac, "The quantum theory of the electron," *Proc. R. Soc.* A 117: 610–624, 1928.

[27] P. A. M. Dirac, "The quantum theory of the electron. Part II," *Proc. R. Soc.* A 118:351–361, 1928.

[28] G. N. Lewis, "The atom and the molecule," *J. Am. Chem. Soc.* 38:762–786, 1916.

[29] W. Heitler and F. London, "Wechselwirkung neutraler Atome und homopolare Bindung nach der Quantenmechanik," *Z. Phys.* 44:455, 1927.

[30] W. Pauli, "Uber Gasentartung und Paramagnetismus," *Z. Phys.* 41:91, 1927.

[31] A. Sommerfeld, "Zur Elektronen Theorie der Metalle auf Grund der Fermischen Statistik," *Z. Phys.* 47:43, 1928.

[32] P. Drude, "Bestimmung optischer Konstanten der Metalle," *Wied. Ann.* 39:481–554, 1897.

[33] P. Drude, *Lehrbuch der Optik (Textbook on Optics)*, S. Hirzel, Leipzig, 1906.

[34] H. Bethe, "Theorie der Beugung von Elektronen in Kristallen," *Ann. Phys. (Leipzig)* 87:55, 1928.

[35] F. Bloch, "Uber die Quantenmechanik der Elektronen in Kristallgittern," *Z. Phys.* 52:555, 1928.

[36] R. E. Peierls, "Zur Theorie der galvanomagnetischen Effekte," *Z. Phys.* 53:255, 1929.

[37] R. E. Peierls, "Zur Theorie der electrischen und thermischen Leitfähigkeit von Metallen," *Ann. Phys. (Leipzig)* 4:121, 1930.

[38] A. H. Wilson, "The theory of electronic semiconductors," *Proc. R. Soc.* A 133: 458, 1931.

[39] A. H. Wilson, "The theory of electronic semiconductors – II," *Proc. R. Soc.* A 134:277, 1931.

[40] F. Seitz, *The Modern Theory of Solids*, McGraw-Hill Book Company, New York, 1940, reprinted in paperback by Dover Press, New York, 1987.

[41] G. E. Kimball, "The electronic structure of diamond," *J. Chem. Phys.* 3:560, 1935.

[42] W. Shockley, "On the surface states associated with a periodic potential," *Phys. Rev.* 56:317–323, 1939.

[43] W. Shockley, "Energy band structure of sodium cloride," *Phys. Rev.* 50:754–759, 1937.

[44] D. Pines, *The Many Body Problem*, Advanced Book Classics, originally published in 1961, Addison-Wesley, Reading, MA, 1997.

[45] A. A. Abrikosov, L. P. Gorkov, and I. E. Dzyaloshinski, *Methods of Quantum Field Theory in Statistical Physics*, Prentice-Hall, Englewood Cliffs, NJ, 1963.

[46] J. M. Luttinger and J. C. Ward, "Ground-state energy of a many-fermion system. II," *Phys. Rev.* 118:1417–1427, 1960.

[47] J. M. Luttinger, "Fermi surface and some simple equilibrium properties of a system of interacting fermions," *Phys. Rev.* 119:1153–1163, 1960.

[48] J. C. Slater, *Solid-State and Molecular Theory: A Scientific Biography*, John Wiley & Sons, New York, 1975.

[49] D. R. Hartree, *The Calculation of Atomic Structures*, John Wiley & Sons, New York, 1957.

[50] D. R. Hartree, "The wave mechanics of an atom with non-Coulombic central field: Parts I, II, III," *Proc. Cambridge Phil. Soc.* 24:89,111,426, 1928.

[51] E. Hylleraas, "Neue Berectnumg der Energie des Heeliums im Grundzustande, sowie tiefsten Terms von Ortho-Helium," *Z. Phys.* 54:347, 1929.

[52] E. A. Hylleraas, "Uber den Grundterm der Zweielektronenprobleme von H^-, He, Li^+, Be^+ usw," *Z. Phys.* 65:209, 1930.

[53] V. Fock, "Naherungsmethode zur Losung des quanten-mechanischen Mehrkorperprobleme," *Z. Phys.* 61:126, 1930.

[54] E. P. Wigner and F. Seitz, "On the constitution of metallic sodium," *Phys. Rev.* 43:804, 1933.

[55] A. Sommerfeld and H. Bethe, "Elektronentheorie der Metalle," *Handbuch der Physik* 24/2:333, 1933.

[56] J. C. Slater, "The electronic structure of metals," *Rev. Mod. Phys.* 6:209–280, 1934.

[57] E. P. Wigner and F. Seitz, "On the constitution of metallic sodium II," *Phys. Rev.* 46:509, 1934.

[58] J. C. Slater, "Electronic energy bands in metals," *Phys. Rev.* 45:794–801, 1934.

[59] F. Herman and J. Callaway, "Electronic structure of the germanium crystal," *Phys. Rev.* 89:518–519, 1953.

[60] H. M. Krutter, "Energy bands in copper," *Phys. Rev.* 48:664, 1935.

[61] J. C. Slater, "Wave function in a periodic potential," *Phys. Rev.* 51:846–851, 1937.

[62] J. C. Slater, "An augmented plane wave method for the periodic potential problem," *Phys. Rev.* 92:603–608, 1953.

[63] M. M. Saffren and J. C. Slater, "An augmented plane wave method for the periodic potential problem II," *Phys. Rev.* 92:1126, 1953.

448　上巻の参考文献

[64] W. C. Herring, "A new method for calculating wave functions in crystals," *Phys. Rev.* 57:1169, 1940.

[65] E. Fermi, "Displacement by pressure of the high lines of the spectral series," *Nuovo Cimento* 11:157, 1934.

[66] H. Hellmann, "A new approximation method in the problem of many electrons," *J. Chem. Phys.* 3:61, 1935.

[67] H. Hellmann, "Metallic binding according to the combined approximation procedure," *J. Chem. Phys.* 4:324, 1936.

[68] F. Herman, "Theoretical investigation of the electronic energy band structure of solids," *Rev. Mod. Phys.* 30:102, 1958.

[69] F. Herman, "Elephants and mahouts – Early days in semiconductor physics," *Phys. Today* June, 1984:56, 1984.

[70] W. Heisenberg, "The theory of ferromagnetism," *Z. Phys.* 49:619–636, 1928.

[71] P. A. M. Dirac, "Quantum mechanics of many-electron systems," *Proc. R. Soc.* A 123:714–733, 1929.

[72] N. Bohr, Studier over Metallernes Elektrontheori (thesis), 1911.

[73] H. J. van Leeuwen, Vraagstukken uit de Electrontheorie van het Magnetisme (thesis), 1911.

[74] H. J. van Leeuwen, "Problemes de la Theorie Electronique du Magnetisme," *J. Phys. Radium* 6:361, 1921.

[75] L. Pauling, *The Nature of the Chemical Bond,* 3rd ed., Cornell University Press, Ithaca, NY, 1960.

[76] E. P. Wigner, "On the interaction of electrons in metals," *Phys. Rev.* 46:1002–1011, 1934.

[77] N. F. Mott and R. Peierls, "Discussion of the paper by De Boer and Verwey," *Proc. Phys. Soc.* A 49:72, 1937.

[78] N. F. Mott, "The basis of the theory of electron metals, with special reference to the transition metals," *Proc. Phys. Soc.* A 62:416, 1949.

[79] N. F. Mott, *Metal–Insulator Transitions*, Taylor & Francis, London/Philadelphia, 1990.

[80] J. H. de Boer and E. J. W Verwey, "Semi-conductors with partially and with completely filled 3d-lattice bands," *Proc. Phys. Soc.* 49:59–71, 1937.

[81] P. W. Anderson, "More is different: Broken symmetry and the nature of the heirachical styructure of science," *Science* 177:393–396, 1972.

[82] *More Is Different: Fifty Years of Condensed Matter Physics*, edited by N.-P. Ong and R. Bhatt, Princeton University Press, Princeton, NJ, 2001.

[83] P. Hohenberg and W. Kohn, "Inhomogeneous electron gas," *Phys. Rev.* 136: B864–871, 1964.

[84] W. Kohn and L. J. Sham, "Self-consistent equations including exchange and correlation effects," *Phys. Rev.* 140:A1133–A1138, 1965.

[85] R. Car and M. Parrinello, "Unified approach for molecular dynamics and density functional theory," *Phys. Rev. Lett.* 55:2471–2474, 1985.

[86] C. L. Kane and E. J. Mele, "Z_2 topological order and the quantum spin Hall effect," *Physical Review Letters* 95:146802, 2005.

[87] C. L. Kane and E. J. Mele, "Quantum spin Hall effect in graphene," *Physical Review Letters* 95:226801, 2005.

[88] B. Andrei Bernevig and S.-C. Zhang, "Quantum spin Hall effect," *Phys. Rev. Lett.* 96:106802, 2006.

[89] D. J. Thouless, M. Kohmoto, M. P. Nightingale, and M. den Nijs, "Quantized Hall conductance in a two-dimensional periodic potential," *Phys. Rev. Lett.* 49:405–408, 1982.

[90] M. Born and J. R. Oppenheimer, "Zur Quantentheorie der Molekeln," *Ann. Physik* 84:457, 1927.

[91] M. Born and K. Huang, *Dynamical Theory of Crystal Lattices*, Oxford University Press, Oxford, 1954.

[92] J. S. Rowlinson, "Legacy of van der Waals," *Nature* 244:414–417, 1973.

[93] J. D. van der Waals, *Nobel Lectures in Physics*, Elsevier, Amsterdam, 1964, pp. 254–265.

[94] S. C. Wang, "The problem of the normal hydrogen molecule in the new quantum mechanics," *Phys. Rev.* 31:579–586, 1928.

[95] J. C. Slater and J. G. Kirkwood, "The van der Waals forces in gases," *Phys. Rev.* 37:682–697, 1931.

[96] R. Eisenschitz and F. London, "Uber das Verhaltnis der van der Waalsschen Krafte zu den homopolaren Bindungskraften," *Z. Phys.* 60:491–527, 1930.

[97] F. London, "Zur Theorie und Systematik der Molekularkrafte," *Z. Phys.* A 63: 245–279, 1930.

[98] P. M. Chaikin and T. C. Lubensky, *Principles of Condensed Matter Physics*, Cambridge University Press, Cambridge, UK, 1995.

[99] J. M. Zuo, P. Blaha, and K. Schwarz, "The theoretical charge density of silicon: Experimental testing of exchange and correlation potentials," *J. Phys. Condens. Matter.* 9:7541–7561, 1997.

[100] Z. W. Lu, A. Zunger, and M. Deutsch, "Electronic charge distribution in crystalline diamond, silicon, and germanium," *Phys. Rev. B* 47:9385–9410, 1993.

[101] M. T. Yin and M. L. Cohen, "Theory of static structural properties, crystal stability, and phase transformations: Application to Si and Ge," *Phys. Rev. B* 26:5668–5687, 1982.

[102] O. H. Nielsen and R. M. Martin, "Stresses in semiconductors: *Ab initio* calculations on Si, Ge, and GaAs," *Phys. Rev. B* 32(6):3792–3805, 1985.

[103] V. L. Moruzzi, A. R. Williams, and J. F. Janak, "Local density theory of metallic cohesion," *Phys. Rev. B* 15:2854–2857, 1977.

[104] V. L. Moruzzi, J. F. Janak, and A. R. Williams, *Calculated Electronic Properties of Metals*, Pergamon Press, New York, 1978.

[105] F. D. Murnaghan, "The compressibility of media under extreme pressures," *Proc. Nat. Acad. Sci. U.S.A.* 50:244–247, 1944.

[106] L. P. Howland, "Band structure and cohesive energy of potassium chloride," *Phys. Rev.* 109:1927, 1958.

[107] P. D. DeCicco, "Self-consistent energy bands and cohesive energy of potassium chloride," *Phys. Rev.* 153:931, 1967.

[108] W. E. Rudge, "Variation of lattice constant in augmented-plane-wave energyband calculation for lithium," *Phys. Rev.* 181:1033, 1969.

[109] M. Ross and K. W. Johnson, "Augmented-plane-wave calculation of the total energy, bulk modulus, and band structure of compressed aluminum," *Phys. Rev. B* 2:4709, 1970.

450 上巻の参考文献

[110] E. C. Snow, "Total energy as a function of lattice parameter for copper via the self-consistent augmented-plane-wave method," *Phys. Rev.* B 8:5391, 1973.

[111] J. F. Janak, V. L. Moruzzi, and A. R. Williams, "Ground-state thermomechanical proerties of some cubic elements in the local-density formalism," *Phys. Rev.* B 12:1257–1261, 1975.

[112] G.-X. Zhang, A. M. Reilly, A. Tkatchenko, and M. Scheffler, "Performance of various density-functional approximations for cohesive properties of 64 bulk solids," *New J. Phys.* 20:063020, 2018.

[113] V. Blum, R. Gehrke, F. Hanke, P. Havu, V. Havu, X. Ren, K. Reuter, and M. Scheffler, "*Ab initio* molecular simulations with numeric atom-centered orbitals," *Comput. Phys. Commun.* 180:2175–2196, 2009.

[114] E. B. Isaacs and C. Wolverton, "Performance of the strongly constrained and appropriately normed density functional for solid-state materials," *Phys. Rev. Materials* 2:063801, 2018.

[115] M Marsman, J Paier, A Stroppa, and G Kresse, "Hybrid functionals applied to extended systems," *J. Phys. Condens. Matter* 20:064201, 2008.

[116] Y. Fu and D. J. Singh, "Applicability of the strongly constrained and appropriately normed density functional to transition-metal magnetism," *Phys. Rev. Lett.* 121:207201, 2018.

[117] H.-K. Mao, X.-J. Chen, Y. Ding, B. Li, and L. Wang, "Solids, liquids, and gases under high pressure," *Rev. Mod. Phys.* 90:015007, 2018.

[118] R. Biswas, R. M. Martin, R. J. Needs, and O. H. Nielsen, "Complex tetrahedral structures of silicon and carbon under pressure," *Phys. Rev.* B 30(6):3210–3213, 1984.

[119] M. T. Yin, "Si-III (BC-8) crystal phase of Si and C: Structural properties, phase stabilities, and phase transitions," *Phys. Rev.* B 30:1773–1776, 1984.

[120] G. J. Ackland, "High-pressure phases of group IV and III–V semiconductores," *Rep. Prog. Phys.* 64:483–516, 2001.

[121] A. Mujica, A. Rubio, A. Munoz, and R. J. Needs, "High-pressure phases of group IVa, IIIa–Va and IIb–VIa compounds," *Rev. Mod. Phys.* 75:863–912, 2003.

[122] J. S. Kasper and Jr. R. H. Wentorf, "The crystal structures of new forms of silicon and germanium," *Acta Cryst.* 17:752, 1964.

[123] R. J. Needs and A. Mujica, "Theoretical description of high-pressure phases of semiconductors," *High Press. Res.* 22:421, 2002.

[124] H. Olijnyk, S. K. Sikka, and W. B. Holzapfel, "Structural phase transitions in Si and Ge under pressures up to 50 GPa," *Phys. Lett.* 103A:137, 1984.

[125] J. Z. Hu and I. L. Spain, "Phases of silicon at high pressure," *Solid State Commun.* 51:263, 1984.

[126] A. K. McMahan, "Interstitial-sphere linear muffin-tin orbital structural calculations for C and Si," *Phys. Rev.* B 30:5835–5841, 1984.

[127] B. Xiao, J. Sun, A. Ruzsinszky, J. Feng, R. Haunschild, G. E. Scuseria, and J. P. Perdew, "Testing density functionals for structural phase transitions of solids under pressure: Si, SiO_2, and Zr," *Phys. Rev.* B 88:184103, 2013.

[128] C. Shahi, J. Sun, and J. P. Perdew, "Accurate critical pressures for structural phase transitions of group IV, III–V, and II–VI compounds from the SCAN density functional," *Phys. Rev.* B 97:094111, 2018.

[129] N. Sengupta, J. E. Bates, and A. Ruzsinszky, "From semilocal density functionals to random phase approximation renormalized perturbation theory: A methodological assessment of structural phase transitions," *Phys. Rev. B* 97:235136, 2018.

[130] C. J. Pickard and R. J. Needs, "*Ab initio* random structure searching," *J. Phys. Condens. Matter* 23:053201, 2011.

[131] R. J. Needs and C. J. Pickard, "Perspective: Role of structure prediction in materials discovery and design," *APL Materials* 4:053210, 2016.

[132] D. H. Wolpert and W. G. Macready, "No free lunch theorems for optimization," *IEEE Trans. Evol. Comput.* 1:67–82, 1997.

[133] S. Kirkpatrick, C. D. Gelatt, and M. P. Vecchi, "Optimization by simulated annealing," *Science* 220:671–680, 1983.

[134] X.-S. Yang, in *Nature-Inspired Optimization Algorithms*, edited by X.-S. Yang, Elsevier, Oxford, 2014, pp. 99–110.

[135] J. Kennedy and R. C. Eberhart, in *Proceedings of the IEEE International Conference on Neural Networks, Piscataway, NJ, 1995*, edited by X.-S. Yang, Available at IEEE Xplore Digital Library, ieeexplore.ieee.org.

[136] T. Back, *Evolutionary Algorithms in Theory and Practice: Evolution Strategies, Evolutionary Programming, Genetic Algorithm*, Oxford University Press, Oxford, U.K., 1990.

[137] A. O. Lyakhov, A. R. Oganov, H. T. Stokes, and Q. Zhu, "New developments in evolutionary structure prediction algorithm USPEX," *Comput. Phys. Commun.* 184:1172–1182, 2013.

[138] A. R. Oganov and C. W. Glass, "Crystal structure prediction using *ab initio* evolutionary techniques: Principles and applications," *J. Chem. Phys.* 124:244704, 2006.

[139] C. Mailhiot, L. H. Yang, and A. K. McMahan, "Polymeric nitrogen," *Phys. Rev. B* 46:14419–14435, 1992.

[140] M. I. Eremets, A. G. Gavriliuk, I. A. Trojan, D. A. Dzivenko, and R. Boehler, "Single-bonded cubic form of nitrogen," *Nat. Mater.* 3:558–563, 2004.

[141] M. I. Eremets, A. G. Gavriliuk, N. R. Serebryanaya, I. A. Trojan, D. A. Dzivenko, R. Boehler, H. K. Mao, and R. J. Hemley, "Structural transformation of molecular nitrogen to a single-bonded atomic state at high pressures," *J. Chem. Phys.* 121:11296–11300, 2004.

[142] E. M. Benchafia, Z. Yao, G. Yuan, Tsengmin Chou, H. Piao, X. Wang, and Z. Iqbal, "Cubic gauche polymeric nitrogen under ambient conditions," *Nat. Commun.* 8:930, 2017.

[143] C. J. Pickard and R. J. Needs, "High-pressure phases of nitrogen," *Phys. Rev. Lett.* 102:125702, 2009.

[144] J. M. McMahon, M. A. Morales, C. Pierleoni, and D. M. Ceperley, "The properties of hydrogen and helium under extreme conditions," *Rev. Mod. Phys.* 84:1607–1653, 2012.

[145] N. W. Ashcroft, "Hydrogen dominant metallic alloys: High temperature superconductors?," *Phys. Rev. Lett.* 92:187002, 2004.

[146] D. Duan, Y. Liu, F. Tian, D. Li, X. Huang, Z. Zhao, H. Yu, B. Liu, W. Tian, and T. Cui, "Pressure-induced metallization of dense $(H_2S)_2H_2$ with high-Tc superconductivity," *Sci. Rep.* 4:6968, 2014.

[147] Y. Li, J. Hao, H. Liu, Y. Li, and Y. Ma, "The metallization and superconductivity of dense hydrogen sulfide," *J. Chem. Phys.* 140:174712, 2014.

452   上巻の参考文献

[148] A. P. Drozdov, M. I. Eremets, I. A. Troyan, V. Ksenofontov, and S. I. Shylin, "Conventional superconductivity at 203 Kelvin at high pressures in the sulfur hydride system," *Nature* 525:73, 2015.

[149] M. Einaga, M. Sakata, T. Ishikawa, K. Shimizu, M. I. Eremets, A. P. Drozdov, I. A. Troyan, N. Hirao, and Y. Ohishi, "Crystal structure of the superconducting phase of sulfur hydride," *Nat. Phys.* 12:835, 2016.

[150] N. Bernstein, C. Stephen Hellberg, M. D. Johannes, I. I. Mazin, and M. J. Mehl, "What superconducts in sulfur hydrides under pressure and why," *Phys. Rev. B* 91:060511, 2015.

[151] D. A. Papaconstantopoulos, B. M. Klein, M. J. Mehl, and W. E. Pickett, "Cubic H_3S around 200 GPa: An atomic hydrogen superconductor stabilized by sulfur," *Phys. Rev. B* 91:184511, 2015.

[152] D. Duan, X. Huang, F. Tian, D. Li, H. Yu, Y. Liu, Y. Ma, B. Liu, and T. Cui, "Pressure-induced decomposition of solid hydrogen sulfide," *Phys. Rev. B* 91:180502, 2015.

[153] M. Benoit, A. H. Romero, and D. Marx, "Reassigning hydrogen-bond centering in dense ice," *Phys. Rev. Lett.* 89:145501, 2002.

[154] H. Liu, I. I. Naumov, R. Hoffmann, N. W. Ashcroft, and R. J. Hemley, "Potential high-Tc superconducting lanthanum and yttrium hydrides at high pressure," *Proc. Natl. Acad. Sci. U.S.A.* 114:6990–6995, 2017.

[155] F. Peng, Y. Sun, C. J. Pickard, R. J. Needs, Q. Wu, and Y. Ma, "Hydrogen clathrate structures in rare earth hydrides at high pressures: Possible route to room-temperature superconductivity," *Phys. Rev. Lett.* 119:107001, 2017.

[156] M. Somayazulu, M. Ahart, A. K. Mishra, Z. M. Geballe, M. Baldini, Y. Meng, V. V. Struzhkin, and R. J. Hemley, "Evidence for superconductivity above 260 K in lanthanum superhydride at megabar pressures," *Phys. Rev. Lett.* 122:027001, 2019.

[157] J. Kübler and V. Eyert, in *Electronic and Magnetic Properties of Metals and Ceramics*, edited by K. H. J. Buschow, VCH-Verlag, Weinheim, Germany, 1992, p. 1.

[158] E. C. Stoner, "Collective electron ferromagnetism. II. Energy and specific heat," *Proc. Roy. Soc.* A 169:339–371, 1939.

[159] C. Herring, in *Magnetism IV: Exchange Interactions among Itinerant Electrons*, edited by G. Rado and H. Suhl, Academic Press, New York, 1966.

[160] Q. Niu and L. Kleinman, "Spin-wave dynamics in real crystals," *Phys. Rev. Lett.* 80:2205–2208, 1998.

[161] R. Gebauer and S. Baroni, "Magnons in real materials from density-functional theory," *Phys. Rev. B* 61:R6459–R6462, 2000.

[162] O. H. Nielsen and R. M. Martin, "Quantum-mechanical theory of stress and force," *Phys. Rev. B* 32(6):3780–3791, 1985.

[163] O. H. Nielsen and R. M. Martin, "First-principles calculation of stress," *Phys. Rev. Lett.* 50(9):697–700, 1983.

[164] O. H. Nielsen, "Optical phonons and elasticity of diamond at megabar stresses," *Phys. Rev. B* 34:5808–5819, 1986.

[165] *Lattice Dynamics*, edited by R. F. Wallis, Pergamon Press, London, 1965.

[166] *Dynamical Properties of Solids,* vol. 3, edited by G. K. Horton and A. A. Maradudin, North-Holland, Amsterdam, 1979.

[167] K. Kunc and R. M. Martin, "Density-functional calculation of static and dynamic properties of GaAs," *Phys. Rev. B* 24(4):2311–2314, 1981.

[168] P. Ordejon, E. Artacho, R. Cachau, J. Gale, A. Garcia, J. Junquera, J. Kohanoff, M. Machado, D. Sanchez-Portal, J. M. Soler, and R. Weht, "Linear scaling DFT calculations with numerical atomic orbitals," *Mat. Res. Soc. Symp. Proc.* 677, 2001.

[169] R. E. Cohen and H. Krakauer, "Electronic-structure studies of the differences in ferroelectric behavior of $BaTi_xO_3$ and $PbTi_xO_3$," *Ferroelectrics* 136:65, 1992.

[170] K.-M. Ho, C.-L. Fu, and B. N. Harmon, "Vibrational frequencies via total-energy calculations: Applications to transition metals," *Phys. Rev.* B 29:1575–1587, 1984.

[171] D. J. Chadi and R. M. Martin, "Calculation of lattice dynamical properties from electronic energies: Application to C, Si and Ge," *Solid State Commun.* 19(7):643–646, 1976.

[172] H. Wendel and R. M. Martin, "Theory of structural properties of covalent semiconductors," *Phys. Rev.* B 19(10):5251–5264, 1979.

[173] U. V. Waghmare and K. M. Rabe, "*Ab initio* statistical mechanics of the ferroelectric phase transition in $PbTiO_3$," *Phys. Rev.* B 55:6161–6173, 1997.

[174] P. García-Fernández, J. C. Wojdeł, J. Íñiguez, and J. Junquera, "Second-principles method for materials simulations including electron and lattice degrees of freedom," *Phys. Rev.* B 93:195137, 2016.

[175] R. D. King-Smith and D. H. Vanderbilt, "Theory of polarization of crystalline solids," *Phys. Rev.* B 47:1651–1654, 1993.

[176] R. Resta, "Macroscopic polarization in crystalline dielectrics: the geometric phase approach," *Rev. Mod. Phys.* 66:899–915, 1994.

[177] M. V. Berry, "Quantal phase factors accompanying adiabatic changes," *Proc. R. Soc.* A 392:45–47, 1984.

[178] P. D. De Cicco and F. A. Johnson, "The quantum theory of lattice dynamics. IV," *Proc. R. Soc.* A 310:111–119, 1969.

[179] L. J. Sham, "Electronic contribution to lattice dynamics in insulating crystals," *Phys. Rev.* 188:1431–1439, 1969.

[180] R. Pick, M. H. Cohen, and R. M. Martin, "Microscopic theory of force constants in the adiabatic approximation," *Phys. Rev.* B 1:910–920, 1970.

[181] S. Baroni, S. de Gironcoli, and A. Dal Corso, "Phonons and related properties of extended systems from density-functional perturbation theory," *Rev. Mod. Phys.* 73:515–562, 2001.

[182] P. Giannozzi, S. de Gironcoli, P. Pavoni, and S. Baroni, "*Ab initio* calculation of phonon dispersion in semiconductors," *Phys. Rev.* B 43:7231, 1991.

[183] T. Tsuchiya, J. Tsuchiya, K. Umemoto, and R. M. Wentzcovitch, "Phase transition in $MgSiO_3$ perovskite in the earth's lower mantle," *Earth Planet. Sc. Lett.* 224:241–248, 2004.

[184] M. J. Gillan, D. Alfe, J. Brodholt, L. Vocadlo, and G. D. Price, "First-principles modelling of earth and planetary materials at high pressures and temperatures," *Rep. Prog. Phys.* 69:2365–2441, 2006.

[185] R. Wentzcovitch and L. Stixrude, "Theoretical and computational methods in mineral physics: Geophysical applications," *Rev. Mineral Geochem.* 71:iii–vi, 2010.

[186] D. Alfè, G. Kresse, and M. J. Gillan, "Structure and dynamics of liquid iron under Earth's core conditions," *Phys. Rev.* B 61:132–142, 2000.

454　上巻の参考文献

[187] H. K. Mao, Y. Wu, L. C. Chen, J. F. Shu, and A. P. Jephcoat, "Static compression of iron to 300 GPa and $Fe_{0.8}Ni_{0.2}$ alloy to 260 GPa: Implications for composition of the core," *J. Geophys. Res.* B 95:21737–21742, 1990.

[188] D. Alfe, "Iron at Earth core conditions from first principles calculations," *Rev. Mineral Geochem.* 71:337–354, 2010.

[189] E. Schwegler, G. Galli, F. Gygi, and R. Q. Hood, "Dissociation of water under pressure," *Phys. Rev. Lett.* 87:265501, 2001.

[190] L. Pauling, "The structure and entropy of ice and of other crystals with some randomness of atomic arrangement," *J. Am. Chem. Soc.* 157:2680, 1935.

[191] A. Jeffery, *An Introduction to Hydrogen Bonding*, Oxford University Press, Oxford, UK, 1997.

[192] A. Luzar and D. Chandler, "Hydrogen-bond kinetics in liquid water," *Nature* 379:55–57, 1996.

[193] T. A. Pham, T. Ogitsu, E Y. Lau, and E. Schwegler, "Structure and dynamics of aqueous solutions from PBE-based first-principles molecular dynamics simulations," *J. Chem. Phys.* 145:154501, 2016.

[194] A. P. Gaiduk, J. Gustafson, F. Gygi, and G. Galli, "First-principles simulations of liquid water using a dielectric-dependent hybrid functional," *J. Phys. Chem. Lett.* 9:3068–3073, 2018.

[195] M. Chen, H.-Y. Ko, R. C. Remsing, Marcos F. Calegari A., B. Santra, Z. Sun, A. Selloni, R. Car, M. L. Klein, J. P. Perdew, and X. Wu, "*Ab initio* theory and modeling of water," *Proc. Natl. Acad. Sci. U.S.A.* 114:10846–10851, 2017.

[196] L. B. Skinner, C. Huang, D. Schlesinger, L. G. M. Pettersson, A. Nilsson, and C. J. Benmore, "Benchmark oxygen-oxygen pair-distribution function of ambient water from X-ray diffraction measurements with a wide q-range," *J. Chem. Phys.* 138:074506, 2013.

[197] M. J. Gillan, D. Alfe, and A. Michaelides, "Perspective: How good is DFT for water?," *J. Chem. Phys.* 144:130901, 2016.

[198] R. A. DiStasio, B. Santra, Z. Li, X. Wu, and R. Car, "The individual and collective effects of exact exchange and dispersion interactions on the *ab initio* structure of liquid water," *J. Chem. Phys.* 141:084502, 2014.

[199] A. F. Goncharov, V. V. Struzhkin, H.-K. Mao, and R. J. Hemley, "Raman spectroscopy of dense H_2O and the transition to symmetric hydrogen bonds," *Phys. Rev. Lett.* 83:1998–2001, 1999.

[200] C. Lee, D. Vanderbilt, Kari Laasonen, R. Car, and M. Parrinello, "*Ab initio* studies on high pressure phases of ice," *Phys. Rev. Lett.* 69:462–465, 1992.

[201] M. Boero, M. Parrinello, and K. Terakura, "First principles molecular dynamics study of Ziegler–Natta heterogeneous catalysis," *J. Am. Chem. Soc.* 120:746–2752, 1998.

[202] M. Boero, M. Parrinello, S. Huffer, and H. Weiss, "First principles study of propene polymerization in Ziegler–Natta heterogeneous catalysis," *J. Am. Chem. Soc.* 122:501–509, 2000.

[203] E. Penev, P. Kratzer, and M. Scheffler, "Effect of the cluster size in modeling the H_2 desorption and dissociative adsorption on Si(001)," *J. Chem. Phys.* 110:3986–3994, 1999.

[204] W. A. Harrison, "Theory of polar semiconductor surfaces," *J. Vac. Sci. Technol.* 16:1492–1496, 1979.

[205] R. M. Martin, "Atomic reconstruction at polar interfaces of semiconductors," *J. Vac. Sci. Technol.* 17(5):978–981, 1980.

455

[206] A. A. Wilson, *Thermodynamics and Statistical Mechanics*, Cambridge University Press, Cambridge, U.K., 1957.

[207] A. A. Wilson, *Fundamentals of Statistical and Thermal Physics*, McGraw-Hill, New York, 1965.

[208] G. X. Qian, R. M. Martin, and D. J. Chadi, "First-principles calculations of atomic and electronic structure of the GaAs (110) surface," *Phys. Rev.* B 37:1303, 1988.

[209] A. Garcia and J. E. Northrup, "First-principles study of Zn- and Se-stabilized ZnSe(100) surface reconstructions," *J. Vac. Sci. Technol.* B 12:2678–2683, 1994.

[210] J. E. Northrup and S. Froyen, "Structure of GaAs(001) surfaces: The role of electrostatic interactions," *Phys. Rev.* B 50:2015, 1994.

[211] A. Franciosi and C. G. Van de Walle, "Heterojunction band offset engineering," *Surf. Sci. Rep.* 25:1, 1996.

[212] C. G. Van de Walle and R. M. Martin, "Theoretical study of band offsets at semiconductor interfaces," *Phys. Rev.* B 35:8154–8165, 1987.

[213] C. G. Van de Walle and R. M. Martin, "'Absolute' deformation potentials: Formulation and *ab initio* calculations for semiconductors," *Phys. Rev. Lett.* 62:2028–2031, 1989.

[214] A. Ohtomo and H. Y. Hwang, "A high-mobility electron gas at the $LaAlO_3/SrTiO_3$ heterointerface," *Nature* 427:423, 2004.

[215] S. Vaziri, et al., "Ultrahigh thermal isolation across heterogeneously layered two-dimensional materials," *Sci. Adv.* 5, 2019.

[216] T. Li and G. Galli, "Electronic properties of MoS_2 nanoparticles," *J. Phys. Chem.* C 111:16192–16196, 2007.

[217] K. F. Mak, C. Lee, J. Hone, J. Shan, and T. F. Heinz, "Atomically thin MoS_2: A new direct-gap semiconductor," *Phys. Rev. Lett.* 105:136805, 2010.

[218] Jason K. Ellis, Melissa J. Lucero, and G. E. Scuseria, "The indirect to direct band gap transition in multilayered MoS2 as predicted by screened hybrid density functional theory," *Appl. Phys. Lett.* 99:261908, 2011.

[219] A. K. Geim and I. V. Grigorieva, "Perspective: Van der Waals heterostructures," *Nature* 499:419, 2013.

[220] f K. S. Novoselov, A. Mishchenko, A. Carvalho, and A. H. Castro Neto, "2D materials and van der Waals heterostructures," *Science* 353, 2016.

[221] W. D. Knight, K. Clemenger, W. A. de Heer, W. A. Saunders, M. Y. Chou, and M. L. Cohen, "Electronic shell structure and abundances of sodium clusters," *Phys. Rev. Lett.* 52:2141, 1984.

[222] M. Brack, "The physics of simple metal clusters: Self-consistent jellium model and semiclassical approaches," *Rev. Mod. Phys.* 65:677–732, 1993.

[223] U. Rothlisberger, W. Andreoni, and P. Giannozzi, "Thirteen-atom clusters: Equilibrium geometries, structural transformations, and trends in Na, Mg, Al, and Si," *J. Chem. Phys.* 92:1248, 1992.

[224] J. C. Phillips, "Electron-correlation energies and the structure of Si_{13}," *Phys. Rev.* B 47:14132, 1993.

[225] J. C. Grossman and L. Mitas, "Quantum Monte Carlo determination of elecronic and structural properties of Si_n clusters ($n \leq 20$)," *Phys. Rev. Lett.* 74:1323–1325, 1995.

[226] J. C. Grossman and L. Mitas, "Family of low-energy elongated Si_n ($n \leq 50$) clusters," *Phys. Rev.* B 52:16735–16738, 1995.

456　上巻の参考文献

[227] H. W.Kroto, J. R. Heath, S. C. O'Brien, R. F. Curl, and R. E. Smalley, "C_{60}: Buckminsterfullerene," *Nature* 318:162, 1985.

[228] S. Iijima, "Helical microtubules of graphitic carbon," *Nature* 354:56, 1991.

[229] K. S. Novoselov, A. K. Geim, S. V. Morozov, D. Jiang, Y. Zhang, S. V. Dubonos, I. V. Grigorieva, and A. A. Firsov, "Electric field effect in atomically thin carbon films," *Science* 306:666–669, 2004.

[230] W. Kratschmer, L.D. Lamb, K. Fostiropoulos, and D.R. Huffman, "Solid C_{60}: A new form of carbon," *Nature* 347:354, 1990.

[231] R. C. Haddon, et al., "Conducting films of C_{60} and C_{70} by alkali-metal doping," *Nature* 350:320, 1991.

[232] N. Hamada, S. Sawada, and A. Oshiyama, "New one-dimensional conductors: Graphitic microtubules," *Phys. Rev. Lett* 68:1579–1581, 1992.

[233] R. Saito, M. Fujita, G. Dresselhaus, and M. S. Dresselhaus, "Electronic structure of graphene tubules based on C_{60}," *Phys. Rev. B* 46:1804–1811, 1992.

[234] R. Saito, G. Dresselhaus, and M. S. Dresselhaus, *Physical Properties of Carbon Nanotubes*, Imperial College Press, London, 1998.

[235] D. J. Rizzo, G. Veber, T. Cao, C. Bronner, T. Chen, F. Zhao, H. Rodriguez, S. G. Louie, M. F. Crommie, and Felix R. Fischer, "Topological band engineering of graphene nanoribbons," *Nature* 560:204–208, 2018.

[236] T. Cao, F. Zhao, and S. G. Louie, "Topological phases in graphene nanoribbons: Junction states, spin centers, and quantum spin chains," *Phys. Rev. Lett.* 119:076401, 2017.

[237] A. Damascelli, Z.-X. Shen, and Z. Hussain, "Angle-resolved photoemission studies of the cuprate superconductors," *Rev. Mod. Phys.* 75:473, 2003.

[238] H. Ibach and H. Luth, *Solid State Physics: An Introduction to Theory and Experiment*, Springer-Verlag, Berlin, 1991.

[239] S. Huffner, *Photoelectron Spectroscopy*, 2nd ed., Springer-Verlag, Berlin, 1995.

[240] M. Imada, A. Fujimori, and Y. Tokura, "Metal-insulator transitions," *Rev. Mod. Phys.* 70:1039–1263, 1998.

[241] L. Hedin and S. Lundquist, in *Solid State Physics*, vol. 23, edited by H. Ehenreich, F. Seitz, and D. Turnbull, Academic Press, New York, 1969, p. 1.

[242] A. J. Garza and G. E. Scuseria, "Predicting band gaps with hybrid density functionals," *J. Phys. Chem. Lett.* 7:4165–4170, 2016.

[243] Z.-H. Yang, H. Peng, J. Sun, and J. P. Perdew, "More realistic band gaps from meta-generalized gradient approximations: Only in a generalized Kohn–Sham scheme," *Phys. Rev. B* 93:205205, 2016.

[244] J. H. Skone, M. Govoni, and G. Galli, "Self-consistent hybrid functional for condensed systems," *Phys. Rev. B* 89:195112, 2014.

[245] A. Zangwill and P. Soven, "Density-functional approach to local-field effects in finite systems: Photoabsorption in the rare gases," *Phys. Rev. A* 21:1561, 1980.

[246] E. Runge and E. K. U. Gross, "Density-functional theory for time-dependent systems," *Phys. Rev. Lett.* 52:997–1000, 1984.

[247] K. Burke, J. Werschnik, and E. K. U. Gross, "Time-dependent density functional theory: Past, present, and future," *J. Chem. Phys.* 123:062206, 2005.

[248] *Time-Dependent Density Functional Theory, Lecture Notes in Physics*, vol. 706, edited by M. A. L. Marques, C. A. Ullrich, F. Nogueira, A. Rubio, K. Burke, and E. K. U. Gross, Springer, Berlin, 2006.

[249] C. Ullrich, *Time-Dependent Density-Functional Theory: Concepts and Applications*, Oxford University Press, Oxford, UK, 2012.

[250] *Density-Functional Methods for Excited States* (Topics in Current Chemistry), edited by N. Ferre, M. Filatov, and M. Huix-Rotllant, Springer International, Switzerland, 2016.

[251] M. Staedele, M. Moukara, J. A. Majewski, P. Vogl, and A. Gorling, "Exact exchange Kohn–Sham formalism applied to semiconductors," *Phys. Rev.* B 59:10031–10043, 1999.

[252] J. Paier, M. Marsman, and G. Kresse, "Dielectric properties and excitons for extended systems from hybrid functionals," *Phys. Rev.* B 78:121201, 2008.

[253] S. Refaely-Abramson, M. Jain, S. Sharifzadeh, J. B. Neaton, and L. Kronik, "Solid-state optical absorption from optimally tuned time-dependent range-separated hybrid density functional theory," *Phys. Rev.* B 92:081204, 2015.

[254] J. Bardeen, "Theory of the work function. II. The surface double layer," *Phys. Rev.* 49:653, 1936.

[255] Y. L. Chen, J.-H. Chu, J. G. Analytis, Z. K. Liu, K. Igarashi, H.-H. Kuo, X. L. Qi, S. K. Mo, R. G. Moore, D. H. Lu, M. Hashimoto, T. Sasagawa, S. C. Zhang, I. R. Fisher, Z. Hussain, and Z. X. Shen, "Massive Dirac fermion on the surface of a magnetically doped topological insulator," *Science* 329:659–662, 2010.

[256] D. J. Thouless, "Quantization of particle transport," *Phys. Rev.* B 27:6083–6087, 1983.

[257] H. Zhang, C.-X. Liu, X.-L. Qi, X. Dai, Z. Fang, and S.-C. Zhang, "Topological insulators in $Bi_2Se_3, Bi_2Te_3, Sb_2Te_3$ with a single Dirac cone on the surface," *Nat. Phys.* 5:438–442, 2009.

[258] W. Ritz, "Uber eine neue Methode zur Losung Gewisser Variationsprobleme der mathematischen Physik," *Reine Angew. Math.* 135:1, 1908.

[259] J. W. Strutt (Lord Rayleigh), *Theory of Sound*, Dover Publications, New York, 1945. First published in 1877.

[260] W. Jones and N. H. March, *Theoretical Solid State Physics,* vol. 1, John Wiley & Sons, New York, 1976.

[261] J. Matthews and R. L. Walker, *Mathematical Methods of Physics*, W. A. Benjamin, Inc., New York, 1964.

[262] G. B. Arfken, H. J. Weber, and F. E. Harris, *Mathematical Methods of Physics*, 7th ed., Academic Press, Waltham, MA, 2012.

[263] P. Ehrenfest, "Bemurkung über die angenäherte Gültigkeit der klassischen Mechanik innerhalb der Quantenmechanik," *Z. Phys.* 45:455, 1927.

[264] M. Born and V. Fock, "Beweis des Adiabatensatzes," *Z. Phys.* 51:165, 1928.

[265] P. Güttiger, "Das Verhalten von Atomen im magnetischen Drefeld," *Z. Phys.* 73:169, 1931.

[266] W. Pauli, *Handbuch der Physik*, Springer, Berlin, 1933. Pages 83–272 relate to force and stress.

[267] H. Hellmann, *Einfuhrung in die Quantumchemie*, Franz Duetsche, Leipzig, 1937.

[268] R. P. Feynman, "Forces in molecules," *Phys. Rev.* 56:340, 1939.

[269] P. Pulay, "*Ab initio* calculation of force constants and equilibrium geometries in polyatomic molecules. I. Theory," *Mol. Phys.* 17:197–204, 1969.

[270] V. Fock, "Naherungsmethode zur Losung des quanten-mechanischen Mehrkorperprobleme," *Z. Phys.* 63:855, 1930.

458 上巻の参考文献

[271] J. Harris, "Adiabatic-connection approach to Kohn–Sham theory," *Phys. Rev. A* 29:1648, 1984.

[272] O. Gunnarsson and B. I. Lundqvist, "Exchange and correlation in atoms, molecules, and solids by the spin-density-functional formalism," *Phys. Rev. B* 13:4274–4298, 1976.

[273] R. G. Parr and W. Yang, *Density-Functional Theory of Atoms and Molecules*, Oxford University Press, New York, 1989.

[274] A. Szabo and N. S. Ostlund, *Modern Quantum Chemistry: Introduction to Advanced Electronic Structure Theory*, Dover, Mineola, New York, 1996. Unabridged reprinting of 1989 version.

[275] R. D. McWeeny and B. T. Sutcliffe, *Methods of Molecular Quantum Mechanics*, 2nd ed., Academic Press, New York, 1976.

[276] C. A. White, B. G. Johnson, P. M.W. Gill, and M. Head-Gordon, "Linear scaling density functional calculations via the continuous fast multipole method," *Chem. Phys. Letters* 253:268–278, 1996.

[277] T. Koopmans, "Uber die Zuordnung von Wellenfunktionen und Eigenwerten zu den Einzelnen Elektronen Eines Atoms," *Physica* 1:104–113, 1934.

[278] E. M. Landau and L. P. Pitaevskii, *Statistical Physics: Part 1*, Pergamon Press, Oxford, U.K., 1980.

[279] J. K. L. MacDonald, "Successive approximations by the Rayleigh–Ritz variation method," *Phys. Rev.* 43:830, 1933.

[280] N. W. Ashcroft and N. D. Mermin, *Solid State Physics*, W. B. Saunders Company, Philadelphia, PA, 1976.

[281] V. Heine, *Group Theory*, Pergamon Press, New York, 1960.

[282] M. Tinkham, *Group Theory and Quantum Mechanics*, McGraw-Hill, New York, 1964.

[283] M. J. Lax, *Symmetry Principles in Solid State and Molecular Physics*, Wiley, New York, 1974.

[284] J. C. Slater, *Symmetry and Energy Bands in Crystals*, Dover, New York, 1972. Corrected and reprinted version of 1965 *Quantum Theory of Molecules and Solids*, vol. 2.

[285] C. Kittel, *Introduction to Solid State Physics*, John Wiley & Sons, New York, 1996.

[286] J. Moreno and J. M. Soler, "Optimal meshes for integrals in real- and reciprocal-space unit cells," *Phys. Rev. B* 45:13891–13898, 1992.

[287] H. J. Monkhorst and J. D. Pack, "Special points for Brillouin-zone integrations," *Phys. Rev. B* 13:5188–5192, 1976.

[288] A. H. MacDonald, "Comment on special points for Brillouin-zone integrations," *Phys. Rev. B* 18:5897–5899, 1978.

[289] A. Baldereschi, "Mean-value point in the Brillouin zone," *Phys. Rev. B* 7:5212–5215, 1973.

[290] D. J. Chadi and M. L. Cohen, "Electronic structure of $Hg_{1-x}Cd_x$Te alloys and charge-density calculations using representative k points," *Phys. Rev. B* 8:692–699, 1973.

[291] J. F. Janak, in *Computational Methods in Band Theory*, edited by P. M. Marcus, J. F. Janak, and A. R. Williams, Plenum, New York, 1971, pp. 323–339.

[292] P. E. Blöchl, O. Jepsen, and O. K. Andersen, "Improved tetrahedron method for Brillouin-zone integrations," *Phys. Rev. B* 49:16223–16233, 1994.

[293] G. Gilat, "Analysis of methods for calculating spectral properties in solids," *J. Comput. Phys.* 10:432–65, 1972.

[294] G. Gilat, "Methods of Brillouin zone integration," *Methods Comput. Phys.* 15:317–70, 1976.

[295] A. H. MacDonald, S. H. Vosko, and P. T. Coleridge, "Extensions of the tetrahedron method for evaluating spectral properties of solids," *J. Phys. C: Solid State Phys.* 12:2991–3002, 1979.

[296] L. Van Hove, "The occurrence of singularities in the elastic frequency distribution of a crystal," *Phys. Rev.* 89:1189–1193, 1953.

[297] D. Pines, *Elementary Excitations in Solids*, Wiley, New York, 1964.

[298] D. Pines and P. Nozières, *The Theory of Quantum Liquids*, vol. 1 (Advanced Book Classics), Addison-Wesley Inc., Redwood City, CA, 1989. Originally published in 1966.

[299] N. Moll, M. Bockstedte, M. Fuchs, E. Pehlke, and M. Scheffler, "Application of generalized gradient approximations: The diamond-beta-tin phase transition in Si and Ge," *Phys. Rev. B* 52:2550–2556, 1995.

[300] M. P. Marder, *Condensed Matter Physics*, 2nd ed., John Wiley & Sons, New York, 2010.

[301] R. M. Martin, "Fermi-surface sum rule and its consequences for periodic Kondo and mixed-valence systems," *Phys. Rev. Lett.* 48:362–365, 1982.

[302] S. Goedecker, "Decay properties of the finite-temperature density matrix in metals," *Phys. Rev. B* 58:3501–3502, 1998.

[303] J. W. Gibbs, "Fourier series," *Nature* (letter to the editor) 59:200, 1898.

[304] S. Ismail-Beigi and T. A. Arias, "Locality of the density matrix in metals, semiconductors and insulators," *Phys. Rev. Lett.* 82:2127–2130, 1999.

[305] U. von Barth and L. Hedin, "A local exchange–correlation potential for the spin polarized case: I," *J. Phys. C* 5:1629, 1972.

[306] G. D. Mahan, *Many-Particle Physics,* 3rd ed., Kluwer Academic/Plenum Publishers, New York, 2000.

[307] E. P. Wigner, "Effects of the electron interaction on the energy levels of electrons in metals," *Trans. Faraday Soc.* 34:678, 1938.

[308] M. Gell-Mann and K. A. Brueckner, "Correlation energy of an electron gas at high-density," *Phys. Rev.* 106:364, 1957.

[309] W. J. Carr and A.A. Maradudin, "Ground state energy of a high-density electron gas," *Phys. Rev.* 133:371, 1964.

[310] W. J. Carr, "Energy, specific heat, and magnetic properties of the low-density electron gas," *Phys. Rev.* 122:1437, 1961.

[311] D. M. Ceperley and B. J. Alder, "Ground state of the electron gas by a stochastic method," *Phys. Rev. Lett.* 45:566–569, 1980.

[312] S. Vosko, L. Wilk, and M. Nusair, "Accurate spin-dependent electron liquid correlation energies for local spin density calculations: A critical analysis," *Can. J. Phys.* 58:1200, 1983.

[313] J. P. Perdew and A. Zunger, "Self-interaction correction to density-functional approximations for many-electron systems," *Phys Rev. B* 23:5048, 1981.

[314] B. Holm, "Total energies from GW calculations," *Phys. Rev. Lett.* 83:788–791, 1999.

[315] G. Ortiz and P. Ballone, "Correlation energy, structure factor, radial distribution function and momentum distribution of the spin-polarized uniform electron gas," *Phys. Rev.* B 50:1391–1405, 1994.

[316] Y. Kwon, D. M. Ceperley, and R. M. Martin, "Effects of backflow correlation in the three-dimensional electron gas: Quantum Monte Carlo study," *Phys. Rev.* B 58:6800–6806, 1998.

[317] E. Maggio and G. Kresse, "Correlation energy for the homogeneous electron gas: Exact bethe-salpeter solution and an approximate evaluation," *Phys. Rev.* B 93:235113, 2016.

[318] P. Gori-Giorgi, F. Sacchetti, and G. B. Bachelet, "Analytic structure factors and pair correlation functions for the unpolarized electron gas," *Phys. Rev.* B 61:7353–7363, 2000.

[319] G. Ortiz, M. Harris, and P. Ballone, "Correlation energy, structure factor, radial density distribution function, and momentum distribution of the spin-polarized electron gas," *Phys. Rev. Lett.* 82:5317–5320, 1999.

[320] J. C. Slater, "Cohesion in monovalent metals," *Phys. Rev.* 35:509, 1930.

[321] W. G. Aulbur, L. Jonsson, and J. W. Wilkins, "Quasiparticle calculations in solids," *Solid State Physics* 54:1–218, 2000.

[322] I.-W. Lyo and E. W. Plummer, "Quasiparticle band structure of Na and simple metals," *Phys. Rev. Lett.* 60:1558–1561, 1988.

[323] E. Jensen and E. W. Plummer, "Experimental band structure of Na," *Phys. Rev. Lett.* 55:1912, 1985.

[324] J. Lindhard, "On the properties of a gas of charged particles," *Kgl. Danske Videnskab. Selskab, Mat.-fys. Medd.* 28:1–57, 1954.

[325] D. Pines and P. Nozières, *The Theory of Quantum Liquids,* vol. 1 (Advanced Book Classics), Westview Press, Boulder, CO, 1999. Originally published W. A. Benjamin, New York, 1966.

[326] N. David Mermin, "Thermal properties of the inhomogeneous electron gas," *Phys. Rev.* 137:A1441–1443, 1965.

[327] L. H. Thomas, "The calculation of atomic fields," *Proc. Cambridge Phil. Roy. Soc.* 23:542–548, 1927.

[328] E. Fermi, "Un metodo statistico per la determinazione di alcune priorieta dell'atome," *Rend. Accad. Naz. Lincei* 6:602–607, 1927.

[329] P. A. M. Dirac, "Note on exchange phenomena in the Thomas–Fermi atom," *Proc. Cambridge Phil. Roy. Soc.* 26:376–385, 1930.

[330] C. F. von Weizsacker, "Zur Theorie der Kernmassen," *Z. Phys.* 96:431, 1935.

[331] E. Teller, "On the stability of molecules in the Thomas–Fermi theory," *Rev. Mod. Phys.* 34:627–631, 1962.

[332] W. Kohn, in *Highlights in Condensed Matter Theory*, edited by F. Bassani, F. Fumi, and M. P. Tosi, North Holland, Amsterdam, 1985, p. 1.

[333] M. Levy, "Universal variational functionals of electron densities, first-order density matrices, and natural spin-orbitals and solution of the n-representability problem," *Proc. Natl. Acad. Sci. U.S.A.* 76:6062, 1979.

[334] M. Levy, "Electron densities in search of hamiltonians," *Phys. Rev.* A 26:1200, 1982.

[335] M. Levy and J. P. Perdew, in *Density Functional Methods in Physics*, edited by R. M. Dreizler and J. da Providencia, Plenum, New York, 1985, p. 11.

[336] E. Lieb, in *Physics as Natural Philosophy*, edited by A. Shimony and H. Feshbach, MIT Press, Cambridge, 1982, p. 111.

[337] E. Lieb, "Density functionals for Coulomb systems," *Int. J. Quant. Chem.* 24: 243, 1983.

[338] E. Lieb, in *Density Functional Methods in Physics*, edited by R. M. Dreizler and J. da Providencia, Plenum, New York, 1985, p. 31.

[339] T. L. Gilbert, "Hohenberg-Kohn theorem for nonlocal external potentials," *Phys. Rev.* B 12:2111, 1975.

[340] O. Gunnarsson, B. I. Lundqvist, and J. W. Wilkins, "Contribution to the cohesive energy of simple metals: Spin-dependent effect," *Phys. Rev.* B 10:1319–1327, 1974.

[341] R. O. Jones and O. Gunnarsson, "The density functional formalism, its applications and prospects," *Rev. Mod. Phys.* 61:689–746, 1989.

[342] G. Vignale and M. Rasolt, "Current- and spin-density-functional theory for inhomogeneous electronic systems in strong magnetic fields," *Phys. Rev.* B 37:10685–10696, 1988.

[343] G. Vignale and W. Kohn, "Current-dependent exchange–correlation potential for dynamical linear response theory," *Phys. Rev. Lett.* 77:2037–2040, 1996.

[344] K. Capelle and E. K. U. Gross, "Spin-density functionals from current-density functional theory and vice versa: A road towards new approximations," *Phys. Rev. Lett.* 78:1872–1875, 1997.

[345] R. van Leeuwen, "Causality and symmetry in time-dependent density-functional theory," *Phys. Rev. Lett.* 80:1280–1283, 1998.

[346] J. P. Perdew, R. G. Parr, M. Levy, and Jr. J. L. Balduz, "Density-functional theory for fractional particle number: Derivative discontinuities of the energy," *Phys. Rev. Lett.* 49:1691–1694, 1982.

[347] N. T. Maitra, I. Souza, and K. Burke, "Current-density functional theory of the response of solids," *Phys. Rev.* B 68:045109, 2003.

[348] G. Wannier, "Dynamics of band electrons in electric and magnetic fields," *Rev. Mod. Phys.* 34:645, 1962.

[349] G. Nenciu, "Dynamics of band electrons in electric and magnetic fields: Rigorous justification of the effective hamiltonians," *Rev. Mod. Phys.* 63:91, 1991.

[350] X. Gonze, Ph. Ghosez, and R. W. Godby, "Density-polarization functional theory of the response of a periodic insulating solid to an electric field," *Phys. Rev. Lett.* 74:4035–4038, 1995.

[351] R. M. Martin and G. Ortiz, "Functional theory of extended coulomb systems," *Phys. Rev.* B 56:1124–1140, 1997.

[352] R. M. Martin and G. Ortiz, "Recent developments in the theory of polarization in solids," *Solid State Commun.* 102:121–126, 1997.

[353] J. E. Harriman, "Orthonormal orbitals for the representation of an arbitrary density," *Phys. Rev.* A 24:680–682, 1981.

[354] W. A. Harrison, *Electronic Structure and the Properties of Solids*, Dover, New York, 1989.

[355] V. P. Antropov, M. I. Katsnelson, M. van Schilfgaarde, and B. N. Harmon, "Exchange-coupled spin-fluctuation theory: Application to Fe, Co, and Ni," *Phys. Rev. Lett.* 75:729–732, 1995.

[356] M. Uhl and J. Kübler, "*Ab initio* spin dynamics in magnets," *Phys. Rev. Lett.* 77:334–337, 1996.

462 上巻の参考文献

[357] T. Oda, A. Pasquarello, and R. Car, "Fully unconstrained approach to non-collinear magnetism: Application to small fe clusters," *Phys. Rev. Lett.* 80:3622–3625, 1998.

[358] D. M. Bylander, Q. Niu, and L. Kleinman, "Fe magnon dispersion curve calculated with the frozen spin-wave method," *Phys. Rev.* B 61:R11875–R11878, 2000.

[359] J. Harris, "Simplified method for calculating the energy of weakly interacting fragments," *Phys. Rev.* B 31:1770–1779, 1985.

[360] M. Weinert, R. E. Watson, and J. W. Davenport, "Total-energy differences and eigenvalue sums," *Phys. Rev.* B 32:2115–2119, 1985.

[361] W. M. C. Foulkes and R. Haydock, "Tight-binding models and density-functional theory," *Phys. Rev.* B 39:12520–12536, 1989.

[362] O. F. Sankey and D. J. Niklewski, "*Ab initio* multicenter tight-binding model for molecular dynamics simulations and other applications in covalent systems," *Phys. Rev.* B 40:3979–3995, 1989.

[363] M. Methfessel, "Independent variation of the density and potential in density functional methods," *Phys. Rev.* B 52:8074, 1995.

[364] A. J. Read and R. J. Needs, "Tests of the Harris energy functional," *J. Phys. Condens. Matter* 1:7565, 1989.

[365] E. Zaremba, "Extremal properties of the Harris energy functional," *J. Phys. Condens. Matter* 2:2479, 1990.

[366] I. J. Robertson and B. Farid, "Does the Harris energy functional possess a local maximum at the ground-state density?," *Phys. Rev. Lett.* 66:3265–3268, 1991.

[367] K. W. Jacobsen, J. K. Norskov, and M. J. Puska, "Interatomic interactions in the effective-medium theory," *Phys. Rev.* B 35:7423–7442, 1987.

[368] D. M. C. Nicholson, G. M. Stocks, Y. Wang, W. A. Shelton, Z. Szotek, and W. M. Temmerman, "Stationary nature of the density-functional free energy: Application to accelerated multiple-scattering calculations," *Phys. Rev.* B 50:14686–14689, 1994.

[369] M. J. Gillan, "Calculation of the vacancy formation energy in aluminum," *J. Phys. Condens. Matter* 1:689, 1989.

[370] N. Marzari, D. Vanderbilt, and M. C. Payne, "Ensemble density-functional theory for *ab initio* molecular dynamics of metals and finite-temperature insulators," *Phys. Rev. Lett.* 79:1337–1340, 1997.

[371] P. H. Dederichs and R. Zeller, "Self-consistency iterations in electronic-structure calculations," *Phys. Rev.* B 28:5462, 1983.

[372] W. E. Pickett, "Pseudopotential methods in condensed matter applications," *Comput. Phys. Commun.* 9:115, 1989.

[373] K.-M. Ho, J. Ihm, and J. D. Joannopoulos, "Dielectric matrix scheme for fast convergence in self-consistent electronic-structure calculations," *Phys. Rev.* B 25:4260–4262, 1982.

[374] C. G. Broyden, "A class of methods for solving nonlinear simulataneous equations," *Math. Comput.* 19:577–593, 1965.

[375] P. Bendt and A. Zunger, "New approach for solving the density-functional self-consistent-field problem," *Phys. Rev.* B 26:3114–3137, 1982.

[376] G. P. Srivastava, "Broyden's method for self-consistent field convergence acceleration," *J. Phys. A* 17:L317, 1984.

[377] D. Singh, H. Krakauer, and C. S. Wang, "Accelerating the convergence of self-consistent linearized augmented-plane-wave calculations," *Phys. Rev.* B 34:8391–8393, 1986.

[378] A. J. Garza and G. E. Scuseria, "Comparison of self-consistent field convergence acceleration techniques," *J. Chem. Phys.* 137:054110, 2012.

[379] Masahiko Nakano, Junji Seino, and Hiromi Nakai, "Assessment of self-consistent field convergence in spin-dependent relativistic calculations," *Chem. Phys. Lett.* 657:65–71, 2016.

[380] D. Vanderbilt and S. G. Louie, "Total energies of diamond (111) surface reconstructions by a linear combination of atomic orbitals method," *Phys. Rev.* B 30:6118, 1984.

[381] D. D. Johnson, "Modified Broyden's method for accelerating convergence in self-consistent calculations," *Phys. Rev.* B 38:12807–12813, 1988.

[382] M. Allen and D. Tildesley, *Computer Simulation of Liquids*, Oxford University Press, New York, Oxford, 1989.

[383] M. Parrinello and A. Rahman, "Crystal structure and pair potentials: A molecular-dynamics study," *Phys. Rev. Lett.* 45:1196–1199, 1980.

[384] I. Souza and J. L. Martins, "Metric tensor as the dynamical variable for variable-cell-shape molecular dynamics," *Phys. Rev.* B 55:8733–8742, 1997.

[385] M. C. Payne, M. P. Teter, D. C. Allan, T. A. Arias, and J. D. Joannopoulos, "Iterative minimization techniques for *ab initio* total-energy calculations: molecular dynamics and conjugate gradients," *Rev. Mod. Phys.* 64:1045–1097, 1992.

[386] O. Gritsenko, R. van Leeuwen, and E. J. Baerends, "Analysis of electron interaction and atomic shell structure in terms of local potentials," *J. Chem. Phys.* 101:8455, 1994.

[387] J. P. Perdew and M. Levy, "Physical content of the exact Kohn–Sham orbital energies: Band gaps and derivative discontinuities," *Phys. Rev. Lett.* 51:1884–1887, 1983.

[388] L. J. Sham and M. Schlüter, "Density-functional theory of the energy gap," *Phys. Rev. Lett.* 51:1888–1891, 1983.

[389] C. Almbladh and U. von Barth, "Exact results for the charge and spin densities, exchange–correlation potentials, and density-functional eigenvalues," *Phys. Rev.* B 31:3231, 1985.

[390] M. Levy, J. P. Perdew, and V. Sahni, "Exact differential equation for the density and ionization energy of a many-particle system," *Phys. Rev.* A 12:2745–2748, 1984.

[391] A. Gorling, "Density-functional theory for excited states," *Phys. Rev.* A 54:3912–3915, 1996.

[392] J. F. Janak, "Proof that $\partial e/\partial n_i = \epsilon_i$ in density-functional theory," *Phys. Rev.* B 18:7165, 1978.

[393] D. Mearns, "Inequivalence of physical and Kohn–Sham Fermi surfaces," *Phys. Rev.* B 38:5906, 1988.

[394] C. A. Ullrich, "Time-dependent density-functional theory beyond the adiabatic approximation: Insights from a two-electron model system," *J. Chem. Phys.* 125:234108, 2006.

[395] N. T. Maitra, "Perspective: Fundamental aspects of time-dependent density functional theory," *J. Chem. Phys.* 144:220901, 2016.

464　上巻の参考文献

[396] H. J. F. Jansen, "Many-body properties calculated from the Kohn–Sham equations in density-functional theory," *Phys Rev.* B 43:12025, 1991.

[397] L. N. Oliveira, E. K. U. Gross, and W. Kohn, "Density-functional theory for superconductors," *Phys. Rev. Lett.* 60:2430–2433, 1988.

[398] M. Lüders, M. A. L. Marques, N. N. Lathiotakis, A. Floris, G. Profeta, L. Fast, A. Continenza, S. Massidda, and E. K. U. Gross, "*Ab initio* theory of superconductivity. I. Density functional formalism and approximate functionals," *Phys. Rev.* B 72:024545, 2005.

[399] M. A. L. Marques, M. Lüders, N. N. Lathiotakis, G. Profeta, A. Floris, L. Fast, A. Continenza, E. K. U. Gross, and S. Massidda, "*Ab initio* theory of superconductivity. II. Application to elemental metals," *Phys. Rev.* B 72:024546, 2005.

[400] A. Seidl, A. Görling, P. Vogl, J. A. Majewski, and M. Levy, "Generalized Kohn–Sham schemes and the band-gap problem," *Phys. Rev.* B 53:3764–3774, 1996.

[401] M. Levy and J. P. Perdew, "Hellmann–Feynman, virial, and scaling requisites for the exact universal density functionals: Shape of the correlation potential and diamagnetic susceptibility for atoms," *Phys. Rev.* A 32:2010–2021, 1985.

[402] O. Gunnarsson, M. Jonson, and B. I. Lundqvist, "Descriptions of exchange and correlation effects in inhomogeneous electron systems," *Phys. Rev.* B 20:3136, 1979.

[403] W. Kolos and L. Wolniewicz, "Potential-energy curves for the X $^1\sigma_g^+$, b $^3\sigma_u^+$, and C $^1\pi_u$ states of the hydrogen molecule," *J. Chem. Phys.* 43:2429, 1965.

[404] C. O. Almbladh and A. C. Pedroza, "Density-functional exchange–correlation potentials and orbital eigenvalues for light atoms," *Phys. Rev.* A 29:2322–2330, 1984.

[405] R. Q. Hood, M. Y. Chou, A. J. Williamson, G. Rajagopal, R. J. Needs, and W. M. C. Foulkes, "Exchange and correlation in silicon," *Phys. Rev.* B 57:8972–8982, 1998.

[406] K. Lejaeghere, et al., "Reproducibility in density functional theory calculations of solids," *Science* 351, 2016.

[407] F. Herman, J. P. Van Dyke, and I. P. Ortenburger, "Improved statistical exchange approximation for inhomogeneous many-electron systems," *Phys. Rev. Lett.* 22:807, 1969.

[408] P. S. Svendsen and U. von Barth, "Gradient expansion of the exchange energy from second-order density response theory," *Phys. Rev.* B 54:17402–17413, 1996.

[409] J. P. Perdew and K. Burke, "Comparison shopping for a gradient-corrected density functional," *Int. J. Quant. Chem.* 57:309–319, 1996.

[410] A. D. Becke, "Density-functional exchange-energy approximation with correct asymptotic behavior," *Phys. Rev.* A 38:3098–3100, 1988.

[411] J. P. Perdew and Y. Wang, "Accurate and simple analytic representation of the electron-gas correlation energy," *Phys. Rev.* B 45:13244–13249, 1992.

[412] J. P. Perdew, K. Burke, and M. Ernzerhof, "Generalized gradient approximation made simple," *Phys. Rev. Lett.* 77:3865–3868, 1996.

[413] W. Koch and M. C. Holthausen, *A Chemists' Guide to Density Funcitonal Thoery*, Wiley-VCH, Weinheim, 2001.

[414] S.-K. Ma and K. A. Brueckner, "Improved statistical exchange approximation for inhomogeneous many-electron systems," *Phys. Rev.* 165:18–31, 1968.

[415] N. Mardirossian and M. Head-Gordon, "Thirty years of density functional theory in computational chemistry: An overview and extensive assessment of 200 density functionals," *Mol. Phys.* 115:2315–2372, 2017.

[416] C. Lee, W. Yang, and R. G. Parr, "Development of the Colle–Salvetti correlation-energy formula into a functional of the electron density," *Phys. Rev.* B 37:785–789, 1988.

[417] R. Colle and O. Salvetti, "Approximate calculation of the correlation energy for the closed and open shells," *Theo. Chim. Acta* 53:59–63, 1979.

[418] J. B. Krieger, Y. Chen, G. J. Iafrate, and A. Savin, "Construction of an accurate SIC-corrected correlation energy functional based on an electron gas with a gap," preprint, 2000.

[419] J. Rey and A. Savin, "Virtual space level shifting and correlation energies," *Int. J. Quant. Chem.* 69:581–587, 1998.

[420] M. D. Towler, A. Zupan, and M. Causa, "Density functional theory in periodic systems using local gaussian basis sets," *Comput. Phys. Commun.* 98:181–205, 1996.

[421] D. R. Hamann, "Generalized gradient theory for silica phase transitions," *Phys. Rev. Lett.* 76:660–663, 1996.

[422] J. A. White and D. M. Bird, "Implementation of gradient-corrected exchange-correlation potentials in Car-Parrinello total-energy calculations," *Phys. Rev.* B 50:4954–4957, 1994.

[423] Y.-H. Kim, I.-H. Lee S. Nagaraja, J. P. Leburton, R. Q. Hood, and R. M. Martin, "Two-dimensional limit of exchange–correlation energy functional approximations," *Phys. Rev.* B 61:5202–5211, 2000.

[424] Y. Zhao and D. G. Truhlar, "The M06 suite of density functionals for main group thermochemistry, thermochemical kinetics, noncovalent interactions, excited states, and transition elements: two new functionals and systematic testing of four M06-class functionals and 12 other functionals," *Theor. Chem. Acc.* 120:215–241, 2008.

[425] J. C. Snyder, M. Rupp, K. Hansen, K.-R. Müller, and K. Burke, "Finding density functionals with machine learning," *Phys. Rev. Lett.* 108:253002, 2012.

[426] Axel D. Becke, "Perspective: Fifty years of density-functional theory in chemical physics," *J. Chem. Phys.* 140:301, 2014.

[427] S. Kummel and L. Kronik, "Orbital-dependent density functionals: Theory and applications," *Rev. Mod. Phys.* 80:3–60, 2008.

[428] J. P. Perdew and K. Schmidt, "Jacob's ladder of density functional approximations for the exchange–correlation energy," *AIP Conf. Proc.* 577:1–20, 2001.

[429] L. J. Sham and M. Schlüter, "Density functional theory of the band gap," *Phys. Rev.* B 32:3883, 1985.

[430] J. P. Perdew, W. Yang, K. Burke, Z. Yang, Eberhard K. U. Gross, M. Scheffler, G. E. Scuseria, T. M. Henderson, I. Y. Zhang, A. Ruzsinszky, H. Peng, J. Sun, E. Trushin, and A. Görling, "Understanding band gaps of solids in generalized Kohn–Sham theory," *Proc. Natl. Acad. Sci. U.S.A.* 114:2801–2806, 2017.

[431] R. Baer and L. Kronik, "Time-dependent generalized Kohn–Sham theory," *Eur. Phys. J.* B 91:170, 2018.

[432] A. D. Becke, "A new mixing of Hartree–Fock and local density-functional theories," *J. Chem. Phys.* 98:1372–1377, 1993.

[433] J. P. Perdew, M. Ernzerhof, and K. Burke, "Rationale for mixing exact exchange with density functional approximations," *J. Chem. Phys.* 105:9982–9985, 1996.

[434] M. A. L. Marques, J. Vidal, M. J. T. Oliveira, L. Reining, and S. Botti, "Density-based mixing parameter for hybrid functionals," *Phys. Rev.* B 83:035119, 2011.

466   上巻の参考文献

[435] J. Heyd, G. E. Scuseria, and M. Ernzerhof, "Hybrid functionals based on a screened coulomb potential," *J. Chem. Phys.* 118:8207–8215, 2003.

[436] J. Heyd, G. E. Scuseria, and M. Ernzerhof, "Erratum: Hybrid functionals based on a screened Coulomb potential [*J. Chem. Phys.* 118, 8207 (2003)]," *J. Chem. Phys.* 124:219906, 2006.

[437] A. V. Krukau, O. A. Vydrov, A. F. Izmaylov, and G. E. Scuseria, "Influence of the exchange screening parameter on the performance of screened hybrid functionals," *J. Chem. Phys.* 125:224106, 2006.

[438] W. Chen, G. Miceli, G.-M. Rignanese, and A. Pasquarello, "Nonempirical dielectric-dependent hybrid functional with range separation for semiconductors and insulators," *Phys. Rev. Materials* 2:073803, 2018.

[439] A. Tkatchenko and M. Scheffler, "Accurate molecular van der Waals interactions from ground-state electron density and free-atom reference data," *Phys. Rev. Lett.* 102:073005, 2009.

[440] R. Baer, E. Livshits, and U. Salzner, "Tuned range-separated hybrids in density functional theory," *Annu. Rev. Phys. Chem.* 61:85–109, 2010.

[441] J. P. Perdew, J. Sun, R. M. Martin, and B. Delley, "Semilocal density functionals and constraint satisfaction," *Int. J. Quant. Chem.* 116:847–851, 2016.

[442] A. D. Becke and M. R. Roussel, "Exchange holes in inhomogeneous systems: A coordinate-space model," *Phys. Rev. A* 39:3761–3767, 1989.

[443] J. Tao, J. P. Perdew, V. N. Staroverov, and G. E. Scuseria, "Climbing the density functional ladder: Nonempirical meta–generalized gradient approximation designed for molecules and solids," *Phys. Rev. Lett.* 91:146401, 2003.

[444] J. Sun, A. Ruzsinszky, and J. P. Perdew, "Strongly constrained and appropriately normed semilocal density functional," *Phys. Rev. Lett.* 115:036402, 2015.

[445] J. G. Brandenburg, J. E. Bates, J. Sun, and J. P. Perdew, "Benchmark tests of a strongly constrained semilocal functional with a long-range dispersion correction," *Phys. Rev. B* 94:115144, 2016.

[446] R. T. Sharp and G. K. Horton, "A variational approach to the unipotential many-electron problem," *Phys. Rev.* 90:317, 1953.

[447] M. E. Casida, in *Recent Developments and Applications of Density Functional Theory*, edited by J. M. Seminario, Elsevier, Amsterdam, 1996, p. 391.

[448] D. M. Bylander and L. Kleinman, "The optimized effective potential for atoms and semiconductors," *Int. J. Mod. Phys.* 10:399–425, 1996.

[449] T. Grabo, T. Kreibich, S. Kurth, and E. K. U. Gross, in *Strong Coulomb Correlations in Electronic Structure: Beyond the Local Density Approximation*, edited by V. I. Anisimov, Gordon & Breach, Tokyo, 1998.

[450] J. B. Krieger, Y. Li, and G. J. Iafrate, "Exact relations in the optimized effective potential method employing an arbitrary $E_{xc}[\{\psi_{i\sigma}\}]$," *Phys. Lett. A* 148:470–473, 1990.

[451] J. B. Krieger, Y. Li, and G. J. Iafrate, "Construction and application of an accurate local spin-polarized Kohn–Sham potential with integer discontinuity: Exchange-only theory," *Phys. Rev. A* 45:101, 1992.

[452] J. B. Krieger, Y. Li, and G. J. Iafrate, in *Density Functional Theory*, edited by E. K. U. Gross and R. M. Dreizler, Plenum Press, New York, 1995, p. 191.

[453] J. C. Slater, "A simplification of the Hartree–Fock method," *Phys. Rev.* 81:385–390, 1951.

[454] A. Svane and O. Gunnarsson, "Localization in the self-interaction-corrected density-functional formalism," *Phys Rev. B* 37:9919, 1988.

[455] A. Svane and O. Gunnarsson, "Transition-metal oxides in the self-interaction-corrected density functional formalism," *Phys Rev. Lett.* 65:1148–1151, 1990.

[456] W. M. Temmerman, Z. Szotek, and H. Winter, "Self-interaction corrected electronic structure of La_2CuO_4," *Phys Rev.* B 47, 1993.

[457] A. Svane, Z. Szotek, W. M. Temmerman, J. Lægsgaard, and H. Winter, "Electronic structure of cerium pnictides under pressure," *J. Phys. Condens. Matter* 10:5309–5325, 1998.

[458] V. I. Anisimov, J. Zaanen, and O. K. Andersen, "Band theory and Mott insulators: Hubbard U instead of Stoner I," *Phys. Rev.* B 44:943, 1991.

[459] V. I. Anisimov, F. Aryasetiawan, and A. I. Lichtenstein, "First principles calculations of the electronic structure and spectra of strongly correlated systems: The LDA + U method," *J. Phys. Condens. Matter* 9:767–808, 1997.

[460] J. Hubbard, "Electron correlations in narrow energy bands. IV. The atomic representation," *Proc. R. Soc. Lond.* A 285:542–560, 1965.

[461] D. Baeriswyl, D. K. Campbell, J. M. P. Carmelo, and F. Guinea, *The Hubbard Model*, Plenum Press, New York, 1995.

[462] I. Dabo, A. Ferretti, N. Poilvert, Y. Li, N. Marzari, and M. Cococcioni, "Koopmans' condition for density-functional theory," *Phys. Rev.* B 82:115121, 2010.

[463] N. L. Nguyen, N. Colonna, A. Ferretti, and N. Marzari, "Koopmans-compliant spectral functionals for extended systems," *Phys. Rev.* X 8:021051, 2018.

[464] D. C. Langreth and J. P. Perdew, "Exchange–correlation energy of a metallic surface: Wave-vector analysis," *Phys. Rev.* B 15:2884–2901, 1977.

[465] X. Ren, P. Rinke, C. Joas, and M. Scheffler, "Random-phase approximation and its applications in computational chemistry and materials science," *J. Mater. Sci.* 47:7447–7471, 2012.

[466] R. A DiStasio Jr., V. V. Gobre, and A. Tkatchenko, "Many-body van der Waals interactions in molecules and condensed matter," *J. Phys. Condens. Matter* 26:213202, 2014.

[467] J. Harl, L. Schimka, and G. Kresse, "Assessing the quality of the random phase approximation for lattice constants and atomization energies of solids," *Phys. Rev.* B 81:115126, 2010.

[468] M. Dion, H. Rydberg, E. Schröder, D. C. Langreth, and B. I. Lundqvist, "Van der Waals density functional for general geometries," *Phys. Rev. Lett.* 92:246401, 2004.

[469] H. B. G. Casimir and D. Polder, "The influence of retardation on the London–van der Waals forces," *Phys. Rev.* 73:360–372, 1948.

[470] S. Grimme, J. Antony, S. Ehrlich, and H. Krieg, "A consistent and accurate *ab initio* parametrization of density functional dispersion correction (DFT-D) for the 94 elements H-Pu," *J. Chem. Phys.* 132:154104, 2010.

[471] T. Brinck, J. S. Murray, and P. Politzer, "Polarizability and volume," *J. Chem. Phys.* 98:4305–4306, 1993.

[472] F. L. Hirshfeld, "Bonded-atom fragments for describing molecular charge densities," *Theoret. Chim. Acta* 44:129–138, 1977.

[473] Guillermo Román-Pérez and José M. Soler, "Efficient implementation of a van der Waals density functional: Application to double-wall carbon nanotubes," *Phys. Rev. Lett.* 103:096102, 2009.

[474] O. A. Vydrov and T. Van Voorhis, "Improving the accuracy of the nonlocal van der Waals density functional with minimal empiricism," *J. Chem. Phys.* 130:104105, 2009.

468　上巻の参考文献

[475] O. A. Vydrov and T. Van Voorhis, "Nonlocal van der Waals density functional: The simpler the better," *J. Chem. Phys.* 133:244103, 2010.

[476] A. D. Becke and E. R. Johnson, "A simple effective potential for exchange," *J. Chem. Phys.* 124:221101, 2006.

[477] F. Tran and P. Blaha, "Accurate band gaps of semiconductors and insulators with a semilocal exchange–correlation potential," *Phys. Rev. Lett.* 102:226401, 2009.

[478] D. Waroquiers, et al., "Band widths and gaps from the Tran–Blaha functional: Comparison with many-body perturbation theory," *Phys. Rev.* B 87:075121, 2013.

[479] S. Kurth, J.P. Perdew, and P. Blaha, "Molecular and solid-state tests of density functional approximations: LSD, GGAs, and meta-GGAs," *Int. J. Quantum Chem.* 75:889, 1999.

[480] J. D. Jackson, *Classical Electrodynamics*, Wiley, New York, 1962.

[481] F. Herman and S. Skillman, *Atomic Structure Calculations*, Prentice-Hall, Engelwood Cliffs, NJ, 1963.

[482] C. F. Fischer, *The Hartree–Fock Method for Atoms: A Numerical Approach*, John Wiley & Sons, New York, 1977.

[483] J. C. Slater, *Quantum Theory of Atomic Structure,* vol. 1, McGraw-Hill, New York, 1960.

[484] J. C. Slater, *Quantum Theory of Atomic Structure,* vol. 2, McGraw-Hill, New York, 1960.

[485] S. E. Koonin and D. C. Meredith, *Computational Physics*, Addison Wesley, Menlo Park, CA, 1990.

[486] M. S. Hybertsen and S. G. Louie, "Spin–orbit splitting in semiconductors and insulators from the *ab initio* pseudopotential," *Phys. Rev.* B 34:2920, 1986.

[487] G. Theurich and N. A. Hill, "Self-consistent treatment of spin–orbit coupling in solids using relativistic fully separable *ab initio* pseudopotentials," *Phys. Rev.* B 64:073106, 1986.

[488] F. R. Vukajlovic, E. L. Shirley, and R. M. Martin, "Single-body methods in 3d transition-metal atoms," *Phys. Rev.* B 43:3994, 1991.

[489] J. C. Slater, *The Self-Consistent Field Theory for Molecules and Solids: Quantum Theory of Molecules and Solids,* vol. 4, McGraw-Hill, New York, 1974.

[490] A. K. McMahan, R. M. Martin, and S. Satpathy, "Calculated effective hamiltonian for La2Cu04 and solution in the Anderson impurity approximation," *Phys. Rev.* B 38:6650, 1988.

[491] J. F. Herbst, D. N. Lowy, and R. E. Watson, "Single-electron energies, many-electron effects, and the renormalized-atom scheme as applied to rare-earth metals," *Phys. Rev.* B 6:1913–1924, 1972.

[492] J. F. Herbst, R. E. Watson, and J. W. Wilkins, "Relativistic calculations of 4f excitation energies in the rare-earth metals: Further results," *Phys. Rev.* B 17:3089–3098, 1978.

[493] O. K. Andersen and O. Jepsen, "Explicit, first-principles tight-binding theory," *Physica* 91B:317, 1977.

[494] G. K. Straub and Walter A. Harrison, "Analytic methods for the calculation of the electronic structure of solids," *Phys. Rev.* B 31:7668–7679, 1985.

[495] O. K. Andersen, "Simple approach to the band structure problem," *Solid State Commun.* 13:133–136, 1973.

469

[496] D. A. Liberman, "Virial theorem in self-consistent-field calculations," *Phys. Rev.* B 3:2081–2082, 1971.

[497] J. F. Janak, "Simplification of total-energy and pressure calculations in solids," *Phys. Rev.* B 20:3985–3988, 1974.

[498] A. R. Mackintosh and O. K. Andersen, in *Electrons at the Fermi Surface*, edited by M. Springford, Cambridge Press, Cambridge, 1975, p. 149.

[499] V. Heine, in *Solid State Physics*, edited by H. Ehenreich, F. Seitz, and D. Turnbull, Academic Press, New York, 1980, Vol. 35, p. 1.

[500] E. Amaldi, O. D'Agostino, E. Fermi, B. Pontecorvo, F. Rasetti, and E. Segre, "Artificial radioactivity induced by neutron bombardment – II," *Proc. R. Soc. Lond.* A 149:522–558, 1935.

[501] J. Callaway, "Electron energy bands in sodium," *Phys. Rev.* 112:322, 1958.

[502] E. Antoncik, "A new formulation of the method of nearly free electrons," *Czech. J. Phys.* 4:439, 1954.

[503] E. Antoncik, "Approximate formulation of the orthogonalized plane-wave method," *J. Phys. Chem. Solids* 10:314, 1959.

[504] J. C. Phillips and L. Kleinman, "New method for calculating wave functions in crystals and molecules," *Phys. Rev.* 116:287, 1959.

[505] W. C. Herring and A. G. Hill, "The theoretical constitution of metallic beryllium," *Phys. Rev.* 58:132, 1940.

[506] V. Heine, in *Solid State Physics*, edited by H. Ehrenreich, F. Seitz, and D. Turnbull, Academic, New York, 1970, p. 1.

[507] M. L. Cohen and V. Heine, in *Solid State Physics*, edited by H. Ehrenreich, F. Seitz, and D. Turnbull, Academic, New York, 1970, p. 37.

[508] W. A. Harrison, *Pseudopotentials in the Theory of Metals*, Benjamin, New York, 1966.

[509] P. E. Blöchl, "Generalized separable potentials for electronic-structure calculations," *Phys. Rev.* B 41:5414–5416, 1990.

[510] D. Vanderbilt, "Soft self-consistent pseudopotentials in a generalized eigenvalue formalism," *Phys. Rev.* B 41:7892, 1990.

[511] F. Herman, "Calculation of the energy band structures of the diamond and germanium crystals by the method of orthogonalized plane waves," *Phys. Rev.* 93:1214, 1954.

[512] T. O. Woodruff, "Solution of the Hartree–Fock–Slater equations for silicon crystal by the method of orthogonalized plane waves," *Phys. Rev.* 98:1741, 1955.

[513] F. Herman, "Speculations on the energy band structure of Ge–Si alloys," *Phys. Rev.* 95:847, 1954.

[514] F. Bassani, "Energy band structure in silicon crystals by the orthogonalized plane-wave method," *Phys. Rev.* 263:1741, 1957.

[515] B. Lax, "Experimental investigations of the electronic band structure of solids," *Rev. Mod. Phys.* 30:122, 1958.

[516] M. H. Cohen and V. Heine, "Cancellation of kinetic and potential energy in atoms, molecules, and solids," *Phys. Rev.* 122:1821, 1961.

[517] N. W. Ashcroft, "Electron–ion pseudopotentials in metals," *Phys. Lett.* 23:48–53, 1966.

[518] I. V. Abarenkov and V. Heine, "The model potential for positive ions," *Phil. Mag.* 12:529, 1965.

470 上巻の参考文献

[519] A. O. E. Animalu, "Non-local dielectric screening in metals," *Phil. Mag.* 11:379, 1965.

[520] A. O. E. Animalu and V. Heine, "The screened model potential for 25 elements," *Phil. Mag.* 12:1249, 1965.

[521] P. A. Christiansen, Y. S. Lee, and K. S. Pitzer, "Improved *ab initio* effective core potentials for molecular calculations," *J. Chem. Phys.* 71:4445–4450, 1979.

[522] M. Krauss and W. J. Stevens, "Effective potentials in molecular quantum chemistry," *Ann. Rev. Phys. Chem* 35:357, 1984.

[523] D. R. Hamann, M. Schlüter, and C. Chiang, "Norm-conserving pseudopotentials," *Phys. Rev. Lett.* 43:1494–1497, 1979.

[524] W. C. Topp and J. J. Hopfield, "Chemically motivated pseudopotential for sodium," *Phys. Rev.* 7:1295–1303, 1973.

[525] E. Engel, A., R. N. Schmid, R. M.Dreizler, and N. Chetty, "Role of the core-valence interaction for pseudopotential calculations with exact exchange," *Phys. Rev. B* 64:125111–125122, 2001.

[526] E. L. Shirley, D. C. Allan, R. M. Martin, and J. D. Joannopoulos, "Extended norm-conserving pseudopotentials," *Phys. Rev. B* 40:3652, 1989.

[527] G. Lüders, "Zum zusammenhang zwischen S-Matrix und Normierungsintegrassen in der Quantenmechanik," *Z. Naturforsch.* 10a:581, 1955.

[528] G. B. Bachelet, D. R. Hamann, and M. Schlüter, "Pseudopotentials that work: From H to Pu," *Phys. Rev. B* 26:4199, 1982.

[529] D. Vanderbilt, "Optimally smooth norm-conserving pseudopotentials," *Phys. Rev. B* 32:8412, 1985.

[530] G. P. Kerker, "Non-singular atomic pseudopotentials for solid state applications," *J. Phys. C* 13:L189, 1980.

[531] N. Troullier and J. L. Martins, "Efficient pseudopotentials for plane-wave calculations," *Phys. Rev. B* 43:1993–2006, 1991.

[532] A. M. Rappe, K. M. Rabe, E. Kaxiras, and J. D. Joannopoulos, "Optimized pseudopotentials," *Phys. Rev. B* 41:1227, 1990.

[533] G. Kresse, J. Hafner, and R. J. Needs, "Optimized norm-conserving pseudopotentials," *J. Phys. Condens. Matter* 4:7451, 1992.

[534] S. G. Louie, S. Froyen, and M. L. Cohen, "Nonlinear ionic pseudopotentials in spin-density-functional calculations," *Phys. Rev. B* 26:1738–1742, 1982.

[535] D. R. Hamann, "Optimized norm-conserving Vanderbilt pseudopotentials," *Phys. Rev. B* 88:085117, 2013.

[536] S. Goedecker and K. Maschke, "Transferability of pseudopotentials," *Phys. Rev. A* 45:88–93, 1992.

[537] M. Teter, "Additional condition for transferability in pseudopotentials," *Phys. Rev. B* 48:5031–5041, 1993.

[538] A. Filippetti, D. Vanderbilt, W. Zhong, Y. Cai, and G. B. Bachelet, "Chemical hardness, linear response, and pseudopotential transferability," *Phys. Rev. B* 52:11793–11804, 1995.

[539] L. Kleinman and D. M. Bylander, "Efficacious form for model pseudopotentials," *Phys. Rev. Lett.* 48:1425–1428, 1982.

[540] X. Gonze, R. Stumpf, and M. Scheffler, "Analysis of separable potentials," *Phys. Rev. B* 44:8503, 1991.

[541] M.J. van Setten, M. Giantomassi, E. Bousquet, M. J. Verstraete, D. R. Hamann, X. Gonze, and G.-M. Rignanese, "The pseudodojo: Training and grading a 85 element optimized norm-conserving pseudopotential table," *Comput. Phys. Commun.* 226:39–54, 2018.

[542] P. E. Blöchl, "Projector augmented-wave method," *Phys. Rev.* B 50:17953–17979, 1994.

[543] N. A. W. Holzwarth, G. E. Matthews, A. R. Tackett, and R. B. Dunning, "Comparison of the projector augmented-wave, pseudopotential, and linearized augmented-plane-wave formalisms for density-functional calculations of solids," *Phys. Rev.* B 55:2005–2017, 1997.

[544] G. Kresse and D. Joubert, "From ultrasoft pseudopotentials to the projector augmented-wave method," *Phys. Rev.* B 59:1758–1775, 1999.

[545] M. Marsman and G. Kresse, "Relaxed core projector-augmented-wave method," *J. Chem. Phys.* 125:104101, 2006.

[546] P. E. Blöchl, "The projector augmented wave method: Algortithm and results," Conference of the Asian Consortium for Computational Materials Science, Bangalore, India, 2001.

[547] S. Baroni and R. Resta, "*Ab initio* calculation of the macroscopic dielectric constant in silicon," *Phys. Rev.* B 33:7017, 1986.

[548] M. S. Hybertsen and S. G. Louie, "*Ab initio* static dielectric matrices from the density-functional approach. I. Formulation and application to semiconductors and insulators," *Phys. Rev.* B 35:5585, 1987.

[549] C. P. Slichter, *Principles of Magnetic Resonance,* 3rd ed., Springer Verlag, Berlin, 1996.

[550] F. Mauri, B. G. Pfrommer, and S. G. Louie, "*Ab initio* theory of NMR chemical shifts in solids and liquids," *Phys. Rev. Lett.* 77:5300–5303, 1996.

[551] T. Gregor, F. Mauri, and R. Car, "A comparison of methods for the calculation of NMR chemical shifts," *J. Chem. Phys.* 111:1815–1822, 1999.

[552] G. B. Bachelet, D. M. Ceperley, and M. G. B. Chiocchetti, "Novel pseudo-hamiltonian for quantum Monte Carlo simulations," *Phys. Rev. Lett.* 62:2088–2091, 1989.

[553] M. W. C. Foulkes and M. Schlüter, "Pseudopotentials with position-dependent electron masses," *Phys. Rev.* B 42:11505–11529, 1990.

[554] A. Bosin, V. Fiorentini, A. Lastri, and G. B. Bachelet, "Local norm-conserving pseudo-hamiltonians," *Phys. Rev.* A 52:236, 1995.

[555] E. L. Shirley and R. M. Martin, "GW quasiparticle calculations in atoms," *Phys. Rev.* B 47:15404–15412, 1993.

[556] E. L. Shirley and R. M. Martin, "Many-body core-valence partitioning," *Phys. Rev.* B 47:15413–15427, 1993.

[557] M. Dolg, U. Wedig, H. Stoll, and H. Preuss, "Energy-adjusted *ab initio* pseudopotentials for the first row transition elements," *J. Chem. Phys.* 86:866–872, 1987.

[571] L. Kronik, et al., "PARSEC the pseudopotential algorithm for real-space electronic structure calculations: Recent advances and novel applications to nanostructures," *Phys. Stat. Sol.* B 243:1063–1079, 2006.

[573] S. Ghosh and P. Suryanarayana, "SPARC: Accurate and efficient finite-difference formulation and parallel implementation of density functional theory: Extended systems," *Comput. Phys. Commun.* 216:109–125, 2017.

472 上巻の参考文献

[584] J. Bernholc, M. Hodak, and W. Lu, "Recent developments and applications of the real-space multigrid method," *J. Phys. Condens. Matter* 20:294205, 2008.

[586] P. Motamarri, S. Das, S. Rudraraju, K. Ghosh, D. Davydov, and V. Gavini, "DFT-FE: A massively parallel adaptive finite-element code for large-scale density functional theory calculations," *Comput. Phys. Commun.*, 246:106853, 2020.

[592] S. Mohr, L. E. Ratcliff, L. Genovese, D. Caliste, R. Boulanger, S. Goedecker, and T. Deutsch, "Accurate and efficient linear scaling dft calculations with universal applicability," *Phys. Chem. Chem. Phys.* 17:31360–31370, 2015.

[630] O. F. Sankey and D. J. Niklewski, "*Ab initio* multicenter tight-binding model for molecular-dynamics simulations and other applications in covalent systems," *Phys. Rev. B* 40:3979, 1989.

[646] J. M. Soler, E. Artacho, J. Gale, A. Garcia, J. Junquera, P. Ordejon, and D. Sanchez-Portal, "The SIESTA method for *ab intio* order-N materials simulations," *J. Phys. Condens. Matter* 14:2745–2779, 2002.

[654] K. Koepernik and H. Eschrig, "Full-potential nonorthogonal local-orbital minimum-basis band-structure scheme," *Phys. Rev. B* 59:1743–1757, 2000.

[655] B. Delley, "From molecules to solids with the DMol3 approach," *J. Chem. Phys.* 113:7756–7764, 2000.

[683] E.N. Economou, *Green's Functions in Quantum Physics*, 2nd ed., Springer-Verlag, Berlin, 1992.

[684] P. Lloyd and P. V. Smith, "Multiple scattering theory in condensed materials," *Adv. Phys.* 21:29, 1972.

[706] J. M. Soler and A. R. Williams, "Augmented-plane-wave forces," *Phys. Rev. B* 42:9728–9731, 1990.

[707] R. Yu, D. Singh, and H. Krakauer, "All-electron and pseudopotential force calculations using the linearized-augmented-plane-wave method," *Phys. Rev. B* 93:6411–6422, 1991.

[748] G. Galli and M. Parrinello, in *Computer Simulations in Material Science*, edited by M. Meyer and V. Pontikis, Kluwer, Dordrecht, 1991, pp. 283–304.

[776] W. H. Press and S. A. Teukolsky, *Numerical Recipes*, Cambridge University Press, Cambridge, 1992.

[787] J. M. Thijssen, *Computational Physics*, Cambridge University Press, Cambridge, U.K., 2000.

[806] L. D. Landau and E. M. Lifshitz, *Theory of Elasticity*, Pergamon Press, Oxford, U.K., 1958.

[807] J. F. Nye, *Physical Properties of Crystals*, Oxford University Press, Oxford, U.K., 1957.

[813] X. Gonze and J. P. Vigneron, "Density functional approach to non-linear response coefficients in solids," *Phys. Rev. B* 39:13120, 1989.

[816] X. Gonze, "Perturbation expansion of variational principles at arbitrary order," *Phys. Rev. A* 52:1086–1095, 1995.

[825] D. Rainer, *Progress in Low Temperature Physics*, vol. 10, North-Holland, Amsterdam, 1986, pp. 371–424.

[844] O. B. Malcolu, R. Gebauer, D. Rocca, and S. Baroni, "turboTDDFT: A code for the simulation of molecular spectra using the Liouville–Lanczos approach to time- dependent density-functional perturbation theory," *Comput. Phys. Commun.* 182:1744–1754, 2011.

[908] L. D. Landau and E. M. Lifshitz, *Electrodynamics of Continuous Media*, Pergamon Press, Oxford, U.K., 1960.

[918] D. H. Vanderbilt, *Berry Phases in Electronic Structure Theory*, Cambridge University Press, Cambridge, U.K., 2018.

[927] D. Vanderbilt, "Berry-phase theory of proper piezoelectric response," *J. Phys. Chem. Solids* 61:147–151, 2000.

[940] P. C. Martin, *Measurement and Correlation Functions*, Gordon and Breach, New York, 1968.

[994] G. C. Evans, *Functionals and Their Applications*, Dover, New York, 1964.

[995] L. D. Landau and E. M. Lifshitz, *Quantum Mechanics: Non-relativistic Theory*, Pergamon Press, Oxford, U.K., 1977.

[996] R. Shankar, *Principles of Quantum Mechanics*, Plenum Publishing, New York, 1980.

[997] C. Kittel, *Quantum Theory of Solids,* 2nd rev. ed., John Wiley & Sons, New York, 1964.

[998] W. Jones and N. H. March, *Theoretical Solid State Physics,* vol. 2, John Wiley & Sons, New York, 1976.

[999] H. Mori, "A continued-fraction representation of the time-correlation functions," *Prog. Theor. Phys.* 34:399, 1965.

[1000] R. Kubo, "Statistical-mechanical theory of irreversible processes. I. General theory and simple applications to magnetic and conduction problems," *Rep. Prog. Phys.* 12:570, 1957.

[1001] D. A. Greenwood, "The Boltzmann equation in the theory of electrical conduction in metals," *Proc. Phys. Soc. (London)* 71:585, 1958.

[1002] P. Nozières and D. Pines, "Electron interaction in solids. collective approach to the dielectric constant," *Phys. Rev.* 109:762–777, 1959.

[1003] H. Ehrenreich and M. H. Cohen, "Self-consistent field approach to the many-electron problem," *Phys. Rev.* 115:786–790, 1959.

[1004] S. Doniach and E. H. Sondheimer, *Green's Functions for Solid State Physicists*, W. A. Benjamin, Reading, MA, 1974. Reprinted in Frontiers in Physics Series, no. 44.

[1005] E. P. Wigner, "Über eine Verschärfung des Summensatzes," *Phys. Z.* 32:450, 1931.

[1006] H. Kramers, C. C. Jonker, and T. Koopmans, "Wigners Erweiterung des Thomas-Kuhnschen Summensatzes für ein Elektron in einem Zentralfeld," *Z. Phys.* 80:178, 1932.

[1007] N. Wiser, "Dielectric constant with local field effects included," *Phys. Rev.* 129:62–69, 1963.

[1008] W. Cochran and R. A. Cowley, "Dielectric constants and lattice vibrations," *J. Phys. Chem. Solids* 23:447, 1962.

[1009] R. Zallen, "Symmetry and reststrahlen in elemental crystals," *Phys. Rev.* 173:824–832, 1968.

[1010] R. Zallen, R. M. Martin, and V. Natoli, "Infrared activity in elemental crystals," *Phys. Rev. B* 49:7032–7035, 1994.

[1011] W. F. Cady, *Piezoelectricity*, McGraw-Hill, New York, 1946.

[1012] R. M. Martin, "Piezolectricity," *Phys. Rev. B* 5(4):1607–1613, 1972.

474   上巻の参考文献

[1013] P. P. Ewald, "Die Berechnung optischer und electrostatischer Gitterpotentiale," *Ann. Phy.* 64:253, 1921.

[1014] H. Kornfeld, "Die Berechnung electrostatischer Potentiale und der Energie von Dipole- und Quadrupolgittern," *Z. Phys.* 22:27, 1924.

[1015] K. Fuchs, "A quantum mechanical investigation of the cohesive forces of metallic copper," *Proc. Roy. Soc.* 151:585, 1935.

[1016] R. A. Coldwell-Horsfall and A. A. Maradudin, "Zero-point energy of an electron lattice," *J. Math. Phys.* 1:395, 1960.

[1017] M. P. Tosi, in *Solid State Physics*, edited by H. Ehrenreich, F. Seitz, and D. Turnbull, Academic, New York, 1964.

[1018] L. M. Fraser, W. M. C. Foulkes, G. Rajagopal, R. J. Needs, S. D. Kenny, and A. J. Williamson, "Finite-size effects and coulomb interactions in quantum Monte Carlo calculations for homogeneous systems with periodic boundary conditions," *Phys. Rev.* B 53:1814, 1996.

[1019] J. E. Lennard-Jones and B. M. Dent, "Cohesion at a crystal surface," *Trans. Faraday Soc.* 24:92–108, 1928.

[1020] P. A. Schultz, "Local electrostatic moments and periodic boundary conditions," *Phys. Rev.* B 60:1551–1554, 1999.

[1021] G. Makov and M. C. Payne, "Periodic boundary conditions in *ab initio* calculations," *Phys. Rev.* B 51:4014–4022, 1995.

[1022] L. N. Kantorovich, "Elimination of the long-range dipole interaction in calculations with periodic boundary conditions," *Phys. Rev.* B 60:15476, 1999.

[1023] A. Sommerfeld, *Mechanics of Deformable Bodies*, Academic Press, New York, 1950.

[1024] M. Born, W. Heisenberg, and P. Jordan, "Zur Quantenmechanik, II," *Z. Phys.* 35:557, 1926.

[1025] B. Finkelstein, "Uber den Virialsatz in der Wellenmechanik," *Z. Phys.* 50:293, 1928.

[1026] J. C. Slater, "The virial and molecular structure," *J. Chem. Phys.* 1:687, 1933.

[1027] E. Schrödinger, "The energy-impulse hypothesis of material waves," *Ann. Phys. (Leipzig)* 82:265, 1927.

[1028] R. P. Feynman, Undergraduate thesis, unpublished, Massachusetts Institute of Technology, 1939.

[1029] P. C. Martin and J. Schwinger, "Theory of many particle systems. I," *Phys. Rev.* 115:1342–1373, 1959.

[1030] C. Rogers and A. Rappe, "Unique quantum stress fields," *AIP Conf. Proc.* 582, pp. 91–96, 2001.

[1031] N. Chetty and R. M. Martin, "First-principles energy density and its applications to selected polar surfaces," *Phys. Rev.* B 45:6074–6088, 1992.

[1032] N. Chetty and R. M. Martin, "*GaAs* (111) and (-1-1-1) surfaces and the *GaAs/AlAs* (111) heterojunction studied using a local energy density," *Phys. Rev.* B 45:6089–6100, 1992.

[1033] K. Rapcewicz, B. Chen, B. Yakobson, and J. Bernholc, "Consistent methodology for calculating surface and interface energies," *Phys. Rev.* B 57:7281–7291, 1998.

[1034] R. M. Martin, unpublished, 2002.

[1035] A. Savin, "Expression of the exact electron-correlation-energy density functional in terms of first-order density matrices," *Phys. Rev.* A 52:R1805–R1807, 1995.

[1036] M. Levy and A. Gorling, "Correlation-energy density-functional formulas from correlating first-order density matrices," *Phys. Rev.* A 52:R1808–R1810, 1995.

[1037] H. Stoll, E. Golka, and H. Preuss, "Correlation energies in the spin-density functional formalism. II. Applications and empirical corrections," *Theor. Chim. Acta* 55:29, 1980.

[1038] A. D. Becke, "Hartree–Fock exchange energy of an inhomogeneous electron gas," *Int. J. Quantum Chem.* 23:1915, 1983.

[1039] W. L. Luken and J. C. Culbertson, "Localized orbitals based on the Fermi hole," *Theor. Chim. Acta* 66:279, 1984.

[1040] J. F. Dobson, "Interpretation of the Fermi hole curvature," *J. Chem. Phys.* 94:4328–4333, 1991.

[1041] M. H. Cohen, D. Frydel, K. Burke, and E. Engel, "Total energy density as an interperative tool," *J. Chem. Phys.* 113:2990–2994, 2000.

[1042] B. Hammer and M. Scheffler, "Local chemical reactivity of a metal alloy surface," *Phys. Rev. Lett.* 74:3487–3490, 1995.

[1043] M. J. Godfrey, "Stress field in quantum systems," *Phys. Rev.* B 37:10176–10183, 1988.

[1044] A. Filippetti and V. Fiorentini, "Theory and applications of the stress density," *Phys. Rev.* B 61:8433–8442, 2000.

[1045] C. Rogers and A. Rappe, "Geometric formulation of quantum stress fields," *Phys. Rev.* B 65:224117, 2002.

[1046] D. G. Pettifor, "Pressure-cell boundary relation and application to transition-metal equation of state," *Commun. Phys.* 1:141, 1976.

[1047] A. D. Becke and K. E. Edgecombe, "A simple measure of electron localization in atomic and molecular systems," *J. Chem. Phys.* 92:5397–5403, 1990.

[1048] A. Savin, R. Nesper, Steffen Wengert, and T. F. Fssler, "ELF: The Electron Localization Function," *Angew. Chem., Int. Ed.* 36:1808–1832, 1997.

[1049] M. Methfessel and M. van Schilfgaarde, "Derivation of force theorems in density-functional theory: Application to the full-potential LMTO method," *Phys. Rev.* B 48:4937–4940, 1993.

[1050] J. Gräfenstein and P. Ziesche, "Andersen's force theorem and the local stress field," *Phys. Rev.* B 53:7143–7146, 1996.

[1051] E. U. Condon and G. H. Shortley, *Theory of Atomic Spectra*, Cambridge University Press, New York, 1935.

[1052] J. A. Gaunt, "Triplets of helium," *Phil. Trans. Roy. Soc. (London)* 228:151–196, 1929.

[1056] G. Kresse and J. Furthmüller, "Efficient iterative schemes for *ab initio* total-energy calculations using a plane-wave basis set," *Phys. Rev.* B 54:11169–11186, 1996.

[1104] X. Gonze, et al., "Recent developments in the ABINIT software package," *Comput. Phys. Commun.* 205:106–131, 2016.

[1105] S. J. Clark, M. D. Segall, C. J. Pickard, P. J. Hasnip, M. J. Probert, K. Refson, and M. C. Payne, "First principles methods using CASTEP," *Z. Kristallographie* 220:567–570, 2005.

476　上巻の参考文献

[1106] P. Giannozzi, et al., "QUANTUM ESPRESSO: A modular and open-source software project for quantum simulations of materials," *J. Phys. Condens. Matter* 21:395502, 2009.

[1107] R. Dovesi, et al., "Quantum-mechanical condensed matter simulations with CRYSTAL," *Wiley Interdiscip. Rev. Comput. Mol. Sci.* 8:e1360, 2018.

[1108] A. Castro, H. Appel, M. Oliveira, C. A. Rozzi, X. Andrade, F. Lorenzen, M. A. L. Marques, E. K. U. Gross, and A. Rubio, "OCOTOPUS: A tool for the application of time-dependent density functional theory," *Phys. Stat. Sol.* B 243:2465–2488, 2006.

[1109] D. R. Bowler, R. Choudhury, M. J. Gillan, and T. Miyazaki, "Recent progress with large-scale *ab initio* calculations: the conquest code," *Phys. Stat. Sol.* B 243:989–1000, 2006.

[1110] C.-K. Skylaris, P. D. Haynes, A. A. Mostofi, and M. C. Payne, "Introducing ONETEP: Linear-scaling density functional simulations on parallel computers," *J. Chem. Phys.* 122:084119, 2005.

[1111] P. D. Haynes, A. A. Mostof, C.-K. Skylaris, and M. C. Payne, "ONETEP: Linear-scaling density-functional theory with plane-waves," *J. Phys. Conf. Ser.* 26:143–148, 2006.

[1112] A. A. Mostofi, J. R. Yates, G. Pizzi, Y.-S. Lee, I. Souza, D. Vanderbilt, and N. Marzari, "An updated version of wannier90: A tool for obtaining maximally-localised Wannier functions," *Comput. Phys. Commun.* 185:2309–2310, 2014.

[1113] Y. Wang, J. Lv, L. Zhu, and Y. Ma, "CALYPSO: A method for crystal structure prediction," *Comput. Phys. Commun.* 183(10):2063–2070, 2012.

訳者あとがき

　物質の電子状態に関する理論の広い話題をカバーする分厚い本の初版が出版されたのは 2004 年である．その本の厚さは 3.5 cm．ページ数でいうと索引の最後のページが 624 である．それに外国の本は版が大きくて重量は 1,432 g である．この本ですら持ち歩くには重すぎると思ったものである．この本の改訂版が 2020 年に出版され，さらに中身が増えて，厚さは 4.2 cm，ページ数は 762，重量は 1,630 g になった．

　初版が出たときの原著者はまだ 60 歳を少し過ぎたばかりで（原著者と訳者は同年），それまでの研究・教育をまとめる教科書の執筆にはまさに適した年代であった．実をいうと，訳者もその当時，電子状態の日本語の教科書の執筆をある出版社から依頼され，構想を練っていたのである．しかし，Martin 教授の本の出版を知り，中身を見ると訳者が書こうと思っていることの大半に加えてより広範な話題も含まれており，自分で本を書く気を失ってしまった．それが初版を翻訳して出版することを決意した理由である．改訂版が出版されたのは著者が 80 歳のときである．原稿を書いていたのはその 2，3 年前だとしても，これだけの大著を完成させた著者の体力と知力に敬意を表したい．

　また，本書でも随時引用される大著 *Interacting Electrons* を Lucia Reining, David M. Ceperley と共著で書かれたことも，原著者の「物質の電子状態」の広範な守備範囲をさらに堅固なものとしたと思われる．それはこの改訂版において通奏低音として本書の魅力を増している．

　2022 年の夏に，丸善出版株式会社企画・編集部の堀内洋平氏から，Martin

教授の改訂版の翻訳の依頼を受けた．種々の事情があって，翻訳を始めたのはその年の 12 月である．

初版ですらすでに十分に厚い本であったのに，改訂版はなぜさらに大幅に厚くなったのか？その主な理由は原著者の「まえがき」にもあるように，初版が出版されてからトポロジカル絶縁体（TI）の研究が急激に進展したことにある．原著者が初版を準備していた頃は TI のことをほとんど聴くこともなかったと思われる．その後，固体の電子状態における根本的な新概念としての TI の進歩は原著者に強い感銘を与えたようであり，改訂版を作る強い動機となった．改訂版の準備をしていた頃と思うが，数年前に訳者のところにメールが届き，TI を含めた改訂版を出そうと思うので共著者にならないか，という問い合わせがあった．当時，訳者も時折の講演会で TI のことを聴き，安藤陽一氏の教科書を読んで強い関心を持っていたが，別のテーマ（データ科学）のプロジェクトに責任者として深く関わっていてとても共著者になるゆとりはなかった．

このように改訂版の最大の特色は，トポロジカル絶縁体（TI）に関しての第 25 章から第 28 章の 4 章（64 ページ）と付録 O, P, Q（22 ページ）の追加である．TI には計 86 ページがあてられている．TI という課題でそのページ数は十分とはいえないが，何を目指して書くかが問題になる．また，TI においても重要な役割を演じる表面と界面の新しい章が第 22 章（16 ページ）として加わった．本書のこれらの部分については下巻の訳者あとがきで述べることにする．それに次いで内容が豊富になったのは密度汎関数論における発展についてである．18 ページの増加になっているので相当のものである．確かに読み応えのある内容になっている．密度汎関数論を学ぶ読者には大変有用であろう．第 2 章は初版のときから物質科学の基盤的な問題を理論と実験の両面で概観した豊富な内容も持つものであったが，改訂版では内容がアップデートされ，しかもより豊富になっている．ページ数でいえば 4 ページの増加とはいえ，第 2 章は改訂版で最も長い章になっている．物質の電子状態の理論としては，擬ポテンシャルも重要な基盤であり，初版においてもその記述は大変充実していた．これについては新しく加わったものは 11.10 節の「最適化ノルム保存ポテンシャル」であり，この話題は興味深い．密度汎関数論，擬ポテンシャル，第 2 章の概観はすべてこの上巻にある．なお，初版の

上巻においては，本文を読む上で必須の事柄を扱う少数の付録のみを含めたが，改訂版では本文で言及される付録をほとんどすべて含めることとした．

初版の訳者あとがきでも述べたが，原著の初版には多くの誤りがあった．それらのかなりの部分は改訂版では修正されている．それでもなお誤りが散見されるが，それらは和訳においては訳者の気づく範囲で修正した．

本書の出版に関して，堀内洋平氏には大変お世話になった．大著の原著を前にして蟻の這うような訳出の進展に焦りながらも最後までたどり着けたのには，堀内氏の支援なくしてはあり得なかった．ここに感謝の意を表したい．また，この膨大な作業において，実務的にも精神的にも，大阪大学理学部の松野丈夫教授およびその妻の千恵子さんからの支援にも大いに助けられた．

最後に，上巻と下巻のいずれにおいても初版の際の共訳者の一人の寺倉郁子は 2022 年 10 月に急逝した．しかし，改訂版においても彼女が訳した部分が沢山そのままで残っているので共著者となっている．私事になって恐縮であるが，改訂版が世に出て，研究・教育者の一助となることは彼女にも大いなる喜びであろうと信じている．

2024 年 12 月

寺倉　清之

著者あとがき

It is a great honor for both editions of this book to be translated into Japanese by the world-renowned distinguished leader in the field, Professor Kiyoyuki (Kiyo) Terakura, together with Dr. Ikuko Terakura and for the first edition Dr. Yasunari Zempo. Indeed, it is more than a translation. There were discussions back and forth to correct errors, small and large, and clarify points. The discussions were mainly with Kiyo, but it was clear that Ikuko was intimately involved. Because I learned very much from our interactions and because I knew Kiyo was interested in new developments in the field, I asked them to be co-authors on the new edition. Unfortunately they could not take on that job at the time. Sadly, Ikuko has passed away and Kiyo has bravely done the work for the revised version alone. I am sure that, as Kiyo has said, Ikuko would be very happy if the revised edition were published and would be of help to researchers and educators.

I had known Kiyo from his papers and reputation in the field, and my wife Beverly and I got to know Ikuko and Kiyo on a personal level in 1992 when we were invited to a Taniguchi Symposium in Kashikojima, Japan, which was organized by Kiyo. I thought of him as my senior and it was a surprise to learn he was the same age and we have children of similar ages. It was a pleasure to be with Ikuko and Kiyo again in 2006 at a conference in Bangalore, India.

482　著者あとがき

I agree with Prof. Terakura that these are big, heavy books! It was a lot of work! The writing started in 1994 motivated by realization that the problem of electrons in materials is among the grand challenges of science and it is an even greater challenge to go from the fundamental quantum theory to understanding of the astounding variety of phenomena that occur in materials. The time had arrived when there was great progress in our ability to make concrete predictions. This was – and still is – a time when it is worth the effort to bring together the key components of this great endeavor!

The reason for the second edition was the revelation of the role of topology of the electronic system (which was first discovered shortly after the first edition was published in 2004) and many other advances. When starting the second edition, the goal was to make many parts more concise and create a book that contained new ideas without increasing the size. But that proved impossible and so the even heavier book!

I want to add my hope that this book will be of value for younger people in their careers in science and education!

Richard M. Martin

訳者注記

　この大著には原著者のMartin教授の熱い思いがこもっていることは，Martin教授をよく知る訳者には感じ取れたので，訳者もできるだけの思いを込めて訳した．お互いの思いが通じ合ったからだと思うが，Martin教授から異例の「著者あとがき」が届いた．やや形式的な著者まえがきに比べて，このあとがきにはMartin教授の人柄がよく表れている．これはあえて和訳しないで原文のままに載せる方が読者にもよく伝わると判断した．

索　引

■ 略語索引　「　」は関連する項目を示す.

ACFD：Adiabatic Coupling Fluctuation Dissipation,「汎関数」,　274–275, 280
ADA：Average Density Approximation,「汎関数」,　251
APW：Augmented Plane Wave,「補強平面波」,　14, 28, 291, 305, 342, 430
ARPES：Angle Resolved Photoemission Spectroscopy,「光電子分光」,　69, 77

BJ：Becke–Johnson,「汎関数」,　281

CALYPSO：Crystal structure AnaLYsis by Particle Swarm Optimization,
　　　　　「結晶構造探索」,　37, 39, 42, 444
DDH：Dielectric–Dependent Hybrid,「汎関数」,　56, 71, 261–263
DFT：Density Functional Theory,「密度汎関数論」,　175
DOS：Density of States,「状態密度」,　142

EA：Evolutional Algorithm,「結晶構造探索」,　37
ELF：Electron Localization Function,「電子局在関数」,　40, 265, 420
EXX：EXact eXchange,「汎関数」,　267, 284, 300, 332

GEA：Gradient Expansion Approximation,「汎関数」,　244
GGA：Generalized Gradient Approximation,「汎関数」,　244–248, 355–356
GKS：Generalized Kohn–Sham,「密度汎関数論」,　71, 228, 257

HF：Hartree–Fock,「Hartree–Fock」,　12, 96–103, 152–157
HF：Hellmann–Feynman,「力の定理」,　87–92, 217, 400
HSC：Hamann–Schlüter–Chiang,「擬ポテンシャル」,　323
HSE：Heyd–Scuseria–Ernzerhof,「汎関数」,　72, 261–262, 283, 285

KB：Kleinman–Bylander,「擬ポテンシャル」,　334–336
KLI：Krieger–Li–Iafrate,「汎関数」,　268

484　索　引

KS：Kohn–Sham,「密度汎関数論」,　17, 176, 197–226, 257–259

LDA：Local Density Approximation,「汎関数」,　25, 30, 53, 72, 237, 248
LSDA：Local Spin Density Approximation,「汎関数」,　237, 244, 283–284, 303, 353
LYP：Lee–Yang–Parr,「汎関数」,　247, 260

NCPP：Norm Conserving PseudoPotentials,「擬ポテンシャル」,　314, 316, 319, 323–331

OEP：Optimized Effective Potential,「汎関数」,　222, 266–269, 276
ONCV：Optimized Norm–Conserving Vanderbilt pseudopotentials,「擬ポテンシャル」,　337
OPW：Orthgonalized Plane Waves,「擬ポテンシャル」,　315

PAW：Projector Augmented Waves,「擬ポテンシャル」,　54, 315–318, 341–343
PBE：Perdew–Burke–Ernzerhof,「汎関数」,　30, 53, 245–249, 283, 355–356
PKA：Phillips–Kleinman–Antoncik,「擬ポテンシャル」,　319, 323
PP：PseudoPotentials,「擬ポテンシャル」,　311–346
PSO：Particle Swarm Optimization,「結晶構造探索」,　37, 42
PW91, Perdew–Wang–91,「汎関数」,　245–249

QMC：Quantum Monte Carlo,「相関エネルギー」,　159, 353
QMD：Quantum Molecular Dynamics,「量子分子動力学」,　51–52, 55, 57

RKKY：Rudermsn–Kittel–Kasuya–Yosida,「Fermi 面」,　152–153
RPA：Random Phase Approximation,「ランダム位相近似」,　155, 159–160, 167, 280, 366

SCAN：Strongly Constrained and Appropriately Normed,「汎関数」,　30, 265–266, 283
SIC：Self–Interaction Correction,「汎関数」,　270–271, 303

TDDFT：Time–dependent Density Functional Theory,「時間依存密度汎関数論」,　73, 188–189, 227, 443

USPEX：Universal Structure Predictor:Evolutional Xtallography,「結晶構造探索」,　37–39, 444

WDA：Weighted Density Approximation,「汎関数」,　251
WS：Wigner–Seitz,「Wigner–Seitz」,　13, 111, 306

■ 欧字先頭索引

Anderson, P. W., 16

Bardeen, J., 15, 75, 154
Berry 位相
　スピン波, 45
　分極, 49
Bethe, H., 8, 9, 13
Bloch, F., 8
Bloch 関数, 129–131
Bloch の定理, 9
　第 1 の証明, 126–132
Bohr, N., 5, 16
Bohr–van Leeuwen の定理, 16
Born–Oppenheimer 近似, 「断熱近似」
　を参照
Bravais 格子, 「並進対称」を参照
Brillouin ゾーン (BZ), 111
　Bragg 散乱, 130
　既約 (IBZ), 135
　定義, 123
　例, 124
Broyden 法, 215
　修正, 216

Car–Parrinello (CP) 法, 18
　「量子分子動力学法 (QMD)」も参照
Chebyshev 多項式, 440
Clebsch–Gordan 係数, 299, 300, 439, 440
Compton 散乱, 5
Coulomb 和
　Ewald 法, 385, 389, 390, 398–400, 407
　Madelung 定数, 164, 389, 390
CRYSTAL, 442

de Boer, J. H., 16
de Broglie, L. V., 5
ΔSCF, 100, 304
DFT, 「密度汎関数論」を参照
DFT+U, 271
Dirac, P., 6, 16

Dirac 方程式, 6
Drude, P. K. L., 8
Drude–Lorentz 理論, 8

Einstein, A., 5
Ewald 和, 385–390
　　　　　　　「Ewald 変換」も参照

f 総和則, 168, 377, 378
Fermi, E., 5, 6, 15, 177, 312
Fermi エネルギー, 8, 14
　一様電子ガス, 相互作用のない電子, 150
Fermi 面, 141
　Kohn–Sham 理論, 225
　Luttinger の定理, 150
　Ruderman–Kittel–Kasuya–Yosida
　　振動, 152–153
　一様電子ガス, 150
　密度汎関数論, 192
　　　　　　　「密度汎関数論」も参照
Feynman, R. P., 88, 89, 105, 218, 402
FHI–aims, 443
Floquet の定理, 129
Fock, V. A., 12
Friedel 振動, 152, 153, 156, 168, 192

Gaunt 係数, 299, 439, 440
Goudsmit–Uhlenbeck の電子スピン理
　論, 5
Green 関数, 48, 268, 369, 370
GW 法, 71, 159

Hartree, D. R., 12, 270
Hartree
　エネルギー, 86
　原子単位, 82
　自己無撞着, 96
　自己無撞着法, 93, 94
　ポテンシャル, 94
Hartree–Fock, 12, 96–103
　Fermi 面の特異性, 154

486 索 引

He と H_2, 240
一様電子ガス, 152–157
近似, 96–199
方程式, 97
原子, 294, 300
Heisenberg, W., 6, 8, 9, 16, 402
Heitler–London 軌道, 「水素分子」を
参照
Hellmann, H., 15, 87, 314
Hellmann–Feynman の定理, 「力の定
理」を参照
Herring, W. C., 15, 314–317
「直交化平面波(OPW)法」も参照
Hubbard モデル, 253, 271
Hylleraas, E. A., 12

KKR 法, 28, 305, 312
Kimball G. E., 9, 10
Kohn, W., 168, 176
Kohn–Sham 法, 「密度汎関数論」を参照
Kohn 異常, 168
Koopmans の定理, 99
Kramers, H., 133, 377
Kramers の定理, 132, 133
Kramers–Kronig の関係, 167, 168,
366–368

Landau, L., 11
Legendre 変換, 206
Lewis, G. N., 6
Lindhard 誘電関数, 165–171, 379
Lorentz, H. A., 4
Luttinger の定理, 12
「連続性」も参照

Madelung エネルギー, 386
Madelung 定数, 389, 390
Maxwell 方程式, 374
物質中での現象論的形式, 73
物質中の現象論的方程式, 376
meta–GGA (運動エネルギー)汎関数,
264, 266
MoS_2, 63, 116

$MoSe_2$, 63
Mott, N. F., 16
Mott 絶縁体, 198, 272
Murnagam 状態方程式, 28

Numerov 法, 293

Parrinello, M., 18
Particla Swarm Optimization (PSO)
法, 37
Pauli, W., 5, 8, 87, 402
Peierls, R., 9, 16
Planck, M. K. E., 5
Pulay 補正, 89
Pulay 補正項, 「力の定理」を参照

Random search 法, 37
r_s
定義, 148
Rutherford, E., 4

Schröidinger, E., 5, 402
Seitz, F., 9, 13, 377
Shockley, W., 10
Shockley 表面状態, 10, 62
Shockley 転移, 76
Sham, L. S., 17
SIESTA, 443
Slater, J. C., 6, 13, 14, 28, 88, 96,
131, 135, 222
Slater 行列式, 96, 190
Slater の交換に対する局所近似, 269
Slater の遷移状態, 304, 309
Sommerfeld, A., 8, 9, 13
Stern–Gerlach の実験, 5
Stoner, E. C., 5, 44
superhydrides, 42

TDDFT, 「時間依存密度汎関数論」を
参照
Thomas–Fermi 近似, 177, 178, 195,
220
Weizsacker 補正, 178, 264, 416

遮断，157, 168, 170
Thomson, J. J.，4

van der Waals, J.，24
van der Waals 汎関数，276, 281
van der Waals ヘテロ構造，64
Verwey, E. J.，16

Wannier 関数，56, 138, 189
　水，55
Wigner, E. P.，13, 16, 377
Wigner–Seitz
　球，13
　半径，306
　胞，111, 114, 143, 144, 389
　　bcc 格子，113
　　fcc 格子，113
　　第 1 Brillouin ゾーン，111, 124
　　単純立方格子，112
　　単純六方格子，112
　　2 次元，111
　方法，14
Wigner 結晶，158
Wigner の内挿公式，160, 399
Wilson, A. H.，9
WSe_2，63

Zeeman, P.，4, 43
Zeeman 磁場，「磁性」を参照

■ 和文索引
●あ行
圧力
　応力との関係，404
　原子球近似，419, 427
　定義，27
位相のずれ，312
一般化 Kohn Sham (GKS) 理論，228, 257, 259
ウムクラップ散乱，130
エネルギー
　交換相関，100
　全エネルギーの表式，84, 87

密度，411–422
エンタルピー，33, 41
　定義，27
応答関数，12, 44, 51, 73, 86, 134, 141, 214, 227, 251, 268, 274–277, 373
　静的，364–366
　動的，366–369
応力，401, 409
　定義，46, 89, 403
　符号の取り決め，403
　密度，417, 418, 420, 429
応力定理，46, 89, 92, 106, 219, 401, 403, 409, 423
　Ewald 項の寄与，407
　圧力，427
　　もう 1 つの式，428
　運動エネルギーの寄与，406
　2 体項，405
　平面波表示，405
応力とひずみの関係，45, 47, 401, 404

●か行
界面
　バンドオフセット，63, 394, 396
化学ポテンシャル，60, 61, 93, 188, 213
角度分解光電子分光(ARPES)，68, 69, 160
擬ハミルトニアン，345
擬ポテンシャル，15, 311, 348
　BHS，328, 329
　HSC，323, 324
　Kleinman–Bylander，334–336
　最適化ノルム保存 Vanderbilt 擬ポテンシャル(ONCV)，337, 338
　OPW の変換，314–319
　PKA の擬ポテンシャル変換，319, 320
　Troullier–Martins，329, 330
　位相のずれ，312, 313
　ウルトラソフト，338–341
　拡張されたノルム保存，336–338
　経験的擬ポテンシャル法，314, 322

488 索 引

最適化ノルム保存，337, 338
射影演算子，334–336
射影演算子補強波法（PAW），54,
　　315–318, 341–345
相殺定理，319–321
相対論効果，330, 331
多体問題，345
転用可能性，332
ノルム保存（NCPP），314, 316, 319,
　　323–331
ノルム保存条件，325, 326
非線形内殻補正，331
分離可能，334–337
モデルイオンポテンシャル，320–322
モデルポテンシャル，321
幽霊状態，335
球関数
　球 Bessel 関数，436
　球 Hankel 関数，436
　球 Neumann 関数，436
　球面調和関数，292, 298, 437
　実球面調和関数，438
球対称ポテンシャル，294, 432
　　　「非球対称ポテンシャル」も参照
球面調和関数，292, 433, 437, 438
凝集エネルギー
　遷移金属，29
局所密度近似，353
クラスター，65
　金属，65
　半導体，65, 66
グラフェン，63, 64, 67, 76, 77, 115–
　　117
　ナノリボン，67, 76
グランドポテンシャル，93, 187, 213
　定義，60
形状因子，329
結合定数積分，91, 105, 161, 235, 260,
　　274
結晶運動量
　定義，129
結晶構造
　$MoSe_2$ 層，64, 116, 117

NaCl，117
ZnS，118
基底，109, 110, 115, 119
グラフェン，115
グラフェン面，116
固体窒素，38
最密，119
　立方晶系（fcc），119
　六方晶系（hcp），120
正方 CuO_2 面，115
ダイヤモンド，118
定義，110
ペロブスカイト，118
立方晶 gauche（cg），38
六方晶 BN，116
結晶構造探索
　AIRS，37, 444
　CALYPSO，37, 39, 42, 444
　Evolutionary algorithm（進化的アル
　　ゴリズム），37
　Particle Swarm Optimazation
　　（PSO），37
　Random search，37, 39, 42
　Simulated annealing（焼きなまし），
　　37
　USPEX，37–39, 444
結晶対称性，110, 132
　点対称操作，134
　反転，132
結晶ポテンシャル
　原子ポテンシャルの和，15
原子
　汎関数のテスト，240, 254, 283
　原子球近似，13, 305, 306, 308, 419,
　　420, 427, 428
原子単位
　Hartree，82, 97, 149, 151, 158,
　　200, 202, 292
高温超伝導体，16, 18, 115
　銅酸化物，66, 198
光学的性質，374, 382
　Drude モデル，8
　結晶，73

光学特性
　Drude モデル，168
交換，16, 100–104, 233, 255, 287
交換エネルギー，16, 103, 155, 159,
　　　　164, 177, 238, 245, 261,
　　　　266, 274
交換正孔，101–104, 155–157, 163,
　　　　235, 243, 260, 264, 415, 420
交換相関正孔，104, 220, 234, 243, 251,
　　　　413, 430
　一様電子ガス，156, 163
　曲率，264, 415, 420
格子振動
　非調和性，26
格子定数
　遷移金属類，29
格子動力学
　圧電効果，49
　圧電性，381, 382
　非調和，49
　有効電荷，49, 380, 381
格子の不安定性
　強誘電性，49
光電子分光，69, 77
　Na，165, 166
　一電子除去スペクトル，69
　一電子付加スペクトル，69
　エネルギー分解，69
　角度分解（ARPES），68, 69
　逆光電子分光，69
　模式図，68

●さ行
時間依存密度汎関数論（TDDFT），73,
　　　　188–189, 227, 443
時間反転対称性，99, 109, 132–134,
　　　　136, 415
磁化率，22, 43–45
自己相互作用補正（SIC），「汎関数」を
　　　　参照
自己無撞着，213, 217
　原子の計算，295, 296
　線形混合，213

反復数値計算法，215
　誘電関数近似，214, 215
自己無撞着場，12, 100, 365, 369, 380
磁性，16, 43, 45
　Stoner パラメータ，45
　Zeeman 磁場，43, 133, 186, 365
　Zeeman 場，83, 196
　強磁性，43, 44
　　時間反転対称性の破れ，134
　スピン常磁性，8
　反強磁性，43, 44, 198, 272
実球面調和関数，438
四面体法，141, 142
射影演算子補強波（PAW）法，315, 341,
　　　　344
自由エネルギー，33, 49, 92, 180, 188,
　　　　212
　Gibbs 自由エネルギー，27
　Helmholtz 自由エネルギー，27
　定義，27
準粒子，71, 155, 159
状態密度（DOS）
　定義，142
　特異点，142, 144
　　1 次元，144
　　2 次元，144
　　3 次元，144
　フォノン，「フォノン」を参照
触媒作用，57
　Ziegler–Natta 反応，57, 58
水素
　原子
　　汎関数のテスト，254
　結合，24–25, 41, 55
　　Heitler–London 軌道，6
　分子
　　汎関数のテスト，240–241
スピン軌道，6, 96
スピン軌道相互作用，203, 296
　擬ポテンシャル，335
摂動論，362–373
　$2n + 1$ 定理，371–373
全エネルギー，「エネルギー」を参照

線形マフィンティン軌道（LMTO）法, 291, 305
相関, 16, 104, 105
相関エネルギー
  Hedin–Lundqvist, 353–354
  QMC, 159, 353
  QMCエネルギーへのPerdew–Zunger
    フィット, 353–354
  QMC エネルギーへの Vosko–Wilk–
    Nusair フィット, 353–355
  Wigner の内挿公式, 158, 353
  一様電子ガス, 158, 163
  自己無撞着 GW 近似, 159
  定義, 104
  量子モンテカルロ, 159
相関正孔, 104, 107, 157, 158, 235, 243
相転移
  圧力下, 45
    $MgSiO_3$ポストペロブスカイト相, 52
    SiO_2, 35
    窒素, 38
  圧力下での, 32
    シリコン, 33, 34
    炭素, 34
    半導体, 33–36
  変位型, 47–51

●た行
体積弾性率
  sp 結合金属, 165
  原子球近似, 429
  遷移金属, 29
  定義, 27
弾性, 45–47
弾性定数, 45–47
  非線形, 45–47
断熱近似, 82
断熱接続, 236, 274
力の定理, 87–92, 217, 400
  Pulay 補正, 89, 219
  一般化された, 91, 403, 404, 419
  もう 1 つの形式, 423–431
地球物理

地球深部での物質の構造, 52
  地球の構造, 52
窒素
  固体立方晶 gauche 相, 38
超伝導, 41
  対密度汎関数理論, 228
直交化平面波（OPW）法, 15, 311, 315–319, 341, 346, 348
      「擬ポテンシャル」も参照
電子
  発見, 3, 4
電子局在関数（ELF）, 265, 420
  H_3S, 40
電子–フォノン相互作用, 23, 48, 360
伝導度テンソル, 376
統計
  Bose–Einstein, 5, 8
  Fermi–Dirac, 5, 8
  相互作用のない粒子, 5, 8
動径密度分布
  液体 Fe, 54
  液体の水, 57
特殊積分点, 136–141
独立電子近似, 93–95, 315, 345
独立粒子近似, 17, 72, 93, 129, 134, 142, 150, 237, 286, 295, 315, 363, 379
トポロジカル絶縁体, 6, 10, 20, 62, 67, 76, 77, 81, 133, 134, 296

●な行
ナノチューブ, 18
2 体相関関数
  規格化, 101
  相互作用している同一粒子, 104
  相互作用のない同一粒子, 156
    一様電子ガス, 156
2 体分布関数, 「動径密度分布」も参照
  相互作用のある粒子
    一様電子ガス, 162
  相互作用のない同一粒子
    一様電子ガス, 170
  定義, 101

ノンコリニアスピン，203, 237

●は行
排他律，5
バルクバンド構造における Shockley 転
　　移，10
汎関数，「密度汎関数論」も参照
　交換相関，201, 233, 282
　　E_{xc} 汎関数，258
　　Lee–Yang–Parr（LYP）汎関数，
　　　247, 260
　　meta–GGA 汎関数，264–266
　　SCAN 汎関数，30, 265–266, 283
　　van der Waals，276, 281
　　一般化勾配近似（GGA），244–248,
　　　355, 356
　　　PBE，30, 53, 245–249, 283,
　　　　355–356
　　　PW91，245–247
　　応答関数の汎関数，274
　　　断熱結合揺動散逸定理（ACFD），
　　　　274–275, 280
　　重み付き密度近似（WDA），251
　　軌道依存汎関数，199, 233, 247,
　　　257, 265, 267
　　局在軌道法，270–273
　　　DFT+U，271, 272
　　　Koopmans 準拠汎関数，273
　　　自己相互作用補正（SIC），270–
　　　　271, 303
　　局所スピン密度近似（LSDA），237,
　　　244, 284, 303, 353
　　局所密度近似（LDA），25, 30, 53,
　　　72, 237, 248
　　厳密交換（EXX），267, 284, 300,
　　　332
　　勾配展開近似（GEA），244
　　混成汎関数，259–263
　　　B3LYP 汎関数，260
　　　DDH 汎関数，56, 71, 261–263
　　　PBE 交換相関汎関数 PBE0，
　　　　260
　　最適化有効ポテンシャル（OEP），

　　　222, 266–269, 276
　　　KLI 近似，268, 269
　　平均密度近似（ADA），251
　　領域分離，261
　　　HSE 汎関数，72, 261–262, 283,
　　　　285
　　交換相関ポテンシャル，248–251
　　　LDA, GGA 表式，248–251
　　　修正 Becke–Johnson 汎関数，281
汎関数と汎関数方程式
　定義，349–351
汎関数の Jacob の梯子，256
汎関数のテスト
　原子，240, 283
　分子，240, 241
　転移圧力，34
反強磁性，43, 198, 272
バンドギャップ
　基本ギャップ，68
　混成汎関数，259
　汎関数の微分不連続，222
　バンドギャップ問題，69, 228, 259
バンド構造
　Ge，14, 70
　Na，14, 166
バンド理論
　結晶中の相互作用のない励起，126,
　　132
　初期の歴史，8, 16
非球対称ポテンシャル，297
　　「球対称ポテンシャル」も参照
ひずみ
　定義，46, 89, 402, 404
　内部の，407
　有限，404
表面，58, 62
　化学ポテンシャルと化学量論，59
　構造
　　Si と Ge のバックルドダイマー，59
　　ZnSe（100），61
　双極子層，394–396
表面状態
　Bi_2Se_3，77

492 索 引

Shockley 状態，10, 62
ビリアル定理，46, 89
フォノン
　凍結フォノン，48
　　BaTiO$_3$，49
　　Mo, Nb, Zr，50
　分散曲線，49
プラズモン，168, 169
フラレン，18
不連続，188, 193, 220–222, 229, 258,
　　273, 333
平均電子間距離(r_s)
　典型的な値，148
並進対称，110, 132
　Bravais 格子，110
　格子，112
　基本並進，110
　逆格子，121, 126
　　Bravais 格子，122
　　基本並進，111, 122
　単位胞
　　慣用 fcc と bcc，114
　　慣用単位胞，113
　　基本単位胞，110
ヘリウム原子
　汎関数のテスト，240
補強平面波法，14, 28, 291, 305, 342,
　　430

●ま行
密度行列，92, 93
　一様電子ガス，相互作用のない電子，
　　151–153
　独立粒子，95
密度汎関数論(DFT)，175
　　　　　　　　「汎関数」も参照
　Harris–Weinert–Foulkes 汎関数，
　　208, 210
　Hohenberg–Kohn の定理，176, 178,
　　183, 195, 199, 226
　Hohenberg–Kohn 汎関数，182, 183,

　　193
　Janak の定理，222
　Kohn–Sham 法，17, 176, 197–226,
　　197–226
　　He と H$_2$，240
　　方程式，201–206
　　　原子，294, 300
　Levy–Lieb 汎関数，183–185, 196
　Mermin 汎関数，187, 192, 195, 212,
　　226
　meta–GGA 汎関数，264–266
　一般化 Kohn–Sham 理論(GKS)，71,
　　228, 257
　局在軌道法，271–273
　　「SIC」および「DFT+U」も参照
　混成汎関数，259–263
　全エネルギー，206–213
　電流汎関数，188, 189
　領域分離汎関数，261, 274

●や行
誘電関数，374–382
　Lindhard，168, 379
　格子の寄与，380
　縦スカラー関数，378
　伝導度，376
　横テンソル関数，380
誘電率テンソル，376–379

●ら行
ランダム位相近似，71, 155, 159–160,
　　167, 280, 366
硫化水素，36, 37
　超伝導体，18, 25, 39–41
量子分子動力学(QMD)，51–52, 55, 57
　　「Car–Parrinello (CP)法」も参照
　液体 Fe，54
　触媒，57
　水，55
連続性，11, 12
　　　　「Luttinger の定理」も参照

著　者
R. M. マーチン（Richard M. Martin）
Emeritus Professor of Physics at the University of Illinois Urbana-Champaign, Adjunct Professor of Applied Physics at Stanford University
A coauthor of another major book, *Interacting Electrons : Theory and Computational Approaches* (Cambridge University Press, 2016)

訳　者
寺倉 清之（てらくら きよゆき）
東京大学名誉教授，産業技術総合研究所名誉リサーチャー，物質材料研究所名誉フェロー，北陸先端科学技術大学院大学フェロー
大阪大学大学院基礎工学研究科博士課程単位取得退学
理学博士

寺倉 郁子（てらくら いくこ）
東京大学工学部電気工学科卒業，東京大学大学院工学系研究科修士課程修了，大阪大学大学院工学研究科博士課程単位取得退学
工学博士

物質の電子状態　原書 2 版　上

令 和 7 年 1 月 31 日　発　行

訳　者　　　寺　倉　清　之
　　　　　　寺　倉　郁　子

発 行 者　　池　田　和　博

発 行 所　　丸善出版株式会社
〒101-0051 東京都千代田区神田神保町二丁目17番
編集：電話 (03) 3512-3265／FAX (03) 3512-3272
営業：電話 (03) 3512-3256／FAX (03) 3512-3270
https://www.maruzen-publishing.co.jp

ⓒ Kiyoyuki Terakura, Ikuko Terakura, 2025

組版印刷・製本／三美印刷株式会社

ISBN 978-4-621-31057-1　C 3042　　　　Printed in Japan

本書の無断複写は著作権法上での例外を除き禁じられています．